智能科学与技术丛书

机器学习

从基础理论到典型算法

（原书第2版）

梅尔亚·莫里 (Mehryar Mohri)
[美] 阿夫欣·罗斯塔米扎达尔 (Afshin Rostamizadeh) 著
阿米特·塔尔沃卡尔 (Ameet Talwalkar)

张文生 杨雪冰 吴雅婧 译

FOUNDATIONS OF MACHINE LEARNING

Second Edition

机械工业出版社
CHINA MACHINE PRESS

图书在版编目（CIP）数据

机器学习：从基础理论到典型算法：原书第 2 版 /（美）梅尔亚・莫里（Mehryar Mohri），（美）阿夫欣・罗斯塔米扎达尔（Afshin Rostamizadeh），（美）阿米特・塔尔沃卡尔（Ameet Talwalkar）著；张文生，杨雪冰，吴雅婧译．-- 北京：机械工业出版社，2022.6（2024.1 重印）
（智能科学与技术丛书）
书名原文：Foundations of Machine Learning，Second Edition
ISBN 978-7-111-70894-0

Ⅰ．①机… Ⅱ．①梅… ②阿… ③阿… ④张… ⑤杨… ⑥吴… Ⅲ．①机器学习－算法
Ⅳ．① TP181

中国版本图书馆 CIP 数据核字（2022）第 093638 号

北京市版权局著作权合同登记 图字：01-2019-2157 号。

Mehryar Mohri, Afshin Rostamizadeh, Ameet Talwalkar: ***Foundations of Machine Learning, Second Edition***（ISBN 978-0-262-03940-6）.

本书深入浅出地介绍了目前机器学习领域中重要的理论和关键的算法，涵盖机器学习的前沿内容，同时提供讨论和证明算法所需的理论基础与概念，并且指出了这些算法在实际应用中的关键点，旨在通过对一些基本问题乃至前沿问题的精确证明，为读者提供新的理念和理论工具。本书注重对算法的分析和理论的关注，涉及的内容包括概率近似正确（PAC）学习框架、基于 Rademacher 复杂度和 VC- 维的泛化界、支持向量机（SVM）、核方法、boosting、在线学习、多分类、排序、回归、算法稳定性、降维、学习自动机和语言及强化学习。

出版发行：机械工业出版社（北京市西城区百万庄大街 22 号 邮政编码：100037）

责任编辑：姚　蕾	责任校对：马荣敏
印　　刷：北京捷迅佳彩印刷有限公司	版　　次：2024 年 1 月第 1 版第 2 次印刷
开　　本：185mm×260mm　1/16	印　　张：23.5
书　　号：ISBN 978-7-111-70894-0	定　　价：119.00 元

客服电话：（010）88361066　68326294

译者序

纽约大学教授 Mehryar Mohri 是机器学习界的泰斗级人物，他与他的学生 Afshin Rostamizadeh 以及 Ameet Talwalkar 合著的 *Foundations of Machine Learning*（即本书第 1 版）是机器学习领域内一部具有里程碑意义的著作。2018 年，三位作者在第 1 版的基础上出版了第 2 版。包括哥伦比亚大学、北京大学在内的多个国内外顶级院校均有以本书为基础开设的研究生课程。

机器学习是人工智能研究领域中最活跃的分支之一，为信息科学领域解决实际学习问题提供了理论支撑与应用算法。机器学习又是一个多学科的交叉领域，涉及统计学、信息论、优化、博弈论、形式语言和自动机、应用心理学、生物学和神经生理学等。这种学科交叉融合带来的良性互动，无疑促进了包括机器学习在内的诸学科的发展与繁荣。

本书内容丰富，视野宽阔，深入浅出地介绍了目前机器学习中重要的理论和典型的算法。不同于常规的机器学习算法入门读物，本书试图从更高的视角和更深的层次来解读机器学习的一般性理论基础，引入对指导理论研究和实际应用都至关重要的概率近似正确(Probability Approximately Correct，PAC)学习理论。该理论旨在回答由机器学习得到的结果到底有多高的可信度与推广能力，从某种意义上来说，只有理解了这部分内容，才能对机器学习何时能学习以及为何能学习成功有更加深刻的理解。PAC 理论涉及的数学基础较多，而国内关于 PAC 的参考资料非常少，我们的人工智能与机器学习研究团队为此进行了多方论证并多次召开专题讨论会。此外，本书的巧妙之处除了用 PAC 构建理论基础之外，还从间隔(margin)角度衔接各个章节，对机器学习中的诸多方面进行了完美的统一。

在第 1 版的基础上，本书第 2 版对内容进行了大量修订并补充了新的内容。除了表述更为严谨、图表更为易懂、证明更为简洁之外，还对上一版的一些章节的内容进行了必要的扩充，并针对模型选择、最大熵模型、条件最大熵模型以及信息论引入了新的章节进行详细介绍。

本书主要面向人工智能、机器学习、模式识别、数据挖掘、计算机应用、生物信息学、数学和统计学等领域的研究生及相关领域的科技人员。翻译出版中译本的目的，是希望能为国内广大从事相关研究的学者和研究生提供一本全面、系统、权威的教科书和参考书。如果能做到这一点，我们将感到十分欣慰。

必须说明的是，本书的翻译是中国科学院自动化研究所人工智能与机器学习研究团队集体努力的结果，团队成员杨雪冰副研究员对本书第 2 版中更新的章节进行了全面的审校与修正，吴雅婧助理研究员对新增的章节进行了细致的调研与翻译，他们付出了艰辛劳动，在此我深表感谢。感谢机械工业出版社各位编辑的大力协助，倘若没有他们的热情支持，本书的中译版难以如此迅速地与大家见面。另外，本书的翻译得到了国家自然科学基金委重点项目和面上项目(61961160707、61976212 等)的资助，特此感谢。

在翻译过程中，我们力求准确地反映原著内容，同时保留原著的风格。对于英文原版中的一些公式及表述错误，我们在翻译的过程中结合原作者的课程讲稿进行了校核，并以译者注的形式指出、修正了部分错误，但由于译者水平有限，书中难免有不妥之处，恳请读者批评指正。

最后，谨把本书的中译版献给我的导师王珏研究员！王珏老师生前对机器学习理论、算法和应用非常关注，对机器学习中的很多基础问题有着独到而深刻的理解，他启发并引领了我们研究团队对机器学习理论和算法的研究工作，使我们终身受益。

张文生

中国科学院自动化研究所

2021 年 7 月于北京

前言

本书是关于机器学习的概述，适合作为该领域学生和研究人员的教科书。本书涵盖机器学习领域的基本内容，并且提供讨论及检验算法合理性所必需的理论基础和概念工具。不仅如此，本书还描述了应用相关算法时需要考虑的若干关键问题。

本书旨在介绍最新的理论和概念，并且对于相对先进的结果给出简要的证明。总体而言，我们尽可能使全书叙述简洁。尽管如此，我们也会讨论机器学习中出现的一些重要且复杂的主题，指出若干开放的研究问题。对于那些常常与其他主题合并或者未引起足够关注的主题，本书将单独着重讨论，例如，将多分类、排序和回归分别用一章来讲解。

尽管本书覆盖机器学习中很多重要的主题，但是出于简略且因目前缺乏针对一些方法的坚实的理论保证，未能覆盖图模型和神经网络这两个重要主题。

本书主要面向机器学习、统计和其他相关领域的学生与研究人员，适合作为研究生和高年级本科生课程的教科书，或者学术研讨会的参考资料。本书前三四章为后续材料奠定理论基础，第 6 章引入一些被后面章节广泛使用的概念来完善理论，第 13 章与第 12 章密切相关，而其余各章大多自成体系。我们在每章最后给出一套习题，并单独给出完整的解答。

我们假定本书的读者熟悉线性代数、概率和算法分析的基本概念。但是，为了进一步辅助学习，我们在附录中会简要回顾线性代数和概率的相关知识，给出凸优化和信息论的简介，并且汇总本书分析和讨论中常用的集中不等式。

不少著作在介绍机器学习时从贝叶斯角度或者核方法等特定主题具体展开，而本书的不同之处在于提供了适用于多个机器学习主题和领域的统一介绍。此外，本书的特色还在于对机器学习理论基础的深入剖析，并给出详细的证明。

这是本书的第 2 版，我们对全书内容进行了更新。主要修改之处包括：书写风格调整、示意图新增、表述简化、内容补充(特别是第 6 章和第 17 章)、章节新增等。具体而言，我们增加了一整章来介绍模型选择(第 4 章)这一重要主题，对上一版中的相关内容进行了拓展。我们也增加了两个全新的章节分别介绍机器学习中的两个重要主题：最大熵模型(第 12 章)和条件最大熵模型(第 13 章)。我们还对附录进行了大幅调整。在附录 B 中，详述了凸优化中的 Fenchel 对偶性。在附录 D 中，补充介绍了大量相关的集中不等式。在附录 E 中，新增了关于信息论的内容。此外，这一版对每章的习题和解答也进行了大量的更新。

这里所介绍的大部分材料来自机器学习研究生课程(机器学习基础)，在过去 14 年中，该课程由本书第一作者在纽约大学库朗数学科学研究所讲授。本书极大地受益于该课程的学生、朋友、同事和研究人员所提出的宝贵意见与建议，在此对他们深表感激。

我们特别感谢 Corinna Cortes 和 Yishay Mansour 对于本书第 1 版内容的设计与组织提出的许多重要建议，包括大量详细的注释。我们充分考虑了他们的建议，这对于改进全书帮助很大。此外，还要感谢 Yishay Mansour 用本书的最初版本进行教学，并向我们积极反馈。

我们还要感谢来自学术界和企业界研究实验室的同事与朋友所给予的讨论、建议和贡献，他们是：Jacob Abernethy、Cyril Allauzen、Kareem Amin、Stephen Boyd、Aldo Corbisiero、Giulia DeSalvo、Claudio Gentile、Spencer Greenberg、Lisa Hellerstein、Sanjiv Kumar、Vitaly Kuznetsov、Ryan McDonald、Andrès Muñoz Medina、Tyler Neylon、Peter Norvig、Fernando Pereira、Maria Pershina、Borja de Balle Pigem、Ashish Rastogi、Michael Riley、Dmitry Storcheus、Ananda Theertha Suresh、Umar Syed、Csaba Szepesvári、Toshiyuki Tanaka、Eugene Weinstein、Jason Weston、Scott Yang 和 Ningshan Zhang。

最后，我们还要感谢 MIT 出版社对本书所给予的帮助和支持。

·第1章·

引　言

本章将对机器学习的一些预备知识进行介绍，主要包括：典型的学习任务与应用、基本定义与术语、学习情境与泛化等。

1.1　什么是机器学习

机器学习广义上可被定义为基于经验提升性能或者进行精准预测的计算方法。这里，**经验**(experience)指的是学习器可利用的过去的信息，这些信息通常以收集和分析的电子数据的形式存在。这样数据表现为数字化的、带人工标注的训练集，或者表现为与环境交互产生的各类信息。无论在何种情形下，数据的质量和规模对于学习器能否预测成功都至关重要。

这里以一个实例对机器学习问题进行阐述。给定有限个已知的随机文档作为样本，每个文档都以文档主题作为标签，如何通过学习来预测未见文档的主题？显然，给定的文档数量越多，这个问题越容易。但是，除此之外还有两方面的因素会影响该问题的难易程度：样本中文档对应的标签质量，即标签可能不完全正确；文档主题类型的总数。

机器学习旨在设计高效和准确的预测**算法**(algorithm)。与计算机科学其他领域类似，衡量算法质量的重要指标是时间和空间复杂度。但是，在机器学习中，我们另外需要**样本复杂度**(sample complexity)的概念来评估算法学习概念类所需的样本规模。更为一般地，算法的理论学习保证取决于所考虑概念类的复杂度和训练样本的规模。

由于机器学习算法[⊖]的成功取决于所采用的数据，因此机器学习本质上与数据分析和统计相关。更一般地，机器学习技术是一类将计算机科学中的基本概念与统计、概率和优 1
化方面的思想相结合的数据驱动方法。

⊖ 在本书讨论范畴内，如不加特殊说明，下文中机器学习算法、机器学习技术、机器学习模型以及机器学习保证等概念大多数情况下会简称为学习算法、学习技术、学习模型以及学习保证等。——译者注

1.2 机器学习可以解决什么样的问题

预测文档标签，又称文档分类，只是学习任务的一种。学习算法已经被成功部署于各种应用中，包括：

- 文本或文档分类。包括为文本或文档分配主题，自动确定网页内容是否合规或确切，以及垃圾邮件检测。
- 自然语言处理。包括词性标注、命名实体识别、上下文无关的句法分析、依存句法等。这类学习问题的预测往往服从某种结构，即**结构化预测问题**(structured prediction problem)。例如，对于词性标注，需要预测句子中每个单词的词性；对于上下文无关的句法分析，需要预测句法树。
- 语音处理。包括语音识别、语音合成、讲者确认、讲者识别以及相应的子问题，如语言模型、声学模型等。
- 计算机视觉。包括目标识别、目标检测、人脸识别、光学字符识别(Optical Character Recognition，OCR)、基于内容的图像检索以及姿态估计等。
- 计算生物学。包括蛋白质功能预测、关键点识别、基因与蛋白质网络分析等。
- 其他机器学习应用。如欺诈检测(信用卡、电话、保险)、网络入侵、游戏对弈(国际象棋、双陆棋、围棋)、无人驾驶(机器人、车)、医疗诊断、推荐系统设计、搜索引擎、信息抽取系统等。

上述列表并不全面，实际中绝大多数预测问题都可以归为学习问题，机器学习的适用范围在不断拓展。虽然本书未对这些应用进行深入探讨，但书中介绍的算法与技术可以用
2 于解决这些应用中碰到的问题。

1.3 一些典型的学习任务

以下对一些被广泛研究的典型学习任务进行介绍：

- **分类**(classification)：为每个事项指定类别。例如，文档分类为每个文档指定类别，诸如政治、商业、运动或者天气等类别，图像分类为每张图片指定类别，诸如风景、肖像或者动物等类别。这些任务中的类别个数通常少于几百，但是在一些困难的任务中类别个数可能很多，甚至是无限的，像在OCR、文本分类或者语音识别中。
- **回归**(regression)：预测每个事项的实值。回归的例子包括预测股票价格或者经济变量的变化。在该问题中，错误预测的惩罚取决于真实值和预测值之间的差异大小，这与分类问题有所不同，分类问题中不同类别之间通常没有距离的概念。
- **排序**(ranking)：根据某种准则将事项进行排序。网页搜索是典型的排序例子，比如返回与搜索查询相关的网页。许多其他相似的排序问题出现在信息抽取或者自然语言处理系统的设计中。
- **聚类**(clustering)：将事项集合划分为同质子集。聚类通常用来分析大数据集合。

例如，在社交网络分析中，聚类算法试图从大规模人群中识别出自然**社区**(community)。

- **降维**(dimensionality reduction)或者**流形学习**(manifold learning)：将事项的原始表示转化为低维表示，同时保持原始表示的若干性质。一个常见的例子就是在计算机视觉任务中预处理数字图像。

机器学习的实际目标主要在于精确预测未见事项和设计高效稳健的算法以产生这些预测，甚至对大规模问题仍有不错的适用性。为此，大量的算法和理论问题应运而生。基本的问题包括：哪些概念类是可以被真正学习的，以及什么条件下可以学习这些概念？从计算的角度，这些概念被学习的效果或程度如何？ 3

1.4 学习阶段

这里，我们将用垃圾邮件检测这个典型问题作为实例，借以说明一些基本的定义，并且描述实际应用中的不同学习阶段以及如何使用和评估机器学习算法。

垃圾邮件检测是通过学习将电子邮件信息自动分类为垃圾邮件或非垃圾邮件这两个类别。以下对机器学习中常用的定义和术语进行介绍。

- **样本**(example)：用于学习或评估的数据事项或实例。在垃圾邮件检测问题中，样本对应于我们用来学习和测试的电子邮件信息集合。
- **特征**(feature)：与样本关联的属性集合，通常表示为向量。在电子邮件消息中，相关的特征可能包括消息的长度、发件人的名字、标题的不同特性、消息正文包含的关键词等。
- **标签**(label)：分配给样本的数值或者类别。在分类问题中，样本被归入特定的类别，例如，上述二分类问题中的垃圾和非垃圾类别；在回归问题中，事项被赋予实值标签。
- **超参数**(hyperparameter)：未被学习算法明确确定，但在算法输入中需要指定的自由参数。
- **训练样本**(training sample)：用于训练学习算法的样本。在垃圾邮件问题中，训练样本由电子邮件及其相应的标签组成。正如1.5节将描述的，针对不同的学习场景，训练样本是不同的。
- **验证样本**(validation sample)：用来调整学习算法参数的样本，这里的学习算法针对的是带标签的数据。验证样本被用来为学习算法选择合适的自由参数(超参数)。
- **测试样本**(test sample)：用来评估学习算法性能的样本。测试样本与训练以及验证样本分开，在学习阶段是不可知的。在垃圾邮件问题中，测试样本由电子邮件样本组成，学习算法基于特征预测标签。通过比较这些预测的标签与测试样本的真实标签来衡量算法的性能。
- **损失函数**(loss function)：衡量预测标签和真实标签之间的差异或损失的函数。将所有标签集合记为$\mathcal{Y}$，可能的预测集合记为$\mathcal{Y}'$，损失函数为映射$L: \mathcal{Y}\times\mathcal{Y}'\to\mathbb{R}_+$。在大多数情形下，$\mathcal{Y}=\mathcal{Y}'$，并且损失函数是有界的，但是这些条件并不总是成立。

常见的几种损失函数包括 0-1(或误分类)损失和平方损失，前者为定义在$\{-1, +1\}\times\{-1, +1\}$上的函数$L(y, y')=1_{y'\neq y}$，后者为定义在$\mathcal{I}\times\mathcal{I}$上的函数$L(y, y')=(y'-y)^2$，其中，$\mathcal{I}\subseteq\mathbb{R}$通常为有界区间。

- **假设集**(hypothesis set)：将特征(特征向量)映射到标签集合$\mathcal{Y}$的函数集合。在我们的例子中，可能是将电子邮件特征映射到$\mathcal{Y}=\{$垃圾，非垃圾$\}$的函数集合。更一般地，假设集中的假设可以是将特征映射到不同集合$\mathcal{Y}'$的函数。在本例中，可以是将电子邮件特征向量映射到实数的线性函数，实数可以解释为**得分**(score，$\mathcal{Y}'=\mathbb{R}$)，得分越高说明越有可能是垃圾邮件。

现在我们来定义垃圾邮件问题的学习过程(见图 1.1)。给定带标签的样本集合，我们首先将数据随机划分为训练样本、验证样本和测试样本。样本的大小依不同的考虑而定。比如，用于验证的数据量取决于算法超参数的个数，图中用向量Θ表示超参数。而且，当带标签的样本相对较少时，通常所选择的训练数据个数要比测试数据多，因为学习性能直接依赖于训练样本。

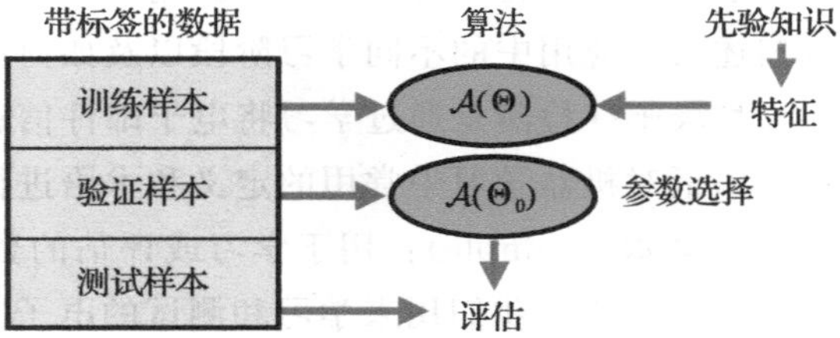

图 1.1 学习过程中典型阶段的示意图

其次，为每个样本关联与之相关的特征，这是设计机器学习算法的一个关键步骤。有用的特征可以有效地指导学习算法设计，相反，不好或者无信息的特征可能具有误导性。尽管这至关重要，但是，选择哪些特征在很大程度上还是交由使用者来决定。这个选择反映了使用者对于学习任务的**先验知识**(prior knowledge)，对实际性能结果影响很大。

接下来，我们基于所选择的特征训练学习算法$\mathcal{A}$，在训练过程中对算法的自由参数Θ(也即**超参数**)进行调整。根据这些参数的每种取值，算法可以从假设集合中得到不同的假设，我们通常从得到的假设中选择在验证样本(Θ_0)上性能最佳的假设。最后，利用该假设预测测试样本的样例标签，通过比较预测标签和真实标签，我们利用损失函数评估算法的性能，损失函数是任务相关的，比如在垃圾邮件检测任务中会采用 0-1 损失。因此，算法的性能是基于测试误差进行评估的，而不是在训练样本上的误差。

1.5 学习情境

我们接下来简要描述一下常见的机器学习情境。这些情境的区别在于可用训练数据的类型、到达顺序、获得训练数据的方法，以及用来评估学习算法的测试数据。

- **监督学习**(supervised learning)：学习器获得标签样本集作为训练数据，并对未见数据进行预测。这是与分类、回归和排序问题相关联的最常见的情境。在前面小节中讨论的垃圾邮件检测问题是监督学习的一个实例。
- **无监督学习**(unsupervised learning)：学习器只获得无标签训练数据，并对未见数据进行预测。由于标签样例在该情形下通常是不可获得的，所以定量地评估学习器性能是很困难的。聚类和维数约简是无监督学习问题的实例。

- **半监督学习**(semi-supervised learning)：学习器获得的训练样本由标签数据和无标签数据组成，并对未见数据进行预测。半监督学习在无标签数据容易获得而标签数据获得成本高的情境下是很常见的。应用中出现的很多类型问题，包括分类、回归或者排序任务，都可以被框定为半监督学习的实例。我们所希望的就是借助可用的无标签数据的分布，使得学习器取得比在监督情境下更好的性能，分析其真正可实现的条件是当今很多理论和应用机器学习研究的主题。
- **直推学习**(transductive inference)：与半监督情境一样，学习器获得标签训练样本以及无标签测试数据集合。但是，直推学习的目标是仅对特定测试数据预测标签。直推学习看似更为简单，且与各种现代应用中遇到的情境相吻合。然而，与半监督学习情境类似，该情境在何种假设下可以取得更好的性能仍在研究中，至今还没有 4~6
彻底得到解决。
- **在线学习**(on-line learning)：与前面的情境相比，在线情境下学习需要多轮，同时训练和测试阶段混在一起。在每一轮，学习器获得一个无标签训练数据，对其做出预测之后，获得真实标签，并产生损失。在线情境下的目标是最小化所有轮的累积损失。与前面讨论的情境有所不同，在线学习中不做任何分布假设。事实上，在该情境中可能对抗式地选择实例及其标签。
- **强化学习**(reinforcement learning)：在强化学习中，训练和测试阶段也是混合在一起的。为了收集信息，学习器主动地与环境进行交互，在一些情况下影响环境，并获得每个行动的即时奖赏。学习器的目标是经过一系列的行动以及与环境的交互最大化获得的奖赏。然而，环境不提供长期奖赏反馈，学习器必须在探索未知行动以获得更多信息与利用已收集信息之间进行选择，因此学习器面临着**探索还是利用**(exploration versus exploitation)的困境。
- **主动学习**(active learning)：学习器自适应地或者交互式地收集训练样本，通常以询问专家的方式请求新样本的标签。主动学习的目标是利用更少的带标签样本达到与标准监督学习(或称**被动学习**(passive learning)情境)可比较的性能。主动学习常被用在标签获得成本高的实际应用中，例如计算生物学应用。

实际应用中，还可能遇到许多其他需要折中考虑以及更为复杂的学习情境。

1.6 泛化

机器学习本质上是在研究**泛化**(generalization)。例如，标准监督学习旨在利用有限的带标签样本对未见样本给出精确的预测。该问题即从所有函数族的子集(称作**假设集**(hypothesis set))中选择合适的函数，用于给出包括未见样本在内的所有样本的标签。

那么，假设集该如何选择呢？给定一个丰富或**复杂**(complex)的假设集，学习器可能优先选择与训练样本**一致**(consistent)的函数或预测器作为假设，即对训练数据可以完全无误地划分。然而，如果假设集对应的函数族不够复杂，对训练数据产生误差也在所难 7
免。什么样的选择能够带来更好的泛化？我们应该如何定义假设集的复杂度？

图 1.2 展示了两种选择：一种是将蓝色和红色样本完美分开但从一个复杂函数族中选取的锯齿线；另一种是没有完美地将这两类样本分开但从一个相对简单的函数族中选取的平滑线。我们将会发现，一般而言，训练样本上表现最优的预测器可能不是全局最优的。此外，从一个复杂函数族中选取的预测器本质上只是对训练数据标签的记忆，这与泛化的理念相悖。

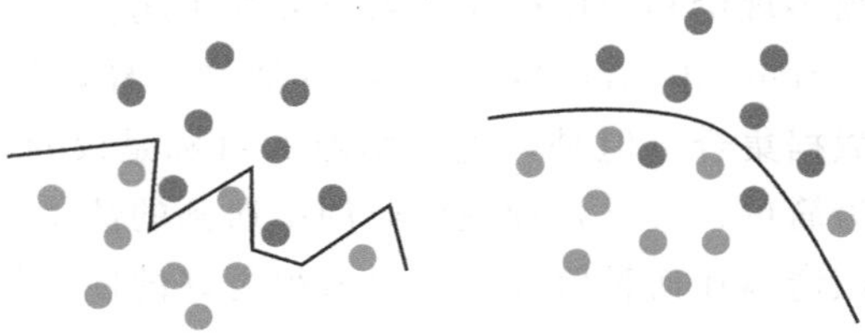

图 1.2　左图的锯齿形曲线在深灰色和浅灰色训练样本上是一致的，但是这个复杂决策平面可能难以很好地泛化到未见数据上。相反，右图的决策面更简单，虽然会在训练样本上误分类几个点，但可能泛化得更好

样本规模和假设集复杂度的折中在算法泛化中往往扮演着至关重要的角色。当样本规模相对较小时，从过于复杂的函数族中选择假设可能导致较差的泛化，即发生了**过拟合**(overfitting)。另一方面，当选择的函数族过于简单时，可能无法达到足够的预测精度，即发生了**欠拟合**(underfitting)。

在接下来的章节中，我们将会细致分析泛化问题并深入探讨不同的复杂度概念，进而得出相应的机器学习理论保证。 8

·第 2 章·

PAC 学习框架

在设计和分析针对样本的学习算法时，需要考虑如下几个基本问题：从样本中可以高效地学到什么？学习过程中的内在难点是什么？想要学习成功需要多少样本？是否存在一个通用的学习模型？在本章中，我们将通过**概率近似正确**(Probably Approximately Correct，PAC)学习框架对上述问题进行形式化并给出答案。PAC 框架借助**样本复杂度**(sample complexity，指的是欲达到近似解所需要的样本点数目)和学习算法的时间空间复杂度(time and space complexity，依赖于对概念类进行计算表示的代价)来定义可学习的概念类。

首先，我们对 PAC 框架进行阐述并说明。之后，对于有限假设集的情况，在这个框架下给出若干一般性的学习保证，包括：**一致**(consistent)的情况，即假设集中包含了待学习的概念；**不一致**(inconsistent)的情况，即假设集中未包含待学习的概念。

2.1 PAC 学习模型

在这一小节中，我们首先对 PAC 模型相关的概念以及符号进行介绍，作为基础，这些概念和符号也将在之后的章节中大量涉及。

我们将所有可能的**样本**(example)或者**实例**(instance)集合记为 $\mathcal{X}$。$\mathcal{X}$ 有时也用来表示**输入空间**(input space)。类似地，我们将所有可能的**标签**(label)或者**目标值**(target value)的集合记为 $\mathcal{Y}$。鉴于本章旨在进行入门性的介绍，我们将 $\mathcal{Y}$ 限制在**二分类**(binary classification)的情况，即标签只有两种，$\mathcal{Y}=\{0, 1\}$。在之后的章节中，我们会将标签推广到更为一般的情况。

概念(concept) $c: \mathcal{X}\to\mathcal{Y}$ 指的是一个从 $\mathcal{X}$ 到 $\mathcal{Y}$ 的映射。由于 $\mathcal{Y}=\{0, 1\}$，我们可以从 $\mathcal{X}$ 对应标签为 1 的子集中鉴别概念 c。因此，在接下来的讨论中，我们可以认为概念指的是从 $\mathcal{X}$ 到 $\{0, 1\}$ 的一个映射，也可以认为概念是 $\mathcal{X}$ 的一个子集。例如，一个概念可以指三角形内点构成的集合或者标识空间中的点是否为三角形内点的函数。对于这样的例子，我们可以将待学习的概念简称为三角形。**概念类**(concept class)指的是我们可能想要学习的概念构成的集合，记为 $\mathcal{C}$。例如，$\mathcal{C}$ 可以指所有在平面上的三角形构成的集合。

我们假定所有的样本是独立同分布(independently and identically distributed，i. i. d)的，并且服从的是某个固定但是未知的分布 $\mathcal{D}$。在这样的设定下，学习问题可以如下形式化。学习器需要考虑的是一个固定的、由所有可能的概念组成的集合 $\mathcal{H}$，称为**假设集**(hypothesis set)，并且 $\mathcal{H}$ 与 $\mathcal{C}$ 不是必须一致的。学习器在学习的过程中，会得到来自分布 $\mathcal{D}$ 的独立同分布样本集 $S=(x_1, \cdots, x_m)$ 以及对应的标签集 $(c(x_1), \cdots, c(x_m))$，该标签集根据特定的、待学习的目标概念 $c\in\mathcal{C}$ 得到。学习器的任务就是利用带标签的样本集 S 选择一个假设 $h_S\in\mathcal{H}$，使其关于概念 c 有尽可能小的**泛化误差**(generalization error)。这里，假设 $h\in\mathcal{H}$ 的泛化误差(有时也称为**风险**(risk)或**真实误差**(true error)，或者直接简称**误差**(error))记为 $R(h)$ 并定义如下[㊀]。

|定义 2.1　泛化误差| 给定一个假设 $h\in\mathcal{H}$，一个目标概念 $c\in\mathcal{C}$，以及一个潜在的分布 $\mathcal{D}$，则 h 的泛化误差或风险定义为

$$R(h)=\underset{x\sim\mathcal{D}}{\mathbb{P}}[h(x)\neq c(x)]=\underset{x\sim\mathcal{D}}{\mathbb{E}}[1_{h(x)\neq c(x)}] \tag{2.1}$$

其中，1_ω 指的是事件 ω 的示性函数[㊁]。

需要注意的是，对于学习器而言，一个假设的泛化误差并不是直接可得的，由于分布 $\mathcal{D}$ 和目标概念 c 均是未知的。然而，学习器可以在有标签的样本集 S 上度量一个假设的**经验误差**(empirical error)。

|定义 2.2　经验误差| 给定一个假设 $h\in\mathcal{H}$，一个目标概念 $c\in\mathcal{C}$，以及一个样本集 $S=(x_1, \cdots, x_m)$，则 h 的经验误差或经验风险定义为

$$\hat{R}_S(h)=\frac{1}{m}\sum_{i=1}^{m}1_{h(x_i)\neq c(x_i)} \tag{2.2}$$

因此，$h\in\mathcal{H}$ 的经验误差是其在样本集 S 上的平均误差，而它的泛化误差则是其在分布 $\mathcal{D}$ 上的期望误差。我们将在本章和之后的章节中看到，在某些一般性的假设下，对于这两种误差(即泛化误差和经验误差)的一些关于近似程度的保证有较高的概率成立。现在，我们
10 可以注意到这样一个事实，对于一个固定的 $h\in\mathcal{H}$，在独立同分布样本集上经验误差的期望就等于泛化误差：

$$\underset{S\sim\mathcal{D}^m}{\mathbb{E}}[\hat{R}_S(h)]=R(h) \tag{2.3}$$

实际上，根据期望的线性性以及样本是独立同分布的事实，对于样本集 S 中的任意样本 x，有下式成立：

$$\underset{S\sim\mathcal{D}^m}{\mathbb{E}}[\hat{R}_S(h)]=\frac{1}{m}\sum_{i=1}^{m}\underset{S\sim\mathcal{D}^m}{\mathbb{E}}[1_{h(x_i)\neq c(x_i)}]=\frac{1}{m}\sum_{i=1}^{m}\underset{S\sim\mathcal{D}^m}{\mathbb{E}}[1_{h(x)\neq c(x)}]$$

因此，

$$\underset{S\sim\mathcal{D}^m}{\mathbb{E}}[\hat{R}_S(h)]=\underset{S\sim\mathcal{D}^m}{\mathbb{E}}[1_{h(x)\neq c(x)}]=\underset{x\sim\mathcal{D}}{\mathbb{E}}[1_{h(x)\neq c(x)}]=R(h)$$

下面，我们正式介绍**概率近似正确**(Probably Approximately Correct，PAC)学习框架。我们将对任意元素 $x\in\mathcal{X}$ 计算表示的代价的上界记为 $O(n)$，将对概念 $c\in\mathcal{C}$ 计算表示

㊀ 选择用 R 而不是 E 来表示误差是为了避免与数学期望的符号产生混淆，此外，还因为在机器学习或者统计中也常用**风险**(risk)来表示误差。

㊁ 对于该定义以及与之相关的定义，函数类 $\mathcal{H}$ 以及目标概念 c 必须是可测的。本书中考虑的函数类均有该性质。

的最大代价记为 size(c)。例如，$\boldsymbol{x}$ 可能为 $\mathbb{R}^n$ 中的一个向量，则以数组形式对 $\boldsymbol{x}$ 进行表示的代价为 $O(n)$。此外，令 h_S 表示算法 $\mathcal{A}$ 接收到带标签的样本集 S 后返回的假设。为了简化表达，h_S 与 $\mathcal{A}$ 的对应关系没有在符号记法中体现。

| 定义 2.3 PAC 学习 | 如果存在一个算法 $\mathcal{A}$ 以及一个多项式函数 poly($\cdot,\cdot,\cdot,\cdot$)，使得对于任意 $\epsilon>0$ 以及 $\delta>0$，对于所有在 $\mathcal{X}$ 上的分布 $\mathcal{D}$ 以及任意目标概念 $c\in\mathcal{C}$，对于满足 $m\geqslant \text{poly}(1/\epsilon, 1/\delta, n, \text{size}(c))$ 的任意样本规模 m 均有下式成立，那么概念类 $\mathcal{C}$ 是 PAC 可学习的(PAC-learnable)：

$$\underset{S\sim\mathcal{D}^m}{\mathbb{P}}[R(h_S)\leqslant\epsilon]\geqslant 1-\delta \tag{2.4}$$

进一步地，若 $\mathcal{A}$ 的运行复杂度在 $\text{poly}(1/\epsilon, 1/\delta, n, \text{size}(c))$ 内，则概念类 $\mathcal{C}$ 是高效 PAC 可学习的(efficiently PAC-learnable)。当这样的算法 $\mathcal{A}$ 存在时，则称该算法为 $\mathcal{C}$ 的一个 PAC 学习算法(PAC-learning algorithm)。

PAC 之所以称为概率近似正确，可以作如下理解：如果输入到一个算法的样本点的数目对于 $1/\epsilon$ 和 $1/\delta$ 是多项式的，并且由该算法基于这些样本点得到的假设是以高**概率**(probability)(至少 $1-\delta$)**近似正确**(approximately correct)(误差至多 ϵ)的，则概念类 $\mathcal{C}$ 是 PAC 可学习的。这里，$\delta>0$ 用来定义**置信度**(confidence)$1-\delta$，$\epsilon>0$ 用来定义**准确性**(accuracy)$1-\epsilon$。需要注意的是，如果学习算法的运行时间对于 $1/\epsilon$ 和 $1/\delta$ 是多项式的，则当该算法的输入为全部样本时，样本规模 m 也必须是多项式的。

关于 PAC，还有一些重点需要澄清和强调。第一，PAC 学习框架是**不依赖分布的模型**(distribution-free model)，指的是对于产生样本的分布 $\mathcal{D}$ 没有做特别的假设。第二，用于得到误差的训练样本和测试样本产生于相同的分布 $\mathcal{D}$，这个自然且必要的假设在大多数 11
情况下使得泛化成为可能。对于**领域自适应**(domain adaptation)，该假设可适当放松。第三，PAC 学习框架考虑的是概念类 $\mathcal{C}$ 的可学习性，而不是一个特殊概念的可学习性。这里，要注意对于学习算法，概念类 $\mathcal{C}$ 是已知的，而需要学习的目标概念 $c\in\mathcal{C}$ 是未知的。

在很多情况下，尤其是无法精确或者直接讨论概念的计算表示时，我们往往忽略 PAC 定义中关于 n 和 size(c)的多项式约束，而只聚焦于样本复杂度(即使得 PAC 条件成立的样本规模)。

现在，我们用一个特定的学习问题来解释 PAC 学习。

例 2.1 学习平行于坐标轴的矩形 考虑这样一个情况，样本集为平面上的点，$\mathcal{X}=\mathbb{R}^2$，概念类 $\mathcal{C}$ 为 $\mathbb{R}^2$ 这个平面上所有平行于坐标轴的矩形，即在这样的设定下，每个概念 c 都是一个特别的平行于坐标轴的矩形中所有内点构成的集合。本例的学习问题是依据有标签的训练样本确定一个误差较小的平行于坐标轴的目标矩形。我们将论述平行于坐标轴的矩形这种概念类是 PAC 可学习的。

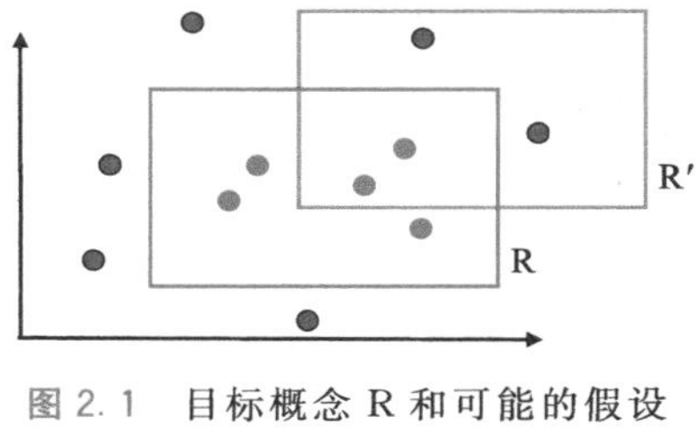

图 2.1 目标概念 R 和可能的假设 R′。训练样本用圆圈表示。其中，蓝色圈表示标签为 1 的样本点，这些点落在了矩形 R 内部。其他的点为灰色，标签为 0

图 2.1 对此问题进行了阐释。R 表示平行于坐标轴的目标矩形，R′为一个假设。由图可见，假设 R′产生误差的区域包括在 R 内但是在 R′外的部分，以及

在 R' 内但是在 R 外的部分。对于这两种区域，前者与**假阴性**(false negative)有关，即被 R' 预测为**负**(negative，标签为 0)的、实际为**正**(positive，标签为 1)的样本；后者与**假阳性**(false positive)有关，即被 R' 预测为正、实际为负的样本。

为了说明这样的概念类是 PAC 可学习的，我们可以设计一个简单的 PAC 学习算法 $\mathcal{A}$。给定一个有标签的样本集 S，$\mathcal{A}$ 根据标签为 1 的样本返回一个最紧(最为保守)的平行于坐标轴的矩形 $R'=R_S$。图 2.2 表示了由这样的算法返回的假设。根据定义，R_S 不会产生任何假阳性结果，这是由于 R_S 的点一定被包含在目标概念 R 中。因此，R_S 产生误差的
12 区域一定在 R 中。

令 $R\in\mathcal{C}$ 为目标概念。固定 $\epsilon>0$。令 $\mathbb{P}[R]$ 表示由 R 定义的区域的概率质量，即根据分布 $\mathcal{D}$ 随机产生的样本落在 R 内部的概率。由于我们设计的算法所产生的误差只与落在 R 内部的点有关，我们可以假定 $\mathbb{P}[R]>\epsilon$；另外，不管具体的训练样本集 S 情况如何，R_S 产生的误差应当小于或等于 ϵ。

由于 $\mathbb{P}[R]>\epsilon$，我们可以沿着 R 的 4 个边定义 4 个矩形区域 r_1、r_2、r_3 以及 r_4，其中每个区域的概率质量至少为 $\epsilon/4$。具体而言，这些区域的构建可以从 R 的一边出发，在保持概率质量至少为 $\epsilon/4$ 的前提下尽可能向内移动，示意图见图 2.3。

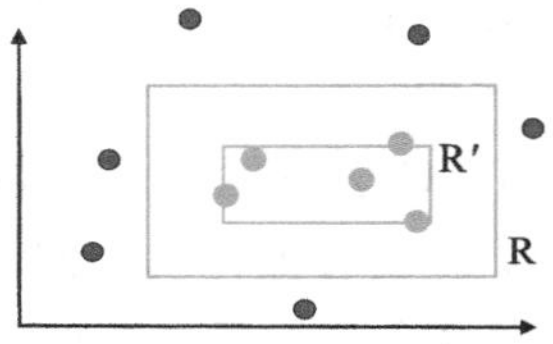

图 2.2　算法返回的假设 $R'=R_S$ 的示意图

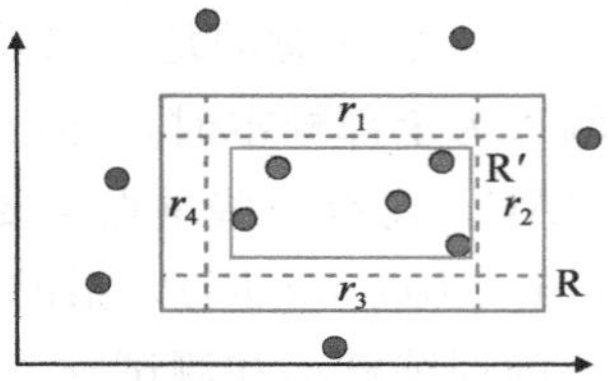

图 2.3　区域 $r_1,\cdots,r_4$ 的示意图

令 l、r、b 以及 t 为由 R 定义的 4 个实数值：$R=[l,r]\times[b,t]$。进而，上述 4 个区域可以作如下定义，例如取 $s_4=\inf\{s:\mathbb{P}[[l,s]\times[b,t]]\geqslant\epsilon/4\}$，则左侧的矩形 r_4 可以定义为 $r_4=[l,s_4]\times[b,t]$。不难看到，在 R 中剔除 r_4 后得到的区域 $\overline{r}_4=[l,s_4]\times[b,t]$ 对应的概率至多为 $1-\epsilon/4$。类似地，r_1、r_2、r_3 以及 $\overline{r}_1$、$\overline{r}_2$、$\overline{r}_3$ 也按照这样的方式进行定义。

注意，如果矩形 R_S 与构造的 4 个矩形区域 r_i，$i\in[1,4]$ 均有交叠，从几何角度而言，R_S 在每个区域内将各有一条边。对于 R_S 产生误差的区域，也即属于 R 但不属于 R_S 的区域，则将包含在区域 $\overline{r}_i$，$i\in[1,4]$ 的并集中，并且概率不会超过 ϵ。另外，如果 $R(R_S)>\epsilon$，则 R_S 至少与 r_i，$i\in[1,4]$ 的某一个区域不发生交叠。因此，我们得到如下结果：

$$\begin{aligned}\underset{S\sim\mathcal{D}^m}{\mathbb{P}}[R(R_S)>\epsilon] &\leqslant \underset{S\sim\mathcal{D}^m}{\mathbb{P}}[\cup_{i=1}^{4}\{R_S\cap r_i=\varnothing\}] \\ &\leqslant \sum_{i=1}^{4}\underset{S\sim\mathcal{D}^m}{\mathbb{P}}[\{R_S\cap r_i=\varnothing\}] && \text{(联合界)} \qquad (2.5) \\ &\leqslant 4(1-\epsilon/4)^m && \text{(由于 } \mathbb{P}[r_i]\geqslant\epsilon/4\text{)} \\ &\leqslant 4\exp(-m\epsilon/4)\end{aligned}$$

13

其中，上式的最后一步根据的是对于所有 $x \in \mathbb{R}$，有不等式 $1-x \leqslant e^{-x}$ 成立。对于任意 $\delta>0$，为了保证 $\underset{S\sim\mathcal{D}^m}{\mathbb{P}}[R(\mathrm{R_S})>\epsilon] \leqslant \delta$，我们可以使

$$4\exp(-\epsilon m/4) \leqslant \delta \Leftrightarrow m \geqslant \frac{4}{\epsilon}\log\frac{4}{\delta} \tag{2.6}$$

因此，对于任意 $\epsilon>0$ 以及 $\delta>0$，如果样本规模 m 超过 $\frac{4}{\epsilon}\log\frac{4}{\delta}$，则会有 $\underset{S\sim\mathcal{D}^m}{\mathbb{P}}[R(\mathrm{R_S})>\epsilon] \leqslant \delta$ 成立。此外，表示 $\mathbb{R}^2$ 上的点以及平行于坐标轴的矩形（矩形可由 4 个角点定义）的计算代价是常数。从上述论证可以看出，平行于坐标轴的概念类是 PAC 可学习的，并且 PAC 学习平行于坐标轴的矩形的样本复杂度为 $O\left(\frac{1}{\epsilon}\log\frac{1}{\delta}\right)$。

值得一提的是，还有一种等价的方式来表现式(2.6)的样本复杂度，并且在本书之后的章节中也会经常看到，即给出**泛化界**(generalization bound)的形式。泛化界指的是以至少 $1-\delta$ 的概率，可以得到依赖于样本规模 m 和 δ 的某个量作为 $R(\mathrm{R_S})$ 的上界。为了得到这样的上界，可以使 δ 等于式(2.5)得到的上界，即令 $\delta=4\exp(-m\epsilon/4)$ 并对 ϵ 求解。最终可以得到，以至少为 $1-\delta$ 的概率，学习算法的误差有如下泛化界：

$$R(\mathrm{R_S}) \leqslant \frac{4}{m}\log\frac{4}{\delta} \tag{2.7}$$

当然，对于本例，还存在其他的 PAC 学习算法，比如学习算法返回的是不包括负样本点的最大矩形。上述证明平行于坐标轴的最紧矩形是 PAC 学习的思路可以很容易地推广到其他类似算法的情况中。

注意，本例中我们考虑的假设集 $\mathcal{H}$ 与概念类 $\mathcal{C}$ 是一致的，并且假设集的势是无限的。虽然如此（这个例子并不是最一般的情况），这个例子仍然可以体现 PAC 学习的一个简单的证明思路。我们在这个例子的基础上，很自然地想知道这样一种证明思路能否直接推广到类似的概念类上。然而，答案是否定的，无法直接推广的原因在于本例中特殊的几何构造是关键点，从而不直接具备推广性。在习题 2.4 中，可以看到无法直接将上述证明推广到例如非同心圆这样的概念类上。因此，我们需要更为一般的证明技巧并得到更为一般的结果。在接下来的两节中，我们将对有限假设集的情况给出更具一般性的答案。 14

2.2 对有限假设集的学习保证——一致的情况

我们在之前关于平行于坐标轴的矩形的例子中已知，学习算法返回的假设 h_S 总是**一致**(consistent)的，即这样的假设在训练集 S 上不会产生误差。在这一节，我们在假设集的势 $|\mathcal{H}|$ 有限的情况下，将对一致的假设给出一个具有一般性的样本复杂度界（也即泛化界）。这里，由于要讨论的是一致的假设，我们假定目标概念 c 在假设集 $\mathcal{H}$ 中。

| 定理 2.1　学习界——有限假设集 $\mathcal{H}$，一致的情况 | 令 $\mathcal{H}$ 为一个有限的、由 $\mathcal{X}$ 到 $\mathcal{Y}$ 的映射函数组成的集合。令 $\mathcal{A}$ 为学习任意目标概念 $c \in \mathcal{H}$ 的算法，并且独立同分布样本 S 返回的是一个一致的假设：h_S：$\hat{R}_S(h_S)=0$。那么，对于任意 ϵ、$\delta>0$，不等式 $\underset{S\sim\mathcal{D}^m}{\mathbb{P}}[R(h_S) \leqslant \epsilon] \geqslant 1-\delta$ 成立的条件是

$$m \geqslant \frac{1}{\varepsilon}\left(\log|\mathcal{H}| + \log\frac{1}{\delta}\right) \tag{2.8}$$

对应地，由这样的样本复杂度等价地可以得到如下泛化界：对于任意 ε，$\delta>0$ 以至少为 $1-\delta$ 的概率，有

$$R(h_S) \leqslant \frac{1}{m}\left(\log|\mathcal{H}| + \log\frac{1}{\delta}\right) \tag{2.9}$$

| 证明 | 固定 $\varepsilon>0$。这里，我们对于算法 $\mathcal{A}$ 选择了哪个假设 $h_S \in \mathcal{H}$ 是无从得知的。选择假设除了与学习算法有关，还与训练样本 S 有关。因此，我们需要给出一个**一致收敛界**(uniform convergence bound)，即包括 h_S 在内，对于由所有一致的假设构成的集合均成立的界。所以，我们需要对某些一致但是误差大于 ε 的假设 $h \in \mathcal{H}$ 给出概率的界。对于任意 $\varepsilon>0$，定义 $\mathcal{H}_\varepsilon=\{h\in\mathcal{H}: R(h)>\varepsilon\}$，则假设 h 在 $\mathcal{H}_\varepsilon$ 中的概率与独立同分布的训练样本 S 是一致的，即可以得出在 S 中任意样本点都不存在误差的概率上界满足：

$$\mathbb{P}[\hat{R}_S(h)=0] \leqslant (1-\varepsilon)^m$$

进而，根据联合界，有下式成立：

$$\begin{aligned}\mathbb{P}[\exists h \in \mathcal{H}_\varepsilon: \hat{R}_S(h)=0] &= \mathbb{P}[\hat{R}_S(h_1)=0 \vee \cdots \vee \hat{R}_S(h_{|\mathcal{H}_\varepsilon|})=0] \\ &\leqslant \sum_{h\in\mathcal{H}_\varepsilon} \mathbb{P}[\hat{R}_S(h)=0] \qquad \text{（联合界）} \\ &\leqslant \sum_{h\in\mathcal{H}_\varepsilon} (1-\varepsilon)^m \leqslant |\mathcal{H}|(1-\varepsilon)^m \leqslant |\mathcal{H}|\mathrm{e}^{-m\varepsilon}\end{aligned}$$

15 令上式的右边等于 δ 并对 ε 进行求解，则原定理得证。■

该定理表明，当假设集 $\mathcal{H}$ 的势有限时，由于式(2.8)给出的样本复杂度依赖于关于 $1/\varepsilon$ 和 $1/\delta$ 的多项式，因此学习算法 $\mathcal{A}$ 是 PAC 学习算法。根据式(2.9)，一致的假设的泛化误差以一个随样本规模 m 的增加而减少的项为上界。这是一个一般性的事实：如预期的一样，学习算法将在给定更大规模的带标签训练样本时获得更大的收益。与此同时，上述定理给出的泛化误差减少速率为 $O(1/m)$，这对于学习算法也是非常有利的。

式(2.9)中的上界随着 $|\mathcal{H}|$ 的增大而增大，故而得到一个一致的算法需要付出的代价随着包含目标概念的假设集的增大而增大。然而，这种增大的程度是对数型的。值得注意的是，不同于常数型，这种对数型的项 $\log|\mathcal{H}|$ 或者 $\log_2|\mathcal{H}|$，可以解释为表示 $\mathcal{H}$ 需要的二进制位数。从这个角度而言，上述定理得到的泛化保证由二进制表示位数 $\log_2|\mathcal{H}|$ 与样本规模 m 之比控制。

我们现在可以根据定理 2.1 来分析更多种概念类的 PAC 学习。

例 2.2　布尔值的合取(conjunction of Boolean literals)　考虑学习概念类 $\mathcal{C}_n$，即最多 n 个布尔值 x_1，…，x_n 的合取。一个布尔值指一个变量 x_i，$i\in[1, n]$或者该变量的否 $\overline{x}_i$。例如，当 $n=4$ 时，合取可以是 $x_1 \wedge \overline{x}_2 \wedge x_4$，其中$\overline{x}_2$ 表示布尔值 x_2 的否。对于这个概念，(1，0，0，1)是一个正样本，而(1，0，0，0)是一个负样本。

接下来，考虑更为一般的情况(注意目标概念不再是 $x_1 \wedge \overline{x}_2 \wedge x_4$)。在此之前，有一点需要注意，同样以 $n=4$ 的情况为例，假设(1，0，1，0)是正样本，则意味着目标概念不应该包括布尔值$\overline{x}_1$ 和$\overline{x}_3$，同时不应该包括布尔值 x_2 和 x_4。相反地，负样本传达的信息则不如正样本这么多，因此无从得知该样本哪一位二进制是不正确的。这里，给出一个

简单的算法来根据正样本找到一致的假设：对于每个正样本$(b_1, \cdots, b_n)$，如果$b_i=1$，$i\in[1, n]$，则在目标概念中排除$\overline{x}_i$，如果$b_i=0$，$i\in[1, n]$，则在目标概念中排除x_i，最终，由所有未排除的布尔值组成的合取则是与目标概念一致的一个假设。图 2.4 展示了一个$n=6$的例子，包括训练样本和与之一致的假设。

0	1	1	0	1	1	+
0	1	1	1	1	1	+
0	0	1	1	0	1	−
0	1	1	1	1	1	+
1	0	0	1	1	0	−
0	1	0	0	1	1	+
0	1	?	?	1	1	

图 2.4　上表中前 6 行的每一行都表示一个训练样本，最后一列是其对应的标签，+或者−。对于所有正样本，若某一列的元素都为 0/1，则最后一行对应列的位置为 0/1。如果对于某一列，有些正样本为 0，有些为 1，则最后一行对应列的位置为"?"。因此，对于上述训练样本，学习算法返回的一致假设为$\overline{x}_1\wedge x_2\wedge x_5\wedge x_6$

在这个例子中，有$|\mathcal{H}|=|\mathcal{C}_n|=3^n$，这是因为对于每个布尔值都有 3 种情况：包含、包含该布尔值的否以及不包含。将这个假设集的势代入一致假设的样本复杂度界可以得到如下的样本复杂度界，即对于任意ϵ，$\delta>0$：

$$m\geqslant\frac{1}{\epsilon}\left((\log 3)n+\log\frac{1}{\delta}\right) \tag{2.10}$$

因此，至多n个布尔值的合取是 PAC 可学习的。注意，由于每个样本的训练代价是$O(n)$，这样的情况下计算复杂度也是多项式的。当$\delta=0.02$，$\epsilon=0.1$并且$n=10$时，样本 16
复杂度的界为$m\geqslant 149$。因此，对于这样的带标签的至少 149 个样本，上述界可以保证以至少 98%的概率得到 90%的准确性。

例 2.3　普遍概念类(universal concept class)　考虑n个布尔值构成的集合$\mathcal{X}=\{0, 1\}^n$，令$\mathcal{U}_n$是由$\mathcal{X}$所有子集构成的概念类。则$\mathcal{U}_n$是否是 PAC 可学习的概念类？为了得到一致假设，假设类必须包含概念类，则意味着$|\mathcal{H}|\geqslant|\mathcal{U}_n|=2^{(2^n)}$。根据定理 2.1，需要满足如下的样本复杂度界：

$$m\geqslant\frac{1}{\epsilon}\left((\log 2)\times 2^n+\log\frac{1}{\delta}\right) \tag{2.11}$$

在这样的界中，需要的训练样本数量与n呈指数关系，等于$\mathcal{X}$中表示一个点的代价。因此，PAC 学习无法由该定理得到保证(由于不是多项式计算代价)。实际上，不难发现这样的普遍概念类不是 PAC 可学习的。

例 2.4　k 项析取范式　一个析取范式指的是若干项的析取，其中每一项都是布尔值的合取。k项析取范式指的是构成该析取范式的合取项共有k个，并且每个合取项至多由n个布尔值组成。因此，对于$k=2$以及$n=3$，k项析取范式的例子是$(x_1\wedge\overline{x}_2\wedge x_3)\vee(\overline{x}_1\wedge x_3)$。

那么，k项析取范式这样的概念类是否是 PAC 可学习的呢？该概念类的势是3^{nk}，这是由于每个合取项至多包含n个量，之前已论述过这样的合取有3^n个。为了得到一致的假设，$|\mathcal{H}|$必须包含概念类$\mathcal{C}$，则$|\mathcal{H}|\geqslant 3^{nk}$。根据定理 2.1，需要满足如下样本复杂度界： 17

$$m\geqslant\frac{1}{\epsilon}\left((\log 3)nk+\log\frac{1}{\delta}\right) \tag{2.12}$$

这样的界是多项式的。然而，考虑计算复杂度，通过三色图问题的退化情况，可以说明 k 项析取范式这类问题哪怕在 $k=3$ 时也无法被高效地 PAC 学习，这属于 RP 问题的范畴(在多项式时间内存在单边错误率的一类复杂问题)。如果 RP=NP，该问题可以计算，但一般不认为 RP=NP。因此，虽然学习 k 项析取范式需要的样本复杂度仅为多项式的，但如果 RP≠NP，那么这个概念类仍不可能被高效地 PAC 学习。

例 2.5　k 合取范式 合取范式指的是若干项析取的合取。k 合取范式指的是形如 $T_1 \wedge \cdots \wedge T_j$ 的表达式，其中 $j \in \mathbb{N}$ 且可以为任意值，每一项 T_i 是至多为 k 个布尔值的析取。

学习 k 合取范式的问题可以退化为学习布尔值合取的问题，而布尔值合取是 PAC 可学习的概念类。这种退化可以通过引入 $(2n)^k$ 个新的变量 $Y_{u_1,\cdots,u_k}$ 实现，即采用如下双射引入：

$$(u_1,\ \cdots,\ u_k) \to Y_{u_1,\cdots,u_k} \tag{2.13}$$

其中，u_1，…，u_k 是基于原始变量 x_1，…，x_n 的布尔值，则 $Y_{u_1,\cdots,u_k}=u_1 \vee \cdots \vee u_k$。通过这样的映射，原始的训练样本可以由这些新的变量完成转化，使得任意基于原始变量的 k 合取范式可以写作基于 $Y_{u_1,\cdots,u_k}$ 的合取。这样一来，该问题就等价于对布尔值合取的 PAC 学习，虽然训练样本的分布发生了变化，但由于 PAC 框架是与分布无关的，故而不会影响 PAC 学习的判定。因此，通过问题转化，k 合取范式的 PAC 可学习性可由布尔值的合取的 PAC 可学习性得到。

我们注意到一个令人惊讶的事实，即 k 项析取范式是可以写作 k 合取范式的。实际上，根据结合律，一个 k 项析取范式 $T_1 \vee \cdots \vee T_k$(其中对于 $i \in [1,\ k]$，$T_i=u_{i,1} \wedge \cdots \wedge u_{i,n_i}$)可以通过下面的式子写作 k 合取范式：

$$\bigvee_{i=1}^{k} u_{i,1} \wedge \cdots \wedge u_{i,n_i} = \bigwedge_{j_1 \in [1,n_1],\cdots,j_k \in [1,n_k]} u_{1,j_1} \vee \cdots \vee u_{k,j_k}$$

为了说明上式，这里举一个特例，如

18 $$(u_1 \wedge u_2 \wedge u_3) \vee (v_1 \wedge v_2 \wedge v_3) = \bigwedge_{i,j=1}^{3} (u_i \vee v_j)$$

然而，我们之前已经论述过如果 RP≠NP，k 项析取范式不可能被高效地 PAC 学习。这样一来就出现了显而易见的矛盾(可以相互转化的概念类一个是 PAC 可学习的而另一个却不是)，该如何解释？问题在于如果 RP≠NP，将 k 项析取范式转换为 k 合取范式一般而言是计算困难的。

这个例子揭示了 PAC 学习的一些要点，包括概念表示的代价以及假设集的选择。对于固定的概念类，学习是否是计算困难的取决于概念如何表示。

2.3　对有限假设集的学习保证——不一致的情况

对于大多数一般的情况，可能在 $\mathcal{H}$ 中不存在与带标签的训练样本一致的假设。这对于实际问题反而是更为典型的情境，因为待学习的问题本身较难或者概念类比学习算法采用的假设集更为复杂。然而，不一致并不意味着无法学习，在训练集上产生少量误差的不一致假设可能是有用的并且这样的假设在一定条件下是存在学习效果的保证的。本节将对有限假设集在不一致的情况下给出学习保证。

为了在这种更一般的情况下给出学习保证，我们将利用 Hoeffding 不等式(定理 D. 1)或者如下推论(关于泛化误差与单一假设的经验误差)：

| 推论 2. 1 | 固定 $\epsilon>0$，令 S 表示数目为 m 的独立同分布样本集，则，对于任意假设 $h: X\to\{0, 1\}$，有如下不等式成立：

$$\underset{S\sim\mathcal{D}^m}{\mathbb{P}}[\hat{R}_S(h)-R(h)\geqslant\epsilon]\leqslant\exp(-2m\epsilon^2) \tag{2.14}$$

$$\underset{S\sim\mathcal{D}^m}{\mathbb{P}}[\hat{R}_S(h)-R(h)\leqslant-\epsilon]\leqslant\exp(-2m\epsilon^2) \tag{2.15}$$

根据联合界，由上面两个不等式可得如下双边不等式：

$$\underset{S\sim\mathcal{D}^m}{\mathbb{P}}[|\hat{R}_S(h)-R(h)|\geqslant\epsilon]\leqslant 2\exp(-2m\epsilon^2) \tag{2.16}$$

| 证明 | 由定理 D. 1 直接可得。

令式(2. 16)的右边等于 δ 并对 ϵ 进行求解可以直接得到如下对于单一假设的误差界。 ■

| 推论 2. 2 单一假设的泛化界 | 固定一个假设 $h: \mathcal{X}\to\{0, 1\}$。则对于任意 $\delta>0$，以至少 $1-\delta$ 的概率，有如下不等式成立：

$$R(h)\leqslant\hat{R}_S(h)+\sqrt{\frac{\log\frac{2}{\delta}}{2m}} \tag{2.17}$$

下面我们通过一个简单的例子来说明上述推论。 19

例 2. 6 抛硬币 设想我们抛一枚有偏置的硬币，其正面向上的概率为 p，而我们的假设总是猜测抛硬币的结果为反面。那么，在这样的设定下，真实误差率为 $R(h)=p$，对应地，通过独立同分布训练样本可以得到一个正面向上的经验概率 $\hat{p}$，进而得到经验误差率为 $\hat{R}_S(h)=\hat{p}$。根据推论 2. 2，以至少 $1-\delta$ 的概率我们有如下保证：

$$|p-\hat{p}|\leqslant\sqrt{\frac{\log\frac{2}{\delta}}{2m}} \tag{2.18}$$

因此，如果我们设定 $\delta=0.02$ 并采用 500 个训练样本，则以至少 98%的概率，对于 $\hat{p}$ 的精度有下式保证：

$$|p-\hat{p}|\leqslant\sqrt{\frac{\log(10)}{1000}}\approx 0.048 \tag{2.19}$$

现在考虑这样一个问题，我们能否对于训练样本 S，利用推论 2. 2 给出由学习算法返回的假设 h_S 的泛化误差界？答案是否定的，因为 h_S 并不是一个固定的假设，而是依赖于采用的训练样本，有一定的随机性。与此同时，需要注意对于单一假设，经验误差的期望是其泛化误差(式(2. 3))，然而假设不固定时，其泛化误差 $R(h_S)$ 是一个随机变量，而且一般与经验误差的期望 $\mathbb{E}[\hat{R}_S(h_S)]$(是个常数)不同。

因此，就如我们证明一致的情况时一样，我们需要得到一个一致收敛界，即对于所有假设 $h\in\mathcal{H}$ 都以高概率成立的界。

| 定理 2.2 学习界——有限假设集 $\mathcal{H}$，不一致的情况 | **令 $\mathcal{H}$ 为一个有限的假设集。则对于任意 $\delta>0$，以至少 $1-\delta$ 的概率，有下面的不等式成立：**

$$\forall h\in\mathcal{H},\quad R(h)\leqslant\hat{R}_S(h)+\sqrt{\frac{\log|\mathcal{H}|+\log\frac{2}{\delta}}{2m}} \tag{2.20}$$

| 证明 | 令 h_1，…，$h_{|\mathcal{H}|}$ 是 $\mathcal{H}$ 的组成元素。利用联合界并将推论 2.2 用于每个假设可得

$$\begin{aligned}\mathbb{P}[\exists h\in\mathcal{H}\,|\hat{R}_S(h)-R(h)|>\epsilon]&\\ &=\mathbb{P}[(|\hat{R}_S(h_1)-R(h_1)|>\epsilon)\vee\cdots\vee(|\hat{R}_S(h_{|\mathcal{H}|})-R(h_{|\mathcal{H}|})|>\epsilon)]\\ &\leqslant\sum_{h\in\mathcal{H}}\mathbb{P}[|\hat{R}_S(h)-R(h)|>\epsilon]\\ &\leqslant 2|\mathcal{H}|\exp(-2m\epsilon^2)\end{aligned}$$

20 令上式右边等于 δ，则定理得证。 ■

这就是说，对于一个有限的假设集 $\mathcal{H}$，

$$R(h)\leqslant\hat{R}_S(h)+O\left(\sqrt{\frac{\log_2|\mathcal{H}|}{m}}\right)$$

类似于之前所讨论的，$\log_2|\mathcal{H}|$ 可以解释为表示 $\mathcal{H}$ 所需要的二进制位数，更大的样本规模 m 可以保证更好的泛化性能，并且这个界随着 $|\mathcal{H}|$ 呈对数型增加。不同的是，由于开方的存在，这种界在关于 $\frac{\log_2|\mathcal{H}|}{m}$ 的函数类中性能稍差，即当 $|\mathcal{H}|$ 固定时，欲达到与一致的情况相同的误差保证则需要付出更多的带标签样本，并且由于要平方，这个代价并不小。

注意，这样的误差界也蕴含着一种权衡，即减少经验误差与控制假设集的势：一个更大的假设集会使第二项（针对上式）更大，但可以减少第一项中的经验误差。但是，对于类似的经验误差，推荐采用更小的假设集。这个现象可以被看作所谓的**奥卡姆剃刀原则**（Occam's Razor principle，以神学家 William of Occam 命名）的实例：“多数不应在没有必要的情况下被假定”或称“最简单的解释是最好的”。从这个意义上讲，如果其他方面是相同的，更简单（更小）的假设集将是更好的。

2.4 泛化性

本节中我们将对学习的不同情境涉及的一些重要问题展开讨论，在前几节中为了简化叙述而没有详细深入探讨这些问题。

2.4.1 确定性与随机性情境

对于大多数一般的监督学习情境，分布 $\mathcal{D}$ 定义在 $\mathcal{X}\times\mathcal{Y}$ 上，并且训练样本是根据 $\mathcal{D}$ 采样得到的带标签独立同分布样本：

$$S=((x_1,\ y_1),\ \cdots,\ (x_m,\ y_m))$$

学习要解决的问题即找到一个有较小泛化误差的假设 $h\in\mathcal{H}$：

$$R(h)=\underset{(x,y)\sim\mathcal{D}}{\mathbb{P}}[h(x)\neq y]=\underset{(x,y)\sim\mathcal{D}}{\mathbb{E}}[1_{h(x)\neq y}]$$

这种更一般的情境即**随机性情境**(stochastic scenario)。在这种情境下，学习算法输出的标签是输入的一个概率函数。随机性情境在很多实际问题中更为贴合，因为输入对应的标签可能不是唯一的。例如，如果我们想根据一个人的身高和体重来预测这个人的性别， 21
那么这个问题中标签往往不是唯一的，对于大多数输入，男性和女性都是可能的性别。对于每个固定的输入，其标签为男性对应的是一个概率分布。

在随机性情境下，对 PAC 学习框架的一个很自然的扩展就是**不可知 PAC 学习**(agnostic PAC-learning)。

| 定义 2.4 不可知 PAC 学习 | 令 $\mathcal{H}$ 为一个假设集。$\mathcal{A}$ 是一个不可知 PAC 学习算法的条件是：存在一个多项式函数 poly(·，·，·，·)使得对于任意 $\epsilon>0$ 以及 $\delta>0$，对于所有在 $\mathcal{X}\times\mathcal{Y}$ 上的分布 $\mathcal{D}$，对于满足 $m\geqslant$poly($1/\epsilon$，$1/\delta$，n，size(c))的任意样本规模有下面的不等式成立：

$$\underset{S\sim\mathcal{D}^m}{\mathbb{P}}[R(h_S)-\min_{h\in\mathcal{H}}R(h)\leqslant\epsilon]\geqslant 1-\delta \tag{2.21}$$

进一步地，如果算法 $\mathcal{A}$ 可在 poly($1/\epsilon$，$1/\delta$，n，size(c))内执行，则其可称为一个高效的不可知 PAC 学习算法。

当一个样本的标签可以由某个唯一的可测函数 f：$\mathcal{X}\to\mathcal{Y}$(以概率 1 成立)确定时，这种情况被称为**确定性情境**。此时，考虑一个输入空间服从的分布 $\mathcal{D}$，依分布 $\mathcal{D}$ 采样得到训练样本(x_1，…，x_m)，并且通过 f：$y_i=f(x_i)$确定对应的标签，其中 $i\in[1,m]$。很多学习问题都可以在此确定性情境下完成形式化。

在之前的章节中，并且在本书(之后)绝大部分内容中，我们出于简化问题的考虑，都将讨论限定在这种确定性情境下。然而，对于读者而言，将这部分内容推广至随机性情境应该是较为直接的。

2.4.2 贝叶斯误差与噪声

对于确定性情境，根据定义可知，存在一个没有泛化误差的目标函数 f 使得 $R(h)=0$。对于随机性情境，对于任意假设，存在一个最小的非 0 误差。

| 定义 2.5 贝叶斯误差 | 给定一个在 $\mathcal{X}\times\mathcal{Y}$ 上的分布 $\mathcal{D}$，相应的贝叶斯误差 R^* 定义为由可测函数类 h：$\mathcal{X}\to\mathcal{Y}$ 产生的误差下界：

$$R^*=\inf_{\substack{h\\ h\text{ 可测}}}R(h) \tag{2.22}$$

一个满足 $R(h)=R^*$ 的假设 h 被称为贝叶斯假设或贝叶斯分类器。

根据定义，对于确定性情境，我们有 $R^*=0$，但是对于随机性情境，$R^*\neq 0$。进一步地，贝叶斯分类器 h_{Bayes} 可以用条件概率进行定义：

$$\forall x\in\mathcal{X},\quad h_{\text{Bayes}}(x)=\underset{y\in\{0,1\}}{\operatorname{argmax}}\mathbb{P}[y\mid x] \tag{2.23}$$ 22

因此，h_{Bayes} 在 $x\in\mathcal{X}$ 的平均误差为 $\min\{\mathbb{P}[0\mid x],\mathbb{P}[1\mid x]\}$，这是最小的可能误差。由这样的定义可以导出下述关于**噪声**(noise)的定义。

| 定义 2.6 噪声 | 给定一个在 $\mathcal{X}\times\mathcal{Y}$ 上的分布 $\mathcal{D}$，在样本点 $x\in\mathcal{X}$ 上的噪声定义为

$$\text{noise}(x)=\min\{\mathbb{P}[1\mid x],\mathbb{P}[0\mid x]\} \tag{2.24}$$

则平均噪声或称关于分布 $\mathcal{D}$ 的噪声为 $\mathbb{E}[\text{noise}(x)]$。

因此，平均噪声严格地等于贝叶斯误差：$\text{noise}=\mathbb{E}[\text{noise}(x)]=R^*$。噪声可以看作对学习任务难易程度的一个衡量。对于一个样本点 $x\in\mathcal{X}$，若 $\text{noise}(x)$ 接近 1/2，则往往被称为噪点，当然，对这种点的精确预测是极具挑战性的。

2.5 文献评注

PAC 学习框架首先由 Valiant[1984]提出。关于 PAC 学习以及其他一些关于机器学习本质问题探讨的推荐书为 Kearns 和 Vazirani[1994]的著作。本书中学习平行于坐标轴的矩形的例子亦在上述文献中有所讨论，其最初来源于 Blumer 等[1989]。

PAC 学习框架属于一种计算框架，这是因为它考虑了计算表示的代价以及学习算法的时间复杂度。需要指出的是，如果我们忽略这些计算角度的代价，该框架则与 Vapnik 和 Chervonenkis 在更早之前考虑的框架一致[见 Vapnik，2000]。值得一提的是，本章中给出的关于噪声的定义可以推广适用于任意的损失函数(见习题 2.14)。

奥卡姆剃刀原则在很多文献中均有涉及，例如在语言学中评判规则和语法的优越性。在信息论中，类似的框架为 Kolmogorov 复杂度。在本章呈现的学习保证中，原则上建议选择最为“吝啬的”概念解释(即对应的假设集的势最小)。对于这一点，我们将在下一章看到这个原则以其他形式呈现(如描述简单性或者复杂性的不同概念形式)。

2.6 习题

2.1 PAC 模型的双神谕⊖型。假设正负样本来源于两个独立的分布 $\mathcal{D}_+$ 和 $\mathcal{D}_-$。对于准确性 $(1-\epsilon)$，学习算法必须找到一个假设 h 使得：

23
$$\underset{x\sim\mathcal{D}_+}{\mathbb{P}}[h(x)=0]\leqslant\epsilon \text{ 和 } \underset{x\sim\mathcal{D}_-}{\mathbb{P}}[h(x)=1]\leqslant\epsilon \tag{2.25}$$

因此，这样的假设必须在这两个分布上都有较小的误差。令 $\mathcal{C}$ 表示任意概念类并令 $\mathcal{H}$ 表示任意假设空间。令 h_0 和 h_1 分别表示分类恒为 0 和恒为 1 的函数。试证明：当且仅当在双神谕 PAC 模型中采用 $\mathcal{H}\cup\{h_0, h_1\}$ 作为假设集时 $\mathcal{C}$ 是高效 PAC 可学习的成立时，有在标准的(单神谕)PAC 模型中采用 $\mathcal{H}$ 作为假设集时 $\mathcal{C}$ 是高效 PAC 可学习的成立。

2.2 超矩形的 PAC 学习。一个在 $\mathbb{R}^n$ 中平行于坐标轴的超矩形可表示为 $[a_1, b_1]\times\cdots\times[a_n, b_n]$。例 2.1 中对 $n=2$ 的情况给出了证明，试对该例的证明进行推广，进而证明平行于坐标轴的超矩形是 PAC 可学习的。

2.3 同心圆。令 $\mathcal{X}=\mathbb{R}^2$，考虑形如 $c=\{(x, y): x^2+y^2\leqslant r^2\}$ 的概念类，其中 r 是某个实数。试证明对于给定的 (ϵ, δ)，当训练集规模满足 $m\geqslant(1/\epsilon)\log(1/\delta)$ 时，这样的概念类是 PAC 可学习的。

2.4 非同心圆。令 $\mathcal{X}=\mathbb{R}^2$，考虑形如 $c=\{x\in\mathbb{R}^2: |x-x_0|\leqslant r\}$ 的概念类，其中 r 是某

⊖ two-oracle，神谕这里指样本服从的潜在的固定分布，双神谕即服从两种分布。——译者注

个实数，$x_0 \in \mathbb{R}^2$。一位名叫 Gertrude 的机器学习研究者试图证明对于给定的(ϵ, δ)，当样本复杂度满足 $m \geqslant (3/\epsilon)\log(3/\delta)$时，这样的概念类可能是 PAC 可学习的，但是她在证明过程中碰到了一些问题。她的想法是基于学习算法选择与训练数据一致的最小圆。如图 2.5a 所示，她在概念 c 的边缘划分出三个区域 r_1，r_2，r_3，每个区域的概率是 $\epsilon/3$。她试图证明如果泛化误差大于等于 ϵ，则这三个区域中的至少一个必不与由训练数据得到的最小圆发生交叠，且该情况(指泛化误差大于等于 ϵ)发生的概率将至多为 δ。现在，请告诉 Gertrude，她的证明方法能否奏效？(提示：求解时可参考图 2.5b)

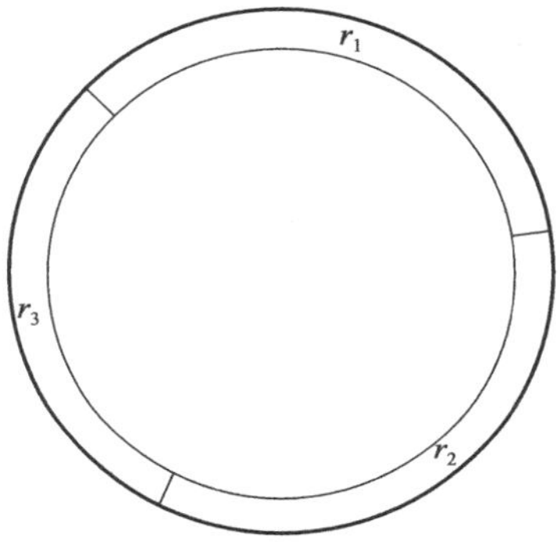

a) Gertrude给出的三个区域r_1, r_2, r_3

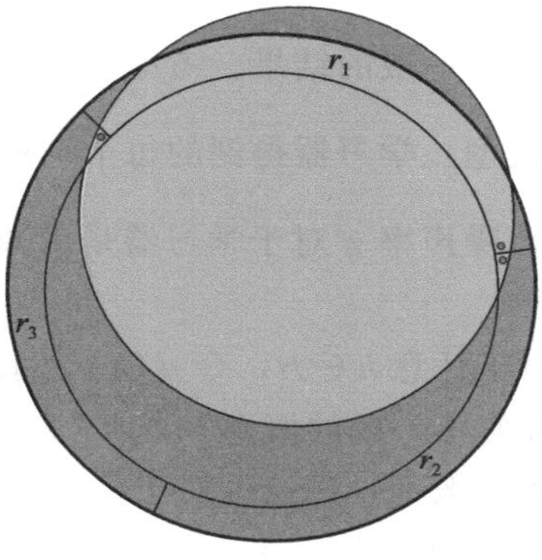

b) 提示

图 2.5

24

2.5 三角形。令 $\mathcal{X}=\mathbb{R}^2$，且该空间由正交基$(\boldsymbol{e}_1, \boldsymbol{e}_2)$张成。考虑由三角形 ABC 内部区域定义的概念类，且这样的三角形有两边是平行于坐标轴的，即$\overrightarrow{AB}/\|\overrightarrow{AB}\|=\boldsymbol{e}_1$，$\overrightarrow{AC}/\|\overrightarrow{AC}\|=\boldsymbol{e}_2$，$\|\overrightarrow{AB}\|/\|\overrightarrow{AC}\|=\alpha$，其中 $\alpha \in \mathbb{R}_+$是正实数。类似于平行于坐标轴的矩形，试证明三角形这样的概念类对于给定的(ϵ, δ)，当训练集规模满足 $m \geqslant (3/\epsilon)\log(3/\delta)$时，是 PAC 可学习的。(提示：求解时可参考图 2.6)

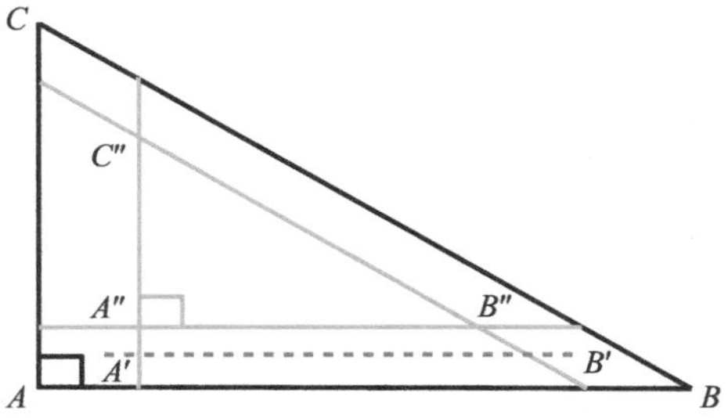

图 2.6 平行于坐标轴的三角形

2.6 有噪声存在时的学习——矩形。在例 2.1 中，我们证明了平行于坐标轴的矩形这样的概念类是 PAC 可学习的。现在考虑这样一个情况，即学习器得到的训练样本受到如下噪声干扰：负样本不受噪声干扰，但是正样本的标签以 $\eta \in \left(0, \frac{1}{2}\right)$的概率随机被翻转成负的。这里，噪声率 η 对于学习器是未知的，但是噪声率的上界 $\eta \leqslant \eta' < 1/2$ 对于学习器是已知的。这样情况下学习算法仍然给出包含正样本的最紧矩形，试证明该学习算法对于有噪声存在的、平行于坐标轴的矩形概念类仍然可实现 PAC 学习。为了完成证明，可按照下述步骤进行：

(a) 采用与例 2.1 相同的定义，假定 $\mathbb{P}[\mathrm{R}] > \epsilon$。假如 $R(\mathrm{R}') > \epsilon$，在给定 ϵ 和 η' 时，试给出 R' 至少与一个区域 r_j，$j \in [1, 4]$ 不发生交叠的概率的上界。

(b) 利用上个步骤给出的 $\mathbb{P}[R(\mathrm{R}') > \epsilon]$ 的上界，进而给出样本复杂度的界以完成证明。

2.7 有噪声存在时的学习——一般的情况。现在，我们将对之前的问题进行推广，得到一个更为一般的结果。考虑一个有限假设集 $\mathcal{H}$，假定目标概念在 $\mathcal{H}$ 中，并采用如下

25 噪声模型：学习器得到的每个训练样本的标签以 $\eta \in \left(0, \frac{1}{2}\right)$ 的概率随机被翻转。同样地，噪声率 η 对于学习器是未知的，但是噪声率的上界 $\eta \leqslant \eta' < 1/2$ 对于学习器是已知的。

(a) 对于任意 $h \in \mathcal{H}$，令 $d(h)$ 表示学习器得到的训练样本对应的标签与由 h 给出的标签不一致的概率。令 h^* 为目标假设，试论证 $d(h^*) = \eta$。

(b) 更一般地，试论证对于任意 $h \in \mathcal{H}$，有 $d(h) = \eta + (1 - 2\eta) R(h)$，其中 $R(h)$ 表示 h 的泛化误差。

(c) 在本问题以及接下来的问题中固定 $\epsilon > 0$。利用上面问题的结论论证如果 $R(h) > \epsilon$，则 $d(h) - d(h^*) \geqslant \epsilon'$，其中 $\epsilon' = \epsilon(1 - 2\eta')$。

(d) 对于任意假设 $h \in \mathcal{H}$ 以及样本规模为 m 的样本集 S，令 $\hat{d}(h)$ 表示样本集 S 中样本对应的标签与由 h 给出的标签不一致的样本占总体样本的比例。现考虑如下学习算法 L，即在得到 S 作为训练集后，返回的假设 h_S 使得标签不一致占比最小（即 $\hat{d}(h_S)$ 最小）。为了说明 L 是一个 PAC 学习算法，我们将论证对于任意 h，如果 $R(h) > \epsilon$，则 $\hat{d}(h) \geqslant \hat{d}(h^*)$ 有较高概率成立。首先，试证明对于任意 $\delta > 0$，当满足 $m \geqslant \frac{2}{\epsilon'^2} \log \frac{2}{\delta}$ 时，下式有至少 $1 - \delta/2$ 的概率成立：

$$\hat{d}(h^*) - d(h^*) \leqslant \epsilon'/2$$

(e) 接下来，试证明对于任意 $\delta > 0$，当满足 $m \geqslant \frac{2}{\epsilon'^2}\left(\log|\mathcal{H}| + \log \frac{2}{\delta}\right)$ 时，对于所有 $h \in \mathcal{H}$，下式有至少 $1 - \delta/2$ 的概率成立：

$$d(h) - \hat{d}(h) \leqslant \epsilon'/2$$

(f) 最后，试证明对于任意 $\delta > 0$，当满足 $m \geqslant \frac{2}{\epsilon^2(1 - 2\eta')^2}\left(\log|\mathcal{H}| + \log \frac{2}{\delta}\right)$ 时，对于所有满足 $R(h) > \epsilon$ 的 $h \in \mathcal{H}$，下式有至少 $1 - \delta$ 的概率成立：

$$\hat{d}(h) - \hat{d}(h^*) \geqslant 0$$

（提示：利用 $\hat{d}(h) - \hat{d}(h^*) = [\hat{d}(h) - d(h)] + [d(h) - d(h^*)] + [d(h^*) - \hat{d}(h^*)]$ 以及之前问题中得到的关于展开的这三项的下界。）

2.8 学习区间。概念类 $\mathcal{C}$ 的形式为闭区间 $[a, b]$，其中 $a, b \in \mathbb{R}$。试给出一个 PAC 学习

算法学习 $\mathcal{C}$。

2.9 学习区间的并。概念类 $\mathcal{C}_2$ 的形式为两个闭区间的并，即$[a, b]\cup[c, d]$，其中 a，b，c，$d\in\mathbb{R}$。试给出一个 PAC 学习算法学习 $\mathcal{C}_2$。进一步地，定义概念类 $\mathcal{C}_p$ 的形式为 $p\geqslant 1$ 个闭区间的并，即$[a_1, b_1]\cup\cdots\cup[a_p, b_p]$，其中对于 $k\in[1, p]$有 a_k，$b_k\in\mathbb{R}$。试给出一个 PAC 学习算法学习 $\mathcal{C}_p$，并给出该算法关于 p 的时间和样本复杂度。 26

2.10 一致假设。在本章中，我们论述了对于一个有限假设集 $\mathcal{H}$，一个一致的学习算法 $\mathcal{A}$ 是 PAC 学习算法。这里，我们来考虑一个逆问题。令 $\mathcal{Z}$ 为包含有 m 个带标签样本点的有限集。假如给定一个 PAC 学习算法 $\mathcal{A}$，试证明可以以较高的概率，用 $\mathcal{A}$ 以及一个有限的训练样本集 S 在多项式时间内找到假设 $h\in\mathcal{H}$ 与 $\mathcal{Z}$ 一致。(提示：可以在 $\mathcal{Z}$ 上选择一个合适的分布 $\mathcal{D}$，并给出当 h 与 $\mathcal{Z}$ 一致时 $R(h)$需要满足的条件)

2.11 参议院立法。对于一些重要的问题，总统 Mouth 先生会征求专家们的建议。他从总计 $\mathcal{H}=2\,800$ 位专家中挑选出一位合适的专家并听取建议。

(a) 假定立法时，各个法案的提出是随机并且独立同分布的，服从的某个分布记作 $\mathcal{D}$，提出法案后会有一组参议员进行投票(多数票的结果决定该法案是否通过)。假定 Mouth 先生可以在 $\mathcal{H}$ 中找到并挑选出这样的一个参议员：该参议员在过去的 $m=200$ 次立法中投票与大多数一致。对于该参议员，请给出他在未来的一次法案投票中投票结果与大多数不一致的概率的界。在 95%的置信度下，这样的界是多少?

(b) 假定 Mouth 先生找了另一个参议员，该参议员在过去 $m=200$ 次立法中有 $m'=20$ 次投票与大多数不一致，其余都一致。请问对于这样的参议员，相应的界变为多少?

2.12 贝叶斯界。令 $\mathcal{H}$ 是将 $\mathcal{X}$ 映射到$\{0, 1\}$的可数假设集，p 是在 $\mathcal{H}$ 上表示假设类**先验概率**(prior probability，即学习算法选中某个特定假设的概率)的概率度量。试利用 Hoeffding 不等式证明：对于任意 $\delta>0$，下式有至少 $1-\delta$ 的概率成立：

$$\forall h\in\mathcal{H},\ R(h)\leqslant\hat{R}_S(h)+\sqrt{\frac{\log\frac{1}{p(h)}+\log\frac{1}{\delta}}{2m}}\tag{2.26}$$

进一步地，对比上述结果与 2.3 节中给出的界。(提示：可在 Hoeffding 不等式中将 $\delta'=p(h)\delta$ 作为置信参数)。

2.13 学习一个未知参数。在例 2.5 中，我们证明了给定 k 作为算法输入时，k 合取范式这个概念类是 PAC 可学习的。那么，当没有给定 k 时，这个概念类还是 PAC 可学习的吗? 更一般地，考虑一族概念类$\{\mathcal{C}_s\}_s$，其中 $\mathcal{C}_s$ 表示 $\mathcal{C}$ 中集合规模至多为 s 的概念类。假设给定 s 后，PAC 学习算法 $\mathcal{A}$ 可以学得任意概念类 $\mathcal{C}_s$。那么能否将 $\mathcal{A}$ 27
转化为不需要给定参数 s 的 PAC 学习算法 $\mathcal{B}$?

为了回答这一问题，我们首先需要引入一种对假设 h 的测试方法。固定 $\epsilon>0$，$\delta>0$，$i\geqslant 1$，取样本规模为 $n=\frac{32}{\epsilon}\left[i\log 2+\log\frac{2}{\delta}\right]$。假设根据某个未知分布 $\mathcal{D}$ 得到规模为 n 的独立同分布样本集 S。当假设 h 在 S 上产生的误差至多为 $3\epsilon/4$ 时，称 h

为**接受的**(accepted)，否则为**拒绝的**(rejected)，即当且仅当时 $\hat{R}(h)\leqslant 3\epsilon/4$，$h$ 是接受的。

(a) 若 $R(h)\geqslant\epsilon$，试用(乘性)Chernoff 界证明有 $\mathbb{P}_{S\sim\mathcal{D}^n}[h\text{ 是接受的}]\leqslant\frac{\delta}{2^{i+1}}$。

(b) 若 $R(h)\leqslant\epsilon/2$，试用(乘性)Chernoff 界证明有 $\mathbb{P}_{S\sim\mathcal{D}^n}[h\text{ 是拒绝的}]\leqslant\frac{\delta}{2^{i+1}}$。

(c) 我们按照如下方式定义算法 $\mathcal{B}$：从 $i=1$ 开始，每轮 $i\geqslant 1$ 的迭代中，猜测 s 为 $\tilde{s}=\lceil 2^{(i-1)/\log\frac{2}{\delta}}\rceil$。在第 i 轮迭代中，算法 $\mathcal{A}$ 欲达到精度 $\epsilon/2$、置信度 $1/2$、概念表示代价 $\tilde{s}$(这里忽略样本表示代价)，所需的样本复杂度为 $S_A(\epsilon/2, 1/2, \tilde{s})$，记此时 $\mathcal{A}$ 返回的假设为 h_i，我们通过规模为 n 的样本集 S 来测试 h_i。如果 h_i 被接受，则 $\mathcal{B}$ 返回 h_i，否则进入下一轮迭代。试证明在第 i 轮迭代中如果 $\tilde{s}\geqslant s$，则有 $\mathbb{P}[h_i\text{ 是接受的}]\geqslant 3/8$。

(d) 证明当 $\tilde{s}\geqslant s$ 时，算法 $\mathcal{B}$ 在 $j=\left\lceil\log\frac{2}{\delta}/\log\frac{8}{5}\right\rceil$轮迭代后仍未终止的概率至多为 $\delta/2$。

(e) 证明对于 $i\geqslant\left\lceil 1+(\log_2 s)\log\frac{2}{\delta}\right\rceil$，有不等式 $\tilde{s}\geqslant s$ 成立。

(f) 证明以至少 $1-\delta$ 的概率，算法 $\mathcal{B}$ 在至多 $j'=\left\lceil 1+(\log_2 s)\log\frac{2}{\delta}\right\rceil+j$ 次迭代后终止并返回误差至多为 ϵ 的假设。

2.14 拓展噪声的概念至任意损失函数：$L：\mathcal{Y}\times\mathcal{Y}\to\mathbb{R}_+$。

(a) 证明对于样本点 $x\in\mathcal{X}$，噪声可以按下式定义：

$$\text{noise}(x)=\min_{y'\in\mathcal{Y}}\mathbb{E}_y[L(y, y')\mid x]$$

对于确定性情境，noise(x)的值是多少？上面的定义与本章中针对二分类给出的定义是否一致？

28 (b) 证明平均噪声与贝叶斯误差(即可测函数能达到的最小损失)一致。

·第 3 章·

Rademacher 复杂度和 VC-维

在机器学习中，我们采用的假设集的势往往是无穷的。然而，在处理这种无穷假设集时，之前章节所介绍的关于样本复杂度的界往往是不提供信息的。一个直观的问题就是：当假设集 $\mathcal{H}$ 是无穷集时，能否对有限的样本进行有效的学习？在对平行于坐标轴的矩形概念类的分析(例 2.1)中，我们发现这在某些情况下是可能的，这归因于我们证明了该无穷概念类是 PAC 可学习的。本章的目的在于进一步泛化样本复杂度界的结果，并得到关于无限假设类的学习保证。

为了实现这一目标，一般的做法需要先将无限假设集约简为有限假设集，然后按照之前章节介绍的流程进行处理。事实上，有各种各样将无限假设集约简的方法，但每一个都依赖于针对具体假设类的关于复杂度的概念。我们将要介绍的第一个复杂度概念是 **Rademacher 复杂度**(Rademacher complexity)。这个概念通过一些基于 **McDiarmid 不等式**(McDiarmid's inequality)的简单证明，能够帮助我们得到学习保证和高质量的界，并且这些界中不乏数据相关的界，它们将在后面章节中被频繁涉及。然而，对于某些无限假设集来说，经验 Rademacher 复杂度的计算是一个 NP-难的问题，为此我们引入两个纯粹的组合概念——**生长函数**(growth function)和 **VC-维**(VC-dimension)。我们首先建立 Rademacher 复杂度和生长函数之间的联系，然后依据 VC-维给出生长函数的界。其中，VC-维往往更易于界定或估计。我们还要回顾一系列例子，来说明如何计算和界定 VC-维，然后将生长函数与 VC-维相关联，进而引出基于 VC-维的泛化界。最终，我们将给出在**可实现的**(realizable)(此时假设集中至少有一个使期望误差为 0 的假设)和**不可实现的**(non-realizable)(此时假设集中不存在使期望误差为 0 的假设)情形下 VC-维的下界。

3.1 Rademacher 复杂度

我们沿用之前的符号系统，即用 $\mathcal{H}$ 表示一个假设集。本章的大部分结论都是一般性结论，并针对任意的损失函数 $L: \mathcal{Y}\times\mathcal{Y}\to\mathbb{R}$ 都成立。在下文中，$\mathcal{G}$ 将被一般化地解释为

关于 $\mathcal{H}$ 的损失函数族（the family of loss functions associated to $\mathcal{H}$），用以将 $\mathcal{Z}=\mathcal{X}\times\mathcal{Y}$ 映射到 $\mathbb{R}$：

$$\mathcal{G}=\{g:(x,y)\mapsto L(h(x),y):h\in\mathcal{H}\}$$

一般地，函数族 $\mathcal{G}$ 可以将任意输入空间 $\mathcal{Z}$ 映射到 $\mathbb{R}$。

Rademacher 复杂度通过衡量一个假设集拟合噪声的程度，来捕获函数族的丰富度。我们接下来将介绍关于经验 Rademacher 复杂度和 Rademacher 复杂度的正式定义。

| 定义 3.1　经验 Rademacher 复杂度 | 令 $\mathcal{G}$ 表示能够将 $\mathcal{Z}$ 映射到 $[a,b]$ 的某一函数族，设 $S=(Z_1,\cdots,Z_m)$ 为一个包含 $\mathcal{Z}$ 中元素且有固定样本规模 m 的样本集。则 $\mathcal{G}$ 关于 S 的经验 Rademacher 复杂度定义为

$$\hat{\mathcal{R}}_S(\mathcal{G})=\mathbb{E}_{\boldsymbol{\sigma}}\left[\sup_{g\in\mathcal{G}}\frac{1}{m}\sum_{i=1}^{m}\sigma_i g(z_i)\right] \tag{3.1}$$

其中 $\boldsymbol{\sigma}=(\sigma_1,\sigma_2,\cdots,\sigma_m)^{\mathrm{T}}$，$\sigma_i$ 是取值为 $\{+1,-1\}$ 的独立同分布随机变量[⊖]。这些随机变量 σ_i 被称作 Rademacher 变量。

令 $\boldsymbol{g}_S$ 表示函数 g 在样本集 S 上的取值，即 $\boldsymbol{g}_S=(g(z_1),g(z_2),\cdots,g(z_m))^{\mathrm{T}}$，则经验 Rademacher 复杂度可以重新定义为

$$\hat{\mathcal{R}}_S(\mathcal{G})=\mathbb{E}_{\boldsymbol{\sigma}}\left[\sup_{g\in\mathcal{G}}\frac{\boldsymbol{\sigma}\cdot\boldsymbol{g}_S}{m}\right]$$

$\boldsymbol{\sigma}\cdot\boldsymbol{g}_S$ 这样的内积衡量了 $\boldsymbol{g}_S$ 和随机噪声向量 $\boldsymbol{\sigma}$ 的关联度。上确界 $\sup_{g\in\mathcal{G}}\frac{\boldsymbol{\sigma}\cdot\boldsymbol{g}_S}{m}$ 是函数族 $\mathcal{G}$ 与随机噪声 $\boldsymbol{\sigma}$ 在样本集 S 上关联程度的度量。因而，经验 Rademacher 复杂度实际上衡量了函数族 $\mathcal{G}$ 在样本集 S 上与随机噪声关联程度的期望。这描述了函数族 $\mathcal{G}$ 的丰富度：更丰富的或者更复杂的函数族 $\mathcal{G}$ 可以产生更多的 $\boldsymbol{g}_S$，在平均意义下将会更好地与随机噪声相
30 关联。

| 定义 3.2　Rademacher 复杂度 | 令 $\mathcal{D}$ 表示样本分布，对于任意整数 $m\geqslant 1$，函数族 $\mathcal{G}$ 的 Rademacher 复杂度定义为所有规模为 m、依据分布 $\mathcal{D}$ 得到的样本集的经验 Rademacher 复杂度的期望，即

$$\mathcal{R}_m(\mathcal{G})=\mathbb{E}_{S\sim\mathcal{D}^m}[\hat{\mathcal{R}}_S(\mathcal{G})] \tag{3.2}$$

我们接下来将给出基于 Rademacher 复杂度的第一个泛化界。

| 定理 3.1 | 令 $\mathcal{G}$ 表示能够将 $\mathcal{Z}$ 映射到 $[0,1]$ 的某一函数族。那么，对于任意的 $\delta>0$，至少有 $1-\delta$ 的概率，对于规模为 m 的独立同分布样本集 S，使得下面的式子对于所有 $g\in\mathcal{G}$ 都成立：

$$\mathbb{E}[g(z)]\leqslant\frac{1}{m}\sum_{i=1}^{m}g(z_i)+2\mathcal{R}_m(\mathcal{G})+\sqrt{\frac{\log\frac{1}{\delta}}{2m}} \tag{3.3}$$

和

⊖ 我们隐式地假设这种定义在函数族 $\mathcal{G}$ 上的上确界是可测的，并且这种定义在函数族上的上确界可测的假设会贯穿本书的所有章节。实际上，这个假设并不是对任意函数族都成立，但是对于机器学习中常用的假设集以及本书中讨论的例子来说，该假设都是合理的。

$$\mathbb{E}[g(z)] \leqslant \frac{1}{m}\sum_{i=1}^{m} g(z_i) + 2\hat{\mathcal{R}}_S(\mathcal{G}) + 3\sqrt{\frac{\log\frac{2}{\delta}}{2m}} \tag{3.4}$$

| 证明 | 对于任意的样本集 $S=(z_1, \cdots, z_m)$ 和函数 $g\in\mathcal{G}$，我们用 $\hat{\mathbb{E}}_S[g]$ 表示 g 在 S 上的经验期望：$\hat{\mathbb{E}}_S[g]=\frac{1}{m}\sum_{i=1}^{m} g(z_i)$。接下来，我们对定义在任意样本集 S 上的函数 Φ 运用 McDiarmid 不等式：

$$\Phi(S)=\sup_{g\in\mathcal{G}}(\mathbb{E}[g]-\hat{\mathbb{E}}_S[g]) \tag{3.5}$$

令 S 和 S' 为只有一个元素不同的两个集合，即 z_m 在 S 中而 z'_m 在 S' 中。接下来，由于上确界的差小于差的上确界，我们有

$$\Phi(S')-\Phi(S)\leqslant\sup_{g\in\mathcal{G}}(\hat{\mathbb{E}}_S[g]-\hat{\mathbb{E}}_{S'}[g])=\sup_{g\in\mathcal{G}}\frac{g(z_m)-g(z'_m)}{m}\leqslant\frac{1}{m} \tag{3.6}$$

类似地，我们可以得到 $\Phi(S)-\Phi(S')\leqslant 1/m$，故 $|\Phi(S)-\Phi(S')|\leqslant 1/m$。根据 McDiarmid 不等式，对于任意的 $\delta>0$，至少有 $1-\delta/2$ 的概率，使得下面的式子成立：

$$\Phi(S)\leqslant\mathop{\mathbb{E}}_S[\Phi(S)]+\sqrt{\frac{\log\frac{2}{\delta}}{2m}} \tag{3.7}$$ 31

我们接下来约束等式右边的期望项：

$$\begin{aligned}
\mathop{\mathbb{E}}_S[\Phi(S)] &= \mathop{\mathbb{E}}_S\left[\sup_{g\in\mathcal{G}}(\mathbb{E}[g]-\hat{\mathbb{E}}_S[g])\right] \\
&= \mathop{\mathbb{E}}_S\left[\sup_{g\in\mathcal{G}}\mathop{\mathbb{E}}_{S'}[\hat{\mathbb{E}}_{S'}[g]-\hat{\mathbb{E}}_S[g]]\right] && (3.8) \\
&\leqslant \mathop{\mathbb{E}}_{S,S'}\left[\sup_{g\in\mathcal{G}}(\hat{\mathbb{E}}_{S'}[g]-\hat{\mathbb{E}}_S[g])\right] && (3.9) \\
&= \mathop{\mathbb{E}}_{S,S'}\left[\sup_{g\in\mathcal{G}}\frac{1}{m}\sum_{i=1}^{m}(g(z'_i)-g(z_i))\right] && (3.10) \\
&= \mathop{\mathbb{E}}_{\boldsymbol{\sigma},S,S'}\left[\sup_{g\in\mathcal{G}}\frac{1}{m}\sum_{i=1}^{m}\sigma_i(g(z'_i)-g(z_i))\right] && (3.11) \\
&\leqslant \mathop{\mathbb{E}}_{\boldsymbol{\sigma},S'}\left[\sup_{g\in\mathcal{G}}\frac{1}{m}\sum_{i=1}^{m}\sigma_i g(z'_i)\right]+\mathop{\mathbb{E}}_{\boldsymbol{\sigma},S}\left[\sup_{g\in\mathcal{G}}\frac{1}{m}\sum_{i=1}^{m}(-\sigma_i)g(z_i)\right] && (3.12) \\
&= 2\mathop{\mathbb{E}}_{\boldsymbol{\sigma},S}\left[\sup_{g\in\mathcal{G}}\frac{1}{m}\sum_{i=1}^{m}\sigma_i g(z_i)\right]=2\mathcal{R}_m(\mathcal{G}) && (3.13)
\end{aligned}$$

式(3.8)成立是由于 S' 中的样本服从独立同分布条件，因此 $\mathbb{E}[g]=\mathop{\mathbb{E}}_{S'}[\hat{\mathbb{E}}_{S'}[g]]$（类似式(2.3)）。式(3.9)由上确界的次可加性得到。

在式(3.11)中，我们引入 Rademacher 变量 σ_i，该变量同定义 3.2 一样，是取值为 $\{-1, +1\}$ 的独立同分布随机变量。这并不影响式(3.10)中出现的期望值：当 $\sigma_i=1$ 时，相应的求和项并未改变，当 $\sigma_i=-1$ 时，相应的求和项改变了符号，这等价于在 S 和 S' 间交换 z_i 和 z'_i。由于我们对于所有可能的 S 和 S' 取期望，因此这种交换并不会影响总的期望值。接下来，我们在求取期望时对求和项的顺序进行调整。

式(3.12)成立是由于上确界的次可加性，即：$\sup(U+V)\leqslant\sup(U)+\sup(V)$。最终，式(3.13)源自 Rademacher 复杂度的定义，以及变量 σ_i 和 $-\sigma_i$ 取自同样的分布。

将式(3.13)约简为 $\mathcal{R}_m(\mathcal{G})$，并将其中的 δ 替换为 $\delta/2$，就可以得到式(3.3)中的界。为了得到 $\mathcal{R}_S(\mathcal{G})$ 的界，我们观察到，依据定义 3.1，在 S 中改变一个点，最多改变 $\mathcal{R}_S(\mathcal{G})$ 取值的 $1/m$。那么再次运用 McDiarmid 不等式，至少以概率 $1-\delta/2$ 保证：

32

$$\mathcal{R}_m(\mathcal{G})\leqslant\hat{\mathcal{R}}_S(\mathcal{G})+\sqrt{\frac{\log\frac{2}{\delta}}{2m}} \tag{3.14}$$

最终，我们联立式(3.7)和式(3.14)并根据联合界可得，至少以概率 $1-\delta$ 保证：

$$\Phi(S)\leqslant 2\hat{\mathcal{R}}_S(\mathcal{G})+3\sqrt{\frac{\log\frac{2}{\delta}}{2m}} \tag{3.15}$$

即式(3.4)得证。■

接下来的结论在二分类损失（0-1 损失）的情形下，可以将关于假设集 $\mathcal{H}$ 的经验 Rademacher 复杂度与关于 $\mathcal{H}$ 的损失函数族 $\mathcal{G}$ 相关联。

| 引理 3.1 | 令 $\mathcal{H}$ 为取值为 $\{-1,+1\}$ 的某一函数族，$\mathcal{G}$ 为关于 $\mathcal{H}$ 的 0-1 损失函数族：$\mathcal{G}=\{(x,y)\mapsto 1_{h(x)\neq y}: h\in\mathcal{H}\}$。对于任意取值为 $\mathcal{X}\times\{-1,+1\}$ 的样本集 $S=((x_1,y_2),\cdots,(x_m,y_m))$，令 $S_{\mathcal{X}}$ 表示它在 $\mathcal{X}$ 上的投影：$S_{\mathcal{X}}=(x_1,\cdots,x_m)$。那么，$\mathcal{G}$ 和 $\mathcal{H}$ 的经验 Rademacher 复杂度有如下关系成立：

$$\hat{\mathcal{R}}_S(\mathcal{G})=\frac{1}{2}\hat{\mathcal{R}}_{S_{\mathcal{X}}}(\mathcal{H}) \tag{3.16}$$

| 证明 | 对于任意取值为 $\mathcal{X}\times\{-1,+1\}$ 的样本集 $S=((x_1,y_2),\cdots,(x_m,y_m))$，通过定义，$\mathcal{G}$ 的经验 Rademacher 复杂度可以写作：

$$\begin{aligned}\hat{\mathcal{R}}_S(\mathcal{G})&=\mathop{\mathbb{E}}_{\boldsymbol{\sigma}}\left[\sup_{h\in\mathcal{H}}\frac{1}{m}\sum_{i=1}^{m}\sigma_i 1_{h(x_i)\neq y_i}\right]\\&=\mathop{\mathbb{E}}_{\boldsymbol{\sigma}}\left[\sup_{h\in\mathcal{H}}\frac{1}{m}\sum_{i=1}^{m}\sigma_i\frac{1-y_ih(x_i)}{2}\right]\\&=\frac{1}{2}\mathop{\mathbb{E}}_{\boldsymbol{\sigma}}\left[\sup_{h\in\mathcal{H}}\frac{1}{m}\sum_{i=1}^{m}(-\sigma_i)y_ih(x_i)\right]\\&=\frac{1}{2}\mathop{\mathbb{E}}_{\boldsymbol{\sigma}}\left[\sup_{h\in\mathcal{H}}\frac{1}{m}\sum_{i=1}^{m}\sigma_ih(x_i)\right]=\frac{1}{2}\hat{\mathcal{R}}_{S_{\mathcal{X}}}(\mathcal{H})\end{aligned}$$

其中，我们运用了 $1_{h(x_i)\neq y_i}=(1-y_ih(x_i))/2$，以及对于固定的 $y_i\in\{-1,+1\}$，σ_i 和 $-y_i\sigma_i$ 分布相同这两个事实。■

值得注意的是，这个引理意味着，通过期望的计算，对于任意的 $m\geqslant 1$，$\mathcal{R}_m(\mathcal{G})=\frac{1}{2}\mathcal{R}_m(\mathcal{H})$。通过建立这种经验 Rademacher 复杂度和 Rademacher 复杂度之间的联系，可以得到假设集 $\mathcal{H}$ 在 Rademacher 复杂度意义下的二分类泛化界。

| 定理 3.2　Rademacher 复杂度界——二分类问题 | 令 $\mathcal{H}$ 为取值为 $\{-1,+1\}$ 的某

33 一函数族，令 $\mathcal{D}$ 为输入空间 $\mathcal{X}$ 的分布。那么，对于任意的 $\delta>0$，对于规模为 m、分布为

$\mathcal{D}$ 的某一样本集 S，至少以概率 $1-\delta$ 有

$$R(h)\leqslant\hat{R}_S(h)+\mathcal{R}_m(\mathcal{H})+\sqrt{\frac{\log\frac{1}{\delta}}{2m}} \tag{3.17}$$

和

$$R(h)\leqslant\hat{R}_S(h)+\hat{\mathcal{R}}_S(\mathcal{H})+3\sqrt{\frac{\log\frac{2}{\delta}}{2m}} \tag{3.18}$$

| 证明 | 这一结论可由定理 3.1 和引理 3.1 直接获得。 ■

上述给出了两个基于 Rademacher 复杂度的泛化界。其中，第二个界，即式(3.18)是数据相关的，因为经验 Rademacher 复杂度$\hat{\mathcal{R}}_S(\mathcal{H})$是依据特定样本集 S 分布的。因此，该泛化界在我们计算$\hat{\mathcal{R}}_S(\mathcal{H})$时是极具信息量的。具体而言，如何计算经验 Rademacher 复杂度呢？实际上，我们可以再次依据 σ_i 和 $-\sigma_i$ 分布相同的性质，得到：

$$\hat{\mathcal{R}}_S(\mathcal{H})=\mathop{\mathbb{E}}_{\boldsymbol{\sigma}}\left[\sup_{h\in\mathcal{H}}\frac{1}{m}\sum_{i=1}^{m}-\sigma_i h(x_i)\right]=-\mathop{\mathbb{E}}_{\boldsymbol{\sigma}}\left[\inf_{h\in\mathcal{H}}\frac{1}{m}\sum_{i=1}^{m}\sigma_i h(x_i)\right]$$

这里，对于一个固定取值的 $\boldsymbol{\sigma}$，计算 $\inf_{h\in\mathcal{H}}\frac{1}{m}\sum_{i=1}^{m}\sigma_i h(x_i)$ 等价于**经验误差最小化**(empirical risk minimization)问题，然而对于某些假设集，这样的计算是十分困难的。故而，在某些情形下，计算$\hat{\mathcal{R}}_S(\mathcal{H})$也是很困难的。在接下来的小节中，我们会通过更易于计算的组合测量来界定 Rademacher 复杂度，以便对诸多学习问题进行分析。

3.2 生长函数

在这一小节，我们将介绍如何用**生长函数**(growth function)给出 Rademacher 复杂度的界。

| 定义 3.3 生长函数 | 假设集 $\mathcal{H}$ 的生长函数 $\Pi_{\mathcal{H}}$：$\mathbb{N}\rightarrow\mathbb{N}$，定义为

$$\forall m\in\mathbb{N},\ \Pi_{\mathcal{H}}(m)=\max_{\{x_1,\cdots,x_m\}\subseteq X}\left|\{(h(x_1),\ \cdots,\ h(x_m)):\ h\in\mathcal{H}\}\right| \tag{3.19}$$

换言之，$\Pi_{\mathcal{H}}(m)$表示运用假设集 $\mathcal{H}$ 内的元素能够将 m 个点完成分类的最大方式数，其中每个分类方式称为一种**分裂**(dichotomy)。因此，生产函数描述了假设能够实现多少种分裂。这提供了另外一种衡量假设集 $\mathcal{H}$ 的丰富度的方式。然而，与 Rademacher 复杂度不一样的是，这一度量并不依赖于样本分布，这意味着它只是一个纯粹的组合测量概念。 34

为了将 Rademacher 复杂度和生长函数联系起来，我们首先介绍 Massart 引理。

| 定理 3.3 Massart 引理 | 令 $\mathcal{A}\subseteq\mathbb{R}^m$ 是一个有限集，以及 $r=\max_{x\in\mathcal{A}}\|\boldsymbol{x}\|_2$，那么有

$$\mathop{\mathbb{E}}_{\boldsymbol{\sigma}}\left[\frac{1}{m}\sup_{x\in\mathcal{A}}\sum_{i=1}^{m}\sigma_i x_i\right]\leqslant\frac{r\sqrt{2\log|\mathcal{A}|}}{m} \tag{3.20}$$

其中，σ_i 是取值为$\{-1,\ +1\}$的独立同分布随机变量，x_1，…，x_m 是向量 $\boldsymbol{x}$ 的元素。

| 证明 | 由于随机变量 $\sigma_i x_i$ 相互独立，每个变量 $\sigma_i x_i$ 在$[-|x_i|,\ |x_i|]$内取值且 $\sqrt{\sum_{i=1}^{m}x_i^2}\leqslant r^2$，所以利用推论 D.1 给出的最大期望界可以直接得到上述结果。 ■

运用这一结果，我们可以得到由生长函数给出的 Rademacher 复杂度界。

| 推论 3.1 | 令 $\mathcal{G}$ 为取值为 $\{-1, +1\}$ 的某一函数族，则下式成立：

$$\mathfrak{R}_m(\mathcal{G}) \leqslant \sqrt{\frac{2\log \Pi_{\mathcal{G}}(m)}{m}} \tag{3.21}$$

| 证明 | 对于一个固定的样本集 $S=(x_1, \cdots, x_m)$，我们用 $\mathcal{G}_{|S}$ 表示该样本集的函数值向量 $(g(x_1), \cdots, g(x_m))^{\mathrm{T}}$，其中 g 是 $\mathcal{G}$ 中的元素。由于 $g \in \mathcal{G}$，g 取值为 $\{-1, +1\}$，该向量的范数被 $\sqrt{m}$ 所约束，故而我们可以运用 Massart 引理得到：

$$\mathfrak{R}_m(\mathcal{G}) = \mathop{\mathbb{E}}_{S}\left[\mathop{\mathbb{E}}_{\boldsymbol{\sigma}}\left[\sup_{u \in \mathcal{G}_{|S}} \frac{1}{m}\sum_{i=1}^{m}\sigma_i u_i\right]\right] \leqslant \mathop{\mathbb{E}}_{S}\left[\frac{\sqrt{m}\sqrt{2\log|\mathcal{G}_{|S}|}}{m}\right]$$

根据定义，$|\mathcal{G}_{|S}|$ 受生长函数约束，则：

$$\mathfrak{R}_m(\mathcal{G}) \leqslant \mathop{\mathbb{E}}_{S}\left[\frac{\sqrt{m}\sqrt{2\log \Pi_{\mathcal{G}}(m)}}{m}\right] = \sqrt{\frac{2\log \Pi_{\mathcal{G}}(m)}{m}}$$

推论得证。 ■

同时考虑定理 3.2 以及推论 3.1 的泛化界式(3.17)，便可得关于生长函数的泛化界。

| 推论 3.2　关于生长函数的泛化界 | 令 $\mathcal{H}$ 为取值为 $\{-1, +1\}$ 的某一函数族。那么，对于任意的 $\delta > 0$，至少以概率 $1-\delta$，对于任意的 $h \in \mathcal{H}$ 有

35

$$R(h) \leqslant \hat{R}_S(h) + \sqrt{\frac{2\log \Pi_{\mathcal{H}}(m)}{m}} + \sqrt{\frac{\log \frac{1}{\delta}}{2m}} \tag{3.22}$$

当然，生长函数的界也可以直接获得(不需要借助 Rademacher 复杂度界)：

$$\mathbb{P}[|R(h) - \hat{R}_S(h)| > \epsilon] \leqslant 4\Pi_{\mathcal{H}}(2m)\exp\left(-\frac{m\epsilon^2}{8}\right) \tag{3.23}$$

这一结论与式(3.22)相比，只相差了常数项。

生长函数的计算往往并不便利，其原因在于它对所有的 $m > 1$ 都需要计算 $\Pi_{\mathcal{H}}(m)$。下一节我们将会介绍另外一种衡量假设类 $\mathcal{H}$ 的丰富度的方法，这种方法仅仅依靠一个单独的标量，并且与生长函数密切相关。

3.3　VC-维

这里我们要介绍 **VC-维**(Vapnik-Chervonenkis dimension)的概念。VC-维同样是一个纯粹的组合测量概念，但是它往往比生长函数(或者 Rademacher 复杂度)更便于计算。正如我们将看到的，VC-维是学习中的关键量，并且与生长函数有直接联系。

为了定义假设集 $\mathcal{H}$ 的 VC-维，我们需要首先介绍**打散**(shattering)的概念。根据 3.2 节，给定一个假设集 $\mathcal{H}$，集合 S 的分裂是指用假设集合 $\mathcal{H}$ 中的一个元素对 S 中样本进行标记的一种可能方式。对于一个有 $m \geqslant 1$ 个元素的集合 S，当 $\mathcal{H}$ 实现了 S 所有可能的分裂时，称假设集 $\mathcal{H}$ 打散 S，即 $\Pi_{\mathcal{H}}(m) = 2^m$。

| 定义 3.4　VC-维 | 一个假设集 $\mathcal{H}$ 的 VC-维是指它能完全打散的最大集合的大小：

$$\mathrm{VCdim}(\mathcal{H}) = \max\{m : \Pi_{\mathcal{H}}(m) = 2^m\} \tag{3.24}$$

值得注意的是，通过定义，如果 VCdim($\mathcal{H}$)$=d$，那么存在一个大小为 d 的集合可以被打散。但是，这并不意味着所有大小为 d 或者小于 d 的集合都可以被打散，事实上，通常情况并非如此。 36

为了进一步阐述这一概念，我们将要检验一系列假设集的打散能力，并确定它们的 VC-维。为了计算 VC-维，我们将要给出其值的一个下界，以及一个对应的上界。为了给出 VCdim($\mathcal{H}$)的下界 d，需要证明一个势为 d 的集合 S 可以被 $\mathcal{H}$ 所打散。为了给出上界，我们需要证明没有任何一个势为 $d+1$ 的集合 S 可以被 $\mathcal{H}$ 所打散(这往往更困难)。

例 3.1 实值区间 第一个例子是关于实值区间这一假设集的。易知它的 VC-维至少是 2，因为所有 4 种分裂情形(＋，＋)，(－，－)，(＋，－)，(－，＋)都可以被打散，如图 3.1a 所示。相反地，通过区间的定义，并不是任何三个点的集合都可以被打散，因为对于(＋，－，＋)的情形是难以打散的，因此，VCdim(实值区间)＝2。

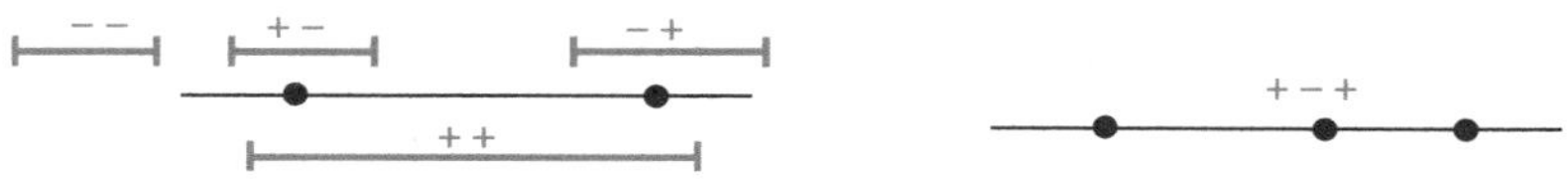

a）任意两个点都可以被打散　　b）标记为（+,−,+）三个点的情形不能被打散

图 3.1 实值区间的 VC-维

例 3.2 超平面 考虑 $\mathbb{R}^2$ 中的超平面集合。我们首先发现，在 $\mathbb{R}^2$ 中任意三个不共线的点都可以被打散。为了获得三个点的分裂情况，我们首先选择一个超平面，使得两个点在超平面的一边，剩下一个点在超平面的另外一边，剩下的四种情形仅仅需要通过变换符号来实现。接下来，我们阐明四个点是不能被打散的，考虑两种情形：①四个点位于由这四个点定义的凸包里，②四个点中的三个点在凸包里，剩下的一个点是一个内点。对于第一种情形，如图 3.2a 所示，正标签的样本位于一条对角线上，负标签的样本位于另外一条对角线上，这种情况是不能打散的。对于第二种情形，如图 3.2b 所示，正标签的样本位于凸包上，负样本为内点，这种情况也是不能打散的。因此，VCdim($\mathbb{R}^2$ 中的超平面)＝3。

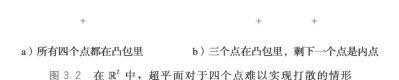

a）所有四个点都在凸包里　　b）三个点在凸包里，剩下一个点是内点

图 3.2 在 $\mathbb{R}^2$ 中，超平面对于四个点难以实现打散的情形

对于 $\mathbb{R}^d$ 更一般情形中的超平面，我们从一个包含 $d+1$ 个点的 $\mathbb{R}^d$ 集合开始获取下界。设 $\boldsymbol{x}_0$ 为原点，对于所有的 $i\in\{1, \cdots, d\}$，令 $\boldsymbol{x}_i$ 表示第 i 个象限为 1，剩下所有象限为 0 的点。令 $y_0, y_1, \cdots, y_d\in\{-1, +1\}$是对于 $\boldsymbol{x}_0, \boldsymbol{x}_1, \cdots, \boldsymbol{x}_d$ 的任意标签。令 $\boldsymbol{w}$ 37
表示第 i 个象限为 y_i 的向量。那么，由 $\boldsymbol{w}\cdot\boldsymbol{x}+\frac{y_0}{2}=0$ 定义的超平面可以打散 $\boldsymbol{x}_0$，

$\boldsymbol{x}_1$，…，$\boldsymbol{x}_d$，因为对于任意的 $i\in\{0, \cdots, d\}$都有

$$\operatorname{sgn}\left(\boldsymbol{w}\cdot\boldsymbol{x}_i+\frac{y_0}{2}\right)=\operatorname{sgn}\left(y_i+\frac{y_0}{2}\right)=y_i \tag{3.25}$$

为了获得上界，我们需要证明不存在 $d+2$ 个点可以被超平面打散的情况。为了证明这一点，我们将要借助下面的一般性定理。

| 定理 3.4 Radon 定理 | *任意包含 $d+2$ 个点的 $\mathbb{R}^d$ 集合 $\mathcal{X}$ 可以被切分为两个子集 $\mathcal{X}_1$ 和 $\mathcal{X}_2$，其中 $\mathcal{X}_1$ 的凸包和 $\mathcal{X}_2$ 的凸包存在交集。*

| 证明 | 令 $\mathcal{X}=\{\boldsymbol{x}_1, \cdots, \boldsymbol{x}_{d+2}\}\subset\mathbb{R}^d$。下面是包含 $d+1$ 个关于 $\alpha_1, \cdots, \alpha_{d+2}$ 等式的线性系统：

$$\sum_{i=1}^{d+2}\alpha_i\boldsymbol{x}_i=\boldsymbol{0} \quad \text{和} \quad \sum_{i=1}^{d+2}\alpha_i=0 \tag{3.26}$$

由于前一个式子产生了 d 个等式，其中每个分量对应一个等式。而未知数的数量为 $d+2$，大于等式的个数 $d+1$（前面加后面一共的等式个数），因此该线性系统有一个非零解 $\beta_1, \cdots, \beta_{d+2}$。又由于 $\sum_{i=1}^{d+2}\beta_i=0$，故 $\mathcal{I}_1=\{i\in[1, d+2]: \beta_i>0\}$ 和 $\mathcal{I}_2=\{i\in[1, d+2]: \beta_i\leqslant 0\}$为非零集，且 $\mathcal{X}_1=\{\boldsymbol{x}_i: i\in\mathcal{I}_1\}$和 $\mathcal{X}_2=\{\boldsymbol{x}_i: i\in\mathcal{I}_2\}$为 $\mathcal{X}$ 的一个划分。依据式(3.26)的后一个等式，有 $\sum_{i\in\mathcal{I}_1}\beta_i=-\sum_{i\in\mathcal{I}_2}\beta_i$。现令 $\beta=-\sum_{i\in\mathcal{I}_1}\beta_i$，则由式(3.26)的前一个等式得

$$\sum_{i\in\mathcal{I}_1}\frac{\beta_i}{\beta}\boldsymbol{x}_i=\sum_{i\in\mathcal{I}_2}\frac{-\beta_i}{\beta}\boldsymbol{x}_i$$

其中 $\sum_{i\in\mathcal{I}_1}\frac{\beta_i}{\beta}=\sum_{i\in\mathcal{I}_2}\frac{-\beta_i}{\beta}=1$，且$\frac{\beta_i}{\beta}\geqslant 0$ 对于所有的 $i\in\mathcal{I}_1$ 成立，$\frac{-\beta_i}{\beta}\geqslant 0$ 对于所有的 $i\in\mathcal{I}_2$ 成立。通过凸包的定义(B.4)，可知 $\sum_{i\in\mathcal{I}_1}\frac{\beta_i}{\beta}\boldsymbol{x}_i$ 既包含在 $\mathcal{X}_1$ 的凸包内，又包含在 $\mathcal{X}_2$ 的凸包内。 ■

现在，令 $\mathcal{X}$是包含 $d+2$ 个点的集合。则依据 Radon 定理，它可以被分为 $\mathcal{X}_1$ 和 $\mathcal{X}_2$ 两个子集，且 $\mathcal{X}_1$ 的凸包和 $\mathcal{X}_2$ 的凸包存在交集。假设两个集合的点可以被一个超平面分割，那么它们的凸包也随之被分割。因此，$\mathcal{X}_1$ 和 $\mathcal{X}_2$ 不能被一个超平面分割，也即表明 $\mathcal{X}$不能被打散。因此，根据我们对上下界的分析，我们证明了 VCdim($\mathbb{R}^d$ 中的超平面)$=d+1$。

例 3.3 平行于坐标轴的矩形 通过考虑四个点的菱形情形，我们首先证明平行于坐标轴的矩形的 VC-维至少是 4。事实上，16 种分裂情形都可以被实现，其中的一些例子如图 3.3a 所示。与之不同的是，对于任何包含五个不同点的集合，如果我们建立一个最小
38 的平行于坐标轴的矩形，使得它能够包住这些点，那么这五个点中有一个点是矩形的内点。假设我们给这个内点一个负标签，而给剩下的点正标签，如图 3.3b 所示。没有一个平行于坐标轴的矩形可以完成这种分裂。因此，这说明包含五个不同点的集合无法被打散，则 VCdim(平行于坐标轴的矩形)$=4$。

a）对于四个点的菱形图案，分裂可实现的例子

b）对于五个点，不可能存在内点与其他点具有相反标签但可分裂的例子

图 3.3 平行于坐标轴的矩形的 VC-维

例 3.4 凸多边形 我们仅仅关注平面上的凸 d 边形。为了获得下界，我们首先证明任意包含 $2d+1$ 个点的集合可以被完全打散。为了实现这一目标，我们选择位于圆上的 $2d+1$ 个点，且对于一个特定的标记，如果负标签的点比正标签的点多，那么把正标签的点作为多边形的顶点，如图 3.4a 所示。否则，将负标签的点的切线作为多边形的边，如图 3.4b 所示。至于上界，可以发现选择圆上的点可以最大化地分裂点集，因此 VCdim(凸 d 边形)$=2d+1$，同时 VCdim(多边形)$=+\infty$。

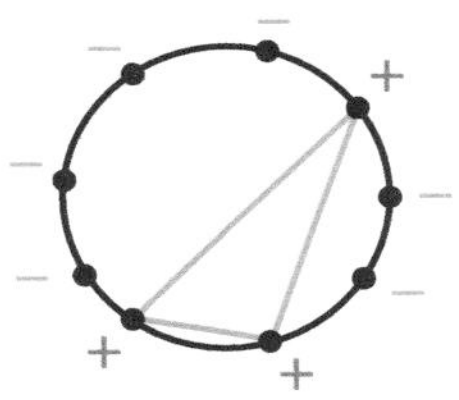

a）当负标签点比较多时，d边形的建立方式

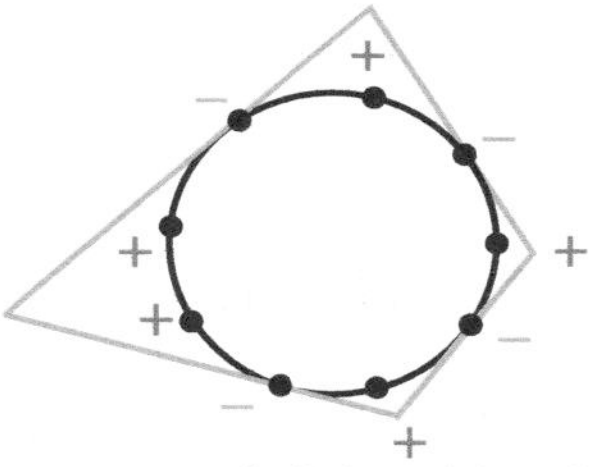

b）当正标签点比较多时，d边形的建立方式

图 3.4 平面上的凸 d 边形可以打散 $2d+1$ 个点

例 3.5 sin 函数 之前的例子说明 $\mathcal{H}$ 的 VC-维与定义 $\mathcal{H}$ 所需自由参数的数量有关。例如，定义超平面参数的数量与它的 VC-维一致。但这并不是一个一般性结论，本章的很多习题将说明这一点。下面提供一个很有代表性的例子，考虑 sin 函数族：$\{t \mapsto \sin(\omega t): \omega \in \mathbb{R}\}$。图 3.5 展示了该函数族的一个例子。这些 sin 函数可以用来分类实数轴上的点：当一个点位于曲线的上方时被标记为正标签，否则被标记为负标签。虽然 sin 函数族只需要被一个单独参数 ω 定义，但可以证明 VCdim(sin 函数族)$=+\infty$(习题 3.20)。

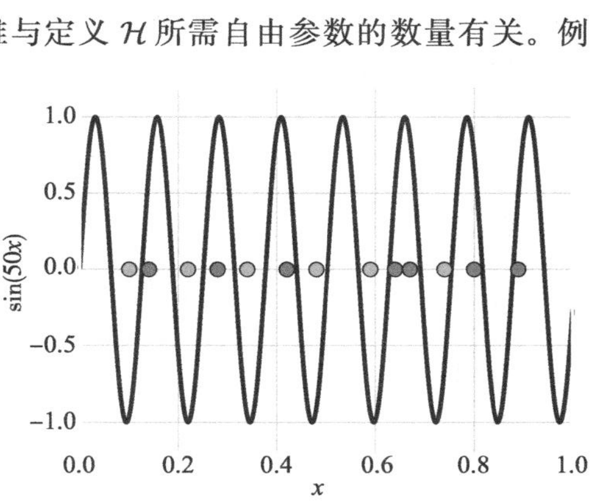

图 3.5 一个 sin 函数($\omega=50$)用于分类的例子

许多其他假设集的 VC-维可以由同样的

39~40 方式得到或界定(见本章习题)。事实上，任意维度为 $r<\infty$ 的向量空间的 VC-维至多是 r(习题 3.19)。接下来，根据 **Sauer 引理**(Sauer's lemma)可以看到生长函数和 VC-维之间的联系。

| 定理 3.5　Sauer 引理 | 令 $\mathcal{H}$ 是一个假设集，且它的 VC-维 $\mathrm{VCdim}(\mathcal{H})=d$。那么对于所有的 $m\in\mathbb{N}$，下面的不等式都成立：

$$\Pi_{\mathcal{H}}(m)\leqslant\sum_{i=0}^{d}\binom{m}{i} \tag{3.27}$$

| 证明 | 考虑 $m+d$ 的情形，用数学归纳法证明。首先，当 $m=1$ 以及 $d=0$ 或者 $d=1$ 时，上式显然成立。假设上式对于$(m-1, d-1)$和$(m-1, d)$成立。固定一个集合 $\mathcal{S}=\{x_1, \cdots, x_m\}$，它有 $\Pi_{\mathcal{H}}(m)$种分裂方式，令 $\mathcal{G}=\mathcal{H}_{|\mathcal{S}}$ 表示限制在 $\mathcal{S}$ 上由 $\mathcal{H}$ 诱导的概念集。

现在考虑集合 $\mathcal{S}'=\{x_1, \cdots, x_{m-1}\}$上的概念集，我们定义 $\mathcal{G}_1=\mathcal{H}_{|\mathcal{S}'}$表示限制在 $\mathcal{S}'$上由 $\mathcal{H}$ 诱导的概念集。接下来，通过区分每个概念是否在集合中(在 $\mathcal{S}$ 和 $\mathcal{S}'$中)，我们可以定义 $\mathcal{G}_2$ ㊀：

$$\mathcal{G}_2=\{g'\subseteq\mathcal{S}': (g'\in\mathcal{G})\wedge(g'\cup\{x_m\}\in\mathcal{G})\}$$

由于 $g'\subseteq\mathcal{S}'$，$g'\in\mathcal{G}$，这意味着不需要添加 x_m，g'本身就是 $\mathcal{G}$ 中的概念。此外，$g'\cup\{x_m\}\in\mathcal{G}$ 这一限制表明，把 x_m 加入 g'中后得到的概念仍然是 $\mathcal{G}$ 中的概念。构建 $\mathcal{G}_1$ 和 $\mathcal{G}_2$ 的方式由图 3.6 所示。通过 $\mathcal{G}_1$ 和 $\mathcal{G}_2$ 的定义，我们有 $|\mathcal{G}_1|+|\mathcal{G}_2|=|\mathcal{G}|$。

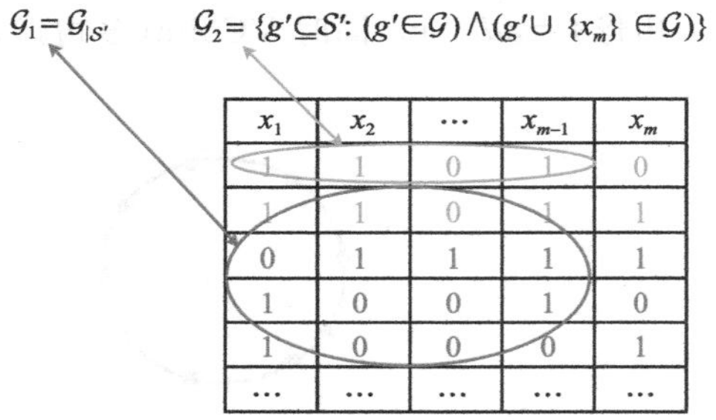

图 3.6　在 Sauer 引理的证明中，$\mathcal{G}_1$ 和 $\mathcal{G}_2$ 构建的示意图

又由于 $\mathrm{VCdim}(\mathcal{G}_1)\leqslant\mathrm{VCdim}(\mathcal{G})\leqslant d$，则通过生长函数的概念以及归纳假设，有

$$|\mathcal{G}_1|\leqslant\Pi_{\mathcal{G}_1}(m-1)\leqslant\sum_{i=0}^{d}\binom{m-1}{i}$$

进一步地，通过 $\mathcal{G}_2$ 的定义，如果一个集合 $\mathcal{Z}\subseteq\mathcal{S}'$被 $\mathcal{G}_2$ 打散，那么集合 $\mathcal{Z}\cup\{x_m\}$可以被 $\mathcal{G}$ 打散。因此：

$$\mathrm{VCdim}(\mathcal{G}_2)\leqslant\mathrm{VCdim}(\mathcal{G})-1=d-1$$

41 根据生长函数的概念以及归纳假设，有

$$|\mathcal{G}_2|\leqslant\Pi_{\mathcal{G}_2}(m-1)\leqslant\sum_{i=0}^{d-1}\binom{m-1}{i}$$

综上：

$$|\mathcal{G}|=|\mathcal{G}_1|+|\mathcal{G}_2|\leqslant\sum_{i=0}^{d}\binom{m-1}{i}+\sum_{i=0}^{d-1}\binom{m-1}{i}=\sum_{i=0}^{d}\binom{m-1}{i}+\binom{m-1}{i-1}=\sum_{i=0}^{d}\binom{m}{i}$$

引理得证。■

㊀ 此处开始，至得到$|\mathcal{G}_1|+|\mathcal{G}_2|=|\mathcal{G}|$之前，与文献中常用的证明 Sauer 引理的方式不同。——译者注

Sauer 引理的重要性可以由下面的推论 3.3 看出，即，它给出了生长函数的两个重要性质：当 $\Pi_{\mathcal{H}}(m)=O(m^d)$时，$\text{VCdim}(\mathcal{G}_1)<+\infty$；当 $\Pi_{\mathcal{H}}(m)=2^m$ 时，$\text{VCdim}(\mathcal{G}_1)=+\infty$。

| 推论 3.3 | 令 $\mathcal{H}$ 是一个假设集，且它的 VC-维 $\text{VCdim}(\mathcal{H})=d$。那么对于所有的 $m\geqslant d$，有

$$\Pi_{\mathcal{H}}(m)\leqslant\left(\frac{em}{d}\right)^d=O(m^d) \tag{3.28}$$

| 证明 | 首先我们使用 Sauer 引理。由于 $m\geqslant d$，首先在不等式中使每一个被加数乘以一个大于或等于 1 的乘子，之后在不等式中加入一些非负的被加项。

$$\begin{aligned}\Pi_{\mathcal{H}}(m) &\leqslant \sum_{i=0}^{d}\binom{m}{i}\\ &\leqslant \sum_{i=0}^{d}\binom{m}{i}\left(\frac{m}{d}\right)^{d-i}\\ &\leqslant \sum_{i=0}^{m}\binom{m}{i}\left(\frac{m}{d}\right)^{d-i}\\ &=\left(\frac{m}{d}\right)^{d}\sum_{i=0}^{m}\binom{m}{i}\left(\frac{d}{m}\right)^{i}\\ &=\left(\frac{m}{d}\right)^{d}\left(1+\frac{d}{m}\right)^{m}\leqslant\left(\frac{m}{d}\right)^{d}\mathrm{e}^{d}\end{aligned}$$

在运用二项式定理简化形式之后，依据不等式$(1-x)\leqslant \mathrm{e}^{-x}$，可得最终不等式。 ■

由 VC-维和生长函数之间的关系以及推论 3.2，我们可以立马得到由 VC-维给出的泛化界。

| 推论 3.4 关于 VC-维的泛化界 | 令 $\mathcal{H}$ 是取值为$\{-1,+1\}$的函数族，且它的 VC-维 $\text{VCdim}(\mathcal{H})=d$。则对于任意的 $\delta>0$，至少以概率 $1-\delta$，对于任意的 $h\in\mathcal{H}$ 有 42

$$R(h)\leqslant\hat{R}_S(h)+\sqrt{\frac{2d\log\frac{em}{d}}{m}}+\sqrt{\frac{\log\frac{1}{\delta}}{2m}} \tag{3.29}$$

由此，该泛化界可以写作：

$$R(h)\leqslant\hat{R}_S(h)+O\left(\sqrt{\frac{\log(m/d)}{(m/d)}}\right) \tag{3.30}$$

上式强调了 m/d 的比例对泛化的重要性。同时，这个定理可以看作另一种奥卡姆剃刀原则的佐证，即 VC-维越小，越简单。

VC-维的界实际上可以不通过 Rademacher 复杂度得到，将式(3.23)和 Sauer 引理结合，可以得到下面的界：

$$R(h)\leqslant\hat{R}_S(h)+\sqrt{\frac{8d\log\frac{2em}{d}+8\log\frac{4}{\delta}}{m}}$$

该不等式同样有式(3.30)的泛化形式。此外，log 算子对这些界只起到了微小的作用，通过更精细的分析可以去除 log 算子。

3.4 下界

在之前的小节中，我们给出了很多泛化误差界的上界。而本节中，我们将以假设集 VC-维的形式给出任意学习算法的泛化误差界的下界。

通过寻找一种对于任意算法“坏”的分布得到这些下界。由于学习算法是任意的，因此很难去指定特定的分布。事实上，我们不用构造特定的分布便可完成关于下界存在性的充分性证明。实现这一目标所采用的证明技巧借助于 Paul Erdös 的**概率方法**(probabilistic method)。在接下来的证明中，我们首先证明下界实际上是由参数定义的分布产生的误差的期望给出的。从这一点出发，再证明该下界至少存在满足其中一组参数(一个分布)的情况。

| 定理 3.6　可实现情形下的下界 | 令 $\mathcal{H}$ 是一个假设集，且它的 VC-维 $d>1$。那么对于任意的学习算法 $\mathcal{A}$，当 $m\geqslant 1$ 时，存在一个 $\mathcal{X}$ 上的分布 $\mathcal{D}$ 和一个目标函数 $f\in\mathcal{H}$，使得：

$$\underset{S\sim\mathcal{D}^m}{\mathbb{P}}\left[R_{\mathcal{D}}(h_S, f)>\frac{d-1}{32m}\right]\geqslant 1/100 \tag{3.31}$$

| 证明 | 令 $\overline{\mathcal{X}}=\{x_0, x_1, \cdots, x_{d-1}\}\subseteq\mathcal{X}$ 是一个能被 $\mathcal{H}$ 打散的集合。对于任意的 $\varepsilon>$
43 0，我们考虑由分布 $\mathcal{D}$ 得到这样的支撑集 $\overline{\mathcal{X}}$(即不在 $\overline{\mathcal{X}}$ 内的点对应的概率质量均为 0)，对于在 $\overline{\mathcal{X}}$ 内的点，使某一个点 x_0 处有一个很高的概率质量 $1-8\varepsilon$，而剩下的点对应的概率质量满足均匀分布：

$$\underset{\mathcal{D}}{\mathbb{P}}[x_0]=1-8\varepsilon \quad 和 \quad \forall i\in[1, d-1], \underset{\mathcal{D}}{\mathbb{P}}[x_i]=\frac{8\varepsilon}{d-1} \tag{3.32}$$

通过上面的定义，大多数由支撑集 $\overline{\mathcal{X}}$ 对应的分布得到的样本集都会包含 x_0，又由于 $\mathcal{X}$ 可以被打散，那么当确定一个不在训练集中的新点 x_i 的标签时，学习算法 $\mathcal{A}$ 给出的预测结果不会比随机猜测好[⊖]。

我们不失一般性地假设学习算法 $\mathcal{A}$ 对于 x_0 不犯错。那么对于一个样本集 S，我们令 $\overline{S}$ 表示元素取自 $\{x_1, \cdots, x_{d-1}\}$ 的集合且满足 $|\overline{S}|\leqslant(d-1)/2$，并令 $\mathcal{S}$ 表示规模为 m 的样本集 S 组成的集合。现在，我们固定一个样本集 $S\subseteq\mathcal{S}$，且考虑所有可能的标记服从均匀分布 $\mathcal{U}$，由于集合可以被打散，因而不管哪种标记组合对应的概念都在 $\mathcal{H}$ 中，则有如下下界成立：

$$\begin{aligned}
\underset{f\sim\mathcal{U}}{\mathbb{E}}[R_{\mathcal{D}}(h_S, f)] &= \sum_f\sum_{x\in\overline{\mathcal{X}}}1_{h_S(x)\neq f(x)}\mathbb{P}[x]\mathbb{P}[f] \\
&\geqslant \sum_f\sum_{x\notin\overline{S}}1_{h_S(x)\neq f(x)}\mathbb{P}[x]\mathbb{P}[f] \\
&= \sum_{x\notin\overline{S}}\Big(\sum_f 1_{h_S(x)\neq f(x)}\mathbb{P}[f]\Big)\mathbb{P}[x] \\
&= \frac{1}{2}\sum_{x\notin\overline{S}}\mathbb{P}[x]\geqslant\frac{1}{2}\,\frac{d-1}{2}\,\frac{8\varepsilon}{d-1}=2\varepsilon
\end{aligned} \tag{3.33}$$

上式中，考虑用 $x\notin\overline{S}$ 来替代 $\overline{\mathcal{X}}$ 中的所有 x，则我们可以去除求和中的非负项，故而

⊖ 这是因为新点出现在训练集中的概率很小，即没有在训练过程中被算法学习。——译者注

第一个不等式成立。在重新组织式子之后，又因为 $\mathcal{H}$ 打散了 $\overline{\mathcal{X}}$，接下来的等式成立是由于我们对每一个 f 以相同的权重在 $f\in\mathcal{H}$ 上取期望。最后的下界是根据 $\mathcal{D}$ 和 $\overline{S}$ 的定义得到的，其中，$\overline{S}$ 的定义意味着 $|\overline{\mathcal{X}}-\overline{S}|<(d-1)/2$。

因为式(3.33)对于任意的 $S\in\mathcal{S}$ 都成立，故它对于所有 $S\in\mathcal{S}$ 的期望成立：$\underset{S\in\mathcal{S}}{\mathbb{E}}[\underset{f\sim\mathcal{U}}{\mathbb{E}}[R_{\mathcal{D}}(h_S, f)]]\geqslant 2\varepsilon$。依据 Fubini 定理，期望可以交换，则：

$$\underset{f\sim\mathcal{U}}{\mathbb{E}}[\underset{S\in\mathcal{S}}{\mathbb{E}}[R_{\mathcal{D}}(h_S, f)]]\geqslant 2\varepsilon \tag{3.34}$$

上式意味着 $\underset{S\in\mathcal{S}}{\mathbb{E}}[R_{\mathcal{D}}(h_S, f_0)]\geqslant 2\varepsilon$ 对于至少一种标记 $f_0\in\mathcal{H}$ 成立。将期望分解为两部分并根据 $R_{\mathcal{D}}(h_S, f_0)\leqslant\mathbb{P}_{\mathcal{D}}[\overline{\mathcal{X}}-\{x_0\}]$，我们可以得到：

$$\begin{aligned}\underset{S\in\mathcal{S}}{\mathbb{E}}[R_{\mathcal{D}}(h_S, f_0)]=&\sum_{S:\,R_{\mathcal{D}}(h_S,\,f_0)\geqslant\varepsilon}R_{\mathcal{D}}(h_S, f_0)\mathbb{P}[R_{\mathcal{D}}(h_S, f_0)]+\\&\sum_{S:\,R_{\mathcal{D}}(h_S,\,f_0)<\varepsilon}R_{\mathcal{D}}(h_S, f_0)\mathbb{P}[R_{\mathcal{D}}(h_S, f_0)]\\\leqslant&\underset{\mathcal{D}}{\mathbb{P}}[\overline{\mathcal{X}}-\{x_0\}]\underset{S\in\mathcal{S}}{\mathbb{P}}[R_{\mathcal{D}}(h_S, f_0)\geqslant\varepsilon]+\varepsilon\underset{S\in\mathcal{S}}{\mathbb{P}}[R_{\mathcal{D}}(h_S, f_0)<\varepsilon]\\\leqslant&8\varepsilon\underset{S\in\mathcal{S}}{\mathbb{P}}\Big[R_{\mathcal{D}}(h_S, f_0)\geqslant\varepsilon\Big]+\varepsilon(1-\underset{S\in\mathcal{S}}{\mathbb{P}}[R_{\mathcal{D}}(h_S, f_0)\geqslant\varepsilon])\end{aligned}$$ 44

合并 $\underset{S\in\mathcal{S}}{\mathbb{P}}[R_{\mathcal{D}}(h_S, f_0)\geqslant\varepsilon]$ 项产生：

$$\underset{S\in\mathcal{S}}{\mathbb{P}}[R_{\mathcal{D}}(h_S, f_0)\geqslant\varepsilon]\geqslant\frac{1}{7\varepsilon}(2\varepsilon-\varepsilon)=\frac{1}{7} \tag{3.35}$$

因此，在所有样本集 S(不必在 $\mathcal{S}$ 内)上的期望的下界为

$$\underset{S}{\mathbb{P}}[\mathrm{R}_{\mathcal{D}}(h_S, f_0)>\varepsilon]\geqslant\underset{S\in\mathcal{S}}{\mathbb{P}}[R_{\mathcal{D}}(h_S, f_0)>\varepsilon]\mathbb{P}[\mathcal{S}]\geqslant\frac{1}{7}\mathbb{P}[\mathcal{S}] \tag{3.36}$$

接下来我们需要给出 $\mathbb{P}[\mathcal{S}]$的下界。根据乘性 Chernoff 界(定理 D.3)，对于任意 $\gamma>0$，多于 $(d-1)/2$ 个点落在规模为 m 的样本集的概率满足：

$$1-\mathbb{P}[\mathcal{S}]=\mathbb{P}[S_m\geqslant 8\varepsilon m(1+\gamma)]\leqslant \mathrm{e}^{-8\varepsilon m\frac{\gamma^2}{3}} \tag{3.37}$$

因此，对于 $\varepsilon=(d-1)/(32m)$ 和 $\gamma=1$，有

$$\mathbb{P}\left[S_m\geqslant\frac{d-1}{2}\right]\leqslant \mathrm{e}^{-(d-1)/12}\leqslant \mathrm{e}^{-1/12}\leqslant 1-7\delta \tag{3.38}$$

这里，当 $\delta\leqslant 0.01$ 时，有最后一个不等号成立。进而，有 $\mathbb{P}[\mathcal{S}]\geqslant 7\delta$ 以及 $\mathbb{P}_S[R_{\mathcal{D}}(h_S, f_0)\geqslant\varepsilon]\geqslant\delta$ 成立。■

上面的定理说明对于任意的学习算法 $\mathcal{A}$，存在一个 $\mathcal{X}$ 上的“坏”的分布以及一个目标函数，以某一个常数概率由算法 $\mathcal{A}$ 返回的假设误差为 $\frac{d}{m}$ 的常数倍。这进一步说明了 VC-维在学习中起到的作用。同时，这个结果也说明了当 VC-维无穷时，PAC 学习在可实现情形下是不可能的。

值得注意的是，该证明给出了一个比定理更强的结论：分布 $\mathcal{D}$ 的选择是独立于算法 $\mathcal{A}$ 的。这里，我们将给出不可实现情形下的下界，它的证明中涉及接下来两个引理。

| 引理 3.2 | 令 α 是一个取值为 $\{\alpha_-, \alpha_+\}$ 且服从均匀分布的随机变量，其中 $\alpha_-=\frac{1}{2}-\frac{\varepsilon}{2}$，$\alpha_+=\frac{1}{2}+\frac{\varepsilon}{2}$。同时令 S 是一个样本集，包含 $m\geqslant 1$ 个取值为 $\{0, 1\}$ 的随机变量

X_1，…，X_m，这些随机变量独立同分布于 $\mathcal{D}_\alpha$，满足 $\mathbb{P}_{\mathcal{D}_\alpha}[X=1]=\alpha$。令 h 是一个从 $\mathcal{X}^m$ 映射到 $\{\alpha_-, \alpha_+\}$ 的函数，则：

$$\mathop{\mathbb{E}}_{\alpha}\left[\mathop{\mathbb{P}}_{S\sim\mathcal{D}_\alpha^m}[h(S)\neq\alpha]\right]\geqslant\Phi(2\lceil m/2\rceil, \varepsilon) \tag{3.39}$$

其中，对于所有的 m 和 ε，有 $\Phi(m, \varepsilon)=\frac{1}{4}\left(1-\sqrt{1-\exp\left(-\frac{m\varepsilon^2}{1-\varepsilon^2}\right)}\right)$。

| 证明 | 这个引理可以以两枚有偏置 α_-、α_+ 的硬币实验来解释。它说明对于判别准则 $h(S)$，在一个从 $\mathcal{D}_{\alpha_-}$ 或 $\mathcal{D}_{\alpha_+}$ 采样得到的样本集 S 上，决定出到底抛的是哪枚硬币所需

45 的样本规模 m 至少为 $\Omega(1/\varepsilon^2)$。证明留作练习(习题 D.3)。

下面的论述中，我们将用到一个不难验证的事实：对于任意固定的 ε，函数 $m\mapsto\Phi(m, x)$ 是凸的。

| 引理 3.3 | 令 Z 是取值为 $[0, 1]$ 的随机变量，那么对于任意的 $\gamma\in[0, 1)$，有

$$\mathbb{P}[z>\gamma]\geqslant\frac{\mathbb{E}[Z]-\gamma}{1-\gamma}>\mathbb{E}[Z]-\gamma \tag{3.40}$$

| 证明 | 由于 Z 是取值为 $[0, 1]$ 的随机变量，则：

$$\begin{aligned}\mathbb{E}[Z] &= \sum_{z\leqslant\gamma}\mathbb{P}[Z=z]z+\sum_{z>\gamma}\mathbb{P}[Z=z]z\\ &\leqslant \sum_{z\leqslant\gamma}\mathbb{P}[Z=z]\gamma+\sum_{z>\gamma}\mathbb{P}[Z=z]\\ &=\gamma\mathbb{P}[Z\leqslant\gamma]+\mathbb{P}[Z>\gamma]\\ &=\gamma(1-\mathbb{P}[Z>\gamma])+\mathbb{P}[Z>\gamma]\\ &=(1-\gamma)\mathbb{P}[Z>\gamma]+\gamma\end{aligned}$$

引理得证。■

| 定理 3.7　不可实现情形的下界 | 令 $\mathcal{H}$ 是一个 VC-维 $d>1$ 的假设集，那么，对于任意的学习算法 $\mathcal{A}$，当 $m\geqslant1$ 时，存在一个 $\mathcal{X}\times\{0, 1\}$ 上的分布 $\mathcal{D}$，使得：

$$\mathop{\mathbb{P}}_{S\sim\mathcal{D}^m}\left[R_{\mathcal{D}}(h_S)-\inf_{h\in\mathcal{H}}R_{\mathcal{D}}(h)>\sqrt{\frac{d}{320m}}\right]\geqslant1/64 \tag{3.41}$$

等价地，对于任意的学习算法，样本复杂度满足：

$$m\geqslant\frac{d}{320\varepsilon^2} \tag{3.42}$$

| 证明 | 令 $\overline{\mathcal{X}}=\{x_1, x_2, \cdots, x_d\}\subseteq\mathcal{X}$ 是一个能被 $\mathcal{H}$ 完全打散的集合。对于任意的 $\alpha\in[0, 1]$ 以及任意的向量 $\boldsymbol{\sigma}=(\sigma_1, \cdots, \sigma_d)^{\mathrm{T}}\in\{-1, +1\}^d$，我们定义一个在 $\overline{\mathcal{X}}\times\{0, 1\}$ 上的分布 $\mathcal{D}_{\boldsymbol{\sigma}}$，满足：

$$\forall i\in[1, d], \mathop{\mathbb{P}}_{\mathcal{D}_{\boldsymbol{\sigma}}}[(x_i, 1)]=\frac{1}{d}\left(\frac{1}{2}+\frac{\sigma_i\alpha}{2}\right) \tag{3.43}$$

其中每一个点 x_i，$i\in[1, d]$ 的标签服从分布 $\mathbb{P}_{\mathcal{D}_{\boldsymbol{\sigma}}}[\cdot\,|x_i]$，即一个有偏置的硬币，其偏置的大小由 σ_i 的符号和 α 的大小决定。为了确定每一个点最可能的标签，学习算法需要以超过 α 的准确率估计 $\mathbb{P}_{\mathcal{D}_{\boldsymbol{\sigma}}}[1|x_i]$。这里要面对的难点在于，如引理 3.2 所述，$\boldsymbol{\sigma}$ 和 α 是依据

46 学习算法选取的，则在训练集中每个点 x_i 至少需要 $\Omega(1/\alpha^2)$ 个样本。

这里，考虑贝叶斯分类器 $h^*_{\mathcal{D}_{\boldsymbol{\sigma}}}$：对于所有 $i\in[1,d]$，$h^*_{\mathcal{D}_{\boldsymbol{\sigma}}}(x_i)=\underset{y\in\{0,1\}}{\operatorname{argmax}}\mathbb{P}[y\mid x_i]=1_{\sigma_i>0}$。由于 $\overline{\mathcal{X}}$ 可以被打散，$h^*_{\mathcal{D}_{\boldsymbol{\sigma}}}$ 必在 $\mathcal{H}$ 中。对于所有的 $h\in\mathcal{H}$：

$$R_{\mathcal{D}_{\boldsymbol{\sigma}}}(h)-R_{\mathcal{D}_{\boldsymbol{\sigma}}}(h^*_{\mathcal{D}_{\boldsymbol{\sigma}}})=\frac{1}{d}\sum_{x\in\overline{\mathcal{X}}}\left(\frac{\alpha}{2}+\frac{\alpha}{2}\right)1_{h(x)\neq h^*_{\mathcal{D}_{\boldsymbol{\sigma}}}(x)}=\frac{\alpha}{d}\sum_{x\in\overline{\mathcal{X}}}1_{h(x)\neq h^*_{\mathcal{D}_{\boldsymbol{\sigma}}}(x)} \tag{3.44}$$

令 h_S 表示学习算法 $\mathcal{A}$ 接收到一个采样自 $\mathcal{D}_{\boldsymbol{\sigma}}$ 的带标签样本 S 集而返回的假设。我们同时用 $|S|_x$ 表示一个点 x 出现在 S 中的次数。令 $\mathcal{U}$ 表示在 $\{-1,+1\}^d$ 上的均匀分布。根据式(3.44)，有下面式子成立：

$$\begin{aligned}
&\underset{\substack{\boldsymbol{\sigma}\sim\mathcal{U}\\ S\sim\mathcal{D}^m_{\boldsymbol{\sigma}}}}{\mathbb{E}}\left[\frac{1}{\alpha}[R_{\mathcal{D}_{\boldsymbol{\sigma}}}(h_S)-R_{\mathcal{D}_{\boldsymbol{\sigma}}}(h^*_{\mathcal{D}_{\boldsymbol{\sigma}}})]\right]\\
&=\frac{1}{d}\sum_{x\in\overline{\mathcal{X}}}\underset{\substack{\boldsymbol{\sigma}\sim\mathcal{U}\\ S\sim\mathcal{D}^m_{\boldsymbol{\sigma}}}}{\mathbb{E}}\left[1_{h_S(x)\neq h^*_{\mathcal{D}_{\boldsymbol{\sigma}}}(x)}\right]\\
&=\frac{1}{d}\sum_{x\in\overline{\mathcal{X}}}\underset{\boldsymbol{\sigma}\sim\mathcal{U}}{\mathbb{E}}\left[\underset{S\sim\mathcal{D}^m_{\boldsymbol{\sigma}}}{\mathbb{P}}[h_S(x)\neq h^*_{\mathcal{D}_{\boldsymbol{\sigma}}}(x)]\right]\\
&=\frac{1}{d}\sum_{x\in\overline{\mathcal{X}}}\sum_{n=0}^{m}\underset{\boldsymbol{\sigma}\sim\mathcal{U}}{\mathbb{E}}\left[\underset{S\sim\mathcal{D}^m_{\boldsymbol{\sigma}}}{\mathbb{P}}[h_S(x)\neq h^*_{\mathcal{D}_{\boldsymbol{\sigma}}}(x)\,\big|\,|S|_x=n]\mathbb{P}[|S|_x=n]\right]\\
&\geqslant\frac{1}{d}\sum_{x\in\overline{\mathcal{X}}}\sum_{n=0}^{m}\Phi(n+1,\alpha)\mathbb{P}[|S|_x=n] && \text{(引理 3.21)}\\
&\geqslant\frac{1}{d}\sum_{x\in\overline{\mathcal{X}}}\Phi(m/d+1,\alpha) && \Phi(\cdot,\alpha)\text{ 的凸性和 Jensen 不等式}\\
&=\Phi(m/d+1,\alpha)
\end{aligned}$$

由于 $\boldsymbol{\sigma}$ 期望的下界是 $\Phi(m/d+1,\alpha)$，则一定存在 $\boldsymbol{\sigma}\in\{-1,+1\}^d$，使得：

$$\underset{S\sim\mathcal{D}^m_{\boldsymbol{\sigma}}}{\mathbb{E}}\left[\frac{1}{\alpha}[R_{\mathcal{D}_{\boldsymbol{\sigma}}}(h_S)-R_{\mathcal{D}_{\boldsymbol{\sigma}}}(h^*_{\mathcal{D}_{\boldsymbol{\sigma}}})]\right]>\Phi(m/d+1,\alpha) \tag{3.45}$$

接下来，由引理 3.3 可得，对于该 $\boldsymbol{\sigma}$ 和任意的 $\gamma\in[0,1]$，有

$$\underset{S\sim\mathcal{D}^m_{\boldsymbol{\sigma}}}{\mathbb{P}}\left[\frac{1}{\alpha}[R_{\mathcal{D}_{\boldsymbol{\sigma}}}(h_S)-R_{\mathcal{D}_{\boldsymbol{\sigma}}}(h^*_{\mathcal{D}_{\boldsymbol{\sigma}}})]>\gamma u\right]>(1-\gamma)u \tag{3.46}$$

其中，$u=\Phi(m/d+1,\alpha)$。通过选择合适的 δ 和 ϵ，使得 $\delta\leqslant(1-\gamma)u$ 和 $\epsilon<\gamma\alpha u$，则：

$$\underset{S\sim\mathcal{D}^m_{\boldsymbol{\sigma}}}{\mathbb{P}}[R_{\mathcal{D}_{\boldsymbol{\sigma}}}(h_S)-R_{\mathcal{D}_{\boldsymbol{\sigma}}}(h^*_{\mathcal{D}_{\boldsymbol{\sigma}}})>\epsilon]>\delta \tag{3.47}$$ 47

为了满足 δ 和 ϵ 定义的不等式，令 $\gamma=1-8\delta$，则：

$$\delta\leqslant(1-\gamma)u\Leftrightarrow u\geqslant\frac{1}{8} \tag{3.48}$$

$$\Leftrightarrow\frac{1}{4}\left(1-\sqrt{1-\exp\left(-\frac{(m/d+1)\alpha^2}{1-\alpha^2}\right)}\right)\geqslant\frac{1}{8} \tag{3.49}$$

$$\Leftrightarrow\frac{(m/d+1)\alpha^2}{1-\alpha^2}\leqslant\log\frac{4}{3} \tag{3.50}$$

$$\Leftrightarrow\frac{m}{d}\leqslant\left(\frac{1}{\alpha^2}-1\right)\log\frac{4}{3}-1 \tag{3.51}$$

选择 $\alpha=8\epsilon/(1-8\delta)$，则有 $\epsilon=\gamma\alpha/8$ 和下式成立：

$$\frac{m}{d} \leqslant \left(\frac{(1-8\delta)^2}{64\varepsilon^2}-1\right)\log\frac{4}{3}-1 \tag{3.52}$$

令 $f(1/\varepsilon^2)$表示不等式的右边，我们现在需要选取一个充分条件使得 $m/d \leqslant \omega/\varepsilon^2$。由于 $\varepsilon \leqslant 1/64$，为了确保 $\omega/\varepsilon^2 \leqslant f(1/\varepsilon^2)$，需要保证$\dfrac{\omega}{(1/64)^2} \leqslant f\left(\dfrac{1}{(1/64)^2}\right)$。由此可得

$$\omega=(7/64)^2\log(4/3)-(1/64)^2(\log(4/3)+1)\approx 0.003\,127 \geqslant 1/320=0.003\,125$$

因此，$\varepsilon^2 \leqslant \dfrac{1}{320(m/d)}$是保证不等式成立的充分条件。 ■

上述定理告诉我们，对于任意的学习算法 $\mathcal{A}$，在不可实现情形下，存在一个 $\mathcal{X}\times\{0,1\}$上“坏”的分布，以某一个常数概率由算法 $\mathcal{A}$ 返回的假设误差为$\sqrt{\dfrac{d}{m}}$的常数倍。因此，对于一般的学习情境，VC-维对学习保证发挥着关键作用。特别地，当 VC-维无限时，不可知 PAC 学习是不可能的。

3.5 文献评注

运用 Rademacher 复杂度在学习中得到泛化误差界的原创性工作来自 Koltchinskii [2001]，Koltchinskii 和 Panchenko[2000]，Bartlett、Boucheron 和 Lugosi[2002a]，也见 Koltchinskii 和 Panchenko[2002]，Bartlett 和 Mendelson[2002]的著作。Bartlett、Bousquet 和 Mendelson[2002b]引入了**局部 Rademacher 复杂度**(local Rademacher complexity)的概念，即将 Rademacher 复杂度限制在假设集的子集上，且该子集受到关于方差的界的约束。利用这样的复杂度可以得到某些关于噪声的正则假设下的更好学习保证。

定理 3.3 来自 Massart[2000]。VC-维的概念由 Vapnik 和 Chervonenkis[1971]引入，
48 此后被进一步完善[Vapnik，2006；Vapnik 和 Chervonenkis，1974；Blumer 等，1989；Assouad，1983；Dudley，1999]。VC-维除了在机器学习领域起到关键作用以外，在计算机科学、数学等领域也被广泛使用(例如 Shelah[1972]；Chazelle[2000])。定理 3.5 在学习领域被称作 **Sauer 引理**(Sauer's lemma)，然而这个结论最早由 Vapnik 和 Chervonenkis [1971]给出(略微不同)，并由 Sauer[1972]和 Shelah[1972]独立证明。

在可实现情形下，由 VC-维给出的误差期望的下界是由 Vapnik 和 Chervonenkis [1974]以及 Haussler 等[1988]给出的。在此之后，误差概率的下界，如定理 3.6，是由 Blumer 等[1989]给出的。定理 3.6 和它的证明，在之前的研究上有所提升，是由 Ehrenfeucht、Haussler、Kearns 和 Valiant[1988]给出的。Ehrenfeucht、Haussler、Kearns 和 Valiant 对于同一问题，用一种比较复杂的表达方式给出了一个更紧的界。定理 3.7 给出了不可实现情形下的下界，它的证明是由 Anthony 和 Bartlett[1999]完成的。对于其他运用概率方法的例子，可以参考 Alon 和 Spencer[1992]所著的书。

在机器学习领域，还有许多测量函数族复杂度的方式，包括：**覆盖数**(covering number)、**填充数**(packing number)，以及第 11 章中将讨论的其他方式。覆盖数 $\mathcal{N}_p(\mathcal{G},\varepsilon)$是指半径为 $\varepsilon>0$ 的 L_p 球的最少个数，使其能够覆盖损失函数族 $\mathcal{G}$。填充数 $\mathcal{M}_p(\mathcal{G},\varepsilon)$是指不重叠的半径为 $\varepsilon>0$，圆心为 $\mathcal{G}$ 的 L_p 球的最多个数。这两个概念非常相近，对于 $\mathcal{G}$ 和

$\varepsilon>0$ 我们可以直接得到 $\mathcal{M}_p(\mathcal{G}, 2\varepsilon)\leqslant\mathcal{N}_p(\mathcal{G}, \varepsilon)\leqslant\mathcal{M}_p(\mathcal{G}, \varepsilon)$。每一个复杂度实际上都是一种将无限假设集简为有限假设集的方法，从而得到无限假设集的泛化误差界。习题 3.31 说明可以运用一个非常简单的证明得到由覆盖数导出的泛化误差界。同样，这些复杂度关系非常紧密，例如，运用 Dudley 定理，Rademacher 复杂度可以被 $\mathcal{N}_2(\mathcal{G}, \varepsilon)$ 约束[Dudley，1967，1987]，类似地，覆盖数和填充数也可以被 VC-维所约束。同样可以参照相关文献[Ledoux 和 Talagrand，1991；Alon 等，1997；Anthony 和 Bartlett，1999；Cucker 和 Smale，2001；Vidyasagar，1997]，填充数的上界也可以被其他复杂度所约束。 49

3.6 习题

3.1 实值区间上的生长函数。令 $\mathcal{H}$ 是实值区间 $\mathbb{R}$ 上的集合。那么 $\mathcal{H}$ 的 VC-维是 2。试计算它的打散系数 $\Pi_{\mathcal{H}}(m)$，$m\geqslant 0$，并比较得到的结果与生长函数给出的一般泛化误差界是否一致。

3.2 实数阈值的生长函数和 Rademacher 复杂度。令 $\mathcal{H}$ 表示实线上的阈值函数族，即 $\mathcal{H}=\{x\mapsto 1_{x\leqslant\theta}: \theta\in\mathbb{R}\}\cup\{x\mapsto 1_{x\geqslant\theta}: \theta\in\mathbb{R}\}$。试给出生长函数 $\Pi_m(\mathcal{H})$ 的上界，并以此得出 $\mathcal{R}_m(\mathcal{H})$ 的上界。

3.3 线性组合的生长函数。对向量集合 $\mathcal{X}$ 进行**线性拆分**(linearly separable labeling)，即将 $\mathcal{X}$ 分为两个集合 $\mathcal{X}^+$ 和 $\mathcal{X}^-$，使得对于某个 $\boldsymbol{w}\in\mathbb{R}^d$，有 $\mathcal{X}^+=\{\boldsymbol{x}\in\mathcal{X}: \boldsymbol{w}\cdot\boldsymbol{x}>0\}$ 以及 $\mathcal{X}^-=\{\boldsymbol{x}\in\mathcal{X}: \boldsymbol{w}\cdot\boldsymbol{x}<0\}$。令 $\mathcal{X}=\{\boldsymbol{x}_1, \cdots, \boldsymbol{x}_m\}$ 是 $\mathbb{R}^d$ 上的一个子集。

(a) 令 $\{\mathcal{X}^+, \mathcal{X}^-\}$ 是 $\mathcal{X}$ 的一个分裂，$\boldsymbol{x}_{m+1}\in\mathbb{R}^d$。试证明：当且仅当 $\{\mathcal{X}^+, \mathcal{X}^-\}$ 可被一个经过原点和 $\boldsymbol{x}_{m+1}$ 的超平面线性拆分时，$\{\mathcal{X}^+\cup\{\boldsymbol{x}_{m+1}\}, \mathcal{X}^-\}$ 以及 $\{\mathcal{X}^+, \mathcal{X}^-\cup\{\boldsymbol{x}_{m+1}\}\}$ 可被经过原点的超平面线性拆分。

(b) 令 $\mathcal{X}=\{\boldsymbol{x}_1, \cdots, \boldsymbol{x}_m\}$ 是 $\mathbb{R}^d$ 上的一个子集，使得 $k\leqslant d$ 时，任意有 k 个元素的 $\mathcal{X}$ 的子集都是线性独立的。试证明：对 $\mathcal{X}$ 的线性拆分有 $C(m, d)=2\sum_{k=0}^{d-1}\binom{m-1}{k}$ 种。（提示：可先证明 $C(m+1, d)=C(m, d)+C(m, d-1)$）

(c) 令 $f_1, \cdots, f_p$ 表示将 $\mathbb{R}^d$ 映射到 $\mathbb{R}$ 的 p 个函数。定义 $\mathcal{F}$ 是基于这些函数线性组合的分类函数族：

$$\mathcal{F}=\left\{x\mapsto\operatorname{sgn}\left(\sum_{k=1}^{p}a_k f_k(x)\right): a_1, \cdots, a_p\in\mathbb{R}\right\}$$

令 $\Psi(x)=(f_1(x), \cdots, f_p(x))$，假设存在 $x_1, \cdots, x_m\in\mathbb{R}^d$ 使得每 p 个 $\{\Psi(x_1), \cdots, \Psi(x_m)\}$ 的子集都是线性独立的，试证明：

$$\Pi_{\mathcal{F}}(m)=2\sum_{i=0}^{p-1}\binom{m-1}{i}$$

3.4 生长函数的下界。试证明 Sauer 引理(定理 3.5)是紧的，即对于任意大小为 $m>d$ 的集合 $\mathcal{X}$，证明存在一个 VC-维是 d 的假设类 $\mathcal{H}$，使得 $\Pi_{\mathcal{H}}(m)=\sum_{i=0}^{d}\binom{m}{i}$。 50

3.5 更好的 Rademacher 上界。令 $\Pi(\mathcal{G}, S)$ 表示标记样本集 S 中样本点的方式数。试证

明利用 $\mathbb{E}_S[\Pi(\mathcal{G}, S)]$ 可以对于函数族 $\mathcal{G}$ 得到一个更好的 Rademacher 复杂度上界。

3.6 单一假设类。考虑一个假设集 $\mathcal{H}=\{h_0\}$，

(a) 证明对于任意的 $m>0$，都有 $\mathcal{R}_m(\mathcal{H})=0$。

(b) 通过类似的构造方式说明 Massart 引理(定理 3.3)是紧的。

3.7 两个函数假设类。令 $\mathcal{H}=\{h_{-1}, h_{+1}\}$ 为只包含两个函数的假设类，$S=(x_1, \cdots, x_m)\subseteq\mathcal{X}$ 为规模为 m 的样本集。

(a) 假设 h_{-1} 为取值为 -1 的常数函数，h_{+1} 为取值为 $+1$ 的常数函数，则 $\mathcal{H}$ 的 VC-维是多少？试给出对应的经验 Rademacher 复杂度 $\hat{\mathcal{R}}_S(\mathcal{H})$ 上界，并将给出的上界与 $\sqrt{d/m}$ 进行比较。(提示：可将 $\hat{\mathcal{R}}_S(\mathcal{H})$ 用 Rademacher 变量之和的绝对值表示，并利用 Jensen 不等式)

(b) 假设 h_{-1} 仍是取值为 -1 的常数函数，但 h_{+1} 是除了在点 x_1 处为 1 其他处为 -1 的函数。此时 $\mathcal{H}$ 的 VC-维是多少？试计算相应的经验 Rademacher 复杂度 $\hat{\mathcal{R}}_S(\mathcal{H})$。

3.8 Rademacher 复杂度的性质。固定 $m\geqslant 1$，试证明下面的性质对于任意的 $\alpha\in\mathbb{R}$ 以及任意的两个由 $\mathcal{X}$ 映射到 $\mathbb{R}$ 的假设集 $\mathcal{H}$ 和 $\mathcal{H}'$ 成立。

(a) $\mathcal{R}_m(\alpha\mathcal{H})=|\alpha|\mathcal{R}_m(\mathcal{H})$

(b) $\mathcal{R}_m(\mathcal{H}+\mathcal{H}')=\mathcal{R}_m(\mathcal{H})+\mathcal{R}_m(\mathcal{H}')$

(c) $\mathcal{R}_m(\{\max\{h, h'\}: h\in\mathcal{H}, h'\in\mathcal{H}'\})\leqslant\mathcal{R}_m(\mathcal{H})+\mathcal{R}_m(\mathcal{H}')$

其中 $\max\{h, h'\}$ 表示函数 $x\mapsto\max\limits_{x\in\mathcal{X}}\{h(x), h(x')\}$(提示：对于任意的 $a, b\in\mathbb{R}$，可以运用恒等式：$\max(a, b)=\frac{1}{2}[a+b+|a-b|]$，以及 Talagrand 引理(见引理 5.2))

3.9 概念的交的 Rademacher 复杂度。令 $\mathcal{H}_1$ 和 $\mathcal{H}_2$ 是将 $\mathcal{X}$ 映射到 $\{0, 1\}$ 的两个函数族，令 $\mathcal{H}=\{h_1h_2: h_1\in\mathcal{H}_1, h_2\in\mathcal{H}_2\}$。试证明：对于任意规模为 m 的样本集 S，$\mathcal{H}$ 的经
51 验 Rademacher 复杂度满足：

$$\hat{\mathcal{R}}_S(\mathcal{H})\leqslant\hat{\mathcal{R}}_S(\mathcal{H}_1)+\hat{\mathcal{R}}_S(\mathcal{H}_2)$$

(提示：可利用 Lipschitz 函数 $x\mapsto\max\{0, x-1\}$ 以及 Talagrand 引理)

进一步地，根据上述界，当函数族 $\mathcal{U}$ 是两个概念 c_1 和 c_2 的交时(设 $c_1\in\mathcal{C}_1$ 且 $c_2\in\mathcal{C}_2$)，基于 $\mathcal{C}_1$ 和 $\mathcal{C}_2$ 的 Rademacher 复杂度给出 Rademacher 复杂度 $\mathcal{R}_m(\mathcal{U})$ 的界。

3.10 预测向量的 Rademacher 复杂度。令 $S=(x_1, \cdots, x_m)$ 是规模为 m 的样本集，固定 $h: \mathcal{X}\to\mathbb{R}$。

(a) 记 $\boldsymbol{u}$ 为 h 对 S 给出的预测向量，即 $\boldsymbol{u}=\begin{bmatrix}h(x_1)\\ \vdots\\ h(x_m)\end{bmatrix}$。试以 $\|\boldsymbol{u}\|_2$ 的形式给出经验 Rademacher 复杂度 $\hat{\mathcal{R}}_S(\mathcal{H})$ 的上界，其中 $\mathcal{H}=\{h, -h\}$(提示：可将 $\hat{\mathcal{R}}_S(\mathcal{H})$ 表示为绝对值期望的形式并利用 Jensen 不等式)。若对于所有 $i\in[1, m]$ 有 $h(x_i)\in\{0, +1, -1\}$，试用稀疏度量 $n=|\{i|h(x_i)\neq 0\}|$ 表示刚得到的上界。对于稀疏度量中的极值，相应的上界是什么？

(b) 令 $\mathcal{F}$ 是将 $\mathcal{X}$ 映射到 $\mathbb{R}$ 的函数族。试给出 $\mathcal{F}+h=\{f+h: f\in\mathcal{F}\}$ 的经验 Rademacher 复杂度上界，并用 $\hat{\mathcal{R}}_S(\mathcal{F})$ 和 $\|\boldsymbol{u}\|_2$ 的形式给出 $\mathcal{F}\pm h=(\mathcal{F}+h)\cup(\mathcal{F}-h)$ 的经验 Rademacher 复杂度上界。

3.11 正则化神经网络的 Rademacher 复杂度。对于输入空间 $\mathcal{X}=\mathbb{R}^{n_1}$，考虑将 $\mathcal{X}$ 映射到 $\mathbb{R}$ 的正则化神经网络函数族：

$$\mathcal{H}=\left\{\boldsymbol{x}\mapsto\sum_{j=1}^{n_2}w_j\boldsymbol{\sigma}(\boldsymbol{u}_j\cdot\boldsymbol{x}):\|\boldsymbol{w}\|_1\leqslant\Lambda',\ \|\boldsymbol{u}_j\|_2\leqslant\Lambda,\ \forall j\in[1,n_2]\right\}$$

其中，$\boldsymbol{\sigma}$ 是 L-Lipschitz 函数，例如，$\boldsymbol{\sigma}$ 可以是 1-Lipschitz 的 sigmoid 函数。

(a) 证明：$\hat{\mathcal{R}}_S(\mathcal{H})=\dfrac{\Lambda'}{m}\underset{\boldsymbol{\sigma}}{\mathbb{E}}\left[\sup\limits_{\|\boldsymbol{u}\|_2\leqslant\Lambda}\left|\sum\limits_{i=1}^{m}\boldsymbol{\sigma}_i\boldsymbol{\sigma}(\boldsymbol{u}\cdot\boldsymbol{x}_i)\right|\right]$。

(b) 对于所有的假设集 $\mathcal{H}$ 和 L-Lipschitz 函数 Φ，有如下形式的 Talagrand 引理成立：

$$\frac{1}{m}\underset{\boldsymbol{\sigma}}{\mathbb{E}}\left[\sup_{h\in\mathcal{H}}\left|\sum_{i=1}^{m}\boldsymbol{\sigma}_i(\Phi\circ h)(x_i)\right|\right]\leqslant\frac{L}{m}\underset{\boldsymbol{\sigma}}{\mathbb{E}}\left[\sup_{h\in\mathcal{H}}\left|\sum_{i=1}^{m}\boldsymbol{\sigma}_i h(x_i)\right|\right]$$ 52

试利用该引理以 $\mathcal{H}'$ 的经验 Rademacher 复杂度的形式给出 $\hat{\mathcal{R}}_S(\mathcal{H})$ 的上界，其中：

$$\mathcal{H}'=\{\boldsymbol{x}\mapsto s(\boldsymbol{u}\cdot\boldsymbol{x}):\ \|\boldsymbol{u}\|_2\leqslant\Lambda,\ s\in\{-1,+1\}\}$$

(c) 利用 Cauchy-Schwarz 不等式证明：

$$\hat{\mathcal{R}}_S(\mathcal{H}')=\frac{\Lambda}{m}\underset{\boldsymbol{\sigma}}{\mathbb{E}}\left[\left\|\sum_{i=1}^{m}\sigma_i\boldsymbol{x}_i\right\|_2\right]$$

(d) 利用不等式 $\underset{\boldsymbol{v}}{\mathbb{E}}[\|\boldsymbol{v}\|_2]\leqslant\sqrt{\underset{\boldsymbol{v}}{\mathbb{E}}[\|\boldsymbol{v}\|_2^2]}$（由 Jensen 不等式可得）给出 $\hat{\mathcal{R}}_S(\mathcal{H}')$ 的上界。

(e) 若对于某个 $r>0$，有 $\|\boldsymbol{x}\|_2\leqslant r$ 对于所有 $\boldsymbol{x}\in S$ 成立，试根据上面得到的结果以 r 的形式给出 $\mathcal{H}$ 的 Rademacher 复杂度上界。

3.12 Rademacher 复杂度。Jesetoo 教授声称对于任意取值为 $\{-1,+1\}$ 的函数的假设族 $\mathcal{H}$，可以找到一个更好的关于 Rademacher 复杂度的界，由它的 VC-维 VCdim($\mathcal{H}$) 给出。他给出的形式是 $\mathcal{R}_m(\mathcal{H})\leqslant O\left(\dfrac{\mathrm{VCdim}(\mathcal{H})}{m}\right)$，你可以证明 Jesetoo 教授不可能正确吗？（提示：考虑一个假设集只有两个简单函数的情况）

3.13 k 个区间的并的 VC-维。请给出 k 个区间的并组成的实数轴子集的 VC-维。

3.14 有限假设集的 VC-维。证明一个有限假设集 $\mathcal{H}$ 的 VC 维至多是 $\log_2|\mathcal{H}|$。

3.15 子集的 VC-维。请给出实数轴子集 I_α 的 VC-维，其中 I_α 是以 α 为参数的子集：$I_\alpha=[\alpha,\alpha+1]\cup[\alpha+2,+\infty]$。

3.16 平行于坐标轴的正方形以及三角形的 VC-维。

(a) 平面中平行于坐标轴的正方形的 VC-维是多少？

(b) 考虑平面中的如下直角三角形，即直角位于左下角，直角边平行于坐标轴。试给出该函数族的 VC-维。 53

3.17 $\mathbb{R}^n$ 空间的闭球的 VC-维。请给出所有 $\mathbb{R}^n$ 空间的闭球组成集合的 VC-维。即对于 $x_0\in\mathbb{R}^n$ 和 $r>0$，证明所有形如 $\{x\in\mathbb{R}^n,\ \|x-x_0\|^2<r\}$ 的闭球组成的集合的 VC-

维小于或等于 $n+2$。

3.18　椭球的 VC-维。请给出所有 $\mathbb{R}^n$ 空间的椭球组成集合的 VC-维。

3.19　实值函数构成的向量空间的 VC-维。令 F 是在 $\mathbb{R}^n$ 中实值函数构成的有限维向量空间，即 $\dim(F)=r<\infty$，令 $\mathcal{H}$ 是如下假设的集合：

$$\mathcal{H}=\{\{x: f(x)\geqslant 0\}: f\in F\}$$

请证明 $\mathcal{H}$ 的 VC 维 d 是有限的，且 $d\leqslant r$。（提示：选择一个包含 $m=r+1$ 个点的任意集合，并且考虑线性映射 $\boldsymbol{u}: F\to\mathbb{R}^m$，其中 $\boldsymbol{u}(f)=(f(x_1), \cdots, f(x_m))$。

3.20　sin 函数的 VC-维。考虑 sin 函数假设集（例 3.5）的 VC-维：$\{x\mapsto\sin(\omega x): \omega\in\mathbb{R}\}$

(a) 证明对于任意的 $x\in\mathbb{R}$，点 x，$2x$，$3x$ 和 $4x$ 不能被 sin 函数族所打散。

(b) 证明 sin 函数族的 VC-维是无限的。（提示：证明$\{2^{-i}: i\leqslant m\}$对于任意的 $m>0$ 可以被打散）。

3.21　半空间的并的 VC-维。请给出由 k 个半空间的并构成的假设集的 VC-维的上界。

3.22　半空间的交的 VC-维。考虑由 k 个半空间的凸交构成的集合 $\mathcal{C}_k$，请给出 VCdim$(\mathcal{C}_k)$的上界以及下界。

3.23　概念的交的 VC-维。

(a) 令 $\mathcal{C}_1$ 和 $\mathcal{C}_2$ 是两个概念类。证明对于任意的概念类：$\mathcal{C}=\{c_1\cap c_2: c_1\in\mathcal{C}_1, c_2\in\mathcal{C}_2\}$，有

$$\Pi_{\mathcal{C}}(m)\leqslant\Pi_{\mathcal{C}_1}(m)\Pi_{\mathcal{C}_2}(m) \tag{3.53}$$

(b) 令 $\mathcal{C}$ 是一个 VC-维为 d 的概念类，且令 $\mathcal{C}_s$ 是所有 $\mathcal{C}$ 中 s 个概念的交，$s\geqslant 1$。证明 $\mathcal{C}_s$ 的 VC-维受 $2ds\log_2(3s)$所约束。（提示：证明对于任意的 $x\geqslant 2$，都有
54 $\log_2(3x)\leqslant 9x/(2\mathrm{e})$）

3.24　概念的并的 VC-维。令 $\mathcal{A}$ 和 $\mathcal{B}$ 是两个从 $\mathcal{X}$ 映射到$\{0, 1\}$的函数族，并且我们假设 $\mathcal{A}$ 和 $\mathcal{B}$ 的 VC-维是有限的，其中 VCdim$(\mathcal{A})=d_{\mathcal{A}}$ 和 VCdim$(\mathcal{B})=d_{\mathcal{B}}$。令 $\mathcal{C}=\mathcal{A}\cup\mathcal{B}$ 是 $\mathcal{A}$ 和 $\mathcal{B}$ 的并，那么：

(a) 证明对于所有的 $m>0$，都有 $\Pi_{\mathcal{C}}(m)\leqslant\Pi_{\mathcal{A}}(m)\leqslant\Pi_{\mathcal{B}}(m)$。

(b) 运用 Sauer 引理证明，对于 $m\geqslant d_{\mathcal{A}}+d_{\mathcal{B}}+2$，有 $\Pi_{\mathcal{C}}(m)<2^m$ 成立，并给出 $\mathcal{C}$ 的 VC-维的界。

3.25　概念的对等差的 VC-维。对于两个集合 $\mathcal{A}$ 和 $\mathcal{B}$，令 $\mathcal{A}\Delta\mathcal{B}$ 表示集合 $\mathcal{A}$ 和 $\mathcal{B}$ 的对等差，即 $\mathcal{A}\Delta\mathcal{B}=(\mathcal{A}\cup\mathcal{B})-(\mathcal{A}\cap\mathcal{B})$。设 $\mathcal{H}$ 是一个非空的 $\mathcal{X}$ 的子集族，且它的 VC-维是有限的。假设 $\mathcal{A}$ 是 $\mathcal{H}$ 的一个元素，定义 $\mathcal{H}\Delta\mathcal{A}=\{\mathcal{X}\Delta\mathcal{A}: \mathcal{X}\in\mathcal{H}\}$。请证明：VCdim$(\mathcal{H}\Delta\mathcal{A})=$VCdim$(\mathcal{H})$。

3.26　对称函数。若一个函数 $h: \{0, 1\}^n\mapsto\{0, 1\}$被称为是**对称**(symmetric)的，则它的值完全被输入中 1 的个数决定。令 $\mathcal{C}$ 表示所有对称函数的集合。

(a) 确定 $\mathcal{C}$ 的 VC-维。

(b) 对于 $\mathcal{C}$ 上的任意一致 PAC 学习算法，请给出它的样本复杂度的上界和下界。

(c) 对于任意的假设 $h\in\mathcal{C}$，它可以被表示成一个向量$(y_0, y_1, \cdots, y_n)\in\{0, 1\}^{n+1}$，其中 y_i 表示 h 有 i 个 1。请为 $\mathcal{C}$ 设计一个依据该表达的一致学习算法。

3.27　神经网络的 VC-维。

令 $\mathcal{C}$ 为 $\mathbb{R}^r$ 上 VC-维为 d 的一个概念类，其中的概念用 $\mathcal{C}$-神经网络表示，即定义在 $\mathbb{R}^n$ 上且只包含一个中间层，这样的概念可以用有向无环图表示，如图 3.7 所示(图中底层节点为输入，其他节点的标签由概念 $c\in\mathcal{C}$ 确定)。

给定输入向量(x_1，…，x_n)，该神经网络的输出由如下方式确定：首先，对 n 个输入节点每个都赋值对应的 $x_i\in\mathbb{R}$。接下来，由 c 作用于与 u 相连的输入节点得到由 c 确定的高层节点 u 的标签。注意 c 在$\{0, 1\}$取值，u 也在$\{0, 1\}$取值。以类似的方式由对应的概念和与输出节点相连的节点得到顶层节点也即输出节点的标签。

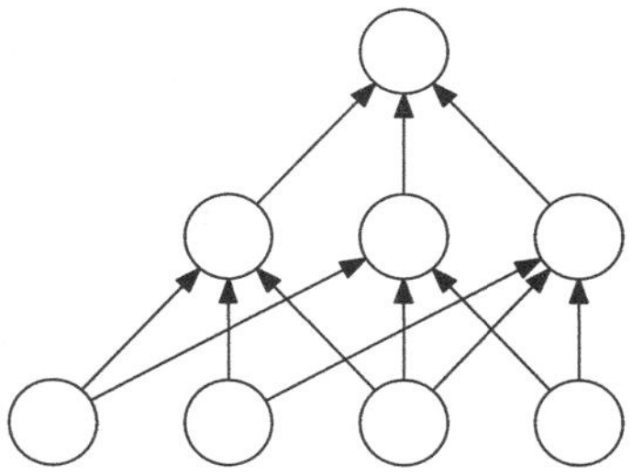

图 3.7 只包含一个中间层的神经网络示意图

(a) 令 $\mathcal{H}$ 表示上述定义的所有神经网络集，并满足内部节点数 $k\geqslant 2$。试通过由每个中间层定义的假设集的生长函数的乘积，给出生长函数 $\Pi_{\mathcal{H}}(m)$的上界。

(b) 通过得到的上界，进一步给出 $\mathcal{C}$-神经网络的 VC-维的上界(提示：当 $m\geqslant 1$，x，$y>0$，且 $xy>4$ 时，有 $m=2x\log_2(xy)\Rightarrow m>x\log_2(ym)$成立)。

(c) 令 $\mathcal{C}$ 表示一族由阈值函数定义的概念类，即 $\mathcal{C}=\left\{\operatorname{sgn}\left(\sum_{j=1}^{r} w_j x_j\right):\ \boldsymbol{w}\in\mathbb{R}^r\right\}$。试以 k 和 r 的形式给出 $\mathcal{H}$ 的 VC-维的上界。

3.28 凸组合的 VC-维。令 $\mathcal{H}$ 表示输入空间 $\mathcal{X}$ 映射到$\{-1, +1\}$的函数族，令 T 为正整数。对于如下函数族 $\mathcal{F}_T$，给出其 VC-维的上界：

$$\mathcal{F}=\left\{\operatorname{sgn}\left(\sum_{t=1}^{T}\alpha_t h_t\right):\ h_t\in\mathcal{H},\ \alpha_t\geqslant 0,\ \sum_{t=1}^{T}\alpha_t\leqslant 1\right\}$$ (提示：可利用习题 3.27 的结果) 55~56

3.29 无穷 VC-维。

(a) 证明如果一个概念类 $\mathcal{C}$ 有无穷 VC-维，那它不是 PAC 可学习的。

(b) 在标准的 PAC 学习情境下，学习算法接受所有的样本，并计算它的假设。在这种情境下，无穷 VC-维的概念类 PAC 学习是不可能的，正如前一个问题。设想这样一个不同的情境，即学习算法可以交替地获得更多的样本或进行计算。这个问题的目标是证明某些无穷 VC-维的概念类也是可以 PAC 学习的。

考虑一个特殊的例子，概念类 $\mathcal{C}$ 的所有子集都由自然数构成，Vitres 教授对于通过学习算法 L 完成对概念类 $\mathcal{C}$ 的 PAC 学习有一个初步的想法。在第一阶段中，L 选取了充足的样本点数 m，使其以很高的置信度选取到一个大于已观测到的最大值 M 的新点的概率很小。试完成 Vitres 教授的想法并描述第二阶段的算法，使得 $\mathcal{C}$ 能够被 PAC 学习。注意这个描述需要包含 L 可以 PAC 学习 $\mathcal{C}$ 的证明。

3.30 VC-维的泛化误差界——可实现情形。本题中，在可实现情形下，我们需证明推论 3.4 给出的界可以进一步约束到 $O\left(\frac{d\log(m/d)}{m}\right)$。假设我们考虑的是可实现情形，即目标概念在我们的假设类 $\mathcal{H}$ 中。接下来我们将证明如果一个假设 h 在样本集 $S\sim$

$\mathcal{D}^m$ 上是一致的，那么对于任意的 $\epsilon>0$，有 $m\epsilon\geqslant 8$ 且：

$$\mathbb{P}[R(h)>\epsilon]\leqslant 2\left[\frac{2em}{d}\right]^d 2^{-m\epsilon/2} \tag{3.54}$$

(a) 令 $\mathcal{H}_S\subseteq\mathcal{H}$ 是假设集中在样本集 S 上一致的假设构成的子集，令 $\hat{R}_S(h)$ 表示在样本集 S 上的经验误差。定义 S' 为另一个服从 $\mathcal{D}^m$ 的独立样本。证明下面的不等式对于任意 $h_0\in\mathcal{H}_S$ 成立：

$$\mathbb{P}\left[\sup_{h\in\mathcal{H}_S}|\hat{R}_S(h)-\hat{R}_{S'}(h)|>\frac{\epsilon}{2}\right]\geqslant\mathbb{P}\left[B(m,\epsilon)>\frac{m\epsilon}{2}\right]\mathbb{P}[R(h_0)>\epsilon]$$

其中 $B[m,\epsilon]$ 是一个二项随机变量，其参数为 (m,ϵ)。（提示：证明并使用

57 $\mathbb{P}\left[\hat{R}_S(h)\geqslant\frac{\epsilon}{2}\right]\geqslant\mathbb{P}[\hat{R}_S(h)>\frac{\epsilon}{2}\wedge R(h)>\epsilon]$）

(b) 证明 $\mathbb{P}\left[B[m,\epsilon]>\frac{m\epsilon}{2}\right]\geqslant\frac{1}{2}$。运用这个不等式，以及(a)的结论，证明对于所有 $h_0\in\mathcal{H}_S$，有下式成立：

$$\mathbb{P}[R(h_0)>\epsilon]\leqslant 2\mathbb{P}\left[\sup_{h\in\mathcal{H}_S}|\hat{R}_S(h)-\hat{R}_{S'}(h)|>\frac{\epsilon}{2}\right]$$

(c) 与之前取两个样本集不同，我们可以选取一个大小为 $2m$ 的样本集 T，并随机切分成两个样本集 S 和 $\mathcal{S}'$，则(b)不等式的右边可以重写为

$$\mathbb{P}\left[\sup_{h\in\mathcal{H}_S}|\hat{R}_S(h)-\hat{R}_{S'}(h)|>\frac{\epsilon}{2}\right]=\underset{\substack{T\sim\mathcal{D}^{2m}\\T\to[S,S']}}{\mathbb{P}}\left[\exists h\in\mathcal{H}:\hat{R}_S(h)=0\wedge\hat{R}_{S'}(h)>\frac{\epsilon}{2}\right]$$

令 h_0 为使得 $\hat{R}_T(h_0)>\frac{\epsilon}{2}$ 成立的一个假设，且令 $l>\frac{m\epsilon}{2}$ 表示 h_0 在 T 上犯错的总数。试证明所有 l 个错误全部落在 $\mathcal{S}'$ 内的概率的上界为 2^{-l}。

(d) (b)意味着对于任意的 $h\in\mathcal{H}$，有

$$\underset{\substack{T\sim\mathcal{D}^{2m}\\T\to(S,S')}}{\mathbb{P}}\left[\hat{R}_S(h)=0\wedge\hat{R}_{S'}(h)>\frac{\epsilon}{2}\,|\,\hat{R}_T(h_0)>\frac{\epsilon}{2}\right]\leqslant 2^{-l}$$

由这个界，证明对于任意的 $h\in\mathcal{H}$，有

$$\underset{\substack{T\sim\mathcal{D}^{2m}\\T\to(S,S')}}{\mathbb{P}}\left[\hat{R}_S(h)=0\wedge\hat{R}_{S'}(h)>\frac{\epsilon}{2}\right]\leqslant 2^{-\frac{\epsilon m}{2}}$$

(e) 最后，运用联合界得到 $\underset{\substack{T\sim\mathcal{D}^{2m}\\T\to(S,S')}}{\mathbb{P}}\left[\exists h\in\mathcal{H}:\hat{R}_S(h)=0\wedge\hat{R}_{S'}(h)>\frac{\epsilon}{2}\right]$ 的上界，完成不等式(3.54)的证明。试证明我们可以得到一个高概率的泛化误差界，这个界是 $O\left(\frac{d\log(m/d)}{m}\right)$ 的。

3.31 基于覆盖数的泛化误差界。令 $\mathcal{H}$ 是一个函数族，该函数族将 $\mathcal{X}$ 映射到一个实数的子集 $\mathcal{Y}\subseteq\mathbb{R}$。对于任意的 $\epsilon>0$，$\mathcal{H}$ 的覆盖数 $\mathcal{N}(\mathcal{H},\epsilon)$ 对于 L_∞ 范数指的是使得 $\mathcal{H}$ 可以被 k 个半径为 ϵ 的球覆盖的最小的 $k\in\mathbb{N}$，即存在 $\{h_1,\cdots,h_k\}\subseteq\mathcal{H}$，使得对于所有的 $h\in\mathcal{H}$，存在 $i\leqslant k$，使得 $\|h-h_i\|_\infty=\max_{x\in X}|h(x)-h_i(x)|\leqslant\epsilon$。特别地，当 $\mathcal{H}$ 是一个紧致集时，可以由半径为 ϵ 的球覆盖 $\mathcal{H}$ 得到一个有限覆盖，因此 $\mathcal{N}(\mathcal{H},\epsilon)$

是有限的。

覆盖数提供了一种测量函数族复杂度的方法：越大的覆盖数，函数族的表示能力就越丰富。本题旨在通过证明平方损失下的学习误差来说明这一点。用 $\mathcal{D}$ 表示 $\mathcal{X}\times\mathcal{Y}$ 58
上的带标签样本服从的分布。则对于平方损失，$h\in\mathcal{H}$ 的泛化误差界定义为：$R(h)=\underset{(x,y)\sim\mathcal{D}}{\mathbb{E}}[(h(x)-y)^2]$，且对于一个带标签的样本集 $S=((x_1, y_1), \cdots, (x_m, y_m))$，其经验误差为 $\hat{R}_S(h)=\frac{1}{m}\sum_{i=1}^{m}(h(x_i)-y_i)^2$。我们假设 $\mathcal{H}$ 是能够被约束的，即存在一个 $M>0$，使得 $|h(x)-y|\leqslant M$ 对于所有 $(x, y)\in\mathcal{X}\times\mathcal{Y}$ 都成立。下面是由本题待证的泛化误差界：

$$\underset{S\sim\mathcal{D}^m}{\mathbb{P}}\left[\sup_{h\in\mathcal{H}}|R(h)-\hat{R}_S(h)|\geqslant\varepsilon\right]\leqslant\mathcal{N}\left(\mathcal{H}, \frac{\varepsilon}{8M}\right)\times 2\exp\left(\frac{-m\varepsilon^2}{2M^4}\right) \tag{3.55}$$

该证明可由以下步骤完成。

(a) 令 $L_S=R(h)-\hat{R}_S(h)$，证明对于任意的 $h_1, h_2\in\mathcal{H}$ 以及任意的带标签样本集 S，有下面的不等式成立：

$$|L_S(h_1)-L_S(h_2)|\leqslant 4M\|h_1-h_2\|_\infty$$

(b) 假设 $\mathcal{H}$ 可以被 k 个子集 $\mathcal{B}_1, \cdots, \mathcal{B}_k$ 覆盖，即 $\mathcal{H}=\mathcal{B}_1\cup\cdots\cup\mathcal{B}_k$，证明对于任意的 $\varepsilon>0$，下面的上界成立：

$$\underset{S\sim\mathcal{D}^m}{\mathbb{P}}\left[\sup_{h\in\mathcal{H}}|L_S(h)|\geqslant\varepsilon\right]\leqslant\sum_{i=1}^{k}\underset{S\sim\mathcal{D}^m}{\mathbb{P}}\left[\sup_{h\in\mathcal{B}_i}|L_S(h)|\geqslant\varepsilon\right]$$

(c) 最后，令 $k=\mathcal{N}\left(\mathcal{H}, \frac{\varepsilon}{8M}\right)$，并令 $\mathcal{B}_1, \cdots, \mathcal{B}_k$ 是以 $h_1, \cdots, h_k$ 为圆心，半径为 $\varepsilon/(8M)$ 的圆，且能覆盖 $\mathcal{H}$。运用(a)的结论，证明对于所有 $i\in[1, k]$，有

$$\underset{S\sim\mathcal{D}^m}{\mathbb{P}}\left[\sup_{h\in\mathcal{B}_i}|L_S(h)|\geqslant\varepsilon\right]\leqslant\underset{S\sim\mathcal{D}^m}{\mathbb{P}}\left[|L_S(h_i)|\geqslant\frac{\varepsilon}{2}\right]$$

之后运用 Hoeffding 不等式(定理 D.1)完成式(3.55)的证明。 59~60

第 4 章

模型选择

学习算法设计中的一个关键问题是假设集 $\mathcal{H}$ 的选择，这被称为**模型选择**(model selection)问题。如何选择假设集 $\mathcal{H}$? 一个足够丰富或复杂的假设集可以包含理想的贝叶斯分类器。但是学习这样一个复杂的族是非常困难的。更一般地说，$\mathcal{H}$ 的选择需要权衡利弊，可以通过**估计**(estimation)和**近似误差**(approximation error)进行分析。

我们的讨论将集中在二元分类的特殊情况下，但是所讨论的大部分内容可以直接扩展到不同的任务和损失函数。

4.1 估计误差和近似误差

令 $\mathcal{H}$ 是一个的可以将 $\mathcal{X}$ 映射到 $\{-1, +1\}$ 的函数族。从 $\mathcal{H}$ 中选取的假设 h 的**过量误差**(excess error)，即误差 $R(h)$ 和贝叶斯误差 R^* 的差，可按下式进行分解：

$$R(h)-R^*=\underbrace{\left(R(h)-\inf_{h\in\mathcal{H}}R(h)\right)}_{\text{估计}}+\underbrace{\left(\inf_{h\in\mathcal{H}}R(h)-R^*\right)}_{\text{近似}} \tag{4.1}$$

上式中，第一项指的是**估计误差**(estimation error)，第二项指的是**近似误差**(approximation error)。估计误差依赖于所选定的假设 h。它相对于由 $\mathcal{H}$ 中的假设获得的误差下确界来测量 h 的误差，或达到下确界时类中最优假设 h^* 的误差。请注意，之前不可知 PAC 学习的定义便是基于估计误差的。

近似误差衡量了用 $\mathcal{H}$ 对贝叶斯误差的近似程度。这种误差可以看作假设集 $\mathcal{H}$ 的一个性质，衡量假设集的丰富程度(richness)。对于更复杂或更丰富的假设 $\mathcal{H}$，近似误差的减少往往以较大的估计误差为代价。如图 4.1 所示。

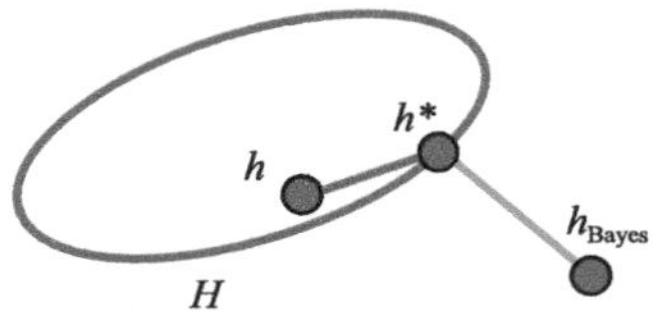

图 4.1 估计误差(蓝色)和近似误差(浅灰色)的说明。这里假设存在一个类中最佳假设，即 h^*，使得 $R(h^*)=\inf_{h\in\mathcal{H}}R(h)$

模型选择是选择 $\mathcal{H}$，并在近似误差和估计误差之间进行权衡。然而，请注意，近似误差是不可得的，因为通常情况下，确定 R^* 所需的潜在分布 $\mathcal{D}$ 是未知的。即使有各种噪声假设，估计近似误差也是非常困难的。相比之下，**算法 $\mathcal{A}$ 的估计误差**，即在样本 S 上训练后返回的假设 h_s 的估计误差，有时可以使用泛化界进行界定，如 4.2 节所示。

4.2 经验风险最小化

经验风险最小化(Empirical Risk Minimization，ERM)是估计误差有界的标准算法。ERM 寻求最小化训练样本上的误差：[⊖]

$$h_S^{\mathrm{ERM}}=\underset{h\in\mathcal{H}}{\operatorname{argmin}}\hat{R}_S(h) \tag{4.2}$$

| 命题 4.1 | 对于任意样本 S，对于 ERM 返回的假设，以下不等式成立：

$$\mathbb{P}\left[R(h_S^{\mathrm{ERM}})-\inf_{h\in\mathcal{H}}R(h)>\varepsilon\right]\leqslant\mathbb{P}\left[\sup_{h\in\mathcal{H}}|R(h)-\hat{R}_S(h)|>\frac{\varepsilon}{2}\right] \tag{4.3}$$

| 证明 | 对于任意 $\varepsilon>0$，通过定义 $\inf_{h\in\mathcal{H}}R(h)$，存在 h_ε 使得 $R(h_\varepsilon)\leqslant\inf_{h\in\mathcal{H}}R(h)+\varepsilon$。因此，根据算法的定义，使用 $\hat{R}_S(h_S^{\mathrm{ERM}})\leqslant\hat{R}_S(h_\varepsilon)$，我们可以写成： 61～62

$$\begin{aligned}R(h_S^{\mathrm{ERM}})-\inf_{h\in\mathcal{H}}R(h)&=R(h_S^{\mathrm{ERM}})-R(h_\varepsilon)+R(h_\varepsilon)-\inf_{h\in\mathcal{H}}R(h)\\&\leqslant R(h_S^{\mathrm{ERM}})-R(h_\varepsilon)+\varepsilon\\&=R(h_S^{\mathrm{ERM}})-\hat{R}_S(h_S^{\mathrm{ERM}})+\hat{R}_S(h_S^{\mathrm{ERM}})-R(h_\varepsilon)+\varepsilon\\&\leqslant R(h_S^{\mathrm{ERM}})-\hat{R}_S(h_S^{\mathrm{ERM}})+\hat{R}_S(h_\varepsilon)-R(h_\varepsilon)+\varepsilon\\&\leqslant 2\sup_{h\in\mathcal{H}}|R(h)-\hat{R}_S(h)|+\varepsilon\end{aligned}$$

由于这个不等式对所有 $\varepsilon>0$ 都成立，它意味着：

$$R(h_S^{\mathrm{ERM}})-\inf_{h\in\mathcal{H}}R(h)\leqslant2\sup_{h\in\mathcal{H}}|R(h)-\hat{R}_S(h)|$$

证毕。 ■

式(4.3)的右边可以使用上一章提出的关于 Rademacher 复杂度、生长函数或 $\mathcal{H}$ 的 VC-维的泛化界作为上界，特别是可以用 $2e^{-2m[\varepsilon-\mathcal{R}_m(\mathcal{H})]^2}$ 来界定。因此，当 $\mathcal{H}$ 有一个有利的 Rademacher 复杂度时，例如有限的 VC-维，对于一个足够大的样本，有很高的概率可以保证估计误差很小。然而，ERM 的性能通常很差。这是因为该算法忽略了假设集 $\mathcal{H}$ 的复杂性：在实际中，要么 $\mathcal{H}$ 不够复杂，这种情况下近似误差可能非常大，要么 $\mathcal{H}$ 非常丰富，这种情况下估计误差的界会变得非常松散。此外，在许多情况下，确定 ERM 的解难以计算。例如，在训练样本上找到有着最小误差的线性假设是 NP-难的(是输入空间维度的函数)。

4.3 结构风险最小化

在前一节中，我们说明了估计误差有时是有界的或可以估计的。但是，由于无法估计近似误差，我们应该如何选择 $\mathcal{H}$? 一种方法是选择一个非常复杂的、没有近似误差或误差很小的族 $\mathcal{H}$。$\mathcal{H}$ 太丰富了，可能不能适用于泛化边界，但假设我们可以将 $\mathcal{H}$ 分解为一个

⊖ 注意，如果在训练样本上存在多个误差最小的假设，那么 ERM 将返回任意一个。

势不断增长的假设集 $\mathcal{H}_\gamma$ 的并集，即 $\mathcal{H}=\bigcup_{\gamma\in\Gamma}\mathcal{H}_\gamma$，且对于某个集合 Γ，$\mathcal{H}_\gamma$ 的复杂度随 γ 的增加而增加。图 4.2 说明了这种分解。此时，问题在涉及参数 $\gamma^*\in\Gamma$ 的选择和假设集 $\mathcal{H}_{\gamma^*}$ 时，要在估计和近似误差之间进行最有利的权衡。由于这些量是未知的，如图 4.3 所示，可以利用它们的和的一致上界，即超额误差(也称为超额风险)。

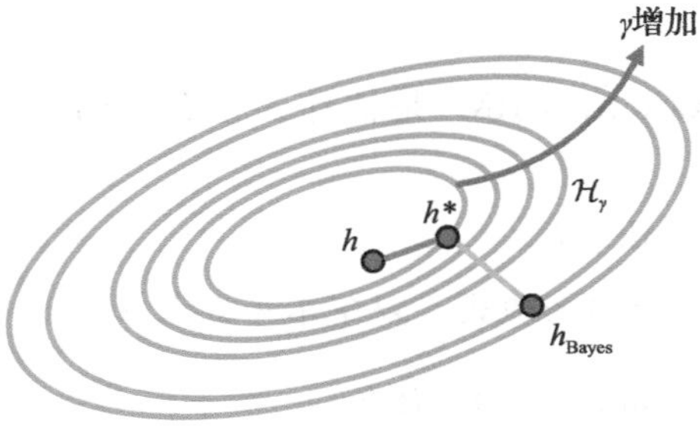

图 4.2　一个丰富的族 $\mathcal{H}=\bigcup_{\gamma\in\Gamma}\mathcal{H}_\gamma$ 的分解实例

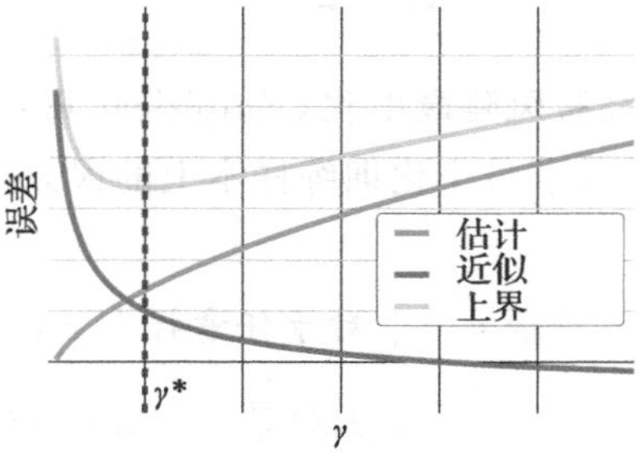

图 4.3　选择 γ^* 时，考虑在估计和近似误差之间最有利的权衡

这正是结构风险最小化(Structural Risk Minimization，SRM)方法背后的思想。对于 SRM，假设 $\mathcal{H}$ 可分解为一个可数集合，其分解为 $\mathcal{H}=\bigcup_{k\geqslant 1}\mathcal{H}_k$。另外，令假设集 $\mathcal{H}_k$ 是嵌套的：对所有 $k\geqslant 1$ 都有 $\mathcal{H}_k\subset\mathcal{H}_{k+1}$。当然本节给出的许多结果也适用于非嵌套假设集。因此，除非明确指定，否则我们不会使用这个假设。SRM 可以选择索引 $k^*\geqslant 1$ 以及 $\mathcal{H}_k$ 中的 ERM 假设 h 来最小化超额误差的上界。

63～64

正如我们将要看到的，对于所有的 $h\in\mathcal{H}$：任意 $\delta>0$，在概率至少为 $1-\delta$ 的情况下，从 $\mathcal{D}^m$ 中抽取大小为 m 的样本 S，对于所有 $h\in\mathcal{H}_k$ 和 $k\geqslant 1$，都有

$$R(h)\leqslant\hat{R}_S(h)+\mathfrak{R}_m(\mathcal{H}_{k(h)})+\sqrt{\frac{\log k}{m}}+\sqrt{\frac{\log\frac{2}{\delta}}{2m}}$$

因此，为了最小化超额误差的界$(R(h)-R^*)$，应选择索引 k 和假设 $h\in\mathcal{H}_k$ 来最小化目标函数：

$$F_k(h)=\hat{R}_S(h)+\mathfrak{R}_m(\mathcal{H}_k)+\sqrt{\frac{\log k}{m}}$$

这正是 SRM 解 h_S^{SRM} 的定义：

$$h_{S_k}^{\text{SRM}}=\underset{k\geqslant 1,h\in\mathcal{H}_k}{\operatorname{argmin}}F_k(h)=\underset{k\geqslant 1,h\in\mathcal{H}_k}{\operatorname{argmin}}\hat{R}_S(h)+R_m(\mathcal{H}_k)+\sqrt{\frac{\log k}{m}}\tag{4.4}$$

因此，SRM 确定了一个最优索引 k^*，得到假设集 $\mathcal{H}_{k^*}$，并返回基于该假设集的 ERM 解。图 4.4 进一步说明 SRM 通过最小化训练误差和惩罚项 $R_m(\mathcal{H}_k)+\sqrt{\log k/m}$ 之和

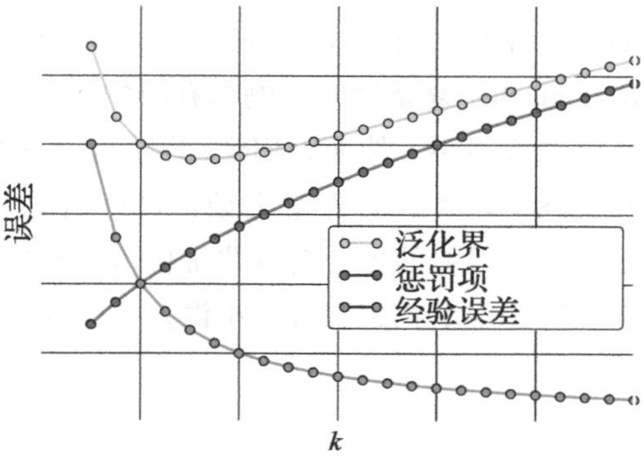

图 4.4　结构风险最小化说明。三个误差的曲线图显示为指数大的函数。显然，随着 k 或相当于假设集 $\mathcal{H}_k$ 的复杂性的增加，训练误差减小，惩罚项增加。SRM 选择最小化泛化误差界的假设，它是经验误差和惩罚项的总和

的上界来选择索引 k^* 和假设集 $\mathcal{H}_{k^*}$。下面的定理表明 SRM 解受益于一个强大的学习保证。对于任意 $h\in\mathcal{H}$，我们用 $\mathcal{H}_{k(h)}$ 表示包含 h 的一系列 $\mathcal{H}_k$ 中最简单的假设集。 65

| 定理 4.1 SRM 的学习保证 | **对于任意 $\delta>0$，从 $\mathcal{D}^m$ 中抽取大小为 m 的独立同分布样本 S，在概率至少为 $1-\delta$ 的情况下，SRM 方法返回的假设 h_S^{SRM} 的泛化误差的界如下：**

$$R(h_S^{\mathrm{SRM}})\leqslant\inf_{h\in\mathcal{H}}\left(R(h)+2\mathcal{R}_m(\mathcal{H}_{k(h)})+\sqrt{\frac{\log k(h)}{m}}\right)+\sqrt{\frac{2\log\frac{3}{\delta}}{m}}$$

| 证明 | 首先，根据联合约束，下列一般不等式成立，

$$\begin{aligned}
&\mathbb{P}[\sup_{h\in\mathcal{H}}R(h)-F_{k(h)}(h)>\varepsilon]\\
&=\mathbb{P}[\sup_{k\geqslant1}\sup_{h\in\mathcal{H}_k}R(h)-F_k(h)>\varepsilon]\\
&\leqslant\sum_{k=1}^{\infty}\mathbb{P}[\sup_{h\in\mathcal{H}_k}R(h)-F_k(h)>\varepsilon]\\
&=\sum_{k=1}^{\infty}\mathbb{P}\left[\sup_{h\in\mathcal{H}_k}R(h)-\hat{R}_S(h)-\mathcal{R}_m(\mathcal{H}_k)>\varepsilon+\sqrt{\frac{\log k}{m}}\right]\\
&\leqslant\sum_{k=1}^{\infty}\exp\left(-2m\left[\varepsilon+\sqrt{\frac{\log k}{m}}\right]^2\right)\\
&\leqslant\sum_{k=1}^{\infty}\mathrm{e}^{-2m\varepsilon^2}\mathrm{e}^{-2\log k}\\
&=\mathrm{e}^{-2m\varepsilon^2}\sum_{k=1}^{\infty}\frac{1}{k^2}=\frac{\pi^2}{6}\mathrm{e}^{-2m\varepsilon^2}\leqslant2\mathrm{e}^{-2m\varepsilon^2}
\end{aligned}\tag{4.5}$$

接下来，对于任意两个随机变量 X_1 和 X_2，如果 $X_1+X_2>\varepsilon$，则 X_1 或 X_2 必须大于 $\varepsilon/2$。鉴于此，根据联合边界，$\mathbb{P}[X_1+X_2>\varepsilon]\leqslant\mathbb{P}\left[X_1>\frac{\varepsilon}{2}\right]+\mathbb{P}\left[X_2>\frac{\varepsilon}{2}\right]$。用这个不等式、不等式(4.5)和不等式 $F_{k(h_S^{\mathrm{SRM}})}(h_S^{\mathrm{SRM}})\leqslant F_{k(h)}(h)$，根据 h_S^{SRM} 的定义，该不等式对所有 $h\in\mathcal{H}$ 都成立，我们可以写出，对任何 $h\in\mathcal{H}$， 66

$$\begin{aligned}
&\mathbb{P}\left[R(h_S^{\mathrm{SRM}})-R(h)-2\mathcal{R}_m(\mathcal{H}_{k(h)})-\sqrt{\frac{\log k(h)}{m}}>\varepsilon\right]\\
&\leqslant\mathbb{P}\left[R(h_S^{\mathrm{SRM}})-F_{k(h_S^{\mathrm{SRM}})}(h_S^{\mathrm{SRM}})>\frac{\varepsilon}{2}\right]+\\
&\quad\mathbb{P}\left[F_{k(h_S^{\mathrm{SRM}})}(h_S^{\mathrm{SRM}})-R(h)-2\mathcal{R}_m(\mathcal{H}_{k(h)})-\sqrt{\frac{\log k(h)}{m}}>\frac{\varepsilon}{2}\right]\\
&\leqslant2\mathrm{e}^{-\frac{m\varepsilon^2}{2}}+\mathbb{P}\left[F_{k(h)}(h)-R(h)-2\mathcal{R}_m(\mathcal{H}_{k(h)})-\sqrt{\frac{\log k(h)}{m}}>\frac{\varepsilon}{2}\right]\\
&=2\mathrm{e}^{-\frac{m\varepsilon^2}{2}}+\mathbb{P}\left[\hat{R}_S(h)-\mathcal{R}(h)-\mathcal{R}_m(\mathcal{H}_{k(h)})>\frac{\varepsilon}{2}\right]\\
&=2\mathrm{e}^{-\frac{m\varepsilon^2}{2}}+\mathrm{e}^{-\frac{m\varepsilon^2}{2}}=3\mathrm{e}^{-\frac{m\varepsilon^2}{2}}
\end{aligned}$$

使等式右边等于 δ，证毕。■

该定理的学习保证是值得我们关注的。为了简化讨论，我们假设存在 h^* 使得 $R(h*)=$

$\inf_{h\in\mathcal{H}} R(h)$，也就是说，存在一个类中最优分类器 $h^*\in\mathcal{H}$。特别地，定理表明，在概率至少为 $1-\delta$ 的情况下，对于所有 $h\in\mathcal{H}$ 以下不等式均成立：

$$R(h_S^{\mathrm{SRM}})\leqslant R(h^*)+2\mathfrak{R}_m(\mathcal{H}_{k(h^*)})+\sqrt{\frac{\log k(h^*)}{m}}+\sqrt{\frac{2\log\frac{3}{\delta}}{m}} \tag{4.6}$$

值得注意的是，这个界与 $\mathcal{H}_{k(h^*)}$ 的估计误差界相似：它们的区别只是在 $\sqrt{\log k(h^*)/m}$ 项。因此，对该项取模，SRM 的保证正如我们之前期待的一样，这一项告诉我们最好的分类器的假设集的索引是 $k(h^*)$。

此外，当 $\mathcal{H}$ 足够丰富，$R(h^*)$ 接近贝叶斯误差时，学习界(4.6)近似是 SRM 解的超额误差的一个界。注意，如果某 k_0 对应的 $\mathcal{H}_{k_0}$ 的 ERM 解的经验误差为零，特别是当 $\mathcal{H}_{k_0}$ 包含贝叶斯误差时，则对于所有 $k>k_0$，我们有 $\min_{h\in\mathcal{H}_k} F_{k_0}(h)\leqslant\min_{h\in\mathcal{H}_k} F_k(h)$，而且在 SRM 中只需要考虑有限的多个索引。

假设一个更一般的情况，对于某个 k，如果 $\min_{h\in\mathcal{H}_k} F_k(h)\leqslant\min_{h\in\mathcal{H}_{k+1}} F_k(h)$，则不需要检查大于 $k+1$ 的索引。这种性质可能成立，例如当经验误差在某索引 k 后无法进一步改善时。在这种情况下，可以通过区间$[1, k_{\max}]$的二分搜索来确定最小的 k^*，给定一个最大值 $k_{\max}$。$k_{\max}$ 本身可以通过对指数增长索引 $2^n(n\geqslant 1)$ 观察 $\min_{h\in\mathcal{H}_{2^n}} F_k(h)$，并设置 $k_{\max}=2^n$，使
67 得 $\min_{h\in\mathcal{H}_{2^n}} F_k(h)\leqslant\min_{h\in\mathcal{H}_{2^{n+1}}} F_k(h)$。其中，找到 $k_{\max}$ 所需的 ERM 计算的次数是 $O(n)=O(\log k_{\max})$，类似地，基于二分查找的 ERM 计算的次数是 $O(\log k_{\max})$。因此，如果 n 是使得 $k^*<2^n$ 的最小整数，ERM 计算的总次数为 $O(\log k^*)$。

虽然 SRM 受益于一个非常有利的保证，但它也有一些缺点。首先，$\mathcal{H}$ 可分解为可数的多个假设集，每个假设集具有收敛的 Rademacher 复杂度，这仍然是一个强假设。比如说，所有可测函数族不能被写成一个有限 VC-维的可数的多个假设集的并集。因此，$\mathcal{H}$ 的选择或假设集 $\mathcal{H}_k$ 的选择是 SRM 的关键。其次，SRM 的主要缺点在于：对于大多数假设集，该方法通常难以计算，找到 ERM 的解通常是 NP-难的，SRM 需要大量的索引 k 来确定该解。

4.4　交叉验证

模型选择的另一种方法是**交叉验证**(Cross-Validation)，它使用训练样本的一部分作为**验证集**(validation set)来选择假设集 $\mathcal{H}_k$。这与 SRM 模型相反，SRM 模型依赖于理论学习边界，为每个假设集指定一个惩罚。在本节中，我们将分析交叉验证方法，并将其性能与 SRM 的性能进行比较。

如上节所述，设$(\mathcal{H}_k)_{k\geqslant 1}$ 是一个可数的假设集序列，且其复杂度不断增加。交叉验证的解如下所示。设 S 为独立同分布并被标记的样本，大小为 m。S 分为大小为$(1-\alpha)m$ 的样本 S_1 和大小为 αm 的样本 S_2，其中 $\alpha\in(0,1)$通常选择相对较小的值。S_1 用于训练，S_2 用于验证。对于任意 $k\in\mathbb{N}$，令 $h_{S_1,k}^{\mathrm{ERM}}$ 表示 ERM 使用假设集 $\mathcal{H}_k$ 在 S_1 上运行得到的解。交叉验证返回的假设 h_S^{CV} 为 S_2 上性能最好的 ERM 解 $h_{S_1,k}^{\mathrm{ERM}}$：

$$h_S^{CV} = \underset{h \in \left\{ h_{S_1,k}^{ERM} : k \geq 1 \right\}}{\operatorname{argmin}} \hat{R}_{S_2}(h) \tag{4.7}$$

下面的泛化结果将帮助我们获得交叉验证的学习保证。

| 命题 4.2 | 对于任意 $\alpha>0$，任意样本数 $m \geqslant 1$，有以下不等式成立： 68

$$\mathbb{P}\left[\sup_{k \geqslant 1} |R(h_{S_1,k}^{ERM}) - \hat{R}_{S_2}(h_{S_1,k}^{ERM})| > \varepsilon + \sqrt{\frac{\log k}{\alpha m}}\right] \leqslant 4 e^{-2\alpha m \varepsilon^2}$$

| 证明 | 根据联合边界，我们可以写成：

$$\begin{aligned} &\mathbb{P}\left[\sup_{k \geqslant 1} |R(h_{S_1,k}^{ERM}) - \hat{R}_{S_2}(h_{S_1,k}^{ERM})| > \varepsilon + \sqrt{\frac{\log k}{\alpha m}}\right] \\ &\leqslant \sum_{k=1}^{\infty} \mathbb{P}\left[|R(h_{S_1,k}^{ERM}) - \hat{R}_{S_2}(h_{S_1,k}^{ERM})| > \varepsilon + \sqrt{\frac{\log k}{\alpha m}}\right] \\ &= \sum_{k=1}^{\infty} \mathbb{E}\left[\mathbb{P}\left[|R(h_{S_1,k}^{ERM}) - \hat{R}_{S_2}(h_{S_1,k}^{ERM})| > \varepsilon + \sqrt{\frac{\log k}{\alpha m}} \mid S_1\right]\right] \end{aligned} \tag{4.8}$$

假设 $h_{S_1,k}^{ERM}$ 仅表示在 S_1 上的解。此外，样本 S_2 独立于 S_1。因此，根据 Hoeffding 不等式，我们可以将条件概率定义为：

$$\begin{aligned} \mathbb{P}\left[|R(h_{S_1,k}^{ERM}) - \hat{R}_{S_2}(h_{S_1,k}^{ERM})| > \varepsilon + \sqrt{\frac{\log k}{\alpha m}} \mid S_1\right] &\leqslant 2 e^{-2\alpha m \left(\varepsilon + \sqrt{\frac{\log k}{\alpha m}}\right)^2} \\ &\leqslant 2 e^{-2\alpha m \varepsilon^2 - 2\log k} \\ &= \frac{2}{k^2} e^{-2\alpha m \varepsilon^2} \end{aligned}$$

把这个界的右边代入式(4.8)然后对 k 求和得到：

$$\mathbb{P}\left[\sup_{k \geqslant 1} |R(h_{S_1,k}^{ERM}) - \hat{R}_{S_2}(h_{S_1,k}^{ERM})| > \varepsilon + \sqrt{\frac{\log k}{\alpha m}}\right] \leqslant \frac{\pi^2}{3} e^{-2\alpha m \varepsilon^2} < 4 e^{-2\alpha m \varepsilon^2}$$

证毕。■

设 $R(h_{S_1}^{SRM})$ 为 SRM 解在大小为 $(1-\alpha)m$ 的样本 S_1 上的泛化误差，$R(h_{S,S}^{CV})$ 为 CV 解在大小为 m 的样本 S 上的泛化误差。然后，使用命题 4.3 可以推导出以下学习保证，将 CV 方法的误差与 SRM 方法的误差进行对比。

| 定理 4.2（交叉验证与 SRM 对比）| 对于任意 $\delta>0$，在概率至少为 $1-\delta$ 的情况下，有以下不等式成立：

$$R(h_S^{CV}) - R(h_{S_1}^{SRM}) \leqslant 2\sqrt{\frac{\log\max(k(h_S^{CV}),\ k(h_{S_1}^{SRM}))}{\alpha m}} + 2\sqrt{\frac{\log \frac{4}{\delta}}{2\alpha m}}$$

其中，对于任意 h，$k(h)$ 表示包含 h 的假设集的最小索引。

| 证明 | 通过命题 4.2 和定理 4.1，利用 h_S^{CV} 作为最小值的性质，对于任意 $\delta>0$，在概率至少为 $1-\delta$ 的情况下，有以下不等式成立： 69

$$R(h_S^{CV}) \leqslant \hat{R}_{S_2}(h_S^{CV}) + \sqrt{\frac{\log(k(h_S^{CV}))}{\alpha m}} + 2\sqrt{\frac{\log \frac{4}{\delta}}{2\alpha m}}$$

$$\leqslant \hat{R}_{S_2}(h_{S_1}^{SRM}) + \sqrt{\frac{\log(k(h_S^{CV}))}{\alpha m}} + 2\sqrt{\frac{\log \frac{4}{\delta}}{2\alpha m}}$$

$$\leqslant R(h_{S_1}^{SRM}) + \sqrt{\frac{\log(k(h_S^{CV}))}{\alpha m}} + \sqrt{\frac{\log(k(h_{S_1}^{SRM}))}{\alpha m}} + 2\sqrt{\frac{\log \frac{4}{\delta}}{2\alpha m}}$$

$$\leqslant R(h_{S_1}^{SRM}) + 2\sqrt{\frac{\log(\max(k(h_S^{CV}), k(h_{S_1}^{SRM}))}{\alpha m}} + 2\sqrt{\frac{\log \frac{4}{\delta}}{2\alpha m}}$$

证毕。 ■

刚证明的学习保证表明，CV 解在大小为 m 的样本上的泛化误差很可能与 SRM 解在大小为$(1-\alpha)m$ 的样本上的泛化误差很接近。对于相对较小的 α，这意味着类似于 SRM 的保证，如前所述，这是非常有利的。然而，在某些不利的情况下，算法(这里指的是 SRM)训练$(1-\alpha)m$ 点与训练 m 点时相比，性能会明显恶化(在实践中，避免这种问题的主要方案是使用 n-折交叉验证方法，见 4.5 节)。因此，界实际上意味着一种取舍：α 应该选得足够小，以避免刚才提到的不利情况，但又要足够大，以使边界的右侧较小，从而提供信息。

在实践中，CV 的学习界可以更加明确。例如，令假设集 $\mathcal{H}_k$ 是嵌套的，并且 ERM 解 $H_{S_1,k}^{ERM}$ 的经验误差在达到零之前逐渐减小：对于任意 k，$\hat{R}_{S_1}(h_{S_1,k+1}^{ERM}) < \hat{R}_{S_1}(h_{S_1,k}^{ERM})$对于所有的 k 使得$\hat{R}_{S_1}(h_{S_1,k}^{ERM}) > 0$，否则$\hat{R}_{S_1}(h_{S_1,k+1}^{ERM}) \leqslant \hat{R}_{S_1}(h_{S_1,k}^{ERM})$。请注意$\hat{R}_{S_1}(h_{S_1,k}^{ERM}) > 0$ 意味着，对于 $h_{S_1,k}^{ERM}$ 至少有一个错误，因此$\hat{R}_{S_1}(h_{S_1,k}^{ERM}) > \frac{1}{m}$。鉴于这一点，我们对于所有 $n \geqslant m+1$ 必须有$\hat{R}_{S_1}(h_{S_1,n}^{ERM}) = 0$。因此，对于所有 $n \geqslant m+1$，我们有 $h_{S_1,n}^{ERM} = h_{S_1,m+1}^{ERM}$，并且可以假设 $k(f_{CV}) \leqslant m+1$。由于 $\mathcal{H}_k$ 的复杂度随着 k 的增加而增加，我们也有 $k(f_{SRM}) \leqslant m+1$。因此，我们得到了以下更明确的交叉验证学习边界：

70

$$R(f_{CV}, S) - R(f_{SRM}, S_1) \leqslant 2\sqrt{\frac{\log\left(\frac{4}{\delta}\right)}{2\alpha m}} + 2\sqrt{\frac{\log(m+1)}{\alpha m}}$$

4.5　n-折交叉验证

在实践中，可用的标记数据量通常太少，无法留出一个验证样本，因为剩余的数据量将不足以用来训练。相反，一种被广泛采用的称为 **n-折交叉验证**(n-fold cross-validation)的方法被用来分析标记数据以进行**模型选择**和训练。

令 $\boldsymbol{\theta}$ 表示算法自由参数向量。对于给定的 $\boldsymbol{\theta}$ 值，该方法首先将包含 m 个带标签样本的样本集 S 随机划分为 n 组子样本，或称 n 折，其中第 i 折是样本规模为 m_i 的带标签样本$((x_{i1}, y_{i1}), \cdots, (x_{im_i}, y_{im_i}))$。于是，对于任何 $i \in [1, n]$，学习算法在除了第 i 折之外的所有数据上进行训练，并生成假设 h_i，h_i 的性能在第 i 折上进行测试，如图 4.5a 所示。基于假设 h_i 的平均误差，被称为**交叉验证误差**(cross-validation error)，对参数值

$\boldsymbol{\theta}$ 进行评估。该误差用$\hat{R}_{\mathrm{CV}}(\boldsymbol{\theta})$表示，定义为

$$\hat{R}_{\mathrm{CV}}(\boldsymbol{\theta})=\frac{1}{n}\sum_{i=1}^{n}\underbrace{\frac{1}{m_i}\sum_{j=1}^{m_i}L(h_i(x_{ij}),\ y_{ij})}_{h_i\text{在第}i\text{折上的误差}}$$

每折通常具有相同的大小，也就是对于所有 $i\in[1,\ n]$，有 $m_i=m/n$。那么，该如何选择 n？这需要从某种折中或权衡以及学习理论研究进展的角度做出合理的选择。在 n-折交叉验证中，每个训练样本集的规模为 $m-m/n=m(1-1/n)$，n 值越大(如图 4.5b 中右侧垂直的灰线所示)，则与 m(全部样本大小)越接近，但是划分出的这些训练样本集很相似。因此，此时往往导致测试结果偏差小方差大。相反，n 值越小，划分出的训练样本集之间的差异越大，同时每个训练样本集的规模(如图 4.5b 中的左侧垂直的灰线所示)要明显小于 m 。于是，此时往往导致测试结果方差小而偏差大。

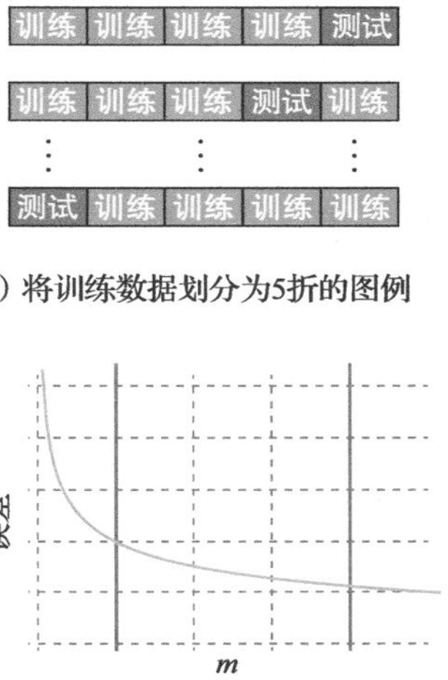

a）将训练数据划分为5折的图例

b）分类器预测误差随着训练样本个数m变化的典型曲线图：误差随着训练点个数的增加而递减。左边的灰线表示n 的小值区域，右边的灰线表示n的大值区域

图 4.5　n-折交叉验证

n-折交叉验证的特殊情形就是当 $n=m$ 时，它被称为**留一交叉验证**(leave-one-out cross-validation)，这是由于在每次迭代时，只有一个实例从训练样本中移出。之后将在第 5 章中介绍，平均留一误差是算法平均误差的近似无偏估计，可以用来推导一些算法的简单理论保证。通常，留一误差的计算成本昂贵，这是由于需要在规模为 $m-1$ 的样本集上训练 n 次，不过对于某些算法，还是存在一些高效计算的方式来降低计算成本的(见习题 10.9)。

除了模型选择之外，n-折交叉验证也常被用于性能评估。在这种情形下，给定参数向量 $\boldsymbol{\theta}$，全部带标签样本被随机划分为 n 折，其中训练和测试样本并无差别。用于评估的性能是全部样本上的 n-折交叉验证误差以及每折误差的标准差。

4.6　基于正则化的算法

受 SRM 方法启发的另外一大类算法是**基于正则化的算法**(regularization-based algorithm)。这需要选择一个非常复杂的 $\mathcal{H}$ 族，它是嵌套假设集的不可数并集 $\mathcal{H}_\gamma$：$\mathcal{H}=\bigcup_{\gamma>0}\mathcal{H}_\gamma$。$\mathcal{H}$ 通常被选为在 $\mathcal{X}$ 上的连续函数空间中稠密的部分。例如，$\mathcal{H}$ 可以选为某些高维空间中所有线性函数的集合，而 $\mathcal{H}_\gamma$ 可以选为范数以 γ 为界，即 $\mathcal{H}_\gamma=\{x\mapsto \boldsymbol{w}\cdot\boldsymbol{\Phi}(x):\ \|\boldsymbol{w}\|_1\leqslant\gamma\}$的函数的子集。对于 $\boldsymbol{\Phi}$ 的一些选择和高维空间，可以证明 $\mathcal{H}$ 在 $\mathcal{X}$ 上的连续函数空间中确实是稠密的。 71 ~ 72

给定一个带标签的样本 S，将 SRM 方法推广到不可数并集，建议基于以下优化问题选择 h：

$$\underset{\gamma>0,h\in\mathcal{H}_\gamma}{\operatorname{argmin}}\hat{R}_S(h)+\mathfrak{R}_m(\mathcal{H}_\gamma)+\sqrt{\frac{\log\gamma}{m}}$$

其中，可以选择其他的惩罚项 $\text{pen}(\gamma, m)$ 来代替此处的 $\text{pen}(\gamma, m)=\mathcal{R}_m(\mathcal{H}_\gamma)+\sqrt{\frac{\log\gamma}{m}}$。通常存在一个函数：$\mathcal{R}$：$\mathcal{H}\to\mathbb{R}$ 使得对于任意 $\gamma>0$，约束优化问题 $\underset{\gamma>0, h\in\mathcal{H}_\gamma}{\operatorname{argmin}} \hat{R}_S(h)+\text{pen}(\gamma, m)$ 可以等价地写成无约束优化问题：

$$\underset{h\in\mathcal{H}}{\operatorname{argmin}}\hat{R}_S(h)+\lambda\mathcal{R}(h)$$

对于某些 $\lambda>0$，$\mathcal{R}(h)$ 叫正则化项，并且 $\lambda>0$ 被视为一个超参数，因为它的最优值通常是未知的。对于大多数算法，当 $\mathcal{H}$ 是希尔伯特空间的子集时，正则化项 $\mathcal{R}(h)$ 通常选为一个 $\|h\|$ 的递增函数，$\|\cdot\|$ 表示某个范数。这个变量 λ 通常被称为**正则化参数**(regularization parameter)。λ 的值越大，惩罚就越大。而当 λ 接近或等于零，即正则化项没有作用时，算法与 ERM 一致。在实践中，通常通过交叉验证或使用 n-折交叉验证来选择。

当正则化项被设置为 $\|h\|_p$ 时，对于某些 $p\geqslant1$ 的范数，这是一个 h 的凸函数，因为任何范数都是凸的。但由于 0-1 损失，目标函数的第一项是非凸的，这使得优化问题计算困难。在实践中，大多数基于正则化的算法使用一个关于 0-1 损失的凸上界，并将经验的 0-1 项替换为凸的经验值。由此产生的优化问题便是凸的，此时比 SRM 有更多的有效解。下一节将研究这种凸替换项损失的性质。

4.7 凸替换项损失

我们在前几节中介绍的估计误差的保证适用于 ERM 或 SRM，SRM 本身是根据 ERM 定义的。然而，如前所述，对于假设集 $\mathcal{H}$ 的许多选择，包括线性函数的选择，ERM 优化问题是 NP-难的，这主要是因为 0-1 损失函数不是凸的。解决这一问题的一种常用方法是使用一个凸替
73 换项损失函数，它以 0-1 损失为上界。本节从原有损失的角度分析替换项损失的学习保证。

我们所考虑的假设是实值函数 h：$\mathcal{X}\to\mathbb{R}$。h 是一个二分类器 f_h：$\mathcal{X}\to\{-1, +1\}$，对于所有的 $x\in\mathcal{X}$：

$$f_h(x)=\begin{cases}+1 & \text{如果 } h(x)\geqslant0\\ -1 & \text{如果 } h(x)<0\end{cases}$$

h 在点 $(x, y)\in\mathcal{X}\times\{-1, +1\}$ 处的损失或误差定义为 f_h 的二分类误差：

$$1_{f_h(x)\neq y}=1_{yh(x)<0}+1_{h(x)=0\wedge y=-1}\leqslant1_{yh(x)\leqslant0}$$

我们用 $R(h)$ 表示 h：$R(h)=\underset{(x,y)\sim\mathcal{D}}{\mathbb{E}}[1_{f_h(x)\neq y}]$ 的期望误差。对于任意 $x\in\mathcal{X}$，令 $\eta(x)$ 表示 $\eta(x)=\mathbb{P}[y=+1\mid x]$，$\mathcal{D}_\mathcal{X}$ 表示 $\mathcal{X}$ 的边际分布。对于任意 h，我们可以写成：

$$\begin{aligned}R(h)&=\underset{(x,y)\sim\mathcal{D}}{\mathbb{E}}[1_{f_h(x)\neq y}]\\&=\underset{x\sim\mathcal{D}_\mathcal{X}}{\mathbb{E}}[\eta(x)1_{h(x)<0}+(1-\eta(x))1_{h(x)>0}+(1-\eta(x))1_{h(x)=0}]\\&=\underset{x\sim\mathcal{D}_\mathcal{X}}{\mathbb{E}}[\eta(x)1_{h(x)<0}+(1-\eta(x))1_{h(x)\geqslant0}]\end{aligned}$$

因此，可以将贝叶斯分类器定义为：当 $\eta(x)>\frac{1}{2}$ 时，给 x 分配标签 $+1$，否则给 x 分配标签 -1。因此，它可以由定义的函数 h^* 得到：

$$h^*(x)=\eta(x)-\frac{1}{2} \tag{4.9}$$

我们将 h^*：$\mathcal{X}\to\mathbb{R}$ 作为**贝叶斯评分函数**(Bayes scoring function)，用 R^* 表示贝叶斯分类器的误差或贝叶斯评分函数：$R^*=R(h^*)$。

| 引理 4.1 | 任何假设 h：$\mathcal{X}\to\mathbb{R}$ 的过度误差可以用 η 和贝叶斯评分函数 h^* 表示：

$$R(h)-R^*=2\underset{x\sim\mathcal{D}_\mathcal{X}}{\mathbb{E}}\left[|h^*(x)|1_{h(x)h^*(x)\leqslant 0}\right]$$

| 证明 | 对于任意 h，我们可以写成：

$$\begin{aligned}R(h)&=\underset{x\sim\mathcal{D}_\mathcal{X}}{\mathbb{E}}[\eta(x)1_{h(x)<0}+(1-\eta(x))1_{h(x)\geqslant 0}]\\&=\underset{x\sim\mathcal{D}_\mathcal{X}}{\mathbb{E}}[\eta(x)1_{h(x)<0}+(1-\eta(x))(1-1_{h(x)<0})]\\&=\underset{x\sim\mathcal{D}_\mathcal{X}}{\mathbb{E}}[[2\eta(x)-1]1_{h(x)<0}+(1-\eta(x))]\\&=\underset{x\sim\mathcal{D}_\mathcal{X}}{\mathbb{E}}[2h^*(x)1_{h(x)<0}+(1-\eta(x))]\end{aligned}$$

74

其中，最后一步用了方程(4.9)。鉴于此，对于任何 h，可以得出以下结论：

$$\begin{aligned}R(h)-R(h^*)&=\underset{x\sim\mathcal{D}_\mathcal{X}}{\mathbb{E}}\left[2[h^*(x)](1_{h(x)\leqslant 0}-1_{h^*(x)\leqslant 0})\right]\\&=\underset{x\sim\mathcal{D}_\mathcal{X}}{\mathbb{E}}\left[2[h^*(x)]\mathrm{sgn}(h^*(x))1_{(h(x)h^*(x)\leqslant 0)\wedge((h(x),h^*(x))\neq(0,0))}\right]\\&=2\underset{x\sim\mathcal{D}_\mathcal{X}}{\mathbb{E}}\left[|h^*(x)|1_{h(x)h^*(x)\leqslant 0}\right]\end{aligned}$$

因为，$R(h^*)=R^*$，证明完毕。■

令 Φ：$\mathbb{R}\to\mathbb{R}$ 是一个凸非递减函数，因此对于任何 $u\in\mathbb{R}$，$1_{u\leqslant 0}\leqslant\Phi(-u)$。一个函数 h：$\mathcal{X}\to\mathbb{R}$ 在点 $(x, y)\in\mathcal{X}\times\{-1, +1\}$ 处的 Φ-损失可以被定义为 $\Phi(-yh(x))$，其期望损失为：

$$\begin{aligned}\mathcal{L}_\Phi(h)&=\underset{(x,y)\sim\mathcal{D}}{\mathbb{E}}[\Phi(-yh(x))]\\&=\underset{x\sim\mathcal{D}_\mathcal{X}}{\mathbb{E}}[\eta(x)\Phi(-h(x))+(1-\eta(x))\Phi(h(x))]\end{aligned}\tag{4.10}$$

注意，因为 $1_{yh(x)\leqslant 0}\leqslant\Phi(-yh(x))$，我们有 $R(h)\leqslant\mathcal{L}_\Phi(h)$。对于任意 $x\in\mathcal{X}$，令 $u\mapsto L_\Phi(x, u)$ 是对于所有 $u\in\mathbb{R}$ 定义的函数：

$$L_\Phi(x, u)=\eta(x)\Phi(-u)+(1-\eta(x))\Phi(u)$$

得到 $\mathcal{L}_\Phi(h)=\underset{x\sim\mathcal{D}_\mathcal{X}}{\mathbb{E}}[L_\Phi(x, h(x))]$。因为 Φ 是凸的，$u\mapsto L_\Phi(x, u)$ 是两个凸函数的和，所以也是凸的。定义 h_Φ^*：$\mathcal{X}\to[-\infty, +\infty]$ 作为损失函数 L_Φ 的贝叶斯解。即对于任意 x，$h_\Phi^*(x)$ 是以下凸优化问题的解：

$$\begin{aligned}h_\Phi^*(x)&=\underset{u\in[-\infty,+\infty]}{\mathrm{argmin}}\ L_\Phi(x, u)\\&=\underset{u\in[-\infty,+\infty]}{\mathrm{argmin}}\ \eta(x)\Phi(-u)+(1-\eta(x))\Phi(u)\end{aligned}$$

这种优化的解通常不是唯一的。当 $\eta(x)=0$ 时，$h_\Phi^*(x)$ 是 $u\mapsto\Phi(u)$ 的一个最小值，并且由于 Φ 是非递减的，在这种情况下，我们可以选择 $h_\Phi^*(x)=-\infty$。相似地，当 $\eta(x)=1$ 时，我们可以选择 $h_\Phi^*(x)=+\infty$。当 $\eta(x)=\frac{1}{2}$ 时，$L_\Phi(x, u)=\frac{1}{2}[\Phi(-u)+\Phi(u)]$，通过凸性，可以得到 $L_\Phi(x, u)\geqslant\Phi\left(-\frac{u}{2}+\frac{u}{2}\right)=\Phi(0)$。因此，在这种情况下，我们可以选择 $h_\Phi^*(x)=0$。对于 $\eta(x)$ 的其他取值，在非唯一性的情况下，在这个定义中选择一个任意

的最小值。我们将通过 L_Φ^* 定义 h_Φ^* 的 Φ-损失：$L_\Phi^* = \mathop{\mathbb{E}}_{(x,y)\sim\mathcal{D}}[\Phi(-yh_\Phi^*(x))]$。

| 命题 4.3 | 设 Φ 是一个在 0 处可微的凸非递减函数，且 $\Phi'(0)>0$。Φ 的最小化定义了贝叶斯分类器：对于任意 $x\in\mathcal{X}$，当且仅当 $h^*(x)>0$ 时 $h_\Phi^*(x)>0$，当且仅当 $h_\Phi^*(x)=$
75 0 时 $h^*(x)=0$，即 $L_\Phi^*=R^*$。

| 证明 | 固定 $x\in\mathcal{X}$。如果 $\eta(x)=0$，$h^*(x)=-\frac{1}{2}$，$h_\Phi^*(x)=-\infty$，那么 $h^*(x)$ 和 $h_\Phi^*(x)$ 具有相同的正负符号。类似地，如果 $\eta(x)=1$，$h^*(x)=+\frac{1}{2}$，$h_\Phi^*(x)=+\infty$，那么 $h^*(x)$ 和 $h_\Phi^*(x)$ 也具有相同的正负符号。

令 u^* 表示 $h_\Phi^*(x)$ 的最小值。当且仅当这个函数在 u^* 处的次微分是 0 时，u^* 是 $u\mapsto L_\Phi(x,u)$ 的最小值。即由于 $\partial L_\Phi(x,u^*)=-\eta(x)\partial\Phi(-u^*)+(1-\eta(x))\partial\Phi(u^*)$，当且仅当存在 $v_1\in\partial\Phi(-u^*)$ 且 $v_2\in\partial\Phi(u^*)$ 使得：

$$\eta(x)v_1=(1-\eta(x))v_2 \tag{4.11}$$

如果 $u^*=0$，通过 Φ 在 0 处的可微性，我们得到 $v_1=v_2=\Phi'(0)>0$，并且因此 $\eta(x)=\frac{1}{2}$，即 $h^*(x)=0$。相反，如果 $h^*(x)=0$ 即 $\eta(x)=\frac{1}{2}$，通过定义我们有 $h_\Phi^*(x)=0$。因此，当且仅当 $h_\Phi^*(x)=0$ 且 $\eta(x)=\frac{1}{2}$ 时，$h^*(x)=0$。

我们现在可以假设 $\eta(x)$ 不在 $\left\{0,\ 1,\ \frac{1}{2}\right\}$ 内。首先证明当 $u_1<u_2$ 时，对于任意 u_1，$u_2\in\mathbb{R}$，任意两个次梯度 v_1 和 v_2，$v_1\in\partial\Phi(u_1)$，$v_2\in\partial\Phi(u_2)$，我们有 $v_1<v_2$。根据 u_1 和 u_2 处的次梯度的定义，下列不等式成立：

$$\Phi(u_2)-\Phi(u_1)\geqslant v_1(u_2-u_1)\quad \Phi(u_1)-\Phi(u_2)\geqslant v_2(u_1-u_2)$$

把这些不等式加起来得到 $v_2(u_2-u_1)\geqslant v_1(u_2-u_1)$，因为 $u_1<u_2$，故 $v_2\geqslant v_1$。

现在，如果 $u^*>0$，我们有 $-u^*<u^*$，根据上面所示的性质，这意味着 $v_1\leqslant v_2$。我们不能得到 $v_1=v_2\neq 0$，因为式(4.11)将意味着 $\eta(x)=\frac{1}{2}$。我们也不能得到 $v_1=v_2=0$，因为根据上述性质，我们必须有 $\Phi'(0)\leqslant v_2$，因此 $v_2>0$。因此我们必须有 $v_1<v_2$ 且 $v_2>0$。其中，式(4.11)意味着 $\eta(x)>1-\eta(x)$，即 $h^*(x)>0$

相反，如果 $h^*(x)>0$，则 $\eta(x)>1-\eta(x)$。我们不能让 $v_1=v_2=0$ 或者 $v_1=v_2\neq 0$，正如之前所示。因此，由于 $\eta(x)\neq 1$，式(4.11)意味着 $v_1<v_2$。我们不能有 $u^*<-u^*$，因为根据上面所示的性质，这将意味着 $v_2\leqslant v_1$。因此，我们必须有 $-u^*\leqslant u^*$，即 $u^*\geqslant 0$，更具体地说，$u^*>0$，因为如上所示，$u^*=0$ 意味着 $h^*(x)=0$。 ■

| 定理 4.3 | 设 Φ 是一个可微的凸非递减函数，假设存在 $s\geqslant 1$ 和 $c>1$，对所有 $x\in\mathcal{X}$ 都有以下成立：

$$|h^*(x)|^s=\left|\eta(x)-\frac{1}{2}\right|^s\leqslant c^s[L_\Phi(x,\ 0)-L_\Phi(x,\ h_\Phi^*(x))]$$

那么，对于任意假设 h，h 的过度误差是有界的：

76
$$R(h)-R^*\leqslant 2c[\mathcal{L}_\Phi(h)-\mathcal{L}_\Phi^*]^{\frac{1}{s}}$$

| 证明 | 我们将使用以下由 Φ 的凸性成立的不等式：

$$\begin{aligned}\Phi(-2h^*(x)h(x)) &= \Phi((1-2\eta(x))h(x)) \\ &= \Phi(\eta(x)(-h(x))+(1-\eta(x))h(x)) \qquad (4.12)\\ &\leqslant \eta(x)\Phi((-h(x)))+(1-\eta(x))\Phi(h(x)) = L_\Phi(x, h(x))\end{aligned}$$

根据引理 4.1、Jensen 不等式、$h^*(x)=\eta(x)-\frac{1}{2}$，可得

$$\begin{aligned}&R(h)-R(h^*)\\ &= \mathop{\mathbb{E}}_{x\sim\mathcal{D}_\mathcal{X}}\left[|2\eta(x)-1| 1_{h(x)h^*(x)\leqslant 0}\right]\\ &\leqslant \mathop{\mathbb{E}}_{x\sim\mathcal{D}_\mathcal{X}}\left[|2\eta(x)-1|^s 1_{h(x)h^*(x)\leqslant 0}\right]^{\frac{1}{s}} && \text{(Jensen 不等式)}\\ &\leqslant 2c \mathop{\mathbb{E}}_{x\sim\mathcal{D}_\mathcal{X}}\left[[\Phi(0)-L_\Phi(x, h_\Phi^*(x))] 1_{h(x)h^*(x)\leqslant 0}\right]^{\frac{1}{s}} && \text{(假设)}\\ &\leqslant 2c \mathop{\mathbb{E}}_{x\sim\mathcal{D}_\mathcal{X}}\left[[\Phi(-2h^*(x)h(x))-L_\Phi(x, h_\Phi^*(x))] 1_{h(x)h^*(x)\leqslant 0}\right]^{\frac{1}{s}} && (\Phi\text{ 非递减})\\ &\leqslant 2c \mathop{\mathbb{E}}_{x\sim\mathcal{D}_\mathcal{X}}\left[[L_\Phi(x, h(x))-L_\Phi(x, h_\Phi^*(x))] 1_{h(x)h^*(x)\leqslant 0}\right]^{\frac{1}{s}}\\ & && \text{(凸性不等式(4.12))}\\ &\leqslant 2c \mathop{\mathbb{E}}_{x\sim\mathcal{D}_\mathcal{X}}\left[L_\Phi(x, h(x))-L_\Phi(x, h_\Phi^*(x))\right]^{\frac{1}{s}}\end{aligned}$$

因为 $\mathop{\mathbb{E}}_{x\sim\mathcal{D}_\mathcal{X}}\left[L_\Phi(x, h_\Phi^*(x))\right]=L_\Phi^*$，证毕。 ■

定理表明，当假设成立时，h 的过度误差可以以 Φ-损失为上界。该定理的假设特别适用于以下凸损失函数：

- 铰链损失：$s=1$，$c=\frac{1}{2}$，$\Phi(u)=\max(0, 1+u)$。
- 指数损失：$s=2$，$c=\frac{1}{\sqrt{2}}$，$\Phi(u)=\exp(u)$。
- 逻辑损失：$s=1$，$c=\frac{1}{2}$，$\Phi(u)=\log_2(1+e^u)$。

它们也适用于平方损失和平方铰链损失(见习题 4.2 和习题 4.3)。

4.8 文献评注

结构风险最小化理论源于 Vapnik[1998]。Vapnik[1998]最初使用的惩罚项是基于假设集的 VC-维。我们在这里提出的带有基于 Rademacher 复杂度的惩罚的 SRM 版可以提供更精细的依赖数据的学习保证。基于可选复杂度度量的惩罚可以类似地用于相应复杂度度量的学习界[Bartlett 等，2002a]。 77

最近 Cortes、Mohri 和 Syed[2014]与其他相关文献[Kuznetsov 等，2014；DeSalvo 等，2015；Cortes 等，2015]提出了另一种**投票风险最小化**(Voted Risk Minimization，VRM)的模型选择理论。

定理 4.3 是由 Zhang[2003a]提出的。和这里给出的证明有点不同，也比较简单。

4.9　习题

4.1　对于任意假设集 $\mathcal{H}$，证明下列不等式成立：

$$\mathop{\mathbb{E}}_{S\sim\mathcal{D}^m}[\hat{R}_S(h_S^{\mathrm{ERM}})]\leqslant\inf_{h\in\mathcal{H}}R(h)\leqslant\mathop{\mathbb{E}}_{S\sim\mathcal{D}^m}[R(h_S^{\mathrm{ERM}})] \tag{4.13}$$

4.2　证明：对于平方损失 $\Phi(u)=(1+u)^2$，当 $s=2$，$c=\frac{1}{2}$时，定理4.3的表述成立，因此过度误差可以是上界，如下所示：

$$R(h)-R^*\leqslant[\mathcal{L}_\Phi(h)-\mathcal{L}_\Phi^*]^{\frac{1}{2}}$$

4.3　证明：对于平方铰链损失 $\Phi(u)=\max(0,1+u)^2$，当 $s=2$，$c=\frac{1}{2}$时，定理4.3的表述成立，因此过度误差可以是上界，如下所示：

$$R(h)-R^*\leqslant[\mathcal{L}_\Phi(h)-\mathcal{L}_\Phi^*]^{\frac{1}{2}}$$

4.4　在点$(x,y)\in\mathcal{X}\times\{-1,+1\}$处，损失 h：$\mathcal{X}\to\mathbb{R}$ 可被定义为 $1_{yh(x)}\leqslant 0$：

(a) 为这个损失定义贝叶斯分类器和贝叶斯评分函数 h^*。

(b) 用 h^* 表示 h 的过度误差(对应引理4.1，这里考虑损失)。

(c) 给出与定理4.3的结果相对应的损失。

78　4.5　与习题4.4中的问题相同，将习题4.4中的 $1_{yh(x)}\leqslant 0$ 替换为 $1_{yh(x)}<0$。

第 5 章

支持向量机

在本章中，我们将介绍近年来机器学习中最具有理论支撑同时实际效果最好的分类算法之一：支持向量机(Support Vector Machine，SVM)。我们首先介绍支持向量机算法如何作用于可分数据集上，之后介绍对于不可分数据集通用的算法，最后提供基于间隔概念的支持向量机理论基础。本章首先从对线性分类问题的描述开始。

5.1 线性分类

考虑将 $\mathbb{R}^N$ 的子集作为输入空间 $\mathcal{X}$，其中 $N\geqslant 1$，输出空间或称目标空间用 $\mathcal{Y}=\{-1, +1\}$表示，令 f：$\mathcal{X}\to\mathcal{Y}$为目标函数。给定假设集 $\mathcal{H}$，即 $\mathcal{X}$到 $\mathcal{Y}$的函数映射，则二分类任务可以定义如下：学习器从输入空间 $\mathcal{X}$中获取服从分布 $\mathcal{D}$ 的规模为 m 的独立同分布训练样本集S，其中 $S=((x_1, y_1), \cdots, (x_m, y_m))\in(\mathcal{X}\times\mathcal{Y})^m$，对于所有 $i\in[1, m]$，$y_i=f(x_i)$。那么二分类问题可以看作通过一个**二元分类器**(binary classifier)确定一个假设 $h\in\mathcal{H}$，使其有较小的泛化误差：

$$R_{\mathcal{D}}(h)=\underset{x\sim\mathcal{D}}{\mathbb{P}}[h(x)\neq f(x)] \tag{5.1}$$

对于该线性分类任务，我们可以选择多种不同的假设集 $\mathcal{H}$。但是，鉴于第 3 章提到的奥卡姆剃刀原则，即在其他条件相同的情况下，具有更小复杂度的假设集(例如，更小的 VC-维或 Rademacher 复杂度)会提供更好的学习保证。一个具有较小复杂度的**线性分类器**(linear classifier)或称为超平面的假设集可被定义如下：

$$\mathcal{H}=\{\boldsymbol{x}\mapsto \operatorname{sign}(\boldsymbol{w}\cdot\boldsymbol{x}+b):\ \boldsymbol{w}\in\mathbb{R}^N,\ b\in\mathbb{R}\} \tag{5.2}$$

该问题被称作**线性分类问题**(linear classification problem)。在 $\mathbb{R}^N$ 中超平面的一般表达式为 $\boldsymbol{w}\cdot\boldsymbol{x}+b=0$，其中 $\boldsymbol{w}\in\mathbb{R}^N$ 是一个与超平面正交的非零向量，$b\in\mathbb{R}$ 是标量。形如 $\boldsymbol{x}\mapsto\operatorname{sign}(\boldsymbol{w}\cdot\boldsymbol{x}+b)$的假设表示带正(或负)标签的样本点只会落在超平面 $\boldsymbol{w}\cdot\boldsymbol{x}+b=0$ 的一边。

5.2　可分情况

在这一小节，我们假定训练样本集 S 满足线性可分条件，即存在一个超平面可以将训练样本完美地分为正样本和负样本两个群体，类似于图 5.1 左侧所示，等价于存在$(\boldsymbol{w}, b) \in (\mathbb{R}^N - \{\boldsymbol{0}\}) \times \mathbb{R}$，使得：

$$\forall i \in [1, m], \quad y_i(\boldsymbol{w} \cdot \boldsymbol{x}_i + b) \geqslant 0 \tag{5.3}$$

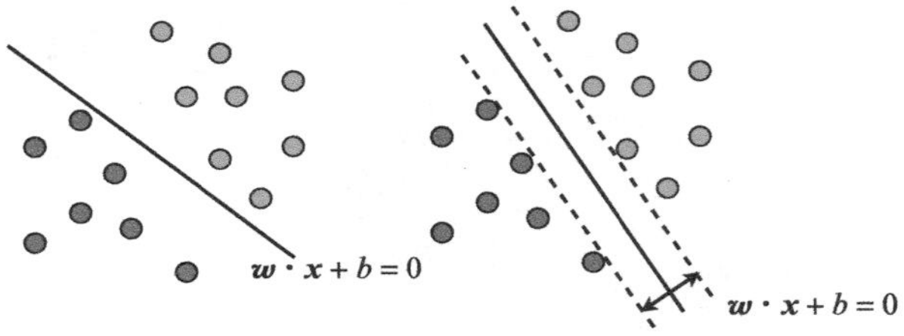

图 5.1　分类超平面的两种可能。右侧图表示一个最大间隔的超平面

但是，如图 5.1 所示，在实际情况中存在无数个满足条件的分类超平面，那么学习算法应该具体选择哪一个超平面呢？支持向量机算法的解决方案是选择具有最大几何**间隔**(geometric margin)的超平面。

| 定义 5.1　几何间隔 |　线性分类器 $h: \boldsymbol{x} \mapsto \boldsymbol{w} \cdot \boldsymbol{x} + b$ 在点 $\boldsymbol{x}$ 处的几何间隔 $\rho_h(\boldsymbol{x})$ 为该点到超平面 $\boldsymbol{w} \cdot \boldsymbol{x} + b = 0$ 的欧式距离：

$$\rho_h(x) = \frac{|\boldsymbol{w} \cdot \boldsymbol{x} + b|}{\|\boldsymbol{w}\|_2} \tag{5.4}$$

对于样本集 $S = (\boldsymbol{x}_1, \cdots, \boldsymbol{x}_m)$，线性分类器 h 的几何间隔 ρ_h 为样本中所有点的最小几何间隔，即 $\rho_h = \min_{i \in [1,m]} \rho_h(x_i)$，也即 h 作用下距离超平面最近的样本点对应的距离。

SVM 算法得到的分类超平面有着最大的几何间隔，因此也被称为**最大间隔超平面**
80 (maximum-margin hyperplane)。图 5.1 右侧展示了可分情况下 SVM 算法得到的最大间隔超平面。我们在本章接下来的部分将详细介绍分类器间隔理论，它为支持向量机提供了强有力的理论基础。我们可以发现，支持向量机的解可以被认为是一种最“安全”的选择：当一个测试样本被一个超平面正确分类且到这个超平面的间隔为 ρ 时，可以认为这个点和到该超平面间隔为 ρ 的训练样本的标签相同。那么对于这样的支持向量机解，ρ 就是对应的最大间隔，即最“安全”的值。

5.2.1　原始优化问题

现在我们开始推导支持向量机解的方程和优化问题。

根据几何间隔的定义(也可参见图 5.2)，一个分类超平面的最大间隔 ρ 为：

$$\rho = \max_{\boldsymbol{w}, b: y_i(\boldsymbol{w} \cdot \boldsymbol{x}_i + b) \geqslant 0} \min_{i \in [1,m]} \frac{|\boldsymbol{w} \cdot \boldsymbol{x}_i + b|}{\|\boldsymbol{w}\|} = \max_{\boldsymbol{w}, b} \min_{i \in [1,m]} \frac{y_i(\boldsymbol{w} \cdot \boldsymbol{x}_i + b)}{\|\boldsymbol{w}\|} \tag{5.5}$$

由于样本线性可分，所以对于所有 $i \in [1, m]$，关于$(\boldsymbol{w}, b)$的极大化问题中 $y_i(\boldsymbol{w} \cdot \boldsymbol{x}_i + b)$必须是非负的，所以上式中第二个等式成立。注意到上式中最后一项对于$(\boldsymbol{w}, b)$与正数的乘法是不变的，因此，可以将$(\boldsymbol{w}, b)$等比例变化使得 $\min_{i \in [1,m]} y_i(\boldsymbol{w} \cdot \boldsymbol{x}_i + b) = 1$：

$$\rho = \max_{\substack{\boldsymbol{w}, b: \\ \min_{i \in [1,m]} y_i(\boldsymbol{w} \cdot \boldsymbol{x}_i + b) = 1}} \frac{1}{\|\boldsymbol{w}\|} = \max_{\substack{\boldsymbol{w}, b: \\ \forall i \in [1,m], y_i(\boldsymbol{w} + \boldsymbol{x}_i + b) \geqslant 1}} \frac{1}{\|\boldsymbol{w}\|} \tag{5.6}$$

上式中第二个等式依据的是：关于($\boldsymbol{w}$, b)的极大化问题中，$y_i(\boldsymbol{w}\cdot\boldsymbol{x}_i+b)$的最小值是1。

图5.3展示了最大化式(5.6)对应的解($\boldsymbol{w}$, b)。除了最大间隔超平面，该图同时也展示了**间隔超平面**(marginal hyperplane)，即平行于分类超平面并通过距离分类超平面最近的正负样本点的超平面。由于它们平行于分类超平面，故而它们拥有相同的法向量$\boldsymbol{w}$。与此同时，由于最近的点满足$|\boldsymbol{w}\cdot\boldsymbol{x}+b|=1$，间隔超平面可以表示为：$\boldsymbol{w}\cdot\boldsymbol{x}+b=\pm 1$。 81

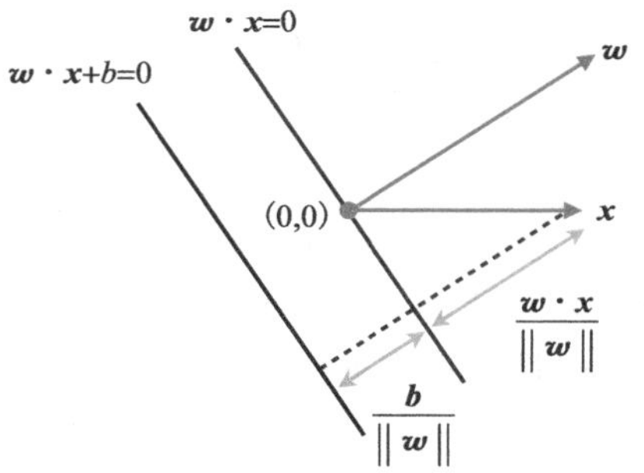

图5.2 对于$\boldsymbol{w}\cdot\boldsymbol{x}>0$且$b>0$的情况，点$\boldsymbol{x}$处的几何间隔示意图

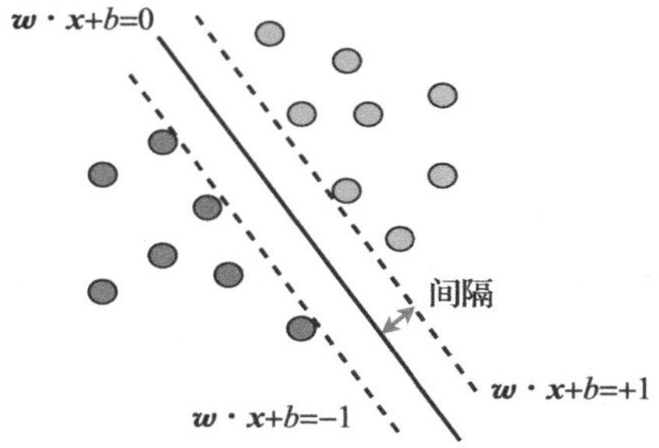

图5.3 解式(5.6)得到的最大间隔超平面。间隔超平面由图中虚线部分表示

由于最大化$1/\|\boldsymbol{w}\|$等价于最小化$\frac{1}{2}\|\boldsymbol{w}\|^2$，根据式(5.6)，可分情况下由SVM算法返回的($\boldsymbol{w}$, b)实质上是如下凸优化问题的解：

$$\min_{\boldsymbol{w},b}\frac{1}{2}\|\boldsymbol{w}\|^2$$
$$\text{s.t. } y_i(\boldsymbol{w}\cdot\boldsymbol{x}_i+b)\geqslant 1,\quad \forall i\in[1, m] \tag{5.7}$$

这里，目标函数F：$\boldsymbol{w}\mapsto\frac{1}{2}\|\boldsymbol{w}\|^2$是无限可微的，其梯度可以表示为$\nabla F(\boldsymbol{w})=\boldsymbol{w}$，对应的黑塞矩阵为单位阵$\nabla^2 F(\boldsymbol{w})=\boldsymbol{I}$且特征值严格为正。所以，$\nabla^2 F(\boldsymbol{w})\succ 0$且目标函数$F$是严格凸的。目标函数的约束由仿射函数$g_i$：$(\boldsymbol{w}, b)\mapsto 1-y_i(\boldsymbol{w}\cdot\boldsymbol{x}_i+b)$定义并受到限制。根据一些凸优化知识(详情可见附录B)可知，式(5.7)的优化问题存在一种独特的解法，该解法利用了一个非常重要且有利的性质但并不对所有学习算法都成立。

此外，由于目标函数是二次的并且与约束条件相关，因此式(5.7)的优化问题实际上是**二次规划**(Quadratic Programming，QP)的特定实例，这是在优化中已被广泛研究的一类问题。目前，有各种商业和开源的求解算法均可用于解决凸二次规划问题。另外，由于支持向量机的效果优秀以及具有丰富的理论基础，目前已经开发了专门的方法来更有效地解这个特定的凸二次规划问题，如采用双坐标块的块坐标下降算法。 82

5.2.2 支持向量

接下来详细讨论式(5.7)的优化问题。由于目标函数的约束是仿射函数且受到限制，则目标函数与其仿射约束为凸并可微。因此，该优化问题满足定理B.30的条件且满足KKT条件。我们将使用这些条件来分析支持向量机算法并论述其几个关键的性质，然后在5.2.3节介绍支持向量机的对偶优化问题。

我们引入与 m 个约束相关的拉格朗日变量 $\alpha_i \geqslant 0$，$i \in [1, m]$，并用 $\boldsymbol{\alpha}$ 表示矢量 $(\alpha_1, \cdots, \alpha_m)^{\mathrm{T}}$。对所有 $\boldsymbol{w} \in \mathbb{R}^N$，$b \in \mathbb{R}$，$\boldsymbol{\alpha} \in \mathbb{R}_+^m$，拉格朗日算子定义如下：

$$\mathcal{L}(\boldsymbol{w}, b, \boldsymbol{\alpha}) = \frac{1}{2}\|\boldsymbol{w}\|^2 - \sum_{i=1}^{m} \alpha_i [y_i(\boldsymbol{w} \cdot \boldsymbol{x}_i + b) - 1] \tag{5.8}$$

通过将拉格朗日算子中的原始变量 $\boldsymbol{w}$ 和 b 的梯度设置为 0 并写入互补条件，从而获得 KKT 条件：

$$\nabla_{\boldsymbol{w}} \mathcal{L} = \boldsymbol{w} - \sum_{i=1}^{m} \alpha_i y_i \boldsymbol{x}_i = 0 \quad \Rightarrow \quad \boldsymbol{w} = \sum_{i=1}^{m} \alpha_i y_i \boldsymbol{x}_i \tag{5.9}$$

$$\nabla_b \mathcal{L} = -\sum_{i=1}^{m} \alpha_i y_i = 0 \quad \Rightarrow \quad \sum_{i=1}^{m} \alpha_i y_i = 0 \tag{5.10}$$

$$\forall i, \ \alpha_i [y_i(\boldsymbol{w} \cdot \boldsymbol{x}_i + b) - 1] = 0 \quad \Rightarrow \quad \alpha_i = 0 \vee y_i(\boldsymbol{w} \cdot \boldsymbol{x}_i + b) = 1 \tag{5.11}$$

根据式(5.9)，SVM 问题的权重向量 $\boldsymbol{w}$ 是训练集向量 $\boldsymbol{x}_1, \cdots, \boldsymbol{x}_m$ 的线性组合。当且仅当 $\alpha_i \neq 0$ 时，向量 $\boldsymbol{x}_i$ 会出现在展开式中，这样的向量被称作**支持向量**(support vector)。根据互补条件式(5.11)，如果 $\alpha_i \neq 0$，那么就有 $y_i(\boldsymbol{w} \cdot \boldsymbol{x}_i + b) = 1$。因此，支持向量是落在间隔超平面 $\boldsymbol{w} \cdot \boldsymbol{x} + b = \pm 1$ 上的。

根据定义，不在间隔超平面上的向量不会影响这些超平面的确定，也就是说当这些向量不在间隔超平面上时，支持向量机问题的解保持不变。请注意，虽然在一个特定问题中支持向量机的解是唯一的，但是支持向量可能不唯一。对于 N 维问题，$N+1$ 个点已经足够定义超平面了。因此当超过 $N+1$ 个点落在间隔超平面上时，对于 $N+1$ 个支持向量可能会有不同的选择。

5.2.3 对偶优化问题

为了推导出式(5.7)约束优化问题的对偶形式，我们根据式(5.9)中所定义的 $\boldsymbol{w}$ 的对
83 偶变量插入拉格朗日算子，并利用式(5.10)的约束项得到：

$$\mathcal{L} = \underbrace{\frac{1}{2}\left\|\sum_{i=1}^{m} \alpha_i y_i \boldsymbol{x}_i\right\|^2 - \sum_{i,j=1}^{m} \alpha_i \alpha_j y_i y_j (\boldsymbol{x}_i \cdot \boldsymbol{x}_j)}_{-\frac{1}{2}\sum_{i,j=1}^{m} \alpha_i \alpha_j y_i y_j (\boldsymbol{x}_i \cdot \boldsymbol{x}_j)} - \underbrace{\sum_{i=1}^{m} \alpha_i y_i b}_{0} + \sum_{i=1}^{m} \alpha_i \tag{5.12}$$

上式可以简化为：

$$\mathcal{L} = \sum_{i=1}^{m} \alpha_i - \frac{1}{2} \sum_{i,j=1}^{m} \alpha_i \alpha_j y_i y_j (\boldsymbol{x}_i \cdot \boldsymbol{x}_j) \tag{5.13}$$

则支持向量机在可分情况下的对偶形式可以表示为：

$$\begin{gathered} \max_{\boldsymbol{\alpha}} \sum_{i=1}^{m} \alpha_i - \frac{1}{2} \sum_{i,j=1}^{m} \alpha_i \alpha_j y_i y_j (\boldsymbol{x}_i \cdot \boldsymbol{x}_j) \\ \text{s.t.}\ \alpha_i \geqslant 0 \wedge \sum_{i=1}^{m} \alpha_i y_i = 0, \ \forall i \in [1, m] \end{gathered} \tag{5.14}$$

这里，目标函数 $G: \boldsymbol{\alpha} \mapsto \sum_{i=1}^{m} \alpha_i - \frac{1}{2} \sum_{i,j=1}^{m} \alpha_i \alpha_j y_i y_j (\boldsymbol{x}_i \cdot \boldsymbol{x}_j)$ 是无限可微的，其黑塞矩阵为单位阵 $\nabla^2 G = -\boldsymbol{A}$，其中 $\boldsymbol{A} = (y_i \boldsymbol{x}_i \cdot y_j \boldsymbol{x}_j)_{ij}$。$\boldsymbol{A}$ 是与向量 $y_1 \boldsymbol{x}_1, \cdots, y_m \boldsymbol{x}_m$ 相关联的 Gram 矩阵，因此是半正定的(见附录 A.2.3)，这表明了 $\nabla^2 G \leq \boldsymbol{0}$ 且目标函数 G 是凹函数。由于

约束是仿射和凸的，式(5.14)的求最大值问题是一个凸最优化问题。因为目标函数 G 是关于 $\boldsymbol{\alpha}$ 的二次函数，该对偶问题同样是一个二次规划问题，与原始优化问题求解方式一样，对偶问题也有对应的求解算法。(可以参考习题 5.4 中有关序列最小优化算法(SMO)的细节，该算法通常适用于对不可分情况下支持向量机对偶问题的求解)。

此外，由于约束是仿射的，它们受到限制并且具有很强的对偶性(参考附录 B)。因此，原始问题和对偶问题是等价的，即通过式(5.9)可以将对偶问题式(5.14)求得的 $\boldsymbol{\alpha}$ 直接用来确定由支持向量机得到的假设：

$$h(\boldsymbol{x})=\operatorname{sgn}(\boldsymbol{w}\cdot\boldsymbol{x}+b)=\operatorname{sgn}\left(\sum_{i=1}^{m}\alpha_i y_i(\boldsymbol{x}_i\cdot\boldsymbol{x})+b\right) \tag{5.15}$$ 84

由于支持向量落在间隔超平面上，对于任意支持向量 $\boldsymbol{x}_i$，$\boldsymbol{w}\cdot\boldsymbol{x}_i+b=y_i$，因此可以通过下面的公式得到 b：

$$b=y_i-\sum_{j=1}^{m}\alpha_j y_j(\boldsymbol{x}_j\cdot\boldsymbol{x}_i) \tag{5.16}$$

我们可以从式(5.14)的对偶最优化问题和式(5.15)与式(5.16)中得到支持向量机的一个重要性质：支持向量机的假设仅取决于向量之间的内积，而不是直接取决于向量本身。我们在之后介绍第 6 章核方法时，将会更为清晰地看到这个性质的重要性。

现在，利用式(5.16)来推导利用 $\boldsymbol{\alpha}$ 表示几何间隔 ρ 的简易表达式。由于式(5.16)对于所有使得 $\alpha_i\neq 0$ 的 i 都成立，对该式两边同乘 $\alpha_i y_i$ 并求和可得：

$$\sum_{i=1}^{m}\alpha_i y_i b=\sum_{i=1}^{m}\alpha_i y_i^2-\sum_{i,j=1}^{m}\alpha_i\alpha_j y_i y_j(\boldsymbol{x}_i\cdot\boldsymbol{x}_j) \tag{5.17}$$

将 $y_i^2=1$ 代入式(5.9)中可得：

$$0=\sum_{i=1}^{m}\alpha_i-\|\boldsymbol{w}\|^2 \tag{5.18}$$

注意到 $\alpha_i\geqslant 0$，因而我们可以得到间隔 ρ 关于 $\boldsymbol{\alpha}$ 的 L_1 范数的表达形式：

$$\rho^2=\frac{1}{\|\boldsymbol{w}\|_2^2}=\frac{1}{\sum_{i=1}^{m}\alpha_i}=\frac{1}{\|\boldsymbol{\alpha}\|_1} \tag{5.19}$$

5.2.4 留一法

在这一节中将通过介绍基于训练集中的支持向量占比的**留一误差**(leave-one-out error)来推导支持向量机算法的第一个学习保证。

| 定义 5.2 留一误差 | 令 h_S 表示学习算法 $\mathcal{A}$ 训练一个固定样本 S 所返回的假设。则学习算法 $\mathcal{A}$ 在规模为 m 的样本集 S 上的留一误差定义为：

$$\hat{R}_{\text{LOO}}(\mathcal{A})=\frac{1}{m}\sum_{i=1}^{m}1_{h_{S-\{x_i\}}(x_i)\neq y_i}$$

因此，对于每一个 $i\in[1,m]$，学习算法 $\mathcal{A}$ 在样本集 S 除去 x_i 样本的训练集 $S-\{x_i\}$ 上进行训练，并利用 x_i 计算误差。留一误差是这些误差的平均。我们将通过下述引理得到关于留一误差的一个重要性质。 85

| 引理 5.1 | 对于 $m\geqslant 2$ 的样本集，其平均留一误差等于对规模为 $m-1$ 的样本集的

平均泛化误差的无偏估计：

$$\underset{S\sim\mathcal{D}^m}{\mathbb{E}}[\hat{R}_{\mathrm{LOO}}(\mathcal{A})]=\underset{S'\sim\mathcal{D}^{m-1}}{\mathbb{E}}[R(h_{S'})] \tag{5.20}$$

其中，$\mathcal{D}$ 指的是样本服从的分布。

| 证明 | 根据期望的线性性，可得：

$$\begin{aligned}\underset{S\sim\mathcal{D}^m}{\mathbb{E}}[\hat{R}_{\mathrm{LOO}}(\mathcal{A})]&=\frac{1}{m}\sum_{i=1}^{m}\underset{S\sim\mathcal{D}^m}{E}[1_{h_{S-\{x_i\}}(x_i)\neq y_i}]\\&=\underset{S\sim\mathcal{D}^m}{\mathbb{E}}[1_{h_{S-\{x_1\}}(x_1)\neq y_1}]\\&=\underset{S'\sim\mathcal{D}^{m-1},\ x_1\sim\mathcal{D}}{\mathbb{E}}[1_{h_{S'}(x_1)\neq y_1}]\\&=\underset{S'\sim\mathcal{D}^{m-1}}{\mathbb{E}}[\underset{x_1\sim\mathcal{D}}{\mathbb{E}}[1_{h_{S'}(x_1)\neq y_1}]]\\&=\underset{S'\sim\mathcal{D}^{m-1}}{\mathbb{E}}[R(h_{S'})]\end{aligned}$$

上面的第二个等式是根据如下事实，即当训练集 S 满足独立同分布条件时，期望 $\underset{S\sim\mathcal{D}^m}{\mathbb{E}}[1_{h_{S-\{x_i\}}(x_i)\neq y_i}]$与所选择的样本顺序 $i\in[1, m]$无关，而等于 $\underset{S\sim\mathcal{D}^m}{\mathbb{E}}[1_{h_{S-\{x_1\}}(x_1)\neq y_1}]$。

通常来说，计算留一误差需要在规模为 $m-1$ 的样本集上训练 m 次，这会产生很大的计算开销。然而在某些情况下，计算留一误差$\hat{R}_{\mathrm{LOO}}(\mathcal{A})$的期望存在更有效率的方式(详情请参考习题 11.9)。 ■

| 定理 5.1 | 令 h_S 表示支持向量机算法由训练集 S 得到的假设，令 $N_{\mathrm{SV}}(S)$表示由假设 h_S 确定的支持向量的个数。那么则有：

$$\underset{S\sim\mathcal{D}^m}{\mathbb{E}}[R(h_S)]\leqslant\underset{S\sim\mathcal{D}^{m+1}}{\mathbb{E}}\left[\frac{N_{\mathrm{SV}}(S)}{m+1}\right]$$

| 证明 | 令 S 表示规模为$m+1$ 的线性可分样本集。如果 x 不是h_S 的一个支持向量，那么去掉 x 并不会影响支持向量机的结果。因此 $h_{S-\{x\}}=h_S$ 成立，同时 $h_{S-\{x\}}$可以成功分类 x。若是 $h_{S-\{x\}}$错分了 x，那么 x 一定是一个支持向量，这意味着：

$$\hat{R}_{\mathrm{LOO}}(\mathrm{SVM})\leqslant\frac{N_{\mathrm{SV}}(S)}{m+1} \tag{5.21}$$

对等式两边分别求期望并利用引理 5.1 即可得证。 ■

定理 5.1 给出了支持向量机算法的稀疏性论证：算法的平均误差的上界由支持向量的平均占比界定。对于实际中的大多数应用情况，我们希望相对较少的训练样本落在间隔超
86 平面上。当一小部分的对偶变量 α_i 为非零变量时，支持向量机算法的解将是稀疏的。需要注意的是，这个界限相对较弱，因为它仅适用于算法在规模为 m 的样本集上的平均泛化误差，并不对泛化误差的方差提供有用的信息。在 5.4 节中我们将根据间隔理论来给出一些更强的、以高概率成立的边界。

5.3 不可分情况

在大多数的实际情况中，训练样本并不是线性可分的，即对于任意的超平面 $\boldsymbol{w}\cdot\boldsymbol{x}+b=0$，存在 $\boldsymbol{x}_i\in S$ 使得：

$$y_i[\boldsymbol{w}\cdot\boldsymbol{x}_i+b]\ngeq 1 \tag{5.22}$$

因此，5.2 节中讨论的线性可分情况中所施加的约束条件不能同时满足。然而这些约束通过一定的松弛依然成立，即对于 $i\in[1, m]$，存在 $\xi_i\geqslant 0$ 使得：

$$y_i[\boldsymbol{w}\cdot\boldsymbol{x}_i+b]\geqslant 1-\xi_i \tag{5.23}$$

上式中，变量 ξ_i 被称作**松弛变量**(slack variable)，通常被用于优化需要经过松弛才能成立的带约束问题。在这里松弛变量 ξ_i 表示向量 $\boldsymbol{x}_i$ 超过不等式 $y_i(\boldsymbol{w}\cdot\boldsymbol{x}_i+b)\geqslant 1$ 满足条件的距离。图 5.4 说明了这个过程，每一个 $\boldsymbol{x}_i$ 都必须位于间隔超平面相应的正确一侧，否则会被认为是**异常点**(outlier)。因此，满足 $0<y_i(\boldsymbol{w}\cdot\boldsymbol{x}_i+b)<1$ 的点 $\boldsymbol{x}_i$ 虽被超平面 $\boldsymbol{w}\cdot\boldsymbol{x}+b=0$ 正确分类，但是还是被认为是异常点，即 $\xi_i>0$。如果我们忽略异常点，则训练样本可以被间隔为 $\rho=1/\|\boldsymbol{w}\|$ 的超平面 $\boldsymbol{w}\cdot\boldsymbol{x}+b=0$ 正确分开，此时，这样的间隔被称作**软间隔**(soft margin)，而在可分情况中与此不同，间隔被称为**硬间隔**(hard margin)。

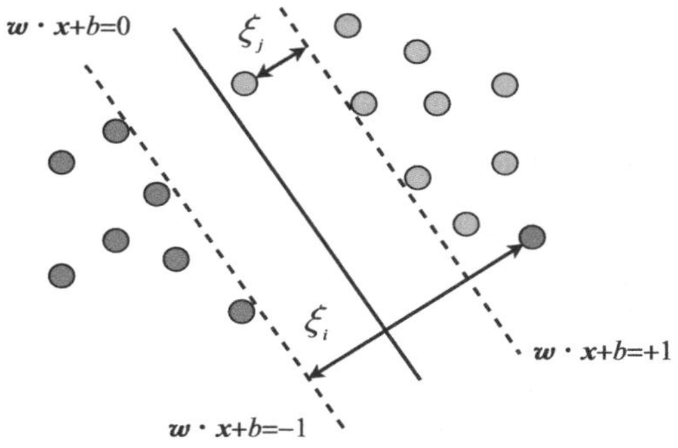

图 5.4　一个样本 $\boldsymbol{x}_i$ 分类错误、样本 $\boldsymbol{x}_j$ 分类正确但是间隔小于 1 的分类超平面

87

那么在不可分情况下我们该如何去选择对应的超平面呢？一种想法是选择经验误差最小的超平面，但是这种方法的性能无法得到将在 5.4 节中介绍的**大间隔保证**。此外，确定一个最小 0-1 损失的超平面(即对应于最小错误分类数的超平面)本身是一个 N 维空间上的 NP-难问题。

在这个问题中，我们需要兼顾两个存在矛盾的目标：一方面，我们希望尽可能地限制因为异常值所加入的松弛变量个数，即 $\sum_{i=1}^{m}\xi_i$，或更一般地，对于某个 $p\geqslant 1$，$\sum_{i=1}^{m}\xi_i^p$；另一方面，我们希望寻找一个有较大间隔的超平面，但是间隔较大会导致更多的异常点，从而导致需要更多的松弛变量。

5.3.1　原始优化问题

由上述对两个存在矛盾的目标的权衡，可以引出支持向量机在不可分情况下的优化问题如下：

$$\min_{\boldsymbol{w},b,\boldsymbol{\xi}}\frac{1}{2}\|\boldsymbol{w}\|^2+C\sum_{i=1}^{m}\xi_i^p$$

$$\text{s.t. } y_i(\boldsymbol{w}\cdot\boldsymbol{x}_i+b)\geqslant 1-\xi_i \wedge \xi_i\geqslant 0,\ i\in[1, m] \tag{5.24}$$

其中 $\boldsymbol{\xi}=(\xi_1, \cdots, \xi_m)^{\mathrm{T}}$，参数 $C\geqslant 0$ 保证了最大化间隔(或最小化 $\|\boldsymbol{w}\|^2$)与最小化松弛变量惩罚 $\sum_{i=1}^{m}\xi_i^p$ 之间的权衡。参数 C 通常通过 n-折交叉验证来确定(参考 4.5 节)。

就像在可分情况下一样，式(5.24)是一个凸优化问题。因为约束是仿射且凸的，则目标函数对任意 $p\geqslant 1$ 都为凸的。特别地，$\boldsymbol{\xi}\mapsto\sum_{i=1}^{m}\xi_i^p=\|\boldsymbol{\xi}\|_p^p$ 考虑到 $\|\cdot\|_p$ 范数的凸性，因此也

为凸的。

对于参数 p 的选择，很多情况下会导致对松弛项有或多或少的惩罚(见习题 5.1)。选择 $p=1$ 和 $p=2$ 是最为直接且便于分析的，当 $p=1$ 和 $p=2$ 时对应的损失函数分别被称作**铰链损失**(hinge loss)和**平方铰链损失**(quadratic hinge loss)。图 5.5 分别展示了铰链损失、平方铰链损失和 0-1 损失。两种铰链损失都是 0-1 损失的凸上界，这也使得它们都很适合于优化问题。在下文中，所进行的分析都针对的是铰链损失($p=1$)，这也是支持向量机算法中最常用的损失函数。

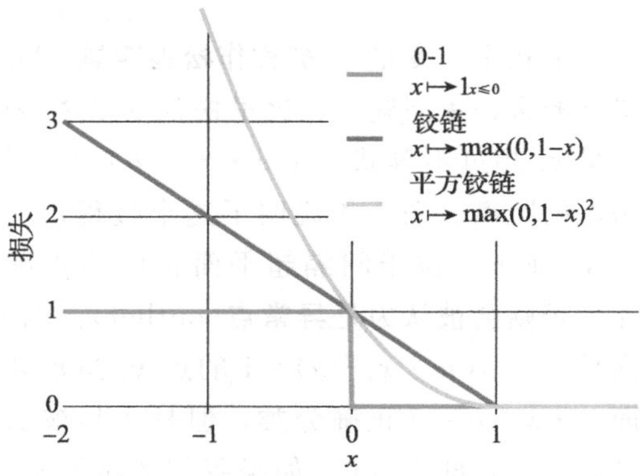

图 5.5　铰链损失、平方铰链损失和 0-1 损失，两种铰链损失都是 0-1 损失的凸上界

5.3.2　支持向量

与可分情况相同，约束是仿射函数且受到限制，对应的目标函数与其仿射约束为凸的并且可微。因此，定理 B.30 的假设成立且该最优问题满足 KKT 条件。我们将使用这些条件来分析支持向量机算法，并且论述其几个关键的性质，然后在 5.3.3 节介绍支持向量机的对偶优化问题。

我们对前 m 个约束引入相关的拉格朗日变量 $\alpha_i \geqslant 0$，$i \in [1, m]$ 以及 m 个非负约束的松弛变量 $\beta_i \geqslant 0$，$i \in [1, m]$。令 $\boldsymbol{\alpha}$ 表示矢量 $(\alpha_1, \cdots, \alpha_m)^{\mathrm{T}}$，$\boldsymbol{\beta}$ 表示矢量 $(\beta_1, \cdots, \beta_m)^{\mathrm{T}}$。对所有 $\boldsymbol{w} \in \mathbb{R}^N$，$b \in \mathbb{R}$，$\boldsymbol{\xi}$、$\boldsymbol{\alpha}$、$\boldsymbol{\beta} \in \mathbb{R}_+^m$，可定义拉格朗日算子如下：

88~89

$$\mathcal{L}(\boldsymbol{w}, b, \boldsymbol{\xi}, \boldsymbol{\alpha}, \boldsymbol{\beta}) = \frac{1}{2}\|\boldsymbol{w}\|^2 + C\sum_{i=1}^m \xi_i - \sum_{i=1}^m \alpha_i [y_i(\boldsymbol{w} \cdot \boldsymbol{x}_i + b) - 1 + \xi_i] - \sum_{i=1}^m \beta_i \xi_i \tag{5.25}$$

通过将拉格朗日算子中关于原始变量 $\boldsymbol{w}$、b 和 ξ_i 的梯度设置为 0 并写入互补条件，从而获得 KKT 条件：

$$\nabla_{\boldsymbol{w}} \mathcal{L} = \boldsymbol{w} - \sum_{i=1}^m \alpha_i y_i \boldsymbol{x}_i = 0 \quad \Rightarrow \quad \boldsymbol{w} = \sum_{i=1}^m \alpha_i y_i \boldsymbol{x}_i \tag{5.26}$$

$$\nabla_b \mathcal{L} = -\sum_{i=1}^m \alpha_i y_i = 0 \quad \Rightarrow \quad \sum_{i=1}^m \alpha_i y_i = 0 \tag{5.27}$$

$$\nabla_{\xi_i} \mathcal{L} = C - \alpha_i - \beta_i = 0 \quad \Rightarrow \quad \alpha_i + \beta_i = C \tag{5.28}$$

$$\forall i, \ \alpha_i [y_i(\boldsymbol{w} \cdot \boldsymbol{x}_i + b) - 1 + \xi_i] = 0 \quad \Rightarrow \quad \alpha_i = 0 \vee y_i(\boldsymbol{w} \cdot \boldsymbol{x}_i + b) = 1 - \xi_i \tag{5.29}$$

$$\forall i, \ \beta_i \xi_i = 0 \quad \Rightarrow \quad \beta_i = 0 \vee \xi_i = 0 \tag{5.30}$$

根据式(5.26)可知，与可分情况一致，此时支持向量机的权重向量 $\boldsymbol{w}$ 是训练集向量 $\boldsymbol{x}_1, \cdots, \boldsymbol{x}_m$ 的线性组合。当且仅当 $\alpha_i \neq 0$ 时向量 $\boldsymbol{x}_i$ 出现在展开式中。这样的向量被称作**支持向量**(support vector)。在这里有两种类型的支持向量。根据互补条件式(5.29)，如果 $\alpha_i \neq 0$，那么就有 $y_i(\boldsymbol{w} \cdot \boldsymbol{x}_i + b) = 1 - \xi_i$。如果 $\xi_i = 0$，那么 $y_i(\boldsymbol{w} \cdot \boldsymbol{x}_i + b) = 1$ 成立，与可

分情况一致，此时 $\boldsymbol{x}_i$ 会落在一个间隔超平面上。当 $\xi_i \neq 0$ 时，$\boldsymbol{x}_i$ 是一个异常点，由式(5.30)可知此时 $\beta_i=0$，进而由式(5.28)可以得到 $\alpha_i=C$。因此，支持向量 $\boldsymbol{x}_i$ 要么是一个异常点(此时 $\alpha_i=C$)，要么落在间隔超平面上。注意，与可分情况相同，在一个特定问题中支持向量机的解是唯一的，但是支持向量可能不唯一。

5.3.3 对偶优化问题

为了推导出式(5.24)带约束优化问题的对偶形式，我们将式(5.26)中定义的对偶变量插入拉格朗日算子，并利用式(5.27)的约束项可以得到：

$$\mathcal{L}=\underbrace{\frac{1}{2}\left\|\sum_{i=1}^{m}\alpha_i y_i \boldsymbol{x}_i\right\|^2-\sum_{i,j=1}^{m}\alpha_i\alpha_j y_i y_j(\boldsymbol{x}_i\cdot\boldsymbol{x}_j)}_{-\frac{1}{2}\sum_{i,j=1}^{m}\alpha_i\alpha_j y_i y_j(\boldsymbol{x}_i\cdot\boldsymbol{x}_j)}-\underbrace{\sum_{i=1}^{m}\alpha_i y_i b}_{0}+\sum_{i=1}^{m}\alpha_i \tag{5.31}$$

我们发现，该目标函数其实和可分情况中的目标函数没有区别：

$$\mathcal{L}=\sum_{i=1}^{m}\alpha_i-\frac{1}{2}\sum_{i,j=1}^{m}\alpha_i\alpha_j y_i y_j(\boldsymbol{x}_i\cdot\boldsymbol{x}_j) \tag{5.32}$$

然而，在这里除了限制 $\alpha_i \geqslant 0$，同时也要限制拉格朗日变量 $\beta_i \geqslant 0$。根据式(5.28)，这样的限制相当于限制 $\alpha_i \leqslant C$。据此，支持向量机在不可分情况下的对偶优化问题和可分情 90
况式(5.14)相比只多了一个约束 $\alpha_i \leqslant C$：

$$\max_{\boldsymbol{\alpha}}\sum_{i=1}^{m}\alpha_i-\frac{1}{2}\sum_{i,j=1}^{m}\alpha_i\alpha_j y_i y_j(\boldsymbol{x}_i\cdot\boldsymbol{x}_j)$$

$$\text{s.t. } 0\leqslant\alpha_i\leqslant C \wedge \sum_{i=1}^{m}\alpha_i y_i=0,\ i\in[m] \tag{5.33}$$

因此，类比优化问题式(5.14)对式(5.33)进行分析。此时，目标函数是凹函数并且无限可微，式(5.33)等价于一个凸二次规划问题。该问题等同于原始问题式(5.24)。

通过式(5.26)可以将式(5.33)对偶问题求得的 $\boldsymbol{\alpha}$ 直接用来确定由支持向量机返回的假设：

$$h(\boldsymbol{x})=\operatorname{sgn}(\boldsymbol{w}\cdot\boldsymbol{x}+b)=\operatorname{sgn}\left(\sum_{i=1}^{m}\alpha_i y_i(\boldsymbol{x}_i\cdot\boldsymbol{x})+b\right) \tag{5.34}$$

这里，对于任意满足 $0<\alpha_i<C$ 的支持向量 $\boldsymbol{x}_i$，都有 $\boldsymbol{w}\cdot\boldsymbol{x}_i+b=y_i$，因此 b 可以通过下面的公式解得：

$$b=y_i-\sum_{j=1}^{m}\alpha_j y_j(\boldsymbol{x}_j\cdot\boldsymbol{x}_i) \tag{5.35}$$

与可分情况相同，我们可以从式(5.33)的对偶最优化问题和式(5.34)与式(5.35)中得到支持向量机的一个重要的性质：由支持向量机返回的假设仅取决于向量之间的内积，而不是直接取决于向量本身。这个性质可以延伸到利用支持向量机定义非线性决策边界，这部分内容将在第 6 章介绍。

5.4 间隔理论

这一节主要给出一些泛化界，用于为支持向量机算法的性能提供强有力的理论保证。

前文已述，在 $\mathbb{R}^N$ 上超平面假设集或称线性假设集的 VC-维是 $N+1$。因此，将推论 3.4 中 VC-维的界式(3.29)应用在该假设集上得到：对于任意 $\delta>0$，$h\in\mathcal{H}$，以至少为 $1-\delta$ 的概率，有下式成立：

91
$$R(h)\leqslant\hat{R}_S(h)+\sqrt{\frac{2(N+1)\log\frac{em}{N+1}}{m}}+\sqrt{\frac{\log\frac{1}{\delta}}{2m}}\tag{5.36}$$

当特征空间 N 的维度与样本规模 m 相比较大时，这样的界是没有信息量的。需要指出的是，本节中给出的学习保证不依赖于 N，因此不管 N 取值多少都是成立的。

与 SVM 算法作用于分类函数(例如用 $\boldsymbol{x}\mapsto\mathrm{sgn}(\boldsymbol{w}\cdot\boldsymbol{x}+b)$ 给出 $+1$ 和 -1 的标签)给出的学习保证不同，我们接下来将利用**置信间隔**(confidence margin)的概念给出 SVM 算法作用于实值函数(例如 $\boldsymbol{x}\mapsto\boldsymbol{w}\cdot\boldsymbol{x}+b$)的学习保证。实值函数 h 在标签为 y 的点 x 处的置信间隔为 $yh(x)$。因此，当 $yh(x)>0$，h 可将 x 正确分类，这时我们将 $|h(x)|$ 作为 h 给出的预测的**置信**(confidence)程度。注意，置信间隔的概念与几何间隔不同，其不需要依赖线性可分假设。但是，在可分情况下，这两个概念是有关联的，即：对于 h：$\boldsymbol{x}\mapsto\boldsymbol{w}\cdot\boldsymbol{x}+b$，如果对应的几何间隔为 ρ_{geom}，其训练样本中标签为 y 的任意点 $\boldsymbol{x}$ 处的置信间隔至少为 $\rho_{\text{geom}}\|\boldsymbol{x}\|$，这意味着 $|yh(\boldsymbol{x})|\geqslant\rho_{\text{geom}}\|\boldsymbol{w}\|$。

根据置信间隔的定义，对于任意参数 $\rho>0$，我们都可以定义类似于 0-1 损失的 **ρ-间隔损失函数**(ρ-margin loss funcion)，使得当 h 误分点 $x(yh(x)\leqslant 0)$ 时对 h 施加损失为 1，当 h 正确分类点 x 但置信小于等于 $\rho(yh(x)\leqslant\rho)$ 时，也对 h 线性地施加损失。本节中，我们主要以这样的损失函数形式给出基于间隔的泛化界。下面正式给出该损失函数的定义。

| 定义 5.3　间隔损失函数 | 对于任意 $\rho>0$，ρ-间隔损失可以用定义在所有 y，$y'\in\mathbb{R}$ 上的函数 L_ρ：$\mathbb{R}\times\mathbb{R}\to\mathbb{R}_+$ 以 $L_\rho(y,y')=\Phi_\rho(yy')$ 的形式表示：

$$\Phi_\rho(x)=\min\left(1,\ \max\left(0,\ 1-\frac{x}{\rho}\right)\right)=\begin{cases}1 & \text{如果 } x\leqslant 0\\ 1-\frac{x}{\rho} & \text{如果 } 0\leqslant x\leqslant\rho\\ 0 & \text{如果 } \rho\leqslant x\end{cases}$$

这个损失函数如图 5.6 所示。参数 $\rho>0$ 可以视作假设 h 要求的置信间隔。经验间隔损失定义为在训练样本上的间隔损失。

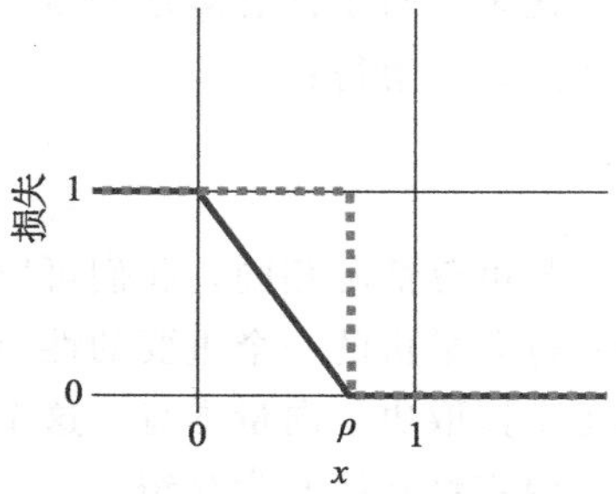

图 5.6　间隔损失如深灰色线所示，由间隔参数 $\rho=0.7$ 定义

| 定义 5.4　经验间隔损失 | 给定一个样本集 $S=(x_1,\cdots,x_m)$ 和一个假设 h，经验间隔损失定义为：

$$\hat{R}_{S,\rho}(h)=\frac{1}{m}\sum_{i=1}^{m}\Phi_\rho(y_ih(x_i))\tag{5.37}$$

注意，对于任意 $i\in[1,m]$，都有 $\Phi_\rho(y_ih(x_i))\leqslant 1_{y_ih(x_i)\leqslant\rho}$。因此可以确定经验间隔损失的上界为：

92
$$\hat{R}_{S,\rho}(h)\leqslant\frac{1}{m}\sum_{i=1}^{m}1_{y_ih(x_i)\leqslant\rho}\tag{5.38}$$

在之后给出的结论中，经验间隔损失都可以用其上界替代。替代之后可做如下解释：经验间隔损失受训练样本 S 中被错分或是分类正确但置信度小于 ρ 的样本的占比控制。换言之，经验间隔损失的上界也可看作是训练样本中间隔小于 ρ 的占比。这对应了图 5.6 中蓝色虚线的部分。

相比于 0-1 损失或者图 5.6 中蓝色虚线部分定义的损失，采用基于 Φ_ρ 的损失函数的最大益处在于 Φ_ρ 是 $1/\rho$-Lipschitz 的（由于该函数斜率的绝对值至多为 $1/\rho$）。下面将介绍的引理用假设集 $\mathcal{H}$ 的经验 Rademacher 复杂度界定了由假设集 $\mathcal{H}$ 与该 Lipschitz 函数组合后的经验 Rademacher 复杂度。该引理在之后证明基于间隔的泛化界时将会用到。

| 引理 5.2　Talagrand 引理 | 令 $\Phi_1, \cdots, \Phi_m$ 为从 $\mathbb{R}$ 到 $\mathbb{R}$ 的 l-Lipschitz 函数，$\sigma_1, \cdots, \sigma_m$ 为 Rademacher 随机变量。那么，对于任意实值函数假设集 $\mathcal{H}$，有以下不等式成立：

$$\frac{1}{m}\mathop{\mathbb{E}}_{\boldsymbol{\sigma}}\left[\sup_{h\in\mathcal{H}}\sum_{i=1}^{m}\sigma_i(\Phi_i\circ h)(x_i)\right]\leqslant\frac{l}{m}\mathop{\mathbb{E}}_{\boldsymbol{\sigma}}\left[\sup_{h\in\mathcal{H}}\sum_{i=1}^{m}\sigma_i h(x_i)\right]=l\hat{\mathcal{R}}_S(\mathcal{H})$$

特别地，如果对于所有 $i\in[1, m]$，有 $\Phi_i=\Phi$，则下式成立：

$$\hat{\mathcal{R}}_S(\Phi\circ\mathcal{H})\leqslant l\hat{\mathcal{R}}_S(\mathcal{H})$$

| 证明 | 固定样本集 $S=(x_1, \cdots, x_m)$，根据定义有：

$$\frac{1}{m}\mathop{\mathbb{E}}_{\boldsymbol{\sigma}}\left[\sup_{h\in\mathcal{H}}\sum_{i=1}^{m}\sigma_i(\Phi_m\circ h)(x_i)\right]=\frac{1}{m}\mathop{\mathbb{E}}_{\sigma_1,\cdots,\sigma_{m-1}}\left[\mathop{\mathbb{E}}_{\sigma_m}\left[\sup_{h\in\mathcal{H}}u_{m-1}(h)+\sigma_m(\Phi_m\circ h)(x_m)\right]\right]$$ 93

其中，$u_{m-1}(h)=\sum_{i=1}^{m-1}\sigma_i(\Phi_i\circ h)(x_i)$。根据上确界的定义，对于任意 $\varepsilon>0$，存在 $h_1, h_2\in\mathcal{H}$ 使得：

$$u_{m-1}(h_1)+(\Phi_m\circ h_1)(x_m)\geqslant(1-\varepsilon)\left[\sup_{h\in\mathcal{H}}u_{m-1}(h)+(\Phi_m\circ h)(x_m)\right]$$

以及

$$u_{m-1}(h_2)-(\Phi_m\circ h_2)(x_m)\geqslant(1-\varepsilon)\left[\sup_{h\in\mathcal{H}}u_{m-1}(h)-(\Phi_m\circ h)(x_m)\right]$$

因此，对于任意 $\varepsilon>0$，根据 $\mathop{\mathbb{E}}_{\sigma_m}$ 的定义有：

$$\begin{aligned}
&(1-\varepsilon)\mathop{\mathbb{E}}_{\sigma_m}\left[\sup_{h\in\mathcal{H}}u_{m-1}(h)+\sigma_m(\Phi_m\circ h)(x_m)\right]\\
&=(1-\varepsilon)\left[\frac{1}{2}\sup_{h\in\mathcal{H}}[u_{m-1}(h)+(\Phi_m\circ h)(x_m)]+\frac{1}{2}\left[\sup_{h\in\mathcal{H}}u_{m-1}(h)-(\Phi_m\circ h)(x_m)\right]\right]\\
&\leqslant\frac{1}{2}[u_{m-1}(h_1)+(\Phi_m\circ h_1)(x_m)]+\frac{1}{2}[u_{m-1}(h_2)-(\Phi_m\circ h_2)(x_m)]
\end{aligned}$$

令 $s=\mathrm{sgn}(h_1(x_m)-h_2(x_m))$，则之前的不等式可表示为，

$$\begin{aligned}
&(1-\varepsilon)\mathop{\mathbb{E}}_{\sigma_m}\left[\sup_{h\in\mathcal{H}}u_{m-1}(h)+\sigma_m(\Phi_m\circ h)(x_m)\right]\\
&\leqslant\frac{1}{2}[u_{m-1}(h_1)+u_{m-1}(h_2)+sl(h_1(x_m)-h_2(x_m))] &&\text{（Lipschitz 性质）}\\
&=\frac{1}{2}[u_{m-1}(h_1)+slh_1(x_m)]+\frac{1}{2}[u_{m-1}(h_2)-slh_2(x_m)] &&\text{（再排列）}\\
&\leqslant\frac{1}{2}\sup_{h\in\mathcal{H}}[u_{m-1}(h)+slh(x_m)]+\frac{1}{2}\sup_{h\in\mathcal{H}}[u_{m-1}(h)-slh(x_m)] &&\text{（上确界的定义）}\\
&=\mathop{\mathbb{E}}_{\sigma_m}\left[\sup_{h\in\mathcal{H}}u_{m-1}(h)+\sigma_m lh(x_m)\right] &&\text{（}\mathop{\mathbb{E}}_{\sigma_m}\text{ 的定义）}
\end{aligned}$$

由于该不等式对所有 $\varepsilon>0$ 都成立，故有：

$$\underset{\sigma_m}{\mathbb{E}}\Big[\sup_{h\in\mathcal{H}} u_{m-1}(h)+\sigma_m(\Phi_m\circ h)(x_m)\Big]\leqslant\underset{\sigma_m}{\mathbb{E}}\Big[\sup_{h\in\mathcal{H}} u_{m-1}(h)+\sigma_m l h(x_m)\Big]$$

将同样的方式用于其他 $\sigma_i(i\neq m)$ 则引理得证。■

下面将介绍一种一般性的基于间隔的泛化界，该泛化界将用来分析之后介绍的一些算法。

| 定理 5.2 二元分类的间隔界 | 令 $\mathcal{H}$ 为实值函数假设集。固定 $\rho>0$，对于任意 $\delta>0$，以至少为 $1-\delta$ 的概率，对于所有 $h\in\mathcal{H}$，下式成立：

$$R(h)\leqslant\hat{R}_{S,\rho}(h)+\frac{2}{\rho}\mathcal{R}_m(\mathcal{H})+\sqrt{\frac{\log\frac{1}{\delta}}{2m}} \tag{5.39}$$

94 $$R(h)\leqslant\hat{R}_{S,\rho}(h)+\frac{2}{\rho}\hat{\mathcal{R}}_S(\mathcal{H})+3\sqrt{\frac{\log\frac{2}{\delta}}{2m}} \tag{5.40}$$

| 证明 | 令 $\widetilde{\mathcal{H}}=\{z=(x,\ y)\mapsto yh(x):\ h\in\mathcal{H}\}$，考虑在 $[0,\ 1]$ 上取值的函数族：

$$\widetilde{\mathcal{H}}=\{\Phi_\rho\circ f:\ f\in\widetilde{\mathcal{H}}\}$$

根据定理 3.1，对于所有的 $g\in\widetilde{\mathcal{H}}$，以至少为 $1-\delta$ 的概率，下式成立：

$$\mathbb{E}[g(z)]\leqslant\frac{1}{m}\sum_{i=1}^{m}g(z_i)+2\mathcal{R}_m(\widetilde{\mathcal{H}})+\sqrt{\frac{\log\frac{1}{\delta}}{2m}}$$

进而，对于所有的 $h\in\mathcal{H}$，

$$\mathbb{E}[\Phi_\rho(yh(x))]\leqslant\hat{R}_{S,\rho}(h)+2\mathcal{R}_m(\Phi_\rho\circ\widetilde{\mathcal{H}})+\sqrt{\frac{\log\frac{1}{\delta}}{2m}}$$

由于 $1_{u\leqslant 0}\leqslant\Phi_\rho(u)$ 对于所有 $u\in\mathbb{R}$ 都成立，则有 $R(h)=\mathbb{E}[1_{yh(x)\leqslant 0}]\leqslant\mathbb{E}[\Phi_\rho(yh(x))]$，因此：

$$R(h)\leqslant\hat{R}_{S\rho}(h)+2\mathcal{R}_m(\Phi_\rho\circ\widetilde{\mathcal{H}})+\sqrt{\frac{\log\frac{1}{\delta}}{2m}}$$

由于 Φ_ρ 为 $1/\rho$-Lipschitz，根据引理 5.2，$\mathcal{R}_m(\Phi_\rho\circ\widetilde{\mathcal{H}})\leqslant\frac{1}{\rho}\mathcal{R}_m(\widetilde{\mathcal{H}})$，则 $\mathcal{R}_m(\widetilde{\mathcal{H}})$ 可写为如下形式：

$$\mathcal{R}_m(\widetilde{\mathcal{H}})=\frac{1}{m}\underset{S,\sigma}{\mathbb{E}}\left[\sup_{h\in\mathcal{H}}\sum_{i=1}^{m}\sigma_i y_i h(x_i)\right]=\frac{1}{m}\underset{S,\sigma}{\mathbb{E}}\left[\sup_{h\in\mathcal{H}}\sum_{i=1}^{m}\sigma_i h(x_i)\right]=\mathcal{R}_m(\mathcal{H})$$

这证明了式(5.39)。对于第二个不等式，即式(5.40)可以采用同样的方式通过定理 3.1 以及式(3.4)(而不是式(3.3))完成证明。■

由定理 5.2 得到的泛化界体现了相互矛盾的两项：越大的 ρ 会使得复杂度项(第二项)越小，但与此同时由于要求假设 h 有更高的置信间隔，越大的 ρ 也会使得经验间隔损失 $\hat{R}_{S,\rho}(h)$(第一项)越大。因此，如果 ρ 相对较大时，假设 h 的经验间隔损失保持相对较小，h 的泛化误差将会得到良好的理论保证。根据定理 5.2，间隔参数 ρ 必须提前指定。但是，

通过额外引入一项$\sqrt{\frac{\log\log_2 \frac{2}{\rho}}{m}}$，该定理得到的界可以推广至对于所有的$\rho\in(0,1]$都成立，如下面的定理所示(习题5.2将给出该定理以更好的约束来表述的形式)。 95

| 定理 5.3 | 令$\mathcal{H}$为实值函数假设集，固定$r>0$。对于任意$\delta>0$，以至少为$1-\delta$的概率，使得对于所有$h\in\mathcal{H}$以及$\rho\in(0,r]$，有下式成立：

$$R(h)\leqslant\hat{R}_{S,\rho}(h)+\frac{4}{\rho}\mathcal{R}_m(\mathcal{H})+\sqrt{\frac{\log\log_2 \frac{2r}{\rho}}{m}}+\sqrt{\frac{\log \frac{2}{\delta}}{2m}} \tag{5.41}$$

$$R(h)\leqslant\hat{R}_{S,\rho}(h)+\frac{4}{\rho}\hat{\mathcal{R}}_S(\mathcal{H})+\sqrt{\frac{\log\log_2 \frac{2r}{\rho}}{m}}+3\sqrt{\frac{\log \frac{4}{\delta}}{2m}} \tag{5.42}$$

| 证明 | 考虑两个序列$(\rho_k)_{k\geqslant1}$和$(\varepsilon_k)_{k\geqslant1}$，其中$\varepsilon_k\in(0,1]$。根据定理5.2，对于任意固定的$k\geqslant1$都有：

$$\mathbb{P}\left[\sup_{h\in H}R(h)-\hat{R}_{S,\rho_k}(h)>\frac{2}{\rho_k}\mathcal{R}_m(\mathcal{H})+\varepsilon_k\right]\leqslant\exp(-2m\varepsilon_k^2) \tag{5.43}$$

令$\varepsilon_k=\varepsilon+\sqrt{\frac{\log k}{m}}$，则根据联合界，有：

$$\begin{aligned}
&\mathbb{P}\left[\sup_{\substack{h\in H\\k\geqslant1}}R(h)-\hat{R}_{S,\rho_k}(h)-\frac{2}{\rho_k}\mathcal{R}_m(\mathcal{H})-\varepsilon_k>0\right]\\
&\leqslant\sum_{k\geqslant1}\exp(-2m\varepsilon_k^2)\\
&=\sum_{k\geqslant1}\exp[-2m(\varepsilon+\sqrt{(\log k)/m})^2]\\
&\leqslant\sum_{k\geqslant1}\exp(-2m\varepsilon^2)\exp(-2\log k)\\
&=\left(\sum_{k\geqslant1}1/k^2\right)\exp(-2m\varepsilon^2)\\
&=\frac{\pi^2}{6}\exp(-2m\varepsilon^2)\leqslant2\exp(-2m\varepsilon^2)
\end{aligned}$$

令$\rho_k=r/2^k$，对于任意$\rho\in(0,r]$，都存在$k\geqslant1$使得$\rho\in(\rho_k,\rho_{k-1}]$，$\rho_0=r$。对于这样的$k$，有$\rho\leqslant\rho_{k-1}=2\rho_k$。因此$1/\rho_{k-1}\leqslant2/\rho$并且$\sqrt{\log k}=\sqrt{\log\log_2(1/\rho_k)}\leqslant\sqrt{\log\log_2(2/\rho)}$。另一方面，对任意$h\in\mathcal{H}$都有$\hat{R}_{S,\rho_k}(h)\leqslant\hat{R}_{S,\rho}(h)$。因此，

$$\mathbb{P}\left[\sup_{\substack{h\in H\\\rho\in(0,r]}}R(h)-\hat{R}_{S,\rho}(h)-\frac{4}{\rho}\mathcal{R}_m(\mathcal{H})-\sqrt{\frac{\log\log_2(2r/\rho)}{m}}-\varepsilon>0\right]\leqslant2\exp(-2m\varepsilon^2)$$

至此，定理的第一部分证毕，类似地，可证第二个不等式成立。■ 96

权重向量有界时，线性假设的 Rademacher 复杂度由如下界。

| 定理 5.4 | 令$S\subseteq\{\boldsymbol{x}:|\boldsymbol{x}|\leqslant r\}$为规模为$m$的样本集，$\mathcal{H}=\{\boldsymbol{x}\mapsto\boldsymbol{w}\cdot\boldsymbol{x}:\|\boldsymbol{w}\|\leqslant\Lambda\}$。那么，$\mathcal{H}$的经验 Rademacher 复杂度满足：

$$\hat{\mathcal{R}}_S(\mathcal{H})\leqslant\sqrt{\frac{r^2\Lambda^2}{m}}$$

| 证明 | 由以下一系列不等式可完成证明：

$$\begin{aligned}\hat{\mathcal{R}}_S(\mathcal{H}) &= \frac{1}{m}\mathop{\mathbb{E}}_{\sigma}\left[\sup_{\|\boldsymbol{w}\|\leqslant\Lambda}\sum_{i=1}^{m}\sigma_i\boldsymbol{w}\cdot\boldsymbol{x}_i\right] = \frac{1}{m}\mathop{\mathbb{E}}_{\sigma}\left[\sup_{\|\boldsymbol{w}\|\leqslant\Lambda}\boldsymbol{w}\cdot\sum_{i=1}^{m}\sigma_i\boldsymbol{x}_i\right]\\ &\leqslant \frac{\Lambda}{m}\mathop{\mathbb{E}}_{\sigma}\left[\left\|\sum_{i=1}^{m}\sigma_i\boldsymbol{x}_i\right\|\right] \leqslant \frac{\Lambda}{m}\left[\mathop{\mathbb{E}}_{\sigma}\left[\left\|\sum_{i=1}^{m}\sigma_i\boldsymbol{x}_i\right\|^2\right]\right]^{\frac{1}{2}}\\ &= \frac{\Lambda}{m}\left[\mathop{\mathbb{E}}_{\sigma}\left[\sum_{i,j=1}^{m}\sigma_i\sigma_j(\boldsymbol{x}_i\cdot\boldsymbol{x}_j)\right]\right]^{\frac{1}{2}} \leqslant \frac{\Lambda}{m}\left[\sum_{i=1}^{m}\|\boldsymbol{x}_i\|^2\right]^{\frac{1}{2}} \leqslant \frac{\Lambda\sqrt{mr^2}}{m} = \sqrt{\frac{r^2\Lambda^2}{m}}\end{aligned}$$

其中，第一个不等式利用了 Cauchy-Schwarz 不等式以及 $\|\boldsymbol{w}\|$ 的界，第二个不等式利用了 Jensen 不等式，第三个等式利用了当 $i\neq j$ 时，$\mathbb{E}[\sigma_i\sigma_j]=\mathbb{E}[\sigma_i]\mathbb{E}[\sigma_j]=0$，最后的不等式利用了 $\|\boldsymbol{x}_i\|\leqslant r$。■

联立定理 5.4 与定理 5.2，可以直接得到有界权重向量的线性假设的一般性间隔界，由推论 5.1 给出。

| 推论 5.1 | 令 $\mathcal{H}=\{\boldsymbol{x}\mapsto\boldsymbol{w}\cdot\boldsymbol{x}:\|\boldsymbol{w}\|\leqslant\Lambda\}$ 并假设 $X\subseteq\{\boldsymbol{x}:\|\boldsymbol{x}\|\leqslant r\}$，固定 $\rho>0$，对于任意 $\delta>0$，在样本规模为 m 的集合 S 上以至少为 $1-\delta$ 的概率，对任意 $h\in\mathcal{H}$，有下式成立：

$$R(h)\leqslant\hat{R}_{S,\rho}(h)+2\sqrt{\frac{r^2\Lambda^2/\rho^2}{m}}+\sqrt{\frac{\log\frac{1}{\delta}}{2m}} \tag{5.44}$$

类似于定理 5.2，这个推论得到的界通过额外引入一项 $\sqrt{\frac{\log\log_2\frac{2}{\rho}}{m}}$ 并联立定理 5.3 和定理 5.4，也可以推广至对于所有 $\rho\in(0, 1]$ 都成立的情况。

对于线性假设类，这样的泛化界是值得注意的，因为它不直接依赖于特征空间的维度，而只取决于样本间隔。这样的界表明当经验间隔损失（第一项）较小并且 $\rho/(r\Lambda)$ 的值较大时，假设集的泛化误差将会较小。经验间隔损失较小时，意味着很少有样本在间隔小
97 于 ρ 时被正确分类或错误分类。当训练样本集线性可分时，对于几何间隔为 ρ_{geom} 且使得置信间隔参数 $\rho=\rho_{\text{geom}}$ 的线性假设，相应的经验间隔损失项为 0。因此，如果 ρ_{geom} 相对较大，这样的泛化界能够为相应的线性假设产生的泛化误差提供较强的学习保证。

泛化界没有明确地依赖特征空间的维度这一事实着实令人惊讶，并且似乎和定理 3.6 与定理 3.7 所讨论的由 VC-维给出下界相矛盾。这些下界表明对于任意学习算法 $\mathcal{A}$，都存在一个“坏”的分布使得算法以一个非零概率返回的假设误差为 $\Omega(\sqrt{d/m})$。然而上述推论并不排除这样的“坏”情况：对于这样的坏分布，哪怕有一个相对较小的间隔 ρ，其经验间隔损失也会很大。故而在这种情况下，由推论得到的界会变松。

因此，在某种意义上，推论中的学习保证取决于一个较好的间隔 ρ：如果经验间隔损失较小时存在一个相对较大的间隔 $\rho>0$，那么就会保证学习算法有一个较小的泛化误差。想达到这样较好的间隔，需要依赖于样本分布：虽然学习算法的界与样本分布无关，然而是否有一个较好的间隔却依赖于样本分布。幸运的是，较好的间隔在实际应用中往往存在。

推论所给出的界为例如支持向量机这样的最大化间隔算法提出了强有力的理论依据。

令 $\Lambda=1$，由于推论 5.1 给出的泛化界适用于 $\rho\in(0, r]$，对于任意 $\delta>0$，以至少为 $1-\delta$ 的概率，对于所有 $h\in\{\boldsymbol{x}\mapsto\boldsymbol{w}\cdot\boldsymbol{x}: \|\boldsymbol{w}\|\leqslant 1\}$ 以及 $\rho\in(0, r]$，有下式成立：

$$R(h)\leqslant\hat{R}_{S,\rho}(h)+4\sqrt{\frac{r^2/\rho^2}{m}}+\sqrt{\frac{\log\log_2\frac{2r}{\rho}}{m}}+\sqrt{\frac{\log\frac{2}{\delta}}{2m}}$$

这个不等式对于 $\rho>r$ 也是严格成立的，这是由于根据 Cauchy-Schwarz 不等式，对于任意 $\|\boldsymbol{w}\|\leqslant 1$ 的 $\boldsymbol{w}$ 以及所有 h，有 $y_i(\boldsymbol{w}\cdot\boldsymbol{x}_i)\leqslant r\leqslant\rho$ 且 $\hat{R}_{S,\rho}(h)=1$ 成立。

现在，对于任意 $\rho>0$，ρ-间隔损失函数的上界可以由 ρ 铰链函数得到：

$$\forall u\in\mathbb{R},\ \Phi_\rho(u)=\min\left(1,\ \max\left(0,\ 1-\frac{u}{\rho}\right)\right)\leqslant\max\left(0,\ 1-\frac{u}{\rho}\right) \tag{5.45}$$

因此，对于所有 $h\in\{\boldsymbol{x}\mapsto\boldsymbol{w}\cdot\boldsymbol{x}: \|\boldsymbol{w}\|\leqslant 1\}$ 以及 $\rho>0$，以至少为 $1-\delta$ 的概率有下式成立：

$$R(h)\leqslant\frac{1}{m}\sum_{i=1}^{m}\max\left(0,\ 1-\frac{y_i(\boldsymbol{w}\cdot\boldsymbol{x}_i)}{\rho}\right)+4\sqrt{\frac{r^2/\rho^2}{m}}+\sqrt{\frac{\log\log_2\frac{2r}{\rho}}{m}}+\sqrt{\frac{\log\frac{2}{\delta}}{2m}}$$

98

由于对于任意 $\rho>0$，h/ρ 与 h 的泛化误差一致。那么，对于所有 $h\in\{\boldsymbol{x}\mapsto\boldsymbol{w}\cdot\boldsymbol{x}: \|\boldsymbol{w}\|\leqslant 1/\rho\}$ 以及 $\rho>0$，以至少为 $1-\delta$ 的概率有下式成立：

$$R(h)\leqslant\frac{1}{m}\sum_{i=1}^{m}\max(0,\ 1-y_i(\boldsymbol{w}\cdot\boldsymbol{x}_i))+4\sqrt{\frac{r^2/\rho^2}{m}}+\sqrt{\frac{\log\log_2\frac{2r}{\rho}}{m}}+\sqrt{\frac{\log\frac{2}{\delta}}{2m}} \tag{5.46}$$

该不等式可用于得出通过选择 $\boldsymbol{w}$ 和 $\rho>0$ 使不等式右边最小化的算法。注意，关于 ρ 的最小化问题可能得不到最优解，由于该问题不是凸优化问题并且依赖影响第二项和第三项的理论常数因子。因此，ρ 一般作为算法的自由参数，通过交叉验证的方式来确定。

注意对于任意 $\rho>0$，上式中不等式的右边只有第一项与 $\boldsymbol{w}$ 有关，这表明 $\boldsymbol{w}$ 的选择决定于下面的优化问题：

$$\min_{\|\boldsymbol{w}\|^2\leqslant\frac{1}{\rho^2}}\frac{1}{m}\sum_{i=1}^{m}\max(0,\ 1-y_i(\boldsymbol{w}\cdot\boldsymbol{x}_i)) \tag{5.47}$$

通过引入拉格朗日变量 $\lambda\geqslant 0$，上述优化问题等价于：

$$\min_{\boldsymbol{w}}\lambda\|\boldsymbol{w}\|^2+\frac{1}{m}\sum_{i=1}^{m}\max(0,\ 1-y_i(\boldsymbol{w}\cdot\boldsymbol{x}_i)) \tag{5.48}$$

由于对于式(5.47)约束中的任意 ρ，在式(5.48)中总存在等价的对偶变量 λ 可以得到同样的最优 $\boldsymbol{w}$，因此 λ 也可以通过交叉验证的方式进行选择[⊖]。用这样的方式得到的算法与 SVM 是一致的。需要注意的是，如果采用经验间隔损失而不是铰链损失，还可以得到另一种可行的目标函数或者算法。然而，铰链损失的好处在于它的凸性，而间隔损失非凸。

如上所述，本节给出的泛化界并不依赖于特征空间的维度，而想要获得较好的学习保证则需要一个较好的间隔。因此，从这个观点出发，希望在一个高维空间中寻找“大间

⊖ 式(5.46)中选择 $\rho=1/\|\boldsymbol{w}\|$ 会得到等价的分析。

隔”分类超平面。对于支持向量机对偶优化问题，确定最优解以及模型测试都需要在高维空间中计算大量内积。然而，高维空间上的内积计算会产生很高的计算代价。第6章将提
99 供这个问题的解决方案，并进一步将支持向量机推广到非向量输入空间。

5.5 文献评注

在5.2节中提到的最大间隔超平面或是**最优超平面**(optimal hyperplane)的解最早由Vapnik和Chervonenkis[1964]提出。该算法最初应用受限，因为在实践中大部分数据是非线性可分的。相比之下，Cortes和Vapnik[1995]在5.3节中给出的不可分情况下的支持向量机，又名**支持向量网络**(support-vector network)在实践中被广泛采用并证明有效。支持向量机算法以及其相关理论对机器学习产生了深远的影响，并激发了人们对各种相关问题的研究。人们提出了许多特定的算法来解决支持向量机问题中的特定二次规划问题，例如Platt[1999]提出的SMO算法(见习题5.4)。许多其他解法在LibLinear软件库中有所涉及使用[Hsieh等，2008]，利用有理核解决问题参见[Allauzen等，2010](见第6章)。

支撑支持向量机的大部分理论([Cortes和Vapnik，1995；Vapnik，1998])，特别是在5.4节中提到的间隔理论目前已经大量应用在统计学和其他问题中。标准超平面VC-维的间隔界(习题5.7)是由Vapnik[1998]提出的，其证明方法与可分情况下感知机算法更新次数的Novikoff间隔界十分相似。我们对基于Rademacher复杂度的间隔界的介绍参考了Koltchinskii和Panchenko[2002]的精确分析(同样可参考Bartlett和Mendelson[2002]、Shawe-Taylor等[1998])。引理5.2中的证明过程是Ledoux和Talagrand[1991，pp.112-114]的更简单和更简洁的版本。Hoffgen等[1995]探讨了在训练集上寻找一个具有最小误差数的超平面的困难性。

5.6 习题

5.1 软间隔超平面。在软间隔超平面的优化问题中，关于松弛变量的函数定义为：$\xi \mapsto \sum_{i=1}^{m} \xi_i$。其实，也可以用 $\xi \mapsto \sum_{i=1}^{m} \xi_i^p$，$p>1$ 来替代。

(a) 请给出一般情况下该问题的对偶形式。

(b) 请对比一般情况下的松弛变量函数($p>1$)与标准情况的不同($p=1$)？当 $p=2$
100 时优化问题是否还保持凸性？

5.2 更紧的Rademacher界。试推导如下比定理5.3更紧的界：对于任意 $\delta>0$，以至少为 $1-\delta$ 的概率，使得下式对所有 $h\in\mathcal{H}$，$\rho\in(0, 1]$ 以及任意 $\gamma>1$ 都成立：

$$R(h) \leqslant \hat{R}_{S,\rho}(h) + \frac{2\gamma}{\rho}\mathcal{R}_m(\mathcal{H}) + \sqrt{\frac{\log\log_\gamma \frac{\gamma}{\rho}}{m}} + \sqrt{\frac{\log \frac{2}{\delta}}{2m}} \tag{5.49}$$

5.3 权重支持向量机。假设你试图用支持向量机解决一个学习问题，然而在训练样本中有些数据相对来说更重要。假设每个训练样本点由三元组(x_i，y_i，p_i)构成，其中 $0\leqslant p_i\leqslant 1$ 描述第 i 个点的重要程度。尝试重写支持向量机的带约束优化问题，使得通过优先级 p_i 来缩放对错分样本 x_i 的惩罚。并通过推导对偶问题来完成这个修改。

5.4 序列最小优化算法(Sequential Minimal Optimization, SMO)。序列最小优化算法提升支持向量机算法的训练速度。其减少了可能存在的大量二次规划问题，并将它们转变为一系列只包含两个拉格朗日乘数的小优化问题。序列最小优化算法减少了内存的需求，绕过了大量二次规划并且容易实现。在本题中，我们将通过支持向量机对偶问题来推导出序列最小优化算法的更新规则。

(a) 假设我们只想通过 α_1 和 α_2 对式(5.33)进行优化，试说明该问题被缩减为：

$$\max_{\alpha_1,\alpha_2} \underbrace{\alpha_1+\alpha_2-\frac{1}{2}K_{11}\alpha_1^2-\frac{1}{2}K_{22}\alpha_2^2-sK_{12}\alpha_1\alpha_2-y_1\alpha_1 v_1-y_2\alpha_2 v_2}_{\Psi_1(\alpha_1,\alpha_2)}$$

$$\text{s.t. } 0\leqslant\alpha_1,\ \alpha_2\leqslant C \wedge \alpha_1+s\alpha_2=\gamma$$

其中 $\gamma=y_1\sum_{i=3}^{m}y_i\alpha_i$，$s=y_1y_2\in\{-1,\ +1\}$，$K_{ij}=(\boldsymbol{x}_i\cdot\boldsymbol{x}_j)$，$v_i=\sum_{j=3}^{m}\alpha_j y_j K_{ij}$，$i=1,\ 2$。

(b) 将线性约束 $\alpha_1=\gamma-s\alpha_2$ 代入 Ψ_1 中，得到一个新的只与 α_2 相关的 Ψ_2。试说明最小化 Ψ_2 的 α_2(不满足 $0\leqslant\alpha_1,\ \alpha_2\leqslant C$ 的约束)可以表示为：

$$\alpha_2=\frac{s(K_{11}-K_{12})\gamma+y_2(v_1-v_2)-s+1}{\eta}$$

其中 $\eta=K_{11}+K_{12}-2K_{12}$。 101

(c) 试说明：

$$v_1-v_2=f(\boldsymbol{x}_1)-f(\boldsymbol{x}_2)+\alpha_2^* y_2\eta-sy_2\gamma(K_{11}-K_{12})$$

其中 $f(\boldsymbol{x})=\sum_{i=1}^{m}\alpha_i^* y_i(\boldsymbol{x}_i\cdot\boldsymbol{x})+b^*$，$\alpha_i^*$，$b^*$ 为 α_1 和 α_2 进行优化之前的拉格朗日乘子中的值。

(d) 试说明：

$$\alpha_2=\alpha_2^*+y_2\frac{(y_2-f(\boldsymbol{x}_2))-(y_1-f(\boldsymbol{x}_1))}{\eta}$$

(e) 对于 $s=+1$，分别定义 α_2 的上下界为 $L=\max\{0,\ \gamma-C\}$ 和 $H=\min\{C,\ \gamma\}$。类似地，对于 $s=-1$，分别定义上下界为 $L=\max\{0,\ -\gamma\}$ 和 $H=\min\{C,\ C-\gamma\}$。更新序列最小算法涉及对 α_2 值的调整。

$$\alpha_2^{clip}=\begin{cases}\alpha_2 & \text{如果 } L<\alpha_2<H\\ L & \text{如果 } \alpha_2\leqslant L\\ H & \text{如果 } \alpha_2\geqslant H\end{cases}$$

我们随后求解 α_1 从而满足等式约束条件，$\alpha_1=\alpha_1^*+s(\alpha_2^*-\alpha_2^{clip})$。那么，请问为何需要对 α_2 值进行调整？并请推导 $s=+1$ 时 α_2 的上下界。

5.5 支持向量机实践

(a) 下载安装 libsvm 软件库：

http://www.csie.ntu.edu.tw/~cjlin/libsvm/。

(b) 下载 satimage 数据集：

http://www.csie.ntu.edu.tw/~cjlin/libsvmtools/datasets/。

将训练集和验证集合并。从现在开始将合并后的集合用为训练集。归一化训练和测试向量。

(c) 问题为二元分类问题，即将类别 6 的样本与其他样本分开。这里通过采用多项式核(见第 6 章)的支持向量机来解决这个问题。首先将训练数据分为十等份不相交的数据集。对于多项式的每一个值 $d=1, 2, 3, 4$，以参数 C 为自变量画出平均交叉验证误差加上或减去一个标准差的曲线(`libsvm` 中的其他参数设为默认
102 值 1)。记录验证集上最佳结果对应的参数 C 的值。

(d) 令(C^*, d^*)为之前找到的最佳参数对。固定 C 为 C^*。以 d 为自变量，画出十折交叉验证的训练误差和测试误差。画出以 d 为自变量所得到的支持向量平均数的曲线。

(e) 请问有多少支持向量落在间隔超平面上?

(f) 在标准二分类中，对于正负样本点分类的误差应该相同对待。假设我们希望对负样本错分(即假阳性误差)的惩罚是对正样本错分惩罚的 $k>0$ 倍，对于这种情况，给出支持向量机算法的对偶问题。

(g) 假设 k 为整数，请尝试在不添加额外代码的情况下使用 libsvm 对上述问题(f)求解。

(h) 对于 $k=2, 4, 8, 16$，将修改后的支持向量机算法应用到前面的分类任务中，并与之前的结果进行比较。

5.6 稀疏支持向量机。对于支持向量机，可以从两个方面进行解读：一种是基于支持向量的稀疏性，另一种是基于间隔理论。假设现在不最大化间隔，而是通过最小化定义权重向量 $\boldsymbol{w}$ 的向量 $\boldsymbol{\alpha}$ 的 L_p 范数来最大化稀疏性，其中 $p\geqslant 1$。首先考虑当 $p=2$ 时，对应的最优化问题如下：

$$\begin{aligned}&\min_{\alpha, b} \frac{1}{2}\sum_{i=1}^{m}\alpha_i^2+C\sum_{i=1}^{m}\xi_i\\&\text{s. t. } y_i\Big(\sum_{j=1}^{m}\alpha_j y_j \boldsymbol{x}_i\cdot\boldsymbol{x}_j+b\Big)\geqslant 1-\xi_i,\ i\in[1, m]\\&\qquad \xi_i,\ \alpha_i\geqslant 0,\ i\in[1, m]\end{aligned}\tag{5.50}$$

(a) 试说明如果没有 $\boldsymbol{\alpha}$ 的非负性约束，该问题将与支持向量机的原始优化问题一致。

(b) 推导出该问题的对偶优化问题。

(c) 设置 $p=1$ 会得到一个更稀疏的 $\boldsymbol{\alpha}$，推导 $p=1$ 时的对偶优化问题。

103 5.7 标准超平面的 VC-维。不依赖于特征空间的维度，给出标准超平面的 VC-维的界。令 $S\subseteq\{\boldsymbol{x}: \|\boldsymbol{x}\|\leqslant r\}$，接下来证明标准超平面$\{x\mapsto \operatorname{sgn}(\boldsymbol{w}\cdot\boldsymbol{x}): \min_{x\in S}|\boldsymbol{w}\cdot\boldsymbol{x}|=1\wedge\|\boldsymbol{w}\|\leqslant\Lambda\}$这个假设集的 VC-维 d 满足：

$$d\leqslant r^2\Lambda^2\tag{5.51}$$

(a) 令$\{\boldsymbol{x}_1, \cdots, \boldsymbol{x}_d\}$表示一个可被打散的集合。试证明对于所有 $\boldsymbol{y}=(y_1, \cdots, y_d)\in\{-1, +1\}^d$，有 $d\leqslant\Lambda\left\|\sum_{i=1}^{d}y_i\boldsymbol{x}_i\right\|$。

(b) 利用标签 $\boldsymbol{y}$ 的随机性以及 Jensen 不等式证明 $d\leqslant\Lambda\sqrt{\sum_{i=1}^{d}\|\boldsymbol{x}_i\|^2}$。

104 (c) 完成对式(5.51)的证明。

·第 6 章·

核 方 法

核方法(kernel method)在机器学习中应用非常广泛，常用于扩展 SVM 等算法，以实现数据的非线性可分。核方法也能用于扩展其他只依赖于样本点之间内积的类似算法，在后续的章节中将会介绍很多这样的算法。

这些方法背后的主要思想都是基于**核**(kernel)或称**核函数**(kernel function)的，它们在对称性和**正定性**(positive-definiteness)的条件下，隐式地定义了在高维空间的内积。用正定核替代输入空间的原始内积能直接将算法(如 SVM)推广到高维空间中实现线性可分，也等效于在原输入空间中实现非线性可分。

在本章中，我们将介绍正定对称核的主要定义及其重要性质，包括定义在希尔伯特空间上内积的一些理论证明，以及正定对称核的封闭性质。然后，我们利用这些核来推广 SVM 算法，并给出一些理论结果，包括给出基于核的假设集的基于间隔的一般学习保证。我们还将介绍**负定对称核**(negative definite symmetric kernel)，并指出它与构造正定核之间的联系，特别是在距离或度量层面。最后，我们将介绍一类用于序列的核，即**有理核**(rational kernel)，来阐明针对非向量离散结构的核的设计方法。我们还将介绍计算有理核的高效算法，并举几个例子来说明其计算过程。

6.1 引言

在前面的章节中，我们介绍了一种用于线性分类的支持向量机算法 SVM，它在应用中卓有成效，并且具有坚实的理论基础。然而，在实践中，人们常常会遇到线性不可分的情况。图 6.1a 列举了一个任何超平面都难以完全正确地划分两类样本的例子。但是，我们可以选用更复杂的判别函数来划分这两类样本，如图 6.1b 所示。定义这种非线性决策边界的方法之一是构造从输入空间 $\mathcal{X}$ 到样本线性可分的高维空间 $\mathbb{H}$(见图 6.2)的非线性映射 Φ。 105

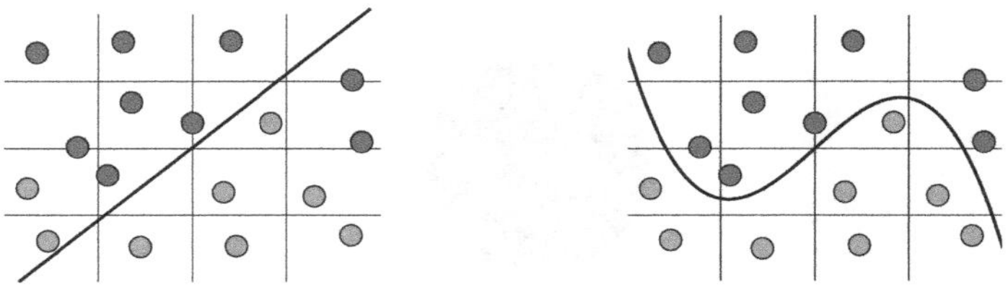

a）没有超平面可以划分两类样本　　b）可以使用非线性映射代替超平面完成分类

图 6.1　线性不可分的情况。分类任务要求正确分类蓝色点和灰色点

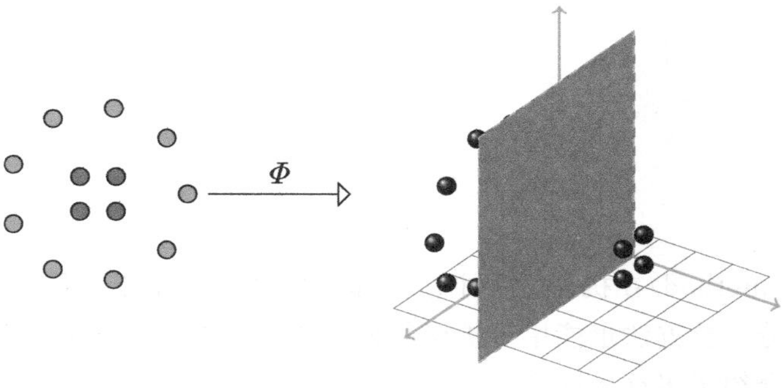

图 6.2　从二维到三维非线性映射的例子，映射之后样本线性可分

在实际问题中，$\mathbb{H}$ 的维度通常可能会非常高。例如，在文本分类问题中，人们常常使用三个连续单词，即**三元组**(trigram)作为特征序列。因此，在词汇量仅为 10 万字的情况下，特征空间 $\mathbb{H}$ 的维度高达 10^{15}。不过，从积极的角度看，5.4 节所示的间隔界表明，如 SVM 这样的大间隔分类算法的泛化能力不依赖于特征空间的维度，而只依赖于间隔 ρ 和训练样本数量 m。因此，在满足较好间隔 ρ 的情况下，此类算法甚至可以成功应用于非常高维的空间。然而，求解超平面需要在高维空间中进行大量内积运算，这往往会耗费很多计算资源。

为此，我们可以使用基于**核**(kernel)或称**核函数**(kernel function)的**核方法**(kernel method)来解决内积运算这个问题。

| 定义 6.1　核 | 函数 $K: \mathcal{X}\times\mathcal{X}\rightarrow\mathbb{R}$ 称为定义在 $\mathcal{X}$ 上的核。

定义一个核 K 的思想是对于任意两点 x，$x'\in\mathcal{X}$，使得 $K(x, x')$ 等于向量 $\Phi(x)$ 和 $\Phi(x')$ 的内积[⊖]：

$$\forall x, x'\in\mathcal{X},\quad K(x, x')=\langle\Phi(x), \Phi(x')\rangle \tag{6.1}$$

这里，$\Phi: \mathcal{X}\rightarrow\mathbb{H}$ 是到希尔伯特空间，又称**特征空间**(feature space)$\mathbb{H}$ 的某个映射。由于内积是两个向量相似度的度量，K 通常被解释为对输入空间 $\mathcal{X}$ 的元素之间相似性的度量。

这样的核 K 的一个重要优点是计算高效：往往 K 的计算效率明显地比 Φ 及 $\mathbb{H}$ 中的内积计算效率要高。我们将从几个常见的例子看到，$K(x, x')$ 的计算复杂度仅为 $O(N)$，

⊖ 为了区别内积和输入空间，我们通常将其表示为 $\langle\cdot,\cdot\rangle$。

而$\langle \Phi(x), \Phi(x') \rangle$的复杂度为$O(\dim(\mathbb{H}))$且$\dim(\mathbb{H}) \gg N$。此外，在某些情况下，$\mathbb{H}$ 的维数甚至是无限的。

这样的核 K 更为重要的优点是它具有很好的灵活性：无须明确定义或计算映射 Φ。只要保证 Φ 的存在性，即 K 满足 **Mercer 条件**(Mercer's condition，见定理 6.1)，核 K 就可以任意选择。

| 定理 6.1 Mercer 条件 | 设 $\mathcal{X} \subset \mathbb{R}^N$ 是紧致集，并设 $K: \mathcal{X} \times \mathcal{X} \to \mathbb{R}$ 为连续对称函数，则 K 存在一致收敛的展开形式：

$$K(x, x') = \sum_{n=0}^{\infty} a_n \phi_n(x) \phi_n(x')$$

其中 $a_n > 0$。当且仅当 $c(c \in L_2(\mathcal{X}))$为任意平方可积函数时，有以下条件成立：

$$\iint_{\mathcal{X} \times \mathcal{X}} c(x) c(x') K(x, x') \mathrm{d}x \mathrm{d}x' \geqslant 0$$

这个条件对于保证诸如 SVM 之类的算法中目标函数的凸性是至关重要的，从而保证优化算法能够收敛到全局最小值。在定理假设下，核 K 的**正定对称性**(Positive Definite Symmetric，PDS)等价于 Mercer 条件。这个性质(PDS)实际上更具一般性，因为它无须对 $\mathcal{X}$ 做任何特别的假设。在下一节中，我们将给出这个性质的定义，并举几个常用 PDS 核的例子，然后给出由 PDS 核诱导出的希尔伯特空间中的内积形式，并且证明 PDS 核的几个通用封闭性。 106~107

6.2 正定对称核

6.2.1 定义

| 定义 6.2 正定对称核 | 如果对于任意$\{x_1, \cdots, x_m\} \subseteq \mathcal{X}$，矩阵 $\mathbf{K} = [K(x_i, x_j)]_{ij} \in \mathbb{R}^{m \times m}$ 是对称正半定的(Symmetric Positive Semidefinite，SPSD)，则核 $K: \mathcal{X} \times \mathcal{X} \to \mathbb{R}$ 被称为正定对称核(Positive Definite Symmetric，PDS)。

$\mathbf{K}$ 它必须是对称的并且满足以下两个等价条件之一，它才是 SPSD：

- $\mathbf{K}$ 的特征值是非负的；
- 对于任意列向量 $\mathbf{c} = (c_1, \cdots, c_m)^{\mathrm{T}} \in \mathbb{R}^{m \times 1}$，

$$\mathbf{c}^{\mathrm{T}} \mathbf{K} \mathbf{c} = \sum_{i,j=1}^{n} c_i c_j K(x_i, x_j) \geqslant 0 \tag{6.2}$$

对于样本集 $S = (x_1, \cdots, x_m)$，$\mathbf{K} = [K(x_i, x_j)]_{ij} \in \mathbb{R}^{m \times m}$ 被称为**核矩阵**(kernel matrix)或关于 K 和样本 S 的 **Gram 矩阵**(Gram matrix)。

我们规定以下术语：关于**正定核**(positive definite kernel)的核矩阵是**正半定**(positive semidefinite)的。虽然在数学上这才是正确的表述，但读者需要注意的是，在机器学习的研究中，一些学者表述不规范，如认为**正定核**(positive definite kernel)意味着**正定**(positive definite)核矩阵或者使用诸如**正半定核**(positive semidefinite kernel)这样的新术语。

以下是一些常用 PDS 核的例子。

例 6.1 多项式核 对于任意常数 $c > 0$，**次数为** $d \in \mathbb{N}$ **的多项式核**(polynomial kernel of degree d)指的是如下定义在 $\mathbb{R}^N$ 上的核 K：

$$\forall \boldsymbol{x},\ \boldsymbol{x}' \in \mathbb{R}^N, \quad K(\boldsymbol{x},\ \boldsymbol{x}') = (\boldsymbol{x} \cdot \boldsymbol{x}' + c)^d \tag{6.3}$$

多项式核将输入空间映射到 $\binom{N+d}{d}$ 维的更高维空间(见习题 6.12)。举例来说，对于

108 维度为 $N=2$ 的输入空间，二次多项式($d=2$)对应于如下六维空间中的内积：

$$\forall \boldsymbol{x},\ \boldsymbol{x}' \in \mathbb{R}^2, \quad K(\boldsymbol{x},\ \boldsymbol{x}') = (x_1 x_1' + x_2 x_2' + c)^2 = \begin{bmatrix} x_1^2 \\ x_2^2 \\ \sqrt{2}\, x_1 x_2 \\ \sqrt{2c}\, x_1 \\ \sqrt{2c}\, x_2 \\ c \end{bmatrix} \cdot \begin{bmatrix} x_1'^2 \\ x_2'^2 \\ \sqrt{2}\, x_1' x_2' \\ \sqrt{2c}\, x_1' \\ \sqrt{2c}\, x_2' \\ c \end{bmatrix} \tag{6.4}$$

因此，与二次多项式相对应的特征是原始特征(x_1 和 x_2)，这些特征之间的积以及常量特征。更一般地，关于次数为 d 的多项式核的特征是基于原始特征的次数至多为 d 的所有可能的表达式。如式(6.4)中所示，可将多项式核表示为内积的形式，直接表明它们是 PDS 核。

为了说明多项式核的应用，可考虑图 6.3a 的示例，它展示了二维空间中一个线性不可分的简单的数据集，即异或问题(XOR)：当且仅当一个点的标签只有一个坐标为 1，该点对应的标签为蓝色。但是，如果我们通过式(6.4)所描述的二次多项式将这些点映射到六维空间，则该问题可以用方程 $x_1 x_2 = 0$ 确定的超平面实现分类。图 6.3b 显示了这些点投影到由六维中的第三维和第四维所定义的二维空间上，实现了对异或问题的分类。

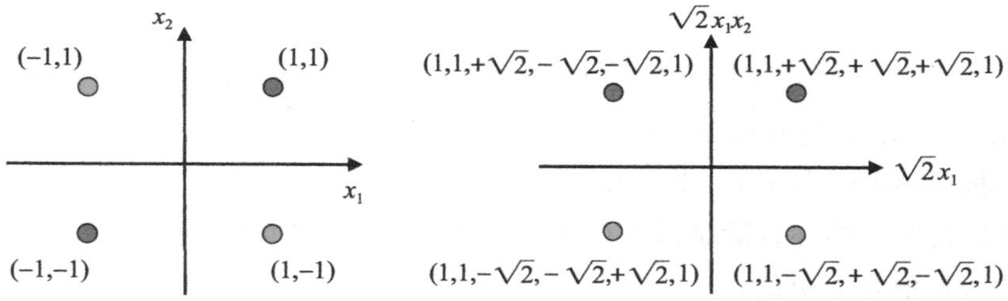

a）XOR问题在输入空间线性不可分　　b）利用二次多项式核使其线性可分

109 图 6.3　XOR 分类问题及多项式核的应用

例 6.2　高斯核　对于任意常数 $\sigma > 0$，**高斯核或径向基函数**(Radial Basis Function, RBF)指的是如下定义在 $\mathbb{R}^N$ 上的核 K：

$$\forall \boldsymbol{x},\ \boldsymbol{x}' \in \mathbb{R}^N, \quad K(\boldsymbol{x},\ \boldsymbol{x}') = \exp\left(-\frac{\|\boldsymbol{x}' - \boldsymbol{x}\|^2}{2\sigma^2}\right) \tag{6.5}$$

高斯核是实际中最为常用的核之一。我们将在 6.2.3 节中证明它们是 PDS 核，并且可以通过核 K'：$(\boldsymbol{x},\ \boldsymbol{x}') \mapsto \exp\left(\frac{\boldsymbol{x} \cdot \boldsymbol{x}'}{\sigma^2}\right)$ 的**归一化**(normalization)得到。利用指数函数的幂级数展开式，我们可以如下重写 K' 的表达式：

$$\forall \boldsymbol{x},\ \boldsymbol{x}' \in \mathbb{R}^N, \quad K'(\boldsymbol{x},\ \boldsymbol{x}')=\sum_{n=0}^{+\infty}\frac{(\boldsymbol{x}\cdot\boldsymbol{x}')^n}{\sigma^{2n}n!}$$

这表明高斯核 K' 是所有次数 $n\geqslant 0$ 的多项式核的正线性组合。

例 6.3 sigmoid 核 对于任意实常数 a，$b\geqslant 0$，**sigmoid 核**(sigmoid kernel)指的是如下定义在 $\mathbb{R}^N$ 上的核 K：

$$\forall \boldsymbol{x},\ \boldsymbol{x}'\in\mathbb{R}^N, \quad K(\boldsymbol{x},\ \boldsymbol{x}')=\tanh(a(\boldsymbol{x}\cdot\boldsymbol{x}')+b) \tag{6.6}$$

将 sigmoid 核融合到 SVM 中将得到与基于简单神经网络的学习算法密切相关的算法，这里所述的神经网络是指选用 sigmoid 函数作为传递函数的神经网络。当 $a<0$ 或 $b<0$ 时，该核不是 PDS 的，相应的神经网络也无法得到在凸优化上的收敛性保证(见习题 6.18)。

6.2.2 再生核希尔伯特空间

在这里，我们将证明 PDS 核的重要性质，用于在希尔伯特空间上诱导出内积。证明需要用到以下引理。

| 引理 6.1 PDS 核的 Cauchy-Schwarz 不等式 | 设 K 为 PDS 核，则对于任意 x，$x'\in\mathcal{X}$ 有：

$$K(x,\ x')^2\leqslant K(x,\ x)K(x',\ x') \tag{6.7}$$

| 证明 | 构造矩阵 $\boldsymbol{K}=\begin{pmatrix}K(x,\ x) & K(x,\ x')\\ K(x',\ x) & K(x',\ x')\end{pmatrix}$。根据定义可知，如果 K 是 PDS，则对于所有 x，$x'\in\mathcal{X}$，$\boldsymbol{K}$ 是 SPSD。特别地，$\boldsymbol{K}$ 的特征值之积 $\det(\boldsymbol{K})$ 一定是非负的，利用 $K(x',\ x)=K(x,\ x')$ 可得：

$$\det(\boldsymbol{K})=K(x,\ x)K(x',\ x')-K(x,\ x')^2\geqslant 0$$

由此得证。 ■

以下定理是本节的重要结论。

| 定理 6.2 再生核希尔伯特空间 | 设 K：$\mathcal{X}\times\mathcal{X}\to\mathbb{R}$ 为 PDS 核。那么，存在希尔伯特空间 $\mathbb{H}$(见定义 A.2)和从 $\mathcal{X}$ 到 $\mathbb{H}$ 的映射 Φ，使得： 110

$$\forall x,\ x'\in\mathcal{X}, \quad K(x,\ x')=\langle\Phi(x),\ \Phi(x')\rangle \tag{6.8}$$

此外，$\mathbb{H}$ 具有以下性质，即再生性：

$$\forall h\in\mathbb{H},\ \forall x\in\mathcal{X}, \quad h(x)=\langle h,\ K(x,\ \cdot)\rangle \tag{6.9}$$

$\mathbb{H}$ 称为关于 K 的再生核希尔伯特空间(Reproducing Kernel Hilbert Space，RKHS)。

| 证明 | 对于任意 $x\in\mathcal{X}$，定义 $\Phi(x)$：$\mathcal{X}\to\mathbb{R}^{\mathcal{X}}$ 如下

$$\forall x'\in\mathcal{X}, \quad \Phi(x)(x')=K(x,\ x')$$

我们将 $\mathbb{H}_0$ 定义为函数 $\Phi(x)$ 的有限线性组合集合：

$$\mathbb{H}_0=\left\{\sum_{i\in I}a_i\Phi(x_i):\ a_i\in\mathbb{R},\ x_i\in\mathcal{X},\ |I|<\infty\right\}$$

现在，我们对于所有 f，$g\in\mathbb{H}_0$ 引入一个在 $\mathbb{H}_0\times\mathbb{H}_0$ 上的运算 $\langle\cdot,\cdot\rangle$，其中 $f=\sum_{i\in I}a_i\Phi(x_i)$，$g=\sum_{j\in J}b_j\Phi(x'_j)$：

$$\langle f,\ g\rangle=\sum_{i\in I,\ j\in J}a_ib_jK(x_i,\ x'_j)=\sum_{j\in J}b_jf(x'_j)=\sum_{i\in I}a_ig(x_i)$$

根据定义可知，$\langle\cdot,\cdot\rangle$是对称的。上面最后两个等式表明$\langle f, g\rangle$不取决于 f 和 g 的特定表示，同时表明$\langle\cdot,\cdot\rangle$是双线性的。此外，对于任意 $f=\sum_{i\in I}a_i\Phi(x_i)\in\mathbb{H}_0$，由于 K 是 PDS，可得：

$$\langle f, f\rangle=\sum_{i,j\in I}a_ia_jK(x_i, x_j)\geqslant 0$$

因此，$\langle\cdot,\cdot\rangle$是正半定双线性形式。上面的不等式意味着我们可以更一般地利用$\langle\cdot,\cdot\rangle$的双线性，即对于任意 $f_1, \cdots, f_m$ 及 $c_1, \cdots, c_m\in\mathbb{R}$，

$$\sum_{i,j=1}^{m}c_ic_j\langle f_i, f_j\rangle=\left\langle\sum_{i=1}^{m}c_if_i, \sum_{j=1}^{m}c_jf_j\right\rangle\geqslant 0$$

因此，$\langle\cdot,\cdot\rangle$是 $\mathbb{H}_0$ 上的 PDS 核。对任意 $f\in\mathbb{H}_0$ 及任意 $x\in\mathcal{X}$，由引理 6.1 可得：

$$\langle f, \Phi(x)\rangle^2\leqslant\langle f, f\rangle\langle\Phi(x), \Phi(x)\rangle$$

进一步地，注意到$\langle\cdot,\cdot\rangle$的再生性：对于任意 $f=\sum_{i\in I}a_i\Phi(x_i)\in\mathbb{H}_0$，由$\langle\cdot,\cdot\rangle$的定义可得：

111 $$\forall x\in\mathcal{X},\quad f(x)=\sum_{i\in I}a_iK(x_i, x)=\langle f, \Phi(x)\rangle \tag{6.10}$$

因此，对于所有 $x\in\mathcal{X}$，$[f(x)]^2\leqslant\langle f, f\rangle K(x, x)$，这表明$\langle\cdot,\cdot\rangle$的确定性。这意味着$\langle\cdot,\cdot\rangle$在 $\mathbb{H}_0$ 上定义了一个内积，从而变成一个预希尔伯特空间。进而可按标准构造，由 $\mathbb{H}_0$ 形成稠密的希尔伯特空间 $\mathbb{H}$。根据 Cauchy-Schwarz 不等式，对任意 $x\in\mathcal{X}$，由于 $f\mapsto\langle f, \Phi(x)\rangle$是 Lipschitz 的，所以它是连续的。因此，由于 $\mathbb{H}_0$ 在 $\mathbb{H}$ 中是稠密的，所以它在 $\mathbb{H}$ 上依然满足式(6.10)的再生性。 ■

在 PDS 核 K 的定理证明中所定义的希尔伯特空间 $\mathbb{H}$ 称为**关于 K 的再生核希尔伯特空间**(the reproducing kernel Hilbert space associated to K)。对于所有 x，$x'\in\mathcal{X}$，若存在满足 $K(x, x')=\langle\Phi(x'), \Phi(x)\rangle$的 Φ：$\mathcal{X}\rightarrow\mathbb{H}$，则称这样的希尔伯特空间 $\mathbb{H}$ 为关于 K 的**特征空间**(feature space)，称 Φ 为**特征映射**(feature mapping)。我们将用$\|\cdot\|_{\mathbb{H}}$ 表示在特征空间 $\mathbb{H}$ 中由内积诱导出的范数：对于所有 $\boldsymbol{w}\in\mathbb{H}$，$\|\boldsymbol{w}\|_{\mathbb{H}}=\sqrt{\langle\boldsymbol{w}, \boldsymbol{w}\rangle}$。需要注意的是，关于 K 的特征空间通常并不是唯一的，并且可能具有不同的维度。在实践中，当提到关于 K 的**特征空间的维度**(dimension of the feature space)时，或者指的是明确给出的基于特征映射的特征空间维度，或者指的是关于 K 的 RKHS 的特征空间维度。

定理 6.2 表明，可以使用 PDS 核来隐式地定义特征空间或特征向量。正如前几章所强调的那样，特征在学习算法的成功应用中发挥着非常重要的作用：当特征较差，特征与目标标签不相关时，学习将会变得非常困难，甚至无法完成；与此相反，好的特征可以为算法提供非常有用的线索。因此，在考虑 PDS 核以及固定输入空间情况下的学习问题，就转化成为如何找到合适的 PDS 核，而不再是如何选择有用的特征。虽然特征代表了在标准学习问题中用户对学习任务的先验知识，但是在这里，PDS 核可以替代这个角色。因此，在实践中，为学习任务选择合适的 PDS 核将是至关重要的。

6.2.3 性质

本节将重点介绍 PDS 核的几个重要性质。我们首先讨论 PDS 核可以被**归一化**(normalized)，并且得到的归一化核也是 PDS。我们还将介绍**经验核映射**(empirical kernel map)的定义，并给出它们的性质及推广，然后我们证明 PDS 核的几个重要封闭性质，这让我们能够从简单 PDS 核中构造出复杂 PDS 核。

对于任意核 K，我们可以将其关联到一个**归一化核**(normalized kernel)K'：

$$\forall x, x' \in \mathcal{X}, \quad K'(x, x') = \begin{cases} 0 & \text{如果}(K(x, x)=0) \vee (K(x', x')=0) \\ \dfrac{K(x, x')}{\sqrt{K(x, x)K(x', x')}} & \text{其他} \end{cases} \tag{6.11}$$

112

根据定义，给定归一化核 K'，对于所有 $x \in \mathcal{X}$ 有 $K'(x, x)=1$，故而 $K(x, x) \neq 0$。归一化核的一个例子是参数 $\sigma>0$ 的高斯核，它是关于 K'：$(\boldsymbol{x}, \boldsymbol{x}') \mapsto \exp\left(\frac{\boldsymbol{x} \cdot \boldsymbol{x}'}{\sigma^2}\right)$ 的归一化核：

$$\forall \boldsymbol{x}, \boldsymbol{x}' \in \mathbb{R}^N, \quad \frac{K'(\boldsymbol{x}, \boldsymbol{x}')}{\sqrt{K'(\boldsymbol{x}, \boldsymbol{x})K'(\boldsymbol{x}', \boldsymbol{x}')}} = \frac{e^{\frac{\boldsymbol{x} \cdot \boldsymbol{x}'}{\sigma^2}}}{e^{\frac{\|\boldsymbol{x}\|^2}{2\sigma^2}} e^{\frac{\|\boldsymbol{x}'\|^2}{2\sigma^2}}} = \exp\left(-\frac{\|\boldsymbol{x}'-\boldsymbol{x}\|^2}{2\sigma^2}\right) \tag{6.12}$$

| 引理 6.2　归一化 PDS 核 | 设 K 为 PDS 核。那么，关于 K 的归一化核 K' 是PDS。

| 证明 | 令 $\{x_1, \cdots, x_m\} \subseteq \mathcal{X}$，$\boldsymbol{c}$ 是 $\mathbb{R}^m$ 上的任意向量。我们将证明和式 $\sum_{i,j=1}^m c_i c_j K'(x_i, x_j)$ 是非负的。根据引理 6.1，如果 $K(x_i, x_i)=0$，则 $K(x_i, x_j)=0$，故对于所有 $j \in [1, m]$，$K'(x_i, x_j)=0$。因此，我们可以假定对于所有 $i \in [1, m]$，$K(x_i, x_i)>0$。这样，上面的和式被重写为：

$$\sum_{i,j=1}^m \frac{c_i c_j K(x_i, x_j)}{\sqrt{K(x_i, x_i)K(x_j, x_j)}} = \sum_{i,j=1}^m \frac{c_i c_j \langle \Phi(x_i), \Phi(x_j) \rangle}{\sqrt{\|\Phi(x_i)\|_{\mathbb{H}} \|\Phi(x_j)\|_{\mathbb{H}}}} = \left\| \sum_{i=1}^m \frac{c_i \Phi(x_i)}{\|\Phi(x_i)\|_{\mathbb{H}}} \right\|_{\mathbb{H}}^2 \geqslant 0$$

其中，正如在定理 6.2 已讨论过的，Φ 表示关于 K 的特征映射。■

如前所述，PDS 核可以被理解为相似性度量，因为它们在希尔伯特空间 $\mathbb{H}$ 上诱导出内积。这对于归一化核 K 更为明显，因为 $K(x, x')$ 恰好是 $\Phi(x)$ 和 $\Phi(x')$ 两个特征向量夹角的 cos 值。这两个特征向量之中任意一个都不为零，又由于 $\|\Phi(x)\|_{\mathbb{H}} = \|\Phi(x')\|_{\mathbb{H}} = \sqrt{K(x, x)} = 1$，$\Phi(x)$ 和 $\Phi(x')$ 都是单位向量。

虽然 PDS 核的一个优点是可以隐式地定义特征映射，但在某些情况下，可能需要基于 PDS 核显式地定义特征映射。由于各种优化及计算的缘故，利用显式映射可以推导近似值，或易于理论分析，此时采用显式映射更为方便。关于 PDS 核 K 的**经验核映射**(empirical kernel map)Φ 可以在这种情况下有显式的特征映射形式。给定包含 $x_1, \cdots, x_m \in \mathcal{X}$ 的训练样本集，对于所有 $x \in \mathcal{X}$，Φ：$\mathcal{X} \to \mathbb{R}^m$ 定义为：

$$\Phi(x) = \begin{bmatrix} K(x, x_1) \\ \vdots \\ K(x, x_m) \end{bmatrix}$$

因此，$\Phi(x)$ 是一个表示 x 与每个训练样本的 K-相似度量的向量。设 $\boldsymbol{K}$ 是关于 K 的核矩阵，$\boldsymbol{e}_i$ 是第 i 个单位向量。需要注意，对于任意 $i \in [1, m]$，$\Phi(x_i)$ 是 $\boldsymbol{K}$ 的第 i 列，

113 即 $\Phi(x_i)=\boldsymbol{K}\boldsymbol{e}_i$。特别地，对于所有的 i，$j\in[1, m]$，

$$\langle\Phi(x_i), \Phi(x_j)\rangle=(\boldsymbol{K}\boldsymbol{e}_i)^{\mathrm{T}}(\boldsymbol{K}\boldsymbol{e}_j)=\boldsymbol{e}_i^{\mathrm{T}}\boldsymbol{K}^2\boldsymbol{e}_j$$

因此，关于 Φ 的核矩阵 $\boldsymbol{K}'$ 是 $\boldsymbol{K}^2$。在某些情况下，可能需要定义一个其核矩阵与 $\boldsymbol{K}$ 相一致的特征映射。设 $\boldsymbol{K}^{\dagger\frac{1}{2}}$ 表示其平方为 $\boldsymbol{K}^{\dagger}$ 的 SPSD 矩阵，这里 $\boldsymbol{K}^{\dagger}$ 为 $\boldsymbol{K}$ 的伪逆矩阵。$\boldsymbol{K}^{\dagger\frac{1}{2}}$ 可以通过 $\boldsymbol{K}^{\dagger}$ 的奇异值分解而得到，并且如果矩阵 $\boldsymbol{K}$ 是可逆的，则 $\boldsymbol{K}^{\dagger\frac{1}{2}}$ 与 $\boldsymbol{K}^{-1/2}$ 是一致的(关于伪逆的性质，请参见附录 A)。那么，可以通过经验核映射 Φ 来定义这样的 Ψ 如下：

$$\forall x\in\mathcal{X},\ \Psi(x)=\boldsymbol{K}^{\dagger\frac{1}{2}}\Phi(x)$$

对于所有的 i，$j\in[1, m]$，利用 $\boldsymbol{K}\boldsymbol{K}^{\dagger}\boldsymbol{K}=\boldsymbol{K}$ 对任意对称矩阵 $\boldsymbol{K}$ 成立，可得下式：

$$\langle\Psi(x_i), \Psi(x_j)\rangle=(\boldsymbol{K}^{\dagger\frac{1}{2}}\boldsymbol{K}\boldsymbol{e}_i)^{\mathrm{T}}(\boldsymbol{K}^{\dagger\frac{1}{2}}\boldsymbol{K}\boldsymbol{e}_j)=\boldsymbol{e}_i{}^{\mathrm{T}}\boldsymbol{K}\boldsymbol{K}^{\dagger}\boldsymbol{K}\boldsymbol{e}_j=\boldsymbol{e}_i{}^{\mathrm{T}}\boldsymbol{K}\boldsymbol{e}_j$$

因此，关于 Ψ 的核矩阵是 $\boldsymbol{K}$。最后，考虑如下特征映射 Ω：$\mathcal{X}\to\mathbb{R}^m$：

$$\forall x\in\mathcal{X},\ \Omega(x)=\boldsymbol{K}^{\dagger}\Phi(x)$$

对于所有的 i，$j\in[1, m]$，由于 $\boldsymbol{K}^{\dagger}\boldsymbol{K}^{\dagger}\boldsymbol{K}=\boldsymbol{K}^{\dagger}$ 对任意对称矩阵 $\boldsymbol{K}$ 成立，可得 $\langle\Omega(x_i), \Omega(x_j)\rangle=\boldsymbol{e}_i^{\mathrm{T}}\boldsymbol{K}\boldsymbol{K}^{\dagger}\boldsymbol{K}^{\dagger}\boldsymbol{K}\boldsymbol{e}_j=\boldsymbol{e}_i^{\mathrm{T}}\boldsymbol{K}\boldsymbol{K}^{\dagger}\boldsymbol{e}_j$。因此，关于 Ω 的核矩阵是 $\boldsymbol{K}\boldsymbol{K}^{\dagger}$，当 $\boldsymbol{K}$ 可逆时，由于此时 $\boldsymbol{K}^{\dagger}=\boldsymbol{K}^{-1}$，关于 Ω 的核矩阵将简化为单位矩阵 $\boldsymbol{I}\in\mathbb{R}^{m\times m}$。

正如前一节所指出的，核可以体现用户对学习任务的先验知识。在某些情况下，用户可能会针对某些子任务而设计合适的相似性度量准则或 PDS 核。例如，针对蛋白质或文本文档的不同子类别进行分类。但是如何将这些 PDS 核组合成对整个类别的 PDS 核呢？如何保证产生的组合核仍然是 PDS 呢？接下来，我们将证明 PDS 核具有封闭性，这使得我们可以通过一些有用的运算来设计复杂的 PDS 核。这些运算包括核的求和以及核的求积，以及两个核 K 和 K' 的**张量积**(tensor product)，张量积用 $K\otimes K'$ 表示并定义如下：

$$\forall x_1, x_2, x_1', x_2'\in\mathcal{X},\quad (K\otimes K')(x_1, x_1', x_2, x_2')=K(x_1, x_2)K'(x_1', x_2')$$

此外，这些运算还包括逐点极限：给定一个核的序列 $(K_n)_{n\in\mathbb{N}}$，满足对于所有 x，$x'\in\mathcal{X}$，$(K_n(x, x'))_{n\in\mathbb{N}}$ 趋向于一个极限，则 $(K_n)_{n\in\mathbb{N}}$ 的逐点极限是由 $K(x, x')=\lim_{n\to+\infty}(K_n)(x, x')$ 定义的对所有 x，$x'\in\mathcal{X}$ 的核 K。类似地，如果 $\sum_{n=0}^{\infty}a_nx^n$ 是收敛半
114 径 $\rho>0$ 的幂级数，并且核 K 的取值在区间 $(-\rho, +\rho)$ 内，则 $\sum_{n=0}^{\infty}a_nK^n$ 是由 K 与该幂级数的组合得到的。以下定理保证了所有这些运算的封闭性。

| 定理 6.3　PDS 核的封闭性 | PDS 核在和、积、张量积、逐点极限和幂级数 $\sum_{n=0}^{\infty}a_nx^n$ (对于所有 $n\in\mathbb{N}$，$a_n\geqslant 0$)组合运算下是封闭的。

| 证明 | 我们利用两个定义在包含 m 个样本的任意集合上的 PDS 核 K 和 K' 产生的两个核矩阵 $\boldsymbol{K}$ 和 $\boldsymbol{K}'$。在这样的定义下，这些核矩阵都是 SPSD。对于任意 $\boldsymbol{c}\in\mathbb{R}^{m\times 1}$，

$$(\boldsymbol{c}^{\mathrm{T}}\boldsymbol{K}\boldsymbol{c}\geqslant 0)\wedge(\boldsymbol{c}^{\mathrm{T}}\boldsymbol{K}'\boldsymbol{c}\geqslant 0)\Rightarrow\boldsymbol{c}^{\mathrm{T}}(\boldsymbol{K}+\boldsymbol{K}')\boldsymbol{c}\geqslant 0$$

由式(6.2)可知，$\boldsymbol{K}+\boldsymbol{K}'$ 是 SPSD，因此 $K+K'$ 是 PDS。为了证明积的封闭性，我们将利用这个结论：对于任何 SPSD 矩阵 $\boldsymbol{K}$，存在 $\boldsymbol{M}$ 使得 $\boldsymbol{K}=\boldsymbol{M}\boldsymbol{M}^{\mathrm{T}}$。这里，$\boldsymbol{M}$ 的存在是有保证的，例如，它可以通过 $\boldsymbol{K}$ 的奇异值分解或 Cholesky 分解得到。将关于 KK' 的核矩阵

记为$(\boldsymbol{K}_{ij}\boldsymbol{K}'_{ij})_{ij}$，对于任意$\boldsymbol{c}\in\mathbb{R}^{m\times 1}$，用$\boldsymbol{M}$的项表示$\boldsymbol{K}_{ij}$，可得：

$$\begin{aligned}\sum_{i,j=1}^{m} c_i c_j(\boldsymbol{K}_{ij}\boldsymbol{K}'_{ij}) &= \sum_{i,j=1}^{m} c_i c_j\left(\left[\sum_{k=1}^{m}\boldsymbol{M}_{ik}\boldsymbol{M}_{jk}\right]\boldsymbol{K}'_{ij}\right) \\ &= \sum_{k=1}^{m}\left[\sum_{i,j=1}^{m} c_i c_j \boldsymbol{M}_{ik}\boldsymbol{M}_{jk}\boldsymbol{K}'_{ij}\right] \\ &= \sum_{k=1}^{m}\boldsymbol{z}_k^{\mathrm{T}}\boldsymbol{K}'\boldsymbol{z}_k \geqslant 0\end{aligned}$$

其中$\boldsymbol{z}_k=\begin{bmatrix}c_1\boldsymbol{M}_{1k}\\ \vdots \\ c_m\boldsymbol{M}_{mk}\end{bmatrix}$。这表明 PDS 核的积是封闭的。$K$ 和 K'的张量积是两个 PDS 核$(x_1, x'_1, x_2, x'_2)\mapsto K(x_1, x_2)$和$(x_1, x'_1, x_2, x'_2)\mapsto K'(x'_1, x'_2)$的积。接下来，令$(K_n)_{n\in\mathbb{N}}$表示逐点极限为 K 的 PDS 核序列。令$\boldsymbol{K}$为关于 K 的核矩阵，$\boldsymbol{K}_n$(对于任意 $n\in\mathbb{N}$)为关于 K_n 的核矩阵，注意到：

$$(\forall n,\ \boldsymbol{c}^{\mathrm{T}}\boldsymbol{K}_n\boldsymbol{c}\geqslant 0)\Rightarrow\lim_{n\to\infty}\boldsymbol{c}^{\mathrm{T}}\boldsymbol{K}_n\boldsymbol{c}=\boldsymbol{c}^{\mathrm{T}}\boldsymbol{K}\boldsymbol{c}\geqslant 0$$

这表明 PDS 核对于逐点极限运算是封闭的。最后，假设对于所有 $x, x'\in\mathcal{X}$，K 是满足$|K(x, x')|<\rho$的 PDS 核。令 $f: x\mapsto\sum_{n=0}^{\infty}a_n x^n$（其中$a_n\geqslant 0$)是收敛半径为 ρ 的幂级数。那么，对于任意 $n\in\mathbb{N}$，由积的封闭性可知 K^n 和 $a_n K^n$ 都是 PDS。对于任意 $N\in\mathbb{N}$，由 $a_n K^n$ 和的封闭性可知 $\sum_{n=0}^{N}a_n K^n$ 是 PDS，由于 N 趋向于无穷大时，$\sum_{n=0}^{N}a_n K^n$ 在极限运算下封闭，所以 $f\circ K$ 是 PDS。 ■ 115

该定理尤其表明对于任意 PDS 核矩阵[⊖] K，$\exp(K)$是 PDS，因为 exp 的收敛半径是无穷的。特别地，由于核$(\boldsymbol{x}, \boldsymbol{x}')\mapsto\frac{\boldsymbol{x}\cdot\boldsymbol{x}'}{\sigma^2}$是 PDS，核 K'：$(\boldsymbol{x}, \boldsymbol{x}')\mapsto\exp\left(\frac{\boldsymbol{x}\cdot\boldsymbol{x}'}{\sigma^2}\right)$是 PDS。因此，由引理 6.2 可知，关于 K'的归一化核这样的高斯核是 PDS。

6.3 基于核的算法

在本节中，我们将讨论如何将核方法融合到 SVM 中，并分析核对 SVM 泛化性能的影响。

6.3.1 具有 PDS 核的 SVM

在第 5 章中，我们注意到 SVM 的对偶优化问题及其解的形式并不直接依赖于输入向量，而只依赖于向量的内积。由于 PDS 核可以隐式地定义一个内积(定理 6.2)，我们据此可以推广 SVM，使其与任意 PDS 核 K 相结合，利用 $K(x, x')$替换内积 $x\cdot x'$出现的每个地方。通过这样的方式，可以得到如下基于 PDS 核 SVM 的优化问题及其解的一般形

⊖ 这里应该是 PDS 核，而不是 PDS 核矩阵。——译者注

式，即式(5.33)的推广：

$$\max_{\alpha}\sum_{i=1}^{m}\alpha_i-\frac{1}{2}\sum_{i,\ j=1}^{m}\alpha_i\alpha_j y_i y_j K(x_i,\ x_j)$$

$$\text{s. t. } 0\leqslant\alpha_i\leqslant C\ \wedge\ \sum_{i=1}^{m}\alpha_i y_i=0,\ i\in[1,\ m] \tag{6.13}$$

参照(5.34)，假设 h 的解可以写成：

$$h(x)=\operatorname{sgn}\Big(\sum_{i=1}^{m}\alpha_i y_i K(x_i,\ x)+b\Big) \tag{6.14}$$

这里，对于任意满足 $0<\alpha_i<C$ 的 x_i，有 $b=y_i-\sum_{j=1}^{m}\alpha_j y_j K(x_j,\ x_i)$。将关于 K 的核矩阵 $\boldsymbol{K}$ 用于训练样本集$(x_1,\ \cdots,\ x_m)$，我们可以把优化问题式(6.13)用向量形式重写，如下：

$$\max_{\alpha}\ 2\,\mathbf{1}^{\mathrm{T}}\boldsymbol{\alpha}-(\boldsymbol{\alpha}\circ\boldsymbol{y})^{\mathrm{T}}\boldsymbol{K}(\boldsymbol{\alpha}\circ\boldsymbol{y}) \tag{6.15}$$

$$\text{s. t. } \mathbf{0}\leqslant\boldsymbol{\alpha}\leqslant\boldsymbol{C}\wedge\boldsymbol{\alpha}^{\mathrm{T}}\boldsymbol{y}=0$$

在上式中，$\boldsymbol{\alpha}\circ\boldsymbol{y}$ 是向量 $\boldsymbol{\alpha}$ 和 $\boldsymbol{y}$ 的 Hadamard 乘积或称分素乘积。因此，它是 $\mathbb{R}^{m\times 1}$ 上的一个列向量，并且它的第 i 个分量等于 $\alpha_i y_i$。向量形式的解与式(6.14)的解是相同的，但对
116 于任意满足 $0<\alpha_i<C$ 的 x_i，有 $b=y_i-(\boldsymbol{\alpha}\circ\boldsymbol{y})^{\mathrm{T}}\boldsymbol{K}\boldsymbol{e}_i$。

结合 PDS 核的 SVM 是 SVM 的一般形式，我们在接下来对 SVM 的讨论中指的就是这种形式。这种对 SVM 的推广是非常重要的，这样一来可以将输入样本隐式地非线性映射到能实现大间隔分类的高维空间。

许多其他学习情境下的算法，如回归、排序、降维或聚类等都可以利用 PDS 核按照同样的方式完成对算法的推广(具体参见第 9、10、11、15 章)。

6.3.2 表示定理

注意到若忽略偏置项 b，由 SVM 得到的假设可以写成函数 $K(x_i,\ \cdot)$的线性组合，其中 x_i 是一个样本点。以下定理被称为**表示定理**(representer theorem)，这实际上是一个广义的性质，适用于很多类型的优化问题，包括没有偏置项的 SVM。

| 定理 6.4　表示定理 | *设 K：$\mathcal{X}\times\mathcal{X}\to\mathbb{R}$ 为 PDS 核，$\mathbb{H}$ 为其对应的 RKHS。那么，对于任意非递减函数 G：$\mathbb{R}\to\mathbb{R}$ 和任意损失函数 L：$\mathbb{R}^m\to\mathbb{R}\cup\{+\infty\}$，如下优化问题*

$$\operatorname*{argmin}_{h\in\mathbb{H}}F(h)=\operatorname*{argmin}_{h\in\mathbb{H}}G(\|h\|_{\mathbb{H}})+L(h(x_1),\ \cdots,\ h(x_m))$$

有形如为 $h^*=\sum_{i=1}^{m}\alpha_i K(x_i,\cdot)$ 的解。如果进一步假定 G 为增函数，那么其任意解都有这种形式。

| 证明 | 设 $\mathbb{H}_1=\operatorname{span}(\{K(x_i,\ \cdot)：i\in[1,\ m]\})$。对于任意 $h\in\mathbb{H}$，根据 $\mathbb{H}=\mathbb{H}_1\oplus\mathbb{H}_1^{\perp}$，存在分解 $h=h_1+h^{\perp}$，其中$\oplus$表示直接计算和。因为 G 是非递减函数，则 $G(\|h_1\|_{\mathbb{H}})\leqslant G(\sqrt{\|h_1\|_{\mathbb{H}}^2+\|h^{\perp}\|_{\mathbb{H}}^2})=G(\|h\|_{\mathbb{H}})$。根据再生性，对于所有的 $i\in[1,\ m]$，$h(x_i)=\langle h,\ K(x_i,\ \cdot)\rangle=\langle h_1,\ K(x_i,\ \cdot)\rangle=h_1(x_i)$。因此，有 $L(h(x_1),\ \cdots,\ h(x_m))=L(h_1(x_1),\ \cdots,\ h_1(x_m))$以及 $F(h_1)\leqslant F(h)$成立。至此，我们证明了定理的第一部分。如果进一步假定 G 为

增函数，则当$\|h^{\perp}\|_{\mathbb{H}}>0$时，有$F(h_1)<F(h)$，故此时该优化问题的任意解必在$\mathbb{H}_1$中。■

6.3.3 学习保证

在这里，我们利用基于 PDS 核的假设集的一般学习保证，尤其是对于基于 PDS 核的 SVM 也成立。

下面的定理给出了一个基于核且范数有界的假设的经验 Rademacher 复杂度的一般性的界，这样的假设集指的是对于某个$\Lambda\geqslant 0$，形如$\mathcal{H}=\{h\in\mathbb{H}:\|h\|_{\mathbb{H}}\leqslant\Lambda\}$的假设集，其中$\mathbb{H}$是与关于核$K$的 RKHS。根据再生性，任意满足$\|h\|_{\mathbb{H}}\leqslant\Lambda$的$h\in\mathcal{H}$都是$x\mapsto\langle h, K(x,\cdot)\rangle=\langle h,\Phi(x)\rangle$的形式，其中$\Phi$是关于$K$的特征映射，满足$\|w\|_{\mathbb{H}}\leqslant\Lambda$并形如$x\mapsto\langle \boldsymbol{w},\Phi(x)\rangle$。 117

| 定理 6.5 基于核的假设的 Rademacher 复杂度 | 设$K:\mathcal{X}\times\mathcal{X}\to\mathbb{R}$为 PDS 核，令$\Phi:\mathcal{X}\to\mathbb{H}$为关于$K$的特征映射。令$S\subseteq\{x:K(x,x)\leqslant r^2\}$为规模为$m$的样本集，并对于某个$\Lambda\geqslant 0$，令$\mathcal{H}=\{x\mapsto\langle\boldsymbol{w},\Phi(x)\rangle:\|\boldsymbol{w}\|_{\mathbb{H}}\leqslant\Lambda\}$，则有：

$$\hat{\mathcal{R}}_S(\mathcal{H})\leqslant\frac{\Lambda\sqrt{\mathrm{Tr}[\boldsymbol{K}]}}{m}\leqslant\sqrt{\frac{r^2\Lambda^2}{m}}\tag{6.16}$$

| 证明 | 证明过程如下：

$$\begin{aligned}
\hat{\mathcal{R}}_S(\mathcal{H})&=\frac{1}{m}\mathop{\mathbb{E}}_{\boldsymbol{\sigma}}\left[\sup_{\|\boldsymbol{w}\|\leqslant\Lambda}\left\langle\boldsymbol{w},\sum_{i=1}^{m}\sigma_i\Phi(x_i)\right\rangle\right]\\
&=\frac{\Lambda}{m}\mathop{\mathbb{E}}_{\boldsymbol{\sigma}}\left[\left\|\sum_{i=1}^{m}\sigma_i\Phi(x_i)\right\|_{\mathbb{H}}\right] &&\text{(Cauchy-Schwarz，等号成立情况)}\\
&\leqslant\frac{\Lambda}{m}\left[\mathop{\mathbb{E}}_{\boldsymbol{\sigma}}\left[\left\|\sum_{i=1}^{m}\sigma_i\Phi(x_i)\right\|_{\mathbb{H}}^2\right]\right]^{1/2} &&\text{(Jensen's 不等式)}\\
&=\frac{\Lambda}{m}\left[\mathop{\mathbb{E}}_{\boldsymbol{\sigma}}\left[\sum_{i=1}^{m}\|\Phi(x_i)\|_{\mathbb{H}}^2\right]\right]^{1/2} &&(i\neq j\Rightarrow\mathop{\mathbb{E}}_{\boldsymbol{\sigma}}[\sigma_i\sigma_j]=0)\\
&=\frac{\Lambda}{m}\left[\mathop{\mathbb{E}}_{\boldsymbol{\sigma}}\left[\sum_{i=1}^{m}K(x_i,x_i)\right]\right]^{1/2}\\
&=\frac{\Lambda\sqrt{\mathrm{Tr}[\boldsymbol{K}]}}{m}\leqslant\sqrt{\frac{r^2\Lambda^2}{m}}
\end{aligned}$$

根据经验 Rademacher 复杂度的定义（定义 3.1）可得到第一个等式。第二个等式可由 Cauchy-Schwarz 不等式等号成立条件和$\|\boldsymbol{w}\|_{\mathbb{H}}\leqslant\Lambda$得到。接下来的不等式由 Jensen 不等式（定理 B.20）用于凹函数$\sqrt{\cdot}$时得到。因为 Rademacher 变量σ_i和σ_j是相互独立的，所以对于$i\neq j$，可以利用$\mathop{\mathbb{E}}_{\boldsymbol{\sigma}}[\sigma_i\sigma_j]=\mathop{\mathbb{E}}_{\boldsymbol{\sigma}}[\sigma_i]\mathop{\mathbb{E}}_{\boldsymbol{\sigma}}[\sigma_j]=0$推出后续的等式，进而由$\mathrm{Tr}[\boldsymbol{K}]\leqslant mr^2$即可完成最终的证明。■

该定理表明，核矩阵的迹是控制基于核的假设集复杂度的重要量。通过 Khintchine-Kahane 不等式（D.24）可以看出，经验 Rademacher 复杂度$\hat{\mathcal{R}}_S(\mathcal{H})=\frac{\Lambda}{m}\mathop{\mathbb{E}}_{\boldsymbol{\sigma}}\left[\left\|\sum_{i=1}^{m}\sigma_i\Phi(x_i)\right\|_{\mathbb{H}}\right]$的下界也可以为$\frac{1}{\sqrt{2}}\frac{\Lambda\sqrt{\mathrm{Tr}[\boldsymbol{K}]}}{m}$，该下界与上界只存在着常数$\frac{1}{\sqrt{2}}$的不同。此外，注意如果对于所有$x\in\mathcal{X}$，有$K(x,x)\leqslant r^2$，则对于所有样本集$S$，都有式（6.16）都成立。

定理 6.5 给出的界，即式(6.16)可以插入前面章节中提出的任何由 Rademacher 复杂
118 度给出的泛化界。特别地，结合定理 5.4，可直接得出下面类似于推论 5.1 的间隔界。

| 推论 6.1 基于核的假设的间隔界 | 设 $K: \mathcal{X}\times\mathcal{X}\to\mathbb{R}$ 是一个 PDS 核，且满足 $r^2=\sup_{x\in\mathcal{X}}K(x, x)$。令 $\Phi: \mathcal{X}\to\mathbb{H}$ 表示关于 K 的特征映射，对于某个 $\Lambda\geqslant 0$，令 $\mathcal{H}=\{\boldsymbol{x}\mapsto\boldsymbol{w}\cdot\Phi(x): \|\boldsymbol{w}\|_{\mathbb{H}}\leqslant\Lambda\}$。固定 $\rho\geqslant 0$，则对于任意 $\delta\geqslant 0$，任意 $h\in\mathcal{H}$，下列每个式子以至少为 $1-\delta$ 的概率成立：

$$R(h)\leqslant\hat{R}_{S,\rho}(h)+2\sqrt{\frac{r^2\Lambda^2/\rho^2}{m}}+\sqrt{\frac{\log\frac{1}{\delta}}{2m}} \tag{6.17}$$

$$R(h)\leqslant\hat{R}_{S,\rho}(h)+2\sqrt{\frac{\mathrm{Tr}[\boldsymbol{K}]\Lambda^2/\rho^2}{m}}+3\sqrt{\frac{\log\frac{2}{\delta}}{2m}} \tag{6.18}$$

6.4 负定对称核

在实践中，我们可以利用自然距离或度量来解决所面对的学习任务。这个度量可以用来定义一个相似性度量。例如，高斯核的形式为 $\exp(-d^2)$，其中 d 是输入向量空间的度量。但我们需要考虑以下几个问题，例如：我们如何通过希尔伯特空间中的度量来构造一些其他的 PDS 核？为了确保 $\exp(-d^2)$是 PDS，d 应该满足哪些条件？为了回答这些问题，我们需要引入**负定对称**(Negative Definite Symmetric，NDS)核的定义。

| 定义 6.3 负定对称核 | 如果一个核 $K: \mathcal{X}\times\mathcal{X}\to\mathbb{R}$ 是负定对称(NDS)的，则它必须满足对称性并且对于所有$\{x_1, \cdots, x_m\}\subseteq\mathcal{X}$及满足 $\mathbf{1}^{\mathrm{T}}\boldsymbol{c}=0$ 的 $\boldsymbol{c}\in\mathbb{R}^{m\times 1}$，以下条件成立：

$$\boldsymbol{c}^{\mathrm{T}}\boldsymbol{K}\boldsymbol{c}\leqslant 0$$

显然，如果 K 是 PDS，则 $-K$ 就是 NDS，但是一般情况下反之并不成立。以下给出一个 NDS 核的标准示例。

例 6.4 平方距离——NDS 核 在 $\mathbb{R}^N$ 上的平方距离$(x, x')\mapsto\|x'-x\|^2$ 定义了一个
119 NDS 核。考虑满足 $\sum_{i=1}^m c_i=0$ 的 $\boldsymbol{c}\in\mathbb{R}^{m\times 1}$，则对于任意$\{x_1, \cdots, x_m\}\subseteq\mathcal{X}$，有[⊖]：

$$\begin{aligned}
\sum_{i,j=1}^m c_ic_j\|\boldsymbol{x}_i-\boldsymbol{x}_j\|^2 &= \sum_{i,j=1}^m c_ic_j(\|\boldsymbol{x}_i\|^2+\|\boldsymbol{x}_j\|^2-2\boldsymbol{x}_i\cdot\boldsymbol{x}_j)\\
&= \sum_{i,j=1}^m c_ic_j(\|\boldsymbol{x}_i\|^2+\|\boldsymbol{x}_j\|^2)-2\sum_{i=1}^m c_i\boldsymbol{x}_i\cdot\sum_{j=1}^m c_j\boldsymbol{x}_j\\
&= \sum_{i,j=1}^m c_ic_j(\|\boldsymbol{x}_i\|^2+\|\boldsymbol{x}_j\|^2)-2\Big\|\sum_{i=1}^m c_i\boldsymbol{x}_i\Big\|^2\\
&\leqslant \sum_{i,j=1}^m c_ic_j(\|\boldsymbol{x}_i\|^2+\|\boldsymbol{x}_j\|^2)\\
&= \Big(\sum_{j=1}^m c_j\Big)\Big(\sum_{i=1}^m c_i\|\boldsymbol{x}_i\|^2\Big)+\Big(\sum_{i=1}^m c_i\Big)\Big(\sum_{j=1}^m c_j\|\boldsymbol{x}_j\|^2\Big)=0
\end{aligned}$$

⊖ 原著中本式的最后一行多写了一个小括号，译著中已对此进行了更正。——译者注

下面的定理表明了 NDS 核和 PDS 核之间的关系。这些结论从另一个角度为设计 PDS 核提供了工具。

| 定理 6.6 | 对于任意 x_0，对于所有的 x，$x'\in\mathcal{X}$，K'定义如下：

$$K'(x, x')=K(x, x_0)+K(x', x_0)-K(x, x')-K(x_0, x_0)$$

那么，当且仅当 K'是 PDS 时，K 是 NDS。

| 证明 | 假定 K'是 PDS，定义 K 使其对于任意 x_0，满足 $K(x, x')=K(x, x_0)+K(x_0, x')-K(x_0, x_0)-K'(x, x')$。然后，对于任意满足 $\boldsymbol{c}^{\mathrm{T}}\mathbf{1}=0$ 的 $\boldsymbol{c}\in\mathbb{R}^m$，以及任意样本集$\{x_1, \cdots, x_m\}\in\mathcal{X}^m$，有：

$$\sum_{i, j=1}^{m} c_i c_j K(x_i, x_j)=\Big(\sum_{i=1}^{m} c_i K(x_i, x_0)\Big)\Big(\sum_{j=1}^{m} c_j\Big)+\Big(\sum_{i=1}^{m} c_i\Big)\Big(\sum_{j=1}^{m} c_j K(x_0, x_j)\Big)-$$

$$\Big(\sum_{i=1}^{m} c_i\Big)^2 K(x_0, x_0)-\sum_{i, j=1}^{m} c_i c_j K'(x_i, x_j)=-\sum_{i, j=1}^{m} c_i c_j K'(x_i, x_j)\leqslant 0$$

由此说明了此时 K 是 NDS。

现在，假设 K 是 NDS，且对于任意 x_0，定义如上所述的 K'。然后，对于任何 $\boldsymbol{c}\in\mathbb{R}^m$，可以定义 $c_0=-\boldsymbol{c}^{\mathrm{T}}\mathbf{1}$，并且对于任意样本集$\{x_1, \cdots, x_m\}\in\mathcal{X}^m$以及之前的 x_0，由 NDS 性质可得：$\sum_{i, j=0}^{m} c_i c_j K(x_i, x_j)\leqslant 0$。这表明：

$$\Big(\sum_{i=0}^{m} c_i K(x_i, x_0)\Big)\Big(\sum_{j=0}^{m} c_j\Big)+\Big(\sum_{i=0}^{m} c_i\Big)\Big(\sum_{j=0}^{m} c_j K(x_0, x_j)\Big)-$$

$$\Big(\sum_{i=0}^{m} c_i\Big)^2 K(x_0, x_0)-\sum_{i, j=0}^{m} c_i c_j K'(x_i, x_j)=-\sum_{i, j=0}^{m} c_i c_j K'(x_i, x_j)\leqslant 0$$ 120

又由于 $\forall x\in\mathcal{X}^m$，$K'(x, x_0)=0$，因此 $2\sum_{i, j=1}^{m} c_i c_j K'(x_i, x_j)\geqslant -2c_0\sum_{i=0}^{m} c_i K'(x_i, x_0)+c_0^2 K'(x_0, x_0)=0$。■

这个定理很有用，它可以推导出一些新的定理，例如下面的定理，这些定理的证明留作练习(参见习题 6.17 和习题 6.18)。

| 定理 6.7 | 设 K：$\mathcal{X}\times\mathcal{X}\to\mathbb{R}$ 为对称核。那么，当且仅当对于所有 $t>0$，$\exp(-tK)$ 是 PDS 核时，K 是 NDS。

这个定理用另一种方法证明了高斯核是 PDS：如前所述(例 6.4)，在 $\mathbb{R}^N$ 上的平方距离 $(x, x')\mapsto\|x-x'\|^2$是 NDS，因此，对于所有 $t>0$，$(x, x')\mapsto\exp(-t\|x-x'\|^2)$是 PDS。

| 定理 6.8 | 设 K：$\mathcal{X}\times\mathcal{X}\to\mathbb{R}$ 是 NDS 核，满足对于所有的 x，$x'\in\mathcal{X}$，当且仅当 $x=x'$时，有 $K(x, x')=0$。那么，存在希尔伯特空间 $\mathbb{H}$ 和映射 Φ：$\mathcal{X}\to\mathbb{H}$，使得对于所有 x，$x'\in\mathcal{X}$，有：

$$K(x, x')=\|\Phi(x)-\Phi(x')\|^2$$

因此，在该定理的假设下，$\sqrt{K}$ 定义了一个度量。

这个定理可以用来表明在 $\mathbb{R}$ 上，当 $p>2$ 时，核$(x, x')\mapsto\exp(-|x-x'|^p)$不是 PDS。否则，对于任意 $t>0$，$\{x_1, \cdots, x_m\}\subseteq\mathcal{X}$以及 $\boldsymbol{c}\in\mathbb{R}^{m\times 1}$，将有：

$$\sum_{i, j=1}^{m} c_i c_j \mathrm{e}^{-t|x_i-x_j|^p}=\sum_{i, j=1}^{m} c_i c_j \mathrm{e}^{-|t^{1/p}x_i-t^{1/p}x_j|^p}\geqslant 0$$

上式意味着对于 $p>2$，$(x, x')\mapsto\exp(-|x-x'|^p)$是 NDS，然而，可以通过定理

6.8 证明这是不正确的。

6.5 序列核

前文给出的例子都是在向量空间上定义的 PDS 核，包括常用的多项式核或高斯核，PDS 核可以将向量空间上的分类算法（如 SVM）进行推广。然而在实践中，人们发现许多学习任务的输入空间 $\mathcal{X}$ 不是向量空间。例如，分类任务中的蛋白质序列、图像、图形、语法树、有限自动机或其他不能直接以向量形式给出的离散结构问题。因此，我们应该如何为这些离散结构定义 PDS 核呢？

本节将着重介绍一些特定情况下的**序列核**（sequence kernel），即为序列或字符串而设计的核。其他离散结构也可以采用类似的方法来定义 PDS 核。序列核广泛应用于计算生
121 物学或自然语言处理的学习算法中。

我们应该如何来定义序列的 PDS 核，也即定义序列的相似性度量呢？一种方法是定义两个序列的相似性，例如利用两个文档或两个生物序列之间的公共子串或子序列来计算它们的相似性。比如，两个序列之间的核可以由它们的公共子串数的乘积之和来确定。但是在这样的定义下应该使用什么样的子串呢？往往，我们在定义子串匹配时需要一定的灵活性。比如在计算生物学中，匹配可能是不完美的。为此，我们可能需要考虑一定数量的不匹配，即可能有不连贯或通配符存在的情况。更一般地说，我们需要允许各种替换，并希望有可能将不同的权重赋予给各个公共子串以强化一些匹配子串的重要性，并弱化其他子串的重要性。

从以上讨论中可知，我们有很多方法为离散结构定义 PDS 核，但我们需要建立一个定义序列核的通用框架。接下来，我们将介绍序列核的一般框架——**有理核**（rational kernel），它将涵盖上面讨论中所涉及的所有核。我们还将给出一种通用而高效的算法来计算有理核，并举一些例子来说明它们。

这些核的定义需要借助于**加权转换器**（weighted transducer）。因此，我们首先介绍加权转换器的定义及其相关的算法。

6.5.1 加权转换器

序列核可以利用**加权转换器**（weighted transducer）来表示与计算。在下面的定义中，令 Σ 表示有限输入字母表，Δ 表示有限输出字母表，ε 表示**空字符串**（empty string）或空标签，它与任何字符串进行连接都不会改变该字符串。

| 定义 6.4 | *加权转换器 T 是一个七元组 $T=(\Sigma, \Delta, Q, I, F, E, \rho)$，其中 Σ 是有限输入字母表，Δ 是有限输出字母表，Q 是有限状态集，$I \subseteq Q$ 是初始状态集，$F \subseteq Q$ 是终止状态集，E 是 $Q \times (\Sigma \cup \{\varepsilon\}) \times (\Delta \cup \{\varepsilon\}) \times \mathbb{R} \times Q$ 的转换元素的有限多重集，ρ: $F \to \mathbb{R}$ 是一个将 F 映射到 $\mathbb{R}$ 的终止加权函数。转换器 T 的大小是其状态及转换的次数之和，用 $|T|$ 表示。*[⊖]

因此，加权转换器是有限自动机，其中每个转换都有输入和输出标签，并带有某个实

⊖ 在转换的定义中，多重集允许从状态 p 到状态 q 存在多个转换，这些转换可能由多种不同的运算完成，但具有相同的输入和输出标签，甚至是权重。

值权重。图 6.4 列举了一个加权有限状态转换器的例子。在图中，转换的输入和输出标签由冒号分隔符分隔，斜线分隔符之后的数字表示权重。粗体圆圈表示初始状态，双圆圈表 122
示终止状态。终止状态 q 的斜线分隔符之后的数字表示终止权重 $\rho[q]$。

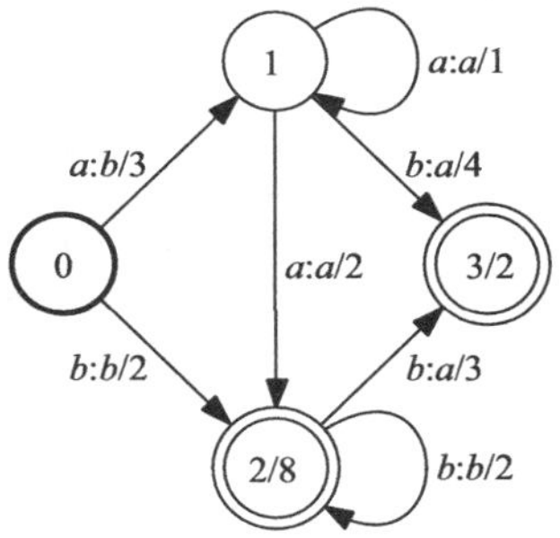

图 6.4　加权转换器的例子

路径 π 的输入标签是 Σ^* 中的字符串元素，通过沿着 π 连接输入标签而得到。类似地，路径 π 的输出标签可以通过沿着 π 连接输出标签而得到。**接受路径**(accepting path)是指从初始状态到终止状态的路径。接受路径的权重等于其成分转换的权重乘以路径的终止状态权重。

加权转换器定义了从 $\Sigma^* \times \Delta^*$ 到 $\mathbb{R}$ 的映射。$T(x, y)$表示加权转换器 T 关于字符串对$(x, y) \in \Sigma^* \times \Delta^*$ 的权重，将所有输入标签为 x 和输出标签为 y 的接受路径的权重相加，即可得到该权重。例如，图 6.4 中的转换器关于字符串对(aab, baa)的权重为 $3\times1\times4\times2+3\times2\times3\times2$，这是因为其中一条输入标签为 aab 和输出标签为 baa 的路径的权重是 $3\times1\times4\times2$，另一条路径的权重为 $3\times2\times3\times2$。

无环转换器(没有环的转换器 T)的所有接受路径的权重之和可以由通用的**最短路**(shortest-distance)或前向-后向算法在线性时间内计算出来，即 $O(|T|)$。这些算法较为简单，但介绍它们的具体内容将会偏离本章的主题，故在此不作讨论。

复合(composition)：复合是加权转换器的一个重要运算，它可以将两个或更多加权转换器组合在一起，以形成更复杂的加权转换器。我们将会看到，复合运算在序列核的创建和计算中起着重要作用，其定义遵循关系的复合运算。给定两个加权转换器 $T_1=(\Sigma, \Delta,$
$Q_1, I_1, F_1, E_1, \rho_1)$和 $T_2=(\Sigma, \Delta, Q_2, I_2, F_2, E_2, \rho_2)$，对于所有 $x\in\Sigma^*$ 和 $y\in$ 123
Ω^*，T_1 和 T_2 的复合运算结果是一个加权转换器，记为 $T_1\circ T_2$，

$$(T_1\circ T_2)(x, y)=\sum_{z\in\Delta^*} T_1(x, z)\cdot T_2(z, y) \tag{6.19}$$

上式中，在字母 Δ 上遍历所有字符串 z 进行求和。因此，复合运算类似于具有无限矩阵的矩阵乘法。

我们利用通用且高效的算法来计算两个加权转换器的复合运算。当 T_1 的输入边或 T_2 的输出边上没有空字符串时，$T_1\circ T_2=(\Sigma, \Delta, Q, I, F, E, \rho)$的状态由 T_1 和 T_2 的状态构成，即 $Q\subseteq Q_1\times Q_2$。初始状态 $I=I_1\times I_2$ 由配对原始转换器的初始状态得到，终止状态由 $F=Q\cap(F_1\times F_2)$类似得到。状态$(q_1, q_2)\in F_1\times F_2$ 的终止权重为 $\rho(q)=\rho_1(q_1)\rho_2(q_2)$，即 q_1 和 q_2 的终止权重的乘积。给定合适的 T_1 和 T_2，通过将 T_1 的转换与 T_2 的转换之一进行匹配即可得到复合的转换：

$$E=\biguplus_{\substack{(q_1,a,b,w_1,q_2)\in E_1\\(q_1',b,c,w_2,q_2')\in E_2}}\{((q_1, q_1'), a, c, w_1\otimes w_2, (q_2, q_2'))\}$$

这里，$\biguplus$表示多重集中的标准联接运算，以保持转换的多重性，例如，$\{1, 2\}\biguplus\{1, 3\}=\{1, 1, 2, 3\}$。

在最坏的情况下，T_1 的所有从状态 q_1 出发的转换都与 T_2 的所有从状态 q_1' 出发的转换相匹配，因此复合运算的空间和时间复杂度是二次的：$O(|T_1 \| T_2|)$。在实践中，这种情况特别少见。因此，复合运算具有很高的计算效率。图 6.5 说明了该算法的一个特例。

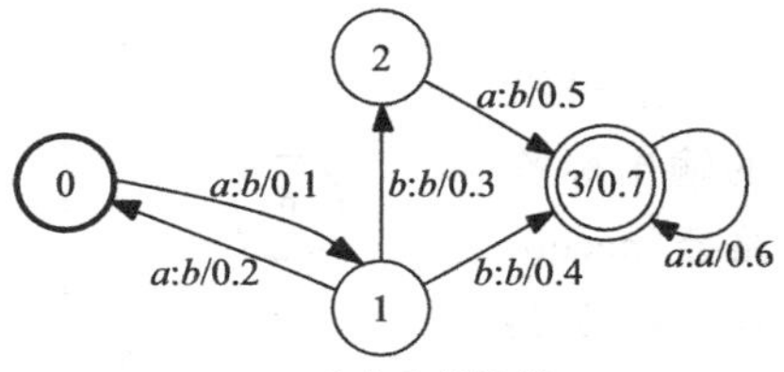

a）加权转换器T_1

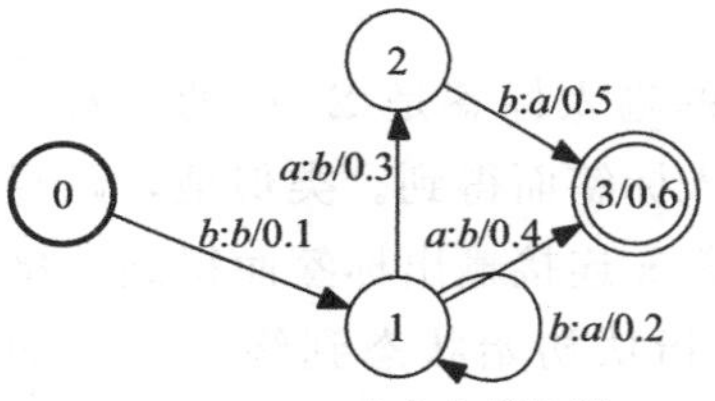

b）加权转换器T_2

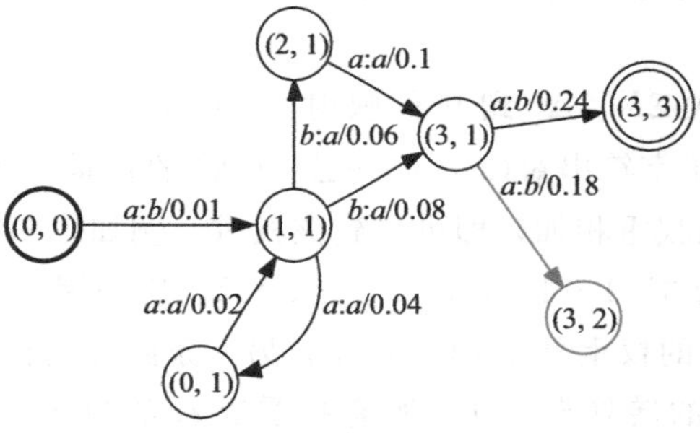

c）T_1和T_2的复合结果：$T_1 \circ T_2$

图 6.5

如图 6.6 所示，当 T_1 存在输出标签 ε 或 T_2 存在输入标签 ε 时，上述算法可能会创建多余的 ε-路径，这将产生错误的结果。因为在这种情况下，原始转换器的匹配路径的权重将会被计数 p 次，其中 p 是复合运算结果中冗余路径的数量。为了解决这个问题，除了一条 ε-路径外，其他所有的 ε-路径都必须从复合转换器中过滤掉。图 6.6 中的粗体部分显

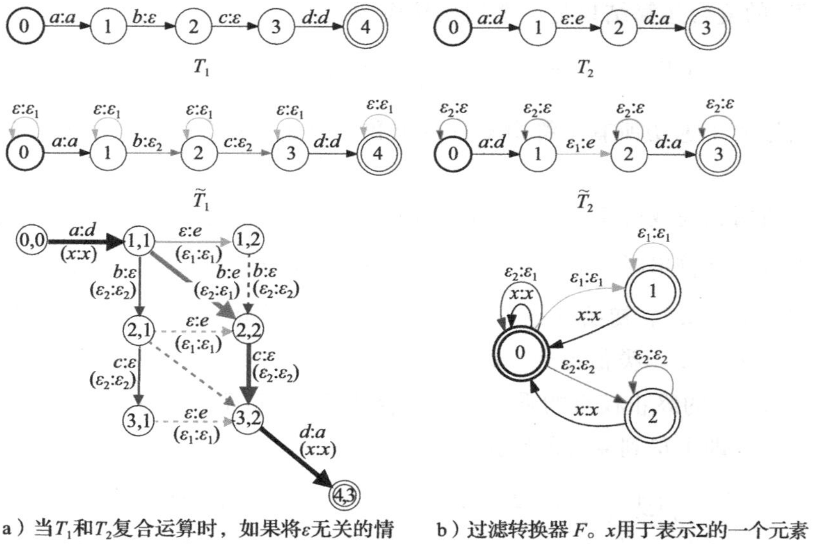

a）当T_1和T_2复合运算时，如果将ε无关的情况直接推广，将产生从（1,1）到（3,2）的所有路径，在非幂等半环（non-idempotent semiring）中会产生错误结果

b）过滤转换器 F。x用于表示Σ的一个元素

图 6.6　复合运算中多余的 ε-路径。所有转换和终止权重都等于 1

示了该路径的一种可能选择，在这种情况下，路径是最短的。需要指出的是，这种过滤机制本身可编码为有限状态转换器 F(图 6.6b)。

为了应用这种过滤方法，我们需要先用辅助符号来扩展 T_1 和 T_2，使 ε 的语义具有显式性：令 $\widetilde{T}_1$($\widetilde{T}_2$)表示从 T_1(T_2)中使用标签 ε_2 替换输出(输入)中的 ε 标签而得到的加权转换器，如图 6.6 所示。因此，与符号 ε_1 匹配的是保持 T_1 的相同状态并以 ε 为输入到 T_2 的一个转换。ε_2 可用对应的方式描述。过滤转换器 F 在(ε_1，ε_1)之后立刻禁止匹配(ε_2，ε_2)，因为匹配可以通过(ε_2，ε_1)替代完成。对应地，F 在(ε_2，ε_2)之后也立即禁止匹配(ε_1，ε_1)。同样，由于路径可能通过匹配(ε_2，ε_1)(ε_1，ε_1)得到，过滤器 F 不允许紧接着(ε_1，ε_1)匹配(ε_2，ε_1)。同理，(ε_2，ε_2)(ε_2，ε_1)也可去除。不难验证，过滤转换器 F 恰好是接受语言的补语的有限自动机[⊖]，该语言为：

$$L=\sigma^*((\varepsilon_1,\varepsilon_1)(\varepsilon_2,\varepsilon_2)+(\varepsilon_2,\varepsilon_2)(\varepsilon_1,\varepsilon_1)+(\varepsilon_1,\varepsilon_1)(\varepsilon_2,\varepsilon_1)+(\varepsilon_2,\varepsilon_2)(\varepsilon_2,\varepsilon_1))\sigma^*$$

其中 $\sigma=\{(\varepsilon_1,\varepsilon_1),(\varepsilon_2,\varepsilon_2),(\varepsilon_2,\varepsilon_1),x\}$。因此，过滤转换器 F 保证在每个 ε 序列的复合运算中恰好允许一条 ε-路径。为了在这种情况下获得正确的复合运算结果，只需使用已经描述的 ε 无关复合算法按下式计算：

$$\widetilde{T}_1\circ F\circ\widetilde{T}_2 \tag{6.20}$$

实际上，$\widetilde{T}_1\circ F\circ\widetilde{T}_2$ 这两个复合运算中已不再包括空字符串。由于过滤转换器 F 的大小是固定的，所以一般的复合运算的复杂度与 ε 无关复合运算的复杂度一样，都是 $O(|T_1\|T_2|)$。在实践中，$\widetilde{T}_1$ 和 $\widetilde{T}_2$ 并没有明确构造，只是模拟了辅助符号的存在。进一步的过滤器优化有助于限制创建无法共达状态的数量，例如，通过仔细检查是否有仅传出非 ε-转换的状态或 ε-转换的状态进行优化。

6.5.2 有理核

我们接下来将为序列核的定义建立一个通用的框架。

| 定义 6.5 有理核 | 如果核 $K:\Sigma^*\times\Sigma^*\to\mathbb{R}$ 与由某个加权转换器 U 所定义的映射一致，则称核 K 为有理核：$\forall x,y\in\Sigma^*$，$K(x,y)=U(x,y)$。 124~126

需要注意的是，我们可以采用更为一般化的定义：不使用加权转换器，而使用更强大的序列映射，例如用于上下文无关语言的**代数转换器**(algebraic transduction)，或功能更强大的转换器。然而，核的基本要求是计算效率高，更复杂的定义将会显著增加核的计算复杂度。对于有理核，存在一个通用且高效的计算算法。

计算：假设转换器 U 所定义的有理核 K 不允许存在非零权重的 ε-环，否则所有配对的核值都是无限的。对于任意序列 x，令 T_x 表示仅有一条接受路径的加权转换器，其输入和输出标签都是 x 且其权重等于 1。T_x 可以在线性时间 $O(|x|)$内直接由 x 构造出来。那么，对于任意 x，$y\in\Sigma^*$，可以通过以下两个步骤来计算 $U(x,y)$：

1. 利用复合算法计算 $V=T_x\circ U\circ T_y$，其时间复杂度为 $O(|U\|T_x\|T_y|)$。

2. 利用通用最短路算法计算 V 的所有接受路径的权重之和，其时间复杂度为 $O(|V|)$。

⊖ 我们将在第 16 章正式介绍自动机和语言。——译者注

根据复合运算的定义，V 是一个加权转换器，其接受路径恰好是被 U 所接受的路径，并且接受路径的输入标签为 x，输出标签为 y。第二步计算了这些路径的权重之和，即 $U(x, y)$。由于 U 不允许 ε-环存在，V 是无环的，并且这个步骤可以在线性时间内完成。计算 $U(x, y)$ 的总体复杂度为 $O(|U\|T_x\|T_y|)$。由于对于一个有理核 K，U 是固定的，并且对于任意 x，有 $|T_x|=O(|x|)$，故而可以在二次多项式时间 $O(|x\|y|)$ 内计算出核值。对于某些特定的加权转换器 U，计算还可以更高效，例如，时间复杂度可以为 $O(|x|+|y|)$（见习题 6.20）。

PDS 有理核： 对于任意转换器 T，令 T^{-1} 表示 T 的**逆向**（inverse）转换器，即交换每个转换的输入和输出标签即可通过 T 得到的逆向转换器。对于所有 x、y，有 $T^{-1}(x, y)=T(y, x)$。下面的定理给出了从任意加权转换器构造 PDS 有理核的一般性方法。

| 定理 6.9 | *对于任意加权转换器 $T=(\Sigma, \Delta, Q, I, F, E, \rho)$，函数 $K=T\circ T^{-1}$ 是 PDS 有理核。*

| 证明 | 根据复合运算和求逆运算的定义，对于所有 $x, y\in\Sigma^*$，

127
$$K(x, y)=\sum_{z\in\Delta^*}T(x, z)T(y, z)$$

K 是核序列 $(K_n)_n\geqslant 0$ 的逐点极限，核序列 $(K_n)_n\geqslant 0$ 的定义如下：

$$\forall n\in\mathbb{N},\ \forall x, y\in\Sigma^*,\quad K_n(x, y)=\sum_{|z|\leqslant n}T(x, z)T(y, z)$$

上式中，对字母表 Δ^* 上所有长度至多为 n 的序列进行求和。K_n 是 PDS，这是因为对于任意样本 $(x_1, \cdots, x_m)$，所对应的核矩阵 $\mathbf{K}_n$ 是 SPSD。而 $\mathbf{K}_n$ 是 SPSD 是由于 $\mathbf{K}_n$ 可以写为 $\mathbf{K}_n=\mathbf{A}\mathbf{A}^{\mathrm{T}}$，其中 $\mathbf{A}=(K_n(x_i, z_j))_{i\in[1,m],j\in[1,N]}$，并且 $z_1, \cdots, z_N$ 是 Σ^* 中长度至多为 n 的字符串集合的任意枚举。因此，K 为 PDS 核序列 $(K_n)_{n\in\mathbb{N}}$ 的逐点极限，是 PDS。■

在计算生物学、自然语言处理、计算机视觉和其他应用中常用的序列核都是形式为 $T\circ T^{-1}$ 的有理核的特例。所有这些核都可以使用前面介绍的计算有理核的通用算法进行高效计算。由于转换器 $U=T\circ T^{-1}$ 定义了具有特定形式的 PDS 有理核，所以对复合 $T_x\circ U\circ T_y$ 的计算可以有不同的选择：

- 首先计算 $U=T\circ T^{-1}$，然后计算 $V=T_x\circ U\circ T_y$；
- 首先计算 $V_1=T_x\circ T$ 和 $V_2=T_y\circ T$，然后计算 $V=V_1\circ V_2^{-1}$；
- 首先计算 $V_1=T_x\circ T$，然后计算 $V_2=V_1\circ T^{-1}$，再计算 $V=V_2\circ T_y$，或调整 x 和 y 的计算顺序进行一系列类似的运算。

以上这些方法在计算所有接受路径的权重总和之后都可以得到相同的结果，并且它们在最坏情况下的复杂度都是相同的。然而，在实践中，由于复合运算中间结果的稀疏性，这些方法的时间和空间开销可能存在着本质上的不同。为此，研究人员提出了基于 ***n*-路复**

128 **合**（*n*-way composition）的方法，它可以进一步显著提高计算效率。

例 6.5　二元组和不连贯二元组序列核 图 6.7a 展示了一个加权转换器 T_{bigram}，它针对字母表约简为 $\Sigma=\{a, b\}$ 的特定情况定义了一个普通的序列核，即**二元组序列核**（bigram sequence kernel）。二元组核将任意两个序列 x 和 y 与 x 和 y 中所有二元组的计数乘积之和相关联。对于任意序列 $x\in\Sigma^*$ 以及任意二元组 $z\in\{aa, ab, ba, bb\}$，$T_{\text{bigram}}(x, z)$ 就是二元组 z 在 x 中出现的次数。因此，根据复合运算和求逆运算的定义，由 $T_{\text{bigram}}\circ$

T^{-1}_{bigram} 可以显式地计算二元组核。

图 6.7b 展示了一个加权转换器 $T_{\text{gappy\_bigram}}$，它定义了所谓的**不连贯二元组核**(gappy bigram kernel)。不连贯二元组核将任意两个序列 x 和 y 与 x 和 y 中所有不连贯二元组的计数乘积之和相关联，且这些不连贯二元组受到**空位**(gap)长度的惩罚。不连贯二元组是形如 aua、aub、bua 或 bub 的序列，其中 $u\in\Sigma^*$ 被称为空位。对于某个固定的 $\lambda\in(0,1)$，不连贯二元组的计数需要乘以 $\lambda^{|u|}$，因此带有较长空位的不连贯二元组对相似性度的贡献较小。虽然这个定义看起来有些复杂，但是图 6.7 表明 $T_{\text{gappy\_bigram}}$ 可以由 T_{bigram} 直接得到。有理核的图形表示有助于理解或修改其定义。

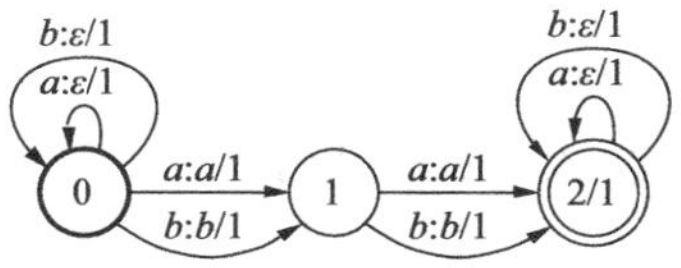

a）转换器 T_{bigram} 在 $\Sigma=\{a, b\}$ 上定义了二元组核 $T_{\text{bigram}}\circ T^{-1}_{\text{bigram}}$

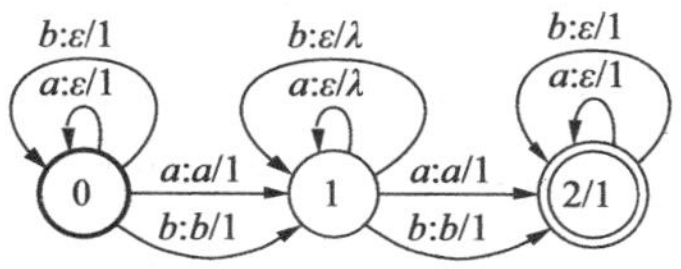

b）转换器 $T_{\text{gappy\_bigram}}$ 定义了不连贯二元组核 $T_{\text{gappy\_bigram}}\circ T^{-1}_{\text{gappy\_bigram}}$，其中空位惩罚 $\lambda\in(0, 1)$

图 6.7

计数转换器(counting transducer)：大多数序列核的定义基于对序列中出现公共模式的计数。在例 6.5 中，对二元组或不连贯二元组进行了讨论。此外，我们还可以采用一种简单而通用的方法来构建加权转换器，然后利用构建的加权转换器来计算模式出现的次数，并以此来定义 PDS 有理核。令 $\mathcal{X}$ 为一个有限自动机，用于表示待计数的模式的集合。对于在 $\Sigma=\{a, b\}$ 上的二元组核，$\mathcal{X}$ 为仅接受字符串集合 $\{aa, ab, ba, bb\}$ 的自动机。因此，我们可以使用图 6.8 所示的加权转换器来显式计算被 $\mathcal{X}$ 接受的每个模式的出现次数。

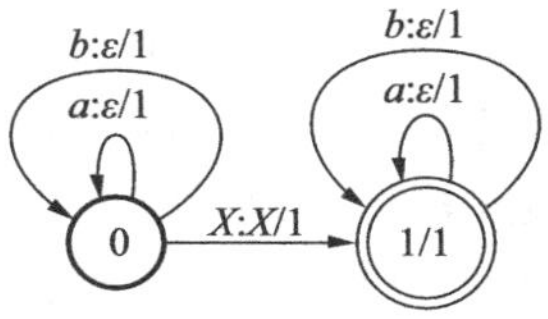

图 6.8 对 $\Sigma=\{a, b\}$ 的计数转换器 T_{count}。“转换” $X: X/1$ 表示由自动机 X 建立的加权转换器，且该加权转换器的建立是通过向每个转换增加与现有标签相同的标签作为输出，并且使所有转换和终止权重等于 1 完成的

| 定理 6.10 | 对于任意 $x\in\Sigma^*$ 及任意由 $\mathcal{X}$ 接受的序列 z，$T_{\text{count}}(x, z)$ 表示 z 在 x 中出现的次数。

| 证明 | 令 $x\in\Sigma^*$ 为任意序列，z 为 $\mathcal{X}$ 接受的序列。因为 T_{count} 所接受的路径权重都为 1，所以 $T_{\text{count}}(x, z)$ 等于在 T_{count} 中以 x 为输入标签及 z 为输出标签的接受路径的数量。

现在，在 T_{count} 中以 x 为输入标签及 z 为输出标签的一条接受路径 π 可以被分解为 $\pi=\pi_0\pi_{01}\pi_1$，其中 π_0 是一条通过状态 0 的环且以 x 的前缀 x_0 为输入标签及 ε 为输出标签的路径，π_{01} 是一条从状态 0 到状态 1 且输入和输出标签都为 z 的接受路径，π_1 是一条通过状态 1 的自环且输入标签为 x 的后缀 x_1 及输出标签为 ε 的路径。因此，这些路径的数量就等于可将序列 x 写为 $x=x_0zx_1$ 的不同路径的数量，这正是 z 在 x 中出现的次数。■ 129

这个定理提供了一种用于构造 PDS 有理核 $T_{\text{count}}\circ T^{-1}_{\text{count}}$ 的通用方法，即基于某些模式的计数，这些模式可以通过有限自动机或正则表达式定义。图 6.8 展示了输入字母表约简为 $\Sigma=\{a, b\}$ 的情况下的转换器。在一般情况下，可以采用除 a 和 b 之外符号的自环直接将状态0和1进行扩展。在实践中，可以利用惰性评估来避免为所有字母符号显式地创建这些转换，而通过在输入序列 x 中找到的符号按需创建转换。最后，可以对模式计数赋予不同的权重以强化或弱化某些模式，例如，在不连贯二元组的情况下，仅需简单地改变用于定义 T_{count} 的自动机 $\mathcal{X}$ 中的转换权重或最终权重，即可达到目的。

6.6 近似核特征映射

在之前的章节中，我们已经看到通过核方法可以高效地将学习问题中的输入空间 $\mathcal{X}$ 隐式地映射到丰富的特征空间 $\mathbb{H}$。不过，核方法的缺点之一是核函数需要在训练集上的每一对样本点进行计算。如果训练集样本规模非常大时，代价可能是难以接受的，即内存代价将达到 $O(m^2)$，计算代价将达到 $O(m^2C_K)$，其中 C_K 表示单次核函数计算的代价。另外，通过核方法训练好的模型在预测时的代价也需要考虑，形如 $h(x)=\sum_{i=1}^{m}\alpha_i K(x_i, x)+b$ 的核函数需要 $O(m)$ 的内存以及 $O(mC_K)$ 的计算代价（存储和计算的具体代价依赖于支持向量数）。

130 注意，如果我们使用的是显式的特征向量 $\mathbf{x}\in\mathbb{R}^N$，那么训练中可以采用SVM的原问题形式。求解SVM原问题只需要 $O(Nm)$ 的内存代价，形如 $h(\mathbf{x})=\mathbf{w}\cdot\mathbf{x}+b$ 的模型在预测时需要的内存和计算代价也仅为 $O(N)$。然而，只有当由核函数诱导的显式特征映射满足 $N<m$ 时，上述分析才是有意义的。实际上大多数情况并非如此，例如给定维度为 N 的输入特征空间时，度为 d 的多项式核诱导的显式核特征映射维度为 $O(N^d)$；高斯核诱导的显式核特征映射维度是无穷大的。可见，在一般的情况下，采用显式核特征映射是不现实的，所以通过核函数隐式地计算内积至关重要。

在本节中我们将论述如何构建一种**近似核特征映射**（approximate kernel feature map），即在用户指定的足够大的维度 D 上的特征映射 $\Psi(x)\in\mathbb{R}^D$，使得 $\Psi(x)\cdot\Psi(x')\approx K(x, x')$。首先，我们介绍一个来自谐波分析领域的经典结论。

| 定理 6.11 Bochner 定理 | 当且仅当 G 是非负测度下的 Fourier 变换时，在局部紧致的集合 $\mathcal{X}$ 上定义的形如 $K(x, x')=G(x-x')$ 的连续核是正定的。即

$$G(x)=\int_{\mathcal{X}} p(\omega)\mathrm{e}^{i\omega\cdot x}\mathrm{d}\omega$$

其中，p 是一个非负测度。

形如 $K(x, x')=G(x-x')$ 的核称为**平移不变核**（shift-invariant kernel）。如果核满足 $G(0)=1$，那么 p 实际上就是对应的概率分布。表6.1展示了这类核的一些例子，并给出了相应的概率分布。下面的命题给出了实值核的简化表达。

表6.1 **定义在 $\mathbf{x}, \mathbf{x}'\in\mathbb{R}^N$ 上的归一化的平移不变核以及相应的定义在 $\boldsymbol{\omega}\in\mathbb{R}^N$ 上的概率密度**

	$G(\mathbf{x}-\mathbf{x}')$	$p(\boldsymbol{\omega})$
Gaussian	$\exp\left(-\frac{\lVert\mathbf{x}-\mathbf{x}'\rVert^2}{2}\right)$	$(2\pi)^{\frac{-D}{2}}\exp\left(-\frac{\lVert\boldsymbol{\omega}\rVert^2}{2}\right)$
Laplacian	$\exp(-\lVert\mathbf{x}-\mathbf{x}'\rVert_1)$	$\prod_{i=1}^{N}\frac{1}{\pi(1+\omega_i^2)}$
Cauchy	$\prod_{i=1}^{N}\frac{2}{1+(x_i-x_i')^2}$	$\exp(-\lVert\boldsymbol{\omega}\rVert_1)$

| 命题 6.1 | 如定理 6.11 所示，设 K 是一个连续的、实值的平移不变核，p 是相应的非负测度。进一步地，假设对于所有 $x\in\mathcal{X}$ 有 $K(x, x)=1$ 成立，此时 p 是一个概率分布。则下式成立：

$$\mathop{\mathbb{E}}_{\omega\sim p}[[\cos(\omega\cdot x), \sin(\omega\cdot x)]^{\mathrm{T}}[\cos(\omega\cdot x'), \sin(\omega\cdot x')]]=K(x, x')$$ 131

| 证明 | 首先，由于 K 和 p 都是实值的，在运用定理 6.11 的结论时只需要考虑 e^{ix} 的实数部分。根据 $\mathrm{Re}[e^{ix}]=\mathrm{Re}[\cos(x)+i\sin(x)]=\cos(x)$ 可得：

$$K(x, x')=\mathrm{Re}[K(x, x')]=\int_{\mathcal{X}}p(\omega)\cos(\omega\cdot(x-x'))\mathrm{d}\omega$$

接下来，根据三角变换 $\cos(a-b)=\cos(a)\cos(b)+\sin(a)\sin(b)$ 可得：

$$\begin{aligned}&\int_{\mathcal{X}}p(\omega)\cos(\omega\cdot(x-x'))\mathrm{d}\omega\\&=\int_{\mathcal{X}}p(\omega)(\cos(\omega\cdot x)\cos(\omega\cdot x')+\sin(\omega\cdot x)\sin(\omega\cdot x'))\mathrm{d}\omega\\&=\mathop{\mathbb{E}}_{\omega\sim p}\{[\cos(\omega\cdot \boldsymbol{x}'), \sin(\omega\cdot \boldsymbol{x}')]^{\mathrm{T}}[\cos(\omega\cdot x'), \sin(\omega\cdot x')]\}\end{aligned}$$

命题得证。■

依据该命题，我们可以通过一种非常简单的方法构造近似核映射，即对于任意 $D\geqslant 1$ 以及所有 $x\in\mathcal{X}$，构造的近似核映射 $\Psi\in\mathbb{R}^{2D}$ 为：

$$\Psi(x)=\sqrt{\frac{1}{D}}[\cos(\omega_1\cdot x), \sin(\omega_1\cdot x), \cdots, \cos(\omega_D\cdot x), \sin(\omega_D\cdot x)]^{\mathrm{T}} \tag{6.21}$$

其中，对于核 K，ω_is，$i=1, \cdots, D$ 是在 $\mathcal{X}$ 上依测度 p 进行独立同分布采样得到的。因此，

$$\Psi(x)\cdot\Psi(x')=\frac{1}{D}\sum_{i=1}^{D}[\cos(\omega_i\cdot x), \sin(\omega_i\cdot x)]^{\mathrm{T}}[\cos(\omega_i\cdot x'), \sin(\omega_i\cdot x')]$$

是命题 6.1 中待计算期望的经验估计。下面的定理(定理 6.12)表明，随着 D 的增加，这样的经验估计在紧致集 $\mathcal{X}$ 中的所有样本点上是一致收敛的。

| 引理 6.3 | 设 K 是满足命题 6.1 条件的连续可微核函数，其测度为 p。进一步地，假设 $\mathcal{X}$ 是维度为 N 的紧致集且包含在半径为 R 的 Euclidean 球内，满足 $\sigma_p^2=\mathop{\mathbb{E}}_{\omega\sim p}[\|\omega\|^2]<\infty$。那么，对于式(6.21)定义的 $\Psi\in\mathbb{R}^D$，对于任意 $0<r\leqslant 2R$ 以及 $\varepsilon>0$，有下式成立：

$$\mathbb{P}\Big[\sup_{x,x'\in\mathcal{X}}|\Psi(x)\cdot\Psi(x')-K(x, x')|\geqslant\varepsilon\Big]\leqslant 2\mathcal{N}(2R, r)\exp\left(-\frac{D\varepsilon^2}{8}\right)+\frac{4r\sigma_p}{\varepsilon}$$

上式中，概率与具体的 $\omega\sim p$ 有关，$\mathcal{N}(R, r)$表示为了覆盖半径为 R 的球需要的半径为 r 的球的最小数量。

| 证明 | 定义 $\mathcal{Z}=\{z: z=x-x', x, x'\in\mathcal{X}\}$，则 $\mathcal{Z}$ 包含在半径至多为 $2R$ 的球中。由于 $\mathcal{X}$ 是封闭的，$\mathcal{Z}$ 是闭集，因此 $\mathcal{Z}$ 是紧致集。这里，我们将覆盖 $\mathcal{Z}$ 所需要的半径为 r 的球的数量记为 $B=\mathcal{N}(2R, r)$，并将这些球的球心记为 z_j，$j\in[1, B]$。因此，对于任意 $z\in\mathcal{Z}$，存在 j 使得 $z=z_j+\delta$，$|\delta|<r$。 132

接下来，定义 $S(z)=\Psi(x)\cdot\Psi(x')-K(x, x')$，其中 $z=x-x'$。由于 S 在紧致集 $\mathcal{Z}$ 上是连续可微的，对于 $L=\sup_{z\in\mathcal{Z}}\|\nabla S(z)\|$，$S$ 是 L-Lipschitz 的。注意到当 $L<\frac{\varepsilon}{2r}$时，对于所有 $j\in[1, B]$，有 $|S(z_j)|<\frac{\varepsilon}{2}$成立，所以对于 $z=z_j+\delta\in\mathcal{Z}$，有下面的不等式

成立：

$$|S(z)|=|S(z_j+\delta)|\leqslant L|z_j-(z_j+\delta)|+|S(z_j)|\leqslant rL+\frac{\varepsilon}{2}<\varepsilon \tag{6.22}$$

下面我们将给出 $L\geqslant\frac{\varepsilon}{2r}$ 以及 $|S(z_j)|\geqslant\frac{\varepsilon}{2}$ 发生概率的界。需要注意的是以下的概率和期望与随机变量 ω_1，…，ω_D 相关。

为了得到 $L\geqslant\frac{\varepsilon}{2r}$ 发生概率的界，我们利用命题 6.1 以及期望的线性性(即 $\mathbb{E}[\nabla(\Psi(x)\cdot\Psi(x'))]=\nabla K(x,x')$)推导下述不等式：

$$\begin{aligned}
\mathbb{E}[L^2]&=\mathbb{E}\Big[\sup_{z\in\mathcal{Z}}\|\nabla S(z)\|^2\Big]\\
&=\mathbb{E}\Big[\sup_{x,x'\in\mathcal{X}}\|\nabla(\Psi(x)\cdot\Psi(x'))-\nabla K(x,x')\|^2\Big]\\
&\leqslant 2\mathbb{E}\Big[\sup_{x,x'\in\mathcal{X}}\|\nabla(\Psi(x)\cdot\Psi(x'))\|^2\Big]+2\sup_{x,x'\in\mathcal{X}}\|\nabla K(x,x')\|^2\\
&=2\mathbb{E}\Big[\sup_{x,x'\in\mathcal{X}}\|\nabla(\Psi(x)\cdot\Psi(x'))\|^2\Big]+2\sup_{x,x'\in\mathcal{X}}\|\mathbb{E}[\nabla(\Psi(x)\cdot\Psi(x'))]\|^2\\
&\leqslant 4\mathbb{E}\Big[\sup_{x,x'\in\mathcal{X}}\|\nabla(\Psi(x)\cdot\Psi(x'))\|^2\Big]
\end{aligned}$$

其中，第一个不等式成立是由于 $\|a+b\|^2\leqslant 2\|a\|^2+2\|b\|^2$(根据 Jensen 不等式)以及上界函数的次可加性。第二个不等式成立是由于 Jensen 不等式(应用 2 次)以及上界函数的次可加性。进一步地，利用三角变换中的和差化积并计算关于 $z=x-x'$ 的梯度，可以得到对于任意 x，$x'\in\mathcal{X}$，有下式成立：

$$\begin{aligned}
\nabla(\Psi(x)\cdot\Psi(x'))&=\nabla\Big(\frac{1}{D}\sum_{i=1}^{D}\cos(\omega_i\cdot x)\cos(\omega_i\cdot x')+\sin(\omega_i\cdot x)\sin(\omega_i\cdot x')\Big)\\
&=\nabla\Big(\frac{1}{D}\sum_{i=1}^{D}\cos(\omega_i\cdot(x-x'))\Big)=\frac{1}{D}\sum_{i=1}^{D}\omega_i\sin(\omega_i\cdot(x-x'))
\end{aligned}$$

133

联立上面 2 个结果可以得到：

$$\begin{aligned}
\mathbb{E}[L^2]&\leqslant 4\mathbb{E}\Big[\sup_{x,x'\in\mathcal{X}}\Big\|\frac{1}{D}\sum_{i=1}^{D}\omega_i\sin(\omega_i\cdot(x-x'))\Big\|^2\Big]\\
&\leqslant 4\mathop{\mathbb{E}}_{\omega_1,\cdots,\omega_N}\Big[\Big(\frac{1}{D}\sum_{i=1}^{D}\|\omega_i\|\Big)^2\Big]\\
&\leqslant 4\mathop{\mathbb{E}}_{\omega_1,\cdots,\omega_N}\Big[\frac{1}{D}\sum_{i=1}^{D}\|\omega_i\|^2\Big]=4\mathop{\mathbb{E}}_{\omega}[\|\omega\|^2]=4\sigma_p^2
\end{aligned}$$

上式成立是由于三角不等式 $|\sin(\cdot)|\leqslant 1$，Jensen 不等式以及最后的表达式中的 ω_is 是独立同分布的。因此，利用 Markov 不等式可以得到 $L\geqslant\frac{\varepsilon}{2r}$ 发生概率的界为：

$$\mathbb{P}\Big[L\geqslant\frac{\varepsilon}{2r}\Big]\leqslant\Big(\frac{4r\sigma_p}{\varepsilon}\Big)^2 \tag{6.23}$$

下面推导 $|S(z_j)|\geqslant\frac{\varepsilon}{2}$ 发生概率的界。注意 $S(z)$ 是 D 个独立同分布变量的和，且每个变量的绝对值以 $\frac{2}{D}$ 为界(这是由于对于所有 x 和 x'，有 $|K(x,x')|\leqslant 1$ 以及 $|\Psi(x)\cdot$

$\Psi(x')|\leqslant 1$ 成立)，满足 $\mathbb{E}[S(z)]=0$。因此，根据 Hoeffding 不等式以及联合界，有：

$$\mathbb{P}\left[\exists j\in[B]:|S(z_j)|\geqslant\frac{\varepsilon}{2}\right]\leqslant\sum_{i=1}^{B}\mathbb{P}\left[|S(z_j)|\geqslant\frac{\varepsilon}{2}\right]\leqslant 2B\exp\left(-\frac{D\varepsilon^2}{8}\right)\quad(6.24)$$

根据 B 的定义并联立式(6.22)、式(6.23)、式(6.24)可得：

$$\mathbb{P}\left[\sup_{z\in\mathcal{Z}}|S(z)|\geqslant\varepsilon\right]\leqslant 2\mathcal{N}(2R,r)\exp\left(-\frac{D\varepsilon^2}{8}\right)+\left(\frac{4r\sigma_p}{\varepsilon}\right)^2$$

引理得证。■

该引理给出的界中引入了一个重要的因子，即覆盖数 $\mathcal{N}(2R,r)$，这一因子与空间的维度 N 密切相关。在接下来的引理中，我们将对一种特殊情况显式地给出这一相关性，相似的结论也对更为一般的情境成立。

| 引理 6.4 | 设 $\mathcal{X}\subset\mathbb{R}^N$ 是一个紧致集，令 R 表示最小覆盖球的半径，则有下面的不等式成立：

$$\mathcal{N}(R,r)\leqslant\left(\frac{3R}{r}\right)^N$$

| 证明 | 首先，根据 $\mathbb{R}^N$ 中球的体积公式可知，在不贯穿的情况下，半径为 R 的球可
装入半径为 $r/3$ 的球的个数以 $R^N/(r/3)^N=(3R/r)^N$ 为上界。现在，考虑将最多$(3R/$ 134
$r)^N$ 个半径为 $r/3$ 的球装入半径为 R 的球，此时半径为 R 的球中每个点与至少一个半径为 $r/3$ 的球的球心距离至多为 r。假设这样的距离不满足，则可再装入一个半径为 $r/3$ 的球，这就与最多装入的假设矛盾。因此，如果将最多$(3R/r)^N$ 个球的半径逐步从 $r/3$ 增加到 r，则可以得到一个对半径为 R 的球的覆盖(并不需要是最小覆盖)。■

最后，根据得到的这两个引理，我们可以给出一个精确的有限样本近似界。

| 引理 6.5 | 设 K 是满足命题 6.1 条件的连续可微核函数，其测度为 p。进一步地，假设 $\mathcal{X}\subset\mathbb{R}^N$ 包含在半径为 R 的 Euclidean 球内，满足 $\sigma_p^2=\mathop{\mathbb{E}}_{\omega\sim p}[\|\omega\|^2]<\infty$。那么，对于式(6.21)中定义的 $\Psi\in\mathbb{R}^D$，对于任意 $0<\varepsilon<32R\sigma_p$，有下式成立：

$$\mathbb{P}\left[\sup_{x,x'\in\mathcal{X}}|\Psi(x)\cdot\Psi(x')-K(x,x')|\geqslant\varepsilon\right]\leqslant\left(\frac{48R\sigma_p}{\varepsilon}\right)^2\exp\left(-\frac{D\varepsilon^2}{4(N+2)}\right)$$

| 证明 | 联立引理 6.3 和引理 6.4，并选择 r 如下：

$$r=\left[\frac{2(6R)^N\exp\left(-\frac{D\varepsilon^2}{8}\right)}{\left(\frac{4\sigma_p}{\varepsilon}\right)^2}\right]^{\frac{2}{N+2}}$$

可以得到下式：

$$\mathbb{P}\left[\sup_{z\in\mathcal{Z}}|S(z)|\geqslant\varepsilon\right]\leqslant 4\left(\frac{24R\sigma_p}{\varepsilon}\right)^{\frac{2N}{N+2}}\exp\left(-\frac{D\varepsilon^2}{4(N+2)}\right)$$

由于 $32R\sigma_p/\varepsilon\geqslant 1$，$\dfrac{2N}{N+2}$可以用 2 替代，定理得证。■

这一定理保证了对于有限维度 D 进行采样，可以以高概率得到核函数的良好估计。特别地，欲使得绝对误差至多为 ε 时，需要采样的维度 $D=O\left(\frac{N}{\varepsilon^2}\log\left(\frac{R\sigma_p}{\varepsilon}\right)\right)$。

6.7 文献评注

PDS 核的数学理论起源于 Mercer[1909]的基础性研究工作，类似于定理 6.1，他也证明了具有 PDS 性质的连续核应满足的等价条件。Schoenberg[1938]证明了 PDS 和 NDS 核之间的关系，特别是定理 6.8 和定理 6.7。Aronszajn[1950]在一篇长文中精彩而系统地介绍了再生核希尔伯特空间理论。读者可以参考 Berg、Christensen 和 Ressel[1984]中关于
135 PDS 核和正定函数的经典数学描述，这也是本章末给出的几个习题的来源。

Boser、Guyon 和 Vapnik[1992]阐明了使用 PDS 核可以扩展 SVM。自那以后，核方法的思想被广泛用于机器学习的各个领域中，解决各种不同情境下的机器学习任务。Schölkopf 和 Smola[2002]、Shawe-Taylor 和 Cristianini[2004]这两专著系统地研究了核方法。Kimeldorf 和 Wahba[1971]提出并证明了经典的表示定理。Wahba[1990]介绍了将表示定理推广到非二次损失函数的情况。本章介绍的表示定理一般形式则由 Schöolkopf、Herbrich、Smola 和 Williamson[2000]提出。

Cortes、Haffner 和 Mohri[2004]提出了有理核。Haussler[1999]在此之前提出了一类通用的核，**卷积核**(convolution kernel)。Haussler[1999]提出的序列卷积核以及由 Watkins[1999]提出的配对 HMM 字符串核都属于有理核的特例。有理核可以直接扩展到定义有限自动机甚至加权自动机的核[Cortes 等，2004]。Cortes、Mohri 和 Rostamizadeh[2008b]研究了诸如基于计数转换器的有理核学习问题。

Pereira 和 Riley[1997]、Mohri、Pereira 和 Riley[2005]以及 Mohri[2009]阐述了加权转换器和过滤转换器在存在 ϵ-路径时的复合运算，并且可以进一步推广到加权转换器的 n-路复合运算[Allauzen 和 Mohri，2009]。包含三个或更多个转换器的 n-路复合运算可以显著加快计算速度，特别是对于形如 $T\circ T^{-1}$ 的 PDS 有理核。Mohri[2002]介绍了一种通用的**最短路算法**(shortest-distance algorithm)，该算法能兼容半环类和任意队列规则。特别地，该算法可用来求解复合运算后计算有理核所需的所有路径权重的总和。在 Cortes、Kontorovich 和 Mohri[2007a]中，读者可以了解有理核用于线性可分语言类的研究。

Rahimi 和 Recht[2007]介绍了基于 cosine 的近似核特征映射，并给出了相应的一致收敛界，虽然论文中的证明不够完备。Sriperumbudur 和 Szabó[2015]对近似界进行了改进，将对数据半径的依赖由 $O(R^2)$降低到仅仅 $O(\log(R))$。Bochner 定理对于得到近似映射非常重要，是谐波分析(参见 Rudin[1990])的经典结论。该定理的一般形式来自 Weil
136 [1965]，由 Solomon Bochner 发现与谐波分析的重要联系。

6.8 习题

6.1 设 K：$\mathcal{X}\times\mathcal{X}\to\mathbb{R}$ 为 PDS 核，α：$\mathcal{X}\to\mathbb{R}$ 是正函数。证明对于所有 x，$y\in\mathcal{X}$，$K'(x, y)=\dfrac{K(x, y)}{\alpha(x)\alpha(y)}$是 PDS 核。

6.2 证明以下核 K 是 PDS 核：

(a) 在 $\mathbb{R}\times\mathbb{R}$ 上，$K(x, y)=\cos(x-y)$。

(b) 在 $\mathbb{R}\times\mathbb{R}$ 上，$K(x, y)=\cos(x^2-y^2)$。

(c) 在 $\mathbb{R}^N\times\mathbb{R}^N$ 上，对于所有整数 $n>0$，$K(\boldsymbol{x}, \boldsymbol{y})=\sum_{i=1}^{N}\cos^n(x_i^2-y_i^2)$。

(d) 在$(0, +\infty)\times(0, +\infty)$上，$K(x, y)=(x+y)^{-1}$。

(e) 在 $\mathbb{R}^n\times\mathbb{R}^n$ 上，$K(\boldsymbol{x}, \boldsymbol{x}')=\cos\angle(\boldsymbol{x}, \boldsymbol{x}')$，其中$\angle(\boldsymbol{x}, \boldsymbol{x}')$为 $\boldsymbol{x}$ 和 $\boldsymbol{x}'$之间的夹角。

(f) 在 $\mathbb{R}\times\mathbb{R}$ 上，$\forall\lambda>0$，$K(x, x')=\exp(-\lambda[\sin(x'-x)]^2)$。（提示：将$[\sin(x'-x)]^2$ 写成两个向量之差的范数的平方。）

(g) 在 $\mathbb{R}^N\times\mathbb{R}^N$ 上，$\forall\sigma>0$，$K(x, y)=\mathrm{e}^{-\frac{\|x-y\|}{\sigma}}$。（提示：可以先证明 K 是K'的归一化核，然后利用等式 $\|\boldsymbol{x}-\boldsymbol{y}\|=\frac{1}{2\Gamma\left(\frac{1}{2}\right)}\int_0^{+\infty}\frac{1-\mathrm{e}^{-t\|\boldsymbol{x}-\boldsymbol{y}\|^2}}{t^{\frac{3}{2}}}\mathrm{d}t$ 对于所有 $\boldsymbol{x}$、$\boldsymbol{y}$ 成立来证明 K'是 PDS 的。）

(h) 在$[0, 1]\times[0, 1]$上，$K(x, y)=\min(x, y)-xy$。（提示：可以考虑两个积分$\int_0^1 1_{t\in[0, x]}1_{t\in[0, y]}\mathrm{d}t$ 和 $\int_0^1 1_{t\in[x, 1]}1_{t\in[y, 1]}\mathrm{d}t$。）

(i) 在 $\boldsymbol{x}$，$\boldsymbol{x}'\in\mathcal{X}=\{\boldsymbol{x}\in\mathbb{R}^N: \|\boldsymbol{x}\|_2<1\}$上，$K(x, x')=\frac{1}{\sqrt{1-(\boldsymbol{x}\cdot\boldsymbol{x}')}}$。（提示：找到特征映射 Φ 的显式表达式的一个方法是考虑核函数的 Taylor 展开式。）

(j) 在 $\mathbb{R}^N\times\mathbb{R}^N$ 上，$\forall\sigma>0$，$K(x, y)=\frac{1}{1+\frac{\|x-y\|^2}{\sigma^2}}$。（提示：利用定义在所有 $x\geqslant 0$ 上的函数 $x\mapsto\int_0^{+\infty}\mathrm{e}^{-sx}\mathrm{e}^{-s}\mathrm{d}s$）

(k) 在 $\mathbb{R}^N\times\mathbb{R}^N$ 上，$\forall\sigma>0$，$K(x, y)=\exp\left(\frac{\sum_{i=1}^{N}\min(|x_i|, |y_i|)}{\sigma^2}\right)$。（提示：利用定义在 $\mathbb{R}\times\mathbb{R}$ 上的函数 $(x_0, y_0)\mapsto\int_0^{+\infty}1_{t\in[0, |x_0|]}1_{t\in[0, |y_0|]}\mathrm{d}t$） 137

6.3 图核。令 $G=(\mathcal{V}, \mathcal{E})$表示顶点集 $\mathcal{V}$、边集 $\mathcal{E}$ 的无向图。$\mathcal{V}$ 可以表示文档集或者生物序列集，E 可以表示顶点之间的连接。令 $w[e]\in\mathbb{E}$ 表示边 $e\in\mathcal{E}$ 的权重。一个路径的权重等于路径中所有边上权重的乘积。试证明：在 $\mathcal{V}\times\mathcal{V}$ 上的核 K，其中 $K(p, q)$是 p 和 q 间所有路径权重的和，是 PDS 的。（提示：可引入矩阵 $\boldsymbol{W}=(W_{pq})$，其中当 p 和 q 间没有连接时 $W_{pq}=0$，否则 W_{pq} 等于 p 和 q 间的连接权重）

6.4 对称差分核。设 $\mathcal{X}$ 是一个有限集，考虑由 $\mathcal{X}$ 的子集构成的集合 $2^{\mathcal{X}}$，试证明下面的核 K 是 PDS 的：

$$\forall\mathcal{A}, \mathcal{B}\in 2^{\mathcal{X}}, K(\mathcal{A}, \mathcal{B})=\exp\left(-\frac{1}{2}|\mathcal{A}\Delta\mathcal{B}|\right)$$

其中 $\mathcal{A}\Delta\mathcal{B}$ 表示 $\mathcal{A}$ 和 $\mathcal{B}$ 的差分。(提示：可利用事实——K 是核函数 K' 的归一化。)

6.5 集合核。设 $\mathcal{X}$ 是一个有限集，令 K_0 是在 $\mathcal{X}$ 上的一个 PDS 核，试证明下式中的 K' 是 PDS 核：

$$\forall \mathcal{A}, \mathcal{B} \in 2^{\mathcal{X}}, K'(\mathcal{A}, \mathcal{B}) = \sum_{x\in\mathcal{A}, x'\in\mathcal{B}} K_0(x, x')$$

6.6 证明以下核 K 是 NDS：

(a) 在 $\mathbb{R}\times\mathbb{R}$ 上，$K(x, y)=[\sin(x-y)]^2$。

(b) 在 $(0, +\infty)\times(0, +\infty)$ 上，$K(x, y)=\log(x+y)$。

6.7 对于 $x, x'\in\mathbb{R}$，定义**差分核**(difference kernel) $K(x, x')=|x-x'|$，证明该核不是 PDS 的。

6.8 定义在 $\mathbb{R}^n\times\mathbb{R}^n$ 上的核 $K(\boldsymbol{x}, \boldsymbol{y})=\|\boldsymbol{x}-\boldsymbol{y}\|^{3/2}$ 是不是 PDS 的？是不是 NDS 的？

6.9 设 $\mathcal{H}$ 为点积 $\langle\cdot, \cdot\rangle$ 对应的一个希尔伯特空间，证明在 $\mathcal{H}\times\mathcal{H}$ 上的核 $K(x, y)=1-\langle x, y\rangle$ 是负定的。

6.10 对于任意 $p>0$，设 K_p 为定义在 $\mathbb{R}_+\times\mathbb{R}_+$ 上的核：

$$K_p(x, y)=\mathrm{e}^{-(x+y)^p} \tag{6.25}$$

证明当且仅当 $p\leqslant 1$ 时，K_p 是 PDS。(提示：利用结论，如果 K 是 NDS，则对于

138 任意 $0<\alpha\leqslant 1$，K^α 是 NDS。)

6.11 显式映射。

(a) 设 $x_1, \cdots, x_m$ 为数据集且核 $K(x_i, x_j)$ 对应的 Gram 矩阵为 $\boldsymbol{K}$，假定 $\boldsymbol{K}$ 是正半定的，试给出映射 $\Phi(\cdot)$ 使得 $K(x_i, x_j)=\langle\Phi(x_i), \Phi(x_j)\rangle$。

(b) 证明前面命题的逆命题成立，即如果存在从输入空间到某个希尔伯特空间的映射 $\Phi(x)$，则对应的 Gram 矩阵 $\boldsymbol{K}$ 是正半定的。

6.12 显式多项式核映射。设 K 是次数为 d 的多项式核，即 K：$\mathbb{R}^N\times\mathbb{R}^N\to\mathbb{R}$，$K(\boldsymbol{x}, \boldsymbol{x}')=(\boldsymbol{x}\cdot\boldsymbol{x}'+c)^d$，其中 $c>0$。证明关于 K 的特征空间的维度为：

$$\binom{N+d}{d} \tag{6.26}$$

根据核 k_i：$(\boldsymbol{x}, \boldsymbol{x}')\mapsto(\boldsymbol{x}\cdot\boldsymbol{x}')^i$，$i\in\{0, \cdots, d\}$ 写出 K 的表示式。在表达式中分配到每个 k_i 的权重是多少？它作为 c 的函数如何变化？

6.13 高维映射。设 Φ：$\mathcal{X}\to\mathcal{H}$ 是使得 $\mathcal{H}$ 的维度 N 很大的特征映射。设 K：$\mathcal{X}\times\mathcal{X}\to\mathbb{R}$ 是 PDS 核，其定义如下：

$$K(x, x')=\mathop{\mathbb{E}}_{i\sim\mathcal{D}}[[\Phi(x)]_i[\Phi(x')]_i] \tag{6.27}$$

其中，$[\Phi(x)]_i$ 是 $\Phi(x)$ 的第 i 个分量($\Phi(x')$ 同理)，$\mathcal{D}$ 是下标 i 服从的分布。假设对于所有的 $x\in\mathcal{X}$ 及 $i\in[1, N]$，有 $|[\Phi(x)]_i|\leqslant R$ 成立。假设计算 $K(x, x')$ 的唯一方法是直接计算内积(6.27)，它的时间复杂度为 $O(N)$。或者，根据 $\mathcal{D}$ 从 $\Phi(x)$ 和 $\Phi(x')$ 的 N 个分量中随机选择子集 I 来近似计算：

$$K'(x, x')=\frac{1}{n}\sum_{i\in I}\mathcal{D}(i)[\Phi(x)]_i[\Phi(x')]_i \tag{6.28}$$

其中 $|I|=n$。

(a) 在 $\mathcal{X}$ 中固定 x 和 x'，证明：

$$\underset{I\sim\mathcal{D}^n}{\mathbb{P}}[|K(x, x')-K'(x, x')|>\epsilon]\leqslant 2e^{\frac{-n\epsilon^2}{2r^2}} \tag{6.29}$$

（提示：利用 McDiarmid 不等式）。 139

(b) 设 $\boldsymbol{K}$ 和 $\boldsymbol{K}'$ 分别为关于 K 和 K' 的核矩阵。证明对于任意 ϵ，$\delta>0$ 以及 $n>\frac{r^2}{\epsilon^2}\log\frac{m(m+1)}{\delta}$，对于所有 i，$j\in[1, m]$，$|\boldsymbol{K}'_{ij}-\boldsymbol{K}_{ij}|\leqslant\epsilon$ 以至少为 $1-\delta$ 的概率成立。

6.14 基于核的分类器。令 S 是规模为 m 的训练样本集。假设 S 是根据概率分布 $\mathcal{D}(x, y)$ 生成的，其中 $(x, y)\in\mathcal{X}\times\{-1, +1\}$。

(a) 定义贝叶斯分类器为 $h^*: \mathcal{X}\to\{-1, +1\}$。证明对于任意 x，$x'\in\mathcal{X}$，核 $K^*(x, x')=h^*(x)h^*(x')$ 是 PDS。关于 K^* 的特征空间的维度是多少？

(b) 给出采用这个核的 SVM 的解的形式。并回答：支持向量的数量是多少？间隔的值是多少？解的泛化误差是多少？在什么条件下数据线性可分？

(c) 令 $h: \mathcal{X}\to\mathbb{R}$ 为任意实值函数。h 在什么条件下对于所有 x，$x'\in\mathcal{X}$，核 $K(x, x')=h(x)h(x')$ 是 PDS？

6.15 图像分类核。对于 $\alpha\geqslant 0$，使用定义在 $\mathbb{R}^N\times\mathbb{R}^N$ 上的核 K_α 来对图像进行分类：

$$K_\alpha: (\boldsymbol{x}, \boldsymbol{x}')\mapsto\sum_{k=1}^{N}\min(|x_k|^\alpha, |x'_k|^\alpha) \tag{6.30}$$

证明对于所有 $\alpha\geqslant 0$，K_α 是 PDS。为此，可按以下步骤完成证明。

(a) 利用结论：$(f, g)\mapsto\int_{t=0}^{+\infty}f(t)g(t)\mathrm{d}t$ 是在 $[0, +\infty]$ 上的可测函数集的内积来证明 $(x, x')\mapsto\min(x, x')$ 是 PDS 核。（提示：定义两个分别关于 x 和 x' 的示性函数。）

(b) 利用 (a) 的结论来证明 K_1 是 PDS，类似地证明对于 α 的其他值，K_α 也是 PDS。

6.16 欺诈检测。为了防止信用卡欺诈行为，一家信用卡公司决定向 Villebanque 教授寻求帮助，他们提供了数千个欺诈和非欺诈**事件**(event)的随机列表，该列表包含了许多不同类型的事件，例如，各种金额的交易、地址或持卡人信息的变更或新卡办理申请。Villebanque 教授决定构造一个恰当的核并使用 SVM 来辅助检测信用卡欺诈事件。但确定这样一个复杂而多样的事件集的相关特征是一件很困难的事情。然而，公司的风控部门已经建立好了一套复杂的方法来估计任何事件 U 发生的概率 $\mathbb{P}[U]$。因此，Villebanque 教授决定利用这些信息，并在所有事件对 (U, V) 上定义如下核： 140

$$K(U, V)=\mathbb{P}[U\wedge V]-\mathbb{P}[U]\mathbb{P}[V] \tag{6.31}$$

证明 Villebanque 教授定义的核是 PDS。

6.17 NDS 核和 PDS 核之间的关系。证明定理 6.7。（提示：按照定理 6.6，利用结论——如果 K 是 PDS，则 $\exp(K)$ 也是 PDS。）

6.18 度量与核。令 $\mathcal{X}$ 为非空集，$K: \mathcal{X}\times\mathcal{X}\to\mathbb{R}$ 是负定对称核，使得对于所有 $x\in\mathcal{X}$，

$K(x, x)=0$。

(a) 证明存在一个希尔伯特空间 $\mathbb{H}$ 以及一个从 $\mathcal{X}$ 到 $\mathbb{H}$ 的映射 $\Phi(x)$ 使得：

$$K(x, x')=\|\Phi(x)-\Phi(x')\|^2$$

假设 $K(x, x')=0 \Rightarrow x=x'$。利用定理 6.6 证明 $\sqrt{K}$ 定义了 $\mathcal{X}$ 上的一个度量。

(b) 利用(a) 的结论证明对于 $p>2$，核 $K(x, x')=\exp(-|x-x'|^p)$ 不是正定的，其中 $x, x'\in\mathbb{R}$。

(c) 采用核 $K(x, x')=\tanh(a(x\cdot x')+b)$ 的 SVM 等价于两层神经网络。证明当 $a<0$ 或 $b<0$ 时 K 不是正定的。当 $a<0$ 或 $b<0$ 时，你能从这样的神经网络中得出什么结论？

6.19 序列核。设 $\mathcal{X}=\{a, c, g, t\}$。为了使用 SVM 对 DNA 序列进行分类，需要在 $\mathcal{X}$ 上定义序列之间的核。给定一个非编码区域(内含子)的有限集 $\mathcal{I}\subset\mathcal{X}^*$。对于 $x\in\mathcal{X}^*$，记 $|x|$ 为 x 的长度，$F(x)$ 为 x 的因子的集合，即 x 的连续符号子序列的集合。对于任意两个字符串 $x, y\in\mathcal{X}^*$，定义 $K(x, y)$ 如下：

$$K(x, y)=\sum_{z\in(F(x)\cap F(y))-\mathcal{I}}\rho^{|z|} \tag{6.32}$$

141 其中，$\rho\geqslant 1$ 为实数。

(a) 证明 K 是有理核，且它是 PDS。

(b) 对于表示 $\mathcal{X}^*-\mathcal{I}$ 的大小为 s 的最小自动机，计算 $K(x, y)$ 的时间和空间复杂度。

(c) 当 x 和 y 之间的公共因子的长度大于或等于 n 时，这个公共因子可能是重要的编码区域(外显子)。修改核 K，使得当 $|z|\geqslant n$ 时，分配权重 $\rho_2^{|z|}$ 给 z，否则分配权重 $\rho_1^{|z|}$ 给 z，其中 $1\leqslant\rho_1\ll\rho_2$。证明这样得到的核仍然是 PDS。

6.20 n 元组核。证明对于所有 $n\geqslant 1$ 以及任意 n 元组核 K_n，$K_n(x, y)$ 可以在线性时间 $O(|x|+|y|)$ 内计算，其中对于所有 $x, y\in\sum^*$，假设 n 和字母表规模为常数。

6.21 Mercer 条件。令 $\mathcal{X}\subset\mathbb{R}^N$ 为紧致集，且 $K: \mathcal{X}\times\mathcal{X}\to\mathbb{R}$ 是连续核函数。证明如果 K 满足 Mercer 条件(定理 6.1)，则 K 是 PDS。(提示：假设 K 不是 PDS，并考虑集合 $\{x_1, \cdots, x_m\}\subseteq\mathcal{X}$，以及列向量 $\boldsymbol{c}\in\mathbb{R}^{m\times 1}$ 使得 $\sum_{i,j=1}^{m}c_ic_jK(x_i, x_j)<0$。)

6.22 异常检测。考虑一个希尔伯特空间 $\mathbb{H}$，相应的特征映射为 $\Phi: \mathcal{X}\to\mathbb{H}$，核 $K(x, x')=\Phi(x)\cdot\Phi(x')$。

(a) 首先，对于给定的样本集 $S=(x_1, \cdots, x_m)$，考虑找到该样本集的最小闭包。令 $\boldsymbol{c}\in\mathbb{H}$ 表示闭包的球心，$r>0$ 表示半径，通过以下优化问题可以找到最小闭包：

$$\min_{r>0,\ c\in\mathbb{H}} r^2$$
$$\text{s.t. } \forall i\in[1, m],\ \|\Phi(x_i)-\boldsymbol{c}\|^2\leqslant r^2$$

试论述如何得到等价对偶优化问题：

$$\max_{\boldsymbol{\alpha}}\sum_{i=1}^{m}\alpha_iK(x_i, x_i)-\sum_{i,j=1}^{m}\alpha_i\alpha_jK(x_i, x_j)$$

$$\text{s.t. } \boldsymbol{\alpha} \geqslant \mathbf{0} \wedge \sum_{i=1}^{m} \alpha_i = 1$$ 142

在此基础上，证明最优解满足 $\boldsymbol{c} = \sum_{i} \alpha_i \Phi(x_i)$。换言之，闭包的位置只取决于有非零系数 α_i 的 x_i。这一发现与 SVM 中的支持向量很相似。

(b) 考虑如下假设集：

$$\mathcal{H} = \{x \mapsto r^2 - \|\Phi(x) - \boldsymbol{c}\|^2 : \|\boldsymbol{c}\| \leqslant \Lambda, 0 < r \leqslant R\}$$

其中，假设 $h \in \mathcal{H}$ 可以用于检测数据中的异常，即 $h(x) \geqslant 0$ 表示该样本为非异常点，$h(x) < 0$ 表示该样本异常。

试证明如果 $\sup_x \|\Phi(x)\| \leqslant M$，那么当 $\Lambda \leqslant M$ 以及 $R \leqslant 2M$ 时，(a) 中优化问题的解可以在假设集 $\mathcal{H}$ 中找到。

(c) 令 $\mathcal{D}$ 表示非异常点的分布，其期望损失为 $R(h) = \underset{x \sim \mathcal{D}}{\mathbb{E}}[1_{h(x)<0}]$，经验间隔损失为 $\hat{R}_{S,\rho}(h) = \sum_{i=1}^{m} \frac{1}{m} \Phi_\rho(h(x_i)) \leqslant \sum_{i=1}^{m} \frac{1}{m} 1_{h(x_i)<\rho}$。这些损失源于假设带来的**假阳性**(false-positive)预测，即错误地将样本标记为异常产生的误差。

i. 试证明(b)中假设集 $\mathcal{H}$ 的经验 Rademacher 复杂度上界为：

$$\hat{\mathcal{R}}_S(\mathcal{H}) \leqslant \frac{R^2 + \Lambda^2}{\sqrt{m}} + \Lambda \sqrt{\mathrm{Tr}[\boldsymbol{K}]}$$

其中，$\boldsymbol{K}$ 是由样本集构建的核矩阵。

ii. 试证明，对于所有 $h \in \mathcal{H}$ 以及 $\rho \in (0, 1]$，以至少为 $1-\delta$ 的概率有下式成立：

$$R(h) \leqslant \hat{R}_{S,\rho}(h) + \frac{4}{\rho}\left(\frac{R^2 + \Lambda^2}{\sqrt{m}} + \Lambda \sqrt{\mathrm{Tr}[\boldsymbol{K}]}\right) + \sqrt{\frac{\log\log_2 \frac{2}{\rho}}{m}} + 3\sqrt{\frac{\log \frac{4}{\delta}}{2m}}$$

(d) 类比软间隔 SVM，我们也可以对最小闭包定义软间隔目标函数，便于通过一个正则化参数 C 对训练集中异常点的敏感性进行调整：

$$\min_{r>0, \boldsymbol{c} \in \mathbb{H}, \xi} r^2 + C \sum_{i=1}^{m} \xi_i$$

$$\text{s.t. } \forall i \in [1, m], \|\Phi(x_i) - \boldsymbol{c}\|^2 \leqslant r^2 + \xi_i \wedge \xi_i \geqslant 0$$ 143

试证明上述优化问题的等价对偶优化问题为：

$$\max_{\boldsymbol{\alpha}} \sum_{i=1}^{m} \boldsymbol{\alpha}_i \boldsymbol{K}(\boldsymbol{x}_i, \boldsymbol{x}_i) - \sum_{i,j=1}^{m} \boldsymbol{\alpha}_i \boldsymbol{\alpha}_j \boldsymbol{K}(\boldsymbol{x}_i, \boldsymbol{x}_j)$$

$$\textbf{s.t. } \mathbf{0} \leqslant \boldsymbol{\alpha} \leqslant C\mathbf{1} \wedge \sum_{i=1}^{m} \alpha_i = 1$$

进一步地，证明该问题在 $\boldsymbol{c} = \sum_{i=1}^{m} \alpha_i \Phi(x_i)$ 时达到最优。 144

·第7章·

boosting

集成方法(ensemble method)在机器学习领域是一种通用技术，通过组合多个预测器来生成一个更准确的预测器。本章研究的是一类重要的集成方法——boosting，更准确地说是 AdaBoost 算法。该算法在多个情境的实际应用中已被证实非常有效，并且有着丰富的理论分析。我们首先介绍 AdaBoost 算法，阐述该算法如何快速减少与 boosting 迭代轮次成函数关系的经验误差，并指出该算法与其他已知算法的关系。然后，我们分别基于 Adaboost 假设集的 VC 维和间隔的概念，给出其泛化性质的理论分析。本章介绍的间隔理论的大部分内容同样可以应用于其他类似的集成算法理论分析。AdaBoost 的博弈论解释能够进一步帮助分析其性质，并揭示弱学习假设与可分条件之间的等价性。在本章最后，我们对 AdaBoost 的优点和缺点进行讨论。

7.1 引言

对于一个非平凡的学习任务来说，直接设计一个能够满足第 2 章中提到的强 PAC 学习要求的准确算法是非常困难的。但是，我们可以很容易找到这样一种简单的预测器，即保证其性能稍好于随机猜测。下面给出这种**弱学习器**(weak learner)的形式定义。类似于之前介绍的 PAC 学习，设表示任意元素 $x\in\mathcal{X}$ 的计算代价至多为 $O(n)$，将计算表示概念 $c\in\mathcal{C}$ 的最大代价记为 size(c)。

| 定义 7.1 弱学习 | 如果存在一个算法 $\mathcal{A}$，$\gamma>0$，以及一个多项式函数 poly($\cdot$，$\cdot$，$\cdot$)
145 使得对于任意 $\delta>0$，对于所有在 $\mathcal{X}$ 上的分布 $\mathcal{D}$ 以及任意目标概念 $c\in\mathcal{C}$，对于样本规模满足 $m\geqslant$poly($1/\delta$，n，size(c))的任意样本集均有下式成立，那么概念类 $\mathcal{C}$ 是**弱 PAC 可学习**(weakly PAC-learnable)的：

$$\underset{S\sim\mathcal{D}^m}{\mathbb{P}}\left[R(h_S)\leqslant\frac{1}{2}-\gamma\right]\geqslant 1-\delta \tag{7.1}$$

其中，h_S 是算法 $\mathcal{A}$ 在样本集 S 上训练得到的假设。如果这样的算法 $\mathcal{A}$ 存在，该算法被称为概念类 C 的弱学习算法或弱学习器。弱学习算法返回的假设被称为基分类器。

boosting 方法的核心思想是通过弱学习算法来构造**强学习器**(strong learner)，即该算法是准确的 PAC 学习算法。为达到此目的，boosting 利用了集成方法：通过组合弱学习器返回的不同基分类器构造一个准确度更高的预测器。但是具体应当选择哪个分类器，以及如何组合这些分类器？接下来的小节将通过详细描述 AdaBoost 这一最普遍并且最成功的 boosting 算法来回答这些问题。

7.2 AdaBoost 算法

我们用 $\mathcal{H}$ 表示假设集，基分类器均从该假设集内选择，故而有时也将该集合称为**基分类器集**(base classifier set)。图 7.1 给出了二分类 AdaBoost 的伪代码，在二分类情况下基分类器将 $\mathcal{X}$ 映射到$\{-1, +1\}$函数，因此 $\mathcal{H}\subseteq\{-1, +1\}^{\mathcal{X}}$。

```
AdaBoost(S = ((x_1, y_1), ..., (x_m, y_m)))
1   for i ← 1 to m do
2       D_1(i) ← 1/m
3   for t ← 1 to T do
4       h_t ← 误差 ε_t = P_{i~D_t}[h_t(x_i) ≠ y_i] 较小的基分类器
5       α_t ← (1/2) log((1-ε_t)/ε_t)
6       Z_t ← 2[ε_t(1-ε_t)]^{1/2}    ▷归一化因子
7       for i ← 1 to m do
8           D_{t+1}(i) ← D_t(i) exp(-α_t y_i h_t(x_i)) / Z_t
9   f ← Σ_{t=1}^{T} α_t h_t
10  return f
```

图 7.1 基分类器集合 $\mathcal{H}\subseteq\{-1, +1\}^{\mathcal{X}}$ 的 AdaBoost 算法 146

该算法将带标签样本集 $S=((x_1, y_1), \cdots, (x_m, y_m))$作为输入，对于所有 $i\in[1, m]$，均有$(x_i, y_i)\in\mathcal{X}\times\{-1, +1\}$，并且在索引$\{1, \cdots, m\}$上，样本集服从一个概率分布。样本集的初始分布(第 1～2 行)为均匀分布($\mathcal{D}_1$)，在每次 boosting **迭代**(round of boosting)，即第 3～8 行的每次迭代 $t\in[1, T]$中，新的基分类器 $h_t\in\mathcal{H}$ 被选择使得在依分布 $\mathcal{D}_t$ 加权的训练样本上的误差最小：

$$h_t\in\underset{h\in\mathcal{H}}{\operatorname{argmin}}\underset{i\sim\mathcal{D}_t}{\mathbb{P}}[h(x_i)\neq y_i]=\underset{h\in\mathcal{H}}{\operatorname{argmin}}\sum_{i=1}^{m}\mathcal{D}_t(i)1_{h(x_i)\neq y_i}$$

该算法中，Z_t 是令权重 $\mathcal{D}_{t+1}(i)$加和为 1 的归一化因子，定义权重系数 α_t 的确切原因将在之后详细探讨。现在需要注意，如果基分类器的误差 ε_t 小于 1/2，那么$\frac{1-\varepsilon_t}{\varepsilon_t}>1$ 并且 $\alpha_t>0$。因此，可以基于分布 $\mathcal{D}_t$，通过增加错误分类($y_ih_t(x_i)<0$)时样本 x_i 的权重，同时减少正确分类时样本的权重来得到新的分布 $\mathcal{D}_{t+1}$，这样可以使得在下一轮迭代中给予先前学习器 h_t 错误分类的样本更多的关注，并给予正确分类的样本更少的关注。

经过 T 轮 boosting 迭代之后，AdaBoost 算法返回基分类器 h_t 的非负线性组合 f，得到的分类器为 f 的示性函数。基分类器 h_t 的权重 α_t 是其分类准确性 $1-\varepsilon_t$ 与分类误差 ε_t 比值的对数函数，因此基分类器越准确其权值越大。AdaBoost 算法示意见图 7.2，每一轮迭代中点的尺寸越大表示其权重越大。

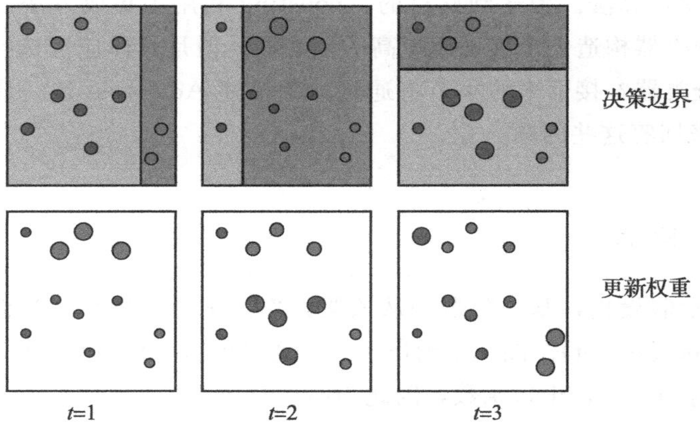

a）上面一行展示了在每轮boosting迭代中的决策边界；下面一行展示了每一轮中样本权重如何更新，即增加（减少）错误（正确）分类样本的权重

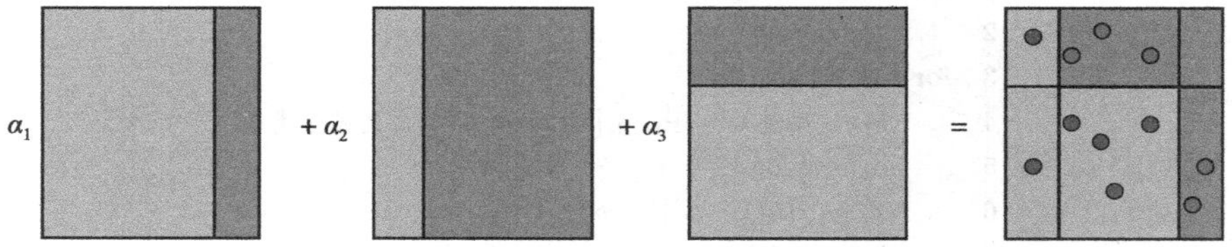

b）集成分类器的可视化，最终分类器是基分类器的非负线性组合

图 7.2　平行于坐标轴的超平面作为基分类器的 AdaBoost

对于任意 $t\in[1,T]$，我们将 t 轮 boosting 迭代之后所有基预测器的线性组合记作 f_t，即 $f_t=\sum_{s=1}^{t}\alpha_s h_s$ 。特别地，有 $f_T=f$。通过 f_t 和归一化因子 Z_s，$s\in[1,t]$，可将权值分布 $\mathcal{D}_{t+1}$ 表示为：

$$\forall i\in[1,m],\quad \mathcal{D}_{t+1}(i)=\frac{\mathrm{e}^{-y_i f_t(x_i)}}{m\prod_{s=1}^{t}Z_s} \tag{7.2}$$

我们将在以下的证明和之后的小节中多次用到上式。通过直接重复式地展开样本点 x_i 分布的定义可得：

$$\mathcal{D}_{t+1}(i)=\frac{\mathcal{D}_t(i)\mathrm{e}^{-\alpha_t y_i h_t(x_i)}}{Z_t}=\frac{\mathcal{D}_{t-1}(i)\mathrm{e}^{-\alpha_{t-1}y_i h_{t-1}(x_i)}\mathrm{e}^{-\alpha_t y_i h_t(x_i)}}{Z_{t-1}Z_t}$$

$$=\frac{\mathrm{e}^{-y_i\sum_{s=1}^{t}\alpha_s h_s(x_i)}}{m\prod_{s=1}^{t}Z_s}$$

AdaBoost 算法可以通过几种方式进行泛化推广：

- h_t 不仅仅局限于取加权误差最小的假设，更一般地，弱学习算法在分布为 $\mathcal{D}_t$ 的样本上训练得到的基分类器便可作为 h_t；
- 基分类器的取值范围可以是$[-1,1]$，也可以泛化到实数集 $\mathbb{R}$ 的有界子集。系数

α_t 将会不同并且甚至不存在闭式解。一般来说系数的选择依据的是最小化经验误差上界，在下一节将对此详细讨论。当然，在这种一般情况下，假设 h_t 不再是二进制**分类器**(classifier)，但是其值的符号可以作为标签，且其值的大小可以被解释为置信度。 147~148

在本节接下来的部分，我们都假定 $\mathcal{H}$ 中基分类器的取值范围是[−1, 1]，我们将进一步分析 AdaBoost 的性质并讨论其在实践中的典型用法。

7.2.1 经验误差的界

我们首先证明 AdaBoost 的经验误差随 boosting 迭代次数的函数呈指数型下降。

| 定理 7.1 | *AdaBoost 返回的分类器经验误差满足：*

$$\hat{R}_S(f) \leqslant \exp\left[-2\sum_{t=1}^{T}\left(\frac{1}{2}-\varepsilon_t\right)^2\right] \tag{7.3}$$

进一步地，如果对于所有 $t\in[1, T]$，有 $\gamma\leqslant\left(\frac{1}{2}-\varepsilon_t\right)$ 成立，那么

$$\hat{R}_S(f)\leqslant\exp(-2\gamma^2 T) \tag{7.4}$$

| 证明 | 根据一般不等式 $1_{u\leqslant 0}\leqslant\exp(-u)$ 对于所有的 $u\in\mathbb{R}$ 成立，以及等式(7.2)，我们可以得到：

$$\hat{R}_S(f)=\frac{1}{m}\sum_{i=1}^{m}1_{y_i f(x_i)\leqslant 0}\leqslant\frac{1}{m}\sum_{i=1}^{m}\mathrm{e}^{-y_i f(x_i)}=\frac{1}{m}\sum_{i=1}^{m}\left[m\prod_{t=1}^{T}Z_t\right]\mathcal{D}_{T+1}(i)=\prod_{t=1}^{T}Z_t$$

因为对于所有的 $t\in[1, T]$，Z_t 是一个归一化因子，并可以通过 ε_t 表示为：

$$\begin{aligned}
Z_t=\sum_{i=1}^{m}\mathcal{D}_t(i)\mathrm{e}^{-\alpha_t y_i h_t(x_i)}&=\sum_{i:\ y_i h_t(x_i)=+1}\mathcal{D}_t(i)\mathrm{e}^{-\alpha_t}+\sum_{i:\ y_i h_t(x_i)=-1}\mathcal{D}_t(i)\mathrm{e}^{\alpha_t}\\
&=(1-\varepsilon_t)\mathrm{e}^{-\alpha_t}+\varepsilon_t\mathrm{e}^{\alpha_t}\\
&=(1-\varepsilon_t)\sqrt{\frac{\varepsilon_t}{1-\varepsilon_t}}+\varepsilon_t\sqrt{\frac{1-\varepsilon_t}{\varepsilon_t}}=2\sqrt{\varepsilon_t(1-\varepsilon_t)}
\end{aligned}$$

因此，归一化因子的乘积及其上界可以表示为：

$$\begin{aligned}
\prod_{t=1}^{T}Z_t=\prod_{t=1}^{T}2\sqrt{\varepsilon_t(1-\varepsilon_t)}=\prod_{t=1}^{T}\sqrt{1-4\left(\frac{1}{2}-\varepsilon_t\right)^2}&\leqslant\prod_{t=1}^{T}\exp\left[-2\left(\frac{1}{2}-\varepsilon_t\right)^2\right]\\
&=\exp\left[-2\sum_{t=1}^{T}\left(\frac{1}{2}-\varepsilon_t\right)^2\right]
\end{aligned}$$

其中，不等式成立是由于对于所有 $x\in\mathbb{R}$，有 $1-x\leqslant\mathrm{e}^{-x}$ 成立。 ■

值得注意的是，算法不需要知道 γ 值(即所谓的**优势**(edge))以及基分类器的准确性。算法能够自适应于基分类器的准确性并据此给出相应的解，这也是 AdaBoost 全名的由来：**自适应 boosting**(adaptive boosting)。 149

定理 7.1 的证明揭示了其他几个重要的性质，首先，注意到 α_t 使函数 $\varphi: \alpha\mapsto(1-\varepsilon_t)\mathrm{e}^{-\alpha}+\varepsilon_t\mathrm{e}^{\alpha}$ 取得最小值，这是由于 φ 是可微并且凸的，将其导数置为零便可得到：

$$\varphi'(\alpha)=-(1-\varepsilon_t)\mathrm{e}^{-\alpha}+\varepsilon_t\mathrm{e}^{\alpha}=0\Leftrightarrow(1-\varepsilon_t)\mathrm{e}^{-\alpha}=\varepsilon_t\mathrm{e}^{\alpha}\Leftrightarrow\alpha=\frac{1}{2}\log\frac{1-\varepsilon_t}{\varepsilon_t} \tag{7.5}$$

因此，所选择的 α_t 可以最小化 $Z_t=\varphi(\alpha_t)$，并且，根据证明定理 7.1 过程中得到的界

$\widehat{R}_S(f) \leqslant \prod_{t=1}^{T} Z_t$ 可知，选择的这些系数可以最小化经验误差上界。事实上，对于取值范围为$[-1, +1]$或者 $\mathbb{R}$ 的基分类器，可以以类似的方式选择 α_t 以最小化 Z_t，以此可将 AdaBoost 扩展到更一般的情况。

我们还注意到，式(7.5)中得到的等式$(1-\epsilon_t)\mathrm{e}^{-\alpha_t}=\epsilon_t\mathrm{e}^{\alpha_t}$ 意味着在每轮迭代时，AdaBoost 将相等的概率分布质量分配给正确和错误分类的样本，这是因为$(1-\epsilon_t)\mathrm{e}^{-\alpha_t}$ 是分配给正确分类样本的总概率分布质量，而 $\epsilon_t\mathrm{e}^{\alpha_t}$ 为分配给错误分类样本的总概率分布质量。看起来这似乎与 AdaBoost 增加错误分类样本的权重并降低正确分类样本的权重这一事实相矛盾，而实际上这并不矛盾：因为基分类器的准确性高于随机猜测，所以错误分类样本个数总是较少。

7.2.2　与坐标下降的关系

AdaBoost 的初衷旨在从理论上回答能否通过弱学习算法得到强学习算法。这里，我们将证明它实际上与一个非常简单而经典的算法吻合，即将坐标下降技术用于可微凸的目标函数。

本节中为了简化论述，我们假定基分类器集 $\mathcal{H}$ 是有限的，集合的势为 N：$\mathcal{H}=\{h_1, \cdots, h_N\}$。由 AdaBoost 算法返回的集成函数 f 可以写为：$f=\sum_{j=1}^{N}\bar{\alpha}_j h_j$，其中 $\bar{\alpha}_j \geqslant 0$。给定一个带标签样本集 $S=((x_1, y_1), \cdots, (x_m, y_m))$以及 $\bar{\boldsymbol{\alpha}}=(\bar{\alpha}_1, \cdots, \bar{\alpha}_N)\in\mathbb{R}^N$，AdaBoost 的目标函数 F 定义为：

$$F(\bar{\boldsymbol{\alpha}})=\frac{1}{m}\sum_{i=1}^{m}\mathrm{e}^{-y_i f(x_i)}=\frac{1}{m}\sum_{i=1}^{m}\mathrm{e}^{-y_i\sum_{j=1}^{N}\bar{\alpha}_j h_j(x_i)} \tag{7.6}$$

由于指数损失 $u \mapsto \mathrm{e}^{-u}$ 是 0-1 损失 $u \mapsto 1_{u\leqslant 0}$ 的上界(见图 7.3)，F 是如下经验误差的上界：

$$\widehat{R}_S(f)=\frac{1}{m}\sum_{i=1}^{m}1_{y_i f(x_i)\leqslant 0}\leqslant\frac{1}{m}\sum_{i=1}^{m}\mathrm{e}^{-y_i f(x_i)} \tag{7.7}$$

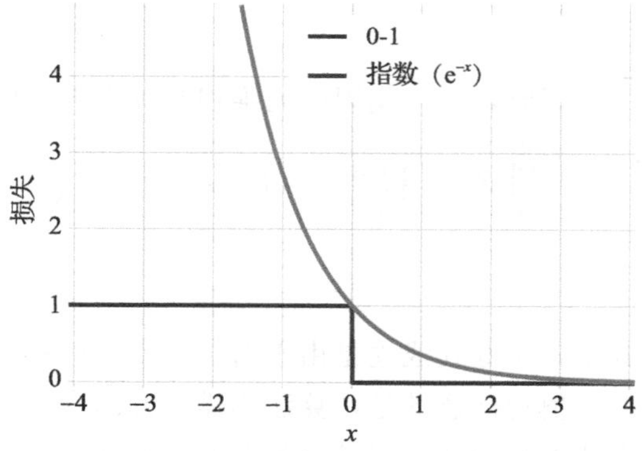

图 7.3　0-1 损失(蓝色)以及由 AdaBoost 优化的 0-1 损失上的可微凸上界(灰色)

这样的 F 是 $\bar{\boldsymbol{\alpha}}$ 的凸函数，这是由于它的表达式为一系列关于 $\bar{\boldsymbol{\alpha}}$ 的凸函数之和，其中每个凸函数都是指数函数(凸的)和放射函数的复合。之后我们将会论述 F 就是通过 AdaBoost 算法最小化的目标函数。

有很多凸优化方法可以用于最小化 F，本节我们重点讨论坐标下降技术的一个变种。一般地，设坐标下降执行 T 轮。令 $\bar{\boldsymbol{\alpha}}_0=\mathbf{0}$，$\bar{\boldsymbol{\alpha}}_t$ 表示第 t 轮迭代后的参数向量。在第 $t\in[1, T]$轮，选择 $\bar{\boldsymbol{\alpha}}$ 在 $\mathbb{R}^N$ 中第 k 个坐标对应的方向向量 $\boldsymbol{e}_k$ 以及该方向上的步长 η，则$\bar{\boldsymbol{\alpha}}_t$ 可由$\bar{\boldsymbol{\alpha}}_{t-1}$ 更新为：$\bar{\boldsymbol{\alpha}}_t=\bar{\boldsymbol{\alpha}}_{t-1}+\eta\boldsymbol{e}_k$。可以发现，

如果我们令 $\overline{g}_t$ 为由$\overline{\boldsymbol{\alpha}}_t$ 定义的集成函数，即 $\overline{g}_t=\sum_{j=1}^{N}\overline{\alpha}_{t,j}h_j$，则坐标下降的更新与 AdaBoost 的更新 $\overline{g}_t=\overline{g}_{t-1}+\eta h_k$ 一致。因此，由于这两个算法都是由 $\overline{g}_0=0$ 开始，若想证明 AdaBoost 算法与关于 F 的坐标下降一致，只需要证明在每轮迭代 t 中，坐标下降与 AdaBoost 都选择了相同的假设 h_k 以及步长 η。这一点可以通过归纳法证明，即先假设在第 $t-1$ 轮迭代成立，$\overline{g}_{t-1}=f_{t-1}$，之后证明在第 t 轮迭代也成立。

本节讨论的坐标下降技术变种具体是指：在每轮迭代中，选择使得 F 导数的绝对值最大的方向 $\boldsymbol{e}_k$ 作为最大下降方向，选择该方向上的最优步长 η 使得 $F(\overline{\boldsymbol{\alpha}}_{t-1}+\eta\boldsymbol{e}_k)$最小化。 150~151
为了给出这样的方向以及步长的表达式，我们先类似地介绍一些用于分析 boosting 算法的预备知识。对于任意 $t\in[1,T]$，定义在索引上$\{1,\cdots,m\}$的分布 $\overline{\mathcal{D}}_t$ 如下：

$$\overline{\mathcal{D}}_t(i)=\frac{\mathrm{e}^{-y_i\sum_{j=1}^{N}\overline{\alpha}_{t-l,j}h_j(x_i)}}{\overline{Z}_t}=\frac{\mathrm{e}^{-y_i\overline{g}_{t-1}(x_i)}}{\overline{Z}_t}$$

其中，$\overline{Z}_t$ 为归一化因子，$\overline{Z}_t=\sum_{i=1}^{m}\mathrm{e}^{-y_i\sum_{j=1}^{N}\overline{\alpha}_{t-1,j}h_j(x_i)}$。注意，由于 $\overline{g}_{t-1}=f_{t-1}$，$\overline{\mathcal{D}}_t$ 与 $\mathcal{D}_t$ 一致。对于任意基假设 h_j，$j\in[1,N]$，其关于 $\overline{\mathcal{D}}_t$ 的期望误差 $\overline{\epsilon}_{t,j}$ 定义如下：

$$\overline{\epsilon}_{t,j}=\underset{i\sim\overline{\mathcal{D}}_t}{\mathbb{E}}[1_{y_ih_j(x_i)\leqslant 0}]$$

在$\overline{\boldsymbol{\alpha}}_{t-1}$ 上 F 关于 $\boldsymbol{e}_k$ 的方向导数记为 $F'(\overline{\boldsymbol{\alpha}}_{t-1},\boldsymbol{e}_k)$，定义如下：

$$F'(\overline{\boldsymbol{\alpha}}_{t-1},\boldsymbol{e}_k)=\lim_{\eta\to 0}\frac{F(\overline{\boldsymbol{\alpha}}_{t-1}+\eta\boldsymbol{e}_k)-F(\overline{\boldsymbol{\alpha}}_{t-1})}{\eta}$$

由于 $F(\overline{\boldsymbol{\alpha}}_{t-1}+\eta\boldsymbol{e}_k)=\sum_{i=1}^{m}\mathrm{e}^{-y_i\sum_{j=1}^{N}\overline{\alpha}_{t-1,j}h_j(x_i)-\eta y_ih_k(x_i)}$，沿 $\boldsymbol{e}_k$ 的方向导数可以如下表示：

$$\begin{aligned}F'(\overline{\boldsymbol{\alpha}}_{t-1},\boldsymbol{e}_k)&=-\frac{1}{m}\sum_{i=1}^{m}y_ih_k(x_i)\mathrm{e}^{-y_i\sum_{j=1}^{N}\overline{\alpha}_{t-1,j}h_j(x_i)}\\&=-\frac{1}{m}\sum_{i=1}^{m}y_ih_k(x_i)\overline{\mathcal{D}}_t(i)\overline{Z}_t\\&=-\left[\sum_{i=1}^{m}\overline{\mathcal{D}}_t(i)1_{y_ih_k(x_i)=+1}-\sum_{i=1}^{m}\overline{\mathcal{D}}_t(i)1_{y_ih_k(x_i)=-1}\right]\frac{\overline{Z}_t}{m}\\&=-[(1-\overline{\epsilon}_{t,k})-\overline{\epsilon}_{t,k}]\frac{\overline{Z}_t}{m}=[2\overline{\epsilon}_{t,k}-1]\frac{\overline{Z}_t}{m}\end{aligned}$$

由于$\frac{\overline{Z}_t}{m}$不依赖于 k，故而最大下降方向 k 可由最小化 $\overline{\epsilon}_{t,k}$ 得到。因此，在第 t 轮迭代坐标下降选择的假设 h_k 使得样本集 S 上关于 $\overline{\mathcal{D}}_t=\mathcal{D}_t$ 的期望误差最小，其恰好对应于 AdaBoost 在第 t 轮迭代选择的假设。

选择步长 η，以使选定方向 $\boldsymbol{e}_k$ 上的函数值，即 $\mathrm{argmin}_\eta F(\overline{\boldsymbol{\alpha}}_{t-1}+\eta\boldsymbol{e}_k)$ 最小化。由于 $F(\overline{\boldsymbol{\alpha}}_{t-1}+\eta\boldsymbol{e}_k)$是关于 η 的凸函数，通过将导数设置为零可以实现最小化： 152

$$\frac{dF(\overline{\boldsymbol{\alpha}}_{t-1}+\eta\boldsymbol{e}_k)}{d\eta}=0\Leftrightarrow-\sum_{i=1}^{m}y_ih_k(x_i)\mathrm{e}^{-y_i\sum_{j=1}^{N}\overline{\alpha}_{t-1,j}h_j(x_i)}\mathrm{e}^{-\eta y_ih_k(x_i)}=0$$

$$\Leftrightarrow -\sum_{i=1}^{m} y_i h_k(x_i)\overline{\mathcal{D}}_t(i)\overline{Z}_t e^{-\eta y_i h_k(x_i)}=0$$

$$\Leftrightarrow -\sum_{i=1}^{m} y_i h_k(x_i)\overline{\mathcal{D}}_t(i) e^{-\eta y_i h_k(x_i)}=0$$

$$\Leftrightarrow -[(1-\overline{\epsilon}_{t,k})e^{-\eta}-\overline{\epsilon}_{t,k}e^{\eta}]=0$$

$$\Leftrightarrow \eta=\frac{1}{2}\log\frac{1-\overline{\epsilon}_{t,k}}{\overline{\epsilon}_{t,k}}$$

这证明了由坐标下降选择的步长对应于 AdaBoost 在第 t 轮选择的基分类器权重 α_t。因此，应用于指数目标函数 F 的坐标下降与 AdaBoost 算法一致，F 可以看作是通过 AdaBoost 算法最小化的目标函数。

鉴于这种关系，人们希望类似地将坐标下降应用于其他能够作为 0-1 损失上界的 $\overline{\alpha}$ 的可微凸函数。比如，**逻辑损失**(logistic loss)$x\mapsto\log_2(1+e^{-x})$是可微凸的，并且是 0-1 损失的上界。图 7.4 显示了其他几个能够作为 0-1 损失上界的凸损失函数。使用逻辑损失替代 AdaBoost 使用的指数损失能够得到与**逻辑回归**(logistic regression)相一致

153 的算法。

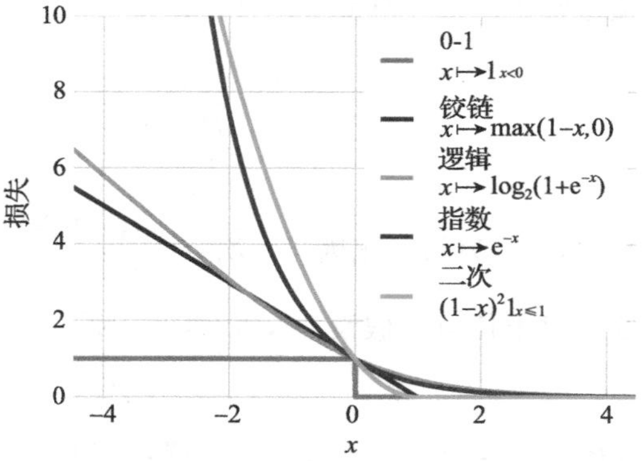

图 7.4　0-1 损失的几个凸上界的例子

7.2.3　实践中的使用方式

这里我们对如何在实践中使用 AdaBoost 作简要介绍。该算法的一个重要要求是选择基分类器或称弱学习器。在实践中经常用于 AdaBoost 的一类基分类器是**决策树**(decision tree)，决策树等同于对空间的分层划分(见第 9 章 9.3.3 节)。深度为 1 的决策树，又称**桩**(stump)，是迄今为止最常用的基分类器。

boosting 桩是关于单个特征的阈值函数，因此，桩对应于空间中平行于单个坐标轴的划分，如图 7.2 所示。如果数据在 $\mathbb{R}^N$ 空间中，我们可以将桩关联于 N 个成分中的每一个，因此，要确定每轮 boosting 迭代中最小加权误差的桩，需要计算最佳分量以及每个分量的最佳阈值。

为此，我们可以首先在 $O(m\log m)$时间内预先计算每个分量，总计算代价为 $O(mN\log m)$。对于给定的一个分量，因为相同分量的连续值之间的两个阈值是等价的，所以仅可能存在 $m+1$ 个不同阈值。为了在每轮 boosting 迭代中找到最佳阈值，可以在 $O(m)$时间内完成对所有 $m+1$ 个可能值的比较。因此，T 轮 boosting 迭代总的计算复杂度是 $O(mN\log m+mNT)$。

虽然 boosting 桩在 AdaBoost 中被广泛使用，并且在实践中表现良好，但是值得注意，返回的具有最小(加权)经验误差的桩并不是一个弱学习器(见定义 7.1)。例如，考虑在 $\mathbb{R}^2$ 空间中关于四个数据点的简单 XOR 问题(见图 6.3a)，其中第二和第四象限中的点被标记为正，而第一和第三象限中的点被标记为负，则在这种情况下，没有决策桩可以达到高于 1/2 的准确性。

7.3 理论结果

在本节中，我们将对 AdaBoost 的泛化性能进行理论分析。

7.3.1 基于 VC-维的分析

我们首先根据 AdaBoost 假设集的 VC-维对其进行分析。T 轮 boosting 迭代后，AdaBoost 算法的输出来自函数族 $\mathcal{F}_T$：

$$\mathcal{F}_T=\left\{\operatorname{sgn}\left(\sum_{t=1}^{T}\alpha_t h_t\right):\ \alpha_t\geqslant 0,\ h_t\in\mathcal{H},\ t\in[1,\ T]\right\} \tag{7.8}$$ 154

由基假设函数族 $\mathcal{H}$ 的 VC-维 d，可以得到 F_T 的 VC-维有如下的界(习题 7.1)：

$$\operatorname{VCdim}(\mathcal{F}_T)\leqslant 2(d+1)(T+1)\log_2((T+1)\mathrm{e}) \tag{7.9}$$

该上界的增长速度为 $O(dT\log T)$，因此，该上界表明，当 T 值过大时，AdaBoost 可能过拟合。但是，在许多情况下，已经从实验中观察到 AdaBoost 的泛化误差随着 boosting 迭代轮次 T 的增加而减小，如图 7.5 所示。如何解释这样的实验结果？下面的小节中将给出 AdaBoost 的基于间隔的分析，从理论上对上述实验结果进行解释。

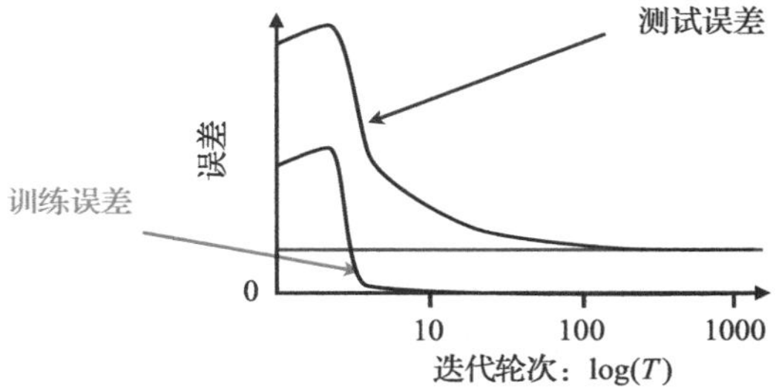

图 7.5 使用 C4.5 决策树作为基学习器的 AdaBoost 实验结果。在这个例子中，训练误差在大约 5 轮 boosting 迭代($T\approx 5$)后变为零，而随着 T 值增大，测试误差继续减小

7.3.2 L_1-几何间隔

在第 5 章中，我们介绍了置信间隔的定义并基于此概念给出了一系列一般性的学习界，这些学习界为 SVM 算法提供了强学习保证。这里，我们以一种类似的方式利用置信间隔为集成方法给出一般性的学习界，进而可用于推导 AdaBoost 算法的学习保证。

在前面的章节中提到，一个实值函数 f 在标签为 y 的点 x 处的置信间隔是 $yf(x)$。对于 SVM，我们定义了几何间隔的概念，即在可分情况下，几何间隔权重向量 $\boldsymbol{w}$ 经过归一化($\|\boldsymbol{w}\|_2=1$)的线性假设对应的置信间隔的下界。在这一小节，我们对 1-范数约束的线性假设(例如由 AdaBoost 返回的集成假设)定义几何间隔，进而类似地给出其与置信间隔之间的联系。同时，通过这样的方式，我们也可以看到 SVM 和 boosting 在一些概念和术语上的关联。 155

首先注意到对于所有的 $x\in\mathcal{X}$，基假设 h_1，…，h_T 的线性组合 $f=\sum_{t=1}^{T}\alpha_t h_t$ 可以通过内积 $f=\boldsymbol{\alpha}\cdot\boldsymbol{h}$ 等效地表示，其中 $\boldsymbol{\alpha}=(\alpha_1,\ \cdots,\ \alpha_T)^{\mathrm{T}}$，$\boldsymbol{h}(x)=[h_1(x),\ \cdots,\ h_T(x)]^{\mathrm{T}}$。显而易见，它与第 5 章和第 6 章中考虑的线性假设很相似：由基假设组成的向量 $\boldsymbol{h}(x)$ 是关于 x 的特征向量，先前我们用 $\Phi(x)$ 来表示；$\boldsymbol{\alpha}$ 为权重向量，先前用 $\boldsymbol{w}$ 来表示。诸如 AdaBoost 返回的集成线性组合，其权重向量是非负的：$\boldsymbol{\alpha}\geqslant 0$。接下来，我们利用刚刚介绍的概念，以 1-范数而不是 SVM 中的 2-范数的形式给出集成函数的几何间隔。

| 定义 7.2　L_1-几何间隔 | 对于 $\boldsymbol{\alpha}\neq 0$，线性函数 $f=\sum_{t=1}^{T}\alpha_t h_t$ 在点 $x\in\mathcal{X}$ 的 L_1-几何间隔 $\rho_f(x)$ 定义为：

$$\rho_f(x)=\frac{|f(x)|}{\|\boldsymbol{\alpha}\|_1}=\frac{\left|\sum_{t=1}^{T}\alpha_t h_t(x)\right|}{\|\boldsymbol{\alpha}\|_1}=\frac{|\boldsymbol{\alpha}\cdot\boldsymbol{h}(x)|}{\|\boldsymbol{\alpha}\|_1} \tag{7.10}$$

在样本集 $S=(x_1, \cdots, x_m)$上，f 的 L_1-间隔就是它在该样本集中所有样本点上的最小间隔：

$$\rho_f=\min_{i\in[1,m]}\rho_f(x_i)=\min_{i\in[1,m]}\frac{|\boldsymbol{\alpha}\cdot\boldsymbol{h}(x_i)|}{\|\boldsymbol{\alpha}\|_1} \tag{7.11}$$

上述的几何间隔定义不同于介绍 SVM 算法时的定义 5.1，二者的区别仅在于权重向量使用的范数不同：AdaBoost 使用 L_1 范数，定义 5.1 中使用 L_2 范数。为了在之后的讨论中进行区分，在点 x 处(见定义 5.1)我们用 $\rho_1(x)$表示 L_1-间隔，用 $\rho_2(x)$表示 L_2-间隔：

156

$$\rho_1(x)=\frac{|\boldsymbol{\alpha}\cdot\boldsymbol{h}(x)|}{\|\boldsymbol{\alpha}\|_1}\quad 和 \quad \rho_2(x)=\frac{|\boldsymbol{\alpha}\cdot\boldsymbol{h}(x)|}{\|\boldsymbol{\alpha}\|_2}$$

$\rho_2(x)$是向量 $\boldsymbol{h}(x)$到 $\mathbb{R}^T$ 上超平面 $\boldsymbol{\alpha}\cdot\boldsymbol{x}=0$ 的 2-范数距离。类似地，$\rho_1(x)$是 $\boldsymbol{h}(x)$到该超平面的∞-范数距离。这两种距离的几何差异如图 7.6 所示[⊖]。

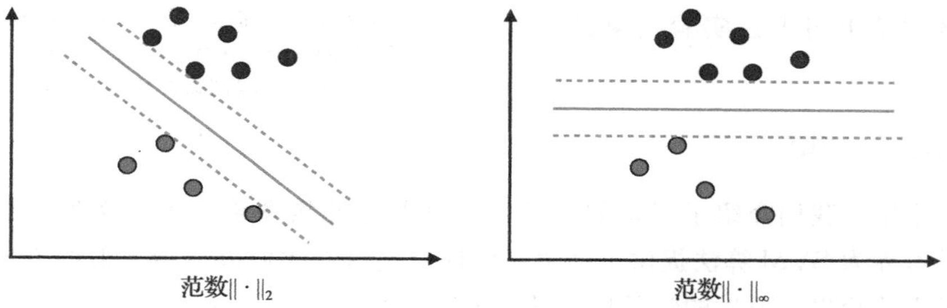

图 7.6　2-范数和∞-范数的最大间隔超平面

我们定义 AdaBoost 返回的函数 f 的归一化如下：

$$\bar{f}=\frac{f}{\sum_{t=1}^{T}\alpha_t}=\frac{f}{\|\boldsymbol{\alpha}\|_1}$$

需要注意，如果标签为 y 的点 x 被 f(或 $\bar{f}$)正确分类，那么 $\bar{f}$ 在 x 处的置信间隔与 f 的 L_1-几何间隔一致，即 $y\bar{f}(x)=\frac{yf(x)}{\|\boldsymbol{\alpha}\|_1}=\rho_f(x)$。由于系数 α_t 非负，$\rho_f(x)$是基假设值 $h_t(x)$

⊖ 一般地，对于 p，$q\geqslant 1$，如果 p 和 q **共轭**(conjugate)，即 $\frac{1}{p}+\frac{1}{q}=1$，那么 $\frac{|\boldsymbol{\alpha}\cdot\boldsymbol{h}(x)|}{\|\boldsymbol{\alpha}\|_p}$ 是 $\boldsymbol{h}(x)$与超平面 $\boldsymbol{\alpha}\cdot\boldsymbol{h}(x)=0$ 的 q 范数距离。

的凸组合。特别地，当基假设 h_t 取值为[−1，+1]时，$\rho_f(x)$的取值也为[−1，+1]。

7.3.3 基于间隔的分析

为了考量 AdaBoost 的泛化性质，我们首先分析凸线性集成的 Rademacher 复杂度。对于任意实值函数假设集 $\mathcal{H}$，我们用 conv($\mathcal{H}$)表示其凸包，定义为：

$$\operatorname{conv}(\mathcal{H})=\left\{\sum_{k=1}^{p}\mu_k h_k:\ p\geqslant 1,\ \forall k\in[1,p],\ \mu_k\geqslant 0,\ h_k\in\mathcal{H},\ \sum_{k=1}^{p}\mu_k\leqslant 1\right\} \tag{7.12}$$

下面的引理表明，conv($\mathcal{H}$)一般是包含 $\mathcal{H}$ 的严格更大的集合，其经验 Rademacher 复杂度与 $\mathcal{H}$ 的一致。

| 引理 7.1 | 设 $\mathcal{H}$ 是从 $\mathcal{X}$ 到 $\mathbb{R}$ 的映射函数集，那么，对于任意样本集 S，有

$$\hat{\mathcal{R}}_S(\operatorname{conv}(\mathcal{H}))=\hat{\mathcal{R}}_S(\mathcal{H})$$ 157

| 证明 | 该定理可通过一系列等式来证明：

$$\begin{aligned}\hat{\mathcal{R}}_S(\operatorname{conv}(\mathcal{H}))&=\frac{1}{m}\mathop{\mathbb{E}}_{\sigma}\left[\sup_{h_1,\cdots,h_p\in\mathcal{H},\ \boldsymbol{\mu}\geqslant 0,\ \|\boldsymbol{\mu}\|_1\leqslant 1}\sum_{i=1}^{m}\sigma_i\sum_{k=1}^{p}\mu_k h_k(x_i)\right]\\&=\frac{1}{m}\mathop{\mathbb{E}}_{\sigma}\left[\sup_{h_1,\cdots,h_p\in\mathcal{H}}\ \sup_{\boldsymbol{\mu}\geqslant 0,\ \|\boldsymbol{\mu}\|_1\leqslant 1}\sum_{k=1}^{p}\mu_k\sum_{i=1}^{m}\sigma_i h_k(x_i)\right]\\&=\frac{1}{m}\mathop{\mathbb{E}}_{\sigma}\left[\sup_{h_1,\cdots,h_p\in\mathcal{H}}\ \max_{k\in[p]}\sum_{i=1}^{m}\sigma_i h_k(x_i)\right]\\&=\frac{1}{m}\mathop{\mathbb{E}}_{\sigma}\left[\sup_{h\in\mathcal{H}}\sum_{i=1}^{m}\sigma_i h(x_i)\right]=\hat{\mathcal{R}}_S(\mathcal{H})\end{aligned}$$

这些等式中第三个等式的成立基于对偶范数的定义(见 A.1.2 节)，或使 p 项凸组合的最大化的向量 $\boldsymbol{\mu}$ 是将所有权重分配到最大项的向量。■

该定理可以直接与定理 5.4 联立，得出如下假设的凸组合集成的 Rademacher 复杂度泛化界，这里用 $\hat{R}_{S,\rho}(h)$表示间隔为 ρ 的经验间隔损失。

| 推论 7.1 以 Rademacher 复杂度表示的集成间隔界 | 令 $\mathcal{H}$ 表示实值函数集。固定 $\rho>0$，对于任意 $\delta>0$，对于所有 $h\in\operatorname{conv}(\mathcal{H})$，以下推论以至少为 $1-\delta$ 的概率成立：

$$R(h)\leqslant\hat{R}_{S,\rho}(h)+\frac{2}{\rho}\mathcal{R}_m(\mathcal{H})+\sqrt{\frac{\log\frac{1}{\delta}}{2m}} \tag{7.13}$$

$$R(h)\leqslant\hat{R}_{S,\rho}(h)+\frac{2}{\rho}\hat{\mathcal{R}}_S(\mathcal{H})+3\sqrt{\frac{\log\frac{2}{\delta}}{2m}} \tag{7.14}$$

通过推论 3.1 和推论 3.3 以 VC-维来限制 Rademacher 复杂度，可直接得到对于假设的凸组合集成由 VC-维表示的泛化界。

| 推论 7.2 以 VC-维表示的集成间隔界 | 设 $\mathcal{H}$ 是取值为{−1，+1}的函数族，其 VC-维为 d。固定 $\rho>0$，对于任意 $\delta>0$，对于所有 $h\in\operatorname{conv}(\mathcal{H})$，下式以至少为 $1-\delta$ 的概率成立：

$$R(h)\leqslant\hat{R}_{S,\rho}(h)+\frac{2}{\rho}\sqrt{\frac{2d\log\frac{em}{d}}{m}}+\sqrt{\frac{\log\frac{1}{\delta}}{2m}} \tag{7.15}$$

如定理5.3那样，不局限于某个固定的ρ，这些界仅需额外增加一项$\sqrt{\left(\log\log_2\frac{2}{\delta}\right)/m}$
158 就可以推广到对于所有$\rho\in(0,1]$一致成立。这些界不能直接应用于AdaBoost得到的函数f，因为f不是基假设的凸组合，但它们可以应用于如下经过归一化的函数：$\overline{f}=\frac{\sum_{t=1}^{T}\alpha_t h_t}{\|\boldsymbol{\alpha}\|_1}\in\operatorname{conv}(\mathcal{H})$。注意，从二分类的角度来看，因为$\operatorname{sgn}(f)=\operatorname{sgn}(\overline{f}/\|\boldsymbol{\alpha}\|_1)$，故$f$和$\overline{f}$是等价的，因此$R(f)=R(\overline{f}/\|\boldsymbol{\alpha}\|_1)$，但是它们的经验间隔损失是不同的。

令$f=\sum_{t=1}^{T}\alpha_t h_t$表示在样本集$S$上经过$T$轮迭代后由AdaBoost返回的分类器，那么由式(7.13)可知，对于任意$\delta>0$，以至少为$1-\delta$的概率有下式成立：

$$R(f)\leqslant\hat{R}_{S,\rho}(\overline{f})+\frac{2}{\rho}\mathcal{R}_m(\mathcal{H})+\sqrt{\frac{\log\frac{1}{\delta}}{2m}} \tag{7.16}$$

类似的界也可通过式(7.14)和式(7.15)得到。值得注意的是，boosting迭代轮次T并没有出现在泛化界式(7.16)中，该泛化界仅取决于置信间隔ρ，样本规模m以及基分类器$\mathcal{H}$的Rademacher复杂度。因此，对于相对较大的ρ，如果间隔损失$R_\rho(\overline{f})$较小，该界能够保证有效的泛化。如之前所述，置信间隔至多为ρ、标签为y的样本$x\left(\frac{yf(x)}{\|\boldsymbol{\alpha}\|_1}\leqslant\rho\right)$在训练样本中的占比可以作为间隔损失的上界(见式(5.38))。因此，根据我们对L_1-间隔的定义，该间隔损失可以写为：

$$\hat{R}_{S,\rho}(\overline{f})\leqslant\frac{|\{i\in[1,m]:y_i\rho_f(x_i)\leqslant\rho\}|}{m} \tag{7.17}$$

此外，在一定条件下，经验间隔损失将随T的增加而减小，这种情况下由下面的定理也可给出经验间隔损失的界。

定理7.2 令$f=\sum_{t=1}^{T}\alpha_t h_t$表示经过$T$轮boosting迭代后由AdaBoost返回的函数，假设对于所有的$t\in[1,T]$都有$\varepsilon_t<\frac{1}{2}$，这意味着$\alpha_t>0$，则对于任意$\rho>0$，有下式成立：

$$\hat{R}_{S,\rho}(\overline{f})\leqslant 2^T\prod_{t=1}^{T}\sqrt{\varepsilon_t^{1-\rho}(1-\varepsilon_t)^{1+\rho}}$$

证明 利用对所有$u\in\mathbb{R}$均成立的一般不等式$1_{u\leqslant 0}\leqslant\exp(-u)$、式(7.2)中的
159 $\mathcal{D}_{t+1}(i)=\frac{e^{-y_i f(x_i)}}{m\prod_{t=1}^{T}Z_t}$、定理7.1证明中使用的等式$Z_t=2\sqrt{\varepsilon_t(1-\varepsilon_t)}$以及AdaBoost中的定

义 $\alpha_t=\frac{1}{2}\log\left(\frac{1-\varepsilon_t}{\varepsilon_t}\right)$，我们可以得到：

$$\begin{aligned}\frac{1}{m}\sum_{i=1}^{m}1_{y_i f(x_i)-\rho\|\boldsymbol{\alpha}\|_1\leqslant 0} &\leqslant \frac{1}{m}\sum_{i=1}^{m}\exp(-y_i f(x_i)+\rho\|\boldsymbol{\alpha}\|_1)\\ &=\frac{1}{m}\sum_{i=1}^{m}\mathrm{e}^{\rho\|\boldsymbol{\alpha}\|_1}\left[m\prod_{t=1}^{T}Z_t\right]\mathcal{D}_{T+1}(i)\\ &=\mathrm{e}^{\rho\|\boldsymbol{\alpha}\|_1}\prod_{t=1}^{T}Z_t=\mathrm{e}^{\rho\sum_{t'}\alpha_{t'}}\prod_{t=1}^{T}Z_t\\ &=2^T\prod_{t=1}^{T}\left[\sqrt{\frac{1-\varepsilon_t}{\varepsilon_t}}\right]^{\rho}\sqrt{\varepsilon_t(1-\varepsilon_t)}\end{aligned}$$ ■

进一步地，如果对于所有 $t\in[1, T]$均有 $\gamma\leqslant\left(\frac{1}{2}-\varepsilon_t\right)$和 $\rho\leqslant 2\gamma$，则表达式 $4\varepsilon_t^{1-\rho}(1-\varepsilon_t)^{1+\rho}$ 在 $\varepsilon_t=\frac{1}{2}-\gamma$ 处取得最大值[⊖]。因此，经验间隔损失的上界满足：

$$\hat{R}_{S,\rho}(\overline{f})\leqslant[(1-2\gamma)^{1-\rho}(1+2\gamma)^{1+\rho}]^{\frac{T}{2}} \tag{7.18}$$

上式中，函数$(1-2\gamma)^{1-\rho}(1+2\gamma)^{1+\rho}=(1-4\gamma^2)\left(\frac{1+2\gamma}{1-2\gamma}\right)^{\rho}$ 为 ρ 的递增函数，这是因为当 $\gamma>0$ 时，有$\left(\frac{1+2\gamma}{1-2\gamma}\right)>1$。因此，如果 $\rho<\gamma$，可以得到下面的严格上界：

$$(1-2\gamma)^{1-\rho}(1+2\gamma)^{1+\rho}<(1-2\gamma)^{1-\gamma}(1+2\gamma)^{1+\gamma}$$

函数 $\gamma\mapsto(1-2\gamma)^{1-\gamma}(1+2\gamma)^{1+\gamma}$ 在区间$(0, 1/2)$上的严格上界为 1，因此，如果 $\rho<\gamma$，那么$(1-2\gamma)^{1-\rho}(1+2\gamma)^{1+\rho}<1$ 且式(7.18)的右边随 T 呈指数型下降。由于 $\rho\gg O(1/\sqrt{m})$是使给出的间隔界收敛的必要条件，为此，需要设置优势值 $\gamma\gg O(1/\sqrt{m})$。在实践中，在第 t 轮迭代处的基分类器误差 ε_t 可能是 t 的增函数。这可能是因为 boosting 迫使弱学习器关注越来越难分类的样本，以至于最好的基分类器也很难取得显著优于随机猜测的误差。如果 ε_t 作为 t 的函数较快地趋近 1/2，那么定理 7.2 的界将变得没有信息量。 160

上述分析讨论表明如果 AdaBoost 有正的优势($\gamma>0$)，那么对于 $\rho<\gamma$，当 T 足够大时，经验间隔损失 $\hat{R}_{S,\rho}(\overline{f})$将会趋于 0(此时以指数方式快速减小)。因此，AdaBoost 可以在训练样本上得到 γ 的 L_1-几何间隔。在之后的 7.3.5 节中，我们将会看到当且仅当训练样本可分时，优势 γ 是正的。在可分的情况下，优势可以选得尽可能大，达到样本集上最大 L_1-几何间隔 $\rho_{\max}$ 的一半：$\gamma=\frac{\rho_{\max}}{2}$。因此，对于可分数据集，AdaBoost 可以渐近地使得几何间隔达到至少最大几何间隔的一半，即$\frac{\rho_{\max}}{2}$。

⊖ $f:\varepsilon\mapsto\log[\varepsilon^{1-\rho}(1-\varepsilon)^{1+\rho}]=(1-\rho)\log\varepsilon+(1+\rho)\log(1-\varepsilon)$在区间(0，1)上的微分为 $f'(\varepsilon)=\frac{1-\rho}{\varepsilon}-\frac{1+\rho}{1-\varepsilon}=2\frac{\left(\frac{1}{2}-\frac{\rho}{2}\right)-\varepsilon}{\varepsilon(1-e)}$。因此，$f$ 在区间$\left(0,\ \frac{1}{2}-\frac{\rho}{2}\right)$上为增函数，这意味着当 $\gamma\geqslant\frac{\rho}{2}$时，其在区间$\left(0,\ \frac{1}{2}-\gamma\right)$单调递增。

上述分析可以作为实验观察的理论解释：在某些任务中，即使在训练样本上的误差为零后，泛化误差也会随着 T 的增加而减小，这是因为当训练样本可分时，几何间隔会随着 T 的增加而继续变大。在式(7.16)中，对于经过 T 轮迭代后由 AdaBoost 返回的集成函数 f，随着 T 的增加，ρ 可以选得足够大，使得右边第一项消失($\hat{R}_{S,\rho}(\bar{f})=0$)，与此同时由于减小了$\frac{1}{\rho}$，第二项也会变得更好。

但是，AdaBoost 达到了最大的 L_1-几何间隔 $\rho_{\max}$ 吗？答案是否定的。有研究表明，AdaBoost 对于线性可分样本集可能收敛到的几何间隔明显小于最大间隔(例如，1/3 而不是 3/8)。

7.3.4　间隔最大化

根据以上理论结果，目前已经设计了几种算法，其明确目标是最大化 L_1-几何间隔，这些算法对应于求解线性规划(Linear Program，LP)问题的不同方法。

根据 L_1-间隔的定义，线性可分的样本集 $S=((x_1, y_1), \cdots, (x_m, y_m))$ 的最大间隔为：

$$\rho=\max_{\boldsymbol{\alpha}} \min_{i\in[1,m]} \frac{y_i(\boldsymbol{\alpha}\cdot \boldsymbol{h}(x_i))}{\|\boldsymbol{\alpha}\|_1} \tag{7.19}$$

根据最大化问题的定义，上述优化问题可以写成：

$$\begin{aligned} &\max_{\boldsymbol{\alpha}} \rho \\ &\text{s. t. } \frac{y_i(\boldsymbol{\alpha}\cdot \boldsymbol{h}(x_i))}{\|\boldsymbol{\alpha}\|_1}\geqslant\rho,\ \forall i\in[1, m] \end{aligned}$$

由于$\frac{\boldsymbol{\alpha}\cdot \boldsymbol{h}(x_i)}{\|\boldsymbol{\alpha}\|_1}$对 $\boldsymbol{\alpha}$ 的缩放不变性，我们可以将讨论限制在$\|\boldsymbol{\alpha}\|_1=1$。对于 AdaBoost
161 的情况，需进一步限制 $\boldsymbol{\alpha}$ 的非负性，因此得到下面的优化问题：

$$\begin{aligned} &\max_{\boldsymbol{\alpha}} \rho \\ &\text{s. t. } y_i(\boldsymbol{\alpha}\cdot \boldsymbol{h}(x_i))\geqslant\rho,\ \forall i\in[1, m] \\ &\left(\sum_{t=1}^{T}\alpha_t=1\right) \wedge (\alpha_t\geqslant 0,\ \forall t\in[1, T]) \end{aligned}$$

该优化问题是一个 LP 问题，即目标函数和约束都是线性的凸优化问题。在实际应用中，有几种不同的方法来求解规模相对较大的 LP 问题，例如单纯形法、内点法或各种专用的求解方法。

请注意，此算法的求解与 SVM 间隔最大化在可分情况下的不同仅仅在于对几何间隔的定义(L_1 对 L_2)以及权重向量的非负约束。图 7.6 通过一个简单的情况展示了使用两个不同的间隔定义得到的使间隔最大化的超平面。左图为 SVM 的解，通过$\|\cdot\|_2$ 度量超平面到最近点的距离；右图为 L_1-间隔的解，通过$\|\cdot\|_\infty$度量超平面到最近点的距离。

根据定义，刚刚描述的 LP 问题的解允许 L_1-间隔大于或等于 AdaBoost 的解对应的 L_1-间隔。然而，实验结果并没有表明 LP 问题的解有任何优势。事实上，在多数情况下，AdaBoost 求解的结果优于对 LP 问题求解的结果。目前所提出的间隔理论还不足以解释这种现象。

7.3.5 博弈论解释

在本节中，我们介绍 AdaBoost 的一种很自然的博弈论解释，然后应用冯·诺依曼定理帮助我们建立最大间隔与最优优势的关系，并阐明 AdaBoost 弱学习假设与 L_1-间隔的关系。我们首先介绍在特定分布下基分类器的优势的定义。

| 定义 7.3 | 基分类器 h_t 在分布为 $\mathcal{D}$ 的训练样本 $S=((x_1, y_1), \cdots, (x_m, y_m))$ 上的优势定义为：

$$\gamma_t(\mathcal{D})=\frac{1}{2}-\varepsilon_t=\frac{1}{2}\sum_{i=1}^{m}y_i h_t(x_i)\mathcal{D}(i) \tag{7.20}$$

AdaBoost 的弱学习条件(Adaboost's weak learning condition)现在可以形式化为：存在 $\gamma>0$，使得对于训练样本集上的任意分布 $\mathcal{D}$ 和任意基分类器 h_t： 162

$$\gamma_t(\mathcal{D})\geqslant\gamma \tag{7.21}$$

此条件是分析定理 7.1 以及保证系数 α_t 非负性所必需的，下面我们将 boosting 置于两人零和博弈框架中。

| 定义 7.4 零和博弈 | 有限的两人零和博弈由损失矩阵 $\boldsymbol{M}\in\mathbb{R}^{m\times n}$ 组成，其中 m 是行玩家可能行动(或称纯策略)的数量，n 是列玩家可能行动的数量。当行玩家采取行动 i 并且列玩家采取行动 j 时，M_{ij} 是行玩家的损失(或等价于列玩家的收益)[⊖]。

表 7.1 作为示例，展示了我们所熟悉的“石头剪刀布”游戏的损失矩阵。

表 7.1 标准石头剪刀布游戏的损失矩阵

	石头	布	剪刀
石头	0	+1	−1
布	−1	0	+1
剪刀	+1	−1	0

| 定义 7.5 混合策略 | 行玩家的混合策略是在 m 个可能的行的行动上的分布 p，列玩家的混合策略是在 n 个可能的列的行动上的分布 q，对于混合策略 p 和 q，行玩家的期望损失(也即列玩家的期望收益)是：

$$\underset{\substack{i\sim p\\ j\sim q}}{\mathbb{E}}[M_{ij}]=\sum_{i=1}^{m}\sum_{j=1}^{n}p_i M_{ij} q_j=\boldsymbol{p}^{\mathrm{T}}\boldsymbol{M}\boldsymbol{q}$$

下面是将在第 8 章证明的博弈论的基本结果。

| 定理 7.3 冯·诺依曼极小极大定理 | 对于任意由矩阵 $\boldsymbol{M}$ 定义的有限的两人零和博弈，有下式成立：

$$\min_{\boldsymbol{p}}\max_{\boldsymbol{q}}\boldsymbol{p}^{\mathrm{T}}\boldsymbol{M}\boldsymbol{q}=\max_{\boldsymbol{q}}\min_{\boldsymbol{p}}\boldsymbol{p}^{\mathrm{T}}\boldsymbol{M}\boldsymbol{q} \tag{7.22}$$

式(7.22)中左右两边的共同值称为**博弈值**(value of the game)。该定理指出，对于任意的两人零和博弈，对于每个玩家均存在混合策略，使得一个人的期望损失与另一个人的期望收益相同，并都等于博弈值。 163

注意，给定行玩家的策略后，列玩家可以选择纯策略使得自己的收益最优，即列玩家可以选择对应于向量 $\boldsymbol{p}^{\mathrm{T}}\boldsymbol{M}$ 的最大坐标的单个策略，反之亦然。因此，极小极大定理的另一种形式是：

$$\min_{\boldsymbol{p}}\max_{j\in[1,n]}\boldsymbol{p}^{\mathrm{T}}\boldsymbol{M}\boldsymbol{e}_j=\max_{\boldsymbol{q}}\min_{i\in[1,m]}\boldsymbol{e}_i^{\mathrm{T}}\boldsymbol{M}\boldsymbol{q} \tag{7.23}$$

⊖ 为了与其他章节中的讨论结果保持一致，我们认为损失矩阵是收益矩阵的反(矩阵元素符号取反)。

其中，$\boldsymbol{e}_i$ 表示第 i 个单位向量。

我们现在可以将 AdaBoost 视为零和博弈，其中行玩家的行动是选择训练样本 x_i，$i\in[1, m]$，列玩家的行动是选择基学习器 h_t，$t\in[1, T]$。因此，行玩家的混合策略是训练样本索引$[1, m]$上的分布 $\mathcal{D}$，列玩家的混合策略是基分类器索引$[1, T]$上的分布。具体地，列玩家的混合策略可以通过非负向量 $\boldsymbol{\alpha}\geqslant 0$ 来定义，即分配给 $t\in[1, T]$的权重是 $\alpha_t/\|\boldsymbol{\alpha}\|_1$。AdaBoost 的损失矩阵 $\boldsymbol{M}\in\{-1, +1\}^{m\times T}$ 由 $M_{it}=y_i h_t(x_i)$定义，其中，$(i, t)\in[1, m]\times[1, T]$。根据定理(7.23)，有下式成立：

$$\min_{\mathcal{D}\in\mathbb{D}}\max_{t\in[1, T]}\sum_{i=1}^{m}\mathcal{D}(i)y_i h_t(x_i)=\max_{\boldsymbol{\alpha}\geqslant 0}\min_{i\in[1, m]}\sum_{t=1}^{T}\frac{\alpha_t}{\|\boldsymbol{\alpha}\|_1}y_i h_t(x_i) \tag{7.24}$$

其中，$\mathbb{D}$ 表示训练样本集上所有分布的集合。令 $\rho_{\boldsymbol{\alpha}}(x)$表示由 $f=\sum_{t=1}^{T}\alpha_t h_t$ 定义的分类器在点 x 处的间隔，则上式可以根据间隔和优势重写为：

$$2\gamma^*=2\min_{\mathcal{D}}\max_{t\in[1,T]}\gamma_t(\mathcal{D})=\max_{\boldsymbol{\alpha}}\min_{i\in[1,m]}\rho_{\boldsymbol{\alpha}}(x_i)=\rho^* \tag{7.25}$$

其中，ρ^* 为分类器最大间隔，γ^* 为可能达到的最好的优势。这个结果有几个含义，首先，它表明弱学习条件($\gamma^*>0$)意味着 $\rho^*>0$，因此存在具有正间隔的分类器，这促使我们寻找这样一个非零间隔。AdaBoost 可以被视为一种实现寻找这种非零间隔的算法，但是，如前所述，AdaBoost 并不是总能找到最优间隔，因此从这个角度讲，AdaBoost 得到的结果是次优的。此外，我们看到最初的“弱学习”假设似乎是一个算法需要的最弱条件(性能优于随机猜测)，但实际上这是一个很强的条件：它意味着训练样本在间隔 $2\gamma^*>0$ 下
164 线性可分，而线性可分这一条件在实际数据集上通常不满足。

7.4 L_1-正则化

在实际问题中，训练样本可能并非线性可分的，AdaBoost 可能没有正的优势，这种情况下弱学习条件不成立。也可能虽然 AdaBoost 有正的优势，但 γ 非常小。这时，运行 AdaBoost 将对一些基分类器 h_j 产生很大的总混合权重，原因在于此时算法越来越关注少量的难分样本，以致于这些样本对应的混合权重不断增加，进而导致只有少数的基分类器可以在这些难分样本上取得最优性能，AdaBoost 算法倾向于不断选择这些基分类器，进而产生很大的总混合权重。此时这些基分类器会主导集成函数 f 并严重影响分类结果，导致得到的集成函数几乎只依赖于少数基分类器，所以性能往往较差。

有一些方法可以避免出现上述情况。比如限制 boosting 迭代轮数 T，又称**提前停止**(early-stopping)。再比如控制混合权重的幅度，即通过基于混合权重向量范数的正则项来增广 AdaBoost 目标函数。如果正则项采用的范数是 1-范数，则 AdaBoost 算法变种为 **L_1-正则化 AdaBoost**(L_1-regularized AdaBoost)。给定带标签的样本集 $S=((x_1, y_1), \cdots, (x_m, y_m))$，对于所有 $\bar{\boldsymbol{\alpha}}=(\bar{\alpha}_1, \cdots, \bar{\alpha}_N)\in\mathbb{R}^N$，由 L_1-正则化 AdaBoost 最小化的目标函数 G 定义如下：

$$G(\bar{\boldsymbol{\alpha}})=\frac{1}{m}\sum_{i=1}^{m}\mathrm{e}^{-y_i f(x_i)}+\lambda\|\bar{\boldsymbol{\alpha}}\|_1=\frac{1}{m}\sum_{i=1}^{m}\mathrm{e}^{-y_i\sum_{j=1}^{N}\bar{\alpha}_j h_j(x_i)}+\lambda\|\bar{\boldsymbol{\alpha}}\|_1 \tag{7.26}$$

其中，对于 AdaBoost，f 是由 $f=\sum_{j=1}^{N}\bar{\alpha}_j h_j$ 定义的集成函数，$\bar{\alpha}_j \geqslant 0$。由于上述目标函数是 AdaBoost 的凸目标函数的和以及采用 $\bar{\boldsymbol{\alpha}}$ 的 1-范数，该目标函数 G 是凸函数。L_1-正则化 AdaBoost 算法与对目标函数 G 采用坐标下降是一致的。

接下来，我们将论证该算法可通过对集成方法进行基于间隔的保证(推论 7.1 或推论 7.2)直接得到。因此，从这个意义上讲，L_1-正则化 AdaBoost 比 AdaBoost 有着更为自然且优越的理论保证。

将推论 7.1 推广得到在 ρ 上的一致收敛界，进而对于任意 $\delta>0$，以至少为 $1-\delta$ 的概率，对于所有集成函数 $f=\sum_{j=1}^{N}\bar{\alpha}_j h_j$，$\|\bar{\boldsymbol{\alpha}}\|_1 \leqslant 1$，以及所有 $\rho \in (0, 1]$，有下式成立：

$$R(f) \leqslant \frac{1}{m}\sum_{i=1}^{m} 1_{f(x_i)\leqslant\rho} + \frac{2}{\rho}\mathcal{R}_m(\mathcal{H}) + \sqrt{\frac{\log\log_2 \frac{2}{\rho}}{m}} + \sqrt{\frac{\log \frac{2}{\delta}}{2m}} \tag{7.27}$$

165

当时 $\rho>1$，上面的不等式也显然成立，此时不等号右边的第一项等于 1。实际上，根据 Hölder 不等式，此时对于任意 $x \in \mathcal{X}$，有 $f=\sum_{j=1}^{N}\bar{\alpha}_j h_j \leqslant \|\bar{\boldsymbol{\alpha}}\|_1 \max_{j\in[1, N]}|h_j(x)| \leqslant \|\bar{\boldsymbol{\alpha}}\|_1 \leqslant 1 < \rho$。

由于对于所有 $u \in \mathbb{R}$，有上界 $1_{u\leqslant 0} \leqslant \mathrm{e}^{-u}$ 成立，进而以至少为 $1-\delta$ 的概率，对于所有 $f=\sum_{j=1}^{N}\bar{\alpha}_j h_j$，$\|\bar{\boldsymbol{\alpha}}\|_1 \leqslant 1$，以及所有 $\rho>0$，有下式成立：

$$R(f) \leqslant \frac{1}{m}\sum_{i=1}^{m} \mathrm{e}^{1-\frac{f(x_i)}{\rho}} + \frac{2}{\rho}\mathcal{R}_m(\mathcal{H}) + \sqrt{\frac{\log\log_2 \frac{2}{\rho}}{m}} + \sqrt{\frac{\log \frac{2}{\delta}}{2m}} \tag{7.28}$$

由于对于任意 $\rho>0$，f 与 f/ρ 有着相同的泛化误差，因此以至少为 $1-\delta$ 的概率，对于所有 $f=\sum_{j=1}^{N}\bar{\alpha}_j h_j$，$\|\bar{\boldsymbol{\alpha}}\|_1 \leqslant 1/\rho$，以及所有 $\rho>0$，有下面不等式成立：

$$R(f) \leqslant \frac{1}{m}\sum_{i=1}^{m} \mathrm{e}^{1-f(x_i)} + \frac{2}{\rho}\mathcal{R}_m(\mathcal{H}) + \sqrt{\frac{\log\log_2 \frac{2}{\rho}}{m}} + \sqrt{\frac{\log \frac{2}{\delta}}{2m}} \tag{7.29}$$

该不等式可用于得到一个算法，即通过选择 $\bar{\boldsymbol{\alpha}}$ 和 $\rho>0$ 使得不等号右边最小。不过，关于 ρ 的最小化问题不是凸优化问题，依赖于不等号右边第二项和第三项的理论常数因子，可能得不到最优解。因此，算法中将 ρ 作为自由参数，一般通过交叉验证确定。

由于上面的不等式中不等号右边只有第一项与 $\bar{\boldsymbol{\alpha}}$ 有关，所以选择 $\bar{\boldsymbol{\alpha}}$ 即是以下优化问题的解：

$$\min_{\|\bar{\boldsymbol{\alpha}}\|_1\leqslant\frac{1}{\rho}} \frac{1}{m}\sum_{i=1}^{m}\mathrm{e}^{-f(x_i)} = \frac{1}{m}\sum_{i=1}^{m}\mathrm{e}^{-\sum_{j=1}^{N}\bar{\alpha}_j h_j(x_i)} \tag{7.30}$$

通过引入拉格朗日变量 $\lambda \geqslant 0$，该优化问题可以等价地写为：

$$\min_{\|\bar{\boldsymbol{\alpha}}\|_1\leqslant\frac{1}{\rho}} \frac{1}{m}\sum_{i=1}^{m}\mathrm{e}^{-\sum_{j=1}^{N}\bar{\alpha}_j h_j(x_i)} + \lambda\|\bar{\boldsymbol{\alpha}}\|_1 \tag{7.31}$$

由于对于式(7.30)约束条件中任意的 ρ，在式(7.31)中总存在等价对偶变量 λ 使得优化达

到同样的 $\bar{\boldsymbol{\alpha}}$，因此 $\lambda \geqslant 0$ 可以通过交叉验证自由选择。按照以上目标函数得到的结果与 L_1-
166 正则化 AdaBoost 算法得到的结果是完全一致的。

7.5 讨论

AdaBoost 具有以下几个优点：模型简单，运行方便，每轮 boosting 迭代的时间复杂度与样本规模之间的函数关系是相当好的。如前所述，当使用决策桩时，每轮 boosting 迭代的时间复杂度为 $O(mN)$。当然，如果特征空间 N 的维度非常大，那么算法实际上可能变得非常慢。

AdaBoost 还有着丰富的理论分析，尽管如此，仍有许多 AdaBoost 算法相关的理论问题亟待解决。例如，正如我们所看到的，AdaBoost 算法实际上并没有使间隔最大化，但是最大化间隔的算法并不总是优于它。这表明，基于与最小间隔不同的概念进行更精细的分析有可能会更好地阐明该算法的性质。

该算法的一个小缺点是需要选择参数 T 和基分类器集合。boosting 迭代轮数 T(停止准则)的选择对算法的性能至关重要。正如我们在基于 VC-维的分析中指出的，较大的 T 值可能导致过拟合。在实践中，T 值通常通过交叉验证来确定。基分类器的选择也至关重要。基分类器 $\mathcal{H}$ 的复杂度出现在所有的界中，控制它的复杂度对保证泛化性能非常重要，但是，从另一方面来讲，不够复杂的假设集有可能导致很小的间隔。

AdaBoost 最严重的缺点可能是它在有噪声的情况下的性能，至少在一些任务中噪声会严重降低其准确性。从该算法的本质出发，分配给难分类样本的权重会随着 boosting 迭代轮数的增加而显著增加。在迭代轮数足够大时，难分类样本可能将最终主导基分类器的选择，将在 AdaBoost 给出的线性组合中起不利作用。针对上述问题，已经先后提出了几种解决方案。其中之一是，使用相对于 AdaBoost 采用的指数函数来说“不太激进”的目标函数，例如逻辑损失，对错误分类的点稍加惩罚。另一种解决方案基于正则化，例如上一小节介绍的 L_1-正则化 AdaBoost。

实验表明，AdaBoost 算法的准确性会受到均匀噪声的严重影响。最近的理论结果也表明，即便在 L_1-正则化或提前终止的情况下，基于凸势的 boosting 算法也不能容忍甚至很低水平的随机噪声。然而，需要指出的是上述用于实验或理论分析的随机噪声在实际情
167 况中很少出现。所谓的随机噪声模型，是假设所有样本上的标签均匀地以某个固定的概率受到污染。显然，在这种噪声影响下，任何算法的性能都会下降。只不过从实验结果上讲，AdaBoost 算法在样本有均匀噪声时受到的影响比其他算法更大。

最后，需要指出的是，AdaBoost 在存在噪声时的行为可以用作检测**异常值**(outlier)，即用于标记错误或难分类的样本。在一定轮次的 boosting 迭代后，具有大权重的样本可以被标识为异常值。

7.6 文献评注

Kearns 和 Valiant[1988，1994]首次提出弱学习算法是否能够提升为强学习算法这一

问题，他们还对依赖分布的集合证明了该命题的反例。Schapire[1990]和后来的 Freund[1990]首次对分布无关集合证明了该命题的正例。

早期的 boosting 算法，诸如基于滤波的 boosting[Schapire，1990]或基于多数的 boosting[Freund，1990，1995]是不切实际的。Freund 和 Schapire[1997]引入的 AdaBoost 算法解决了一些实际应用中的问题。Freund 和 Schapire[1997]进一步详细介绍和分析了该算法，包括其经验误差的界，基于 VC-维的分析以及其在多分类和回归问题中的应用。

早期的 AdaBoost 实验由 Drucker、Schapire 和 Simard[1993]完成，他们在 OCR 中利用基于神经网络的弱学习器首次实现了 AdaBoost；Drucker 和 Cortes[1995]报告了将决策树(尤其是决策桩)用于 AdaBoost 的实验性能。

AdaBoost 与应用于指数目标函数的坐标下降方法一致的事实后来由 Duffy 和 Helmbold[1999]、Mason 等[1999]，以及 Friedman[2000]指出。Friedman、Hastie 和 Tibshirani[2000]也对采用加性模型的 boosting 给出了解释，他们还指出了 AdaBoost 和逻辑回归之间的密切联系，特别是它们的目标函数在零附近有着相似的表现或者它们的期望有着相似的最小值，并且基于逻辑损失推导出一个新的 boosting 算法——logitBoost。Lafferty[1999]指出了从 Bregman 散度中推导出包括 LogitBoost 的更多算法，且这些算法通过改变参数可以非常接近 AdaBoost。Kivinen 和 Warmuth[1999]发现可以把 AdaBoost 等 168
价地看作一种熵投影。他们证明了在每次迭代中，由 AdaBoost 给出的样本上的分布是某一问题的近似解。该问题是在正交于当前基假设给出的误差向量的前提下，找到与上一轮迭代最接近的分布，其中，分布的接近程度用 Bregman 散度衡量，在 AdaBoost 中具体采用的是非归一化的相对熵。Collins、Schapire 和 Singer[2002]后来指出 boosting 和逻辑回归是基于 Bregman 散度通用框架下的特殊实例，并通过该框架给出 AdaBoost 的第一个收敛性证明。Lebanon 和 Lafferty[2001]给出 AdaBoost 和逻辑回归之间另一种直接关系的证明，即两个算法在相同的特征约束下最小化相同的广义相对熵目标函数，不同之处在于逻辑回归受到额外的归一化约束。

Schapire、Freund、Bartlett 和 Lee[1997]首先提出基于间隔的 AdaBoost 分析，包括给出了经验间隔损失的界的定理 7.3。我们的描述采用 Koltchinskii 和 Panchenko[2002]对间隔界的优雅推导，使用了 Rademacher 复杂度的概念。Rudin 等人[2004]给出一个例子，用以说明一般情况下 AdaBoost 并没有最大化 L_1-间隔。Rätsch 和 Warmuth[2002]给出了 AdaBoost 在某些条件下的间隔的渐近下界。基于 LP 问题的 L_1-间隔最大化由 Grove 和 Schuurmans[1998]提出。Rätsch、Onoda 和 Müller[2001]基于软间隔提出了一种改进算法并指出了其与 SVM 的联系。Freund 和 Schapire[1996，1999b]给出了 boosting 的博弈论解释以及冯·诺依曼极小极大定理[von Neumann，1928]在该背景下的应用，另见 Grove 和 Schuurmans[1998]，Breiman[1999]。

在 7.4 节介绍的 L_1-正则化 AdaBoost 算法由 Rätsch、Mika 和 Warmuth[2001]提出并分析。Cortes、Mohri 和 Syed[2014]提出了一种新型 boosting 算法 DeepBoost，它有着更优的学习保证，可以采用更广泛的函数族作为基分类器集，比如深度决策树或其他类似的复杂函数族等。在 DeepBoost 的每次迭代中，待添加到集成函数的分类器及其对应的权重取决于分类器所在子函数族的复杂度(依赖于数据)。进一步地，Cortes、Mohri 和 Syed

[2014]证明了 DeepBoost 往往能够取得比 AdaBoost、逻辑回归及其 L_1-正则化的变种更优的性能。其实，AdaBoost 和 L_1-正则化 AdaBoost 都可以视作 DeepBoost 的特例。

Dietterich[2000]通过大量实验证明了均匀噪声会严重损害 AdaBoost 的准确性。此
169 后，许多其他作者也相继指出这一点。Long 和 Servedio[2010]最近指出，基于凸势的 boosting 算法无法容忍随机噪声，即便采用 L_1-正则化或提前终止的策略也不行。

有几个关于 boosting 的综述[Schapire，2003；Meir 和 Rätsch，2002；Meir 和 Rätsch，2003]推荐给感兴趣的读者。另外也推荐读者阅读 Schapire 和 Freund[2012]这一部专著，它对 boosting 进行了细致的介绍并给出了丰富的参考文献。

7.7　习题

7.1　AdaBoost 假设集的 VC-维。在 T 轮 boosting 迭代后，证明此时 AdaBoost 假设集 $\mathcal{F}_T$ 的 VC-维的上界如式(7.9)所述。

7.2　其他目标函数。这个问题研究与 AdaBoost 相比有不同目标函数的 boosting 算法。我们假设训练数据包含 m 个带标签的样本 $(x_1, y_1), \cdots, (x_m, y_m) \in \mathcal{X} \times \{-1, +1\}$，我们进一步假设 Φ 是 $\mathbb{R}$ 上严格递增的可微凸函数，满足：$\forall x \geqslant 0, \Phi(x) \geqslant 1$ 且 $\forall x < 0, \Phi(x) > 0$。

(a) 考虑损失函数 $L(\alpha) = \sum_{i=1}^{m} \Phi(-y_i f(x_i))$，其中 f 是基分类器的线性组合，即 $f = \sum_{t=1}^{T} \alpha_t h_t$（如 AdaBoost）。请使用目标函数 L 推导出新的 boosting 算法。特别地，如果我们使用坐标下降，给出每一轮 boosting 迭代选出的最好分类器 h_u。

(b) 考虑以下函数：(1)零一损失 $\Phi_1(-u) = 1_{u \leqslant 0}$；(2)最小平方损失 $\Phi_2(-u) = (1-u)^2$；(3)SVM 损失 $\Phi_3(-u) = \max\{0, 1-u\}$；(4)逻辑损失 $\Phi_4(-u) = \log(1+e^{-u})$。哪些函数满足本题所述的 Φ 的假设？

(c) 对于满足这些假设的每个损失函数，推导其对应的 boosting 算法。这些算法与 AdaBoost 有什么不同？

7.3　更新保证。假设 AdaBoost 的弱学习器假设成立。令 h_t 为第 t 轮选出的基学习器，证明在第 $t+1$ 轮选择的基学习器 h_{t+1} 必与 h_t 不同。

7.4　加权样本。假设训练样本集为 $S = ((x_1, y_1), \cdots, (x_m, y_m))$，我们希望差异化惩
170 罚 x_i 和 x_j 上的误差，为此，我们给每个点 x_i 赋予非负重要性权重 w_i，并定义目标函数 $F(\boldsymbol{\alpha}) = \sum_{i=1}^{m} w_i e^{-y_i f(x_i)}$，其中 $f = \sum_{t=1}^{T} \alpha_t h_t$。证明该函数是可微凸的，并用它推导出一种 boosting 算法。

7.5　将两个向量 $\boldsymbol{x}$ 和 $\boldsymbol{x}'$ 之间的内积定义为它们的非标准化相关性，证明由 AdaBoost 定义的分布向量 $(\mathcal{D}_{t+1}(1), \cdots, \mathcal{D}_{t+1}(m))$ 和由 $y_i h_t(x_i)$ 组成的向量是不相关的。

7.6　固定 $\epsilon \in (0, 1/2)$。训练样本集由平面中的 m 个点组成，其中 $\frac{m}{4}$ 个负样本全部在坐

标(1，1)处，另外$\frac{m}{4}$个负样本全部在坐标(−1，−1)处，$\frac{m(1-\varepsilon)}{4}$个正样本全部在坐标(1，−1)处，$\frac{m(1+\varepsilon)}{4}$个正样本全部在坐标(−1，+1)处。描述使用 boosting 桩在此训练样本集上运行 AdaBoost 时的行为。在 T 轮迭代之后算法会返回什么解？

7.7 噪声鲁棒的 AdaBoost。在噪声存在的情况下，AdaBoost 可能会显著过拟合，部分原因是对误分类样本的过度惩罚。为了减少这种影响，可以使用以下目标函数：

$$F=\sum_{i=1}^{m}G(-y_i f(x_i)) \tag{7.32}$$

其中，G 是定义在 $\mathbb{R}$ 上的函数：

$$G(x)=\begin{cases}e^x & \text{如果 } x\leqslant 0\\ x+1 & \text{其他}\end{cases} \tag{7.33}$$

(a) 证明函数 G 是可微凸的。

(b) 使用 F 和贪心坐标下降推导出类似 AdaBoost 的算法。

(c) 同 AdaBoost 相比，推导出的算法经验误差率降低多少？

7.8 简化的 AdaBoost。假设我们将参数 α_t 设置为固定值 $\alpha_t=\alpha>0$，即与 boosting 迭代轮次 t 无关。

(a) 令 γ 满足 $\left(\frac{1}{2}-\varepsilon_t\right)\geqslant\gamma>0$，通过分析经验误差求 α 的最优值，并用 γ 表示。

(b) 对于此 α 值，在每一轮中，算法是否为正确分类和错误分类的样本分配相同的概率质量？如果不是，哪一组被分配了更高的概率质量？ 171

(c) 使用前面的 α 值，给出算法仅依赖于 γ 和 boosting 迭代轮数 T 的经验误差界。

(d) 使用前面的界，证明对于 $T>\frac{\log m}{2\gamma^2}$，得到的假设对于规模为 m 的样本是一致的。

(e) 设 s 为所用基学习器的 VC-维，对 $T=\left\lfloor\frac{\log m}{2\gamma^2}\right\rfloor+1$ 轮 boosting 迭代后得到的一致假设的泛化误差给出一个界。(提示：利用函数族 $\left\{\operatorname{sgn}\left(\sum_{t=1}^{T}\alpha_t h_t\right)\text{：}\alpha_t\in\mathbb{R}\right\}$ 的 VC-维以 $2(s+1)T\log_2(eT)$ 为界的事实。)现在假设 γ 随 m 变化。根据推导出的界，如果 $\gamma(m)=O\left(\sqrt{\frac{\log m}{m}}\right)$，则可以说明什么？

7.9 AdaBoost 实例

本题中我们考虑一个具体问题，针对 8 个训练样本、8 个弱分类器。

(a) 定义 $m\times n$ 矩阵 $\boldsymbol{M}$，其中 $\boldsymbol{M}_{ij}=y_i h_j(x_i)$，即如果训练样本 i 被弱分类器 h_j 正确分类，则 $\boldsymbol{M}_{ij}=+1$，否则为 −1。令 $\boldsymbol{d}_t$，$\boldsymbol{\lambda}_t\in\mathbb{R}^n$，$\|\boldsymbol{d}_t\|_1=1$ 并且 $d_{t,i}(\lambda_{t,i})$ 等于 $\boldsymbol{d}_t(\boldsymbol{\lambda}_t)$ 的第 i 个分量。现在，考虑图 7.7 中描述的 AdaBoost 算法，将 $\boldsymbol{M}$ 定义如下，有 8 个训练样本和 8 个弱分类器：

$\text{AdaBoost}(\boldsymbol{M}, t_{\max})$

$\boldsymbol{\lambda}_{1,j} \leftarrow 0$ for $i=1,\cdots,m$

for $t \leftarrow 1$ **to** $t_{\max}$ **do**

　$d_{t,i} \leftarrow \dfrac{\exp(-(\boldsymbol{M}\boldsymbol{\lambda}_t)_i)}{\sum_{k=1}^{m}\exp(-(\boldsymbol{M}\boldsymbol{\lambda}_t)_k)}$　　for $i=1,\cdots,m$

　$j_t \leftarrow \text{argmax}_j(\boldsymbol{d}_t^{\top}\boldsymbol{M})_j$

　$r_t \leftarrow (\boldsymbol{d}_t^{\top}\boldsymbol{M})_{j_t}$

　$\alpha_t \leftarrow \frac{1}{2}\log\left(\frac{1+r_t}{1-r_t}\right)$

　$\boldsymbol{\lambda}_{t+1} \leftarrow \boldsymbol{\lambda}_t + \alpha_t \boldsymbol{e}_{j_t}$，其中$\boldsymbol{e}_{j_t}$在位置$j_t$处为1，其他位置为0

return $\dfrac{\boldsymbol{\lambda}_{t_{\max}}}{\|\boldsymbol{\lambda}_{t_{\max}}\|_1}$

图 7.7　关于矩阵 $\boldsymbol{M}$ 的 AdaBoost，将每个弱分类器的准确性编码到每个训练样本点

$$\boldsymbol{M}=\begin{pmatrix} -1 & 1 & 1 & 1 & 1 & -1 & -1 & 1 \\ -1 & 1 & 1 & -1 & -1 & 1 & 1 & 1 \\ 1 & -1 & 1 & 1 & 1 & -1 & 1 & 1 \\ 1 & -1 & 1 & 1 & -1 & 1 & 1 & 1 \\ 1 & -1 & 1 & -1 & 1 & 1 & 1 & -1 \\ 1 & 1 & -1 & 1 & 1 & 1 & 1 & -1 \\ 1 & 1 & -1 & 1 & 1 & 1 & -1 & 1 \\ 1 & 1 & 1 & 1 & -1 & -1 & 1 & -1 \end{pmatrix}$$

假设数据点的初始分布为：

$$\boldsymbol{d}_1=\left(\frac{3-\sqrt{5}}{8},\ \frac{3-\sqrt{5}}{8},\ \frac{1}{6},\ \frac{1}{6},\ \frac{1}{6},\ \frac{\sqrt{5}-1}{8},\ \frac{\sqrt{5}-1}{8},\ 0\right)^{\mathrm{T}}$$

使用 $\boldsymbol{M}$，$\boldsymbol{d}_1$ 和 $t_{\max}=7$ 计算该 AdaBoost 算法的前几步。请问在每一轮 boosting 迭代中选择了什么弱分类器？你注意到其中有什么规律吗？

(b) 在这个例子中，AdaBoost 产生的 L_1 范数间隔是多少？

(c) 不使用 AdaBoost，假设我们用以下系数[2，3，4，1，2，2，1，1]$\times\dfrac{1}{16}$来组合分类器，请问这种情况下的间隔是多少？AdaBoost 最大化间隔了吗？

7.10　有未知标签存在的 boosting。考虑如下分类问题，即除了正负标签+1 和−1，还有的样本点标签为 0，表示此时样本的真实标签是未知的。实际中这个情况很常见，此时学习算法不管预测该样本点为+1 还是−1 都不会产生损失。令 $\mathcal{X}$ 表示输入空间，$\mathcal{Y}=\{-1, 0, +1\}$。类似于标准二分类，定义样本对$(x, y)\in\mathcal{X}\times\mathcal{Y}$的损失 f：$\mathcal{X}\to\mathbb{R}$ 为：$1_{yf(x)<0}$。

172~173 考虑样本集 $S=((x_1, y_1), \cdots, (x_m, y_m))\in(\mathcal{X}\times\mathcal{Y})^m$ 以及由取值为$\{-1, 0, +1\}$的基函数组成的假设集 $\mathcal{H}$。对于基假设 $h_t\in\mathcal{H}$ 以及定义在索引 $i\in[1, m]$ 上的分布 $\mathcal{D}_t$，定义关于 $s\in\{-1, 0, +1\}$的 ϵ_t^s 为：$\epsilon_t^s=\underset{i\sim\mathcal{D}_t}{\mathbb{E}}[1_{y_i h_t(x_i)=s}]$。

(a) 在这种情形下，利用与 AdaBoost 相同的目标函数给出一个关于 ϵ_t^s 的 boosting 算法。请仔细核查算法的定义。

(b) 这种情形下的弱学习假设是什么?

(c) 试写出算法完整的伪代码。

(d) 请根据以 boosting 迭代轮数及 ϵ_t^s 为自变量的函数，给出该算法训练误差的上界。

7.11 HingeBoost。前面的小节提到，AdaBoost 可以被视作坐标下降法应用于一个指数型目标函数。这里，我们考虑另一种集成学习算法 HingeBoost。该算法将坐标下降应用于铰链损失。对于所有 $\boldsymbol{\alpha} \in \mathbb{R}^N$，考虑如下函数:

$$F(\boldsymbol{\alpha}) = \sum_{i=1}^{m} \max\Big(0,\ 1 - y_i \sum_{j=1}^{N} \alpha_j h_j(x_i)\Big) \tag{7.34}$$

其中，h_j 是由取值为$\{-1, +1\}$的函数组成的假设集 $\mathcal{H}$ 中的基分类器。

(a) 试证明 F 是凸的并且在任意方向上有左右导数。

(b) 对于任意 $j \in [1, N]$，令 $\boldsymbol{e}_j$ 表示基假设 h_j 对应的方向。令 $\boldsymbol{\alpha}_t$ 表示 $t \geqslant 0$ 轮坐标下降迭代后系数 $\alpha_{t,j}$，$j \in [1, N]$组成的向量，$f_t = \sum_{j=1}^{N} \alpha_{t,j} h_j$ 表示 t 轮迭代后的预测。

在 $t-1$ 轮迭代后，请以 f_{t-1} 的形式给出右导数 $F'_+(\boldsymbol{\alpha}_{t-1}, \boldsymbol{e}_j)$以及左导数 $F'_-(\boldsymbol{\alpha}_{t-1}, \boldsymbol{e}_j)$的表达式。

(c) 对于任意 $j \in [1, N]$，定义在 $\boldsymbol{\alpha}_{t-1}$ 上的最大方向导数 $\delta F(\boldsymbol{\alpha}_{t-1}, \boldsymbol{e}_j)$如下:

$$\delta F(\boldsymbol{\alpha}_{t-1}, \boldsymbol{e}_j) = \begin{cases} 0 & \text{如果 } F'_-(\boldsymbol{\alpha}_{t-1}, \boldsymbol{e}_j) \leqslant 0 \leqslant F'_+(\boldsymbol{\alpha}_{t-1}, \boldsymbol{e}_j) \\ F'_+(\boldsymbol{\alpha}_{t-1}, \boldsymbol{e}_j) & \text{如果 } F'_-(\boldsymbol{\alpha}_{t-1}, \boldsymbol{e}_j) \leqslant F'_+(\boldsymbol{\alpha}_{t-1}, \boldsymbol{e}_j) \leqslant 0 \\ F'_-(\boldsymbol{\alpha}_{t-1}, \boldsymbol{e}_j) & \text{如果 } 0 \leqslant F'_-(\boldsymbol{\alpha}_{t-1}, \boldsymbol{e}_j) \leqslant F'_+(\boldsymbol{\alpha}_{t-1}, \boldsymbol{e}_j) \end{cases}$$

其中，坐标下降中的 $\boldsymbol{e}_j$ 使得 $|\delta F(\boldsymbol{\alpha}_{t-1}, \boldsymbol{e}_j)|$ 最大。在最优方向 j 确定之后，步长 η 以网格搜索的方式通过最小化 $F(\boldsymbol{\alpha}_{t-1}, \eta \boldsymbol{e}_j)$确定。试给出 HingeBoost 算法的伪代码。 174

7.12 经验间隔损失 boosting。在之前的小节提到，AdaBoost 可以被视作将坐标下降应用于经验误差的某个凸上界。这里，我们设计算法来最小化经验间隔损失。对于带标签样本集 $S = ((x_1, y_1), \cdots, (x_m, y_m))$，对于任意 $0 \leqslant \rho < 1$，令 $\hat{R}_{S,\rho}(f) = \frac{1}{m} \sum_{i=1}^{m} 1_{y_i f(x_i) \leqslant \rho}$ 表示函数 $f = \frac{\sum_{t=1}^{T} \alpha_t h_t}{\sum_{t=1}^{T} \alpha_t}$ 的经验间隔损失。

(a) 试证明 $\hat{R}_{S,\rho}(f)$有如下上界:

$$\hat{R}_{S,\rho}(f) \leqslant \frac{1}{m} \sum_{i=1}^{m} \exp\Big(-y_i \sum_{t=1}^{T} \alpha_t h_t(x_i) + \rho \sum_{t=1}^{T} \alpha_t\Big)$$

(b) 对于任意 $\rho > 0$，令 G_ρ 表示定义在所有 $\boldsymbol{\alpha} \geqslant 0$ 上的目标函数:

$$G_\rho(\boldsymbol{\alpha}) = \frac{1}{m} \sum_{i=1}^{m} \exp\Big(-y_i \sum_{j=1}^{N} \alpha_j h_j(x_i) + \rho \sum_{j=1}^{N} \alpha_j\Big)$$

这里沿用之前关于 boosting 分析的概念，对于所有 $j \in [1, N]$，有 $h_j \in \mathcal{H}$。试证明 G_ρ 是可微凸的。

(c) 通过应用(最大)坐标下降于 G_ρ，给出一个 boosting 算法 $\mathcal{A}_\rho$。特别地，对于每轮迭代中的基分类器以及步长的选择，请在算法中仔细核查并与 AdaBoost 算法中对应的部分进行比较。

(d) 对于 $\mathcal{A}_\rho$，等价的弱学习假设是什么？(提示：可利用步长值的非负性)

(e) 给出算法 $\mathcal{A}_\rho$ 的完整伪代码。当时 $\rho=0$，从算法 $\mathcal{A}_0$ 可以得出什么结论？

(f) 给出 $\hat{R}_{S,\rho}(f)$的界。

i. 证明上界 $\hat{R}_{S,\rho}(f)\leqslant\exp\left(\sum_{t=1}^{T}\alpha_t\rho\right)\prod_{t=1}^{T}Z_t$ 成立，其中，正则化因子 Z_t 与 AdaBoost 中的定义一致，α_t 是算法 $\mathcal{A}_\rho$ 在第 t 轮迭代选择的步长。

175 ii. 给出 Z_t 关于 $\rho=0$ 和 ε_t 的表达式，其中 ε_t 是算法 $\mathcal{A}_\rho$ 在第 t 轮迭代给出的假设的加权误差(定义与 AdaBoost 中的一致)。利用得到的表达式证明下述上界成立：

$$\hat{R}_{S,\rho}(f)\leqslant\left(u^{\frac{1+\rho}{2}}+u^{-\frac{1-\rho}{2}}\right)^T\prod_{t=1}^{T}\sqrt{\varepsilon_t^{1-\rho}(1-\varepsilon_t)^{1+\rho}}$$

其中，$u=\frac{1-\rho}{1+\rho}$。

iii. 假设对于所有 $t\in[1,T]$，有 $\frac{1-\rho}{2}-\varepsilon_t>\gamma>0$。试利用之前得到的结果证明：

$$\hat{R}_{S,\rho}(f)\leqslant\exp\left(-\frac{2\gamma^2T}{1-\rho^2}\right)$$

(提示：可直接利用下述不等式对于 $\frac{1-\rho}{2}-\varepsilon_t>0$ 成立：

$$(u^{\frac{1+\rho}{2}}+u^{-\frac{1-\rho}{2}})\sqrt{\varepsilon_t^{1-\rho}(1-\varepsilon_t)^{1+\rho}}\leqslant 1-2\,\frac{\left(\frac{1-\rho}{2}-\varepsilon_t\right)^2}{1-\rho^2}$$

进一步地，证明对于 $T\geqslant\frac{(\log m)(1-\rho^2)}{2\gamma^2}$，训练数据的所有样本点都至少有 ρ 的

176 间隔。

·第 8 章·

在线学习

本章介绍在线学习，这个重要的领域有着丰富的文献，并且和博弈论、优化理论息息相关——后二者正日益影响机器学习的理论与算法进展。在线学习算法除了提出有趣且经典的学习理论问题，也为大规模问题提供了高效的解法，因此在现代应用中尤其具有吸引力。

在线学习算法每次只处理一个样本并在每次迭代中进行更新，计算代价小且易于实现，因此显著地在时间和空间上表现得更加高效，故而在处理现代的百万乃至上亿规模的数据集时比批处理算法更加实用。通常而言，在线学习算法实现较易。并且，在线学习算法不依赖于任何分布假设，在假设的一种对抗情境下可以对它们进行分析。这使得它们适用于一系列样本并非独立同分布或采样自固定分布的情境。

在本章，我们首先介绍在线学习的一般情境，然后展示并分析有专家建议的在线学习的几种关键算法，包括采用 0-1 损失的确定性和随机性加权多数算法，以及拓展到采用凸损失的情形。我们也将描述并分析两种解决线性分类的标准在线学习算法，即感知机和 Winnow 算法，以及它们的一些拓展。虽然在线学习算法是为对抗情境设计的，但在某些假设下，它们也可以用来在分布相关的情境下推导出精确的预测器。我们推导出这种从在线学习转变到批处理的学习保证。最后，我们通过描述冯·诺依曼极小极大定理的一种简单证明，简要地阐明在线学习和博弈论的关系。 177

8.1 引言

迄今为止，我们讨论了 PAC 学习和随机模型，而在线算法的学习框架与它们完全不同。第一，不同于在训练集中训练然后在测试集上测试的方式，在线学习情境不区分训练和测试阶段。第二，PAC 学习遵循一个关键的假设，即训练和测试阶段的样本服从于某个固定的分布，并且是独立同分布的。在这个假设下，学习目标自然是学习到一个假设使得其期望损失或者泛化误差较小。相反地，在线学习不做任何**分布假设**(distributional assumption)，因此也没有泛化的概念。作为替代，在线学习的性能可以用**错误模型**(mistake model)和**悔**(regret)的概念来衡量。为了在这个模型下得到界的保证，理论分析需要从最坏情况或称对抗假设下出发。

一般的在线情境包括 T 轮。在第 t 轮，算法接收一个样本 $x_t \in \mathcal{X}$，并作出预测 $\hat{y}_t \in \mathcal{Y}$。然后，它接收真实标签 $y_t \in \mathcal{Y}$，并得到损失 $L(\hat{y}_t, y_t)$，其中 $L: \mathcal{Y} \times \mathcal{Y} \to \mathbb{R}_+$。更一般地，算法的预测域可以不同，即 $\mathcal{Y}' \neq \mathcal{Y}$，且损失函数定义在 $\mathcal{Y}' \times \mathcal{Y}$ 上。对于分类问题，我们经常采用 $\mathcal{Y} = \{0, 1\}$，并且 $L(y, y') = |y' - y|$。而对于回归问题采用 $\mathcal{Y} \subseteq \mathbb{R}$，往往 $L(y, y') = (y' - y)^2$。在线情境下的目标是极小化 T 轮中的累积损失：$\sum_{t=1}^{T} L(\hat{y}_t, y_t)$。

8.2　有专家建议的预测

我们首先讨论有专家建议的在线学习，以及与之相关的概念：**悔**(regret)。这种情况下，第 t 轮的时候，算法除了接收 $x_t \in \mathcal{X}$，也接收 N 个专家给出的建议 $y_{t,i} \in \mathcal{Y}$，$i \in [1, N]$。遵循在线算法的一般框架，算法接收建议后做出预测，进而接收真实标签并计算损失。经过 T 轮之后，可以得到算法的累计损失。这种情况下，学习目标是最小化**悔**(regret)R_T，也称为**外部悔**(external regret)，其将算法的累计损失和经过 T 轮后的最佳(这种最佳是后见之明)专家的累计损失进行比较：

178
$$R_T = \sum_{t=1}^{T} L(\hat{y}_t, y_t) - \min_{i=1}^{N} \sum_{t=1}^{T} L(\hat{y}_{t,i}, y_t) \tag{8.1}$$

该问题存在于一系列不同的领域和应用中。图 8.1 示意了利用几个预测源作为专家进行天气预报的问题。

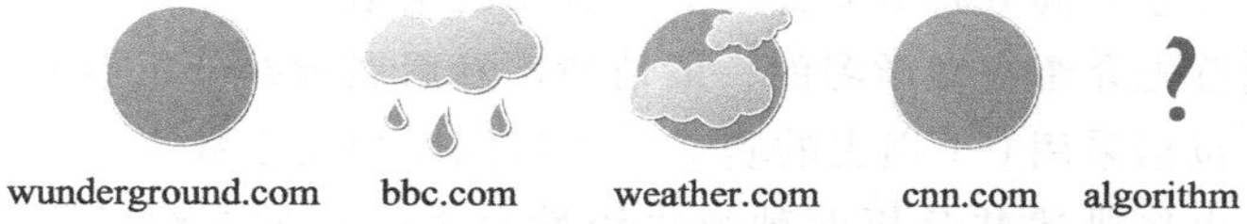

图 8.1　天气预报：一个基于专家建议的预测问题的例子

8.2.1　错误界和折半算法

这里，假设损失函数是分类中常用的标准 0-1 损失。为了分析有专家建议的情况，首先考虑可实现的情况，即此时至少有一个专家的预测不出错。在此情况下，我们讨论**错误界模型**(mistake bound model)，即关心一个简单的问题：“在学到一个特定的概念之前，我们犯了多少错误？”因为我们做了可实现假设，在 T 轮之内的某轮，我们将学到这个概念并且在接下来的轮中不再出错。对任意固定的概念 c，我们定义学习算法 $\mathcal{A}$ 出错的最大数量为：

$$M_{\mathcal{A}}(c) = \max_{x_1, \cdots, x_T} |\text{mistakes}(\mathcal{A}, c)| \tag{8.2}$$

进一步，对任意概念类 $\mathcal{C}$ 中的概念，学习算法出错的最大数量为：

$$M_{\mathcal{A}}(\mathcal{C}) = \max_{c \in \mathcal{C}} M_{\mathcal{A}}(c) \tag{8.3}$$

在这种设定下，我们的目标是推导**错误界**(mistake bound)，即 $M_{\mathcal{A}}(\mathcal{C})$ 的界 M。我们将首先对折半算法进行相应分析。折半算法是一个简单而优雅的算法，并且我们能为它推导出令人振奋的界。在每轮，折半算法根据**活跃的**(active)专家的多数投票做出预测。在进行任意错误预测之后，算法将停用给出错误建议的专家。最开始，所有专家都是活跃

的，到了算法收敛到正确概念的时候，活跃集就只包含那些和目标概念一致的专家了。图 8.2 展示了这个算法的伪代码。我们在定理 8.1 和 8.2 中直接给出了错误界，前者针对的是有限假设集的情况，后者将错误界和 VC-维相关联。注意，定理 8.1 中刻画假设复杂度的项等价于定理 2.1 的 PAC 模型的界中相应的复杂度项。

```
HALVING(H)
 1   H_1 ← H
 2   for t ← 1 to T do
 3       RECEIVE(x_t)
 4       ŷ_t ← MAJORITYVOTE(H_t, x_t)
 5       RECEIVE(y_t)
 6       if (ŷ_t ≠ y_t) then
 7           H_{t+1} ← {c ∈ H_t : c(x_t) = y_t}
 8       else H_{t+1} ← H_t
 9   return H_{T+1}
```

图 8.2　折半算法

| 定理 8.1 | 令 $\mathcal{H}$ 为一个有限假设集，则

$$M_{\text{HALVING}}(\mathcal{H}) \leqslant \log_2 |\mathcal{H}| \qquad (8.4)$$

| 证明 | 由于在每轮中，算法用活跃集的多数投票作为预测，在每次出错的时候，活跃集至少会减少一半规模。因此，经过 $\log_2 |\mathcal{H}|$ 次错误之后，将仅存一个活跃的假设。又因为我们做了可实现假设，这个假设必须与目标概念一致。 ∎

| 定理 8.2 | 令 $\text{opt}(\mathcal{H})$ 为 $\mathcal{H}$ 的最优错误界，则

$$\text{VCdim}(\mathcal{H}) \leqslant \text{opt}(\mathcal{H}) \leqslant M_{\text{HALVING}}(\mathcal{H}) \leqslant \log_2 |\mathcal{H}| \qquad (8.5)$$

| 证明 | 根据定义，第二个不等号成立。根据定理 8.1，第三个不等号成立。为了证明第一个不等号，令 $d = \text{VCdim}(\mathcal{H})$，即存在一个被打散的 d 个点的集合，可为之构建一个高度为 d 的完全二叉树，在每轮选取标签以保证出错数量为 d。注意因为在线情境并不对数据做统计假设，这种对抗假设是可以成立的。 ∎

179
~
180

8.2.2　加权多数算法

在前一节，我们关注了可实现的情况，此时折半算法在单轮出错之后简单地弃用专

家。我们现在深入到不可实现的情况，并使用更具一般性、不那么极端的算法，即加权多数(Weighted Majority，WM)算法。该算法对专家的重要性**赋权**(weight)，且权重为其错误率的函数。WM 算法最开始对 N 个专家赋以均匀的权重。在每一轮，算法根据加权多数进行预测。在接收正确标签之后，算法以 $\beta \in [0, 1)$ 的比例降低犯错专家的权重。注意，当 $\beta = 0$ 时，WM 算法退化为折半算法。WM 算法的伪代码如图 8.3 所示。

因为我们不做可实现假设，定理 8.1 的错误界在此并不适用。但是，下面的定理表明，WM 算法经过 $T \geqslant 1$ 轮之后出错的数量

```
WEIGHTED-MAJORITY(N)
 1   for i ← 1 to N do
 2       w_{1,i} ← 1
 3   for t ← 1 to T do
 4       RECEIVE(x_t)
 5       if ∑_{i: y_{t,i}=1} w_{t,i} ≥ ∑_{i: y_{t,i}=0} w_{t,i} then
 6           ŷ_t ← 1
 7       else ŷ_t ← 0
 8       RECEIVE(y_t)
 9       if (ŷ_t ≠ y_t) then
10           for i ← 1 to N do
11               if (y_{t,i} ≠ y_t) then
12                   w_{t+1,i} ← β w_{t,i}
13               else w_{t+1,i} ← w_{t,i}
14   return w_{T+1}
```

图 8.3　加权多数算法，y_t，$y_{t,i} \in \{0, 1\}$

m_T 有界，并且其界是一个关于最佳专家(即在序列 y_1，…，y_T 中出错最少的专家)出错数量的函数。再次强调，所谓最佳专家是后见之明。

定理 8.3 固定 $\beta\in(0,1)$。令 m_T 表示 WM 算法经过 $T\geqslant 1$ 轮之后出错的数量，m_T^* 表示 N 个专家中的最佳专家出错的数量，则下式成立：

$$m_T\leqslant\frac{\log N+m_T^*\log\dfrac{1}{\beta}}{\log\dfrac{2}{1+\beta}} \tag{8.6}$$

证明 为了证明这个定理，首先引入一个势函数。之后可通过对这个函数的上下界进行推导并且合并，来获得最后结果。势函数方法是贯彻本章的通用证明技巧。

对于任意 $t\geqslant 1$，定义势函数为 $W_t=\sum_{i=1}^{N}w_{t,i}$。因为算法是根据加权多数做出预测的，如果它在 t 轮出错，就意味着

$$W_{t+1}\leqslant[1/2+(1/2)\beta]W_t=\left[\frac{1+\beta}{2}\right]W_t \tag{8.7}$$

由于 $W_1=N$，且 T 轮后出错为 m_T，我们可以得到如下上界：

$$W_T\leqslant\left[\frac{1+\beta}{2}\right]^{m_T}N \tag{8.8}$$

接下来，因为权重都是非负的，显然对于任意专家 i，有 $W_T\geqslant w_{T,i}=\beta^{m_{T,i}}$，其中 $m_{T,i}$ 表示经过 T 轮之后第 i 个专家出错的数量。应用该下界，并与式(8.8)给出的上界联立，可得：

$$\beta^{m_T^*}\leqslant W_T\leqslant\left[\frac{1+\beta}{2}\right]^{m_T}N$$

$$\Rightarrow m_T^*\log\beta\leqslant\log N+m_T\log\left[\frac{1+\beta}{2}\right]$$

$$\Rightarrow m_T\log\left[\frac{2}{1+\beta}\right]\leqslant\log N+m_T^*\log\frac{1}{\beta}$$

■

因此，该定理保证了 WM 算法具有如下形式的界：

$$m_T\leqslant O(\log N)+\text{常数}\times|\text{最佳专家出错的数量}|$$

由于第一项随 N 的对数变化，该定理保证了出错数量大致是最佳专家的常数倍。该
182 结果值得注意，因为它并不需要产生关于样本和标签的序列的假设。特别地，可以选出满足对抗假设的序列。在可实现情况下，$m_T^*=0$，则界退化为折半算法中的形式，即 $m_T\leqslant O(\log N)$。

8.2.3 随机加权多数算法

尽管讨论了各种学习保证，WN 算法有一个确定性算法共性的缺点，即在 0-1 损失情况下，没有一个确定性算法能够在所有的序列上达到悔值 $R_T=o(T)$。显然，对任意确定性算法 $\mathcal{A}$ 以及任意 $t\in[1,T]$，我们可以对抗地选取 y_t，如果算法预测为 0，则令它为 1，反之为 0。因此，算法 $\mathcal{A}$ 在这样一个序列中的每个样本点都出错，它的累计错误为 $m_T=T$。设想这样一个例子，有两个专家，一个专家总是预测 0，一个专家总是预测 1。在该序

列(事实上，对相同长度的任意序列都是如此)上，最佳专家最多出错 $m_T^* \leqslant T/2$。因此，对该序列，有

$$R_T = m_T - m_T^* \geqslant T/2$$

这表明了一般而言 $R_T = o(T)$ 并不成立。注意到，这并不与前面的小节中证明的界相矛盾，因为对任意 $\beta \in (0, 1)$，$\dfrac{\log \frac{1}{\beta}}{\log \frac{2}{1+\beta}} \geqslant 2$。我们将在下一小节中看到，对于那些关于某个参数为凸的损失函数，这种差的结果并不会发生。而本节中，对于非凸的 0-1 损失，我们需要考虑随机化的算法。

在随机化的在线学习情境中，我们假设集合 $\mathcal{A} = \{1, \cdots, N\}$ 表示 N 个可用的行动。在每一轮 $t \in [1, T]$，在线算法 $\mathcal{A}$ 选择一个关于行动集合的分布 $\boldsymbol{p}_t$ 并接收一个损失向量 $\boldsymbol{l}_t$，$\boldsymbol{l}_t$ 中第 i 个元素 $l_{t,i} \in [0, 1]$ 表示第 i 个行动的损失，进而计算期望损失 $L_t = \sum_{i=1}^{N} p_{t,i} l_{t,i}$。算法在 T 轮后的总损失为 $\mathcal{L}_T = \sum_{t=1}^{T} L_t$。关于第 i 个行动的总损失为 $\mathcal{L}_{T,i} = \sum_{t=1}^{T} l_{t,i}$。单个行动的最小损失为 $\mathcal{L}_T^{\min} = \min_{i \in \mathcal{A}} \mathcal{L}_{T,i}$。算法在 T 轮后的损失则定义为算法的损 183
失和最优行动的损失之差[⊖]：

$$R_T = \mathcal{L}_T - \mathcal{L}_T^{\min}$$

本节中，我们考虑的是 0-1 损失的情形，并假设对任意 $t \in [1, T]$ 和 $i \in \mathcal{A}$，满足 $l_{t,i} \in \{0, 1\}$。

WM 算法有一个直接的随机化版本，即随机加权多数(Randomized Weighted Majority，RWM)算法。其伪代码如图 8.4 所示。与 WM 算法相同，RWM 算法对专家权重 $w_{t,i}$ 同样以乘以 β 的方式进行更新。下述定理对 RWM 算法的悔 R_T 给出了一个强保证，即悔在 $O(\sqrt{T \log N})$ 内。

```
RANDOMIZED-WEIGHTED-MAJORITY (N)
for i ← 1 to N do
    w_{1,i} ← 1
    p_{1,i} ← 1/N
for t ← 1 to T do
    RECEIVE (l_t)
    for i ← 1 to N do
        if (l_{t,i} = 1) then
            w_{t+1,i} ← β w_{t,i}
        else w_{t+1,i} ← w_{t,i}
    W_{t+1} ← Σ_{i=1}^{N} w_{t+1,i}
    for i ← 1 to N do
        p_{t+1,i} ← w_{t+1,i}/W_{t+1}
return w_{T+1}
```

图 8.4 随机加权多数算法

| 定理 8.4 | 固定 $\beta \in [1/2, 1)$。则对任意 $T \geqslant 1$ 的序列，RWM 算法的损失有如下形式的界：

$$\mathcal{L}_T \leqslant \frac{\log N}{1-\beta} + (2-\beta)\mathcal{L}_T^{\min} \tag{8.9}$$

特别地，当 $\beta = \max\{1/2, 1-\sqrt{\log N/T}\}$，损失有如下形式的界：

$$\mathcal{L}_T \leqslant \mathcal{L}_T^{\min} + 2\sqrt{T \log N} \tag{8.10}$$

⊖ 此处，也考虑悔的其他可行的定义，即比较的是算法的损失和非单一行动对应的损失之差。

| 证明 | 同定理 8.3 的证明，我们推导势函数 $W_t=\sum_{i=1}^{N}w_{t,i}$，$t\in[1, T]$ 的上下界，
184 然后联立它们得到的结果。根据 RWM 算法的定义，对于任意 $t\in[1, T]$，W_{t+1} 可以用 W_t 表达为：

$$\begin{aligned}W_{t+1}=\sum_{i:\ l_{t,i}=0}w_{t,i}+\beta\sum_{i:\ l_{t,i}=1}w_{t,i}&=W_t+(\beta-1)\sum_{i:\ l_{t,i}=1}w_{t,i}\\&=W_t+(\beta-1)W_t\sum_{i:\ l_{t,i}=1}p_{t,i}\\&=W_t+(\beta-1)W_tL_t\\&=W_t(1-(1-\beta)L_t)\end{aligned}$$

因此，由于 $W_1=N$，有 $W_{T+1}=N\prod_{t=1}^{T}(1-(1-\beta)L_t)$。另一方面，显然有一个下界成立：$W_{T+1}\geqslant\max_{i\in[1,N]}w_{T+1,i}=\beta^{\mathcal{L}_T^{\min}}$。经过取对数，并使用不等式：对于所有 $x<1$，有 $\log(1-x)\leqslant -x$，且对于所有 $x\in[0, 1/2]$，有 $-\log(1-x)\leqslant x+x^2$，可以得出下面的一系列推导：

$$\begin{aligned}\beta^{\mathcal{L}_T^{\min}}\leqslant N\prod_{t=1}^{T}(1-(1-\beta)L_t)&\Rightarrow\mathcal{L}_T^{\min}\log\beta\leqslant\log N+\sum_{t=1}^{T}\log(1-(1-\beta)L_t)\\&\Rightarrow\mathcal{L}_T^{\min}\log\beta\leqslant\log N-(1-\beta)\sum_{t=1}^{T}L_t\\&\Rightarrow\mathcal{L}_T^{\min}\log\beta\leqslant\log N-(1-\beta)\mathcal{L}_T\\&\Rightarrow\mathcal{L}_T\leqslant\frac{\log N}{1-\beta}-\frac{\log\beta}{1-\beta}\mathcal{L}_T^{\min}\\&\Rightarrow\mathcal{L}_T\leqslant\frac{\log N}{1-\beta}-\frac{\log(1-(1-\beta))}{1-\beta}\mathcal{L}_T^{\min}\\&\Rightarrow\mathcal{L}_T\leqslant\frac{\log N}{1-\beta}+(2-\beta)\mathcal{L}_T^{\min}\end{aligned}$$

至此，定理的第一部分得证。由于 $\mathcal{L}_T^{\min}\leqslant T$，意味着：

$$\mathcal{L}_T\leqslant\frac{\log N}{1-\beta}+(1-\beta)T+\mathcal{L}_T^{\min}\tag{8.11}$$

将上界对 β 求导，并令其为 0，得到 $\frac{\log N}{(1-\beta)^2}-T=0$，即 $\beta=1-\sqrt{\log N/T}<1$。因此，如果 $1-\sqrt{\log N/T}\geqslant 1/2$，$\beta$ 取 $\beta_0=1-\sqrt{(\log N)/T}$ 时上界最小，否则 β_0 应取 1/2。在式(8.11)中将 β 替换为 β_0，则定理的第二部分得证。■

式(8.10)的界假设算法额外地将轮数 T 作为参数。但是，在下一小节中我们将会看
185 到，存在一个通用的**双倍叠加策略**(doubling trick)，以增加一个小的常数因子为代价，消除对这个参数的要求。式(8.10)可以直接写成关于 RWM 算法的悔 R_T 的形式：

$$R_T\leqslant 2\sqrt{T\log N}\tag{8.12}$$

因此，对于常数 N，悔满足 $R_T=O(\sqrt{T})$，并且**平均悔**(average regret)或者**每轮悔**(regret per round)R_T/T 以 $O(1/\sqrt{T})$的速度减少。根据如下定理，这些结果都是最优的。

| 定理 8.5 | 令 $N=2$。存在一个随机损失序列，使得由任意在线学习算法得到的悔

满足 $\mathbb{E}[R_T] \geqslant \sqrt{T/8}$。

| 证明 | 对于任意 $t \in [1, T]$，令损失向量 $\boldsymbol{l}_t$ 以相同的概率取 $\boldsymbol{l}_{01} = (0, 1)^{\mathrm{T}}$ 和 $\boldsymbol{l}_{10} = (1, 0)^{\mathrm{T}}$。则对任意随机算法 $\mathcal{A}$，其期望损失为：

$$\mathbb{E}[\mathcal{L}_T] = \mathbb{E}\Big[\sum_{t=1}^{T} \boldsymbol{p}_t \cdot \boldsymbol{l}_t\Big] = \sum_{t=1}^{T} \boldsymbol{p}_t \cdot \mathbb{E}[\boldsymbol{l}_t] = \sum_{t=1}^{T} \frac{1}{2} p_{t,1} + \frac{1}{2}(1 - p_{t,1}) = T/2$$

其中，$\boldsymbol{p}_t$ 是第 t 轮时 $\mathcal{A}$ 选择的分布。根据定义，$\mathcal{L}_T^{\min}$ 可以写成如下形式：

$$\mathcal{L}_T^{\min} = \min\{\mathcal{L}_{T,1}, \mathcal{L}_{T,2}\} = \frac{1}{2}(\mathcal{L}_{T,1} + \mathcal{L}_{T,2} - |\mathcal{L}_{T,1} - \mathcal{L}_{T,2}|) = T/2 - |\mathcal{L}_{T,1} - T/2|$$

上式中，利用到了 $\mathcal{L}_{T,1} + \mathcal{L}_{T,2} = T$ 的事实。因此，$\mathcal{A}$ 的悔的期望为：

$$\mathbb{E}[R_T] = \mathbb{E}[\mathcal{L}_T] - \mathbb{E}[\mathcal{L}_T^{\min}] = \mathbb{E}[|\mathcal{L}_{T,1} - T/2|]$$

对于 $t \in [1, T]$，令 σ_t 表示取值落在 $\{-1, +1\}$ 中的 Rademacher 变量，则 $\mathcal{L}_{T,1}$ 可以写成 $\mathcal{L}_{T,1} = \sum_{t=1}^{T} \frac{1 + \sigma_t}{2} = T/2 + \frac{1}{2}\sum_{t=1}^{T} \sigma_t$。因此，引入尺度 $x_t = 1/2$，$t \in [1, T]$，并利用 Khintchine-Kahane 不等式(D.9)，可以得到：

$$\mathbb{E}[R_T] = \mathbb{E}\Big[\Big|\sum_{t=1}^{T} \sigma_t x_t\Big|\Big] \geqslant \sqrt{\frac{1}{2}\sum_{t=1}^{T} x_t^2} = \sqrt{T/8} \qquad \blacksquare$$

更一般地，如果 $T \geqslant N$，可以证明任意算法的悔都有一个下界，为 $R_T = \Omega(\sqrt{T \log N})$。

8.2.4　指数加权平均算法

WM 算法可以拓展到其他取值在 $[0, 1]$ 的损失函数 L。这里讨论指数加权平均算法，它可以看成是当 L 对其第一个参数为凸函数时的一种拓展。注意虽然这种算法是确定的，但我们将会看到它有一个很好的悔的保障。图 8.5 给出了其伪代码。在 $t \in [1, T]$ 轮时，算法的预测为：

$$\hat{y}_t = \frac{\sum_{i=1}^{N} w_{t,i} y_{t,i}}{\sum_{i=1}^{N} w_{t,i}} \qquad (8.13)$$

其中，$y_{t,i}$ 是第 i 个专家的预测，$w_{t,i}$ 是算法分配给该专家的权重。初始时，所有的权重都设为 1。然后，算法在第 t 轮结束时都根据以下规则对权重进行更新：

$$w_{t+1,i} \leftarrow w_{t,i} e^{-\eta L(\hat{y}_{t,i}, y_t)} = e^{-\eta L_{t,i}} \qquad (8.14)$$

其中，$L_{t,i}$ 是专家 i 在 t 轮之后的总损失。

注意，这个算法和本章的其他算法一样简单，因为它们都不需要记录先前轮中各个专家的

186

$$\begin{array}{l}
\textsc{Exponential-Weighted-Average } (N) \\
\quad 1 \quad \textbf{for } i \leftarrow 1 \textbf{ to } N \textbf{ do} \\
\quad 2 \qquad w_{1,i} \leftarrow 1 \\
\quad 3 \quad \textbf{for } t \leftarrow 1 \textbf{ to } T \textbf{ do} \\
\quad 4 \qquad \textsc{Receive}(x_t) \\
\quad 5 \qquad \widehat{y}_t \leftarrow \dfrac{\sum_{i=1}^{N} w_{t,i} y_{t,i}}{\sum_{i=1}^{N} w_{t,i}} \\
\quad 6 \qquad \textsc{Receive}(y_t) \\
\quad 7 \qquad \textbf{for } i \leftarrow 1 \textbf{ to } N \textbf{ do} \\
\quad 8 \qquad\quad w_{t+1,i} \leftarrow w_{t,i} e^{-\eta L(\widehat{y}_{t,i}, y_t)} \\
\quad 9 \quad \textbf{return } \mathbf{w}_{T+1}
\end{array}$$

图 8.5　指数加权平均，$L(\hat{y}_{t,i}, y_t) \in [0, 1]$

损失，而只是记录其累计损失。除此之外，这样的性质也带来了计算的便利。下述定理给出了该算法的悔界。

| 定理 8.6 | 假设损失函数 L 关于其第一个参数是凸的，并且取值在[0，1]。则，对于任意的 $\eta>0$ 和任意的序列 $y_1, \cdots, y_T \in \mathcal{Y}$，指数加权平均算法在 T 轮后的悔满足：

187

$$R_T \leqslant \frac{\log N}{\eta} + \frac{\eta T}{8} \tag{8.15}$$

特别地，当 $\eta=\sqrt{8\log N/T}$ 时，悔界为：

$$R_T \leqslant \sqrt{(T/2)\log N} \tag{8.16}$$

| 证明 | 应用与前面的证明中相同的势函数分析技巧，这里使用的势函数为 $\Phi_t = \log\sum_{i=1}^{N} w_{t,i}$，$t \in [1, T]$。令 $\boldsymbol{p}_t$ 表示$\{1, \cdots, N\}$上的分布，其中 $p_{t,i} = \frac{w_{t,i}}{\sum_{i=1}^{N} w_{t,i}}$。为了得到 Φ_t 的上界，我们首先考量两个连续势函数的差：

$$\Phi_{t+1} - \Phi_t = \log \frac{\sum_{i=1}^{N} w_{t,i} \mathrm{e}^{-\eta L(\hat{y}_{t,i}, y_t)}}{\sum_{i=1}^{N} w_{t,i}} = \log(\mathop{\mathbb{E}}_{\boldsymbol{p}_t}[\mathrm{e}^{\eta X}])$$

其中，$X=-L(\hat{y}_{t,i}, y_t) \in [-1, 0]$。为了求得右边式子的上界，我们对中心化的随机变量 $X-\mathop{\mathbb{E}}_{\boldsymbol{p}_t}[X]$ 使用 Hoeffding 引理(引理 D.1)，然后基于 L 对其第一个参数的凸性使用 Jensen 不等式(定理 B.20)：

$$\begin{aligned}
\Phi_{t+1} - \Phi_t &= \log(\mathop{\mathbb{E}}_{\boldsymbol{p}_t}[\mathrm{e}^{\eta(X-\mathbb{E}[X])+\eta\mathbb{E}[X]}]) \\
&\leqslant \frac{\eta^2}{8} + \eta \mathop{\mathbb{E}}_{\boldsymbol{p}_t}[X] = \frac{\eta^2}{8} - \eta \mathop{\mathbb{E}}_{\boldsymbol{p}_t}[L(\hat{y}_{t,i}, y_t)] && \text{(Hoeffding 引理)} \\
&\leqslant -\eta L(\mathop{\mathbb{E}}_{\boldsymbol{p}_t}[\hat{y}_{t,i}], y_t) + \frac{\eta^2}{8} && (L \text{ 对第一个参数的凸性}) \\
&= -\eta L(\hat{y}_t, y_t) + \frac{\eta^2}{8}
\end{aligned}$$

对这些不等式求和得到如下上界：

$$\Phi_{T+1} - \Phi_1 \leqslant -\eta \sum_{t=1}^{T} L(\hat{y}_t, y_t) + \frac{\eta^2 T}{8} \tag{8.17}$$

同时可以求得下界如下：

$$\Phi_{T+1} - \Phi_1 = \log \sum_{i=1}^{N} \mathrm{e}^{-\eta L_{T,i}} - \log N \geqslant \log \max_{i=1}^{N} \mathrm{e}^{-\eta L_{T,i}} - \log N = -\eta \min_{i=1}^{N} L_{T,i} - \log N$$

联立上界和下界，得到：

$$\begin{aligned}
&-\eta \min_{i=1}^{N} L_{T,i} - \log N \leqslant -\eta \sum_{t=1}^{T} L(\hat{y}_t, y_t) + \frac{\eta^2 T}{8} \\
&\Rightarrow \sum_{t=1}^{T} L(\hat{y}_t, y_t) - \min_{i=1}^{N} L_{T,i} \leqslant \frac{\log N}{\eta} + \frac{\eta T}{8}
\end{aligned}$$

■

188

定理 8.6 中，η 的选择最佳依赖于关于 T 的知识，这是其明显的缺点。但是，通过标准的**双倍叠加策略**(doubling trick)，以增加一个小的常数因子为代价，可以消除这种依赖。具体地，将时序分割为$[2^k, 2^{k+1}-1]$段，每段长度为 2^k，$k=0, \cdots, n$，并且 $T \geqslant 2^n-1$。在每个时间段中，选取 $\eta_k=\sqrt{\frac{8\log N}{2^k}}$。下述定理对运用双倍叠加策略选择 η 的方式给出了悔界。更一般地，若将 η 视为关于时间的函数，即 $\eta_t=\sqrt{(8\log N)/t}$，则下述定理中的悔界中，常数因子能够得到进一步的优化。

| 定理 8.7 | 假设损失函数 L 关于其第一个参数是凸的，并且取值在$[0, 1]$内。则对于任意的 $T \geqslant 1$ 和任意的序列 $y_1, \cdots, y_T \in \mathcal{Y}$，指数加权平均算法的悔界为：

$$R_T \leqslant \frac{\sqrt{2}}{\sqrt{2}-1}\sqrt{(T/2)\log N}+\sqrt{\log N/2} \tag{8.18}$$

| 证明 | 令 $T \geqslant 1$，令 $\mathcal{I}_k=[2^k, 2^{k+1}-1]$，$k \in [0, n]$，满足 $n=\lfloor \log(T+1) \rfloor$。令 $L_{\mathcal{I}_k}$ 表示区间 $\mathcal{I}_k$ 上的损失。根据定理 8.6(式(8.16))，对于任意 $k \in \{0, \cdots, n\}$，有

$$\mathcal{L}_{\mathcal{I}_k}-\min_{i=1}^{N} L_{\mathcal{I}_k, i} \leqslant \sqrt{2^k/2\log N} \tag{8.19}$$

因此，经过 T 轮之后，总的损失上界为：

$$\begin{aligned} L_T=\sum_{k=0}^{n} L_{\mathcal{I}_k} &\leqslant \sum_{k=0}^{n}\min_{i=1}^{N} L_{\mathcal{I}_k, i}+\sum_{k=0}^{n}\sqrt{2^k(\log N)/2} \\ &\leqslant \min_{i=1}^{N} L_{T, i}+\sqrt{(\log N)/2}\cdot\sum_{k=0}^{n} 2^{\frac{k}{2}} \end{aligned} \tag{8.20}$$

其中，第二个不等式利用了最小值函数的超可加性，即对任意序列$(X_i)_i$ 和$(Y_i)_i$，有 $\min_i X_i+\min_i Y_i \leqslant \min_i(X_i+Y_i)$，进而 $\sum_{k=0}^{n}\min_{i=1}^{N} L_{\mathcal{I}_k, i} \leqslant \min_{i=1}^{N}\sum_{k=0}^{n} L_{\mathcal{I}_k, i}$。式(8.20)中右边的几何级数求和为：

$$\sum_{k=0}^{n} 2^{\frac{k}{2}}=\frac{2^{(n+1)/2}-1}{\sqrt{2}-1} \leqslant \frac{\sqrt{2}\sqrt{T+1}-1}{\sqrt{2}-1} \leqslant \frac{\sqrt{2}(\sqrt{T}+1)-1}{\sqrt{2}-1}=\frac{\sqrt{2}\sqrt{T}}{\sqrt{2}-1}+1$$

将上式代回式(8.20)，整理各项可得式(8.18)。 ■

式(8.18)给出的界关于 T 是 $O(\sqrt{T})$的，对于一般的损失函数无法进一步提升。 189

8.3 线性分类

本节讨论在线学习中两个著名的线性分类算法：感知机和 Winnow 算法。

8.3.1 感知机算法

感知机算法是最早的机器学习算法之一。它是一种在线的线性分类算法，即通过每次处理一个训练样本来学习一个超平面决策函数。图 8.6 给出了伪代码。

该算法更新一个定义超平面的权重向量 $\boldsymbol{w}_t \in \mathbb{R}^N$，其初始值为任意向量 $\boldsymbol{w}_0$。在每轮 $t \in [1, T]$，使用 $\boldsymbol{w}_t$ 预测样本 $\boldsymbol{x}_t \in \mathbb{R}^N$ 的标签(第 4 行)。当预测和正确标签不同时(第 6～7

```
PERCEPTRON(w_0)
w_1 ← w_0    ▷往往, w_0 = 0
for t ← 1 to T do
    RECEIVE(x_t)
    ŷ_t ← sgn(w_t · x_t)
    RECEIVE(y_t)
    if (ŷ_t ≠ y_t) then
        w_{t+1} ← w_t + y_t x_t    ▷更一般地，增量为ηy_t x_t，其中η>0。
    else w_{t+1} ← w_t
return w_{T+1}
```

图 8.6　感知机算法

行)，算法对 $\boldsymbol{w}_t$ 加入 $y_t\boldsymbol{x}_t$ 进行更新。更一般地，如果使用学习率 $\eta>0$，则更新量为 $\eta y_t\boldsymbol{x}_t$。这样的更新方式一定程度上来源于当前权重向量和 $y_t\boldsymbol{x}_t$ 的内积的符号决定了 $\boldsymbol{x}_t$ 的分类这一事实。在更新之前，一旦 $\boldsymbol{x}_t$ 被错分，则 $y_t\boldsymbol{w}_t\cdot\boldsymbol{x}_t$ 为负；进而在更新之后，$y_t\boldsymbol{w}_{t+1}\cdot\boldsymbol{x}_t=y_t\boldsymbol{w}_t\cdot\boldsymbol{x}_t+\eta\|\boldsymbol{x}_t\|^2$，可见，通过增加一项 $\eta\|\boldsymbol{x}_t\|^2>0$，权重向量朝着使 $y_t\boldsymbol{w}_t\cdot\boldsymbol{x}_t$ 为正的方向
190 得到了校正。

可以证明，感知机算法本质上是寻找一个权重向量，恰好使得基于 $(-y_t\boldsymbol{w}\cdot\boldsymbol{x}_t)$，$t\in[1, T]$ 的目标函数 F 最小化。由于当 $\boldsymbol{x}_t$ 被 $\boldsymbol{w}$ 错分时，$(-y_t\boldsymbol{w}\cdot\boldsymbol{x}_t)$ 为正，故而对于所有的 $\boldsymbol{w}\in\mathbb{R}^N$，定义 F 为：

$$F(\boldsymbol{w})=\frac{1}{T}\sum_{t=1}^{T}\max(0,\ -y_t(\boldsymbol{w}\cdot\boldsymbol{x}_t))=\underset{x\sim\hat{\mathcal{D}}}{\mathbb{E}}[\widetilde{F}(\boldsymbol{w},\ \boldsymbol{x})] \tag{8.21}$$

其中，$\widetilde{F}(\boldsymbol{w}, \boldsymbol{x})=\max(0, -f(\boldsymbol{x})(\boldsymbol{w}\cdot\boldsymbol{x}))$，$f(\boldsymbol{x})$ 表示 $\boldsymbol{x}$ 的标签，$\hat{\mathcal{D}}$ 是关于样本序列 $(\boldsymbol{x}_1, \cdots, \boldsymbol{x}_T)$ 的经验分布。$\forall t\in[1, T]$，$\boldsymbol{w}\mapsto -y_t(\boldsymbol{w}\cdot\boldsymbol{x}_t)$ 是线性函数，因此为凸函数。取最大值的运算保留其凸性，因此 F 也是凸的。然后，F 并不可导。虽然如此，但是感知机算法和应用于 F 的**随机次梯度下降**(stochastic subgradient descent)技术是一致的。

随机(或称在线)次梯度下降技术每次考量一个样本 $\boldsymbol{x}_t$。注意，对于满足 $\boldsymbol{w}_t\cdot\boldsymbol{x}_t=0$ 的任意 $\boldsymbol{w}_t$，函数 $\widetilde{F}(\cdot,\boldsymbol{x}_t)$ 是不可微的。在这种情况下，$\widetilde{F}$ 的任意次梯度，也即 $\mathbf{0}$ 和 $-y_t\boldsymbol{x}_t$ 凸包上的任意向量都可能用于迭代更新(见 B.4.1 节)。选择次梯度 $-y_t\boldsymbol{x}_t$，可得到对每个样本点 $\boldsymbol{x}_t$ 上的一般更新如下：

$$\boldsymbol{w}_{t+1}\leftarrow\begin{cases}\boldsymbol{w}_t-\eta\nabla_{\boldsymbol{w}}\widetilde{F}(\boldsymbol{w}_t,\ \boldsymbol{x}_t) & \text{如果 } \boldsymbol{w}_t\cdot\boldsymbol{x}_t\neq 0\\ \boldsymbol{w}_t+\eta y_t\boldsymbol{x}_t & \text{其他}\end{cases} \tag{8.22}$$

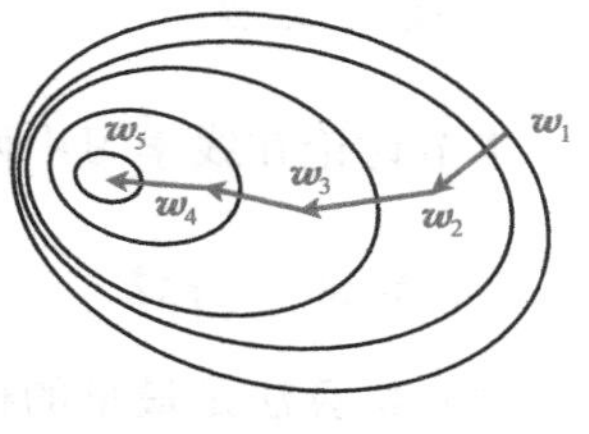

图 8.7　迭代的随机梯度下降技术的路径举例。每个内部曲线表示目标值更低的一个区域

其中，$\eta>0$ 是学习率参数。图 8.7 阐述了梯度下降所循路线的一个例子。考虑在任意 $\boldsymbol{w}$ 处可导的 $\boldsymbol{w}\mapsto\widetilde{F}(\boldsymbol{w}, \boldsymbol{x}_t)$ 这一特定情况，此时当 $y_t(\boldsymbol{w}\cdot\boldsymbol{x}_t)<0$ 时，$\nabla_{\boldsymbol{w}}\widetilde{F}(\boldsymbol{w}, \boldsymbol{x}_t)=-y\boldsymbol{x}_t$，$y_t(\boldsymbol{w}\cdot\boldsymbol{x}_t)\neq 0$；当 $y_t(\boldsymbol{w}\cdot\boldsymbol{x}_t)>0$ 时，$\nabla_{\boldsymbol{w}}\widetilde{F}(\boldsymbol{w}, \boldsymbol{x}_t)=0$。因此，随机梯度下降以如下方式进行
191 更新：

$$\boldsymbol{w}_{t+1} \leftarrow \begin{cases} \boldsymbol{w}_t + \eta y_t \boldsymbol{x}_t & \text{如果 } y_t(\boldsymbol{w}_t \cdot \boldsymbol{x}_t) \leqslant 0 \\ \boldsymbol{x}_t & \text{如果 } y_t(\boldsymbol{w}_t \cdot \boldsymbol{x}_t) > 0 \end{cases} \tag{8.23}$$

这和感知机算法的更新是完全一致的。

下述定理表明，在处理可以被某个超平面分开且间隔 $\rho>0$ 的、长度为 T 的样本序列时，感知机算法出错次数或称更新次数有一个基于间隔的上界。

| 定理 8.8 | 令 $\boldsymbol{x}_1, \cdots, \boldsymbol{x}_T \in \mathbb{R}^N$ 为长度为 T 的样本序列，且对所有 $t\in[1, T]$，存在 $r>0$，使得 $\|\boldsymbol{x}_t\| \leqslant r$。假设存在 $\rho>0$ 和 $\boldsymbol{v}\in\mathbb{R}^N$，使得对所有 $t\in[1, T]$，有 $\rho \leqslant \frac{y_t(\boldsymbol{v}\cdot\boldsymbol{x}_t)}{\|\boldsymbol{v}\|}$。则感知机算法在处理 $\boldsymbol{x}_1, \cdots, \boldsymbol{x}_T$ 时出错次数的上界为 r^2/ρ^2。

| 证明 | 将 T 轮中作出更新的轮记为子集 $\mathcal{I}$，令 M 表示更新的总次数，即，$|\mathcal{I}|=M$。将假设中的不等式求和得到

$$\begin{aligned}
M\rho &\leqslant \frac{\boldsymbol{v}\cdot\sum_{t\in\mathcal{I}} y_t\boldsymbol{x}_t}{\|\boldsymbol{v}\|} \leqslant \Big\|\sum_{t\in\mathcal{I}} y_t\boldsymbol{x}_t\Big\| && \text{(Cauchy-Schwarz 不等式)}\\
&= \Big\|\sum_{t\in\mathcal{I}} (\boldsymbol{w}_{t+1}-\boldsymbol{w}_t)\Big\| && \text{(更新的定义)}\\
&= \|\boldsymbol{w}_{T+1}\| && \text{(裂项求和，}\boldsymbol{w}_0=0\text{)}\\
&= \sqrt{\sum_{t\in\mathcal{I}} \|\boldsymbol{w}_{t+1}\|^2-\|\boldsymbol{w}_t\|^2} && \text{(裂项求和，}\boldsymbol{w}_0=0\text{)}\\
&= \sqrt{\sum_{t\in\mathcal{I}} \|\boldsymbol{w}_t+y_t\boldsymbol{x}_t\|^2-\|\boldsymbol{w}_t\|^2} && \text{(更新的定义)}\\
&= \sqrt{\sum_{t\in\mathcal{I}} 2\underbrace{y_t\boldsymbol{w}_t\cdot\boldsymbol{x}_t}_{\leqslant 0}+\|\boldsymbol{x}_t\|^2}\\
&\leqslant \sqrt{\sum_{t\in\mathcal{I}} \|\boldsymbol{x}_t\|^2} \leqslant \sqrt{Mr^2}
\end{aligned}$$

对比不等式的最左边和最右边，可以得到 $\sqrt{M}\leqslant r/\rho$，即 $M\leqslant r^2/\rho^2$。■ 192

根据算法的定义，在处理 T 个样本之后，权重向量 $\boldsymbol{w}_T$ 是作出更新的轮中 $\boldsymbol{x}_t$ 的线性组合：$\boldsymbol{w}_T=\sum_{t\in\mathcal{I}} y_t\boldsymbol{x}_t$。所以，和 SVM 一样，这些样本可被称为感知机算法的**支持向量**(support vector)。

定理 8.8 的界很重要，因为它仅仅依赖于归一化间隔 ρ/r，而不依赖于空间的维度 N。可以证明这个界是紧的，也就是说，某些情况下更新的次数可以等于 r^2/ρ^2(见习题 8.3)。

这个定理也不需要对样本序列 $\boldsymbol{x}_1, \cdots, \boldsymbol{x}_T$ 做假设。应用感知机算法的时候，标准的流程是对规模为 $m<T$ 的有限样本集 S 进行多轮处理。定理表明，如果 S 是线性可分的，则感知机算法在有限次数的更新之后将收敛。然而，间隔 ρ 较小时，算法收敛较慢。事实上，对一些样本集，若忽略样本处理顺序，则算法更新的次数为 $\Omega(2^N)$(见习题 8.1)。当然，如果 S 线性不可分，感知机算法将不会收敛。在实践中，可以在处理 S 若干轮之后强制停止。

感知机算法有很多变种，它们在实践中得到了广泛的应用，并在理论上得到了充分的分析。值得一提的是**投票型感知机算法**(voted Perceptron algorithm)，其根据

$\operatorname{sgn}\left(\left(\sum_{t \in \mathcal{I}} c_t \boldsymbol{w}_t\right) \cdot \boldsymbol{x}\right)$ 进行预测，其中权重 c_t 和 $\boldsymbol{w}_t$ “存活”的迭代次数(即 $\boldsymbol{w}_t$ 到 $\boldsymbol{w}_{t+1}$ 之间的迭代次数)成正比。

下述定理考虑在线性可分的有限样本集上，感知机算法经过多轮训练直到收敛的情况。在定理 8.8 中，已经证明了经过有限次更新之后必收敛。

对线性可分的样本集 S，记包含所有样本的以原点为中心的最小球半径为 r_S，分类超平面的最大间隔为 ρ_S。同时，记算法在 S 上训练后更新的次数为 $M(S)$。

| 定理 8.9 | *假设数据线性可分。经过在规模为 m、服从分布 $\mathcal{D}$ 的样本集 S 上的训练之后，记感知机算法返回的假设为 h_S。则 h_S 的期望误差上界为：*

$$\underset{S \sim \mathcal{D}^m}{\mathbb{E}}[R(h_S)] \leqslant \underset{S \sim \mathcal{D}^{m+1}}{\mathbb{E}}\left[\frac{\min(M(S),\ r_S^2/\rho_S^2)}{m+1}\right]$$

| 证明 | 令 S 表示服从分布 $\mathcal{D}$、规模为 $m+1$ 且线性可分的独立同分布样本集，并令
193 $\boldsymbol{x}$ 表示 S 中的样本。如果 $h_{S-\{\boldsymbol{x}\}}$ 错分了 $\boldsymbol{x}$，那么 $\boldsymbol{x}$ 就会是 h_S 的支持向量。因此，感知机在 S 上的留一法误差至多为 $\frac{M(S)}{m+1}$。由引理 5.1，联立留一法期望误差、h_S 的期望误差以及定理 8.8 得到的关于 $M(S)$ 的上界，则定理得证。 ■

将这个结果和(不带偏置的)SVM 算法中相似的结果进行比较，可以发现这个结果就是定理 5.1 的推广。用 $N_{SV}(S)$ 表示决定 h_S 的支持向量的数量，有下面的定理成立。

| 定理 8.10 | *假设数据线性可分。在规模为 m、服从分布 $\mathcal{D}$ 的独立同分布样本集 S 上训练不带偏置($b=0$)的 SVM，并记其返回的假设为 h_S。那么，h_S 的期望误差的上界为：*

$$\underset{S \sim \mathcal{D}^m}{\mathbb{E}}[R(h_S)] \leqslant \underset{S \sim \mathcal{D}^{m+1}}{\mathbb{E}}\left[\frac{\min(N_{SV}(S),\ r_S^2/\rho_S^2)}{m+1}\right]$$

| 证明 | 定理 5.1 已经表明，期望误差的上界可以用支持向量的平均占比($N_{SV}(S)/(m+1)$)表示。因此，本定理需要证明的是该上界可以用$(r_S^2/\rho_S^2)/(m+1)$表示。为了证明这一点，只需用$(r_S^2/\rho_S^2)/(m+1)$限制 SVM 在规模为 $m+1$ 的样本集 S 上的留一误差。这里，应用引理 5.1 的思路，尝试联立留一期望误差和 h_S 的期望误差来完成证明。

令 $S=(\boldsymbol{x}_1, \cdots, \boldsymbol{x}_{m+1})$表示服从分布 $\mathcal{D}$ 的独立同分布线性可分样本集，令 $\boldsymbol{x}$ 表示 S 中 $\boldsymbol{x}$ 被 $h_{S-\{\boldsymbol{x}\}}$ 错分的样本。现在，分析 $\boldsymbol{x}=\boldsymbol{x}_{m+1}$ 的情况(其他情况的分析类似)，记样本集$(\boldsymbol{x}_1, \cdots, \boldsymbol{x}_m)$为 S'。

对于任意 $q \in [1, m+1]$，令 G_q 表示 $\mathbb{R}^q$ 上的函数：$\boldsymbol{\alpha} \mapsto \sum_{i=1}^{q} \alpha_i - \frac{1}{2}\sum_{i, j=1}^{q} \alpha_i \alpha_j y_i y_j (\boldsymbol{x}_i \cdot \boldsymbol{x}_j)$。记 G_{m+1} 为 SVM 关于样本集 S 的对偶优化问题的目标函数，而 G_m 是关于样本集 S' 的目标函数。令 $\boldsymbol{\alpha} \in \mathbb{R}^{m+1}$ 表示对偶 SVM 问题 $\max_{\boldsymbol{\alpha} \geqslant 0} G_{m+1}(\boldsymbol{\alpha})$ 的解，对于 $\boldsymbol{\alpha}' \in \mathbb{R}^{m+1}$，$(\alpha_1', \cdots, \alpha_m')^{\mathrm{T}} \in \mathbb{R}^m$ 为 $\max_{\boldsymbol{\alpha} \geqslant 0} G_m(\boldsymbol{\alpha})$的解而 $\alpha_{m+1}'=0$。令 $\boldsymbol{e}_{m+1}$ 表示 $\mathbb{R}^{m+1}$ 空间中第$(m+1)$个单位向量。根据 $\boldsymbol{\alpha}$、$\boldsymbol{\alpha}'$ 均为最优解的定义，$\max_{\beta \geqslant 0} G_{m+1}(\boldsymbol{\alpha}'+\beta \boldsymbol{e}_{m+1}) \leqslant G_{m+1}(\boldsymbol{\alpha})$，且 $G_{m+1}(\boldsymbol{\alpha}-\alpha_{m+1}\boldsymbol{e}_{m+1}) \leqslant G_m(\boldsymbol{\alpha}')$。因此，$A=G_{m+1}(\boldsymbol{\alpha})-G_m(\boldsymbol{\alpha}')$的上下界如下：

$$\max_{\beta \geqslant 0} G_{m+1}(\boldsymbol{\alpha}'+\beta \boldsymbol{e}_{m+1})-G_m(\boldsymbol{\alpha}') \leqslant A \leqslant G_{m+1}(\boldsymbol{\alpha})-G_{m+1}(\boldsymbol{\alpha}-\alpha_{m+1}\boldsymbol{e}_{m+1})$$

194 令 SVM 在样本集 S 训练得到的权重向量为 $\boldsymbol{w}=\sum_{i=1}^{m+1} y_i \alpha_i \boldsymbol{x}_i$。因为 $h_{S'}$ 错分了 $\boldsymbol{x}_{m+1}$，则

$\boldsymbol{x}_{m+1}$ 是 h_S 的支持向量，因此 $y_{m+1}\boldsymbol{w}\cdot\boldsymbol{x}_{m+1}=1$。鉴于此，上界可写为：

$$\begin{aligned}&G_{m+1}(\boldsymbol{\alpha})-G_{m+1}(\boldsymbol{\alpha}-\alpha_{m+1}\boldsymbol{e}_{m+1})\\&=\alpha_{m+1}-\sum_{i=1}^{m+1}(y_i\alpha_i\boldsymbol{x}_i)\cdot(y_{m+1}\alpha_{m+1}\boldsymbol{x}_{m+1})+\frac{1}{2}\alpha_{m+1}^2\|\boldsymbol{x}_{m+1}\|^2\\&=\alpha_{m+1}(1-y_{m+1}\boldsymbol{w}\cdot\boldsymbol{x}_{m+1})+\frac{1}{2}\alpha_{m+1}^2\|\boldsymbol{x}_{m+1}\|^2\\&=\frac{1}{2}\alpha_{m+1}^2\|\boldsymbol{x}_{m+1}\|^2\end{aligned}$$

类似地，令 $\boldsymbol{w}'=\sum_{i=1}^{m}y_i\alpha'_i\boldsymbol{x}_i$，则对任意 $\beta\geqslant 0$，下界的最大值可写为：

$$\begin{aligned}&G_{m+1}(\boldsymbol{\alpha}'+\beta\boldsymbol{e}_{m+1})-G_m(\boldsymbol{\alpha}')\\&=\beta(1-y_{m+1}(\boldsymbol{w}'+\beta y_{m+1}\boldsymbol{x}_{m+1})\cdot\boldsymbol{x}_{m+1})+\frac{1}{2}\beta^2\|\boldsymbol{x}_{m+1}\|^2\\&=\beta(1-y_{m+1}\boldsymbol{w}'\cdot\boldsymbol{x}_{m+1})-\frac{1}{2}\beta^2\|\boldsymbol{x}_{m+1}\|^2\end{aligned}$$

该式右边在 $\beta=\dfrac{1-y_{m+1}\boldsymbol{w}'\cdot\boldsymbol{x}_{m+1}}{\|\boldsymbol{x}_{m+1}\|^2}$ 的时候取最大值 $\dfrac{1}{2}\dfrac{(1-y_{m+1}\boldsymbol{w}'\cdot\boldsymbol{x}_{m+1})^2}{\|\boldsymbol{x}_{m+1}\|^2}$，因此，

$$A\geqslant\frac{1}{2}\frac{(1-y_{m+1}\boldsymbol{w}'\cdot\boldsymbol{x}_{m+1})^2}{\|\boldsymbol{x}_{m+1}\|^2}\geqslant\frac{1}{2\|\boldsymbol{x}_{m+1}\|^2}$$

上式中，第二个不等号利用了 $y_{m+1}\boldsymbol{w}'\cdot\boldsymbol{x}_{m+1}<0$ 的事实，因为 $\boldsymbol{x}_{m+1}$ 此时被 $\boldsymbol{w}'$ 错分。将 A 的下界和之前推导的上界进行比较，可以得到 $\dfrac{1}{2\|\boldsymbol{x}_{m+1}\|^2}\leqslant\dfrac{1}{2}\alpha_{m+1}^2\|\boldsymbol{x}_{m+1}\|^2$，即：

$$\alpha_{m+1}\geqslant\frac{1}{\|\boldsymbol{x}_{m+1}\|^2}\geqslant\frac{1}{r_S^2}$$

对 $\boldsymbol{x}=\boldsymbol{x}_{m+1}$ 的分析也适用于任意 $\boldsymbol{x}_i\in S$ 被 $h_{S-\{\boldsymbol{x}_i\}}$ 错分的情况。令 $\mathcal{I}$ 表示被错分样本的索引 i 的集合，则：

$$\sum_{i\in\mathcal{I}}\alpha_i\geqslant\frac{|\mathcal{I}|}{r_S^2}$$

根据式(5.19)，当间隔满足 $\sum_{i=1}^{m+1}\alpha_i=1/\rho_S^2$ 时，有下式成立：

$$|\mathcal{I}|\leqslant r_S^2\sum_{i\in\mathcal{I}}\alpha_i\leqslant r_S^2\sum_{i=1}^{m+1}\alpha_i=\frac{r_S^2}{\rho_S^2}$$ 195

由于 $|\mathcal{I}|$ 就是留一法总误差，故定理得证。■

定理 8.9 和定理 8.10 在可分的情况下给出了形式相近的界。不过，这些界似乎不足以区分 SVM 和感知机算法的有效性。注意，虽然间隔 ρ_S 在两个界中都出现了，对于两个算法，超球半径 r_S 却可以通过更加精细的、对于两个算法不同的量来表达，这是因为 r_S 都是覆盖了支持向量的超球的半径，而不是覆盖了所有样本的超球的半径。这一点从前述定理的证明中可以直接看出来。因此，相比于感知机的支持向量(也即更新向量)，SVM 的支持向量可以用于给出一个更好的界。最后，这些定理给出的界还是有些偏弱，达到这些界的可能性并不大。这些界只对算法返回假设的期望误差成立，而对误差的方差不提供任何信息。

在更一般的情境中，即样本非线性可分时，下述两个定理以关于任意权重向量 $\boldsymbol{v}$ 的 ρ-铰链损失的形式给出了感知机算法更新(或出错)次数的上界。

| 定理 8.11 | 令 $\boldsymbol{x}_1$，…，$\boldsymbol{x}_T$ 表示 T 个样本的序列用于感知器算法中的迭代更新，其中，令 $\mathcal{I}$ 表示索引 $t\in[1, T]$ 的集合，对于某个 $r>0$ 有 $\|\boldsymbol{x}_t\|\leqslant r$。则算法迭代数 $M=|\mathcal{I}|$ 有下述的界：

$$M\leqslant \inf_{\rho>0,\|\boldsymbol{v}\|_2\leqslant 1}\left[\frac{\frac{r}{\rho}+\sqrt{\frac{r^2}{\rho^2}+4\|\boldsymbol{l}_\rho\|_1}}{2}\right]^2\leqslant \inf_{\rho>0,\|\boldsymbol{v}\|_2\leqslant 1}\left(\frac{r}{\rho}+\sqrt{\|\boldsymbol{l}_\rho\|_1}\right)^2$$

其中，$\boldsymbol{l}_\rho=(l_t)_{t\in\mathcal{I}}$ 且 $l_t=\max\left\{0,\ 1-\frac{y_t(\boldsymbol{v}\cdot\boldsymbol{x}_t)}{\rho}\right\}$。

| 证明 | 固定 $\rho>0$ 和 $\boldsymbol{v}$，满足 $\|\boldsymbol{v}\|_2=1$。根据 l_t 的定义，对于任意 t，有 $1-\frac{y_t(\boldsymbol{v}\cdot\boldsymbol{x}_t)}{\rho}\leqslant l_t$ 成立。对于所有 $t\in\mathcal{I}$，将不等式求和可得：

$$\begin{aligned}M&\leqslant\sum_{t\in\mathcal{I}}l_t+\sum_{t\in\mathcal{I}}\frac{y_t(\boldsymbol{v}\cdot\boldsymbol{x}_t)}{\rho}\\&=\|\boldsymbol{l}_\rho\|_1+\sum_{t\in\mathcal{I}}\frac{y_t(\boldsymbol{v}\cdot\boldsymbol{x}_t)}{\rho}\leqslant\|\boldsymbol{l}_\rho\|_1+\frac{\sqrt{Mr^2}}{\rho}\end{aligned}\tag{8.24}$$

上式中最后一个不等式成立根据的是可分情况证明(定理 8.8)中用到的界：$\frac{\boldsymbol{v}\cdot\sum_{t\in\mathcal{I}}y_t\boldsymbol{x}_t}{\|\boldsymbol{v}\|}\leqslant\sqrt{Mr^2}$。根据式(8.24)，求解不等式 $M\leqslant\|\boldsymbol{l}_\rho\|_1+\frac{\sqrt{Mr^2}}{\rho}$ 可以得到 $\sqrt{M}\leqslant\frac{1}{2}\left(\frac{r}{\rho}+\sqrt{\frac{r^2}{\rho^2}+4\|\boldsymbol{l}_\rho\|_1}\right)$，则该定理中的第一个不等式得证。定理中的第二个不等式可以

196 由平方根函数的次可加性得到。■

| 定理 8.12 | 令 $\boldsymbol{x}_1$，…，$\boldsymbol{x}_T$ 表示 T 个样本的序列用于感知器算法中的迭代更新，其中，令 $\mathcal{I}$ 表示索引 $t\in[1, T]$ 的集合，对于某个 $r>0$ 有 $\|\boldsymbol{x}_t\|\leqslant r$。则算法迭代数 $M=|\mathcal{I}|$ 有下述的界：

$$M\leqslant \inf_{\rho>0,\|\boldsymbol{v}\|_2\leqslant 1}\left(\frac{r}{\rho}+\sqrt{\|\boldsymbol{l}_\rho\|_2}\right)^2$$

其中，$\boldsymbol{l}_\rho=(l_t)_{t\in\mathcal{I}}$ 且 $l_t=\max\left\{0,\ 1-\frac{y_t(\boldsymbol{v}\cdot\boldsymbol{x}_t)}{\rho}\right\}$。

| 证明 | 固定 $\rho>0$ 和 $\boldsymbol{v}$，满足 $\|\boldsymbol{v}\|_2=1$。基于定理 8.11 中的式(8.24)，并利用由 Cauchy-Schwarz 不等式得到的 $\|\boldsymbol{l}_\rho\|_1\leqslant\sqrt{M}\|\boldsymbol{l}_\rho\|_2$，有：

$$M\leqslant\|\boldsymbol{l}_\rho\|_1+\frac{\sqrt{Mr^2}}{\rho}\leqslant\sqrt{M}\|\boldsymbol{l}_\rho\|_2+\frac{\sqrt{Mr^2}}{\rho}$$

因此，$\sqrt{M}\leqslant\|\boldsymbol{l}_\rho\|_2+\frac{\sqrt{r^2}}{\rho}$，定理得证。■

上述界是定理 8.8 在可分情况下的严格推广，这是因为在可分情况下，可以在任意样

本点都没有铰链损失的最大间隔超平面上选择 $\boldsymbol{v}$。主要不同之处在于，定理 8.11 中采用的是向量的铰链损失的 L_1-范数，而定理 8.12 中采用的是 L_2-范数。注意，由于 L_2-范数的界来自式(8.24)的上界(这与定理 8.11 中的第一个不等式一致)，因此定理 8.11 中的 L_1-范数的界总是比定理 8.12 的 L_2-范数的界更紧。

实际上，像 SVM 一样，感知机算法可以推广到在高维空间中实现线性可分。如图 8.8 所示，对偶感知机算法采用了等价的对偶形式。算法使用向量 $\boldsymbol{\alpha}\in\mathbb{R}^T$ 为每个样本 $\boldsymbol{x}_t$，$t\in[1, T]$分配系数，并根据 $\mathrm{sgn}(\boldsymbol{w}\cdot\boldsymbol{x}_t)$预测样本 $\boldsymbol{x}_t$ 的标签，其中 $\boldsymbol{w}=\sum_{s=1}^{T}\alpha_s y_s \boldsymbol{x}_s$。当预测错误时，系数 α_t 加 1。因此，在 $\boldsymbol{x}_t$ 处的更新等价于对权重向量 $\boldsymbol{w}$ 增加 $y_t\boldsymbol{x}_t$。这说明对偶感知器算法和标准感知机算法是等价的，前者可以写成只依赖于训练样本内积的形式。因此，像 SVM 一样，可以用任意 PDS 核代替输入空间样本的内积，得到核感知机算法，详见图 8.9。核感知机算法以及其取平均的变种，即权重 c_t 均匀的投票感知器算法，在实际中被广泛应用。 197

```
DualPerceptron(α₀)
α ← α₀    ▷往往，α₀ = 0
for t ← 1 to T do
    Receive(x_t)
    ŷ_t ← sgn( Σ_{s=1}^{T} α_s y_s (x_s · x_t) )
    Receive(y_t)
    if (ŷ_t ≠ y_t) then
        α_t ← α_t + 1
    else α_t ← α_t
return α
```

图 8.8 对偶感知机算法

```
KernelPerceptron(α₀)
α ← α₀    ▷往往，α₀ = 0
for t ← 1 to T do
    Receive(x_t)
    ŷ_t ← sgn( Σ_{s=1}^{T} α_s y_s K(x_s, x_t) )
    Receive(y_t)
    if (ŷ_t ≠ y_t) then
        α_t ← α_t + 1
    else α_t ← α_t
return α
```

图 8.9 核感知机算法，K 是 PDS 核

8.3.2 Winnow 算法

本节讨论另一种在线线性分类算法，**Winnow 算法**(Winnow algorithm)。通过处理训练样本序列，算法学习一个定义分类超平面的权重向量。顾名思义，算法尤其适合用于这样的情况：待精确求解的权重向量维度(专家)较少，而其他不相关的维度(专家)无须精确求解。

Winnow 算法和感知机算法相似，但是在权重向量的更新方面，感知机算法采用加法更新，Winnow 算法采用乘法更新。图 8.10 给出了伪代码。算法接收参数 $\eta>0$ 作为输入，它的作用是使非负权重向量 $\boldsymbol{w}_t$ 的分量和为 1($\|\boldsymbol{w}_t\|_1=1$)。权重向量初始值是均匀的(第 1 行)，在每轮 $t\in[1, T]$，如果预测出错(第 6 行)，每个分量 $w_{t,i}$，$i\in[1, N]$将乘以 $\exp(\eta y_t x_{t,i})$，并

```
Winnow(η)
1   w_1 ← 1/N
2   for t ← 1 to T do
3       Receive(x_t)
4       ŷ_t ← sgn(w_t · x_t)
5       Receive(y_t)
6       if (ŷ_t ≠ y_t) then
7           Z_t ← Σ_{i=1}^{N} w_{t,i} exp(η y_t x_{t,i})
8           for i ← 1 to N do
9               w_{t+1,i} ← w_{t,i} exp(η y_t x_{t,i}) / Z_t
10      else w_{t+1} ← w_t
11  return w_{T+1}
```

图 8.10 Winnow 算法，对于所有 $t\in[1, T]$，$y_t\in\{-1, +1\}$

除以归一化因子 Z_t 以保证权重和为1(第7～9行)。因此如果标签 y_t 和 $x_{t,i}$ 同正负，则 $w_{t,i}$ 将增大，反之将会显著变小。

Winnow 算法和加权投票算法密切相关：当 $\boldsymbol{x}_{t,i}\in\{-1,+1\}$ 的时候，$\operatorname{sgn}(\boldsymbol{w}_t\cdot\boldsymbol{x}_t)$ 与多数投票相同，因为对正确和错误专家分别乘以权重 e^{η} 和 $e^{-\eta}$ 等价于对错误专家乘以权重 $\beta=e^{-2\eta}$。同时，Winnow 算法的乘法更新规则显然和 AdaBoost 相似。

下述定理给出了可分情况下 Winnow 算法的错误界，其形式和定理 8.8 中感知机算法的界相似。

| 定理 8.13 | 令 $\boldsymbol{x}_1,\cdots,\boldsymbol{x}_T\in\mathbb{R}^N$ 表示 T 个样本的序列，其中，对于所有 $t\in[1,T]$ 以及某个 $r_\infty>0$ 有 $\|\boldsymbol{x}_t\|_\infty\leqslant r_\infty$。假设存在 $\boldsymbol{v}\in\mathbb{R}^N$，$\boldsymbol{v}\geqslant 0$，$\rho_\infty>0$，使得对于所有 $t\in[1,T]$，$\rho_\infty\leqslant\frac{y_t(\boldsymbol{v}\cdot\boldsymbol{x}_t)}{\|\boldsymbol{v}\|_1}$。则对于 $\eta=\frac{\rho_\infty}{r_\infty^2}$，Winnow 算法在处理 $\boldsymbol{x}_1,\cdots,\boldsymbol{x}_T$ 时的更新次数上界为 $2(r_\infty^2/\rho_\infty^2)\log N$。

| 证明 | 令 $\mathcal{I}\subseteq[1,T]$ 表示作出更新的轮的集合，令 M 表示更新的总数，即 $|\mathcal{I}|=M$。这里用两个分布的相对熵作为势函数 Φ_t，$t\in[1,T]$，其中一个分布由归一化权重 $v_i/\|\boldsymbol{v}\|_1\geqslant 0$，$i\in[1,N]$ 定义，另一个分布由 $w_{t,i}$，$i\in[1,N]$ 定义：

$$\Phi_t=\sum_{i=1}^{N}\frac{v_i}{\|\boldsymbol{v}\|_1}\log\frac{v_i/\|\boldsymbol{v}\|_1}{w_{t,i}}$$

为了推导 Φ_t 的上界，我们分析两个连续的轮的势函数发生的变化。对于所有 $t\in\mathcal{I}$，势函数的变化为：

198～200

$$\begin{aligned}
\Phi_{t+1}-\Phi_t&=\sum_{i=1}^{N}\frac{v_i}{\|\boldsymbol{v}\|_1}\log\frac{w_{t,i}}{w_{t+1,i}}=\sum_{i=1}^{N}\frac{v_i}{\|\boldsymbol{v}\|_1}\log\frac{Z_t}{\exp(\eta y_t x_{t,i})}\\
&=\log Z_t-\eta\sum_{i=1}^{N}\frac{v_i}{\|\boldsymbol{v}\|_1}y_t x_{t,i}\leqslant\log\Big[\sum_{i=1}^{N}w_{t,i}\exp(\eta y_t x_{t,i})\Big]-\eta\rho_\infty\\
&=\log\mathop{\mathbb{E}}_{i\sim\boldsymbol{w}_t}[\exp(\eta y_t x_{t,i})]-\eta\rho_\infty\\
&=\log\mathop{\mathbb{E}}_{i\sim\boldsymbol{w}_t}[\exp(\eta y_t x_{t,i}-\eta y_t\boldsymbol{w}_t\cdot x_t+\eta y_t\boldsymbol{w}_t\cdot x_t)]-\eta\rho_\infty\\
&\leqslant\log[\exp(\eta^2(2r_\infty)^2/8)]+\underbrace{\eta y_t(\boldsymbol{w}_t\cdot x_t)}_{\leqslant 0}-\eta\rho_\infty\leqslant\eta^2 r_\infty^2/2-\eta\rho_\infty
\end{aligned}$$

第一个不等号根据 ρ_∞ 的定义成立。接下来等式将求和写为依 $\boldsymbol{w}_t$ 分布求期望。第二个不等式利用了 Hoeffding 引理(引理 D.1)。最后的不等式依据的是在 t 轮上有更新时，$y_t(\boldsymbol{w}_t\cdot x_t)\leqslant 0$。对所有 $t\in\mathcal{I}$，将这些不等式累加得到：

$$\Phi_{T+1}-\Phi_1\leqslant M(\eta^2 r_\infty^2/2-\eta\rho_\infty)$$

接下来，对下界进行推导。注意到：

$$\Phi_1=\sum_{i=1}^{N}\frac{v_i}{\|\boldsymbol{v}\|_1}\log\frac{v_i/\|\boldsymbol{v}\|_1}{1/N}=\log N+\sum_{i=1}^{N}\frac{v_i}{\|\boldsymbol{v}\|_1}\log\frac{v_i}{\|\boldsymbol{v}\|_1}\leqslant\log N$$

此外，因为相对熵是非负的，即 $\Phi_{T+1}\geqslant 0$。这说明下述下界成立：

$$\Phi_{T+1}-\Phi_1\geqslant 0-\log N=-\log N$$

联立上下界可以推出 $-\log N\leqslant M(\eta^2 r_\infty^2/2-\eta\rho_\infty)$。令 $\eta=\frac{\rho_\infty}{r_\infty^2}$，则定理得证。■

定理 8.8 和定理 8.13 均给出了感知机算法和 Winnow 算法的基于间隔的错误界，二者具有相似的形式，但是基于不同的范数。共同点是，对于输入向量 $\boldsymbol{x}_t$，$t\in[1, T]$采用$\|\cdot\|_p$范数，对于间隔向量 $\boldsymbol{v}$ 采用其对偶$\|\cdot\|_q$范数，其中 p，q 共轭：$1/p+1/q=1$。在感知机的情况下，$p=q=2$，而在 Winnow 算法中，$p=\infty$，$q=1$。

这些界意味着不同类型的保证。当包含多个专家 $i\in[1, N]$的一个稀疏集合能够预测得很好时，Winnow 算法的界更好。举例来说，如果 $\boldsymbol{v}=\boldsymbol{e}_1$，其中 $\boldsymbol{e}_1$ 是 $\mathbb{R}^N$ 中沿第一个维度的单位向量，并且如果对于所有 t，$\boldsymbol{x}_t\in\{-1, +1\}^N$，则定理 8.13 给出的 Winnow 算法出错的上界仅为 $2\log N$，而定理 8.8 给出的感知机算法出错的上界为 N。相反地，如果专家集合不稀疏，则感知机算法的上界更好。

8.4　在线到批处理的转换

前面的小节展示了在线学习的几个算法，包括感知机和 Winnow 算法，进而在错误模型下分析了它们的表现，并且不对训练序列的生成方式作出假设。本节关注的问题是：在标准的随机情境下，这些算法能不能得到泛化误差较小的假设呢？如何将中间生成的假设 201
进行组合从而得到精确的预测器？

令 $\mathcal{H}$ 表示将 $\mathcal{X}$ 映射到 $\mathcal{Y}'$的假设，并令 L：$\mathcal{Y}'\times\mathcal{Y}\to\mathbb{R}_+$ 为有界损失函数，即对于某个 $M\geqslant 0$ 满足 $L\leqslant M$。考虑标准的有监督学习，带标签样本集 $S=((x_1, y_1), \cdots, (x_T, y_T))\in(\mathcal{X}\times\mathcal{Y})^T$ 为独立同分布的且服从未知但固定的分布 $\mathcal{D}$，并依次序通过在线学习算法 $\mathcal{A}$ 进行处理。算法从一个初始假设 $h_1\in\mathcal{H}$ 开始，在处理(x_t, y_t)，$t\in[1, m]$之后生成新假设 $h_{t+1}\in\mathcal{H}$。之前已经定义了算法的悔值为：

$$R_T=\sum_{t=1}^{T}L(h_t(x_t), y_t)-\min_{h\in\mathcal{H}}\sum_{t=1}^{T}L(h(x_t), y_t) \tag{8.25}$$

对于假设 $h\in\mathcal{H}$ 而言，其泛化误差就是期望损失 $R(h)=\underset{(x,y)\sim\mathcal{D}}{\mathbb{E}}[L(h(x), y)]$。

下述引理对 $\mathcal{A}$ 生成的假设的平均泛化误差给出了一个上界，该界和平均损失 $\frac{1}{T}\sum_{t=1}^{T}L(h_t(x_t), y_t)$ 有关。

| 引理 8.1 | *令 $S=((x_1, y_1), \cdots, (x_T, y_T))\in(\mathcal{X}\times\mathcal{Y})^T$ 为独立同分布的且服从未知但固定的分布 $\mathcal{D}$ 的带标签样本集，L 为上界为 M 的损失函数，$h_1, \cdots, h_{T+1}$ 为在线学习算法 $\mathcal{A}$ 依次序处理 S 之后生成的假设序列。对任意 $\delta>0$，以至少为 $1-\delta$ 的概率有下式成立：*

$$\frac{1}{T}\sum_{t=1}^{T}R(h_t)\leqslant\frac{1}{T}\sum_{t=1}^{T}L(h_t(x_t), y_t)+M\sqrt{\frac{2\log\frac{1}{\delta}}{T}} \tag{8.26}$$

| 证明 | 对于任意 $t\in[1, T]$，定义随机变量 $V_t=R(h_t)-L(h_t(x_t), y_t)$。注意到对于任意 $t\in[1, T]$：

$$\mathbb{E}[V_t \mid x_1, \cdots, x_{t-1}]=R(h_t)-\mathbb{E}[L(h_t(x_t), y_t)|h_t]=R(h_t)-R(h_t)=0$$

因为损失以 M 为上界，所以对于所有 $t\in[1, T]$，V_t 的取值区间为$[-M, +M]$。因此，根据 Azuma 不等式(定理 D.6)，$\mathbb{P}\left[\frac{1}{T}\sum_{t=1}^{T}V_t\geqslant\epsilon\right]\leqslant\exp(-2T\epsilon^2/(2M)^2)$。令不等

式右边等于 $\delta>0$，即引理得证。■

当损失函数对第一个参数为凸的时，使用这个引理可以推导出 $\mathcal{A}$ 的平均假设 $\frac{1}{T}\sum_{t=1}^{T}h_t$ 的泛化误差界，该界与 $\mathcal{A}$ 在 S 上的平均损失有关，或者与悔 R_T 和 $\mathcal{H}$ 中假设的误差下确界有关。

| 定理 8.14 | 令 $S=((x_1, y_1), \cdots, (x_T, y_T))\in(\mathcal{X}\times\mathcal{Y})^T$ 为独立同分布的且服从未知但固定的分布 $\mathcal{D}$ 的带标签样本集，L 为上界为 M 的损失函数，且对第一个参数为凸，$h_1, \cdots, h_{T+1}$ 为在线学习算法 $\mathcal{A}$ 依次序处理 S 之后生成的假设序列。对任意 $\delta>0$，以至
202 少为 $1-\delta$ 的概率有下式成立：

$$R\left(\frac{1}{T}\sum_{t=1}^{T}h_t\right)\leqslant\frac{1}{T}\sum_{t=1}^{T}L(h_t(x_t), y_t)+M\sqrt{\frac{2\log\frac{1}{\delta}}{T}} \tag{8.27}$$

$$R\left(\frac{1}{T}\sum_{t=1}^{T}h_t\right)\leqslant\inf_{h\in\mathcal{H}}R(h)+\frac{R_T}{T}+2M\sqrt{\frac{2\log\frac{2}{\delta}}{T}} \tag{8.28}$$

| 证明 | 根据 L 对第一个参数的凸性，对于任意 $(x, y)\in\mathcal{X}\times\mathcal{Y}$，有 $L\left(\frac{1}{T}\sum_{t=1}^{T}h_t(x), y\right)\leqslant\frac{1}{T}\sum_{t=1}^{T}L(h_t(x), y)$。对其求期望，得到 $R\left(\frac{1}{T}\sum_{t=1}^{T}h_t\right)\leqslant\frac{1}{T}\sum_{t=1}^{T}R(h_t)$。利用引理 8.1 可证明第一个不等式。因此，根据 R_T 的定义，对于任意 $\delta>0$，以至少为 $1-\delta/2$ 的概率有下式成立：

$$\begin{aligned}R\left(\frac{1}{T}\sum_{t=1}^{T}h_t\right)&\leqslant\frac{1}{T}\sum_{t=1}^{T}L(h_t(x_t), y_t)+M\sqrt{\frac{2\log\frac{2}{\delta}}{T}}\\&\leqslant\min_{h\in\mathcal{H}}\frac{1}{T}\sum_{t=1}^{T}L(h(x_t), y_t)+\frac{R_T}{T}+M\sqrt{\frac{2\log\frac{2}{\delta}}{T}}\end{aligned}$$

根据 $\inf_{h\in\mathcal{H}}R(h)$ 的定义，对于任意 $\varepsilon>0$，存在 $h^*\in\mathcal{H}$，使得 $R(h^*)\leqslant\inf_{h\in\mathcal{H}}R(h)+\varepsilon$。根据 Hoeffding 不等式，对于任意 $\delta>0$，$\frac{1}{T}\sum_{t=1}^{T}L(h^*(x_t), y_t)\leqslant R(h^*)+M\sqrt{\frac{2\log\frac{2}{\delta}}{T}}$ 以至少为 $1-\delta/2$ 的概率成立。因此，对于任意 $\varepsilon>0$，根据联合界，以至少为 $1-\delta$ 的概率有下式成立：

$$\begin{aligned}R\left(\frac{1}{T}\sum_{t=1}^{T}h_t\right)&\leqslant\frac{1}{T}\sum_{t=1}^{T}L(h^*(x_t), y_t)+\frac{R_T}{T}+M\sqrt{\frac{2\log\frac{2}{\delta}}{T}}\\&\leqslant R(h^*)+M\sqrt{\frac{2\log\frac{2}{\delta}}{T}}+\frac{R_T}{T}+M\sqrt{\frac{2\log\frac{2}{\delta}}{T}}\\&=R(h^*)+\frac{R_T}{T}+2M\sqrt{\frac{2\log\frac{2}{\delta}}{T}}\end{aligned}$$

$$\leqslant \inf_{h\in\mathcal{H}} R(h) + \epsilon + \frac{R_T}{T} + 2M\sqrt{\frac{2\log\frac{2}{\delta}}{T}}$$

因为这个不等式对所有 $\epsilon>0$ 成立，这意味着定理的第二部分陈述成立。■

这个定理可以用到一系列最小化悔的在线算法中，例如满足 $R_T/T=O(1/\sqrt{T})$ 时。特别地，可以用到指数加权平均算法中。假设损失 L 的上界为 $M=1$，并且已知轮数为 T，可以使用定理 8.6 的悔界。当然，可以使用双倍叠加策略(定理 8.7 中所用)，推导预先不知道 T 但形式相近的界。由这个定理，对于任意 $\delta>0$，以至少为 $1-\delta$ 的概率有如下关于指数加权平均算法生成的平均假设的泛化误差界成立： 203

$$R\left(\frac{1}{T}\sum_{t=1}^{T}h_t\right) \leqslant \inf_{h\in\mathcal{H}} R(h) + \sqrt{\frac{\log N}{2T}} + 2\sqrt{\frac{2\log\frac{2}{\delta}}{T}}$$

其中，N 是专家个数或权重向量的维度。

8.5 与博弈论的联系

利用悔最小化算法可以对冯·诺依曼定理给出一个简单的证明。对任意 $m>1$，记 $\{1,\cdots,m\}$ 上分布的集合为 Δ_m，即 $\Delta_m=\{\boldsymbol{p}\in\mathbb{R}^m: \boldsymbol{p}\geqslant 0 \wedge \|\boldsymbol{p}\|_1=1\}$。

｜定理 8.15　冯·诺依曼极小极大定理｜**令 m，$n\geqslant 1$，则对于由矩阵 $\boldsymbol{M}\in\mathbb{R}^{m\times n}$ 定义的任意两人零和博弈问题，有：**

$$\min_{p\in\Delta_m}\max_{q\in\Delta_n} \boldsymbol{p}^{\mathrm{T}}\boldsymbol{M}\boldsymbol{q} = \max_{q\in\Delta_n}\min_{p\in\Delta_m} \boldsymbol{p}^{\mathrm{T}}\boldsymbol{M}\boldsymbol{q} \tag{8.29}$$

｜证明｜不等式 $\max_{q}\min_{p}\boldsymbol{p}^{\mathrm{T}}\boldsymbol{M}\boldsymbol{q}\leqslant\min_{p}\max_{q}\boldsymbol{p}^{\mathrm{T}}\boldsymbol{M}\boldsymbol{q}$ 显然成立。根据最小值的定义，对于所有 $\boldsymbol{p}\in\Delta_m$，$\boldsymbol{q}\in\Delta_n$，有 $\min_{p}\boldsymbol{p}^{\mathrm{T}}\boldsymbol{M}\boldsymbol{q}\leqslant\boldsymbol{p}^{\mathrm{T}}\boldsymbol{M}\boldsymbol{q}$，对式子两边的 $\boldsymbol{q}$ 取最大值，得到：对于所有 $\boldsymbol{p}$，$\max_{q}\min_{p}\boldsymbol{p}^{\mathrm{T}}\boldsymbol{M}\boldsymbol{q}\leqslant\max_{q}\boldsymbol{p}^{\mathrm{T}}\boldsymbol{M}\boldsymbol{q}$，继续对两边按 $\boldsymbol{p}$ 取最小值则不等式得证[⊖]。

为了证明不等式相反也成立，考虑在线学习情境，对每轮 $t\in[1,T]$，算法 $\mathcal{A}$ 返回 $\boldsymbol{p}_t$ 并产生损失 $\boldsymbol{M}\boldsymbol{q}_t$。假设 $\boldsymbol{q}_t$ 通过最优对抗的方式选得，即 $\boldsymbol{q}_t\in\arg\max_{q\in\Delta_m}\boldsymbol{p}_t^{\mathrm{T}}\boldsymbol{M}\boldsymbol{q}$，且 $\mathcal{A}$ 是最小化悔算法，即 $R_T/T\to 0$，其中 $R_T=\sum_{t=1}^{T}\boldsymbol{p}_t^{\mathrm{T}}\boldsymbol{M}\boldsymbol{q}_t-\min_{p\in\Delta_m}\sum_{t=1}^{T}\boldsymbol{p}^{\mathrm{T}}\boldsymbol{M}\boldsymbol{q}_t$，则下式成立：

$$\min_{p\in\Delta_m}\max_{q\in\Delta_n}\boldsymbol{p}^{\mathrm{T}}\boldsymbol{M}\boldsymbol{q} \leqslant \max_{q}\left(\frac{1}{T}\sum_{t=1}^{T}\boldsymbol{p}_t\right)^{\mathrm{T}}\boldsymbol{M}\boldsymbol{q} \leqslant \frac{1}{T}\sum_{t=1}^{T}\max_{q}\boldsymbol{p}_t^{\mathrm{T}}\boldsymbol{M}\boldsymbol{q} = \frac{1}{T}\sum_{t=1}^{T}\boldsymbol{p}_t^{\mathrm{T}}\boldsymbol{M}\boldsymbol{q}_t$$ 204

根据悔的定义，上式右边可以改写并求得上界如下：

$$\begin{aligned}\frac{1}{T}\sum_{t=1}^{T}\boldsymbol{p}_t^{\mathrm{T}}\boldsymbol{M}\boldsymbol{q}_t &= \min_{p\in\Delta_m}\frac{1}{T}\sum_{t=1}^{T}\boldsymbol{p}^{\mathrm{T}}\boldsymbol{M}\boldsymbol{q}_t + \frac{R_T}{T} = \min_{p\in\Delta_m}\boldsymbol{p}^{\mathrm{T}}\boldsymbol{M}\left(\frac{1}{T}\sum_{t=1}^{T}\boldsymbol{q}_t\right) + \frac{R_T}{T}\\ &\leqslant \max_{q\in\Delta_n}\min_{p\in\Delta_m}\boldsymbol{p}^{\mathrm{T}}\boldsymbol{M}\boldsymbol{q} + \frac{R_T}{T}\end{aligned}$$

这意味着对于所有 $T\geqslant 1$，下面的界的极小极大成立：

$$\min_{p\in\Delta_m}\max_{q\in\Delta_n}\boldsymbol{p}^{\mathrm{T}}\boldsymbol{M}\boldsymbol{q} \leqslant \max_{q\in\Delta_n}\min_{p\in\Delta_m}\boldsymbol{p}^{\mathrm{T}}\boldsymbol{M}\boldsymbol{q} + \frac{R_T}{T}$$

⊖ 更一般地，对于任意函数或者两个参数以及任意约束条件，极大极小往往以极小极大作为上界。

由于 $\lim\limits_{T\to+\infty}\frac{R_T}{T}=0$，这说明 $\min\limits_{p}\max\limits_{q}\boldsymbol{p}^{\mathrm{T}}\boldsymbol{M}\boldsymbol{q}\leqslant\max\limits_{q}\min\limits_{p}\boldsymbol{p}^{\mathrm{T}}\boldsymbol{M}\boldsymbol{q}$。 ■

8.6 文献评注

悔最小化算法始于 Hannan[1957]年的工作，他给出了一个算法，算法的悔值以关于 T 的函数 $O(\sqrt{T})$ 的速度下降，但是其关于 N 的下降速度是线性的。Littlestone 和 Warmuth[1989]给出了加权多数算法和随机加权多数算法，它们的悔关于 N 是对数的。他们二人[Littlestone 和 Warmuth，1989，1994]也分析了指数加权平均算法，其可以看作加权多数算法在凸的非 0-1 损失上的推广。本章中的分析是基于 Cesa-Bianchi[1999]、Cesa-Bianchi 和 Lugosi[2006]的思路开展的。双倍叠加策略首次出现在 Vovk[1990]和 Cesa-Bianchi 等人[1997]的工作中。通过习题 8.7 的算法和分析，可以得出二阶悔界[Cesa-Bianchi 等，2005]。定理 8.5 给出的下界出自 Blum 和 Mansour [2007]的工作。

尽管本章给出的悔界为专家数量 N 的对数形式，当 N 是输入问题规模的指数时，算法的计算复杂度也是指数的。举例来说，在线最短路径问题中，N 是有向图中两点之间路径的数量。但是，存在一些高效计算的算法对这类问题的结构进行了探索[Takimoto 和 Warmuth，2002；Kalai 和 Vempala，2003；Zinkevich，2003]。

本章讨论的悔，或者说**外部悔**(external regret)的概念可以推广到**内部悔**(internal regret)甚至是**交换悔**(swap regret)。我们已经讨论过，将算法的损失同最佳专家进行比较得到外部悔。除此之外，将算法的损失同行动可任意修改(通过后见之明式地将某些特定行动替换为另一个行动)得到的损失进行对比，可以得到内部悔；甚至用任意映射替换行动，可以得到交换悔[Foster 和 Vohra，1997；Hart 和 Mas-Colell，2000；Lehrer，2003]。已有一些低内部悔的算法[Foster 和 Vohra，1997，1998，1999；Hart 和 Mas-Colell，2000；Cesa-Bianchi 和 Lugosi，2001；Stoltz 和 Lugosi，2003]，包括 Blum 和 Mansour[2005]提出的一种将低内部悔转换为低交换悔的方法。

205

感知机算法由 Rosenblatt[1958]提出。该算法提出后有多方面的反响，特别是 Minsky 和 Papert[1969]指出其不能识别 XOR 问题。当然，Aizerman 等[1964]提出的感知机算法使用了二阶多项式核，所以在这个问题上能够直接成功应用。Novikoff[1962]对感知机算法基于间隔的界给出了证明，这也是学习理论中的首批理论结果之一。在更一般的不可分情况下，有两种 Novikoff 结果的推广是成立的：定理 8.12 来自 Freund 和 Schapire[1999a]；定理 8.11 来自 Mohri 和 Rostamizadeh[2013]。不过，我们对定理 8.12 的证明比 Freund 和 Schapire[1999a]中的原始证明更为简洁，并进一步论述了定理 8.11 给出的界比定理 8.12 给出的界更紧。在[Mohri 和 Rostamizadeh，2013]中，对于不可分情况下感知机算法的迭代轮数，介绍了其他一些更为一般的、依赖于数据的上界。Vapnik[1998]给出了 SVM 的留一法误差。Littlestone[1987]提出了 Winnow 算法。

习题 8.10 和习题 8.11 中关于在线转换为批处理的分析出自 Cesa-Bianchi 等人[2001，2004](也可以参见 Littlestone[1989])。冯·诺依曼极小极大定理有一系列不同的推广。其在关于每个函数都半连续的拟凹凸函数上的推广可以参见 Sion[1958]及其参考文献。这里给出的冯·诺依曼定理的简单证明完全基于学习理论相关的技巧。对乘法更新，Freund

和 Schapire[1999b]给出了更具一般性的证明。

在线学习是机器学习中一个非常宽广并且迅速增长的研究领域。本章给出的材料只是一些入门介绍，但是通过其所展示的证明和技巧，可以窥探该领域大部分重要成果的风格。关于在线学习和相关博弈论算法、技术的更综合的讨论可以参见 Cesa-Bianchi 和 Lugosi[2006]的书。

8.7 习题

8.1 感知机算法的下界。令 S 为 $\mathbb{R}^N$ 空间中含有 m 个样本的带标签样本集，其中，

$$x_i=(\underbrace{(-1)^i,\ \cdots,\ (-1)^i,\ (-1)^{i+1}}_{\text{前}i\text{个分量}},\ 0,\ \cdots,\ 0)\quad \text{和}\quad y_i=(-1)^{i+1} \tag{8.30}$$ 206

试证明，无论样本的次序如何，感知机算法在找到分割超平面之前更新次数为 $\Omega(2^N)$。

8.2 推广的错误界。定理 8.8 给出了 $\eta=1$ 的情况下感知机算法的最大更新次数的间隔界。考虑一般的感知机更新规则 $\boldsymbol{w}_{t+1}\rightarrow\boldsymbol{w}_t+\eta y_t\boldsymbol{x}_t$，其中 $\eta>0$。证明其最大更新次数的界，并说明 η 如何影响这个界？

8.3 稀疏样本。假设每个输入向量 $\boldsymbol{x}_t$，$t\in[1, T]$与 $\mathbb{R}^T$ 中的第 t 个单位向量重合。求感知机算法需要经过多少次更新能达到收敛？并说明该值与定理 8.8 给出的间隔界相吻合。

8.4 下界的紧性。定理 8.5 中的下界是紧的吗？解释原因或者试举反例。

8.5 在线 SVM 算法。考虑图 8.11 所示算法。证明该算法正对应于将随机梯度下降算法应用到 SVM 中(式子 5.24)，其中 SVM 采用铰链损失，且没有偏置(即固定 $p=1$ 和 $b=0$)。

```
ON-LINE-SVM(w_0)
w_1 ← w_0   ▷往往, w_0 = 0
for t ← 1 to T do
    RECEIVE(x_t, y_t)
    if y_t(w_t · x_t) < 1 then
        w_{t+1} ← w_t − η(w_t − C y_t x_t)
    elseif y_t(w_t · x_t) > 1 then
        w_{t+1} ← w_t − η w_t
    else w_{t+1} ← w_t
return w_{T+1}
```

图 8.11 在线 SVM 算法 207

8.6 间隔感知机。给定一个线性可分的训练样本集 S，其最大间隔 $\rho>0$，定理 8.8 表明，感知机算法迭代处理 S 保证在经过 R^2/ρ^2 次更新之后达到收敛，其中 R 表示覆盖样本的超球的半径。但是，该定理并不保证感知机算法给出的超平面能够达到接近 ρ 的间隔。假设我们修改感知机算法以保证超平面的间隔至少为 $\rho/2$。特别地，考虑图 8.12 中所述算法。本题中，我们将要证明该算法至多在 $16R^2/\rho^2$ 次更新之后收敛。令 $\mathcal{I}$ 表示作出更新的轮的索引 $t\in[1, T]$的集合，$M=|\mathcal{I}|$ 表示更新总次数。

```
MARGINPERCEPTRON()
w_1 ← 0
for t ← 1 to T do
    RECEIVE(x_t)
    RECEIVE(y_t)
    if ((w_t = 0) or (y_t w_t · x_t / ‖w_t‖ < ρ/2)) then
        w_{t+1} ← w_t + y_t x_t
    else w_{t+1} ← w_t
return w_{T+1}
```

图 8.12 间隔感知机算法

(a) 使用与感知机算法相似的分析，证明 $M\rho\leqslant\|\boldsymbol{w}_{T+1}\|$。并由此推出，如果 $\|\boldsymbol{w}_{T+1}\|<\frac{4R^2}{\rho}$，则 $M<4R^2/\rho^2$。(在本题的剩下部

分，都假设$\|\boldsymbol{w}_{T+1}\| \geqslant \frac{4R^2}{\rho}$。)

(b) 试证明，对于任意$t \in \mathcal{I}$(包括$t=0$)，下式成立：

$$\|\boldsymbol{w}_{t+1}\|^2 \leqslant (\|\boldsymbol{w}_t\| + \rho/2)^2 + R^2$$

(c) 基于(b)，对于任意$t \in \mathcal{I}$，请推出：

208

$$\|\boldsymbol{w}_{t+1}\| \leqslant \|\boldsymbol{w}_t\| + \rho/2 + \frac{R^2}{\|\boldsymbol{w}_t\| + \|\boldsymbol{w}_{t+1}\| + \rho/2}$$

(d) 用(c)中得到的不等式，证明对于任意$t \in \mathcal{I}$，若满足$\|\boldsymbol{w}_t\| \geqslant \frac{4R^2}{\rho}$或者$\|\boldsymbol{w}_{t+1}\| \geqslant \frac{4R^2}{\rho}$，则：

$$\|\boldsymbol{w}_{t+1}\| \leqslant \|\boldsymbol{w}_t\| + \frac{3}{4}\rho$$

(e) 试证明$\|\boldsymbol{w}_1\| \leqslant R \leqslant \frac{4R^2}{\rho}$。根据假设，$\|\boldsymbol{w}_{T+1}\| \geqslant \frac{4R^2}{\rho}$，据此推断必定存在最大的时间$t_0 \in \mathcal{I}$，使得$\|\boldsymbol{w}_{t_0}\| \leqslant \frac{4R^2}{\rho}$并且$\|\boldsymbol{w}_{t_0+1}\| \geqslant \frac{4R^2}{\rho}$。

(f) 试证明$\|\boldsymbol{w}_{T+1}\| \leqslant \|\boldsymbol{w}_{t_0}\| + \frac{3}{4}M\rho$。并据此推出$M \leqslant 16R^2/\rho^2$。

8.7　二阶悔界。与RWM不同，考虑权重更新的随机化算法，即$t \in [1, T]$，$w_{t+1,i} \leftarrow (1-(1-\beta)l_{t,i})w_{t,i}$，其应用到所有$i \in [1, N]$，且$1/2 \leqslant \beta < 1$。因为只假设损失$l_{t,i} \in [0, 1]$，这个算法可以应用到比RWM更一般的情境。本题意在说明该算法的悔具有相似的界。

(a) 使用和RWM算法相同的势函数W_t，推导出$\log W_{T+1}$的一个简单的上界：

$$\log W_{T+1} \leqslant \log N - (1-\beta)\mathcal{L}_T$$

(提示：使用不等式，对$x \in [0, 1/2]$，$\log(1-x) \leqslant -x$。)

(b) 对于所有$i \in [1, N]$，对势函数，有如下下界成立：

$$\log W_{T+1} \geqslant -(1-\beta)\mathcal{L}_{T,i} - (1-\beta)^2 \sum_{t=1}^{T} l_{t,i}^2$$

(提示：使用不等式，对于所有$x \in [0, 1/2]$，$\log(1-x) \geqslant -x-x^2$。)

(c) 运用得到的上界和下界，推导出算法的悔界：$R_T \leqslant 2\sqrt{T\log N}$。

8.8　多项式加权算法。本题的目的在于给出如何定义和研究另外一种悔最小化算法。令L表示对第一个参数为凸的损失函数并且取值在$[0, M]$内。

假设$N > e^2$，对任意专家$i \in [1, N]$，记专家在$t \in [1, T]$的瞬时悔为$r_{t,i} = L(\hat{y}_t, y_t) - L(y_{t,i}, y_t)$，且截止到$t$时刻的累积悔为$R_{t,i} = \sum_{s=1}^{t} r_{t,i}$ ⊖。为求简便，同时定义对于所有$i \in [1, N]$，$R_{0,i} = 0$。对任意$x \in \mathbb{R}$，用$(x)_+$表示$\max(x, 0)$，即x的正数部分，对$\boldsymbol{x} = (x_1, \cdots, x_N)^{\mathrm{T}} \in \mathbb{R}^N$，有$(\boldsymbol{x})_+ = ((x_1)_+, \cdots, (x_N)_+)^{\mathrm{T}}$。

209

⊖ 此处累积悔应为$R_{t,i} = \sum_{s=1}^{t} r_{s,i}$。——译者注

令 $\alpha>2$，并考虑在每轮 $t\in[1, T]$根据 $\hat{y}_t=\frac{\sum_{i=1}^{n} w_{t,i} y_{t,i}}{\sum_{i=1}^{n} w_{t,i}}$ 做预测的算法，其中权重 $w_{t,i}$ 是基于到$(t-1)$时刻位置的悔的第 α 次取幂：$w_{t,i}=(R_{t-1,i})_+^{\alpha-1}$。用于分析这个算法的势函数 Φ 定义在 $\mathbb{R}^N$ 上，Φ：$\boldsymbol{x}\mapsto\|(\boldsymbol{x})_+\|_\alpha^2=\left[\sum_{i=1}^{N}(x_i)_+^\alpha\right]^{\frac{2}{\alpha}}$。

(a) 试证明 Φ 在 $\mathbb{R}^N-B$ 上二阶可导，其中 B 由下式给出：

$$B=\{\boldsymbol{u}\in\mathbb{R}^N:(\boldsymbol{u})_+=0\}$$

(b) 对任意 $t\in[1, T]$，令 $\boldsymbol{r}_t$ 表示瞬时悔向量，$\boldsymbol{r}_t=(r_{t,1}, \cdots, r_{t,N})^{\mathrm{T}}$，类似地，记 $\boldsymbol{R}_t=(R_{t,1}, \cdots, R_{t,N})^{\mathrm{T}}$。定义势函数 $\Phi(\boldsymbol{R}_t)=\|(\boldsymbol{R}_t)_+\|_\alpha^2$。对 $\boldsymbol{R}_{t-1}\notin B$，计算$\nabla\Phi(\boldsymbol{R}_{t-1})$，并证明$\nabla\Phi(\boldsymbol{R}_{t-1})\cdot\boldsymbol{r}_t\leqslant 0$(提示：利用损失对第一个参数的凸性)。

(c) 证明对于所有 $\boldsymbol{r}\in\mathbb{R}^N$ 及 $\boldsymbol{u}\in\mathbb{R}^N-B$，有不等式 $\boldsymbol{r}^{\mathrm{T}}[\nabla^2\Phi(\boldsymbol{u})]\boldsymbol{r}\leqslant 2(\alpha-1)\|\boldsymbol{r}\|_\alpha^2$ 成立(提示：将黑塞矩阵$\nabla^2\Phi(\boldsymbol{u})$写成对角矩阵与正半定矩阵乘以$(2-\alpha)$之和。同时，使用 Hölder 不等式推广 Cauchy-Schwarz 不等式：对满足$\frac{1}{p}+\frac{1}{q}=1$ 的任意 $p>1$，$q>1$，对 $\boldsymbol{u}$，$\boldsymbol{v}\in\mathbb{R}^N$，有$|\boldsymbol{u}\cdot\boldsymbol{v}|\leqslant\|\boldsymbol{u}\|_p\|\boldsymbol{v}\|_q$)。

(d) 使用前两个问题的回答和泰勒公式，证明如果对于所有 $\gamma\in[0, 1]$，有 $\gamma\boldsymbol{R}_{t-1}+(1-\gamma)\boldsymbol{R}_t\notin B$，则对于所有 $t\geqslant 1$，有 $\Phi(\boldsymbol{R}_t)-\Phi(\boldsymbol{R}_{t-1})\leqslant(\alpha-1)\|\boldsymbol{r}_t\|_\alpha^2$。

(e) 假设存在 $\gamma\in[0, 1]$，使得$(1-\gamma)\boldsymbol{R}_{t-1}+\gamma\boldsymbol{R}_t\in B$，试证明 $\Phi(\boldsymbol{R}_t)\leqslant(\alpha-1)\|\boldsymbol{r}_t\|_\alpha^2$。

(f) 利用前两个问题，推导出由 T、N、M 表达的$\Phi(\boldsymbol{R}_t)$的上界。

(g) 证明$\Phi(\boldsymbol{R}_t)$为算法悔 R_T 的平方的下界。

(h) 利用前两个问题对悔 R_T 给出上界。请问：α 取什么值的时候该界更好？请对该最优值做合适的近似，再对该悔的上界给出简单的表达。 210

8.9 通用不等式。本题中，我们将习题 8.7 的结果进行推广。其中需要用到通用不等式：对于某个 $0<\alpha<2$，$\log(1-x)\geqslant -x-\frac{x^2}{\alpha}$。

(a) 首先，证明不等式对 $x\in\left[0, 1-\frac{\alpha}{2}\right]$成立。这说明 β 的有效范围是多少？

(b) 对习题 8.7 推导出的悔界，试给出更一般化的关于 α 的版本，即：

$$R_T\leqslant\frac{\log N}{1-\beta}+\frac{1-\beta}{\alpha}T$$

在这种情况下，β 的最优取值是多少？最优的界是多少？

(c) 请解释 α 如何作为正则化参数发挥作用？α 的最优值是多少？

8.10 在线到批处理——非凸损失。定理 8.14 中，在线到批处理的结论严重依赖于损失函数的凸性。基于损失函数的凸性，才能对均匀的平均假设 $\frac{1}{T}\sum_{i=1}^{T}h_i$ 提供一个一般性的保证。对一般的损失，不采用平均假设，转而试图估计最佳的单个基假设，并证明其损失的期望是有界的。

令 m_i 表示假设 h_i 在样本集$(x_1, \cdots, x_T)$的累计损失，即 $m_i=\sum_{t=1}^{T} L(h_i(x_t), y_t)$。然后，定义假设 h_i 的**带惩罚的风险估计**(penalized risk estimate)为：

$$\frac{m_i}{T-i+1}+c_\delta(T-i+1) \text{ 其中 } c_\delta(x)=\sqrt{\frac{1}{2x}\log\frac{T(T+1)}{\delta}}$$

当测试样本较少的时候，c_δ 项用于惩罚经验损失。定义 $\hat{h}=h_{i^*}$，其中 $i^*=\arg\min_i m_i/(T-i+1)+c_\delta(T-i+1)$。本题中，我们将证明在与定理 8.14 同样的条件下(为了简化，令 $M=1$)，不需要 L 的凸性，以至少为 $1-\delta$ 的概率下式成立：

$$R(\hat{h}) \leqslant \frac{1}{T}\sum_{i=1}^{T} L(h_i(x_i), y_i)+6\sqrt{\frac{1}{T}\log\frac{2(T+1)}{\delta}} \tag{8.31}$$

(a) 证明下述不等式：

211 $$\min_{i\in[1, T]}(R(h_i)+2c_\delta(T-i+1)) \leqslant \frac{1}{T}\sum_{i=1}^{T} R(h_i)+4\sqrt{\frac{1}{T}\log\frac{T+1}{\delta}}$$

(b) 基于(a)，证明下述不等式以至少为 $1-\delta$ 的概率成立：

$$\min_{i\in[T]}(R(h_i)+2c_\delta(T-i+1)) < \sum_{i=1}^{T} L(h_i(x_i), y_i)+\sqrt{\frac{2}{T}\log\frac{1}{\delta}}+4\sqrt{\frac{1}{T}\log\frac{T+1}{\delta}}$$

(c) 在本题这样的设计下，c_δ 保证了下式以至少为 $1-\delta$ 的概率成立：

$$R(\hat{h}) \leqslant \min_{i\in[1, T]}(R(h_i)+2c_\delta(T-i+1))$$

请运用这个性质完成对式(8.31)的证明。

8.11 在线到批处理——核感知机的间隔界。本题意在对核感知器算法给出基于间隔的泛化保证。令 $h_1, \cdots, h_T$ 表示核感知机生成的假设序列，并如习题 8.10 般定义 $\hat{h}$。最后，用 L 表示 0-1 损失。现在，在这些条件下，希望给出关于 $\hat{h}$ 的泛化误差更加精确的界。

(a) 首先，证明

$$\sum_{i=1}^{T} L(h_i(x_i), y_i) \leqslant \inf_{h\in\mathbb{H}: \|h\|\leqslant 1}\sum_{i=1}^{T}\max\left(0, 1-\frac{y_i h(x_i)}{\rho}\right)+\frac{1}{\rho}\sqrt{\sum_{i\in I} K(x_i, x_i)}$$

其中，I 表示核感知机作出更新的轮的索引的集合，且 δ 和 ρ 如定理 8.12 中定义。

(b) 现在，利用习题 8.10 得到的结果，对核感知机生成的 $\hat{h}$ 给出泛化保证，即对于任意的 $0<\delta\leqslant 1$，以至少为 $1-\delta$ 的概率下式成立：

$$R(\hat{h}) \leqslant \inf_{h\in\mathbb{H}: \|h\|\leqslant 1}\hat{R}_{S, \rho}(h)+\frac{1}{\rho T}\sqrt{\sum_{i\in I} K(x_i, x_i)}+6\sqrt{\frac{1}{T}\log\frac{2(T+1)}{\delta}}$$

其中 $\hat{R}_{S, \rho}(h)=\frac{1}{T}\sum_{i=1}^{T}\max\left(0, 1-\frac{y_i h(x_i)}{\rho}\right)$。试将这个结果和推论 6.1 中基于

212 核的假设的间隔界进行比较。

·第 9 章·

多 分 类

前面章节涉及的分类问题均是二分类问题。但是，在实际分类问题中的类别数通常远多于两个，如：文本主题标识、语音识别、生物基因序列的功能鉴定等。在这些问题中，需要考虑的类别数可能有成百上千之多。

本章将详细探讨多分类问题。首先，我们介绍多分类学习问题并讨论其多种学习情境，之后，给出以 Rademacher 复杂度表示的多分类泛化界。接下来，我们介绍并分析一些典型的处理多分类问题的算法，并将这些算法划分为两大类：第一类为多分类情境特别设计的**直接型多分类算法**(uncombined algorithm)，如：多分类 SVM、决策树以及多分类 boosting 等；第二类为训练多个二元分类器并通过这些分类器实现多分类的**类别分解型多分类算法**(aggregated algorithm)。最后，本章简要讨论许多实际应用可能涉及的结构化预测问题。

9.1 多分类问题

令 $\mathcal{X}$ 表示输入空间，$\mathcal{Y}$ 表示输出空间，$\mathcal{D}$ 表示 $\mathcal{X}$ 中输入样本服从的某个未知分布。我们将多分类问题划分为以下两种情况：**单一标签情况**(mono-label case)，此时 $\mathcal{Y}$ 是一个关于类别的有限集合，为了方便我们记为 $\mathcal{Y}=\{1, \cdots, k\}$；在**多标签情况**(multi-label case)下，此时 $\mathcal{Y}=\{-1, +1\}^k$。对于单一标签情况，每个样本只有一个类别标签，而对于多标签情况，样本的类别标签可以有多个，例如，在文本主题标识任务中，一个文本可以同时有多个不同的相关标签，如体育、商业和社会等。标签向量 $\{-1, +1\}^k$ 中的正分量代表样本与这些类别相关。

在上述两种情况下，学习器均接收到带标签的样本集 $S=\{(x_1, y_1), \cdots, (x_m, y_m)\}\in(\mathcal{X}\times\mathcal{Y})^m$，其中独立同分布样本 $x_1, \cdots, x_m$ 服从分布 $\mathcal{D}$，且对于所有 $i\in[1, m]$，有 $y=f(x_i)$ 成立，其中 f：$\mathcal{X}\to\mathcal{Y}$ 是目标映射函数。正如在 2.4.1 节所讨论的那样，我们可以将确定性情境直接推广成为一个在 $\mathcal{X}\times\mathcal{Y}$ 上具有联合概率分布的随机性情境。

给定假设集 $\mathcal{H}$ 为 $\mathcal{X}$ 到 $\mathcal{Y}$ 的映射函数集，多分类问题需要通过带标签样本集 S，找到

一个假设 $h\in\mathcal{H}$，使其关于目标映射 f 具有较小的泛化误差 $R(h)$：

$$R(h)=\mathop{\mathbb{E}}_{x\sim\mathcal{D}}\left[1_{h(x)\neq f(x)}\right] \quad \text{单一标签情况} \tag{9.1}$$

$$R(h)=\mathop{\mathbb{E}}_{x\sim\mathcal{D}}\left[\sum_{l=1}^{k}1_{[h(x)]_l\neq[f(x)]_l}\right] \quad \text{多标签情况} \tag{9.2}$$

利用 Hamming 距离(Hamming distance)d_H，即两个向量对应分量有差异的个数，可以给出上述两种误差的一般形式：

$$R(h)=\mathop{\mathbb{E}}_{x\sim\mathcal{D}}\left[d_H(h(x),\ f(x))\right] \tag{9.3}$$

可用符号 $\hat{R}_S(h)$ 来表示 $h\in\mathcal{H}$ 的经验误差：

$$\hat{R}_S(h)=\frac{1}{m}\sum_{i=1}^{m}d_H(h(x_i),\ y_i) \tag{9.4}$$

在多分类情境下，经常会出现与计算和学习相关的问题。在计算方面，处理大量的类别是很困难的。类别数目 k 会直接影响我们接下来将要介绍的算法的时间复杂度。即使在 $k=100$ 或 $k=1000$ 这样相对小数目的多分类问题中，也可能有一些分类技术难以用于实践。在结构化预测问题中，k 值往往很大甚至趋于无穷，这会导致上述问题更加严重。

在学习方面，各类别样本数量不均衡的现象经常出现在多分类情境中。例如，有时一些类别的样本数量所占全体的比例可能会小于 5%，而另一些类别中的样本则占据大多数。这时，当我们使用多个二元分类器处理多分类问题时，可能由于训练集中某些类别的样本数量过少，而难以对算法的性能给予保证。此外，当某一类别存在大量样本时，学习器往
214 往会倾向于该类别，因为将该类别预测正确便会有较小的泛化误差，但这往往并不是我们想要得到的结果。实际上，我们可能需要对损失函数进行相应的修改，针对不同的类别分配不同的误分权重。

另一个学习方面的问题是类别的分层关系。例如，在文本主题标识任务中，将一个关于全球政治主题的文本错分为房地产主题所受到的惩罚一般来讲应该高于将体育主题判断成更为特定的棒球主题的情况。因此，一个更加复杂和有效的多分类算法在设计损失函数时需要考虑不同类别之间的分层关系。一般来讲，类似计算生物学中的基因本体，各类别之间概念的分层关系可能是一种图结构的关系。考虑各类别之间概念的分层关系会使很多多分类问题变得更为复杂。

9.2　泛化界

在本节中，我们将给出单一标签情况下基于间隔的多分类泛化界。在二分类情境中，分类器是依据得分函数的符号进行设计的。而在多分类情境中，假设的依据的是得分函数 h：$\mathcal{X}\times\mathcal{Y}\to\mathbb{R}$。关于样本 x 的标签应使得分 $h(x,\ y)$ 最大，即定义了如下从 $\mathcal{X}$ 到 $\mathcal{Y}$ 的映射：

$$x\mapsto\mathop{\mathrm{argmax}}_{y\in\mathcal{Y}}h(x,\ y)$$

对于带标签的样本 $(x,\ y)$，很自然地得到如下到假设函数 h 的间隔 $\rho_h(x,\ y)$：

$$\rho_h(x,\ y)=h(x,\ y)-\max_{y'\neq y}h(x,\ y')$$

当且仅当 $\rho_h(x,\ y)\leqslant 0$，样本 $(x,\ y)$ 被假设 h 错分。对于任意 $\rho>0$，我们定义多分类问题假设 h 的**经验间隔损失**(empirical margin loss)为：

$$\hat{R}_{S,\rho}(h)=\frac{1}{m}\sum_{i=1}^{m}\Phi_\rho(\rho_h(x_i, y_i)) \tag{9.5}$$

其中，Φ_ρ 是间隔损失函数(定义 5.3)。因此，多分类问题的经验间隔损失的上界是由样本被假设 h 误分类或虽被正确分类但置信度小于等于 ρ 在训练集中的占比决定的，即： 215

$$\hat{R}_{S,\rho}(h)\leqslant\frac{1}{m}\sum_{i=1}^{m}1_{\rho_h(x_i, y_i)\leqslant\rho} \tag{9.6}$$

本节中的主要结论证明需要用到以下引理：

| 引理 9.1 | 令 $l\geqslant 1$，$\mathcal{F}_1$，…，$\mathcal{F}_l$ 为 $\mathbb{R}^{\mathcal{X}}$ 上的 l 个假设集，$\mathcal{G}=\{\max\{h_1, \cdots, h_l\}: h_i\in\mathcal{F}_i, i\in[1, l]\}$。对于规模为 m 的任意样本集，$\mathcal{G}$ 的经验 Rademacher 复杂度上界满足：

$$\hat{\mathcal{R}}_S(\mathcal{G})\leqslant\sum_{j=1}^{l}\hat{\mathcal{R}}_S(\mathcal{F}_j) \tag{9.7}$$

| 证明 | 令 $S=(x_1, \cdots, x_m)$ 为规模为 m 的样本集，我们首先证明 $l=2$ 的情况。根据 max 运算的定义，对于任意的 $h_1\in\mathcal{F}_1$，$h_2\in\mathcal{F}_2$：

$$\max\{h_1, h_2\}=\frac{1}{2}[h_1+h_2+|h_1-h_2|]$$

因此，可以得到：

$$\begin{aligned}
\hat{\mathcal{R}}_S(\mathcal{G})&=\frac{1}{m}\mathbb{E}_{\boldsymbol{\sigma}}\Big[\sup_{\substack{h_1\in\mathcal{F}_1\\h_2\in\mathcal{F}_2}}\sum_{i=1}^{m}\sigma_i\max\{h_1(x_i), h_2(x_i)\}\Big]\\
&=\frac{1}{2m}\mathbb{E}_{\boldsymbol{\sigma}}\Big[\sup_{\substack{h_1\in\mathcal{F}_1\\h_2\in\mathcal{F}_2}}\sum_{i=1}^{m}\sigma_i(h_1(x_i)+h_2(x_i)+|(h_1-h_2)(x_i)|)\Big]\\
&\leqslant\frac{1}{2}\hat{\mathcal{R}}_S(\mathcal{F}_1)+\frac{1}{2}\hat{\mathcal{R}}_S(\mathcal{F}_2)+\frac{1}{2m}\mathbb{E}_{\boldsymbol{\sigma}}\Big[\sup_{\substack{h_1\in\mathcal{F}_1\\h_2\in\mathcal{F}_2}}\sum_{i=1}^{m}\sigma_i|(h_1-h_2)(x_i)|\Big]
\end{aligned} \tag{9.8}$$

其中用到了 sup 运算的次可加性。因为 $x\mapsto|x|$ 是 1-Lipschitz 的，通过 Talagrand 引理(引理 5.2)，上式后一项的界如下：

$$\begin{aligned}
\frac{1}{2m}\mathbb{E}_{\boldsymbol{\sigma}}\Big[\sup_{\substack{h_1\in\mathcal{F}_1\\h_2\in\mathcal{F}_2}}\sum_{i=1}^{m}\sigma_i|(h_1-h_2)(x_i)|\Big]&\leqslant\frac{1}{2m}\mathbb{E}_{\boldsymbol{\sigma}}\Big[\sup_{\substack{h_1\in\mathcal{F}_1\\h_2\in\mathcal{F}_2}}\sum_{i=1}^{m}\sigma_i(h_1-h_2)(x_i)\Big]\\
&\leqslant\frac{1}{2}\hat{\mathcal{R}}_S(\mathcal{F}_1)+\frac{1}{2m}\mathbb{E}_{\boldsymbol{\sigma}}\Big[\sup_{h_2\in\mathcal{F}_2}\sum_{i=1}^{m}-\sigma_i h_2(x_i)\Big]\\
&=\frac{1}{2}\hat{\mathcal{R}}_S(\mathcal{F}_1)+\frac{1}{2}\hat{\mathcal{R}}_S(\mathcal{F}_2)
\end{aligned} \tag{9.9}$$

上式中，第二个不等式再次应用了 sup 运算的次可加性，最后的等式用到对于任意 $i\in[1, m]$，σ_i 与 $-\sigma_i$ 具有相同的分布的事实。联立式(9.8)和式(9.9)可得 $\hat{\mathcal{R}}_S(\mathcal{G})\leqslant\frac{1}{2}\hat{\mathcal{R}}_S(\mathcal{F}_1)+\frac{1}{2}\hat{\mathcal{R}}_S(\mathcal{F}_2)$。利用 $\max\{h_1, \cdots, h_l\}=\max\{h_1, \max\{h_2, \cdots, h_l\}\}$，并进行循环，可以将 $l=2$ 的情况推广到一般的情况。■ 216

对于任意 $\mathcal{X}\times\mathcal{Y}\mapsto\mathbb{R}$ 的假设集，定义 $\Pi_1(\mathcal{H})$ 为：

$$\Pi_1(\mathcal{H})=\{x\mapsto h(x, y): y\in\mathcal{Y}, h\in\mathcal{H}\}$$

下面的定理对于多分类问题给出了一个一般的间隔界。

| 定理 9.1　多分类间隔界 | 令 $H\subseteq\mathbb{R}^{\mathcal{X}\times\mathcal{Y}}$ 为假设集，$\mathcal{Y}=\{1, \cdots, k\}$。固定 $\rho>0$，则对于任意的 $\delta>0$ 以及所有 $h\in\mathcal{H}$，以至少为 $1-\delta$ 的概率有如下多分类问题的泛化界成立：

$$R(h)\leqslant\hat{R}_{S,\rho}(h)+\frac{4k}{\rho}\mathcal{R}_m(\Pi_1(\mathcal{H}))+\sqrt{\frac{\log\frac{1}{\delta}}{2m}} \tag{9.10}$$

| 证明 | 首先，介绍证明过程中需要用的定义：

$$\rho_{\theta,h}(x, y)=\min_{y'}(h(x, y)-h(x, y')+\theta 1_{y'=y})$$

其中，$\theta>0$ 是任意常数。这里，我们先证明 $\mathbb{E}[1_{\rho_h(x,y)\leqslant 0}]\leqslant\mathbb{E}[1_{\rho_{\theta,h}(x,y)\leqslant 0}]$。由于对于所有 $(x, y)\in\mathcal{X}\times\mathcal{Y}$，有不等式 $\rho_{\theta,h}(x, y)\leqslant\rho_h(x, y)$ 成立：

$$\begin{aligned}\rho_{\theta,h}(x, y)&=\min_{y'}(h(x, y)-h(x, y')+\theta 1_{y'=y})\\&\leqslant\min_{y'\neq y}(h(x, y)-h(x, y')+\theta 1_{y'=y})\\&=\min_{y'\neq y}(h(x, y)-h(x, y'))=\rho_h(x, y)\end{aligned}$$

上式中，在较小的数据集上取最小即可得到不等式成立。

类似于定理 5.4 的证明，令 $\widetilde{\mathcal{H}}=\{(x, y)\mapsto\rho_{\theta,h}(x, y): h\in\mathcal{H}\}$ 以及 $\widetilde{\mathcal{H}}=\{\Phi_\rho\circ\widetilde{h}: \widetilde{h}\in\widetilde{\mathcal{H}}\}$。根据定理 3.1，对于所有 $h\in\mathcal{H}$，以至少为 $1-\delta$ 的概率有：

$$\mathbb{E}[\Phi_\rho(\rho_{\theta,h}(x, y))]\leqslant\frac{1}{m}\sum_{i=1}^{m}\Phi_\rho(\rho_{\theta,h}(x_i, y_i))+2\mathcal{R}_m(\widetilde{\mathcal{H}})+\sqrt{\frac{\log\frac{1}{\delta}}{2m}}$$

由于对于所有 $u\in\mathbb{R}$ 有 $1_{u\leqslant 0}\leqslant\Phi_\rho(u)$ 成立，泛化误差 $R(h)$ 是上式中不等号左边的下界，即 $R(h)=\mathbb{E}[1_{\rho_h(x,y)\leqslant 0}]\leqslant\mathbb{E}[1_{\rho_{\theta,h}(x,y)\leqslant 0}]\leqslant\mathbb{E}[\Phi_\rho(\rho_{\theta,h}(x, y))]$，因此：

$$R(h)\leqslant\frac{1}{m}\sum_{i=1}^{m}\Phi_\rho(\rho_{\theta,h}(x_i, y_i))+2\mathcal{R}_m(\widetilde{\mathcal{H}})+\sqrt{\frac{\log\frac{1}{\delta}}{2m}}$$

取 $\theta=2\rho$，可得 $\Phi_\rho(\rho_{\theta,h}(x_i, y_i))=\Phi_\rho(\rho_h(x_i, y_i))$。实际上，通过 $\rho_{\theta,h}(x_i, y_i)=\rho_h(x_i, y_i)$ 或 $\rho_{\theta,h}(x_i, y_i)=2\rho\leqslant\rho_h(x_i, y_i)$ 都可以得到上述结果。进一步，根据 Talagrand 引理(引理 5.2)，由于 Φ_ρ 是 $\frac{1}{\rho}$-Lipschitz 函数，可得 $\mathcal{R}_m(\widetilde{\mathcal{H}})\leqslant\frac{1}{\rho}\mathcal{R}_m(\widetilde{\mathcal{H}})$。因此，对于任意 $\delta>0$，以至少为 $1-\delta$ 的概率，下式对于所有 $h\in\mathcal{H}$ 成立：

217

$$R(h)\leqslant\hat{R}_{S,\rho}(h)+\frac{2}{\rho}\mathcal{R}_m(\widetilde{\mathcal{H}})+\sqrt{\frac{\log\frac{1}{\delta}}{2m}}$$

现在，只需要再证明 $\mathcal{R}_m(\widetilde{\mathcal{H}})\leqslant 2k\mathcal{R}_m(\Pi_1(\mathcal{H}))$ 即可。

这里，我们先按照如下方式给出 $\mathcal{R}_m(\widetilde{\mathcal{H}})$ 的上界：

$$\begin{aligned}\mathcal{R}_m(\widetilde{\mathcal{H}})&=\frac{1}{m}\mathop{\mathbb{E}}_{S,\sigma}\Big[\sup_{h\in\mathcal{H}}\sum_{i=1}^{m}\sigma_i(h(x_i, y_i)-\max_y(h(x_i, y)-2\rho 1_{y=y_i}))\Big]\\&\leqslant\frac{1}{m}\mathop{\mathbb{E}}_{S,\sigma}\Big[\sup_{h\in\mathcal{H}}\sum_{i=1}^{m}\sigma_i h(x_i, y_i)\Big]+\frac{1}{m}\mathop{\mathbb{E}}_{S,\sigma}\Big[\sup_{h\in\mathcal{H}}\sum_{i=1}^{m}\sigma_i\max_y(h(x_i, y)-2\rho 1_{y=y_i})\Big]\end{aligned}$$

接下来，我们给出不等式右边第一项的界：

$$\begin{aligned}\frac{1}{m}\mathop{\mathbb{E}}_{\sigma}\Big[\sup_{h\in\mathcal{H}}\sum_{i=1}^{m}\sigma_i h(x_i, y_i)\Big] &= \frac{1}{m}\mathop{\mathbb{E}}_{\sigma}\Big[\sup_{h\in\mathcal{H}}\sum_{i=1}^{m}\sum_{y\in\mathcal{Y}}\sigma_i h(x_i, y)1_{y_i=y}\Big]\\ &\leqslant \frac{1}{m}\sum_{y\in\mathcal{Y}}\mathop{\mathbb{E}}_{\sigma}\Big[\sup_{h\in\mathcal{H}}\sum_{i=1}^{m}\sigma_i h(x_i, y)1_{y_i=y}\Big]\\ &= \sum_{y\in\mathcal{Y}}\frac{1}{m}\mathop{\mathbb{E}}_{\sigma}\Big[\sup_{h\in\mathcal{H}}\sum_{i=1}^{m}\sigma_i h(x_i, y)\Big(\frac{\varepsilon_i}{2}+\frac{1}{2}\Big)\Big]\end{aligned}$$

其中，$\varepsilon_i=2\cdot 1_{y_i=y}-1$。由于 $\varepsilon_i\in\{-1, +1\}$，$\sigma_i$ 与 $\sigma_i\varepsilon_i$ 分布一致，进而对于任意 $y\in\mathcal{Y}$，上面不等式右边的每一项有如下界：

$$\begin{aligned}&\frac{1}{m}\mathop{\mathbb{E}}_{\sigma}\Big[\sup_{h\in\mathcal{H}}\sum_{i=1}^{m}\sigma_i h(x_i, y)\Big(\frac{\varepsilon_i}{2}+\frac{1}{2}\Big)\Big]\\ &\leqslant \frac{1}{2m}\mathop{\mathbb{E}}_{\sigma}\Big[\sup_{h\in\mathcal{H}}\sum_{i=1}^{m}\sigma_i\varepsilon_i h(x_i, y)\Big]+\frac{1}{2m}\mathop{\mathbb{E}}_{\sigma}\Big[\sup_{h\in\mathcal{H}}\sum_{i=1}^{m}\sigma_i h(x_i, y)\Big]\\ &\leqslant \hat{\mathcal{R}}_m(\Pi_1(\mathcal{H}))\end{aligned}$$

因此，可得 $\frac{1}{m}\mathop{\mathbb{E}}_{S,\sigma}\Big[\sup_{h\in\mathcal{H}}\sum_{i=1}^{m}\sigma_i h(x_i, y_i)\Big]\leqslant k\mathcal{R}_m(\Pi_1(\mathcal{H}))$。接下来，为了得到 $\mathcal{R}_m(\widetilde{\mathcal{H}})$ 的上界中不等式右边第二项的界，我们直接利用引理 9.1 得到：

$$\begin{aligned}&\frac{1}{m}\mathop{\mathbb{E}}_{S,\sigma}\Big[\sup_{h\in\mathcal{H}}\sum_{i=1}^{m}\sigma_i\max_{y}(h(x_i, y)-2\rho 1_{y=y_i})\Big]\\ &\leqslant \sum_{y\in\mathcal{Y}}\frac{1}{m}\mathop{\mathbb{E}}_{S,\sigma}\Big[\sup_{h\in\mathcal{H}}\sum_{i=1}^{m}\sigma_i(h(x_i, y)-2\rho 1_{y=y_i})\Big]\end{aligned}$$

又由于 Rademacher 变量是零均值的，所以：

$$\begin{aligned}\mathop{\mathbb{E}}_{S,\sigma}\Big[\sup_{h\in\mathcal{H}}\sum_{i=1}^{m}\sigma_i(h(x_i, y)-2\rho 1_{y=y_i})\Big] &= \mathop{\mathbb{E}}_{S,\sigma}\Big[\sup_{h\in\mathcal{H}}\Big(\sum_{i=1}^{m}\sigma_i h(x_i, y)\Big)-2\rho\sum_{i=1}^{m}\sigma_i 1_{y=y_i}\Big]\\ &= \mathop{\mathbb{E}}_{S,\sigma}\Big[\sup_{h\in\mathcal{H}}\sum_{i=1}^{m}\sigma_i h(x_i, y)\Big]\leqslant \mathcal{R}_m(\Pi_1(\mathcal{H}))\end{aligned}$$

■

218

正如定理 5.5 及习题 5.2 中一样，上面的界可以通过添加一个额外的项 $\sqrt{(\log\log_2(2/\rho))/m}$，使得对于所有 $\rho>0$ 一致成立。对于之前提到的其他间隔界，都含有存在矛盾的两项：成对排序间隔 ρ 越大，中间的项越小，进而导致较大的多分类经验间隔损失 $\hat{R}_{S,\rho}$。需要注意的是，这里得到的界还与类别数 k 的平方有关。这意味着学习大规模分类时相应的学习保证较弱，或者经验间隔损失较小的时候需要的分类间隔 ρ 较大。

对于一些假设集，可以推导出 $\Pi_1(\mathcal{H})$ 的 Rademacher 复杂度的一个简单上界，从而使定理 9.1 的表达形式更加明确。我们通过基于核的假设集进行说明。令 K：$\mathcal{X}\times\mathcal{X}\to\mathbb{R}$ 为一个 PDS 核，$\boldsymbol{\Phi}$：$\mathcal{X}\to\mathbb{H}$ 是一个关于 K 的特征映射。在多分类问题中，一个基于核的假设依赖于 k 个权重向量 $\boldsymbol{w}_1$，…，$\boldsymbol{w}_k\in\mathbb{H}$。每一个权重向量 $\boldsymbol{w}_l$，$l\in[1, k]$ 对应一个得分函数 $x\mapsto\boldsymbol{w}_l\cdot\boldsymbol{\Phi}(x)$，样本 $x\in\mathcal{X}$ 的类别由下式给出：

$$\mathop{\mathrm{argmax}}_{y\in\mathcal{Y}}\boldsymbol{w}_y\cdot\boldsymbol{\Phi}(x)$$

记 $\boldsymbol{W}$ 为权重向量构成的矩阵：$\boldsymbol{W}=(\boldsymbol{w}_1, \cdots, \boldsymbol{w}_k)^{\mathrm{T}}$。对于任意 $p\geqslant 1$，$\boldsymbol{W}$ 的 $L_{\mathbb{H},p}$ 组范数记为 $\|\boldsymbol{W}\|_{\mathbb{H},p}$：

$$\|\mathbf{W}\|_{\mathbb{H},p}=\left(\sum_{l=1}^{k}\|\mathbf{w}_l\|_{\mathbb{H}}^{p}\right)^{1/p}$$

对于任意 $p\geqslant 1$，我们所考虑的基于核的假设集为㊀：

$$\mathcal{H}_{K,p}=\{(x,\ y)\in\mathcal{X}\times\{1,\ \cdots,\ k\}\mapsto\mathbf{w}_y\cdot\mathbf{\Phi}(x):\ \mathbf{W}=(\mathbf{w}_1,\ \cdots,\ \mathbf{w}_k)^{\mathrm{T}},\ \|\mathbf{W}\|_{\mathbb{H},p}\leqslant\Lambda\}$$

| 命题 9.1　基于核的多分类假设集的 Rademacher 复杂度 | 令 K：$\mathcal{X}\times\mathcal{X}\to\mathbb{R}$ 为一
219 个 PDS 核，$\mathbf{\Phi}$：$\mathcal{X}\to\mathbb{H}$ 是一个关于 K 的特征映射。假设存在一个 $r>0$ 使得对于所有 $x\in\mathcal{X}$，有 $K(x,\ x)\leqslant r^2$ 成立。那么，对于任意 $m\geqslant 1$，$\mathcal{R}_m(\Pi_1(\mathcal{H}_{K,p}))$有如下的界：

$$\mathcal{R}_m(\Pi_1(\mathcal{H}_{K,p}))\leqslant\sqrt{\frac{r^2\Lambda^2}{m}}$$

| 证明 | 令 $S=(x_1,\ \cdots,\ x_m)$表示规模为 m 的样本集。对于任意 $l\in[1,\ k]$，注意到有不等式 $\|\mathbf{w}_l\|_{\mathbb{H}}\leqslant\left(\sum_{l=1}^{k}\|\mathbf{w}_l\|_{\mathbb{H}}^{p}\right)^{1/p}=\|\mathbf{W}\|_{\mathbb{H},p}$ 成立。因此，满足$\|\mathbf{W}\|_{\mathbb{H},p}\leqslant\Lambda$ 时，对于任意 $l\in[1,\ k]$，有$\|\mathbf{w}_l\|_{\mathbb{H}}\leqslant\Lambda$ 成立。由此，可以得到假设集 $\Pi_1(\mathcal{H}_{K,p})$的 Rademacher 复杂度的界㊁：

$$\begin{aligned}
\mathcal{R}_m(\Pi_1(\mathcal{H}_{K,p}))&=\frac{1}{m}\mathop{\mathbb{E}}_{S,\boldsymbol{\sigma}}\left[\sup_{\substack{y\in\mathcal{Y}\\ \|\mathbf{W}\|\leqslant\Lambda}}\left\langle\mathbf{w}_y,\ \sum_{i=1}^{m}\sigma_i\mathbf{\Phi}(x_i)\right\rangle\right]\\
&\leqslant\frac{1}{m}\mathop{\mathbb{E}}_{S,\boldsymbol{\sigma}}\left[\sup_{\substack{y\in\mathcal{Y}\\ \|\mathbf{W}\|\leqslant\Lambda}}\|\mathbf{w}_y\|_{\mathbb{H}}\left\|\sum_{i=1}^{m}\sigma_i\Phi(x_i)\right\|_{\mathbb{H}}\right] &&\text{(Cauchy-Schwarz 不等式)}\\
&\leqslant\frac{\Lambda}{m}\mathop{\mathbb{E}}_{S,\boldsymbol{\sigma}}\left[\left\|\sum_{i=1}^{m}\sigma_i\Phi(x_i)\right\|_{\mathbb{H}}\right]\\
&\leqslant\frac{\Lambda}{m}\left[\mathop{\mathbb{E}}_{S,\boldsymbol{\sigma}}\left[\left\|\sum_{i=1}^{m}\sigma_i\Phi(x_i)\right\|_{\mathbb{H}}^{2}\right]\right]^{1/2} &&\text{(Jensen 不等式)}\\
&=\frac{\Lambda}{m}\left[\mathop{\mathbb{E}}_{S,\boldsymbol{\sigma}}\left[\sum_{i=1}^{m}\|\Phi(x_i)\|_{\mathbb{H}}^{2}\right]\right]^{1/2} &&(i\neq j\Rightarrow\mathop{\mathbb{E}}_{\boldsymbol{\sigma}}[\sigma_i\sigma_j]=0)\\
&=\frac{\Lambda}{m}\left[\mathop{\mathbb{E}}_{S,\boldsymbol{\sigma}}\left[\sum_{i=1}^{m}K(x_i,\ x_i)\right]\right]^{1/2}\\
&\leqslant\frac{\Lambda\sqrt{mr^2}}{m}=\sqrt{\frac{r^2\Lambda^2}{m}}
\end{aligned}$$

■

联立定理 9.1 和命题 9.1，可以直接得到如下结果。

| 推论 9.1　基于核的假设的多分类间隔界 | 令 K：$\mathcal{X}\times\mathcal{X}\to\mathbb{R}$ 是一个 PDS 核，$\mathbf{\Phi}$：$\mathcal{X}\to\mathbb{H}$ 为关于 K 的特征映射。假设存在 $r>0$ 使得对于所有 $x\in\mathcal{X}$，有 $K(x,\ x)\leqslant r^2$ 成立。固定 $\rho>0$，则对于任意的 $\delta>0$，对于任意 $h\in\mathcal{H}_{K,p}$，以至少为 $1-\sigma$ 的概率有如下多分类泛化界成立：

㊀ 假设集 $\mathcal{H}$ 也可以被定义为 $\mathcal{H}=\{h\in\mathbb{R}^{\mathcal{X}\times\mathcal{Y}}:h(\cdot,y)\in\mathbb{H}\wedge\|h\|_{K,p}\leqslant\Lambda\}$，其中 $\|h\|_{K,p}=\left(\sum_{y=1}^{k}\|h(\cdot,y)\|_{\mathbb{H}}^{p}\right)^{1/p}$，这样定义的假设集与关于 K 的特征映射无关。

㊁ 这个证明中对于向量的分量在符号表示上是否加粗存在混用，不过读者应该容易鉴别。——译者注

$$R(h)\leqslant \hat{R}_{S,\rho}(h)+4k\sqrt{\frac{r^2\Lambda^2/\rho^2}{m}}+\sqrt{\frac{\log\frac{1}{\delta}}{2m}} \tag{9.11}$$ 220

下面两节将分别描述两类不同的多分类算法：直接型多分类算法，由单一的优化问题进行定义；类别分解型多分类算法，即通过训练多个二元分类器并组合它们的输出实现多分类。

9.3 直接型多分类算法

本节将介绍三种为多分类问题特别设计的算法。我们首先介绍 SVM 的多分类版本，之后介绍一种多分类 boosting 算法，最后介绍 boosting 中常用为基学习器的**决策树**(decision tree)算法。

9.3.1 多分类 SVM

我们可以从上一节给出的理论保证直接得到多分类 SVM。按照 5.4 节的分析流程，推论 9.1 得到的学习保证可表达为：对于任意 $\delta>0$，对于所有 $h\in\mathcal{H}_{K,2}=\left\{(x, y)\to \boldsymbol{w}_y\cdot\boldsymbol{\Phi}(x)\colon \boldsymbol{W}=(\boldsymbol{w}_1, \cdots, \boldsymbol{w}_k)^{\mathrm{T}}, \sum_{l=1}^{k}\|\boldsymbol{w}_l\|^2\leqslant\Lambda^2\right\}$，以至少为 $1-\delta$ 的概率有下式成立：

$$R(h)\leqslant\frac{1}{m}\sum_{i=1}^{m}\xi_i+4k\sqrt{\frac{r^2\Lambda^2}{m}}+\sqrt{\frac{\log\frac{1}{\delta}}{2m}} \tag{9.12}$$

其中，对于所有 $i\in[1, m]$，$\xi_i=\max(1-[\boldsymbol{w}_{y_i}\cdot\boldsymbol{\Phi}(x_i)-\max\limits_{y'\neq y_i}\boldsymbol{w}_{y'}\cdot\boldsymbol{\Phi}(x_i)], 0)$。

由上述理论保证，算法旨在最小化式(9.12)的右半部分，即最小化与松弛变量 ξ_i 之和以及 $\|\boldsymbol{W}\|_{\mathbb{H},2}$ 有关的目标函数，其中 $\|\boldsymbol{W}\|_{\mathbb{H},2}$ 等价于 $\sum_{l=1}^{k}\|\boldsymbol{w}_l\|^2$。这精确定义了**多分类支持向量机**(multi-class SVM)算法的优化问题：

$$\begin{aligned}
&\min_{\boldsymbol{W},\,\xi}\ \frac{1}{2}\sum_{l=1}^{k}\|\boldsymbol{w}_l\|^2+C\sum_{i=1}^{m}\xi_i\\
&\text{s.t.}\ \forall i\in[1, m],\ \forall l\in\mathcal{Y}-\{y_i\}\\
&\qquad \boldsymbol{w}_{y_i}\cdot\boldsymbol{\Phi}(x_i)\geqslant\boldsymbol{w}_l\cdot\boldsymbol{\Phi}(x_i)+1-\xi_i\\
&\qquad \xi_i\geqslant 0
\end{aligned}$$

上述算法学习到的决策函数形如 $x\mapsto\operatorname{argmax}\limits_{l\in\mathcal{Y}}\boldsymbol{w}_l\cdot\boldsymbol{\Phi}(x)$。同原始 SVM 算法一样，这是一个凸优化问题：目标函数是若干凸函数的和，故而为凸函数，并且约束是仿射且受到限制的。目标函数以及约束是可微分的，并且优化问题满足 KKT 条件。通过定义拉格朗 221
日方法并利用上述条件，可以得到如下仅基于核函数 K 的等价对偶优化问题：

$$\begin{aligned}
&\max_{\boldsymbol{\alpha}\in\mathbb{R}^{m\times k}}\sum_{i=1}^{m}\boldsymbol{\alpha}_i\cdot\boldsymbol{e}_{y_i}-\frac{1}{2}\sum_{i=1}^{m}(\boldsymbol{\alpha}_i\cdot\boldsymbol{\alpha}_j)K(x_i, x_j)\\
&\text{s.t.}\ \forall i\in[1, m],\ (0\leqslant\alpha_{iy_i}\leqslant C)\wedge(\forall j\neq y_i,\ \alpha_{ij}\leqslant 0)\wedge(\boldsymbol{\alpha}_i\cdot\mathbf{1}=0)
\end{aligned}$$

这里，$\boldsymbol{\alpha}\in\mathbb{R}^{m\times k}$ 是一个矩阵，其中 $\boldsymbol{\alpha}_i$ 表示 $\boldsymbol{\alpha}$ 的第 i 行，$\mathbf{e}_l$ 表示 $\mathbb{R}^k$ 中的第 l 个单位向量，$l\in[1,\ k]$。无论原始问题还是对偶问题都是 SVM 算法的二次规划问题的简单推广。然而，上述问题解的规模和约束数量是 $\Omega(mk)$的。因此，当类别数 k 很大时，问题将变得难以解决。不过，仍然有一些特定的优化方法可以解决上述问题，即将该问题分解为一系列不相交约束集下的优化问题。

9.3.2　多分类 boosting 算法

下面将介绍一种多分类 boosting 算法，AdaBoost.MH。它实际上是 AdaBoost 算法的一个特例。另一个基于 boosting 思想的类似算法为 AdaBoost.MR，我们将会在习题 9.4 给出具体介绍。AdaBoost.MH 应用于多标签情境，即 $\mathcal{Y}=\{-1,\ +1\}^k$。同二分类相似，该算法得到一个从假设集 $\mathcal{H}$ 中挑选的基分类器的凸组合。令 F 为定义在所有样本集 $S=((x_1,\ y_1),\ \cdots,\ (x_m,\ y_m))\in(\mathcal{X}\times\mathcal{Y})^m$ 上的目标函数，且 $\bar{\boldsymbol{\alpha}}=(\bar{\alpha}_1,\ \cdots,\ \bar{\alpha}_N)\in\mathbb{R}^N$，$N\geqslant 1$：

$$F(\bar{\boldsymbol{\alpha}})=\sum_{i=1}^{m}\sum_{l=1}^{k}\mathrm{e}^{-y_i[l]f_N(x_i,\ l)}=\sum_{i=1}^{m}\sum_{l=1}^{k}\mathrm{e}^{-y_i[l]\sum_{j=1}^{N}\bar{\alpha}_j h_j(x_i,\ l)}\tag{9.13}$$

其中，$f_N=\sum_{j=1}^{N}\bar{\alpha}_j h_j$，对于任意 $i\in[1,\ m]$，$l\in[1,\ k]$，$y_i[l]$表示 y_i 的第 l 个坐标。F 是一个多分类多标签损失的可微凸上界：

$$\sum_{i=1}^{m}\sum_{l=1}^{k}1_{y_i[l]\neq f_N(x_i,\ l)}\leqslant\sum_{i=1}^{m}\sum_{l=1}^{k}\mathrm{e}^{-y_i[l]f_N(x_i,\ l)}\tag{9.14}$$

上式成立是由于对于任意标签 $y=f(x)$的 $x\in\mathcal{X}$ 以及任意 $l\in[1,\ k]$，有不等式 $1_{y[l]\neq f_N(x,l)}\leqslant\mathrm{e}^{-y[l]f_N(x,l)}$成立。采用与 7.2.2 节中一致的参数，则 AdaBoost.MH 算法与对目标函数 F 采用坐标下降是一致的。对于基分类器为 $\mathcal{X}\times\mathcal{Y}$ 到$\{-1,\ +1\}$的映射的情况，图 9.1 给出了该算法的伪代码。该算法的输入是一组带标签的样本集 $S=((x_1,$
222 $y_1),\ \cdots,\ (x_m,\ y_m))\in(\mathcal{X}\times\mathcal{Y})^m$ 并对$\{1,\ \cdots,\ m\}\times\mathcal{Y}$上的分布 $\mathcal{D}_t$ 迭代更新。算法其余的实现细节与 AdaBoost 相似。事实上，AdaBoost.MH 可以由 AdaBoost 得到，我们将 AdaBoost 用于训练的样本集中的每个样本$(x_i,\ y_i)$分解为 k 个带标签样本$((x_i,\ l),\ y_i[l])$，其中 $\mathcal{X}\times\mathcal{Y}$ 中样本$(x_i,\ l)$的标签取自$\{-1,\ +1\}$：

$$(x_i,\ y_i)\to((x_i,\ 1),\ y_i[1]),\ \cdots,\ ((x_i,\ k),\ y_i[k]),\ i\in[1,\ m]$$

令 S'表示分解后的样本集，即 $S'=((x_1,\ 1),\ y_1[1]),\ \cdots,\ ((x_m,\ k),\ y_m[k])$。此时 S'含有 mk 个样本，则式(9.13)中的目标函数与 AdaBoost 关于样本 S'的目标函数表达式相一致。由于这两种算法存在这样的关系，我们在第 7 章中对 AdaBoost 的其他理论分析与结论对该算法也适用。因此，我们将着重关注算法的计算效率以及针对多分类的弱学习条件等问题。

该算法的复杂度相当于将 AdaBoost 应用于 mk 个样本的情形。对于 $\mathcal{X}\subseteq\mathbb{R}^N$，使用 boosting 桩作为基分类器，此时算法的复杂度为 $O((mk)\log(mk)+mkdN)$。因此，当类别数 k 过大时，该算法在实际中将会是计算困难的。该情境下 AdaBoost 的弱学习条件要求在每一轮迭代中都存在一个基分类器 h_j：$\mathcal{X}\times\mathcal{Y}\to\{-1,\ +1\}$，使得 $\mathbb{P}_{(i,l)\sim\mathcal{D}_j}[h_j(x_i,\ l)\neq y_i[l]]<1/2$。当不同类间距离较近以致于难以区分时，该弱学习条件很难达到。此

$\text{ADABOOST.MH}(S = ((x_1, y_1), \cdots, (x_m, y_m)))$

```
1   for i ← 1 to m do
2       for l ← 1 to k do
3           𝒟₁(i, l) ← 1/mk
4   for j ← 1 to N do
5       hⱼ ← base classifier in ℋ with small error εⱼ = ℙ₍ᵢ,ₗ₎∼𝒟ⱼ[hⱼ(xᵢ, l) ≠ yᵢ[l]]
6       ᾱⱼ ← ½ log (1−εⱼ)/εⱼ
7       Zₜ ← 2[εⱼ(1 − εⱼ)]^½       ▷ 归一化因子
8       for i ← 1 to m do
9           for l ← 1 to k do
10              𝒟ⱼ₊₁(i, l) ← 𝒟ⱼ(i,l) exp(−ᾱⱼyᵢ[l]hⱼ(xᵢ,l)) / Zⱼ
11  fₙ ← Σⱼ₌₁ᴺ ᾱⱼhⱼ
12  return h = sgn(fₙ)
```

图 9.1　AdaBoost. MH 算法，其中 $\mathcal{H} \subseteq (\{-1, +1\}^k)^{\mathcal{X} \times \mathcal{Y}}$

时，也难以通过常规方法得到定义在 $\mathcal{X} \times \mathcal{Y}$ 上的 h_j。

9.3.3　决策树

本节我们将给出并讨论一种通用的学习方法，**决策树**(decision tree)。除了多分类问题，在回归(第 11 章)以及聚类中，也经常能看到它的身影。虽然在实践中决策树通常不是性能最佳的方法，但是它作为 boosting 的弱学习器可以得到更为有效的算法。决策树一般能够快速训练和评估，且易于解释。

| 定义 9.1　二元决策树 | 二元决策树是一个对特征空间进行划分的树形结构表示。图 9.2 给出了基于特征 X_1 和 X_2 对二维空间进行划分的简单实例。决策树的每个内部节点对应着一个与特征相关的问题。它可以是一个像图 9.2 中的形如 $X_i \leqslant a$ 的数值属性决策树问题，其中 $i \in [1, N]$，阈值 $a \in \mathbb{R}$；或者是一个形如 $X_i \in \{blue, white, red\}$ 的分类属性决策树问题，其中 X_i 取诸如颜色这样的分类属性值。每个叶子都带标签 $l \in \mathcal{Y}$。

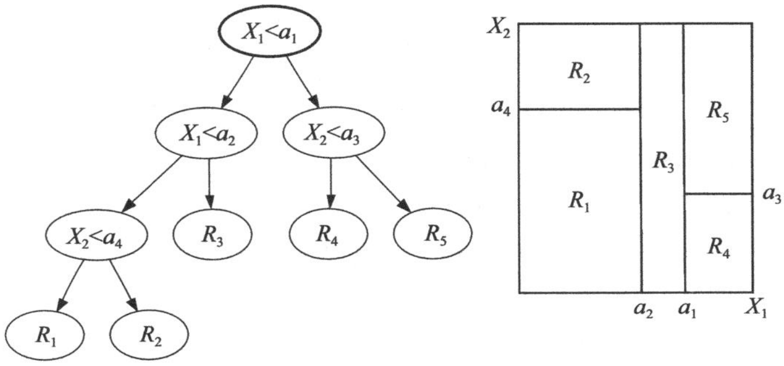

图 9.2　左边：一个决策树的实例，用于处理基于变量 X_1、X_2 的数值问题。此时，每个叶子节点代表着一个区域。每个叶子节点的类别标签是由落在该节点所代表区域的训练样本进行投票决定的。右边：由左边决策树给出的二维空间划分结果

223~224 决策树可以通过设计更为复杂的决策树问题来获得复杂的决策面。例如，**二分树**(Binary Space Partition tree，BSP)通过凸多边体对空间进行划分，对应的决策树问题形式为 $\sum_{i=1}^{n}\alpha_i X_i \leqslant a$；**球形决策树**(sphere tree)通过球来对空间进行划分，对应的决策树问题形式为 $\|\boldsymbol{X}-a_0\|\leqslant a$，其中 $\boldsymbol{X}$ 是一个特征向量，a_0 是一个固定向量，a 是一个固定的正实数。复杂的决策树问题会导致更为细致的空间划分和复杂的假设集，这在缺乏充足训练样本的情况下会导致算法过拟合。此外，还会进一步增加训练和预测的计算复杂度。决策树的分支节点可以多于两个，但是考虑到计算效率，二元决策树依然是最为常用的一种。

预测/划分：为了预测任意样本 $x\in\mathcal{X}$ 的标签，我们从决策树的根节点出发并沿着树向下移动直到叶子节点，如果移动过程中所遇到节点的决策树问题的判定结果为正，则向该节点的右子节点移动，否则移向左子节点。当到达叶子节点时，我们将该叶子节点的标签作为 x 的标签。

因此，每个叶子都定义了 $\mathcal{X}$ 中的一块**区域**(region)，该区域由满足如下条件的样本集组成：样本由树的根节点出发，历经相同的路径到达同一叶子节点。根据定义，没有两个区域彼此是相交的且每个样本只属于一个区域。因此，如同图 9.2 中的例子一样，叶子节点定义了 $\mathcal{X}$ 中的一个空间划分。在多分类中，叶子节点的类别标签由训练样本决定：落在叶子节点表示区域的样本，哪种类别的样本占比多，叶子节点的标签就为该类别，如果相等，则任取其一。

学习：我们将讨论通过带标签样本集学到决策树的两种不同算法。第一种是贪心算法。采取该算法是因为找到一个最小误差决策树是一个 NP-难的问题。该算法首先初始化树结构，使之只有一个根节点，其中节点的标签由整个样本集中数目最多的类别决定。接下来，在每轮迭代中，节点 n_t 根据决策树问题 q_t 进行拆分。其中，$(\mathrm{n}_t, \mathrm{q}_t)$ 的选择依据是在某种不纯度度量 F 下，**节点不纯度**(node impurity)下降最大。我们用 $F(\mathrm{n})$ 表示节点 n 的不纯度。节点 n 关于问题 q 拆分后不纯度的下降定义如下。令 $\mathrm{n}_+(\mathrm{n}, \mathrm{q})$ 表示节点 n 拆分后的右子节点，$\mathrm{n}_-(\mathrm{n}, \mathrm{q})$ 表示拆分后的左子节点。$\eta(\mathrm{n}, \mathrm{q})$ 表示节点 n 所定义区域的样本被划归到 $\mathrm{n}_-(\mathrm{n}, \mathrm{q})$ 所定义区域的占比。叶子节点 $\mathrm{n}_-(\mathrm{n}, \mathrm{q})$ 和 $\mathrm{n}_+(\mathrm{n}, \mathrm{q})$ 的总不纯度表示为：$\eta(\mathrm{n}, \mathrm{q})F(\mathrm{n}_-(\mathrm{n}, \mathrm{q}))+(1-\eta(\mathrm{n}, \mathrm{q}))F(\mathrm{n}_+(\mathrm{n}, \mathrm{q}))$。因此，节点拆分后不纯度的下降 $\widetilde{F}(\mathrm{n}, \mathrm{q})$ 为：

$$\widetilde{F}(\mathrm{n}, \mathrm{q})=F(\mathrm{n})-[\eta(\mathrm{n}, \mathrm{q})F(\mathrm{n}_-(\mathrm{n}, \mathrm{q}))+(1-\eta(\mathrm{n}, \mathrm{q}))F(\mathrm{n}_+(\mathrm{n}, \mathrm{q}))]$$

图 9.3 给出了基于 $\widetilde{F}$ 实现贪心算法的伪代码。在实际应用中，算法的终止条件是所

```
GreedyDecisionTrees(S = ((x_1, y_1), ..., (x_m, y_m)))
tree ← {n_0}  ▷ root node.
for t ← 1 to T do
    (n_t, q_t) ← argmax_(n,q) F̃(n, q)
    Split(tree, n_t, q_t)
return tree
```

图 9.3 通过带标签样本集 S 构造决策树的贪心算法。函数 SPLIT(tree，n_t，q_t)表示通过决策树问题 q_t 将节点 n_t 拆分成子节点 $\mathrm{n}_-(\mathrm{n}, \mathrm{q})$ 和 $\mathrm{n}_+(\mathrm{n}, \mathrm{q})$，节点的标签由该区域样本数最多的类别决定，当相等时，标签可任取其一

有的节点都达到充分的纯度，即此时每个叶子节点所包含的样本数都已少到难以进一步拆分或满足其他类似的启发式条件。

对任意节点 n 以及类别 $l\in[1, k]$，令 $p_l(\mathrm{n})$表示 n 中属于类别 l 的样本占比。下面给出了三种关于节点不纯度度量 F 的定义：

$$F(\mathrm{n})=\begin{cases}1-\max\limits_{l\in[1,k]} p_l(\mathrm{n}) & \text{错分代价不纯度}\\ -\sum\limits_{l=1}^{k} p_l(\mathrm{n})\log_2 p_l(\mathrm{n}) & \text{熵不纯度}\\ \sum\limits_{l=1}^{k} p_l(\mathrm{n})(1-p_l(\mathrm{n})) & \text{基尼系数不纯度}\end{cases}$$

图 9.4 以二分类($k=2$)问题为对上述三种度量进行了阐释。其中熵和基尼系数不纯度是错分代价不纯度的上界。上述三种度量函数都是凹的，因此可以保证：

$$F(\mathrm{n})-[\eta(\mathrm{n},\mathrm{q})F(\mathrm{n}_-(\mathrm{n},\mathrm{q}))+(1-\eta(\mathrm{n},\mathrm{q}))F(\mathrm{n}_+(\mathrm{n},\mathrm{q}))]\geqslant 0$$

然而，错分代价不纯度是分段线性的，所以当拆分后正样本占比依然小于(或大于)一半时，$\widetilde{F}(\mathrm{n},\mathrm{p})$为 0。因此在一些情况下，采取错分代价不纯度，在某些节点进行任何拆分都不会导致不纯度下降。与之相反，熵和基尼函数是严格凹的，这一点保证了不纯度会严格下降。此外，它们还是可微的，这在进行数值优化时尤为重要。因此，基尼系数和熵不纯度在实际应用中更常使用。

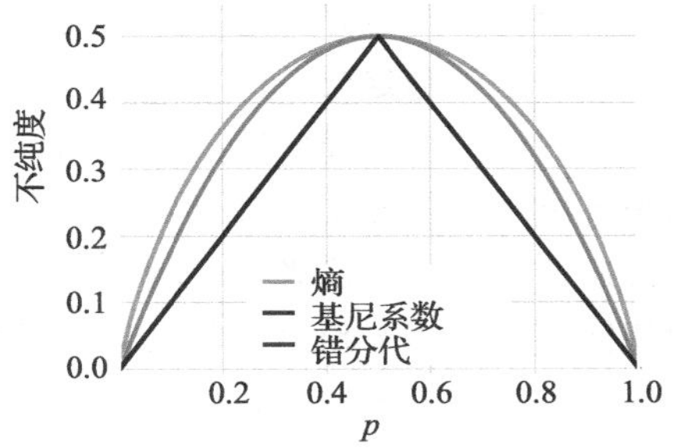

图 9.4 在二分类情境下的三种节点不纯度随正样本占比的变化示意图：错分代价(黑线)、熵(灰线，尺度放缩了 0.5 倍，使得三种函数最大值相等)、基尼系数(蓝线)

上面描述的贪心算法在应用时会存在一些问题。其一，贪心算法存在着固有缺陷：一个当前情况看似较坏的拆分可能会对未来几步的拆分产生有利影响，进而得到一个较小的全局不纯度。通过对未来几步做预见性计算来确定拆分策略可以使该问题得到一定程度改善，但是这种做法会带来严重的计算负担。另一个问题与得到的树的规模相关，为了达到预期的不纯度，可能会需要一个较大规模的树，但是这种树对应于过度复杂的假设集，因此具有较大的 VC-维(见习题 9.5)，进而导致过拟合。

另一种通过带标签样本集学到决策树的算法基于所谓的**生长而后修剪策略**(grow-then-prune strategy)。首先，我们使决策树充分生长直到完全拟合训练样本或每个叶子节点都只包含很少的样本数。之后，记得到的决策树为 tree，并通过剪枝基于泛化界最小化一个目标函数，即经验误差与复杂度项之和(复杂度可由 $\widetilde{\mathrm{tree}}$ 的大小表示，$\widetilde{\mathrm{tree}}$ 即 tree 的叶子节点集)：

$$G_\lambda(\mathrm{tree})=\sum_{\mathrm{n}\in\widetilde{\mathrm{tree}}}|\mathrm{n}|F(\mathrm{n})+\lambda|\widetilde{\mathrm{tree}}| \tag{9.15}$$

上式中，$\lambda\geqslant 0$ 是一个正则化参数，用以权衡错分代价(或其他不纯度度量)和树结构

复杂度。对于任意树 tree′，用符号 $\hat{R}(\text{tree}')$ 表示总经验误差 $\sum_{n\in\widetilde{\text{tree}'}}|n|F(n)$。我们需要寻找 tree 的一个子树 tree_λ 来最小化 G_λ 且具有最小的规模。可以证明 tree_λ 是唯一的。下面我们将通过剪枝方法来确定 tree_λ。首先定义一组有限嵌套子树序列 $\text{tree}^{(0)}$，…，$\text{tree}^{(n)}$。
225~227 我们令 $\text{tree}^{(0)}=\text{tree}$，且对于任意 $i\in\{0,\cdots,n-1\}$，树 $\text{tree}^{(i+1)}$ 是由树 $\text{tree}^{(i)}$ 合并一个内部节点 n′得到的，即以一个叶子节点代替以 n′为根节点的子树，也等价于将 n′定义的区域进行合并。选择合适节点 n′的原则是合并 n′后的决策树对于 $\hat{R}(\text{tree}^{(i)})$ 在每个节点上增加的误差最少。即最小化 $r(\text{tree}^{(i)},\text{n}')$：

$$r(\text{tree}^{(i)},\text{n}')=\frac{|\text{n}'|F(\text{n}')-\hat{R}(\text{tree}')}{|\widetilde{\text{tree}'}|-1}$$

其中，n′是树 $\text{tree}^{(i)}$ 的一个内部节点。如果树 $\text{tree}^{(i)}$ 中的几个节点均最小化 $r(\text{tree}^{(i)},\text{n}')$，那么这些节点都可以被裁剪，以由树 $\text{tree}^{(i)}$ 得到 $\text{tree}^{(i+1)}$。重复上述步骤直到得到只包含一个单独节点的树 $\text{tree}^{(n)}$。子树 tree_λ 可以被证明包含在序列 $\text{tree}^{(0)}$，…，$\text{tree}^{(n)}$ 中。参数 λ 可通过 n-折交叉验证决定。

决策树易于解释，这被认为是该方法最重要的特征之一。但是，我们在解释时必须注意决策树是**不稳定**(unstable)的：训练数据集上一个小的变动往往会导致完全不同的节点拆分，进而产生相异的决策树结构，这是由其分层结构的特性导致的。决策树可以被直接用来解决学习任务中十分常见的**特征丢失**(missing feature)问题；在实际应用中，没有采取合适的度量方式或者存在较大的噪声都会导致特征丢失。在这种情况下，只有那些有效的特征可以被用于预测。最后，在**回归**(regression)问题中，决策树依然适用并且可以由相似的方法通过数据学到(见第 11 章)[⊖]。

9.4 类别分解型多分类算法

在本节，我们将讨论另外一类解决多分类问题的方法，即将多分类约简为多个二分类任务。其中，每个二元分类器都是独立训练的，多分类问题的预测结果通过组合各个二分类算法返回假设的结果得到。下面，我们将首先讨论两种将多分类问题约简为二分类问题
228 的实现思路，接着给出一个更为一般的框架。

9.4.1 一对多

令 $S=((x_1,y_1),\cdots,(x_m,y_m))\in(\mathcal{X}\times\mathcal{Y})^m$ 是一个带标签训练样本集。一个将多分类问题约简为二分类的直观方法便是基于所谓的**一对多**(One-Versus-All，OVA)或称**一对余**(one-versus-the-rest)技术。该技术需要训练 k 个二元分类器：$h_l:\mathcal{X}\to\{-1,+1\}$，$l\in\mathcal{Y}$，其中每个分类器需要将类别 $l\in\mathcal{Y}$ 的样本从其他类别样本中分离出来。对于任意 $l\in\mathcal{Y}$，我们对样本集 S 重新标记，将类别 l 中的样本标为 1，其余样本标为 −1，用上述样本集由二元分类器训练得到假设 h_l。应用以前章节所讨论的二分类算法，对于 $l\in\mathcal{Y}$，

⊖ 回归与分类决策树的不同在于：预测时，叶子节点的标签是落在该区域内样本标签平均值的均方；学习时，不纯度函数为均方误差。

h_l 由得分函数 f_l：$\mathcal{X} \to \mathbb{R}$ 的示性函数决定，即 $h_l = \text{sgn}(f_l)$。因此，通过 OVA 技术得到的多分类假设 h：$\mathcal{X} \to \mathcal{Y}$ 定义如下：

$$\forall x \in \mathcal{X}, \quad h(x) = \underset{l \in \mathcal{Y}}{\text{argmax}} f_l(x) \tag{9.16}$$

这个公式看起来与上一节的直接型多分类算法所定义的假设相似。但要注意的是，对于直接型多分类算法，函数 f_l 可以被直接学习得到，而在这里它们被独立学习获得。为帮助读者理解式(9.16)，我们把函数 f_l 所得的结果值解释为置信得分，即对 x 属于类别 l 的可能性的估计。然而，函数 f_l，$l \in \mathcal{Y}$ 所得的分数通常不具有可比性且基于式(9.16)的 OVA 技术难以调整[⊖]。这一情况被称为**订正问题**(calibration problem)。即，仅仅通过对每个函数的得分进行简单归一化处理来使得它们大小一致或采用一些其他相似的启发式策略是难以有效解决这个问题的。在实际问题中，一旦 OVA 技术能够调整，它将是一种非常简单的技术，且其训练时间是训练单个二元分类器的 k 倍，这与许多直接型多分类算法的计算代价相近。

9.4.2　一对一

另一种实现思路被称为**一对一**(One-Versus-One，OVO)技术，(独立地)针对每一对不同的类别 $(l, l') \in \mathcal{Y}^2$，$l \neq l'$ 根据训练数据得到一个二元分类器 $h_{ll'}$：$\mathcal{X} \to \{-1, 1\}$，用以区分类别 l 和 l'。对于任意 $(l, l') \in \mathcal{Y}^2$，$h_{ll'}$ 是由在标签为 l 或 l' 的子样本集上进行二分类算法训练得到的，其中若样本属于类 l' 则被标记为 $+1$，属于类 l 则被标记为 -1。因此总共需要训练 $\binom{k}{2} = k(k-1)/2$ 个分类器，并通过多数投票将这些分类器的结果进行组合得到多分类问题的假设 h：

$$\forall x \in \mathcal{X}, \quad h(x) = \underset{l' \in \mathcal{Y}}{\text{argmax}} |\{l : h_{ll'}(x) = 1\}| \tag{9.17}$$ 229

因此，对于一个固定的 $x \in \mathcal{X}$，如果我们将 $h_{ll'}(x)$ 的值看成是类别 l 和 l' 进行比较得到的结果，若 $h_{ll'}(x) = 1$，则表示相较于类别 l，x 属于类别 l' 的可能性更大，那么预测 h 的类别为在所有比较中为 1 的次数最多的那个类。

令 $x \in \mathcal{X}$ 是一个属于类别 l' 的样本。根据 OVO 的定义，如果对于任意 $l \neq l'$，$h_{ll'}(x) = 1$，那么点 x 所属类别为 l'，因为 $|\{l : h_{ll'}(x) = 1\}| = k - 1$ 且没有其他类别为 1 的次数超过 $(k-1)$。相反，如果 x 被 OVO 的假设错分，那么在这 $(k-1)$ 个二元分类器 $h_{ll'}$，$l \neq l'$ 中，至少有一个误分了 x。假设 OVO 中所有二元分类器的泛化误差至多为 r，那么 OVO 返回的假设的泛化误差至多为 $(k-1)r$。

一对一方法不存在一对多方法中的订正问题。但是，当属于类别 l 和 l' 的样本数量很少时，由于没有充足的数据供 $h_{ll'}$ 学习，会增加过拟合的风险。另一个需要关心的问题是一对一方法增大了计算开销，因为它一共需要训练 $k(k-1)/2$ 个二元分类器。

通过更加细致地考量上述两种方法的计算需求，可以发现在某些假设情形下，它们彼此间的差距并没有想象中的那么大，甚至 OVO 的时间复杂度有时会比 OVA 方法要小。表 9.1 比较了上述方法在训练和测试时的计算复杂度，假定在规模为 m 的样本集上训练

⊖ 这里，调整指的是不同二元分类器得到的置信得分如何调整到一个合适的范围进行比较。——译者注

一个二元分类器的计算复杂度为 $O(m^{\alpha})$，且训练集中每个类别的样本数量相等，均为 m/k。在这些假设下，若 $\alpha \in [2, 3)$，即采用如 SVM 这类的求解二次规划问题算法，那么 OVO 的训练时间复杂度要好于 OVA。当 $\alpha=1$ 时，这两者是同一量级的，只有在次线性算法下，OVA 才会有较小的时间复杂度。对于测试过程，在所有情形下，OVO 需要对 $k(k-1)/2$ 个分类器进行评估，这是 OVA 测试的 $(k-1)$ 倍。然而，对于某些算法，OVO 的每个分类器的测试评估时间非常小。例如，在 SVM 时，因为 OVO 的每个分类器在一个数量明显较小的样本集中训练，故其支持向量非常少。如果 OVA 的支持向量是 OVO 的 k 倍且采用稀疏特征表示，那么上述两种技术的测试时间复杂度是相当的。

表 9.1　针对训练和测试过程，分别比较 OVA 和 OVO 技术的时间复杂度。该表格假定训练样本集规模为 m，其中每个类别的样本数为 m/k。假定在规模为 n 的样本集上训练一个二元分类器的时间复杂度为 $O(n^{\alpha})$。那么一对一方法的训练时间将为 $O(k^2(m/k)^{\alpha})=O(k^{2-\alpha}m^{\alpha})$。$c_t$ 表示测试一个二元分类器的时间开销

	训练	测试
OVA	$O(km^{\alpha})$	$O(kc_t)$
OVO	$O(k^{2-\alpha}m^{\alpha})$	$O(k^2c_t)$

9.4.3　纠错输出编码

纠错输出编码(Error-Correction Output Code，ECOC)是一个更为一般的将多分类问题简化为二分类问题的方法。这种方法为每个类别 $l \in \mathcal{Y}$ 分配了一个长 $c \geqslant 1$ 的**编码词**，二值编码 $\boldsymbol{M}_l \in \{-1, +1\}^c$ 是一种最简单的情况。$\boldsymbol{M}_l$ 表示类别 l 的标记，如图 9.5 所示，所有类别将组成编码矩阵 $\boldsymbol{M} \in \{-1, +1\}^{k \times c}$，其中第 l 行为 $\boldsymbol{M}_l$。接下来，对于矩阵每一列 $j \in [1, c]$，对样本集中所有样本进行重新标记，如果样本属于列 l 所表示的类，则标记为 $+1$，否则标记为 -1。在此基础上，训练一个二元分类器 h_j：$\mathcal{X} \rightarrow \{-1, +1\}$。对任意 $x \in \mathcal{X}$，令 $\boldsymbol{h}(x)$ 表示向量 $\boldsymbol{h}(x)=(h_1(x), \cdots, h_c(x))^{\mathrm{T}}$。那么，多分类问题的假设定义如下：

$$\forall x \in \mathcal{X}, \quad h(x)=\underset{l \in \mathcal{Y}}{\operatorname{argmin}}\, d_H(\boldsymbol{M}_l, \boldsymbol{h}(x)) \tag{9.18}$$

编码

类别	1	2	3	4	5	6
1	−1	−1	−1	+1	−1	−1
2	+1	−1	−1	−1	−1	−1
3	−1	+1	+1	−1	+1	−1
4	+1	+1	−1	−1	−1	−1
5	+1	+1	−1	−1	+1	−1
6	−1	−1	+1	+1	−1	+1
7	−1	−1	+1	−1	−1	−1
8	−1	+1	−1	+1	−1	−1

$f_1(x)$	$f_2(x)$	$f_3(x)$	$f_4(x)$	$f_5(x)$	$f_6(x)$
−1	+1	+1	−1	+1	+1

新样本 x

图 9.5　多分类问题的纠错输出编码图解。左边：二进制编码矩阵 $\boldsymbol{M}$，其中每一行代表对类别 $l \in [1, 8]$ 长度为 $c=6$ 的编码词。右边：对测试点 x 的预测向量 $\boldsymbol{h}(x)$。由于矩阵关于第三个类别的二值编码与 $\boldsymbol{h}(x)$ 具有最小的 Hamming 距离(为 1)，故 ECOC 分类器判定 x 的标签为 3

因此，在 Hamming 距离度量下，输出类别的标签距离 $\boldsymbol{h}(x)$ 最近。图 9.5 对这种情况

给予了说明：在矩阵 $\boldsymbol{M}$ 中，没有任意一行与输出 $\boldsymbol{h}(x)$ 完全匹配，但矩阵第三行与 $\boldsymbol{h}(x)$ 中的分量最为相近。

ECOC 技术的成功依赖于类别编码的最小 Hamming 距离。令 d 表示该最小距离，那么至多有 $r_0=\left\lfloor\frac{d-1}{2}\right\rfloor$ 的二分类错误可以被纠正。根据 d 的定义，即使 h_l 在 $x\in\mathcal{X}$ 上产生二分类错误 $r<r_0$ 时，与 $\boldsymbol{h}(x)$ 相距最近的仍为点 x 的正确分类类别。对于固定的 c 值，纠错矩阵 $\boldsymbol{M}$ 的设计需要进行权衡，这是因为当 d 值过大时，会使得二分类任务的求解变得困难。在实际应用中，矩阵每一列的选取要与基于领域知识的类别特征相符合。

ECOC 技术可以从以下两个方面进行扩展：第一，将输出分类判别的 h_j 用一个表示得分的函数 h_j 进行定义。这样一来，若对于某个函数值可以解释为置信得分的 f_j 有 $h_j=\operatorname{sgn}(f_j)$，那么多分类问题的假设 $h:\mathcal{X}\to\mathcal{Y}$ 可以被定义如下：

$$\forall x\in\mathcal{X},\ h(x)=\underset{l\in\mathcal{Y}}{\operatorname{argmin}}\sum_{j=1}^{c}L(m_{lj}f_j(x))\tag{9.19}$$

其中，(m_{lj}) 是矩阵 $\boldsymbol{M}$ 的元素，$L:\mathbb{R}\to\mathbb{R}_+$ 是损失函数。对于所有 $x\in\mathcal{X}$ 以及 $h_l=f_l$，L 可以被定义为 $L(x)=\frac{1-\operatorname{sgn}(x)}{2}$，此时有：

$$\sum_{j=1}^{c}L(m_{lj}f_j(x))=\sum_{j=1}^{c}\frac{1-\operatorname{sgn}(m_{lj}h_j(x))}{2}=d_h(\boldsymbol{M}_l,\ \boldsymbol{h}(x))$$

这时式(9.19)与式(9.18)一致。此外，我们可以将上述矩阵元素编码推广到三元编码 $\{-1,\ 0,\ +1\}$。此时在针对矩阵每列的训练二元分类器时，标签为 0 的样本将被忽略。通过上述扩展，OVA 和 OVO 方法均可看成是 ECOC 技术的特例。对于 OVA，$\boldsymbol{M}$ 为一个方阵，即 $c=k$，且 $\boldsymbol{M}$ 除了对角线上的元素标为 $+1$ 外，其余均标记为 -1。对于 OVO，$\boldsymbol{M}$ 共有 $c=k(k-1)/2$ 列，且每一列都与一个不同的类别对 $(l,\ l')$ 相匹配，其中 $l\neq l'$，第 l 行的矩阵元素标为 -1，第 l' 行的矩阵元素标为 $+1$，其余元素标记为 0。

由于得分函数的取值可以表示置信度，$m_{lj}f_j(x)$ 可以看成分类器 j 在点 x 处的间隔，因此式(9.19)是基于二元分类器间隔的某个损失函数 L。230～232

我们还可以进一步将 ECOC 由离散编码向连续编码推广。此时，我们允许矩阵元素取任意实数值，并通过训练样本学习得到矩阵 $\boldsymbol{M}$。首先基于得分函数 f_l，$l\in[1,\ c]$ 初始化一个离散编码的 $\boldsymbol{M}$，通过之前的方法学到 c 个二元分类器。对于任意 $x\in\mathcal{X}$，令 $\boldsymbol{F}(x)$ 表示向量 $(f_1(x),\ \cdots,\ f_c(x))^{\mathrm{T}}$。接下来，矩阵 $\boldsymbol{M}$ 中的元素可以取任意实数值，旨在训练样本上的学习使得 $x\in\mathcal{X}$ 所对应的 $\boldsymbol{M}$ 中的行比其余行更接近 $\boldsymbol{F}(x)$ 的取值。这里，相似程度可以通过任意 PDS 核 K 进行度量。通过一个 PDS 核 K 来学习 $\boldsymbol{M}$ 的思想实际上就是多分类支持向量机，即可以通过公式表示如下：

$$\begin{gathered}\min_{\boldsymbol{M},\ \xi}\|\boldsymbol{M}\|_F^2+C\sum_{i=1}^{m}\xi_i\\ \text{s.t. }\forall(i,\ l)\in[1,\ m]\times\mathcal{Y}\\ K(\boldsymbol{f}(x_i),\ \boldsymbol{M}y_i)\geqslant K(\boldsymbol{f}(x_i),\ \boldsymbol{M}_l)+1-\xi_i\end{gathered}$$

采取其他矩阵范数可以得到相似的算法，其多分类决策函数具有如下形式：

$$h:x\mapsto\underset{l\in\{1,\cdots,k\}}{\operatorname{argmax}}K(\boldsymbol{f}(x),\ \boldsymbol{M}_l)$$

9.5 结构化预测算法

在本节，我们将简要讨论一个多分类问题的重要分支——结构化预测。该问题频繁出现在计算机视觉、计算生物学以及自然语言处理领域的研究中。它囊括了所有的序列标注问题以及诸如句法解析、机器翻译和语音识别这样的复杂问题。

在这些应用中，输出标签有着丰富的内部结构。例如在**词性标注**(part-of-speech tagging)问题中，需要为一句话中的每个单词单独分配一个词性标签，如 N(名词)、V(动词)或 A(形容词)。因此，由单词 ω_i 构成的序列 $\omega_1\cdots\omega_n$ 将被标记为一串词性序列 $t_1\cdots t_n$。由于每一个不同的词性序列都是可能的标签，因此可以将其看成一个多分类问题。然而，此类**结构化输出**(structured output)问题的一些重要的特性使得它们有别于传统的多分类问题。

首先，标签集的规模将随着输出的规模成指数级增长。例如，用 Σ 表示词性标注的可选字符表，那么对于一个长为 n 的句子，可能的标签集为 $|\Sigma|^n$。其次，精确的预测需要考虑标签内部子结构之间的依赖关系。例如，在词性标记中，一些标记序列是不合语法的或实际中不会出现的。最后，损失函数一般不再使用传统的 0-1 损失形式，而是依赖于特
233 定的子结构。令 $L:\mathcal{Y}\times\mathcal{Y}\to\mathbb{R}$ 表示一个损失函数，使得 $L(y', y)$ 可以用来度量在正确标签为 $y\in\mathcal{Y}$ 的情况下，预测标签为 $y'\in\mathcal{Y}$ 所受到的惩罚⊖。在词性标记中，$L(y', y)$ 可以用 y' 与 y 的 Hamming 距离来表示。

结构化输出问题的相关特征通常由输入和输出共同决定。因此，我们令 $\boldsymbol{\Phi}(x, y)\in\mathbb{R}^N$ 表示关于 $(x, y)\in\mathcal{X}\times\mathcal{Y}$ 的特征向量。

为了建模表示标签的结构和标签之间的依赖关系，标记集 $\mathcal{Y}$ 通常被赋予一个**图模型**(graphical model)结构。该结构通过图形表示的概率模型来反映子结构之间的条件依赖关系。根据图模型中的团结构，我们认为与输入 $x\in\mathcal{X}$ 和输出 $y\in\mathcal{Y}$ 有关的特征向量 $\boldsymbol{\Phi}(x, y)$ 以及损失函数 $L(y', y)$ 可以被进一步因式分解⊜。关于该问题的详细探讨需要对图模型理论有着更深入的研究，这超出了本节的范围。

大多数结构化预测算法所使用的假设集定义为如下函数族 $h:\mathcal{X}\to\mathcal{Y}$：

$$\forall x\in\mathcal{X},\ h(x)=\underset{y\in\mathcal{Y}}{\operatorname{argmax}}\,\boldsymbol{w}\cdot\boldsymbol{\Phi}(x, y) \tag{9.20}$$

对于某个向量 $\boldsymbol{w}\in\mathbb{R}^N$ 成立。令 $S=((x_1, y_1), \cdots, (x_m, y_m))\in(\mathcal{X}\times\mathcal{Y})^m$ 是一个带标签的独立同分布样本集。因为假设集是线性的，我们可以试着去寻找一个与多分类 SVM 相似的算法。多分类 SVM 的优化问题可以等价地写为：

$$\min_{\boldsymbol{w}}\frac{1}{2}\|\boldsymbol{w}\|^2+C\sum_{i=1}^{m}\max_{y\neq y_i}\max\{0, 1-\boldsymbol{w}\cdot[\boldsymbol{\Phi}(x_i, y_i)-\boldsymbol{\Phi}(x_i, y)]\} \tag{9.21}$$

然而，此处我们还要考虑损失函数 $L(y, y_i)$ 的影响，其中 $i\in[1, m]$，$y\in\mathcal{Y}$。一个办法是为每个间隔距离加上惩罚项 $L(y, y_i)$。另一个很自然的想法是将每一个间隔距离乘以

⊖ 更一般地，有时损失函数还会与输入有关，此时 L 是这样一个函数映射：$L:\mathcal{X}\times\mathcal{Y}\to\mathbb{R}$，$L(x, y', y)$ 表示对标签为 y 的点 x，预测为 y' 应受到的惩罚。

⊜ 在无向图中，团结构表示一个全连接点的集合。

惩罚项 $L(y, y_i)$。此时一个较大的间隔损失将会受到更为苛刻的惩罚。 234

加上惩罚项可以得到**最大间隔 Markov 网**(Maximum Margin Markov Networks, M^3N)算法：

$$\min_{w} \frac{1}{2}\|\boldsymbol{w}\|^2 + C\sum_{i=1}^{m} \max_{y\neq y_i} \max(0, L(y_i, y) - \boldsymbol{w} \cdot [\boldsymbol{\Phi}(x_i, y_i) - \boldsymbol{\Phi}(x_i, y)]) \tag{9.22}$$

如同 SVM 一样，该算法的优势在于也可以采用 PDS 核。如上文所述，标记集 Y 被赋予一个具有 Markov 性质的图结构，常见为链式或树形结构，且假定损失函数也可以采取同样的方式进行因式分解。在上述假定下，通过探索标签的图结构，可以得到一个多项式时间的算法求得上述问题的解。

乘以惩罚项可以得到 SVMStruct 算法：

$$\min_{w} \frac{1}{2}\|\boldsymbol{w}\|^2 + C\sum_{i=1}^{m} \max_{y\neq y_i} L(y_i, y)\max(0, 1 - \boldsymbol{w} \cdot [\boldsymbol{\Phi}(x_i, y_i) - \boldsymbol{\Phi}(x_i, y)]) \tag{9.23}$$

该问题等价于一个具有无限约束项的二次规划问题。在实际应用中，一般采取迭代方法进行求解，在每轮迭代中，将之前每轮最难满足的约束加入本轮作为约束条件。实际上，在一般的假设下，对于任意损失函数，该方法都适用。如同 M^3N 算法一样，SVMStruct 也可以通过采取 PDS 核方法来实现非线性扩展。

另一个与结构化预测有关的算法为**条件随机场**(Conditional Random Field, CRF)。它与上述算法，尤其是 M^3N 算法相似，在此不再详细介绍。关于 CRF 的优化问题可以写为：

$$\min_{w} \frac{1}{2}\|\boldsymbol{w}\|^2 + C\sum_{i=1}^{m} \log\sum_{y\in\mathcal{Y}} \exp(L(y_i, y) - \boldsymbol{w} \cdot [\boldsymbol{\Phi}(x_i, y_i) - \boldsymbol{\Phi}(x_i, y)]) \tag{9.24}$$

假设 $\mathcal{Y}$ 是势为 k 的有限集，并令 f 为 $(x_1, \cdots, x_k) \mapsto \log\left(\sum_{j=1}^{k} e^{x_j}\right)$。$f$ 是被称为 soft-max 的凸函数，因为它给出了一个 $(x_1, \cdots, x_k) \mapsto \max(x_1, \cdots, x_k)$ 平滑逼近。此时，如果用 soft-max 函数代替 max 运算，式(9.24)和式(9.22)是相似的。

9.6 文献评注

定理 9.1 所给出的基于间隔的多分类问题泛化界来自 Kuznetsov、Mohri 和 Syed [2014]。这个界与类别数仅是线性的关系，在 Koltchinskii 和 Panchenko[2002]的相似研究结果上进行了改善(之前的结果与类别数是平方关系)，命题 9.1 对基于核的多分类假设集的 Rademacher 复杂度给出了界，该命题以及推论 9.1 由本书最新提出。 235

将 SVM 推广到多分类问题的算法是由 Weston 和 Watkins[1999]首次提出的。该算法要区分 k 个类别需要 $k(k-1)/2$ 个松弛变量，因此当类别数较大时，算法效率不高。为解决该问题，一种简化方法是使用关于样本 x_i 松弛变量的最大值 $\xi_i = \max_{j\neq i}\xi_{ij}$ 来代替松弛变量的和 $\sum_{j\neq i}\xi_{ij}$，此举可有效减少变量的数目，进而得到本章所介绍的多分类 SVM 算法形式[Crammer 和 Singer, 2001, 2002]。

AdaBoost. MH 算法由 Schapire 和 Singer[1999，2000]首次提出。正如我们在本章所讨论的那样，该算法是 AdaBoost 算法的一个特例。其他针对多分类问题的 boosting 算法，如 AdaBoost. MR，由 Schapire 和 Singer[1999，2000]提出。该算法也是第 10 章将介绍的 RankBoost 算法的一个特例。通过习题 10.5，你可以了解该算法的更多细节，如泛化界等。

学习决策树最常用的工具是 CART(Classification And Regression Tree，分类和回归树)[Breimanetal.，1984]和 C4.5[Quinlan，1986，1993]。我们在决策树学习一节介绍的贪心算法来自一个有趣的分析：Kearns 和 Mansour[1999]、Mansour 和 McAllester[1999]首次明确证明，在一个弱学习假设下，此类决策树分类算法可以得到一个较强的假设。生长而后修剪策略来自 CART。许多研究工作都对该方法做过分析，尤其是 Kearns 和 Mansour[1998]以及 Mansour 和 McAllester[2000]，他们给出与误差和原始树结构最佳裁剪子树规模相关的决策树的泛化界。Grigni[2000]论述了对于固定规模的决策树，ERM 是困难的。

针对多分类问题的 ECOC 框架思想来自 Dietterich 和 Bakiri[1995]。Allwein 等[2000]进一步分析并推广了该方法，通过引入间隔损失，可以对更特定情况下的 boosting 给出一个经验误差界以及一个泛化界。虽然 OVA 方法受限于订正问题且难于调整，但在实际应用中仍然被经常使用。Rifkin[2002]曾通过进行大量针对多分类算法的实验，指出 OVA 技术与直接型多分类算法相比，性能表现十分接近甚至有时会优于直接型算法，这与一些
236 学者(Rifkin 和 Klautau[2004])所宣称的不相符。

CRF 算法由 Lafferty、McCallum 和 Pereira[2001]提出，M^3N 算法由 Taskar、Guestrin 和 Koller[2003]提出，StructSVM 算法由 Tsochantaridis、Joachims、Hofmann 和 Altun[2005]提出。除了上述算法，还有将结构化预测问题看成一种回归问题，这由 Cortes、Mohri 和 Weston[2007c]提出并分析。

9.7　习题

9.1　多标签情况的泛化界。使用与定理 9.1 证明相似的思路来推导一个多标签情况下基于间隔的学习界。

9.2　采用 L_p 范数约束的基于核的假设的多分类问题。当 $p \neq 2$ 时，利用推论 9.1 给出一个不同的、采用 L_p 范数约束的基于核的假设的多分类算法。请问当 $p \geq 1$ 具体为多少时，命题 9.1 的界最紧？此外，写出当 $p=\infty$ 时，所得多分类算法的对偶优化问题。

9.3　另一种多分类 boosting 算法。对任意样本集 $S=((x_1, y_1), \cdots, (x_m, y_m)) \in (\mathcal{X} \times \mathcal{Y})^m$ 以及 $\boldsymbol{\alpha}=(\alpha_1, \cdots, \alpha_n) \in \mathbb{R}^n$，$n \geq 1$，目标函数定义如下：

$$G(\boldsymbol{\alpha})=\sum_{i=1}^{m} \mathrm{e}^{-\frac{1}{k} \sum_{l=1}^{k} y_i[l] f_n(x_i, l)}=\sum_{i=1}^{m} \mathrm{e}^{-\frac{1}{k} \sum_{l=1}^{k} y_i[l] \sum_{t=1}^{n} \alpha_t h_t(x_i, l)} \tag{9.25}$$

借助指数函数的凸性，对比分析 G 和 AdaBoost. MH 中的目标函数 F。证明 G 为凸函数，且是多标签多分类误差的上界。请通过探讨 G 的性质得到一种对 G 应用坐标

下降的算法。请给出该算法性能的理论保证，并分析使用 boosting 桩时该算法的运行时间复杂度。

9.4 基于 RankBoost 的多分类算法。该问题需要读者对本章及第 10 章的知识比较熟悉。这种 boosting 类型的多分类算法需要依赖排序准则。我们将在单一标签情形下给出该算法的定义。令 $\mathcal{H}$ 表示从 $\mathcal{X}\times\mathcal{Y}$ 到$\{-1, +1\}$的假设集，F 为定义在所有样本集 $S=((x_1, y_1), \cdots, (x_m, y_m))\in(\mathcal{X}\times\mathcal{Y})^m$ 以及$\overline{\boldsymbol{\alpha}}=(\overline{\alpha}_1, \cdots, \overline{\alpha}_N)\in\mathbb{R}^N$，$N\geqslant 1$ 上的目标函数： 237

$$F(\overline{\boldsymbol{\alpha}})=\sum_{i=1}^{m}\sum_{l\neq y_i}\mathrm{e}^{-(f_N(x_i, y_i)-f_N(x_i, l))}=\sum_{i=1}^{m}\sum_{l\neq y_i}\mathrm{e}^{-\sum_{j=1}^{N}\overline{\alpha}_j(h_j(x_i, y_i)-h_j(x_i, l))}\tag{9.26}$$

其中，$f_N=\sum_{j=1}^{N}\overline{\alpha}_j h_j$。

(a) 证明 F 是可微凸的；

(b) 证明 $\frac{1}{m}\sum_{i=1}^{m}1_{\rho_{f_N}(x_i, y_i)}\leqslant\frac{1}{k-1}F(\overline{\boldsymbol{\alpha}})$，其中 $f_N=\sum_{j=1}^{N}\overline{\alpha}_j h_j$。

(c) 给出对 F 应用坐标下降所得算法的伪代码。得到的算法被称为 AdaBoost. MR。证明 AdaBoost. MR 与 RankBoost 在处理排序对$(x, y)\in\mathcal{X}\times\mathcal{Y}$问题时等价。并给出对上述排序对的排序目标。

(d) 在习题 9.4(b)的基础上，结合本章给出的学习界推导该算法基于间隔的泛化界。

(e) 利用该算法与 RankBoost 的联系，并结合第 10 章给出的学习界，推导得出该算法的其他泛化界，并与上面问题给出的泛化界进行比较。

9.5 决策树。证明在 N 维空间具有 n 个节点的二元决策树的 VC-维为 $O(n\log N)$。

9.6 举例说明，如果用于 OVO 技术定义的 $k(k-1)/2$ 个二元分类器中的每个分类器 $h_{ll'}$ $(l\neq l')$的泛化误差为 r，那么 OVO 假设的泛化误差将为$(k-1)r$。 238

·第 10 章·

排　　序

排序是一个很多现代应用中都会遇到的机器学习问题，比如设计搜索引擎、信息抽取平台和电影推荐系统等。这些应用的关键点是给出文档和推荐电影的排序。由于实际的运算开销和存储资源限制，对于极大的数据集，通过分类器处理所有标签相关的元素几乎是不可能的，这使得排序问题的一个主要动机和思路变成了基于二分类进行排序。典型的搜索引擎用户并不愿意浏览全部和搜索问句有关的文件和内容，他们可能只关心前十个相关对象。与之类似地，信用卡公司的欺诈检测部门人员也无法详细调查成千上万笔疑似欺诈交易，只有少数的一些最有可能是欺诈行为的交易才会被关注并详细分析。

在这一章，我们将深入地探讨排序这个学习问题。我们首先对该问题定义两种一般的学习情境：基于得分的排序和基于偏好的排序。基于得分的排序是一个被广泛研究的课题，我们借助 Rademacher 复杂度给出其基于间隔的泛化界。接着会介绍一个由这些界得到的基于 SVM 的排序算法。我们将把这种算法称为 RankBoost，即一种为排序问题专门设计的 boosting 算法。我们之后会进一步特别研究二部排序问题，即将排序问题处理为将样本点划归为两个类别的二分类问题。我们将讨论一个 RankBoost 的高效实现算法并指出其与 AdaBoost 算法的关系。我们还会介绍 ROC 曲线以及 ROC 曲线下的面积(AUC)的相关定义，它们和二部排序直接相关。对于基于偏好的排序，我们将给出一些列结论，包括
239 对于确定性算法和随机算法基于悔界的学习保证以及确定性学习情境下的一个性能下界。

10.1　排序问题

我们首先介绍机器学习中对于排序问题最常见的学习情境，即排序问题**基于得分的情境**(score-based setting)。在 10.6 节，我们将介绍并分析另外一种学习情境，即**基于偏好的情境**(preference-based setting)。

通常的有监督排序所研究的问题是通过标签信息，对全部样本定义一个准确的排序预测函数。在这种情境下，标签信息仅以成对样本的形式给出，对预测器的性能评价同样是

基于其平均成对误排给出的。预测器是一个实值函数，也称**打分函数**(scoring function)，即该函数分配给输入样本的分数将用于决定样本排序。

令 $\mathcal{X}$ 表示输入空间。我们用 $\mathcal{D}$ 表示在 $\mathcal{X}\times\mathcal{X}$ 上，样本对 (x, x') 服从的一个未知分布，用 $f: \mathcal{X}\times\mathcal{X}\to\{-1, 0, +1\}$ 表示目标标签函数或称**偏好函数**(preference function)。我们这里对 f 的取值进行解释和说明：若 x' 的偏好或排序高于 x，那么 $f(x, x')=+1$，反之 $f(x, x')=-1$，若两者的偏好相同或缺乏两者的排序信息，则 $f(x, x')=0$。上述形式化是一种简化的确定性情境，正如在 2.4.1 节所介绍的，对于 $\mathcal{X}\times\mathcal{X}\times\{-1, 0, +1\}$ 上的分布，可直接将该情境推广到随机性情境。

需要注意的是，在一般情况下，我们不对 f 的比较传导性作特别的假定，即对于 x、x'、x'' 三个样本，可能 $f(x, x')=1$ 和 $f(x', x'')=1$，但 $f(x, x'')=-1$。这虽然听起来是有些违反直觉的，但实际上符合我们现实生活中评价的习惯。因为有时我们进行评价和比较时是基于不同的特征进行的：比如一个人可能因为体裁的原因在动作电影 x' 和音乐片 x 中更喜欢 x'，同时因为更好的动作设计在动作电影 x' 和动作 x'' 中更喜欢 x''。但仍有可能他会在 x'' 和 x 的比较中倾向于 x，因为 x'' 的 DVD 租用价格超过了预算。因此，在这个例子中内容主题和价格作为两个不同的特征分别影响了不同样本对的比较结果。事实上，在一般情况下，我们甚至不对 f 的比较非对称性作特别的假定，这意味着有可能出现 $f(x, x')=1$ 和 $f(x', x)=1$ 而 $x'\neq x$ 的情况。

学习器接收到样本集 $S=((x_1, x_1', y_1), \cdots, (x_m, x_m', y_m))\in\mathcal{X}\times\mathcal{X}\times\{-1, 0, +1\}$，其中独立同分布的 $(x_1, x_1'), \cdots, (x_m, x_m')$ 服从分布 $\mathcal{D}$，且对于所有 $i\in[1, m]$ 有 $y_i=f(x_i, x_i')$。给定假设集 $\mathcal{H}$ 为 $\mathcal{X}$ 到 $\mathbb{R}$ 的映射函数，排序问题为关于目标 f 选择一个假设 $h\in\mathcal{H}$，使其成对误排的期望或泛化误差 $R(h)$ 最小： 240

$$R(h)=\underset{(x,x')\sim\mathcal{D}}{\mathbb{P}}[(f(x, x')\neq 0)\wedge(f(x, x')(h(x')-h(x))\leqslant 0)] \tag{10.1}$$

我们用 $\hat{R}_S(h)$ 表示 h 所对应的经验成对误排或者经验误差：

$$\hat{R}_S(h)=\frac{1}{m}\sum_{i=1}^{m}1_{(y_i\neq 0)\wedge(y_i(h(x_i')-h(x_i))\leqslant 0)} \tag{10.2}$$

注意虽然目标偏好函数 f 一般而言不具传导性，但由打分函数 $h\in\mathcal{H}$ 得到的线性排序根据定义是有传导性的，这也是应用打分函数处理排序问题的一个弊端：因为不论假设集 $\mathcal{H}$ 有多么复杂，一旦传导性不能被满足，将不存在假设 $h\in\mathcal{H}$ 能够完全正确地预测目标成对排序。

10.2 泛化界

在这一节，我们将对排序问题给出基于间隔的泛化界。为了简化表述，我们在本节中假设每一个样本对的标签都取自 $\{-1, +1\}$。因此，如果 (x, x') 取自分布 $\mathcal{D}$，那么 x 将只有在偏好上优于和非优于 x' 两种可能。一般情况下的学习界与这种简化表述下得到的学习界形式相似，但是需要更多细节。如分类问题中一样，对于成对排序问题，对于任意 $\rho>0$，可以定义假设 h 的经验间隔损失为：

$$\hat{R}_{S,\rho}(h)=\frac{1}{m}\sum_{i=1}^{m}\Phi_\rho(y_i(h(x_i')-h(x_i))) \tag{10.3}$$

其中，Φ_ρ 是间隔损失函数(定义 5.3)。因此，对于排序问题，经验间隔损失的上界为被 h 误排或虽然正确排序但置信度低于 ρ 的样本对(x_i, x_i')的占比：

$$\hat{R}_{S,\rho}(h) \leqslant \frac{1}{m}\sum_{i=1}^{m} 1_{y_i(h(x_i')-h(x_i))\leqslant\rho} \tag{10.4}$$

我们用 $\mathcal{D}_1$ 表示取自 $\mathcal{D}$ 的 $\mathcal{X}\times\mathcal{X}$ 中的样本对中的第一个元素的边缘分布，与之对应地，$\mathcal{D}_2$ 表示第二个元素的边缘分布。类似地，我们使用 S_1 表示取自 S 而只保留第一个元素的集合：$S_1=((x_1, y_1), \cdots, (x_m, y_m))$，$S_2$ 表示保留第二个元素所对应的集合 $S_2=((x_1', y_1), \cdots, (x_m', y_m))$。定义关于边缘分布 $\mathcal{D}_1$，$\mathcal{H}$ 的 Rademacher 复杂度为 $\mathcal{R}_m^{\mathcal{D}_1}(\mathcal{H})=\mathbb{E}[\hat{\mathcal{R}}_{S_1}(\mathcal{H})]$，关于 $\mathcal{D}_2$ 的复杂度为 $\mathcal{R}_m^{\mathcal{D}_2}(\mathcal{H})=\mathbb{E}[\hat{\mathcal{R}}_{S_2}(\mathcal{H})]$。显然，如果分布 $\mathcal{D}$ 是对称的，那
241 么边缘分布 $\mathcal{D}_1$ 和 $\mathcal{D}_2$ 是一致的且有 $\mathcal{R}_m^{\mathcal{D}_1}(\mathcal{H})=\mathcal{R}_m^{\mathcal{D}_2}(\mathcal{H})$。

| 定理 10.1 排序的间隔界 | 令 $\mathcal{H}$ 为实值函数集。固定 $\rho>0$，则对于任意 $\delta>0$，对于所有 $h\in\mathcal{H}$，对于规模为 m 的样本集 S，以至少为 $1-\delta$ 的概率有下式成立：

$$R(h)\leqslant\hat{R}_{S,\rho}(h)+\frac{2}{\rho}(\mathcal{R}_m^{\mathcal{D}_1}(\mathcal{H})+\mathcal{R}_m^{\mathcal{D}_2}(\mathcal{H}))+\sqrt{\frac{\log\frac{1}{\delta}}{2m}} \tag{10.5}$$

$$R(h)\leqslant\hat{R}_{S,\rho}(h)+\frac{2}{\rho}(\hat{\mathcal{R}}_{S_1}(\mathcal{H})+\hat{\mathcal{R}}_{S_2}(\mathcal{H}))+3\sqrt{\frac{\log\frac{2}{\delta}}{2m}} \tag{10.6}$$

| 证明 | 类似于定理 5.4 的证明过程。定义$(\mathcal{X}\times\mathcal{X})\times\{-1, +1\}$到 $\mathbb{R}$ 的映射函数族为假设集 $\widetilde{H}$，即 $\widetilde{H}=\{z=((x, x'), y)\mapsto y[h(x')-h(x)]: h\in\mathcal{H}\}$。考虑取自 $\widetilde{H}$ 且取值在$[0, 1]$的函数族 $\widetilde{\mathcal{H}}=\{\Phi_\rho\circ f: f\in\widetilde{H}\}$。根据定理 3.1，对于任意 $\delta>0$，对于所有 $h\in\mathcal{H}$，以至少为 $1-\delta$ 的概率有：

$$\mathbb{E}[\Phi_\rho(y[h(x')-h(x)])]\leqslant\hat{R}_{S,\rho}(h)+2\mathcal{R}_m(\Phi_\rho\circ\widetilde{\mathcal{H}})+\sqrt{\frac{\log\frac{1}{\delta}}{2m}}$$

因为对于任意 $u\in\mathbb{R}$，$1_{u\leqslant 0}\leqslant\Phi_\rho(u)$成立，泛化误差 $R(h)$是上式左边的下界，即 $R(h)=\mathbb{E}[1_{y[h(x')-h(x)]\leqslant 0}]\leqslant\mathbb{E}[\Phi_\rho(y[h(x')-h(x)])]$，故而：

$$R(h)\leqslant\hat{R}_{S,\rho}(h)+2\mathcal{R}_m(\Phi_\rho\circ\widetilde{\mathcal{H}})+\sqrt{\frac{\log\frac{1}{\delta}}{2m}}$$

由于 Φ_ρ 是$\left(\frac{1}{\rho}\right)$-Lipschitz 函数，根据 Talagrand 引理(引理 5.2)有 $\mathcal{R}_m(\Phi_\rho\circ\widetilde{\mathcal{H}})\leqslant\frac{1}{\rho}\mathcal{R}_m(\widetilde{\mathcal{H}})$。这里，可以得到 $\mathcal{R}_m(\widetilde{H})$的如下上界：

$$\begin{aligned}
\mathcal{R}_m(\widetilde{\mathcal{H}})&=\frac{1}{m}\mathop{\mathbb{E}}_{S,\sigma}\left[\sup_{h\in\mathcal{H}}\sum_{i=1}^{m}\sigma_i y_i(h(x_i')-h(x_i))\right]\\
&=\frac{1}{m}\mathop{\mathbb{E}}_{S,\sigma}\left[\sup_{h\in\mathcal{H}}\sum_{i=1}^{m}\sigma_i(h(x_i')-h(x_i))\right] && (y_i\sigma_i\ \text{和}\ \sigma_i\text{：同分布})\\
&\leqslant\frac{1}{m}\mathop{\mathbb{E}}_{S,\sigma}\left[\sup_{h\in\mathcal{H}}\sum_{i=1}^{m}\sigma_i h(x_i')+\sup_{h\in\mathcal{H}}\sum_{i=1}^{m}\sigma_i h(x_i)\right] && (\sup\ \text{的次可加性})
\end{aligned}$$

$$= \mathop{\mathbb{E}}_{S}[\mathcal{R}_{S_2}(\mathcal{H}) + \mathcal{R}_{S_1}(\mathcal{H})] \qquad (S_1 \text{ 和 } S_2 \text{ 的定义})$$
$$= \mathcal{R}_m^{\mathcal{D}_2}(\mathcal{H}) + \mathcal{R}_m^{\mathcal{D}_1}(\mathcal{H})$$

由此可证得式(10.5)。通过相同的方法使用定理 3.1 中的式(3.4)替换式(3.3)，可证得式(10.6)。 ■ 242

如定理 5.5 及习题 5.2 一样，通过增加一项$\sqrt{(\log\log_2(2/\rho))/m}$，可以将这些界推广到对于所有 $\rho>0$ 一致成立。与之前章节所介绍的其他间隔界一样，这里包含存在矛盾的两项：欲使成对排序间隔 ρ 变大，会使中间项变小；而第一项，经验成对排序间隔损失 $\hat{R}_{S,\rho}$ 会随着 ρ 变大而变大。

已知假设集 $\mathcal{H}$ 的 Rademacher 复杂度上界，包括由 VC-维给出的上界时，可以给出定理 10.1 更为精确的形式。具体来说，当成对排序问题采用基于核的假设时，由定理 10.1 我们可以直接得到如下间隔界。

| 推论 10.1　基于核的假设的排序间隔界 | 令 $K: \mathcal{X}\times\mathcal{X}\to\mathbb{R}$ 是一个 PDS 核，满足 $r=\sup_{x\in\mathcal{X}}K(x, x)$。令 $\Phi: \mathcal{X}\to\mathbb{H}$ 是一个关于 K 的特征映射，对于某个 $\Lambda\geqslant 0$，令 $\mathcal{H}=\{x\mapsto \mathbf{w}\cdot\Phi(x): \|\mathbf{w}\|_{\mathbb{H}}\leqslant\Lambda\}$。固定 $\rho>0$，则对于任意 $\delta>0$，对于所有 $h\in\mathcal{H}$，以至少为 $1-\delta$ 的概率有下述成对间隔界成立：

$$R(h)\leqslant \hat{R}_{S,\rho}(h)+4\sqrt{\frac{r^2\Lambda^2/\rho^2}{m}}+\sqrt{\frac{\log\frac{1}{\delta}}{2m}} \tag{10.7}$$

正如定理 5.4，这个推论中的界也可以通过添加一项$\sqrt{(\log\log_2(2/\rho))/m}$使其对于所有 $\rho>0$ 一致成立。需要指出的是，对于基于核的假设，该泛化界不直接依赖于特征空间的维度，而只与成对排序间隔有关。当 ρ/r（第二项会比较小）很大同时经验间隔损失（第一项）较小时，可以得到较小的泛化误差。经验间隔损失较小意味着几乎没有样本被误分或分类正确但对应的间隔小于 ρ。

10.3　使用 SVM 进行排序

在这一节，我们将会讨论一个由刚刚介绍的理论保证得到的算法。这个算法是 SVM 算法的一个特例。

类似于 5.4 节对分类任务的分析思路，推论 10.1 得到的学习保证可表述如下：对于任意 $\delta>0$，对于所有 $h\in\mathcal{H}=\{x\mapsto\mathbf{w}\cdot\Phi(x): \|\mathbf{w}\|\leqslant\Lambda\}$，以至少为 $1-\delta$ 的概率有：

$$R(h)\leqslant\frac{1}{m}\sum_{i=1}^{m}\xi_i+4\sqrt{\frac{r^2\Lambda^2}{m}}+\sqrt{\frac{\log\frac{1}{\delta}}{2m}} \tag{10.8}$$

其中，对于所有 $i\in[1, m]$，有 $\xi_i=\max(1-y_i[\mathbf{w}\cdot(\Phi(x_i')-\Phi(x_i))], 0)$，这里 $\Phi: \mathcal{X}\to\mathbb{H}$ 是一个关于 PDS 核 K 的特征映射。基于这个理论保证，最小化式(10.8)的右边便可得到算法，即最小化的目标函数包含松弛变量 ξ_i 之和以及 $\|\mathbf{w}\|$ 或 $\|\mathbf{w}\|^2$。算法的优化问题可以形式化为： 243

$$\min_{\boldsymbol{w},\xi} \frac{1}{2}\|\boldsymbol{w}\|^2 + C\sum_{i=1}^{m}\xi_i$$
$$\text{s. t. } y_i[\boldsymbol{w}\cdot(\boldsymbol{\Phi}(x'_i)-\boldsymbol{\Phi}(x_i))] \geqslant 1-\xi_i$$
$$\xi_i \geqslant 0, \quad \forall i \in [1, m] \tag{10.9}$$

这其实与 SVM 的原始优化问题是一致的，即通过如下变换：对于所有$(x, x')\in \mathcal{X}\times\mathcal{X}$，令 $\boldsymbol{\Psi}$：$\mathcal{X}\times\mathcal{X}\rightarrow\mathbb{H}$ 是由 $\boldsymbol{\Psi}(x, x')=\boldsymbol{\Phi}(x')-\boldsymbol{\Phi}(x)$定义的特征映射，并令假设集中的假设有$(x, x')\mapsto \boldsymbol{w}\cdot\boldsymbol{\Psi}(x, x')$这样的形式。在这样的变换下，显然该算法满足 SVM 的所有性质。特别地，该算法也兼容 PDS 核。式(10.9)的优化问题存在一个以核矩阵 $\boldsymbol{K}'$表示的等效对偶问题，$\boldsymbol{K}'$的定义为：

$$\boldsymbol{K}'_{ij}=\boldsymbol{\Psi}(x_i, x'_i)\cdot\boldsymbol{\Psi}(x_j, x'_j)=K(x_i, x_j)+K(x'_i, x'_j)-K(x'_i, x_j)-K(x_i, x'_j) \tag{10.10}$$

对于任意 i，$j\in[1, m]$都成立。这个算法提供了一个实用的成对排序问题的解决方案。这个算法也可以扩展到标签取$\{-1, 0, +1\}$的情况。在下一节中我们将介绍另一个基于得分的排序算法。

10.4 RankBoost

这一节我们将介绍一个针对成对排序问题的 boosting 算法，即与处理二分类问题的 AdaBoost 算法类似的 RankBoost 算法。RankBoost 算法可以类比于之前处理分类问题的算法：通过集成多个基排序器来得到一个更加精确的排序预测器。这里的基排序器指的是对于排序问题由**弱学习算法**(weak leaning algorithm)返回的假设。与分类问题一样，这些基假设必须满足一个最低准确性条件，我们将在之后具体给出。

令 $\mathcal{H}$ 为用来选择基排序器的假设集。当 $\mathcal{H}$ 是一个将 $\mathcal{X}$ 映射到$\{0, 1\}$的函数集时，RankBoost 的伪代码见图 10.1。对于任意 $s\in\{-1, 0, +1\}$，定义 ϵ_t^s 为：

244
$$\epsilon_t^s=\sum_{i=1}^{m}\mathcal{D}_t(i)1_{y_i(h_t(x'_i)-h_t(x_i))=s}=\mathop{\mathbb{E}}_{i\sim\mathcal{D}_t}[1_{y_i(h_t(x'_i)-h_t(x_i))=s}] \tag{10.11}$$

```
RankBoost(S = ((x_1, x'_1, y_1), ..., (x_m, x'_m, y_m)))
 for i ← 1 to m do
     D_1(i) ← 1/m
 for t ← 1 to T do
     h_t ← H 中 ε_t^- − ε_t^+ = −E_{i~D_t}[y_i(h_t(x'_i) − h_t(x_i))] 最小的基排序器
     α_t ← (1/2) log(ε_t^+ / ε_t^-)
     Z_t ← ε_t^0 + 2[ε_t^+ ε_t^-]^(1/2)    ▷归一化因子
     for i ← 1 to m do
         D_{t+1}(i) ← D_t(i) exp[−α_t y_i (h_t(x'_i) − h_t(x_i))] / Z_t
 f ← Σ_{t=1}^{T} α_t h_t
 return f
```

图 10.1　对于 $\mathcal{H}\subseteq\{0, 1\}^{\mathcal{X}}$ 的 RankBoost 算法

并将符号进行简化：使用 ϵ_t^+ 表示 ϵ_t^{+1}，ϵ_t^- 表示 ϵ_t^{-1}。根据以上定义，显然有 $\epsilon_t^0+\epsilon_t^++\epsilon_t^-=1$。

这个算法将 $\mathcal{X}\times\mathcal{X}\times\{-1, 0, +1\}$上的带标签样本集 $S=((x_1, x'_1, y_1), \cdots, (x_m,$

x_m'，y_m))作为输入，并对 $y_i \neq 0$ 的样本子集中的样本索引 $i \in \{1, \cdots, m\}$对应的分布进行迭代更新。为了简化表述，我们假定对于所有 $i \in \{1, \cdots, m\}$有 $y_i \neq 0$，因而需要迭代的是定义在$\{1, \cdots, m\}$上的分布。通过预先去掉那些标记为零的样本对可以保证满足这样的假定。

第 1～2 行初始化分布为均匀分布 $\mathcal{D}_1$。第 3～8 行，每轮 $t \in [1, T]$的 boosting 迭代中，算法会根据最小化 $\epsilon_t^- - \epsilon_t^+$ 选择一个新的基排序器 $h_t \in \mathcal{H}$，h_t 保证了对于分布 $\mathcal{D}_t$ 最小的成对误排误差和最大的成对正确排序的准确性：

$$h_t \in \underset{h \in \mathcal{H}}{\operatorname{argmin}} \left\{ -\underset{i \sim \mathcal{D}_t}{\mathbb{E}} \left[y_i (h(x_i') - h(x_i)) \right] \right\}$$

注意 $\epsilon_t^- - \epsilon_t^+ = \epsilon_t^- - (1 - \epsilon_t^- - \epsilon_t^0) = 2\epsilon_t^- + \epsilon_t^0 - 1$，所以最小化 $\epsilon_t^- - \epsilon_t^+$ 等价于最小化 $2\epsilon_t^- + \epsilon_t^0$，即在 $\epsilon_t^0 = 0$ 的情况下，等价于最小化 ϵ_t^-。Z_t 是一个用来保证权重 $\mathcal{D}_{t+1}(i)$加和为 1 的归一化因子。RankBoost 算法假定欲在每轮 $t \in [1, T]$找到假设 h_t，总满足 $\epsilon_t^+ - \epsilon_t^- > 0$；所以被 h_t 正确排序的样本对比例要大于误排的样本对(忽略标签为 0 的样本对)。我们用 $\gamma_t = \frac{\epsilon_t^+ - \epsilon_t^-}{2}$来表示基排序器 h_t 的**优势**(edge)。 245

我们下面会进一步详细第 5 行中的系数 α_t。首先注意在 $\epsilon_t^+ - \epsilon_t^- > 0$ 的情况下，$\epsilon_t^+ / \epsilon_t^- > 1$ 且 $\alpha_t > 0$。所以可将新分布 $\mathcal{D}_{t+1}$ 看作是在 $\mathcal{D}_t$ 的基础上，(x_i, x_i')误排时，即 $y_i(h_t(x_i') - h_t(x_i)) < 0$，提升索引 i 的权重；反之，降低索引 i 的权重。当 $h_t(x_i') - h_t(x_i) = 0$ 时，权重保持不变。这种对于分布的更新策略可以保证在下一轮 boosting 迭代中使排序器对误排样本对更加关注。

经过了 T 轮的 boosting 迭代，Rankboost 算法返回的是一个基排序器 h_t 的线性组合 f。赋予每个 h_t 的权重 α_t 是 $\epsilon_t^+ / \epsilon_t^-$ 的对数函数。因此，在线性组合中更准确的排序器有更高的权重。

对任意 $t \in [1, T]$，我们用 f_t 表示 t 轮 boosting 迭代后获得的基排序器线性组合 $f_t = \sum_{s=1}^{t} \alpha_t h_t$ [⊖]。特别地，有 $f_T = f$。分布 $\mathcal{D}_{t+1}$ 可以被表示成关于 f_t 和归一化因子 Z_s 的式子，其中的 $s \in [1, t]$：

$$\forall i \in [1, m], \quad \mathcal{D}_{t+1}(i) = \frac{\mathrm{e}^{-y_i (f_t(x_i')) - f_t(x_i))}}{m \prod_{s=1}^{t} Z_s} \tag{10.12}$$

我们将会在之后小节的证明中多次利用这个等式。这个等式也可以直接通过迭代式地展开 x_i 的分布的定义得到：

$$\mathcal{D}_{t+1}(i) = \frac{\mathcal{D}_t(i) \mathrm{e}^{-\alpha_t y_i (h_t(x_i') - h_t(x_i))}}{Z_t} = \frac{\mathcal{D}_{t-1}(i) \mathrm{e}^{-\alpha_{t-1} y_i (h_{t-1}(x_i') - h_{t-1}(x_i))} \mathrm{e}^{-\alpha_t y_i (h_t(x_i') - h_t(x_i))}}{Z_{t-1} Z_t}$$

$$= \frac{\mathrm{e}^{-y_i \sum_{s=1}^{t} \alpha_s (h_s(x_i') - h_s(x_i))}}{m \prod_{s=1}^{t} Z_s}$$

⊖ 这里与之前章节的错误一样，应该是 $f_t = \sum_{s=1}^{t} \alpha_s h_s$。——译者注

10.4.1　经验误差界

我们首先将说明在每个基排序器 h_t 的优势 γ_t 有某个正数下界 $\gamma>0$ 的情况下，Rank-
246 Boost 算法的经验误差将会随着 boosting 迭代轮数呈指数下降。

| 定理 10.2 | RankBoost 算法返回的假设 h：$\mathcal{X}\to\{0,1\}$的经验误差满足：

$$\hat{R}_S(h)\leqslant \exp\left[-2\sum_{t=1}^{T}\left(\frac{\epsilon_t^+-\epsilon_t^-}{2}\right)^2\right] \tag{10.13}$$

进一步地，如果存在 γ，使得对于所有 $t\in[1,T]$，有 $0<\gamma\leqslant\frac{\epsilon_t^+-\epsilon_t^-}{2}$，则：

$$\hat{R}_S(h)\leqslant\exp(-2\gamma^2T) \tag{10.14}$$

| 证明 | 由对于所有 $u\in\mathbb{R}$，有一般不等式 $1_{u\leqslant 0}\leqslant\exp(-u)$成立以及式(10.12)，可得

$$\begin{aligned}\hat{R}_S(h)=\frac{1}{m}\sum_{i=1}^{m}1_{y_i(f(x_i')-f(x_i))\leqslant 0}&\leqslant\frac{1}{m}\sum_{i=1}^{m}e^{-y_i(f(x_i')-f(x_i))}\\&\leqslant\frac{1}{m}\sum_{i=1}^{m}\left[m\prod_{t=1}^{T}Z_t\right]D_{T+1}(i)=\prod_{t=1}^{T}Z_t\end{aligned}$$

根据归一化因子的定义，对于所有 $t\in[1,T]$，有 $Z_t=\sum_{i=1}^{m}\mathcal{D}_t(i)e^{-\alpha_t y_i(h_t(x_i')-h_t(x_i))}$。将 $y_i(h_i(x_i')-h_t(x_i))$取值为+1、−1、0 的索引 i 进行合并，可以将 Z_t 重写为：

$$Z_t=\epsilon_t^+e^{-\alpha_t}+\epsilon_t^-e^{\alpha_t}+\epsilon_t^0=\epsilon_t^+\sqrt{\frac{\epsilon_t^-}{\epsilon_t^+}}+\epsilon_t^-\sqrt{\frac{\epsilon_t^+}{\epsilon_t^-}}+\epsilon_t^0=2\sqrt{\epsilon_t^+\epsilon_t^-}+\epsilon_t^0$$

由于 $\epsilon_t^+=1-\epsilon_t^--\epsilon_t^0$，故而：

$$4\epsilon_t^+\epsilon_t^-=(\epsilon_t^++\epsilon_t^-)^2-(\epsilon_t^+-\epsilon_t^-)^2=(1-\epsilon_t^0)^2-(\epsilon_t^+-\epsilon_t^-)^2$$

因此，若假定 $\epsilon_t^0<1$，则 Z_t 的上界为：

$$\begin{aligned}Z_t&=\sqrt{(1-\epsilon_t^0)^2-(\epsilon_t^+-\epsilon_t^-)^2}+\epsilon_t^0\\&=(1-\epsilon_t^0)\sqrt{1-\frac{(\epsilon_t^+-\epsilon_t^-)^2}{(1-\epsilon_t^0)^2}}+\epsilon_t^0\\&\leqslant\sqrt{1-\frac{(\epsilon_t^+-\epsilon_t^-)^2}{(1-\epsilon_t^0)}}\\&\leqslant\exp\left(-\frac{(\epsilon_t^+-\epsilon_t^-)^2}{2(1-\epsilon_t^0)}\right)\leqslant\exp\left(-\frac{(\epsilon_t^+-\epsilon_t^-)^2}{2}\right)=\exp(-2[(\epsilon_t^+-\epsilon_t^-)/2]^2)\end{aligned}$$

其中，第一个不等式是因为平方根函数的凹性以及 $0<1-\epsilon_t^0\leqslant 1$，第二个不等式利用了对
247 于所有 $x\in\mathbb{R}$，有 $1-x\leqslant e^{-x}$。$\epsilon_t^0=1$ 时，Z_t 显然有上述上界，因为此时 $\epsilon_t^+=\epsilon_t^-=0$。■

在这个定理的证明中我们可以发现，对于弱排序假设 $\gamma\leqslant\frac{\epsilon_t^+-\epsilon_t^-}{2}(\gamma>0)$可以被替换为一定程度上更弱的条件 $\gamma\leqslant\frac{\epsilon_t^+-\epsilon_t^-}{2\sqrt{1-\epsilon_t^0}}(\epsilon_t^0\neq 1)$，也即 $\gamma\leqslant\frac{\epsilon_t^+-\epsilon_t^-}{2\sqrt{\epsilon_t^++\epsilon_t^-}}(\epsilon_t^++\epsilon_t^-\neq 0)$。其中，$\frac{\epsilon_t^+-\epsilon_t^-}{\sqrt{\epsilon_t^++\epsilon_t^-}}$这个量可以被解释为 ϵ_t^+ 和 ϵ_t^- 之间的(归一化的)相对差异。

定理的证明也表明选择的系数 α_t 是为了最小化 Z_t。所以，与 AdaBoost 一样，选择这些系数是为了最小化经验误差 $\prod_{t=1}^{T} Z_t$ 的上界。RankBoost 算法可以在几个方面进行推广：

- 不同于完全基于一个最小化 $\epsilon_t^- - \epsilon_t^+$ 差异的假设，h_t 可以是一个利用 $\mathcal{D}_t$ 训练的保证 $\epsilon_t^+ > \epsilon_t^-$ 的弱排序算法所返回的。
- 基本排序器的取值范围可以介于[0，+1]之间，或者是更加一般的 $\mathbb{R}$。系数 α_t 可以有所不同，甚至可以不具有闭式解。然而一般来说，它们往往会被用来最小化经验误差 $\prod_{t=1}^{T} Z_t$ 的上界。

10.4.2 与坐标下降的关系

RankBoost 算法与对可微凸的目标函数 F 应用坐标下降是一致的，对于全部样本集 $S=((x_1, x_1', y_1), \cdots, (x_m, x_m', y_m)) \in \mathcal{X} \times \mathcal{X} \times \{-1, 0, +1\}$ 和 $\bar{\boldsymbol{\alpha}}=(\bar{\alpha}_1, \cdots, \bar{\alpha}_n) \in \mathbb{R}^N$，$N \geqslant 1$，$F$ 的定义为：

$$F(\bar{\boldsymbol{\alpha}}) = \sum_{i=1}^{m} \mathrm{e}^{-y_i [f_N(x_i') - f_N(x_i)]} = \sum_{i=1}^{m} \mathrm{e}^{-y_i \sum_{j=1}^{N} \bar{\alpha}_j [h_j(x_i') - h_j(x_i)]} \tag{10.15}$$

其中，$f_N = \sum_{j=1}^{N} \bar{\alpha}_j h_j$。这个损失函数是非凸 0-1 成对损失函数 $\bar{\boldsymbol{\alpha}} \mapsto \sum_{i=1}^{m} 1_{y_i [f_N(x_i') - f_N(x_i)] \leqslant 0}$ 的凸上界。令 $\boldsymbol{e}_k$ 表示 $\mathbb{R}^N$ 中第 k 个坐标对应的单位向量，$\bar{\boldsymbol{\alpha}}_{t-1} = \bar{\boldsymbol{\alpha}}_t + \eta \boldsymbol{e}_k$ 表示 t 轮迭代后($\bar{\boldsymbol{\alpha}}_0 = \mathbf{0}$)的参数向量。对于任意 $t \in [1, T]$，定义函数 $\bar{f}_t = \sum_{j=1}^{N} \bar{\alpha}_{t,j} h_j$，并定义在索引{1，…，$m$}上的分布 $\bar{\mathcal{D}}_t$ 如下：

$$\bar{\mathcal{D}}_{t+1}(i) \frac{\mathrm{e}^{-y_i (\bar{f}_t(x_i')) - \bar{f}_t(x_i))}}{m \prod_{s=1}^{t} \bar{Z}_s} \tag{10.16}$$

其中，$\bar{Z}_t$ 的定义与 Z_t 类似，只是由 $\mathcal{D}_t$ 的函数变为了 $\bar{\mathcal{D}}_t$ 的函数。类似地可以仿照 ϵ_t^+、ϵ_t^- 定义 $\bar{\epsilon}_t^+$、$\bar{\epsilon}_t^-$ 和 $\bar{\epsilon}_t$，将 $\mathcal{D}_t$ 变为 $\bar{\mathcal{D}}_t$ 以定义 ϵ_t。

类似于 7.2.2 节，这里也可以采用归纳法来证明 RankBoost 算法与对 F 应用坐标下降是一致的。显然，如果对于所有 t 有 $\bar{f}_t = f_t$，则 $\bar{\mathcal{D}}_{t+1} = \mathcal{D}_{t+1}$。易知 $\bar{f}_0 = f_0$，因此我们 248
作归纳假设 $\bar{f}_{t-1} = f_{t-1}$ 并证明 $\bar{f}_t = f_t$。

在 $t \geqslant 1$ 的每轮迭代中，根据坐标下降法，选择的 $\boldsymbol{e}_k$ 的方向为最小化方向导数的方向：

$$F'(\bar{\boldsymbol{\alpha}}_{t-1}, \boldsymbol{e}_k) = \min_{\eta \to 0} \frac{F(\bar{\boldsymbol{\alpha}}_{t-1} + \eta \boldsymbol{e}_k) - F(\bar{\boldsymbol{\alpha}}_{t-1})}{\eta}$$

因为 $F(\bar{\boldsymbol{\alpha}}_{t-1} + \eta \boldsymbol{e}_k) = \sum_{i=1}^{m} \mathrm{e}^{-y_i \sum_{j=1}^{t-1} \bar{\alpha}_{t-1,j} (h_j(x_i') - h_j(x_i)) - \eta y_i (h_k(x_i') - h_k(x_i))}$，沿 $\boldsymbol{e}_k$ 的方向导数可以表示为：

$$
\begin{aligned}
F'(\overline{\boldsymbol{\alpha}}_{t-1}+\boldsymbol{e}_k) &= -\sum_{i=1}^{m} y_i(h_k(x_i')-h_k(x_i))\exp\left[-y_i\sum_{j=1}^{N}\overline{\boldsymbol{\alpha}}_{t-1,\ j}(h_j(x_i')-h_j(x_i))\right] \\
&= -\sum_{i=1}^{m} y_i(h_k(x_i')-h_k(x_i))\overline{\mathcal{D}}_t(i)\left[m\prod_{s=1}^{t-1}\overline{Z}_s\right] \\
&= -\left[\sum_{i=1}^{m}\overline{\mathcal{D}}_t(i)1_{y_i(h_t(x_i')-h_t(x_i))=+1}-\sum_{i=1}^{m}\overline{\mathcal{D}}_t(i)1_{y_i(h_t(x_i')-h_t(x_i))=-1}\right]\left[m\prod_{s=1}^{t-1}Z_s\right] \\
&= -[\bar{\epsilon}_t^{+}-\bar{\epsilon}_t^{-}]\left[m\prod_{s=1}^{t-1}Z_s\right]
\end{aligned}
$$

上面的推导中，第一个等式通过在 $\eta=0$ 时取微分得到，第二个等式由式(10.12)得到。对于最后一个等式，因为 $m\prod_{s=1}^{t-1}Z_s$ 是固定的，由坐标下降选择的方向 $\boldsymbol{e}_k$ 最小化了 $\bar{\epsilon}_t$，因此根据归纳假设 $\overline{\mathcal{D}}_t=\mathcal{D}_t$ 以及 $\bar{\epsilon}_t=\epsilon_t$，这正好对应于 RankBoost 算法选择的基排序器 h_t。

为了沿着方向 $\boldsymbol{e}_k$ 最小化目标函数，可以使导数为零，进而得到迭代步长 η。因此，使
249 用式(10.12)并根据 ϵ_t 的定义可得：

$$
\begin{aligned}
&\frac{dF(\overline{\boldsymbol{\alpha}}_{t-1}+\eta\boldsymbol{e}_k)}{d\eta}=0 \\
&\Leftrightarrow -\sum_{i=1}^{m} y_i(h_t(x_i')-h_t(x_i))\mathrm{e}^{-y_i\sum_{j=1}^{N}\bar{\alpha}_{t-1,\ j}(h_j(x_i')-h_j(x_i))}\mathrm{e}^{-\eta y_i(h_k(x_i')-h_k(x_i))}=0 \\
&\Leftrightarrow -\sum_{i=1}^{m} y_i(h_t(x_i')-h_t(x_i))\overline{\mathcal{D}}_t(i)\left[m\prod_{s=1}^{t=1}\overline{Z}_s\right]\mathrm{e}^{-\eta y_i(h_k(x_i')-h_k(x_i))}=0 \\
&\Leftrightarrow -\sum_{i=1}^{m} y_i(h_t(x_i')-h_t(x_i))\overline{\mathcal{D}}_t(i)\mathrm{e}^{-\eta y_i(h_t(x_i')-h_t(x_i))}=0 \\
&\Leftrightarrow -[\bar{\epsilon}_t^{+}\mathrm{e}^{-\eta}-\bar{\epsilon}_t^{-}\mathrm{e}^{\eta}]=0 \\
&\Leftrightarrow \eta=\frac{1}{2}\log\frac{\bar{\epsilon}_t^{+}}{\bar{\epsilon}_t^{-}}
\end{aligned}
$$

根据归纳假设，有 $\bar{\epsilon}_t^{+}=\epsilon_t^{+}$ 以及 $\bar{\epsilon}_t^{-}=\epsilon_t^{-}$，这证明了坐标下降所选择的步长与 RankBoost 中基排序器所对应的权重 α_t 是一致的。因此，结合之前的结果我们可以得到 $\overline{f}_t=f_t$，故而归纳证明成立。所以，应用于 F 上的坐标下降与 RankBoost 是相一致的。

与分类问题情况类似，也可以利用其他作为 0-1 成对误排损失上界的凸函数进行优化。例如，可以利用基于逻辑损失的目标函数 $\boldsymbol{\alpha}\mapsto\sum_{i=1}^{m}\log(1+\mathrm{e}^{-y_i[f_N(x_i')-f_N(x_i)]})$ 来得到一个其他 boosting 排序算法。

10.4.3 排序问题集成算法的间隔界

为了简化表述，我们将会在这一节中做与 10.2 节类似的假设，即样本对的标签为 $\{-1,+1\}$。根据引理 7.1，凸包 conv($\mathcal{H}$)和 $\mathcal{H}$ 有相等的经验 Rademacher 复杂度。所以，由定理 10.1 可以得到，对于排序问题中假设的集成有如下学习保证。

| 推论 10.2 | 令 $\mathcal{H}$ 为实值函数集。固定 $\rho>0$，则对于任意 $\delta>0$，对于所有 $h\in$ conv($\mathcal{H}$)，对于规模为 m 的样本集 S，以至少为 $1-\delta$ 的概率有下面的排序学习保证成立：

$$R(h) \leqslant \hat{R}_{S,\rho}(h) + \frac{2}{\rho}(\mathcal{R}_m^{\mathcal{D}_1}(\mathcal{H}) + \mathcal{R}_m^{\mathcal{D}_2}(\mathcal{H})) + \sqrt{\frac{\log \frac{1}{\delta}}{2m}} \tag{10.17}$$

$$R(h) \leqslant \hat{R}_{S,\rho}(h) + \frac{2}{\rho}(\hat{\mathcal{R}}_{S_1}(\mathcal{H}) + \hat{\mathcal{R}}_{S_2}(\mathcal{H})) + 3\sqrt{\frac{\log \frac{2}{\delta}}{2m}} \tag{10.18}$$ 250

对于 RankBoost，这些界也适用于$f/\|\boldsymbol{\alpha}\|_1$，其中 f 是算法返回的假设。因为 f 和 $f\|\boldsymbol{\alpha}\|_1$ 不会改变样本对排序，故对于任意 $\delta>0$，以至少 $1-\delta$ 的概率有下式成立：

$$R(f) \leqslant \hat{R}_{S,\rho}(f/\|\boldsymbol{\alpha}\|_1) + \frac{2}{\rho}(\mathcal{R}_m^{\mathcal{D}_1}(\mathcal{H}) + \mathcal{R}_m^{\mathcal{D}_2}(\mathcal{H})) + \sqrt{\frac{\log \frac{1}{\delta}}{2m}} \tag{10.19}$$

这里需要指出，boosting 迭代轮数 T 并未在这个界中出现。这个界仅仅依赖于间隔 ρ、样本规模 m 以及假设集 $\mathcal{H}$ 的 Rademacher 复杂度。所以，如果 ρ 比较大，同时成对间隔损失 $\hat{R}_{S,\rho}(f/\|\boldsymbol{\alpha}\|_1)$比较小，则上述界可以保证有较好的泛化性能。我们可以参考定理 7.3 中关于 AdaBoost 的界得到一个类似的关于 RankBoost 的经验成对排序间隔损失界(见习题 10.3)，并且相似的结论对于该算法也成立。

这些结果提供了一个集成排序方法，尤其是 RankBoost 的基于间隔的分析。如同 AdaBoost 一样，RankBoost 一般而言也没有最大化间隔。但是，在实际应用中，该算法经常可以达到出色的成对排序表现。

10.5　二部排序

我们将在这一节介绍基于得分的情境下的一个十分重要的排序问题，即**二部排序问题**(bipartite ranking)。在这个情境下，样本集 $\mathcal{X}$ 中的样本将被分为两类：正样本集 $\mathcal{X}_+$ 和负样本集 $\mathcal{X}_-$。该问题旨在使正样本比负样本排序更靠前。例如对于输入到搜索引擎的查询语句，需要使那些相关文档(正样本)的排名比不相关文档(负样本)的更靠前。

二部排序问题的处理可以沿用之前章节讨论的理论和算法。然而这个问题的学习假设有些不同：之前假设输入学习器的是一个样本集的随机样本对，这里假设正负样本组成样本对且分属于两个不同的分布。

用更形式化的语言表达，即学习器接收在 $\mathcal{X}_+$ 上服从某个分布 $\mathcal{D}_+$ 的独立同分布样本集 $S_+=(x_1', \cdots, x_m')$，并接收在 $\mathcal{X}_-$ 上服从某个分布 $\mathcal{D}_-$ 的独立同分布样本集 $S_-=(x_1, \cdots,$
$x_n)$⊖。给定一个将 $\mathcal{X}$ 映射到 $\mathbb{R}$ 的假设集，学习问题在于选择一个假设 $h\in\mathcal{H}$，使其有较小 251
二部误排的期望或称泛化误差 $R(h)$：

$$R(h) = \underset{\substack{x\sim\mathcal{D}_- \\ x'\sim\mathcal{D}_+}}{\mathbb{P}}[h(x') < h(x)] \tag{10.20}$$

⊖ 这种分成两个分布的形式避免了建模中潜在的相互依赖问题：如果样本对是在 $\mathcal{X}_-\times\mathcal{X}_+$ 上服从某个分布 $\mathcal{D}$，学习器利用这个信息增广训练样本时会导致所获得的样本往往不是独立同分布的。这是因为如果(x_1, x_1')和(x_2, x_2')是样本集中的两对，那么样本对(x_1, x_2')和(x_2, x_1')不满足独立性条件。然而如果不考虑样本增广，样本仍是独立同分布的，则不会出现相互依赖问题。

经验成对误排或称经验泛化误差 $\hat{R}_{S_+,S_-}(h)$ 为：

$$\hat{R}_{S_+,S_-}(h)=\frac{1}{mn}\sum_{i=1}^{m}\sum_{j=1}^{n}1_{h(x_i')<h(x_j)} \tag{10.21}$$

注意，虽然二部排序问题和二分类问题有一些相似之处，例如都出现了两个类别，然而由于他们的学习目标以及性能评价方式有着明显差异，所以二者不可等同。

根据我们刚刚所介绍的二部排序问题的形式化表达，学习算法需要处理 mn 对样本。这意味着，诸如 SVM 这样的算法在处理这种排序问题时需要在 mn 个松弛变量或约束下优化。例如，如果有 1000 个正样本和 1000 个负样本，那么就有 100 万的样本对需要考虑。这会是某些学习算法无法承担的计算代价。我们将在下一节详述 RankBoost 算法能在二部排序情境下高效执行。

10.5.1　二部排序中的 boosting 算法

在这一节，我们将介绍如何对二部排序高效实现 boosting 算法并讨论 AdaBoost 和 RankBoost 之间的联系。

使得 RankBoost 算法可以高效应用于二部排序的关键是其目标函数采用了指数函数族。这使得原始的目标函数可以被分解为两个目标函数之积，其中一个只依赖于正样本而另一个只依赖于负样本。类似地，算法迭代的 $\mathcal{D}_t$ 可以被分解为两个分布 $\mathcal{D}_t^+$ 和 $\mathcal{D}_t^-$ 的积。以均匀分布为例，在第一轮时，对于任意 $i\in[1, m]$ 和 $j\in[1, n]$，$\mathcal{D}_1(i, j)=1/$
252 $(mn)=\mathcal{D}_1^+(i)\mathcal{D}_1^-(j)$，其中 $\mathcal{D}_1^+(i)=1/m$，$\mathcal{D}_1^-(j)=1/n$。对于任意 $t\in[1, T]$，根据下面介绍的 $\mathcal{D}_t$ 和 $\mathcal{D}_{t+1}$ 的关系，这种分解特性可以重复地成立。对于任意 $i\in[1, m]$和 $j\in[1, n]$，根据迭代更新的定义，有：

$$\mathcal{D}_{t+1}(i, j)=\frac{\mathcal{D}_t(i, j)\mathrm{e}^{-\alpha_t[h_t(x_i')-h_t(x_j)]}}{Z_t}=\frac{\mathcal{D}_t^+(i)\mathrm{e}^{-\alpha_t h_t(x_i')}}{Z_{t,+}}\frac{\mathcal{D}_t^-(j)\mathrm{e}^{\alpha_t h_t(x_j)}}{Z_{t,-}}$$

这是因为归一化因子 Z_t 也可以被分解为 $Z_t=Z_t^-Z_t^+$，其中 $Z_t^+=\sum_{i=1}^{m}\mathcal{D}_t^+(i)\mathrm{e}^{-\alpha_t h_t(x_i')}$，$Z_t^-=\sum_{j=1}^{n}\mathcal{D}_t^-(j)\mathrm{e}^{\alpha_t h_t(x_j)}$。此外，对于根据分布 $\mathcal{D}_t$ 来选择 h_t，成对误排也可以分成两个部分来计算，其中一部分只与正样本有关，另一部分只与负样本有关：

$$\mathop{\mathbb{E}}_{(i,j)\sim\mathcal{D}_t}[h(x_i')-h(x_j)]=\mathop{\mathbb{E}}_{i\sim\mathcal{D}_t^+}\left[\mathop{\mathbb{E}}_{j\sim\mathcal{D}_t^-}[h(x_i')-h(x_j)]\right]=\mathop{\mathbb{E}}_{i\sim\mathcal{D}_t^+}[h(x_i')]-\mathop{\mathbb{E}}_{j\sim\mathcal{D}_t^-}[h(x_j)]$$

所以，RankBoost 的时间空间复杂度仅和全部样本数 $m+n$ 有关，与 mn 无关。更具体来说，如果忽略调用弱排序器或求解合适 h_t 的计算开销，算法的时间空间复杂度在每一轮都是线性的，即 $O(m+n)$。此外，求解合适 h_t 的计算开销仅是 $O(m+n)$ 而非 $O(mn)$的。图 10.2 给出了该算法用于二部排序情境的伪代码。

在二部排序的情境下，可以建立 AdaBoost 分类算法和 RankBoost 排序算法的联系。具体而言，RankBoost 的目标函数可表示为如下形式，对于任意 $\boldsymbol{\alpha}=(\alpha_1, \cdots, \alpha_T)\in\mathbb{R}^T$，$T\geqslant 1$：

$$\begin{aligned}F_{\text{RankBoost}}(\boldsymbol{\alpha})&=\sum_{j=1}^{m}\sum_{i=1}^{n}\exp(-[f(x_i')-f(x_j)])\\&=\left(\sum_{i=1}^{m}\mathrm{e}^{-\sum_{t=1}^{T}\alpha_t h_t(x_i')}\right)\left(\sum_{j=1}^{n}\mathrm{e}^{+\sum_{t=1}^{T}\alpha_t h_t(x_j)}\right)=F_+(\boldsymbol{\alpha})F_-(\boldsymbol{\alpha})\end{aligned}$$

$\text{BipartiteRankBoost}(S=(x'_1,\cdots,x'_m,x_1,\cdots,x_n))$

for $j \leftarrow 1$ **to** m **do**
　　$\mathcal{D}_1^+(j) \leftarrow \frac{1}{m}$
for $i \leftarrow 1$ **to** n **do**
　　$\mathcal{D}_1^-(i) \leftarrow \frac{1}{n}$
for $t \leftarrow 1$ **to** T **do**
　　$h_t \leftarrow \mathcal{H}$ 中 $\varepsilon_t^- - \varepsilon_t^+ = \underset{j\sim\mathcal{D}_t^-}{\mathbb{E}}[h(x_j)] - \underset{i\sim\mathcal{D}_t^+}{\mathbb{E}}[h(x'_i)]$ 最小的基排序器
　　$\alpha_t \leftarrow \frac{1}{2}\log\frac{\varepsilon_t^+}{\varepsilon_t^-}$
　　$Z_t^+ \leftarrow 1-\varepsilon_t^+ + \sqrt{\varepsilon_t^+\varepsilon_t^-}$
　　for $i \leftarrow 1$ **to** m **do**
　　　　$\mathcal{D}_{t+1}^+(i) \leftarrow \frac{\mathcal{D}_t^+(i)\exp\left[-\alpha_t h_t(x'_i)\right]}{Z_t^+}$
　　$Z_t^- \leftarrow 1-\varepsilon_t^- + \sqrt{\varepsilon_t^+\varepsilon_t^-}$
　　for $j \leftarrow 1$ **to** n **do**
　　　　$\mathcal{D}_{t+1}^-(j) \leftarrow \frac{\mathcal{D}_t^-(j)\exp\left[+\alpha_t h_t(x_j)\right]}{Z_t}$
$f \leftarrow \sum_{t=1}^{T}\alpha_t h_t$
return f

图 10.2　RankBoost 用于二部排序情境的伪代码。其中，$\mathcal{H}\subseteq\{0,1\}^{\mathcal{X}}$，$\varepsilon_t^+=\underset{i\sim\mathcal{D}_t^+}{\mathbb{E}}[h(x'_i)]$，$\varepsilon_t^-=\underset{j\sim\mathcal{D}_t^-}{\mathbb{E}}[h(x_j)]$

其中，F_+表示由正样本之和定义的函数，F_-表示由负样本之和定义的函数。AdaBoost 算法的目标函数也可由定义的这两个函数表示：

$$\begin{aligned}F_{\text{AdaBoost}}(\boldsymbol{\alpha}) &= \sum_{i=1}^{m}\exp(-y'_i f(x'_i)) + \sum_{j=1}^{n}\exp(-y_j f(x_j))\\ &= \sum_{i=1}^{m}\mathrm{e}^{-\sum_{t=1}^{T}\alpha_t h_t(x'_i)} + \sum_{j=1}^{n}\mathrm{e}^{+\sum_{t=1}^{T}\alpha_t h_t(x_j)}\\ &= F_+(\boldsymbol{\alpha}) + F_-(\boldsymbol{\alpha})\end{aligned}$$

注意，RankBoost 目标函数梯度可以表示为与 AdaBoost 有关的形式：

$$\begin{aligned}\nabla_{\boldsymbol{\alpha}}F_{\text{RankBoost}}(\boldsymbol{\alpha}) &= F_-(\boldsymbol{\alpha})\nabla_{\boldsymbol{\alpha}}F_+(\boldsymbol{\alpha}) + F_+(\boldsymbol{\alpha})\nabla_{\boldsymbol{\alpha}}F_-(\boldsymbol{\alpha})\\ &= F_-(\boldsymbol{\alpha})(\nabla_{\boldsymbol{\alpha}}F_+(\boldsymbol{\alpha}) + \nabla_{\boldsymbol{\alpha}}F_-(\boldsymbol{\alpha})) + (F_+(\boldsymbol{\alpha}) - F_-(\boldsymbol{\alpha}))\nabla_{\boldsymbol{\alpha}}F_-(\boldsymbol{\alpha})\\ &= F_-(\boldsymbol{\alpha})\nabla_{\boldsymbol{\alpha}}F_{\text{AdaBoost}}(\boldsymbol{\alpha}) + (F_+(\boldsymbol{\alpha}) - F_-(\boldsymbol{\alpha}))\nabla_{\boldsymbol{\alpha}}F_-(\boldsymbol{\alpha}) \qquad (10.22)\end{aligned}$$

如果 $\boldsymbol{\alpha}$ 使 F_{AdaBoost} 最小，那么有$\nabla_{\boldsymbol{\alpha}}F_{\text{AdaBoost}}(\boldsymbol{\alpha})=0$，并且可以证明，当 AdaBoost 采用的基假设 $\mathcal{H}$ 包含恒等假设 h_0：$x\mapsto 1$ 时（这一点在实践中往往成立），会有 $F_+(\boldsymbol{\alpha})-F_-(\boldsymbol{\alpha})=0$ 成立。接下来，由式(10.22)可知，这样的 $\boldsymbol{\alpha}$ 也会使$\nabla_{\boldsymbol{\alpha}}F_{\text{RankBoost}}(\boldsymbol{\alpha})=0$，即此时 $\boldsymbol{\alpha}$ 也最小化了凸函数 $F_{\text{RankBoost}}$。通常来说，$F_{\text{RankBoost}}$ 可能取不到最小值，然而可以证明当某个序列$(\boldsymbol{\alpha}_k)_{k\in\mathbb{N}}$ 满足 $\lim_{k\to\infty}F_{\text{AdaBoost}}(\boldsymbol{\alpha}_k)=\inf_{\boldsymbol{\alpha}}F_{\text{AdaBoost}}(\boldsymbol{\alpha})$时，对于非线性可分数据集及假设集同样包含恒等基假设的情况，也有 $\lim_{k\to\infty}F_{\text{RankBoost}}(\boldsymbol{\alpha}_k)=\inf_{\boldsymbol{\alpha}}F_{\text{RankBoost}}(\boldsymbol{\alpha})$成立。 253~254

刚刚讨论的 AdaBoost 和 RankBoost 的联系表明 AdaBoost 也可能在排序问题上表现优异。这种兼容分类和排序的算法特性在很多实际问题中得到了验证。然而 RankBoost 算法可能会收敛更快，并且迭代一定轮后排序效果更好。

10.5.2　ROC曲线下面积

我们经常使用**接收者操作特征**(Receiver Operating Characteristic，ROC)曲线下的面积来衡量二部排序算法的性能，有时也会简称**曲线下面积**(Area Under the Curve，AUC)。

令U表示一个用来评估h性能的测试或者训练样本集，包含m个正样本z_1'，…，z_m'和n个负样本z_1，…，z_n。对于任意$h\in\mathcal{H}$，令$\hat{R}(h, U)$表示在U上h的平均成对误排。那么对于U，h的AUC即为$1-\hat{R}(h, U)$，即U上的平均排序准确性为：

$$\mathrm{AUC}(h, U)=\frac{1}{mn}\sum_{i=1}^{m}\sum_{j=1}^{n}1_{h(z_i')\geqslant h(z_j)}=\underset{\substack{z\sim\hat{\mathcal{D}}_U^-\\ z'\sim\hat{\mathcal{D}}_U^+}}{\mathbb{P}}[h(z')\geqslant h(z)]$$

这里，我们把U中正样本服从的经验分布记为$\hat{\mathcal{D}}_U^+$，负样本服从的经验分布记为$\hat{\mathcal{D}}_U^-$。因此，AUC(h，U)表示基于样本U的对成对排序准确性的经验估计，取值在[0，1]。更高的AUC值对应更好的排序表现。例如，AUC为1表明U中样本对被h完美排序。使用一个包含$m+n$个$h(z_i')$和$h(z_j)$元素的已排序数组(其中$i\in[1, m]$，$j\in[1, n]$)，可以在线性时间内求出AUC(h，U)的值。假设数组是升序排列的(如果正负样本有相同的排序得分，选择正样本排在前边)，全部正确排序的样本对数目r可以按照下面的方法计算。首先初始化$r=0$，按照升序检视，并在遇到正例时增加累计值，同时固定负点数目n。当全部检视完毕后，我们可以计算AUC为$r/(mn)$。假设使用基于比较的数组排序算法，AUC计算复杂度为$O((m+n)log(m+n))$。

正如其名，AUC表示了ROC曲线下的面积(图10.3)。ROC曲线画出了**真阳率**(true positive rate，即正样本被正确预测的比率)关于**假阳率**(false positive rate，即负样本被错误预测为正的比率)的函数曲线。图10.4说明了ROC曲线的定义和构造。

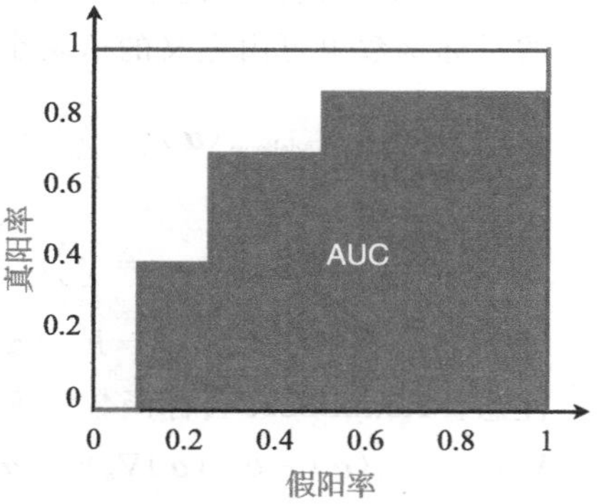

图10.3　AUC(ROC曲线下面积)是一种衡量二部排序性能的指标

通过改变图10.4右图中的阈值θ，从高到低依次得到曲线上的点。阈值会影响用来确定样本标签的函数sng$(h(x)-\theta)$。在极端的情况下，所有的样本点都会被预测为负，则假阳性率会变成0，但是真阳性率也会变成0。这正是ROC曲线的第一个点(0，0)。在另一个极端情况下，全部的样本点都会被预测为正，所以真阳性率和假阳性率都将变成1，构成了曲线的最后一个点(1，1)。在最理想的状态下，AUC的值应该为1，除了第一个极端的点(0，0)外，曲线会是一个经过(1，1)的水平线。

255~256

10.6　基于偏好的情境

在这一节，我们将讨论排序问题中**基于偏好的情境**(the preference-based setting)。这时，我们的目标是尽可能准确地排序任何测试样本子集$X\subseteq\mathcal{X}$，通常为有限集，也称**有限**

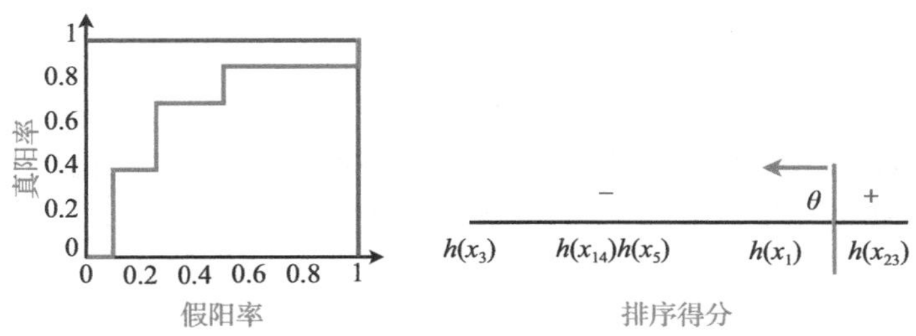

图 10.4 ROC 曲线和设定阈值的示例。在极值间改变 θ 的取值以画出对应点组成的曲线

查询子集(finite query subset)。这与搜索引擎或者信息抽取系统中基于查询语句的情境类似，即 X 可以是由特定查询语句所生成的需要排序的内容。相比于基于得分的情境，这种情境的优势在于排序算法不需要返回一个 $\mathcal{X}$ 中全部点的排序，这是因为一些成对的偏好标签不具传导性，而获得这种全部点的完全正确的排序往往是难以达到的。为查询子集提供正确的排序在实际操作中往往更容易实现，或者至少可以提供一种较好的近似。

基于偏好的设定由两个阶段组成：在第一个阶段，一个带标签样本对的集合 S 被用来学习一个**偏好函数**(preference function)h：$\mathcal{X}\times\mathcal{X}\mapsto[0,1]$，这个函数将会在样本对$(u, v)$中的 u 相比于 v 更被偏好或者应当被排序更靠前时返回一个更大的值，反之返回一个较小值。这个偏好函数可以利用一个在 S 上训练的标准分类算法的输出来获得。不同于基于得分的情境，这里偏好函数 h 的一个关键点是不要求 h 返回线性的排序，其返回的关系有可能是不具备传导性的。所以，我们可能会有对于不同的样本 u、v、w 存在 $h(u,v)=h(v,u)=h(w,u)=1$ 这样的关系。

在第二阶段，给定查询子集 $X\subseteq\mathcal{X}$，偏好函数 h 被用来确定 X 的排序。那么如何能够利用 h 获得准确的排序呢？这将是这一节主要关注的问题。算法获得排序所对应的计算复杂度也是这一节要讨论的关键问题。这里，我们将通过调用 h 的次数来表示算法的时间复杂度。

当偏好函数是通过一个二分类算法的输出所获得的时候，这种情境下的排序可以被看作一种简化版的分类：第二阶段中旨在说明如何利用分类器的输出来构建一个排序。

10.6.1 两阶段排序问题

排序问题的第二个阶段是按照如下方式构建的。我们假设给定了一个偏好函数 h。对于这个阶段，并不知道 h 是如何确定的，换言之可以将其看作一个黑箱。正如之前所讨论的，不假定 h 的输出有传导性。但是，我们假定它具有**成对调和**(pairwise consistent)的性质，即对于所有 $u, v\in\mathcal{X}$，有 $h(u,v)+h(v,u)=1$。 257

令 $\mathcal{D}$ 表示数据对(X, σ^*)服从的未知分布，其中 $X\subseteq\mathcal{X}$ 是查询子集，σ^* 是一个对 X 的目标排序，即 X 到$\{1, \cdots, |X|\}$的双射函数。这里我们考虑随机性情境，σ^* 是一个随机变量。第二阶段的算法 $\mathcal{A}$ 旨在通过偏好函数 h，对于任意查询子集 X 返回一个精确排序 $\mathcal{A}(X)$。这个算法可以是确定性的，即 $\mathcal{A}(X)$仅仅由 X 所决定；当然也可以是随机的，此时我们用 s 来表示对应的随机种子。

对于一个包含 $n>1$ 个元素的集合 X，下面的损失函数衡量了排序 σ 和目标 σ^* 排序之间的不一致性：

$$L(\sigma, \sigma^*)=\frac{2}{n(n-1)}\sum_{u\neq v}1_{\sigma(u)<\sigma(v)}1_{\sigma^*(v)<\sigma^*(u)} \tag{10.23}$$

其中，对 X 中不同的 u、v 元素组成的所有样本对 (u, v) 进行了求和。下面我们将介绍的结论对于很多其他形式的损失函数也都成立。为了简化符号，关于包含 $n\geqslant 1$ 个元素的集合 X 对应的 σ^*，我们将偏好函数 h 与 σ^* 的损失定义为：

$$L(h, \sigma^*)=\frac{2}{n(n-1)}\sum_{u\neq v}h(u, v)1_{\sigma^*(v)<\sigma^*(u)} \tag{10.24}$$

对于一个确定性算法 $\mathcal{A}$，期望损失即为 $\mathbb{E}_{(X,\sigma^*)\sim\mathcal{D}}[L(\mathcal{A}(X), \sigma^*]$。算法的**悔**(regret)定义为算法的损失与固定的最优全局排序产生的损失之差：

$$\mathrm{Reg}(\mathcal{A})=\mathop{\mathbb{E}}_{(X,\sigma^*)\sim\mathcal{D}}[L(\mathcal{A}(X), \sigma^*)]-\min_{\sigma'}\mathop{\mathbb{E}}_{(X,\sigma^*)\sim\mathcal{D}}[L(\sigma'_{|X}, \sigma^*)] \tag{10.25}$$

其中，$\sigma'|_X$ 表示将一个关于 $\mathcal{X}$ 的全局排序 σ' 作用于 X 的排序。类似地，我们定义一个偏好函数的悔为：

$$\mathrm{Reg}(h)=\mathop{\mathbb{E}}_{(X,\sigma^*)\sim\mathcal{D}}[L(h_{|X}, \sigma^*)]-\min_{h}\mathop{\mathbb{E}}_{(X,\sigma^*)\sim\mathcal{D}}[L(h'_{|X}, \sigma^*)] \tag{10.26}$$

其中，$h|_X$ 表示限制在 $X\times X$ 上的 h，$h'|_X$ 与之类似。对这一节所定义的悔的分析与结论需要假定对于任意 u、$v\in\mathcal{X}$ 和任意两个包含 u、v 的集合 X_1 和 X_2 ㊀，满足如下**其他无关的成对独立性**(pairwise independence on irrelevant alternatives)：

258

$$\mathop{\mathbb{E}}_{\sigma^*|X_1}[1_{\sigma^*(v)<\sigma^*(u)}]=\mathop{\mathbb{E}}_{\sigma^*|X_2}[1_{\sigma^*(v)<\sigma^*(u)}] \tag{10.27}$$

类似地，对于随机算法的悔定义可以通过对加入的随机种子 s 额外求期望得到。

显然，第二阶段排序算法输出的质量与偏好函数 h 的质量密切相关。在下一节，我们将介绍一种确定性两阶段算法和一种随机性两阶段算法，它们的悔有上界且可以由偏好函数的悔表示。

10.6.2 确定性算法

第二阶段中一个很自然的确定性算法是基于**度排序算法**(sort-by-degree algorithm)得到的。这个算法的基本思想是对于 X 中的每个元素基于偏好函数 h 判断其在偏好上优于其他元素的数目进行排序。记这个算法为 $\mathcal{A}_{\text{sort-by-degree}}$。在二部排序的情境下，可以证明这个算法的期望损失和悔有如下形式的界：

$$\mathop{\mathbb{E}}_{X,\sigma^*}[L(\mathcal{A}_{\text{sort-by-degree}}(X), \sigma^*)]\leqslant 2\mathop{\mathbb{E}}_{X,\sigma^*}[L(h, \sigma^*)] \tag{10.30}$$

$$\mathrm{Reg}(\mathcal{A}_{\text{sort-by-degree}}(X))\leqslant 2\mathrm{Reg}(h) \tag{10.31}$$

这两个式子说明度排序算法在偏好函数 h 的期望损失或者悔较低时可以取得良好的排序精度。它们同样给出了使用 h 的分类损失或者悔表示的排序损失界或悔界。我们可以把

㊀ 对于更一般的情况，对本节定义的悔的分析和结论也可以不依赖假定的特性，但是需要借助如下更弱的悔的定义：

$$\mathrm{Reg}'(\mathcal{A})=\mathop{\mathbb{E}}_{(X,\sigma^*)\sim\mathcal{D}}[L(\mathcal{A}(X), \sigma^*)]-\mathop{\mathbb{E}}_{X}\left[\min_{\sigma'}\mathop{\mathbb{E}}_{\sigma^*|X}[L(\sigma', \sigma^*)]\right] \tag{10.28}$$

$$\mathrm{Reg}'(h)=\mathop{\mathbb{E}}_{(X,\sigma^*)\sim\mathcal{D}}[L(h_{|X}, \sigma^*)]-\mathop{\mathbb{E}}_{X}\left[\min_{h'}\mathop{\mathbb{E}}_{\sigma^*|X}[L(h', \sigma^*)]\right] \tag{10.29}$$

其中，σ' 表示一个 X 的排序，h' 是一个定义在 $X\times X$ 上的偏好函数。

它们视为使用度排序算法将排序问题约简为分类问题的一种学习保证。

虽然如此，在一些情况下，受限于式子中出现的常数因子 2，这种保证可能是偏弱和没有信息量的。设想有一个二分类器，其错误率仅为 25%(在实际应用中这很常见)，假设对应的分类问题贝叶斯误差接近于零，类似地，排序问题贝叶斯损失和悔也接近于零。那么，我们根据式(10.30)只会得到一个最差的成对误排误差保证，即排序算法的成对误排误差最多为 50%，这一数值仅仅等于随机排序的误差。 259

此外，由于算法需要对每一个样本对调用偏好函数，这个算法的时间复杂度关于查询集 X 的势是二次，即 $\Omega(|X|^2)$。

根据下面的定理，没有确定性算法能够改善这个出现在度排序算法的悔界中的常数因子 2。

| 定理 10.3　确定性算法的下界 | **对于任意确定性算法 $\mathcal{A}$，存在一个二部分布满足：**

$$\mathrm{Reg}(\mathcal{A}) \geqslant 2\mathrm{Reg}(h) \tag{10.32}$$

| 证明 | 考虑在最简单的情况下，$\mathcal{X}=X=(u, v, w)$，而偏好函数正如图 10.5a 中的闭环。图中从 u 指向 v 的箭头代表着根据偏好函数 h，v 相比于 u 更被偏好。这里的证明基于目标 σ^* 的对立选择展开。

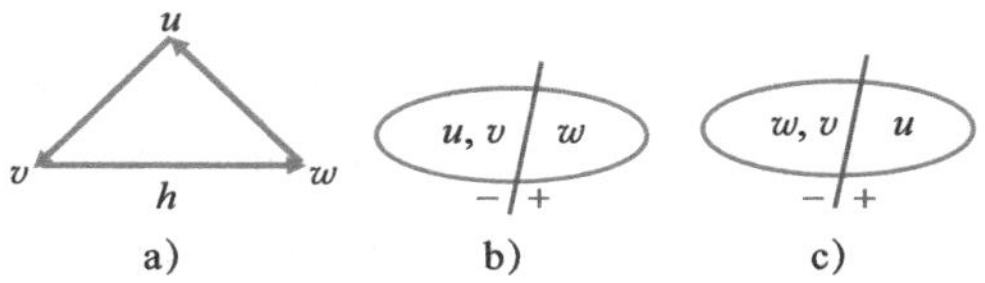

图 10.5　对定理 10.3 证明的示意

不失一般性，$\mathcal{A}$ 将会返回排序 u，v，w(见图 10.5b)或者 w，v，u(见图 10.5c)。在第一种情况下，令 σ^* 表示图中所示的标签方式。在这个情况下，我们有 $L(h, \sigma^*)=1/3$，因为根据 h，u 偏向于 w，而 w 被标记为正，u 为负。由于算法返回的 u 和 v 的排序高于正样本 w，算法所对应的损失是 $L(\mathcal{A}, \sigma^*)=2/3$。类似地，在第二种情况下，$\sigma^*$ 也可以被定义成图 10.5c 的形式。我们对应地得到 $L(h, \sigma^*)=1/3$ 和 $L(\mathrm{A}, \sigma^*)=2/3$。证毕。 ■

这个证明说明为了获得一个更好的学习保证，随机化是必要的。在下一节中，我们将会提出一个在学习保证和时间复杂度方面都更好的随机性算法。

10.6.3　随机性算法

这一节中介绍的算法的基本思想是在第二个阶段使用随机快排算法的直接拓展。不同于标准的快排算法，这里的比较函数基于一般而言不具备传导性质的偏好函数。尽管如此，我们依然可以该证明，该算法应用于规模为 n 的数组时，时间复杂度的期望是$O(n\log n)$。 260

正如图 10.6 所示，该算法在每一个递归的步骤，均匀随机地从 X 中选取**主元**(pivot)元素 u。对于每一个 $v\neq u$，v 有 $h(v, u)$的概率被放在 u 的左边，有同样为 $h(u, v)$的概率被放在其右边。这个算法重复递归地对主元的左右分别迭代执行，每次递归返回主元左边的执行结果、选择的主元 u 以及主元

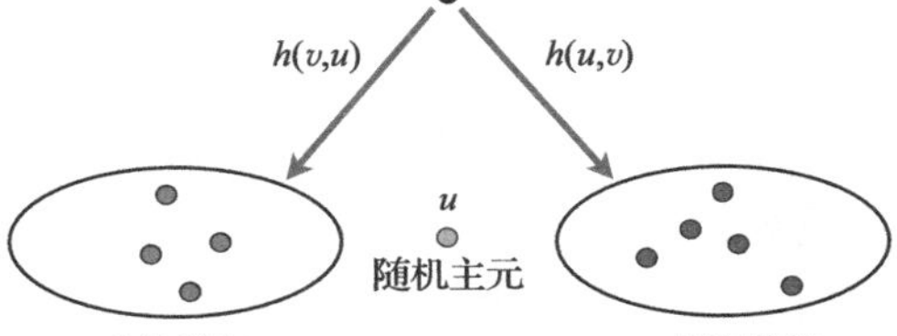

图 10.6　关于基于偏好函数 h 的随机快排算法(无须传导性要求)的说明

右边的执行结果。

记这个算法为 $\mathcal{A}_{\text{QuickSort}}$。对于二部排序情境，可以证明有如下学习保证：

$$\underset{X,\sigma^*,s}{\mathbb{E}}[L(\mathcal{A}_{\text{QuickSort}}(X, s), \sigma^*)] \leqslant \underset{X,\sigma^*}{\mathbb{E}}[L(h, \sigma^*)] \tag{10.33}$$

$$\text{Reg}(\mathcal{A}_{\text{QuickSort}}) \leqslant \text{Reg}(h) \tag{10.34}$$

如此一来，之前确定性算法中的常数因子 2 不见了，故而此时的结果更为理想而且对于损失有等式形式的学习保证。进一步地，这个算法的时间复杂度期望只有 $O(n\log n)$，且如果像许多实际应用中那样只有前 k 个元素需要被排序时，算法的时间复杂度会进一步降为 $O(n+k\log n)$。

对于快排算法来说，在一般的排序情境(不一定是二部排序的情境)中也可证明有如下学习保证：

261

$$\underset{X,\sigma^*,s}{\mathbb{E}}[L(\mathcal{A}_{\text{QuickSort}}(X, s), \sigma^*)] \leqslant 2 \underset{X,\sigma^*}{\mathbb{E}}[L(h, \sigma^*)] \tag{10.35}$$

10.6.4 关于其他损失函数的扩展

上述讨论的结论也适用于更广泛的损失函数类，我们通过**加权函数**(weight function)或**强调函数**(emphasis function)ω 来定义损失函数 L_ω。L_ω 与式(10.23)非常相似，但衡量加权的排序差异的方式不同。对于一个包含 $n \geqslant 1$ 个元素的集合 X，L_ω 衡量了排序 σ 和目标排序 σ^* 之间的不一致性：

$$L_\omega(\sigma, \sigma^*) = \frac{2}{n(n-1)} \sum_{u \neq v} \omega(\sigma^*(v), \sigma^*(u)) 1_{\sigma(u)<\sigma(v)} 1_{\sigma^*(v)<\sigma^*(u)} \tag{10.36}$$

其中，对 X 中不同的 u，v 元素组成的所有样本对(u, v)进行了求和，ω 是一个对称函数，我们之后再介绍它的性质。在这样的定义下，损失函数使用 ω 对 σ^* 的每对排序加权，并计算对应于 σ^* 的 σ 导致的成对误排数目。我们假定函数 ω 满足如下三个自然公理：

- 对称性：对于所有 i，j，有 $\omega(i, j)=\omega(j, i)$；
- 单调性：如果 $i<j<k$ 或者 $i>j>k$，则 $\omega(i, j) \leqslant \omega(i, k)$；
- 三角不等式：$\omega(i, j) \leqslant \omega(i, k)+\omega(k, j)$。

要求满足三角不等式的原因在于，如果正确排序在(i, k)和(k, i)的元素是不重要的，那么正确排序在(i, j)的元素也应是不重要的。

使用不同的函数 ω，损失函数族 L_ω 可以涵盖几个常见且重要的损失函数。这里我们举几个例子。对于所有 $i \neq j$，令 $\omega(i, j)=1$ 可以用来计算没有加权的成对误排。对一个固定的整数 $k \geqslant 1$，我们可以对全部(i, j)使用 $\omega(i, j)=1_{((i \leqslant k) \vee (j \leqslant k)) \wedge (i \neq j)}$ 来特别强调前 k 个元素的排序。至少包含前 k 个元素的样本对被误排时都会被这个函数惩罚。这在搜索引擎或者是信息抽取系统的应用中有特别的意义，因为往往排在前面的文档更为重要。对于这种强调函数，不在前 k 个范围内的元素是偏好相同的。当然，这种偏好相同的排序关系也可以由 ω 编码。最后，在二部排序的情境下，若有 m^+ 个正样本和 m^- 个负样本且 $m^+ + m^- = n$，如果选择 $\omega(i, j)=\frac{n(n-1)}{2m^- m^+}$，则会得到与 1-AUC 一致的标准损失函数。

10.7 其他的排序准则

本章讨论的排序问题的目标函数都是基于成对误排的。在信息检索领域也存在其他的排序标准，对应可以获得其他的排序算法。这里我们简要介绍几个相关的排序标准。 262

- 精确度，前 n 精确度、平均精确度、召回率。这些标准假设样本被二部划分为正负两类。**精确度**(precision)是被预测划分为正的样本中真正为正样本的比例。不同于精确度考虑了全部预测为正的样本，**前 n 精确度**(Precision@n)仅仅考虑前 n 个预测。例如前 5 精确度只考虑排序在前 5 的预测为正的样本。**平均精确度**(average precision)会计算若干个前 n 精确度并对它们取平均。每个前 n 精确度的计算也可以被看作固定值**召回率**(recall)时计算精确度。这里召回率的定义与真阳率一致，即真正的正样本中被预测正确的比例。
- DCG、NDCG。这些标准假定要排序的样本点具有相关性得分，例如给定一个网络搜索引擎的查询语句，每一个返回的网页都有一个相关性得分。进一步地，这些标准衡量了那些具有高相关性得分的样本排序靠前的程度。定义$(c_i)_{i\in\mathbb{N}}$是一个预先定义的非增非负衰减因子，如 $c_i=\log(i)^{-1}$。给定 m 个样本的排序以及这个排序中第 i 个样本的相关性得分 r_i，**将加权累计增益**(Discounted Cumulative Gain，DCG)定义为 $\mathrm{DCG}=\sum_{i=1}^{m}c_i r_i$。要注意的是，DCG 是一个关于 m 的增函数。与之对比，**归一化的加权累计增益**(Normalized Discounted Cumulative Gain，NDCG)通过对于不同取值的 m 用 IDCG(理想状态下 DCG 的最大值)除以 DCG 对 DCG 进行归一化。

10.8 文献评注

根据 Dwork、Kumar、Naor 和 Sivakumar[2001]的工作，在使用没有特殊设计的算法直接进行排序时，即便只对前 k 个(比如 k 等于 4)排序，也是一个 NP-难问题，而这和我们这一章所介绍的排序问题是有根本不同的。我们在定理(10.1)和推论 6.1 中给出了新的成对排序问题的 Rademacher 复杂度以及基于间隔的泛化界。Rudin、Cortes、Mohri 和 Schapire[2005]同样给出过基于覆盖数的间隔泛化界。此外 Agarwal 等人[2005]以及 Cortes 等人[2007b]给出过基于得分情境的排序问题的 VC-维和基于稳定性的学习界。

10.3 节中介绍的基于 SVM 的排序算法已被许多学者研究讨论。Joachims[2002]是其中一个比较早期的详细讨论。不过在当时的文献中并没有指出对应算法可以看作 SVM 的特例。我们在本书中首次清楚诠释了将这样的算法应用在排序问题中是有理论保证的。 263

Freund 等人[2003]首次介绍了 RankBoost 算法。我们在本书中介绍的坐标下降版 RankBoost 算法来自 Rudin 等人[2005]。RankBoost 算法通常并不能达到最大的间隔，而且在每一次迭代中也并不能保证增大间隔。针对这一问题，Rudin 等人[2005]提出的一种平滑间隔排序目标函数可以保证在每一次迭代中平滑地增大间隔，然而这种新的 RankBoost 算法与标准的 RankBoost 算法并没有通过实验比较性能。对于 AdaBoost 算法的排序实验性能以及其与 RankBoost 算法在二部排序中的关系，读者可以参考 Cortes 和 Mohri [2003]以及 Rudin 等人[2005]的工作。

接收者操作特征(ROC)曲线最早是在信号检测理论[Egan，1975]中发展出来的，与第二次世界大战中对无线电通讯信号的研究密切相关。它也较早用于心理物理学[Green 和 Swets，1966]并在之后诸如医学决策系统等很多方面有了广泛的应用。ROC 曲线下面积(AUC)等价于 Wilcoxon-Mann-Whitney 统计量[Hanley 和 McNeil，1982]，其与第 9 章所介绍的 Gini 系数[Breiman 等人，1984]也有关联。关于误差率的 AUC 和置信区间的统计学分析可以参考 Cortes 和 Mohri[2003，2005]。本章中基于偏好情境的确定性算法是 Balcan 等人[2008]提出和分析的。而在 10.6 节中介绍的随机性算法和相关结果来源于 Ailon 和 Mohri[2008]。

序回归(ordinal regression)问题[McCullagh，1980；McCullagh 和 Nelder，1983；Herbrich 等人，2000]是和排序问题密切相关的内容，其主要任务是正确预测一个有限集中样本的标签。该问题可以看作在多分类问题的基础上额外假定标签有顺序关系。然而，这和我们本章中所讨论的成对排序问题还是有本质区别的。

DCG 排序标准是 Järvelin 和 Kekäläinen[2000]提出的，并在随后的许多研究中被使用和探讨，例如 Cossock 和 Zhang[2008]讨论了以 DCG 形式化的子集排序问题，并给出了一个基于回归的解答。

10.9　习题

10.1　排序的一致间隔界。请使用定理 10.1 对于排序问题得到一个基于间隔的学习界，
264 要求对于所有 $\rho>0$ 一致成立(可以参考定理 5.5 和习题 5.2 中相似的二分类界)。

10.2　在线排序。请给出一个 10.3 节中基于 SVM 的排序算法的在线学习版本。

10.3　RankBoost 的经验间隔损失。类似于定理 7.3 中关于 AdaBoost 的结果，请给出一个 RankBoost 的经验成对排序间隔损失上界。

10.4　间隔最大化和 RankBoost。请用一个例子说明如 AdaBoost 一样，RankBoost 算法也没有最大化间隔。

10.5　排序感知机。请基于线性打分函数，调整感知机算法以得到一个成对排序算法。假定训练样本对于成对排序是线性可分的，请给出算法用排序间隔表示的迭代更新次数上界。

10.6　间隔最大化排序。请基于间隔最大化给出一个线性规划算法，使其对于成对排序能返回一个线性假设。

10.7　二部排序。设想我们在二部排序中使用一个二元分类器。试证明如果二元分类器的误差为 ϵ，那么用它来排序产生的误差至多为 ϵ。进一步地，证明反之不成立。

10.8　多部排序。考虑排序是一个 k 部的情境：即 $\mathcal{X}$ 被分为 k 个子集 $\mathcal{X}_1$，…，$\mathcal{X}_k$，其中 $k\geqslant 1$。多部排序的特殊情况(即 $k=2$)已在本章中详述。请通过 k 个分布将该问题形式化并判断 RankBoost 的实现还是否有效，并给出这种情境下算法的伪代码。

265～266 10.9　AUC 的偏差界。令 h 为用来排序 $\mathcal{X}$ 中样本的固定的得分函数。请使用 Hoeffding 界来证明以较高概率，对于有限样本集，h 的 AUC 会接近于所有情况下 AUC 的均值。

10.10　k-部加权函数。给出加权函数 ω 以及对应于 k 部排序情境下的损失函数 L_ω。

·第 11 章·

回　归

本章将对**回归**(regression)这一学习问题进行深入的探讨。回归旨在通过数据来尽可能正确地预测出样本的实值标签。回归是机器学习中的一个常见任务并且有着十分广泛的应用，为此我们特别安排一章对其进行分析。

前面的章节中，我们主要关注的是分类问题中的学习保证。这里我们对于回归问题给出假设集有限和无限时的泛化界。其中，一部分学习界基于 Rademacher 复杂度这一熟知的概念，这个复杂度在回归问题中同样有助于描述假设集的复杂度。另一部分学习界基于经过调整后适用于回归问题的复杂度，即我们稍后将介绍的**伪维度**(pseudo-dimension)，其可以看作 VC-维在回归问题上的扩展。我们也将介绍一种把回归约简为分类的通用技术，并基于伪维度的概念来推导出相应的泛化界。我们提出并分析了几种回归算法，包括**线性回归**(linear regression)、**核岭回归**(kernel ridge regression)、**支持向量回归**(support-vector regression)、Lasso 以及这些算法的一些在线版本。我们将详细讨论这些算法的性质，包括相应的学习保证。

11.1　回归问题

首先，我们来介绍回归这一学习问题。令 $\mathcal{X}$ 为输入空间，$\mathcal{Y}$ 为 $\mathbb{R}$ 上的一个可测子集。对于随机性情境，用 $\mathcal{D}$ 表示 $\mathcal{X}\times\mathcal{Y}$ 上的分布。正如 2.4.1 节中讨论的那样，确定性情境属于随机性情境的特例，即输入样本标签由目标函数 f：$\mathcal{X}\to\mathcal{Y}$ 唯一确定。

与所有的有监督学习问题一样，回归问题中学习器依分布 $\mathcal{D}$ 接收到一个带标签的独立同分布样本集 $S=((x_1, y_1), \cdots, (x_m, y_m))\in(\mathcal{X}\times\mathcal{Y})^m$。因为标签是实数，所以希望学习器能够精确地预测正确的标签值(唯一标签值或平均标签值)是不合理的，但我们可以要求学习器的预测尽可能接近正确的标签。这是回归与分类的关键区别：在回归中，误差的测量是通过预测的实值和标签之间的差异的大小得到的，而不是判断二者之间相等或不相等。我们用 L：$\mathcal{X}\times\mathcal{Y}\to\mathbb{R}_+$ 表示用于测量误差大小的**损失函数**(loss function)。回归中最常用的损失函数 267

数是**平方损失**(squared loss)L_2，即对于所有 y，$y'\in\mathcal{Y}$，它被定义为 $L(y, y')=|y'-y|^2$，或者更一般地，对于某个 $p\geqslant 1$ 以及所有 y，$y'\in\mathcal{Y}$，通过 $L(y, y')=|y-y'|^p$ 来定义 L_p 损失。

给定一个从 $\mathcal{X}$ 到 $\mathcal{Y}$ 的映射函数假设集 $\mathcal{H}$，回归问题即通过带标签样本集 S 找到一个假设 $h\in\mathcal{H}$，使其关于目标函数 f 有较小的期望损失或称泛化误差 $R(h)$：

$$R(h)=\underset{(x,y)\sim\mathcal{D}}{\mathbb{E}}[L(h(x), y)] \tag{11.1}$$

与之前的章节一样，$h\in\mathcal{H}$ 的经验损失或误差记为 $\hat{R}_S(h)$：

$$\hat{R}_S(h)=\frac{1}{m}\sum_{i=1}^{m}L(h(x_i), y_i) \tag{11.2}$$

在一般情况下，L 是平方损失，表示 h 在样本集 S 上的**均方误差**(mean squared error)。

当损失函数 L 以某个 $M>0$ 为界时，即对于所有 y，$y'\in\mathcal{Y}$，有 $L(y', y)\leqslant M$，或更严格叙述为，对于所有 $h\in\mathcal{H}$ 且 $(x, y)\in\mathcal{X}\times\mathcal{Y}$，有 $L(h(x), y)\leqslant M$，这类问题被称为**有界回归问题**(bounded regression problem)。下面的小节中给出的大部分理论结果都基于这个假设。对于**无界回归问题**(unbounded regression problem)，分析中用到的技术会更复杂，通常需要基于其他类型的假设。

11.2 泛化界

本节介绍对于有界回归问题的学习保证。我们从有限假设集的这一简单情况展开介绍。

11.2.1 有限假设集

对于有限假设集回归问题，我们由 Hoeffding 不等式和联合界直接得到一个泛化界。

| 定理 11.1 | 令 L 为一个有界损失函数。假设 $\mathcal{H}$ 为一个有限假设集，则对于任意
268 $\delta>0$，对于所有 $h\in\mathcal{H}$，以至少为 $1-\delta$ 的概率有下面的不等式成立：

$$R(h)\leqslant\hat{R}_S(h)+M\sqrt{\frac{\log|\mathcal{H}|+\log\frac{1}{\delta}}{2m}}$$

| 证明 | 由 Hoeffding 不等式，因为 L 的取值范围在 $[0, M]$，故对于任意 $h\in\mathcal{H}$，有下式成立：

$$\mathbb{P}[R(h)-\hat{R}_S(h)>\varepsilon]\leqslant e^{-\frac{2m\varepsilon^2}{M^2}}$$

因此，由联合界可得：

$$\mathbb{P}[\exists h\in\mathcal{H}: R(h)-\hat{R}_S(h)>\varepsilon]\leqslant\sum_{h\in\mathcal{H}}\mathbb{P}[R(h)-\hat{R}_S(h)>\varepsilon]\leqslant|\mathcal{H}|e^{-\frac{2m\varepsilon^2}{M^2}}$$

令等式右边等于 δ，则定理得证。■

同理，也可以得到双边的界：对于所有 $h\in\mathcal{H}$，以至少为 $1-\delta$ 的概率有：

$$|R(h)-\hat{R}_S(h)|\leqslant M\sqrt{\frac{\log|\mathcal{H}|+\log\frac{2}{\delta}}{2m}}$$

这些学习界类似于分类时推导的那些学习界。事实上，当 $M=1$ 时，回归学习界与不一致情况下的分类学习界是等价的。因此，前文中所有对分类问题界的讨论在回归中也适用。例如，较大的样本规模 m 能保证更好的泛化；学习界会随着函数 $\log|\mathcal{H}|$ 变大而变大，并且倾向于寻找有着同样经验误差但是势较小的假设集。这是奥卡姆剃刀原则在回归中的体现。在接下来的小节，我们将利用奥卡姆剃刀原则对无限假设集得到一些其他的学习界，这些学习界用到了 Rademacher 复杂度和伪维数的概念。

11.2.2 Rademacher 复杂度界

本节中，我们将说明在定理 3.1 的 Rademacher 复杂度界怎样推广并得出以 L_p 为损失函数的回归问题泛化界。我们首先给出一个与 L_p 相关的函数族的 Rademacher 复杂度上界。

| 命题 11.1 μ-Lipschitz 损失函数的 Rademacher 复杂度 | 令 $L: \mathcal{Y}\times\mathcal{Y}\mapsto\mathbb{R}$ 是一个以 $M>0$ 为上界(对于所有 y，$y'\in\mathcal{Y}$，$L(y, y')\leqslant M$)的非负损失函数，则对于固定的 $y'\in\mathcal{Y}$ 及某个 $\mu>0$，$y\mapsto L(y, y')$ 是 μ-**Lipschitz** 的。那么，对于任意样本集 $S=((x_1, y_1), \cdots, (x_m, y_m))$，函数族 $\mathcal{G}=\{(x, y)\mapsto L(h(x), y): h\in\mathcal{H}\}$ 的 Rademacher 复杂度上界如下：

$$\hat{\mathcal{R}}_S(\mathcal{G})\leqslant\mu\hat{\mathcal{R}}_S(\mathcal{H})$$ 269

| 证明 | 由于对于固定的 y_i，$y\mapsto L(y, y_i)$ 是 μ-**Lipschitz** 的，根据 Talagrand 收缩引理(引理 5.2)，可得：

$$\hat{\mathcal{R}}_S(\mathcal{G})=\frac{1}{m}\mathop{\mathbb{E}}_{\boldsymbol{\sigma}}\Big[\sum_{i=1}^{m}\sigma_i L(h(x_i), y_i)\Big]\leqslant\frac{1}{m}\mathop{\mathbb{E}}_{\boldsymbol{\sigma}}\Big[\sum_{i=1}^{m}\sigma_i\mu h(x_i)\Big]=\mu\hat{\mathcal{R}}_S(\mathcal{H})$$

命题得证。 ■

| 定理 11.2 以 Rademacher 复杂度表示的回归界 | 令 $L: \mathcal{Y}\times\mathcal{Y}\mapsto\mathbb{R}$ 是一个以 $M>0$ 为上界(对于所有 y，$y'\in\mathcal{Y}$，$L(y, y')\leqslant M$)的非负损失函数，则对于固定的 $y'\in\mathcal{Y}$ 及某个 $\mu>0$，$y\mapsto L(y, y')$ 是 μ-**Lipschitz** 的，进而有：

$$\mathop{\mathbb{E}}_{(x, y)\sim\mathcal{D}}[L(x, y)]\leqslant\frac{1}{m}\sum_{i=1}^{m}L(x_i, y_i)+2\mu\mathcal{R}_m(\mathcal{H})+M\sqrt{\frac{\log\frac{1}{\delta}}{2m}}$$

$$\mathop{\mathbb{E}}_{(x, y)\sim\mathcal{D}}[L(x, y)]\leqslant\frac{1}{m}\sum_{i=1}^{m}L(x_i, y_i)+2\mu\mathcal{R}_S(\mathcal{H})+3M\sqrt{\frac{\log\frac{2}{\delta}}{2m}}$$

| 证明 | 由于对于固定的 y_i，$y\mapsto L(y, y_i)$ 是 μ-**Lipschitz** 的，根据 Talagrand 收缩引理(引理 5.2)，可得：

$$\hat{\mathcal{R}}_S(\mathcal{G})=\frac{1}{m}\mathop{\mathbb{E}}_{\boldsymbol{\sigma}}\Big[\sum_{i=1}^{m}\sigma_i L(h(x_i), y_i)\Big]\leqslant\frac{1}{m}\mathop{\mathbb{E}}_{\boldsymbol{\sigma}}\Big[\sum_{i=1}^{m}\sigma_i\mu h(x_i)\Big]=\mu\hat{\mathcal{R}}_S(\mathcal{H})$$

将上述不等式与定理 3.3 中得到的一般性的以 Rademacher 复杂度表示的学习界联立，则

定理得证。■

令 $p\geqslant 1$ 并假设对于所有 $(x, y)\in\mathcal{X}\times\mathcal{Y}$ 和 $h\in\mathcal{H}$，有 $|h(x)-y|\leqslant M$ 成立。由于对于任意 y'，函数 $y\mapsto|y-y'|^p$ 在 $(y-y')\in[-M, M]$ 上是 pM^{p-1}-Lipschitz 的，故而上述定理适用于任何 L_p 损失。例如，对于任意 δ，在规模为 m 的样本集 S 上，以至少为 $1-\delta$ 的概率有如下不等式对于所有 $h\in\mathcal{H}$ 成立：

$$\underset{(x,y)\sim\mathcal{D}}{\mathbb{E}}[|h(x)-y|^p]\leqslant\frac{1}{m}\sum_{i=1}^{m}|h(x_i)-y_i|^p+2pM^{p-1}\mathcal{R}_m(\mathcal{H})+M^p\sqrt{\frac{\log\frac{1}{\delta}}{2m}}$$

与分类的情况一样，这些泛化界表明：需要权衡减少经验误差和控制 $\mathcal{H}$ 的 Rademacher 复杂度。减少经验误差意味着可能需要更复杂的假设集，而控制 $\mathcal{H}$ 的 Rademacher 复杂度意味着可能增大经验误差。定理中第二个学习边界有一个很重要的好处，即它是数据依赖的，这样的性质会导致更加精确的学习保证。对于基于核的假设，$\mathcal{R}_m(\mathcal{H})$ 或者 $\mathcal{R}_S(\mathcal{H})$ 的上界(定理 6.5)在此可以直接用于推导出回归问题的泛化界，与核矩阵的迹或者最大对
270 角线元素有关。

11.2.3 伪维度界

正如之前在分类时所讨论的，有时候我们很难估计一个假设集的经验 Rademacher 复杂度。在第 3 章中，我们介绍了衡量假设集复杂度的其他方法，比如 VC-维。VC-维是一个纯粹的组合测量概念，往往易被计算或者得到其上界。然而，打散或者 VC-维的概念适用于二分类，并不直接适用于实值假设类。

我们首先介绍一个新的概念：对于实值函数族的**打散**(shattering)。与之前的章节一样，我们用 $\mathcal{G}$ 表示函数族，之后我们会将 $\mathcal{G}$ 解释为(至少在某些情况中)关于某个假设集 $\mathcal{H}$ 的损失函数族：$\mathcal{G}=\{z=(x, y)\mapsto L(h(x), y): h\in\mathcal{H}\}$。

| 定义 11.1　打散 | 令 $\mathcal{G}$ 作为从 $\mathcal{Z}$ 到 $\mathbb{R}$ 一个函数族。一个集合 $\{z_1, \cdots, z_m\}\subseteq\mathcal{Z}$ [⊖] 如果被 $\mathcal{G}$ 打散，那么存在 $t_1, \cdots, t_m\in\mathbb{R}$ 使得：

$$\left|\left\{\begin{bmatrix}\operatorname{sgn}(g(z_1)-t_1)\\ \vdots\\ \operatorname{sgn}(g(z_m)-t_m)\end{bmatrix}: g\in\mathcal{G}\right\}\right|=2^m$$

此时，阈值 $t_1, \cdots, t_m$ 被称为打散的**见证**。

因此 $\{z_1, \cdots, z_m\}$ 如果被 $t_1, \cdots, t_m$ 见证打散，则函数族 $\mathcal{G}$ 足以包含一个函数，这个函数在点集 $I=\{(z_i, t_i): i\in[1, m]\}$ 的子集 $\mathcal{A}$ 之上，在子集 $(\mathcal{I}-\mathcal{A})$ 之下，$\mathcal{A}$ 的选择可以是任意的。图 11.1 用一个简单的例子阐明了这种打散。由打散这个概念可以自然地得到下面的定义。

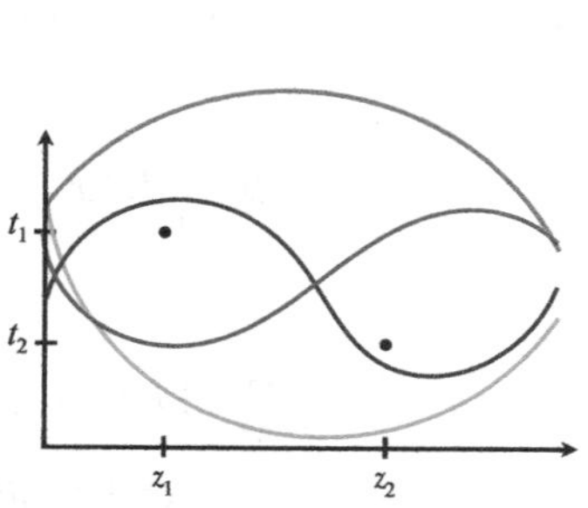

图 11.1　t_1 和 t_2 见证只有两个点的集合 $\{z_1, z_2\}$ 被打散的示意图

| 定义 11.2　伪维度 | 令 $\mathcal{G}$ 为从 $\mathcal{X}$ 到 $\mathbb{R}$ 的一个映射
271 函数族。则 $\mathcal{G}$ 的伪维度记作 $\text{Pdim}(\mathcal{G})$，是指能被 $\mathcal{G}$ 打散的

⊖ 原书此处为 $\{z_1, \cdots, z_m\}\subseteq\mathcal{X}$，有误，之后的定义中也有类似的错误。——译者注

最大的集合的规模。

根据刚才介绍的打散的定义，实值函数族 $\mathcal{G}$ 的伪维度和将 $\mathcal{X}$ 映射到 $\{0, 1\}$ 的阈值函数的 VC-维是一致的：

$$\operatorname{Pdim}(\mathcal{G})=\operatorname{VCdim}(\{(x, t)\mapsto 1_{(g(x)-t)>0}: g\in\mathcal{G}\}) \tag{11.3}$$

图 11.2 对此进行了示意。鉴于这样的联系，根据的 VC-维的性质，可以直接如下两个伪维度的性质。

| 定理 11.3 | 在 $\mathbb{R}^N$ 上的超平面的伪维度为：

$$\operatorname{Pdim}(\{\boldsymbol{x}\mapsto\boldsymbol{w}\cdot\boldsymbol{x}+b: \boldsymbol{w}\in\mathbb{R}^N, b\in\mathbb{R}\})=N+1$$

| 定理 11.4 | 实值函数族 $\mathcal{H}$ 的向量空间的伪维度等于该向量空间的维度：

$$\operatorname{Pdim}(\mathcal{H})=\dim(\mathcal{H})$$

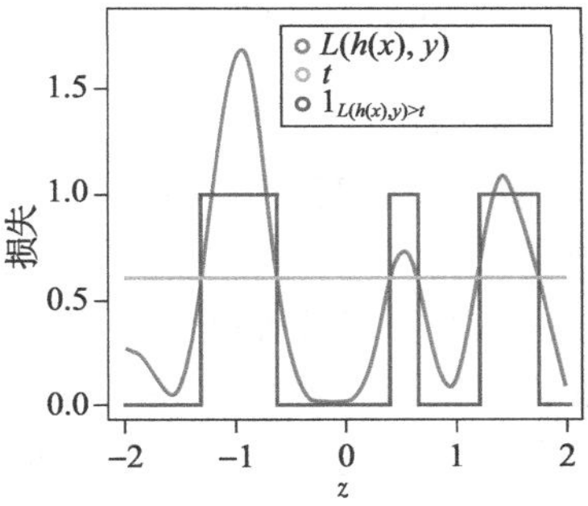

图 11.2　定义为某个固定的假设 $h\in\mathcal{H}$ 的损失函数 $g: z=(x, y)\mapsto L(h(x), y)$（蓝线），以及它关于阈值 t（浅灰线）的阈值版 $(x, y)\mapsto 1_{L(h(x),y)>t}$（灰线）

接下来的定理将根据关于假设集 $\mathcal{H}$ 的损失函数族 $\mathcal{G}=\{z=(x, y)\mapsto L(h(x), y): h\in\mathcal{H}\}$ 的伪维度，对有界回归给出泛化界。推导这些界的关键在于将回归问题约简为分类问题，约简可通过以下关于随机变量 X 的期望的通用等式来实现：

$$\mathbb{E}[X]=-\int_{-\infty}^{0}\mathbb{P}[X<t]\mathrm{d}t+\int_{0}^{+\infty}\mathbb{P}[X>t]\mathrm{d}t \tag{11.4}$$ 272

该式可由 Lebesgue 积分的定义得到。特别地，对于任意分布 $\mathcal{D}$ 和任意非负可测函数 f，有下式成立：

$$\mathop{\mathbb{E}}_{z\sim\mathcal{D}}[f(z)]=\int_{0}^{\infty}\mathop{\mathbb{P}}_{z\sim\mathcal{D}}[f(z)>t]\mathrm{d}t \tag{11.5}$$

| 定理 11.5 | 令 $\mathcal{H}$ 是一个实值函数族，且令 $\mathcal{G}=\{(x, y)\mapsto L(h(x), y): h\in\mathcal{H}\}$ 是关于 $\mathcal{H}$ 的损失函数族。假设 $\operatorname{Pdim}(\mathcal{G})=d$ 并且非负的损失函数 L 以 M 为界。则对于任意 $\delta>0$，对于所有 $h\in\mathcal{H}$，对于规模为 m 来自分布 $\mathcal{D}^m$ 的独立同分布样本集 S，以至少为 $1-\delta$ 的概率都有以下不等式成立：

$$R(h)\leqslant\hat{R}_S(h)+M\sqrt{\frac{2d\log\frac{\mathrm{e}m}{d}}{m}}+M\sqrt{\frac{\log\frac{1}{\delta}}{2m}} \tag{11.6}$$

| 证明 | 令 S 是一个规模为 m 且服从分布 $\mathcal{D}$ 的独立同分布样本集，且令 $\hat{\mathcal{D}}$ 表示定义在 S 上的经验分布。对于任意 $h\in\mathcal{H}$ 和 $t\geqslant 0$，定义分类器为 $c(h, t): (x, y)\mapsto 1_{L(h(x),y)>t}$。分类器 $c(h, t)$ 的误差可以被写为：

$$R(c(h, t))=\mathop{\mathbb{P}}_{(x,y)\sim\mathcal{D}}[c(h, t)(x, y)=1]=\mathop{\mathbb{P}}_{(x,y)\sim\mathcal{D}}[L(h(x), y)>t]$$

类似地，它的经验误差是 $\hat{R}_S(c(h, t))=\mathop{\mathbb{P}}_{(x,y)\sim\hat{\mathcal{D}}}[L(h(x), y)>t]$。

现在，鉴于式(11.5)以及损失函数 L 以 M 为界的事实，我们有：

$$|R(h)-\hat{R}_S(h)|=\left|\mathop{\mathbb{E}}_{(x, y)\sim\mathcal{D}}[L(h(x), y)]-\mathop{\mathbb{E}}_{(x, y)\sim\hat{\mathcal{D}}}[L(h(x), y)]\right|$$

$$
\begin{aligned}
&=\left|\int_0^M \left(\underset{(x,y)\sim\mathcal{D}}{\mathbb{P}}[L(h(x),y)>t]-\underset{(x,y)\sim\hat{\mathcal{D}}}{\mathbb{P}}[L(h(x),y)>t]\right)\mathrm{d}t\right| \\
&\leqslant M\sup_{t\in[0,M]}\left|\underset{(x,y)\sim\mathcal{D}}{\mathbb{P}}[L(h(x),y)>t]-\underset{(x,y)\sim\hat{\mathcal{D}}}{\mathbb{P}}[L(h(x),y)>t]\right| \\
&=M\sup_{t\in[0,M]}|R(c(h,t))-\hat{R}_S(c(h,t))|
\end{aligned}
$$

上式意味着有如下不等式成立：

$$
\mathbb{P}\left[\sup_{h\in\mathcal{H}}|R(h)-\hat{R}_S(h)|>\epsilon\right]\leqslant\mathbb{P}\left[\sup_{\substack{h\in\mathcal{H}\\ t\in[0,M]}}|R(c(h,t))-\hat{R}_S(c(h,t))|>\frac{\epsilon}{M}\right]
$$

根据假设集 $\{c(h,t), h\in\mathcal{H}, t\in[0,M]\}$ 的 VC-维，即根据伪维度的定义恰好是
273 $\mathrm{Pdim}(\mathcal{G})=d$，利用分类中标准的泛化界(推论 3.4)便可以得到上式右边的界。这样得到的结果与式(11.6)是一致的。■

由上面的定义可以看出，伪维度的概念适合于分析回归问题；然而，这并不是一个尺度敏感的概念。继而，还有别的复杂度衡量方式——**宽打散维度**(fat-shattering dimension)，这个概念是对尺度敏感的，并且可以将其看作伪维度的一个很自然的扩展，其定义基于 γ-打散的概念。

| 定义 11.3　γ-打散 | 令 $\mathcal{G}$ 为从 $\mathcal{Z}$ 到 $\mathbb{R}$ 的映射函数族且令 $\gamma>0$。一个集合 $\{z_1,\cdots,z_m\}\in\mathcal{Z}$ 如果被 $\mathcal{G}\gamma$-打散，那么存在 $t_1,\cdots,t_m\in\mathbb{R}$ 使得对于所有 $\mathbf{y}\in\{-1,+1\}^m$，都存在 $g\in\mathcal{G}$ 使得：

$$
\forall i\in[1,m],\ y_i(g(z_i)-t_i)\geqslant\gamma
$$

因此 $\{z_1,\cdots,z_m\}$ 如果被 $t_1,\cdots,t_m$ 见证 γ-打散，则函数族 $\mathcal{G}$ 足以包含一个函数，这个函数至少有 γ 在点集 $\mathcal{I}=\{(x_i,t_i): i\in[1,m]\}$ 的子集 $\mathcal{A}$ 之上，有 γ 在子集 $(\mathcal{I}-\mathcal{A})$ 之下，这里 $\mathcal{A}$ 的选择可以是任意的。

| 定义 11.4　γ-宽维度 | $\mathcal{G}$ 的 γ-宽维度 $\mathrm{fat}_\gamma(\mathcal{G})$ 是能被 $\mathcal{G}\gamma$-打散的最大的集合的规模。

相比于伪维度，可以由 γ-宽维度推导更好的泛化界。然而，这样得到的学习界并没有比以 Rademacher 复杂度表示的学习界(Rademacher 复杂度也是一种尺度敏感的复杂度度量)有更多信息量。因此，我们在此不对 γ-宽维度做详细分析。

11.3　回归算法

根据前几节的结果：无论以 Rademacher 复杂度还是伪维度为复杂度度量方式，经验误差相同时，较小的假设集复杂度可以保证更好的泛化。线性假设集是其中一个复杂度较小的假设集。在这一节中，我们将基于线性假设集来分析几种回归算法：**线性回归**(linear regression)、**核岭回归**(Kernel Ridge Regression，KRR)、**支持向量回归**(support-vector regression)以及 Lasso。这些算法，特别是最后三个算法在实践中被广泛使用并且经常性能优异。

11.3.1　线性回归

线性回归是回归算法中最简单的一种。令 $\mathbf{\Phi}: X\rightarrow\mathbb{R}^N$ 是一个从输入空间 $\mathcal{X}$ 到 $\mathbb{R}^N$ 的特征映射，考虑如下线性假设集：

$$\mathcal{H}=\{x \mapsto \boldsymbol{w}\cdot\boldsymbol{\Phi}(x)+b:\ \boldsymbol{w}\in\mathbb{R}^N,\ b\in\mathbb{R}\} \tag{11.7}$$

线性回归试图在 $\mathcal{H}$ 中寻找经验均方误差最小的假设。因此，对于一个样本集 $S=((x_1, y_1), \cdots, (x_m, y_m))\in(\mathcal{X}\times\mathcal{Y})^m$，线性回归对应的优化问题如下：

$$\min_{\boldsymbol{w}, b}\frac{1}{m}\sum_{i=1}^{m}(\boldsymbol{w}\cdot\boldsymbol{\Phi}(x_i)+b-y_i)^2 \tag{11.8}$$

图 11.3 通过一个 $N=1$ 的简单例子对此算法进行了阐释。上述优化问题有更为简洁的形式：

$$\min_{\boldsymbol{W}} F(\boldsymbol{W})=\frac{1}{m}\|\boldsymbol{X}^{\mathrm{T}}\boldsymbol{W}-\boldsymbol{Y}\|^2 \tag{11.9}$$

其中，$\boldsymbol{X}=\begin{bmatrix}\boldsymbol{\Phi}(x_1) & \cdots & \boldsymbol{\Phi}(x_m)\\ 1 & \cdots & 1\end{bmatrix}$，$\boldsymbol{W}=\begin{bmatrix}w_1\\ \vdots\\ w_N\\ b\end{bmatrix}$ 且 $\boldsymbol{Y}=\begin{bmatrix}y_1\\ \vdots\\ y_m\end{bmatrix}$。目标函数 F 由凸函数 $\boldsymbol{u}\mapsto\|\boldsymbol{u}\|^2$ 和仿射函数 $\boldsymbol{W}\mapsto\boldsymbol{X}^{\mathrm{T}}\boldsymbol{W}-\boldsymbol{Y}$ 复合而成，故 F 是可微凸的。因此，当且仅当 $\nabla F(\boldsymbol{W})=0$ 时，F 在 $\boldsymbol{W}$ 处有全局最小值。$\nabla F(\boldsymbol{W})=0$ 意味着：

$$\frac{2}{m}\boldsymbol{X}(\boldsymbol{X}^{\mathrm{T}}\boldsymbol{W}-\boldsymbol{Y})=0\Leftrightarrow\boldsymbol{X}\boldsymbol{X}^{\mathrm{T}}\boldsymbol{W}=\boldsymbol{X}\boldsymbol{Y} \tag{11.10}$$

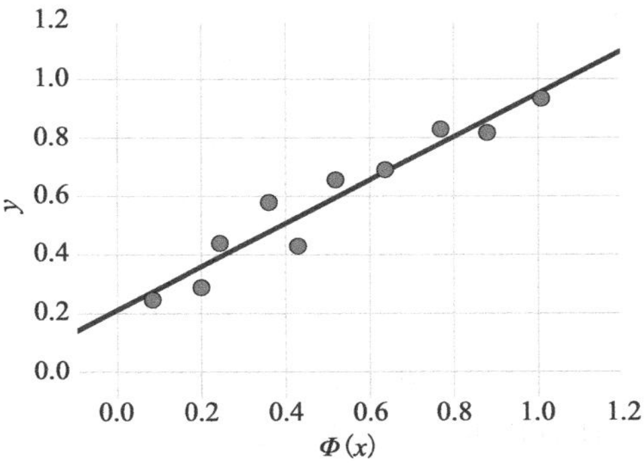

图 11.3 对于 $N=1$，当采用平方损失时，线性回归旨在找到最好的拟合直线

当 $\boldsymbol{X}\boldsymbol{X}^{\mathrm{T}}$ 可逆时，这个等式存在唯一解。否则，这个等式存在一组解，可以由 $\boldsymbol{X}\boldsymbol{X}^{\mathrm{T}}$ 的伪逆给出(见附录 A)：$\boldsymbol{W}=(\boldsymbol{X}\boldsymbol{X}^{\mathrm{T}})^{\dagger}\boldsymbol{X}\boldsymbol{Y}+(\boldsymbol{I}-(\boldsymbol{X}\boldsymbol{X}^{\mathrm{T}})^{\dagger}(\boldsymbol{X}\boldsymbol{X}^{\mathrm{T}}))\boldsymbol{W}_0$，其中 $\boldsymbol{W}_0$ 是在 $\mathbb{R}^{N\times N}$ 中的任意矩阵。其中，解 $\boldsymbol{W}=(\boldsymbol{X}\boldsymbol{X}^{\mathrm{T}})^{\dagger}\boldsymbol{X}\boldsymbol{Y}$ 对应的范数最小，因而往往被优先选择。因此，我们可以把该优化问题的解写为： 274 ~ 275

$$\boldsymbol{W}=\begin{cases}(\boldsymbol{X}\boldsymbol{X}^{\mathrm{T}})^{-1}\boldsymbol{X}\boldsymbol{Y} & \text{如果 } \boldsymbol{X}\boldsymbol{X}^{\mathrm{T}} \text{ 可逆}\\ (\boldsymbol{X}\boldsymbol{X}^{\mathrm{T}})^{\dagger}\boldsymbol{X}\boldsymbol{Y} & \text{其他}\end{cases} \tag{11.11}$$

矩阵 $\boldsymbol{X}\boldsymbol{X}^{\mathrm{T}}$ 计算时间为 $O(mN^2)$，计算矩阵逆或者伪逆的时间为 $O(N^3)$[⊖]，$\boldsymbol{X}$ 与 $\boldsymbol{Y}$ 相乘的计算时间为 $O(mN^2)$，解 $\boldsymbol{W}$ 的总共计算时间为 $O(mN^2+N^3)$。因此，当特征空间的维度 N 不是很大的时候，解的计算是高效的。

线性回归简单而且可以直接实现，然而并没有很强的泛化保证，这是因为线性回归只是最小化经验误差，而没有控制权重向量的范数，也没有任何其他正则项。在大多数应用中，线性回归往往性能较差。在下一节中，我们将介绍一个既有理论保证又有良好实际性能的算法。

⊖ 在这一章分析算法运行的复杂度时，矩阵求逆的 3 次方时间复杂度可以写成另一种更常用的形式 $O(N^{2+\omega})$，通过使用较快的渐近矩阵求逆方法，比如 Coppersmith 和 Winograd，可以使 $\omega=0.376$。

11.3.2 核岭回归

我们首先对由 PDS 核定义的特征空间中的有界线性假设给出一个回归问题的学习保证。该学习保证为本节将介绍的核岭回归算法提供了很强的理论支撑。本节给出的学习界对应的损失为平方损失。因此，当目标函数为 f 时，假设 h 的泛化误差为 $R(h)=\underset{(x,y)\sim\mathcal{D}}{\mathbb{E}}[(h(x)-y)^2]$。

| 定理 11.6 | 令 K：$\mathcal{X}\times\mathcal{X}\to\mathbb{R}$ 为 PDS 核，Φ：$\mathcal{X}\to\mathcal{H}$ 是关于 K 的特征映射且 $\mathcal{H}=\{x\mapsto \boldsymbol{w}\cdot\boldsymbol{\Phi}(x):\ \|\boldsymbol{w}\|_{\mathbb{H}}\leqslant\Lambda\}$。假设对于所有$(x,y)\in\mathcal{X}\times\mathcal{Y}$，存在 $r>0$ 使得 $K(x,x)\leqslant r^2$ 成立，且存在 $M>0$ 使得 $|h(x)-y|<M$ 成立。则对于任意 $\delta>0$，对于所有 $h\in\mathcal{H}$，以至少为 $1-\delta$ 的概率有以下不等式成立：

$$R(h)\leqslant\hat{R}_S(h)+4M\sqrt{\frac{r^2\Lambda^2}{m}}+M^2\sqrt{\frac{\log\frac{1}{\delta}}{2m}}$$

276 $$R(h)\leqslant\hat{R}_S(h)+\frac{4M\Lambda\sqrt{\mathrm{Tr}[\boldsymbol{K}]}}{m}+3M^2\sqrt{\frac{\log\frac{2}{\delta}}{2m}}$$

| 证明 | 根据基于核的假设的经验 Rademacher 复杂度界(定理 6.5)，对于规模为 m 的任意样本集 S，有下式成立：

$$\hat{\mathcal{R}}_S(\mathcal{H})\leqslant\frac{\Lambda\sqrt{\mathrm{Tr}[\boldsymbol{K}]}}{m}\leqslant\sqrt{\frac{r^2\Lambda^2}{m}}$$

这个式子意味着 $\mathcal{R}_m(\mathcal{H})\leqslant\sqrt{\frac{r^2\Lambda^2}{m}}$。将上述不等式代入定理 11.2 的学习界中，则直接定理得证。 ■

该定理得到的学习界表明：最小化的过程中需要权衡经验平方损失(不等号右边第一项)以及权重向量的范数(不等号右边第二项中权重向量范数的上界 Λ)。基于上述理论分析，最小化这样形式的目标函数便可得到核岭回归的优化目标函数：

$$\min_{\boldsymbol{w}}F(\boldsymbol{w})=\lambda\|\boldsymbol{w}\|^2+\sum_{i=1}^{m}(\boldsymbol{w}\cdot\boldsymbol{\Phi}(x_i)-y_i)^2 \tag{11.12}$$

这里，λ 是一个正参数，用来权衡正则项 $\|\boldsymbol{W}\|^2$ 和经验均方误差项。该目标函数和线性回归的目标函数相比，只有第一项不同，而第一项主要是为了控制 $\boldsymbol{w}$ 的范数。与线性回归中的情况一样，上述优化问题有更为简洁的形式：

$$\min_{\boldsymbol{W}}F(\boldsymbol{W})=\lambda\|\boldsymbol{W}\|^2+\|\boldsymbol{X}^{\mathrm{T}}\boldsymbol{W}-\boldsymbol{Y}\|^2 \tag{11.13}$$

这里，$\boldsymbol{X}\in\mathbb{R}^{N\times m}$ 是由特征向量构成的矩阵，$\boldsymbol{X}=[\Phi(x_1)\cdots\Phi(x_m)]$并且 $\boldsymbol{W}=\boldsymbol{w}$，$\boldsymbol{Y}=(y_1,\cdots,y_m)^{\mathrm{T}}$。同样地，由于 $\boldsymbol{w}\mapsto\|\boldsymbol{w}\|^2$ 的凸性以及两个凸函数之和的凸性是可微的，F 是可微凸的。因此，F 在 $\boldsymbol{W}$ 处有全局最小值，当且仅当

$$\nabla F(\boldsymbol{W})=0\Leftrightarrow(\boldsymbol{X}\boldsymbol{X}^{\mathrm{T}}+\lambda\boldsymbol{I})\boldsymbol{W}=\boldsymbol{X}\boldsymbol{Y}\Leftrightarrow\boldsymbol{W}=(\boldsymbol{X}\boldsymbol{X}^{\mathrm{T}}+\lambda\boldsymbol{I})^{-1}\boldsymbol{X}\boldsymbol{Y} \tag{11.14}$$

注意，矩阵 $\boldsymbol{X}\boldsymbol{X}^{\mathrm{T}}+\lambda\boldsymbol{I}$ 总是可逆的，这是因为它的特征值是对称正半定矩阵 $\boldsymbol{X}\boldsymbol{X}^{\mathrm{T}}$ 的非负特征值之和并且 $\lambda>0$。因此，核岭回归具有闭式解。

等价于式(11.12)，核岭回归的优化问题也可写为：

$$\min_{w}\sum_{i=1}^{m}(\boldsymbol{w}\cdot\boldsymbol{\Phi}(x_i)-y_i)^2 \quad \text{s.t.}: \|\boldsymbol{w}\|^2\leqslant\Lambda^2$$

这种形式使得核岭回归与定理 11.6 中有界线性假设集之间的联系更为明朗。对于所有 $i\in[1, m]$，利用松弛变量 ξ_i，可以将优化问题等价地写为： 277

$$\min_{w}\sum_{i=1}^{m}\xi_i^2 \quad \text{s.t.}(\|\boldsymbol{w}\|^2\leqslant\Lambda^2)\wedge(\forall i\in[1, m], \xi_i=y_i-\boldsymbol{w}\cdot\boldsymbol{\Phi}(x_i))$$

这是一个目标函数和约束均可微的凸优化问题。通过引入拉格朗日函数 L，我们可以得到该问题的等价对偶问题。对于所有 $\boldsymbol{\xi}$，$\boldsymbol{w}$，$\boldsymbol{\alpha}'$ 和 $\lambda\geqslant0$，$\mathcal{L}$ 定义为：

$$\mathcal{L}(\boldsymbol{\xi}, \boldsymbol{w}, \boldsymbol{\alpha}', \lambda)=\sum_{i=1}^{m}\xi_i^2+\sum_{i=1}^{m}\alpha_i'(y_i-\xi_i-\boldsymbol{w}\cdot\boldsymbol{\Phi}(x_i))+\lambda(\|\boldsymbol{w}\|^2-\Lambda^2)$$

由 KKT 条件可得：

$$\nabla_w\mathcal{L}=-\sum_{i=1}^{m}\alpha_i'\boldsymbol{\Phi}(x_i)+2\lambda\boldsymbol{w}=0 \quad\Rightarrow\quad \boldsymbol{w}=\frac{1}{2\lambda}\sum_{i=1}^{m}\alpha_i'\boldsymbol{\Phi}(x_i)$$

$$\nabla_{\xi_i}\mathcal{L}=2\xi_i-\alpha_i'=0 \quad\Rightarrow\quad \xi_i=\alpha_i'/2$$

$$\forall i\in[1, m], \alpha_i'(y_i-\xi_i-\boldsymbol{w}\cdot\boldsymbol{\Phi}(x_i))=0$$

$$\lambda(\|\boldsymbol{w}\|^2-\Lambda^2)=0$$

将关于 $\boldsymbol{w}$ 和 ξ_i 的表达式带入 $\mathcal{L}$ 可得：

$$\begin{aligned}\mathcal{L}&=\sum_{i=1}^{m}\frac{\alpha_i'^2}{4}+\sum_{i=1}^{m}\alpha_i'y_i-\sum_{i=1}^{m}\frac{\alpha_i'^2}{2}-\frac{1}{2\lambda}\sum_{i,j=1}^{m}\alpha_i'\alpha_j'\boldsymbol{\Phi}(x_i)^{\mathrm{T}}\boldsymbol{\Phi}(x_j)+\\&\quad\lambda\left(\frac{1}{4\lambda^2}\left\|\sum_{i=1}^{m}\alpha_i'\boldsymbol{\Phi}(x_i)\right\|^2-\Lambda^2\right)\\&=-\frac{1}{4}\sum_{i=1}^{m}\alpha_i'^2+\sum_{i=1}^{m}\alpha_i'y_i-\frac{1}{4\lambda}\sum_{i,j=1}^{m}\alpha_i'\alpha_j'\boldsymbol{\Phi}(x_i)^{\mathrm{T}}\boldsymbol{\Phi}(x_j)-\lambda\Lambda^2\\&=-\lambda\sum_{i=1}^{m}\alpha_i^2+2\sum_{i=1}^{m}\alpha_iy_i-\sum_{i,j=1}^{m}\alpha_i\alpha_j\boldsymbol{\Phi}(x_i)^{\mathrm{T}}\boldsymbol{\Phi}(x_j)-\lambda\Lambda^2\end{aligned}$$

其中利用到了 $\alpha_i'=2\lambda\alpha_i$。因此，我们可将 KRR 的对偶优化问题写为：

$$\max_{\boldsymbol{\alpha}\in\mathbb{R}^m}-\lambda\boldsymbol{\alpha}^{\mathrm{T}}\boldsymbol{\alpha}+2\boldsymbol{\alpha}^{\mathrm{T}}\boldsymbol{Y}-\boldsymbol{\alpha}^{\mathrm{T}}(\boldsymbol{X}^{\mathrm{T}}\boldsymbol{X})\boldsymbol{\alpha} \tag{11.15}$$

或者更简洁地写为：

$$\max_{\boldsymbol{\alpha}\in\mathbb{R}^m}G(\boldsymbol{\alpha})=-\boldsymbol{\alpha}^{\mathrm{T}}(\boldsymbol{K}+\lambda\boldsymbol{I})\boldsymbol{\alpha}+2\boldsymbol{\alpha}^{\mathrm{T}}\boldsymbol{Y} \tag{11.16}$$

这里，$\boldsymbol{K}=\boldsymbol{X}^{\mathrm{T}}\boldsymbol{X}$ 是关于训练样本集的核矩阵。目标函数 G 是可微凹的。解该目标函数，使其微分为零： 278

$$\nabla G(\boldsymbol{\alpha})=0\Leftrightarrow2(\boldsymbol{K}+\lambda\boldsymbol{I})\boldsymbol{\alpha}=2\boldsymbol{Y}\Leftrightarrow\boldsymbol{\alpha}=(\boldsymbol{K}+\lambda\boldsymbol{I})^{-1}\boldsymbol{Y} \tag{11.17}$$

注意，$(\boldsymbol{K}+\lambda\boldsymbol{I})$ 是可逆的，这是因为其特征值是 SPSD 矩阵 $\boldsymbol{K}$ 的特征值之和且 $\lambda>0$。因此，与原问题一样，对偶优化问题也有闭式解。根据第一个 KKT 等式，可以由 $\boldsymbol{\alpha}$ 得到 $\boldsymbol{w}$：

$$\boldsymbol{w}=\sum_{i=1}^{m}\alpha_i\boldsymbol{\Phi}(x_i)=\boldsymbol{X}\boldsymbol{\alpha}=\boldsymbol{X}(\boldsymbol{K}+\lambda\boldsymbol{I})^{-1}\boldsymbol{Y} \tag{11.18}$$

假设 h 的解可以写成关于 $\boldsymbol{\alpha}$ 的形式：

$$\forall x\in\mathcal{X}, h(x)=\boldsymbol{w}\cdot\boldsymbol{\Phi}(x)=\sum_{i=1}^{m}\alpha_iK(x_i, x) \tag{11.19}$$

注意，这种解的形式 $h(x)=\sum_{i=1}^{m}\alpha_i K(x_i, x)$ 可以直接由表示定理推出，这是因为由 KRR 最小化的目标函数在定理 6.4 的通用框架中。这种解的形式也可以表明 $\boldsymbol{w}$ 能写成 $\boldsymbol{w}=\boldsymbol{X\alpha}$。联立这个事实和下面一个简单的引理可以直接确定 $\boldsymbol{\alpha}$，而不需要对偶问题的中间推导。

| 引理 11.1 | 对于任意矩阵 $\boldsymbol{X}$，有如下等式成立：

$$(\boldsymbol{XX}^{\mathrm{T}}+\lambda\boldsymbol{I})^{-1}\boldsymbol{X}=\boldsymbol{X}(\boldsymbol{X}^{\mathrm{T}}\boldsymbol{X}+\lambda\boldsymbol{I})^{-1}$$

| 证明 | 由于 $(\boldsymbol{XX}^{\mathrm{T}}+\lambda\boldsymbol{I})\boldsymbol{X}=\boldsymbol{X}(\boldsymbol{X}^{\mathrm{T}}\boldsymbol{X}+\lambda\boldsymbol{I})$，对这个等式左乘 $(\boldsymbol{XX}^{\mathrm{T}}+\lambda\boldsymbol{I})^{-1}$ 并右乘 $(\boldsymbol{X}^{\mathrm{T}}\boldsymbol{X}+\lambda\boldsymbol{I})^{-1}$，则引理得证。■

现在我们可以使用这个引理给出关于 $\boldsymbol{w}$ 的原问题的解：

$$\boldsymbol{w}=(\boldsymbol{XX}^{\mathrm{T}}+\lambda\boldsymbol{I})^{-1}\boldsymbol{XY}=\boldsymbol{X}(\boldsymbol{X}^{\mathrm{T}}\boldsymbol{X}+\lambda\boldsymbol{I})^{-1}\boldsymbol{Y}=\boldsymbol{X}(\boldsymbol{K}+\lambda\boldsymbol{I})^{-1}\boldsymbol{Y}$$

与 $\boldsymbol{w}=\boldsymbol{X\alpha}$ 比较可直接得到 $\boldsymbol{\alpha}=(\boldsymbol{K}+\lambda\boldsymbol{I})^{-1}\boldsymbol{Y}$。

我们对于 KRR 算法的表述中，假定它是线性假设且没有偏移量，即 $b=0$。如果想将上述结果拓展到有偏移量的一般情况，则需要对特征向量 $\boldsymbol{\Phi}(x)$ 额外增加一个分量，即对于任意 $x\in\mathcal{X}$，该分量总等于 1，此外还需要对权重向量 $\boldsymbol{w}$ 额外增加一个分量，即 $b\in\mathbb{R}$。由扩展的特征向量 $\boldsymbol{\Phi}'(x)\in\mathbb{R}^{N+1}$ 和权重向量 $\boldsymbol{w}'\in\mathbb{R}^{N+1}$，我们可以得到 $\boldsymbol{w}'\cdot\boldsymbol{\Phi}'(x)=\boldsymbol{w}\cdot\boldsymbol{\Phi}(x)+b$。然而这个结果与一般的 KRR 算法不一致，KRR 算法的解一般而言是 $x\mapsto\boldsymbol{w}\cdot\boldsymbol{\Phi}(x)+b$ 的形式。这里，不一致的原因在一般的 KRR 算法中，正则项是 $\lambda\|\boldsymbol{w}\|$，然而扩
279 展之后正则项变成了 $\lambda\|\boldsymbol{w}'\|$。

无论是原问题还是对偶问题，KRR 算法都有闭式解。表 11.1 给出了原问题和对偶问题在求解和预测时的时间复杂度。在原问题中，求解 $\boldsymbol{w}$ 要计算 $\boldsymbol{XX}^{\mathrm{T}}$ 需要 $O(mN^2)$，$(\boldsymbol{XX}^{\mathrm{T}}+\lambda\boldsymbol{I})$ 求逆需要 $O(N^3)$，对于与 $\boldsymbol{X}$ 相乘需要 $O(mN^2)$。预测时需要计算 $\boldsymbol{w}$ 和同维度特征向量的内积，需要 $O(N)$。在对偶问题中，求解需要计算核矩阵 $\boldsymbol{K}$。令 κ 是对于所有对 $(x, x')\in\mathcal{X}\times\mathcal{X}$ 计算 $K(x, x')$ 的最大计算代价，则计算 $\boldsymbol{K}$ 需要 $O(\kappa m^2)$。矩阵 $(\boldsymbol{K}+\lambda\boldsymbol{I})$ 求逆需要 $O(m^3)$，与 $\boldsymbol{Y}$ 相乘需要 $O(m^2)$。预测时对于某个的 $x\in\mathcal{X}$ 计算向量 $(K(x_1, x), \cdots, K(x_m, x))^{\mathrm{T}}$ 需要 $O(\kappa m)$，计算与 $\boldsymbol{\alpha}$ 的内积需要 $O(m)$。

表 11.1　对比 KRR 算法原问题和对偶问题在求解和预测时的运算时间复杂度。κ 表示计算核值的时间复杂度，对于多项式核和高斯核 $\kappa=O(N)$

	解	预测
原问题	$O(mN^2+N^3)$	$O(N)$
对偶问题	$O(\kappa m^2+m^3)$	$O(\kappa m)$

因此在两种情况中，最主要的求解步骤就是矩阵求逆，在原问题中需要 $O(N^3)$，在对偶问题中需要 $O(m^3)$。当特征空间维度较小时，求解原问题比较有优势，对于高维空间和中等规模样本集，求解对偶问题更为合适。注意，对于相对较大的矩阵，空间的复杂度也是一个问题：内存可能存不下相对较大的矩阵，若采用外部储存则会显著影响算法的运行时间。

对于稀疏矩阵，有一些快速的矩阵求逆技术。在原问题特征比较稀疏的情况下，这是十分有用的。但对于对偶问题，由于核矩阵 $\boldsymbol{K}$ 一般是稠密的，采用这样的技术对求解的帮助有限。当 m 和 N 都很大时，为了应对时间和空间复杂度的问题，利用低秩逼近这种近似方法可能非常有效，即利用 Nyström 方法或局部 Cholesky 分解。

280 KRR 算法有如下几个优点：根据我们介绍的泛化界可以直接得出 KRR 算法，因而该

算法有良好的理论保证；KRR 闭式解使得对其很多性质的分析十分方便；KRR 可以使用 PDS 核，意味着该算法可以用于求解非线性回归以及用于更一般的特征空间。KRR 还有着良好的稳定性，这一点我们将在第 14 章进行讨论。

算法可以推广为学习从 $\mathcal{X}$ 到 $\mathbb{R}^p$，$p\geqslant 1$ 的映射，即将该问题当作 p 个独立的回归问题，每个问题用来预测 p 个目标分量中的一个。需要指出的是，对于这个推广的算法，求解时仅仅需要对一个矩阵求逆，而与 p 的值无关，比如在对偶问题中只需计算 $(\boldsymbol{K}+\lambda\boldsymbol{I})^{-1}$。

除了计算相对较大的矩阵时会出现问题，KRR 算法还有一个缺点：解得的矩阵通常不稀疏。为此，我们在接下来的两节将介绍两种线性回归的稀疏算法。

11.3.3 支持向量回归

在这一节，我们将要介绍**支持向量回归**(Support Vector Regression，SVR)算法。SVR 源于第 5 章用于分类的 SVM 算法。该算法旨在对于数据拟合一个宽度 $\epsilon>0$ 的管道区域，如图 11.4 所示。与二分类问题一样，SVR 定义了两个样本集：一个落在管道区域内，这些样本对于预测函数是 ϵ-接近的，因此不受惩罚；另一个落在管道区域外，类似于分类问题中 SVM 的惩罚方式，这些样本根据其到预测函数的距离受到惩罚。

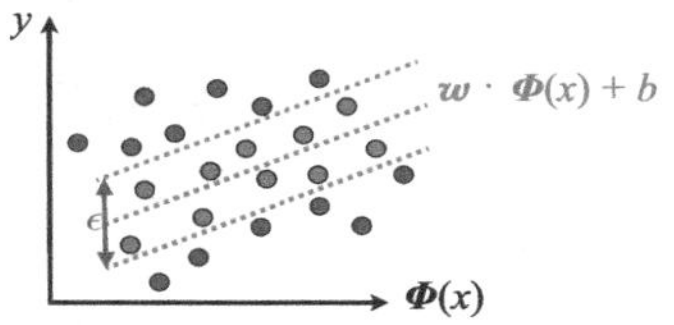

图 11.4 SVR 尝试拟合数据中一个宽度为 ϵ 的“管道区域”。落在“ϵ 管道区域”内的训练数据(蓝点)，不产生损失

考虑线性函数假设集 $\mathcal{H}$：$\mathcal{H}=\{x\mapsto \boldsymbol{w}\cdot\boldsymbol{\Phi}(x)+b: \boldsymbol{w}\in\mathbb{R}^N,\ b\in\mathbb{R}\}$，其中 $\boldsymbol{\Phi}$ 是关于某个 PDS 核 K 的特征映射，则 SVR 的优化问题可以写为：

$$\min_{\boldsymbol{w},b}\frac{1}{2}\|\boldsymbol{w}\|^2+C\sum_{i=1}^{m}|y_i-(\boldsymbol{w}\cdot\boldsymbol{\Phi}(x_i)+b)|_\epsilon \tag{11.20}$$ 281

这里，$|\cdot|_\epsilon$ 表示 ϵ-**不敏感损失**(ϵ-insensitive loss)：

$$\forall y,\ y'\in\mathcal{Y},\quad |y'-y|_\epsilon=\max(0,\ |y'-y|-\epsilon) \tag{11.21}$$

采用这个损失函数可以得到只有少数支持向量的稀疏解。引入松弛变量 $\xi_i\geqslant 0$ 和 $\xi_i'\geqslant 0$，$i\in[1,m]$，则优化问题可以等价地写为：

$$\begin{aligned}&\min_{\boldsymbol{w},b,\xi,\xi'}\frac{1}{2}\|\boldsymbol{w}\|^2+C\sum_{i=1}^{m}(\xi_i+\xi_i')\\ &\text{s.t.}\ (\boldsymbol{w}\cdot\boldsymbol{\Phi}(x_i)+b)-y_i\leqslant\epsilon+\xi_i\\ &\qquad y_i-(\boldsymbol{w}\cdot\boldsymbol{\Phi}(x_i)+b)\leqslant\epsilon+\xi_i'\\ &\qquad \xi_i\geqslant 0,\ \xi_i'\geqslant 0,\ \forall i\in[1,m]\end{aligned} \tag{11.22}$$

这是个带有仿射约束的凸二次规划(Quadratic Program，QP)问题。利用拉格朗日函数和相应的 KTT 条件可以得到关于核矩阵 $\boldsymbol{X}$ 的等价对偶问题：

$$\begin{aligned}&\max_{\boldsymbol{\alpha},\boldsymbol{\alpha}'}-\epsilon(\boldsymbol{\alpha}'+\boldsymbol{\alpha})^{\mathrm{T}}\mathbf{1}+(\boldsymbol{\alpha}'-\boldsymbol{\alpha})^{\mathrm{T}}\boldsymbol{y}-\frac{1}{2}(\boldsymbol{\alpha}'-\boldsymbol{\alpha})^{\mathrm{T}}\boldsymbol{K}(\boldsymbol{\alpha}'-\boldsymbol{\alpha})\\ &\text{s.t.}\ (\mathbf{0}\leqslant\boldsymbol{\alpha}\leqslant\boldsymbol{C})\wedge(\mathbf{0}\leqslant\boldsymbol{\alpha}'\leqslant\boldsymbol{C})\wedge((\boldsymbol{\alpha}'-\boldsymbol{\alpha})^{\mathrm{T}}\mathbf{1}=0)\end{aligned} \tag{11.23}$$

在 SVR 中，任意的 PDS 核 K 都可以使用，以此可将算法扩展到求解非线性回归。问题式(11.23)是类似于 SVM 的凸 QP 问题，因此也可以使用相似的优化技术求解。解得 $\boldsymbol{\alpha}$

和 $\boldsymbol{\alpha}'$ 便可得到 SVR 返回的假设 h：

$$\forall x \in \mathcal{X},\ h(x)=\sum_{i=0}^{m}(\alpha_i'-\alpha_i)K(\boldsymbol{x}_i,\ \boldsymbol{x})+b \tag{11.24}$$

其中，偏置 b 可以由满足 $0<\alpha_j<C$ 的样本 x_j 得到：

$$b=-\sum_{i=0}^{m}(\alpha_i'-\alpha_i)K(x_i,\ x_j)+y_j+\varepsilon \tag{11.25}$$

也可以由满足 $0<\alpha_j'<C$ 的样本 x_j 得到：

$$b=-\sum_{i=0}^{m}(\alpha_i'-\alpha_i)K(x_i,\ x_j)+y_j-\varepsilon \tag{11.26}$$

根据互补条件，对于所有的 $i\in[1,\ m]$，有下面的等式成立：

282

$$\alpha_i((\boldsymbol{w}\cdot\boldsymbol{\Phi}(x_i)+b)-y_i-\varepsilon-\xi_i)=0$$
$$\alpha_i'((\boldsymbol{w}\cdot\boldsymbol{\Phi}(x_i)+b)-y_i+\varepsilon+\xi_i')=0$$

因此，如果 x_i 是一个支持向量，即 $\alpha_i\neq 0$ 或者 $\alpha_i'\neq 0$，则有以下两个等式 $(\boldsymbol{w}\cdot\boldsymbol{\Phi}(x_i)+b)-y_i-\varepsilon=\xi_i$ 或者 $y_i-(\boldsymbol{w}\cdot\boldsymbol{\Phi}(x_i)+b)-\varepsilon=\xi_i'$ 中一个成立。这表明支持向量落在 ε-管道区域外面。α_i 或 α_i' 至多有一个非零，意味着此时假设会以大于 ε 的程度高估或者低估样本的真实标签。对于那些在 ε-管道区域内的样本，我们有 $\alpha_i=\alpha_i'=0$，因此它们对于 SVR 返回的假设是没有任何贡献的。当在 ε-管道区域内的点的数量比较大时，SVR 返回的假设是相对稀疏的。参数 ε 的确定权衡了稀疏性和准确性：大的 ε 值会得到更稀疏的解，因为会有更多的样本落在 ε-管道区域内，但同时可能忽略了许多关键点会使得 SVR 的解不够准确。

下面的泛化界对于 ε-不敏感损失和基于核的假设成立，因此对 SVR 成立。我们用 $\mathcal{D}$ 表示样本服从的分布，$\hat{\mathcal{D}}$ 表示规模为 m 的训练样本集的经验分布。

| 定理 11.7 | 令 K：$\mathcal{X}\times\mathcal{X}\to\mathbb{R}$ 是一个 PDS 核，$\boldsymbol{\Phi}$：$\mathcal{X}\to\mathbb{H}$ 是一个关于 K 的特征映射，并且 $\mathcal{H}=\{x\mapsto\boldsymbol{w}\cdot\boldsymbol{\Phi}(x):\ \|\boldsymbol{w}\|_{\mathbb{H}}\leqslant\Lambda\}$。假设对于所有 $(x,\ y)\in\mathcal{X}\times\mathcal{Y}$，存在 $r>0$ 使得 $K(x,\ x)\leqslant r^2$ 成立，且存在 $M>0$ 使得 $|h(x)-y|<M$ 成立。固定 $\varepsilon>0$，则对于任意 $\delta>0$，对于所有 $h\in\mathcal{H}$，以至少为 $1-\delta$ 的概率，有以下不等式成立：

$$\underset{(x,y)\sim\mathcal{D}}{\mathbb{E}}[|h(x)-y|_\varepsilon]\leqslant\underset{(x,y)\sim\hat{\mathcal{D}}}{\mathbb{E}}[|h(x)-y|_\varepsilon]+2\sqrt{\frac{r^2\Lambda^2}{m}}+M\sqrt{\frac{\log\frac{1}{\delta}}{2m}}$$

$$\underset{(x,y)\sim\mathcal{D}}{\mathbb{E}}[|h(x)-y|_\varepsilon]\leqslant\underset{(x,y)\sim\hat{\mathcal{D}}}{\mathbb{E}}[|h(x)-y|_\varepsilon]+\frac{2\Lambda\sqrt{\mathrm{Tr}[\boldsymbol{K}]}}{m}+3M\sqrt{\frac{\log\frac{2}{\delta}}{2m}}$$

| 证明 | 由于对于任意 $y'\in\mathcal{Y}$，函数 $y\mapsto|y-y'|_\varepsilon$ 是 1-Lipschitz 的，根据定理 11.2 以及 $\mathcal{H}$ 的经验 Rademacher 复杂度的界，可知定理成立。

这些结果给 SVR 提供了很强的理论保证。注意，当假设集采用平方损失时，该定理并不为假设的期望损失提供保证。当 $0<\varepsilon<1/4$ 时，对于在 $[-\eta_\varepsilon'-\eta_\varepsilon]\cup[\eta_\varepsilon\eta_\varepsilon']$ 上的所有 x 有 $|x|^2\leqslant|x|_\varepsilon$，其中 $\eta_\varepsilon=\frac{1-\sqrt{1-4\varepsilon}}{2}$ 且 $\eta_\varepsilon'=\frac{1+\sqrt{1-4\varepsilon}}{2}$。当 ε 较小时，$\eta_\varepsilon\approx 0$ 且 $\eta_\varepsilon'\approx 1$。因此，如果 $M=2r\Lambda\leqslant 1$ [⊖]，则对于 $[-1,\ 1]$ 上几乎所有的 $(h(x)-y)$，其平方损失

⊖ 原文此处为 $M=2r\lambda\leqslant 1$，有误。——译者注

的上界为 ε-不敏感损失，因而由该定理可以对平方损失的情况得出一个有用的泛化界。■

更一般地，如果目标是得到一个较小的平方损失，则 SVR 可以改用**平方 ε-不敏感损失**(quadratic ε-insensitive loss)，即 ε-不敏感损失的平方，这也同样是一个凸 QP 问题。我们将该算法称为**平方 SVR**(quadratic SVR)。引入拉格朗日函数并根据 KKT 条件，对于平方 SVR 可以得到如下关于核矩阵 $\boldsymbol{K}$ 的等价对偶优化问题： 283

$$\max_{\boldsymbol{\alpha},\boldsymbol{\alpha}'} -\varepsilon(\boldsymbol{\alpha}'+\boldsymbol{\alpha})^{\mathrm{T}}\mathbf{1}+(\boldsymbol{\alpha}'-\boldsymbol{\alpha})^{\mathrm{T}}\mathrm{y}-\frac{1}{2}(\boldsymbol{\alpha}'-\boldsymbol{\alpha})^{\mathrm{T}}\left(\boldsymbol{K}+\frac{1}{C}\boldsymbol{I}\right)(\boldsymbol{\alpha}'-\boldsymbol{\alpha})$$

$$\text{s.t. } (\boldsymbol{\alpha}\geqslant\mathbf{0})\wedge(\boldsymbol{\alpha}'\geqslant\mathbf{0})\wedge(\boldsymbol{\alpha}'-\boldsymbol{\alpha})^{\mathrm{T}}\mathbf{1}=0 \tag{11.27}$$

任何 PDS 核都可以用于平方 SVR 来将该算法扩展到求解非线性回归。问题式(11.27)是一个类似于可分情况下 SVM 对偶问题的凸 QP 问题，因此可以用相似的优化技术求解。解得 $\boldsymbol{\alpha}$ 和 $\boldsymbol{\alpha}'$ 便可得到 SVR[㊀] 返回的假设 h：

$$h(x)=\sum_{i=0}^{m}(\alpha_i'-\alpha_i)K(\boldsymbol{x}_i,\ \boldsymbol{x})+b \tag{11.28}$$

其中，正如采用(非平方)ε-不敏感损失的 SVR，偏置量 b 可以由满足 $0<\alpha_i<C$ 或者 $0<\alpha_i'<C$ 的 x_j 得到。注意，当 $\varepsilon=0$ 时，从对偶优化问题可以看出平方 SVR 算法和 KRR 算法一致(这里是因为使用了偏置量 b，会有额外的约束 $(\boldsymbol{\alpha}'-\boldsymbol{\alpha})^{\mathrm{T}}\mathbf{1}=0$ 出现)。下面定理给出的泛化界对于平方 SVR 成立。该定理的证明类似于定理 11.7 的证明，同时用到了平方 ε-不敏感函数 $x\mapsto|x|_\varepsilon^2$ 在区间 $[-M,\ +M]$ 上是 2-Lipschitz 的。

| 定理 11.8 | 令 K：$\mathcal{X}\times\mathcal{X}\to\mathbb{R}$ 是一个 PDS 核，$\boldsymbol{\Phi}$：$\mathcal{X}\to\mathbb{H}$ 是一个关于 K 的特征映射且 $\mathcal{H}=\{x\mapsto\boldsymbol{w}\cdot\boldsymbol{\Phi}(x)：\|\boldsymbol{w}\|_{\mathbb{H}}\leqslant\Lambda\}$。假设对于所有 $(x,\ y)\in\mathcal{X}\times\mathcal{Y}$，存在 $r>0$ 使得 $K(x,\ x)\leqslant r^2$ 成立，且存在 $M>0$ 使得 $|h(x)-y|<M$ 成立。固定 $\varepsilon>0$，则对于任意 $\delta>0$，对于所有 $h\in\mathcal{H}$，以至少为 $1-\delta$ 的概率，有以下不等式成立：

$$\underset{(x,y)\sim\mathcal{D}}{\mathbb{E}}[|h(x)-y|_\varepsilon^2]\leqslant\underset{(x,y)\sim\hat{\mathcal{D}}}{\mathbb{E}}[|h(x)-y|_\varepsilon^2]+4M\sqrt{\frac{r^2\Lambda^2}{m}}+M^2\sqrt{\frac{\log\frac{1}{\delta}}{2m}}$$

$$\underset{(x,y)\sim\mathcal{D}}{\mathbb{E}}[|h(x)-y|_\varepsilon^2]\leqslant\underset{(x,y)\sim\hat{\mathcal{D}}}{\mathbb{E}}[|h(x)-y|_\varepsilon^2]+\frac{4M\Lambda\sqrt{\mathrm{Tr}[\boldsymbol{K}]}}{m}+3M^2\sqrt{\frac{\log\frac{2}{\delta}}{2m}}$$

这个定理为平方 SVR 算法提供了一个很强的理论保证。也可以选择其他凸损失函数来得到回归算法，如 **Huber 损失**(Huber loss，见图 11.5)，即误差较小时进行平方惩罚，而误差较大时只进行线性惩罚。

SVR 算法有以下几个优点：算法有坚实的理论保证，解是稀疏的，可以使用 PDS 核进而算法可扩展到求解非线性回归。SVR 也有很好的稳定性，这一点我们将在第 14 章讨论。 284
然而，SVR 算法有一个缺点就是需要选择两个参数，C 和 ε。正如 SVM 一样，可以通过交叉验证来选择参数，但是这就需要一个相对较大的验证集。经常也可以借助一些启发式的规则辅助参数选择：C 的选择应当接近于在没有偏置 b 且考虑归一化核时的标签最大值，ε 的

㊀ 这里指的不是一般 SVR，特指本小节的平方 SVR。——译者注

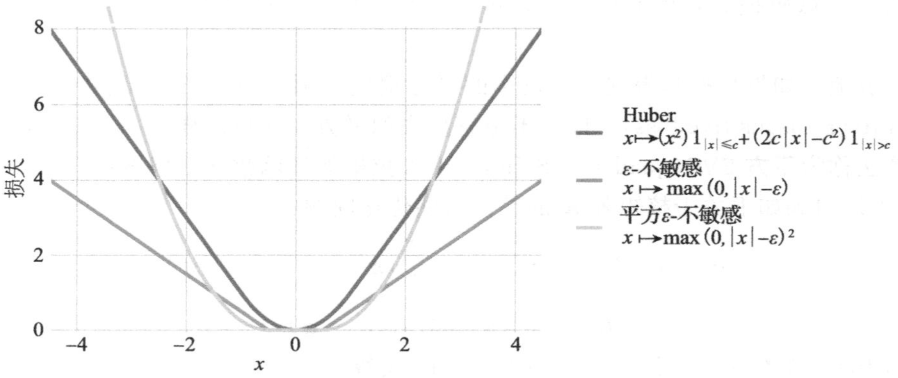

图 11.5　可用于 SVR 算法的损失函数

选择应当接近于标签的平均差异。与之前讨论的一样，ε 的大小决定了支持向量的个数和解的稀疏性。SVR 算法的另一个缺点是：与 SVM 和 KRR 一样，当训练集很大时，计算代价非常大。类似于 KRR，在这种情况下低秩逼近核矩阵可以降低计算代价，比如通过 Nyström 方法或者局部 Cholesky 分解。在下一节，我们将讨论另一种回归的稀疏算法。

11.3.4　Lasso

不同于 KRR 和 SVR 算法，Lasso(Least absolute shrinkage and selection operator)算法并不能很自然地使用 PDS 核。因此，我们假设输入空间 $\mathcal{X}$ 是 $\mathbb{R}^N$ 的一个子集，并且考虑一个线性假设集 $\mathcal{H}=\{x\mapsto \boldsymbol{w}\cdot\boldsymbol{x}+b: \boldsymbol{w}\in\mathbb{R}^N, b\in\mathbb{R}\}$。

令 $S=((\boldsymbol{x}_1, y_1), \cdots, (\boldsymbol{x}_m, y_m))\in(\mathcal{X}\times\mathcal{Y})^m$ 是一个带标签样本集。Lasso 旨在最小化 S 上的经验平方误差与关于权重向量范数的正则项之和。Lasso 在形式上类似岭回
285 归，但用的是 L_1 范数而不是 L_2 范数并且没有对范数取平方：

$$\min_{\boldsymbol{w}, b} F(\boldsymbol{w}, b)=\lambda\|\boldsymbol{w}\|_1+\sum_{i=1}^{m}(\boldsymbol{w}\cdot\boldsymbol{x}_i+b-y_i)^2 \tag{11.29}$$

如岭回归一样，这里的 λ 是一个正参数。我们已在线性回归中讨论过，由于 $\|\cdot\|_1$ 是凸的并且经验误差项也是凸的，因此这是一个凸优化问题。Lasso 的优化问题也可等价地写为：

$$\min_{\boldsymbol{w}, b}\sum_{i=1}^{m}(\boldsymbol{w}\cdot\boldsymbol{x}_i+b-y_i)^2 \quad \text{s. t. } \|\boldsymbol{w}\|_1\leqslant\Lambda_1 \tag{11.30}$$

其中，Λ_1 是一个正参数。

与其他采用 L_1 范数约束的算法一样，Lasso 算法的关键性质是它的解 $\boldsymbol{w}$ 是稀疏的，即只有很少的非零分量。图 11.6 示意了在二维情况下，L_1 和 L_2 范数约束下的差异。目标函数式(11.30)是二次函数，优化求解时的等高线为椭圆形，如图中蓝色部分所示。固定半径 Λ_1，则 L_1 和 L_2 球对应的区域分别如左右两幅图中灰色部分所示。Lasso 解是等高线与 L_1 球的交点。由图可知，交点通常出现在 L_1 球的角点，而角点处部分坐标

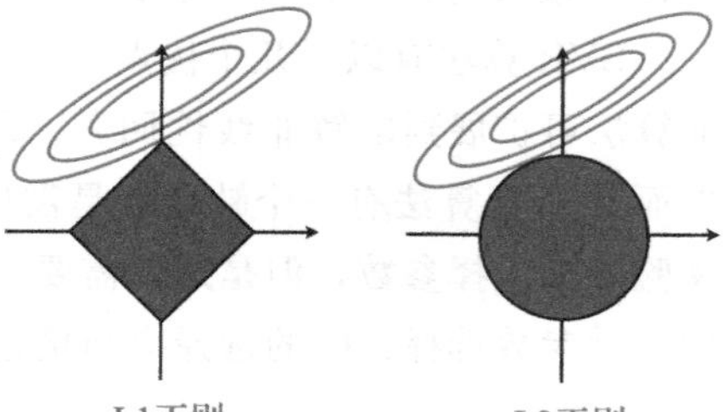

图 11.6　Lasso 和岭回归解的对比

为 0。相反，岭回归解是等高线与 L_2 球的交点，这种情况的交点通常没有坐标为 0。 286

下面的结论可以给 Lasso 提供很强的理论保证。首先，我们对 L_1 范数约束的线性假设给出一个一般的经验 Rademacher 复杂度上界。

| 定理 11.9 L_1 范数约束的线性假设的 Rademacher 复杂度 | 令 $\mathcal{X} \subseteq \mathbb{R}^N$ 且 $S=((x_1, y_1), \cdots, (x_m, y_m)) \in (\mathcal{X} \times \mathcal{Y})^m$ 是一个规模为 m 的样本集。假设对于所有 $i \in [1, m]$，对于某个 $r_\infty > 0$，有 $\|\boldsymbol{x}_i\|_\infty \leqslant r_\infty$。令 $\mathcal{H}=\{x \in \mathcal{X} \mapsto \boldsymbol{w} \cdot \boldsymbol{x} : \|\boldsymbol{w}\|_1 \leqslant \Lambda_1\}$，则 $\mathcal{H}$ 的经验 Rademacher 复杂度满足：

$$\hat{\mathcal{R}}_S(\mathcal{H}) \leqslant \sqrt{\frac{2r_\infty^2 \Lambda_1^2 \log(2N)}{m}} \tag{11.31}$$

| 证明 | 对于任意 $i \in [1, m]$，记 x_{ij} 为$\boldsymbol{x}_i$ 的第 j 个分量。

$$\begin{aligned}
\hat{\mathcal{R}}_S(\mathcal{H}) &= \frac{1}{m} \mathop{\mathbb{E}}_{\boldsymbol{\sigma}}\left[\sup_{\|\boldsymbol{w}\|_1 \leqslant \Lambda_1} \sum_{i=1}^m \sigma_i \boldsymbol{w} \cdot \boldsymbol{x}_i\right] \\
&= \frac{\Lambda_1}{m} \mathop{\mathbb{E}}_{\boldsymbol{\sigma}}\left[\left\|\sum_{i=1}^m \sigma_i \boldsymbol{x}_i\right\|_\infty\right] && \text{（对偶范数的定义）} \\
&= \frac{\Lambda_1}{m} \mathop{\mathbb{E}}_{\boldsymbol{\sigma}}\left[\max_{j \in [1, N]} \left|\sum_{i=1}^m \sigma_i x_{ij}\right|\right] && \text{（}\|\cdot\|_\infty \text{ 的定义）} \\
&= \frac{\Lambda_1}{m} \mathop{\mathbb{E}}_{\boldsymbol{\sigma}}\left[\max_{j \in [1, N]} \max_{s \in \{-1, +1\}} s \sum_{i=1}^m \sigma_i x_{ij}\right] && \text{（}\|\cdot\|_\infty \text{ 的定义）} \\
&= \frac{\Lambda_1}{m} \mathop{\mathbb{E}}_{\boldsymbol{\sigma}}\left[\sup_{z \in A} \sum_{i=1}^m \sigma_i z_i\right]
\end{aligned}$$

这里，A 表示 N 个向量的集合$\{s(x_{1j}, \cdots, x_{mj})^{\mathrm{T}} : j \in [1, N], s \in \{-1, +1\}\}$。对于任意 $\boldsymbol{z} \in A$，我们有 $\|\boldsymbol{z}\|_2 \leqslant \sqrt{m r_\infty^2} = r_\infty \sqrt{m}$。因此，根据 Massart 定理（定理 3.3），由于 A 最多包含 $2N$ 个元素，故下式成立：

$$\hat{\mathcal{R}}_S(\mathcal{H}) \leqslant \Lambda_1 r_\infty \sqrt{m} \frac{\sqrt{2\log(2N)}}{m} = r_\infty \Lambda_1 \sqrt{\frac{2\log(2N)}{m}}$$ ■

注意这样的上界只依赖于维度 N 的对数，表明即使特征空间维度很高也不会影响泛化性能。

由刚刚得到的 Rademacher 复杂度界以及定理 11.2 的一般性结论，可以证明采用平方损失时，Lasso 采用的假设集有如下泛化界成立。

| 定理 11.10 | 令 $\mathcal{X} \subseteq \mathbb{R}^N$ 且 $\mathcal{H}=\{x \in \mathcal{X} \mapsto \boldsymbol{w} \cdot \boldsymbol{x} : \|\boldsymbol{w}\|_1 \leqslant \Lambda_1\}$。假设对于所有$(x, y) \in \mathcal{X} \times \mathcal{Y}$，存在 $r_\infty > 0$ 使得对于所有 $\boldsymbol{x} \in \mathcal{X}$，$|\boldsymbol{x}|_\infty \leqslant r_\infty$ 成立，且存在 $M > 0$ 使得 $|h(x) - y| < M$ 成立。则对于任意 $\delta > 0$，对于所有 $h \in \mathcal{H}$，以至少为 $1-\delta$ 的概率有以下不等式成立： 287

$$R(h) \leqslant \hat{R}_S(h) + 2r_\infty \Lambda_1 M \sqrt{\frac{2\log(2N)}{m}} + M^2 \sqrt{\frac{\log \frac{1}{\delta}}{2m}} \tag{11.32}$$

与岭回归问题一样，通过 Lasso 最小化的目标函数与这个泛化界右边的项有相同的形式。

有很多不同的方法可以求解 Lasso 的优化问题，其中一种算法（LARS）可以很高效地计算解的整个**正则化路径**（regularization path），即计算正则化项参数 λ 所有取值下的 Lasso 解。还有一些 L_1 范数约束下的优化问题在线求解算法在此也适用。

这里，我们来说明 Lasso 问题式(11.29)或者式(11.30)等价于一个 QP 问题，因此任何求解 QP 问题都可用来计算 Lasso 解。注意任何权重向量 $\mathbf{w}$ 都可写为 $\mathbf{w}=\mathbf{w}^+-\mathbf{w}^-$，其中 $\mathbf{w}^+\geqslant 0$，$\mathbf{w}^-\geqslant 0$ 且对于任意 $j\in[1, N]$，有 $w_j^+=0$ 或 $w_j^-=0$，这意味着 $\|\mathbf{w}\|_1=\sum_{j=1}^{N}w_j^+ + w_j^-$。这样的形式可以按如下方式构造：对于任意 $j\in[1, N]$，如果 $w_j\geqslant 0$，定义 $\mathbf{w}^+$ 的第 j 个分量为 w_j，否则第 j 个分量为 0。同样地，如果 $w_j\leqslant 0$，$\mathbf{w}^-$ 的第 j 个分量定义为 $-w_j$，否则第 j 个分量为 0。用 $\mathbf{w}=\mathbf{w}^+-\mathbf{w}^-$ 以及 $\|\mathbf{w}\|_1=\sum_{j=1}^{N}w_j^+ + w_j^-$（满足 $\mathbf{w}^+\geqslant 0$，$\mathbf{w}^-\geqslant 0$）进行相应的替换，则 Lasso 问题式(11.29)变为：

$$\min_{\mathbf{w}^+\geqslant 0,\ \mathbf{w}^-\geqslant 0,\ b}\ \lambda\sum_{j=1}^{N}(w_j^+ + w_j^-)+\sum_{i=1}^{m}((\mathbf{w}^+-\mathbf{w}^-)\cdot\mathbf{x}_i+b-y_i)^2 \tag{11.33}$$

反过来看，式(11.33)的解 $\mathbf{w}=\mathbf{w}^+-\mathbf{w}^-$ 也证实了对于任意 $j\in[1, N]$，有 $w_j^+=0$ 或者 $w_j^-=0$，因此，当 $w_j\geqslant 0$，$w_j=w_j^+$；当 $w_j\leqslant 0$，$w_j=-w_j^-$。这是因为对于某个 $j\in[1, N]$，如果 $\delta_j=\min(w_j^+, w_j^-)>0$，用$(w_j^+-\delta_j)$替换 w_j^+ 并用$(w_j^--\delta_j)$替换 w_j^- 并不影响 $w_j^+-w_j^-=(w_j^+-\delta)-(w_j^--\delta)$，但会将目标函数中的$(w_j^++w_j^-)$项减少 $2\delta_j>0$ 进而提供较好的解。鉴于上述分析，问题式(11.29)和式(11.33)有相同的优化解，因此是等价的。对于问题式(11.33)，由于目标函数是 $\mathbf{w}^+$、$\mathbf{w}^-$ 和 b 的二次函数，并且约束是仿射的，因此该问题是一个 QP 问题。同时，根据式(10.36)，可以直接证明该问题有在线形式的解法(习题 11.10)。[⊖]

Lasso 算法有几个优点：它有强力的理论保证并且返回一个稀疏解。当由少量的特征便可得到准确解时，这个算法是很有优势的。解的稀疏性在计算上也很受欢迎，此外，采
288 用权重向量的稀疏特征表示可以使新向量的内积计算更加高效。该算法的稀疏性也可用来做特征选择。Lasso 算法的主要缺点在于，不能使用 PDS 核，因此不能像 KRR 和 SVR 算法那样扩展到非线性回归。一个解决方案是采用第 6 章中讨论过的经验核映射。此外，Lasso 算法也没有闭式解。虽然闭式解从优化的角度来看并不是一个至关重要的性质，但是能使某些数学分析更为方便。

11.3.5　组范数回归算法

除了 L_1 和 L_2 范数之外，其他形式的正则项也可以用在回归算法中。例如，在某些情况下，特征空间也许能够很自然地分成若干子集，此时可能需要找到一个稀疏解来选择或者忽略某些子集的全部特征。在这个情境下，一个很自然的范数就是组范数或称混合范数 $L_{2,1}$，即 L_1 范数和 L_2 范数的组合。假设我们将 $\mathbf{w}\in\mathbb{R}^N$ 分为 $\mathbf{w}_1, \cdots, \mathbf{w}_k$，其中对于 $1\leqslant j\leqslant k$，$\mathbf{w}_j\in\mathbb{R}^{N_j}$，$\sum_j N_j=N$。定义 $\mathbf{W}=(\mathbf{w}_1^{\mathrm{T}}, \cdots, \mathbf{w}_k^{\mathrm{T}})^{\mathrm{T}}$，则关于 $\mathbf{W}$ 的 $L_{2,1}$ 范数为：

$$\|\mathbf{W}\|_{2,1}=\sum_{j=1}^{k}\|\mathbf{w}_j\|$$

⊖ 上述介绍的在目标函数中消除绝对值的技巧，也可类似地用于其他优化问题。

将 $L_{2,1}$ 范数与经验均方误差结合可以得到**组** Lasso(Group Lasso)优化问题。更一般地，当 q，$p \geqslant 1$，$L_{q,p}$ 组范数正则项都可用于回归(见附录 A 对于分组范数的定义)。

11.3.6 在线回归算法

前几节的回归算法都有相应的在线算法。这里，我们通过两个例子简要说明。当实际应用中数据量很大且批量计算的代价可能大到无法承受时，这些在线算法是非常有用的，另外，对于像第 8 章所讨论的那种在线学习情境下的回归问题，这些在线算法也非常有用。

第一个例子被称为 **Widrow-Hoff 算法**，和将随机梯度下降用于线性回归目标函数的思想一致。图 11.7 给出了这个算法的伪代码。将随机梯度下降用于岭回归也可得到一个类似的算法。在每一轮中，权重向量的增量取决于预测误差($\boldsymbol{w}_t\boldsymbol{x}_t - y_t$)。

WidrowHoff($\boldsymbol{w}_0$)

$\boldsymbol{w}_1 \leftarrow \boldsymbol{w}_0$　▷ 往往 $\boldsymbol{w}_0 = \boldsymbol{0}$
for $t \leftarrow 1$ **to** T **do**
　Receive($\boldsymbol{x}_t$)
　$\hat{y}_t \leftarrow \boldsymbol{w}_t \cdot \boldsymbol{x}_t$
　Receive(y_t)
　$\boldsymbol{w}_{t+1} \leftarrow \boldsymbol{w}_t + 2\eta(\boldsymbol{w}_t \cdot \boldsymbol{x}_t - y_t)\boldsymbol{x}_t$　▷ 学习率 $\eta > 0$
return $\boldsymbol{w}_{T+1}$

图 11.7　Widrow-Hoff 算法

第二个例子是 SVR 算法的在线版本，即将随机梯度下降用于 SVR 的对偶目标函数。图 11.8 对于一个任意的 PDS 核 K，不考虑偏置时($b=0$)，给出这个算法的伪代码。另一个在线 Lasso 回归算法通过习题 11.10 给出。

OnLineDualSVR()

$\boldsymbol{\alpha} \leftarrow \boldsymbol{0}$
$\boldsymbol{\alpha}' \leftarrow \boldsymbol{0}$
for $t \leftarrow 1$ **to** T **do**
　Receive(x_t)
　$\hat{y}_t \leftarrow \sum_{s=1}^{t}(\alpha'_s - \alpha_s)K(x_s, x_t)$
　Receive(y_t)
　$\alpha'_{t+1} \leftarrow \alpha'_t + \min(\max(\eta(y_t - \hat{y}_t - \varepsilon), -\alpha'_t), C - \alpha'_t)$
　$\alpha_{t+1} \leftarrow \alpha_t + \min(\max(\eta(\hat{y}_t - y_t - \varepsilon), -\alpha_t), C - \alpha_t)$
return $\sum_{t=1}^{T}(\alpha'_t - \alpha_t)K(x_t, \cdot)$

图 11.8　对偶 SVR 的在线版本

11.4 文献评注

本章中给出的泛化界适用于有界回归问题。当损失函数$\{x \mapsto L(h(x), y): h \in \mathcal{H}\}$无界时，会有损失函数以任意小的概率取到任意大的值。这也是对无界损失推导一致收敛界时需要考虑的主要问题。这个问题可以通过以下两种方式来避免：第一，假设存在一个**包络**(envelope)，它是非负函数，其期望有限并大于假设集中所有损失的绝对值[Dudley，1984；Pollard，1984；Dudley，1987；Pollard，1989；Haussler，1992]；第二，假设损失函数的某阶矩是有界的[Vapnik，1998，2006]。Cortes、Greenberg 和 Mohri[2013](另见 Cortes 等，2010a)通过有限二阶矩为无界损失给出了双边泛化界。他们给出的单边泛化界和 Vapnik[1998，2006]给出的界除以某个常数因子后是一致的，但是 Vapnik 在书中给出的证明似乎并不完整也不正确。

本章中，回归问题的 Rademacher 复杂度界(定理 10.2)是首次提出的。伪维度的概念由 Pollard[1984]提出。伪维度由 VC-维表示的等价形式由 Vapnik[2000]进行了讨论。宽打散的概念由 Kearns 和 Schapire[1990]提出。线性回归在统计中是一种很经典的算法，其历史可以追溯到 19 世纪。岭回归由 Hoerl 和 Kennard[1970]提出。它的核函数版(KRR)由 Saunders、Gammerman 和 Vovk[1998]提出并讨论。KRR 的一个拓展版，即考虑可能带约束的回归问题且输出为 $\mathbb{R}^p$，$p>1$，由 Cortes、Mohri 和 Weston[2007c]提出并分析。支持向量回归(SVR)算法由 Vapnik[2000]讨论分析。Lasso 由 Tibshirani[1996]提出。之后，求解 Lasso 优化问题的 LARS 算法由 Efron 等[2004]提出。Widrow 和 Hoff[1988]提出了 Widrow-Hoff 在线算法。对偶在线 SVR 算法首次由 Vijayakumar 和 Wu[1999]提出并分析。习题 11.4 关于核的稳定性分析源于 Cortes 等[2010b]。

对于大规模的问题，直接通过原问题或者其对偶问题进行批量优化是十分困难的。实践中往往采用通用的迭代式随机梯度下降方法，类似于 11.3.6 节中的方法或拟牛顿方法，比如存储受限的 BFGS(Broyden-Fletcher-Goldfard-Shanno)算法[Nocedal，1980]。

289~291 除了本章涉及的线性回归算法及其基于核的非线性扩展版本，还有许多其他的回归算法。包括决策树回归(见第 9 章)、boosting 树回归和神经网络回归。

11.5 习题

11.1 伪维度和单调函数。

假设是 ϕ 严格单调函数，令 $\phi\circ\mathcal{H}$ 是 $\phi\circ\mathcal{H}=\{\phi(h(\cdot)):h\in\mathcal{H}\}$ 定义的函数族，其中 $\mathcal{H}$ 是某个实值函数集。证明：$\text{Pdim}(\phi\circ\mathcal{H})=\text{Pdim}(\mathcal{H})$。

11.2 线性函数的伪维度。令 $\mathcal{H}$ 是 d 维空间中的线性函数集，即对于某个 $\boldsymbol{w}\in\mathbb{R}^d$，有 $h(\boldsymbol{x})=\boldsymbol{w}^{\mathrm{T}}\boldsymbol{x}$。证明：$\text{Pdim}(\mathcal{H})=d$。

11.3 线性回归。

(a) 关于数据 $\boldsymbol{X}$，需要满足什么条件才能保证 $\boldsymbol{X}\boldsymbol{X}^{\mathrm{T}}$ 可逆？

(b) 假设问题是欠定的。由此，我们可以选择一个解 $\boldsymbol{w}$ 使得 $\boldsymbol{X}^{\mathrm{T}}\boldsymbol{w}=\boldsymbol{X}^{\mathrm{T}}(\boldsymbol{X}\boldsymbol{X}^{\mathrm{T}})^{\dagger}\boldsymbol{X}\boldsymbol{y}$(可以证明 $\boldsymbol{X}^{\mathrm{T}}(\boldsymbol{X}\boldsymbol{X}^{\mathrm{T}})^{\dagger}\boldsymbol{X}\boldsymbol{y}=\boldsymbol{X}^{\dagger}\boldsymbol{X}\boldsymbol{y}$)。比如，可以取 $\boldsymbol{w}^*=(\boldsymbol{X}\boldsymbol{X}^{\mathrm{T}})^{\dagger}\boldsymbol{X}\boldsymbol{y}$。然而这并不是唯一解。以 $\boldsymbol{w}^*$ 的函数的形式写出满足 $\boldsymbol{X}^{\mathrm{T}}\boldsymbol{w}=\boldsymbol{X}^{\dagger}\boldsymbol{X}\boldsymbol{y}$ 的所有解 $\boldsymbol{w}$(提示：可以利用 $\boldsymbol{X}\boldsymbol{X}^{\dagger}\boldsymbol{X}=\boldsymbol{X}$)。

11.4 核的扰动。假设两个不同的核矩阵 $\boldsymbol{K}$ 和 $\boldsymbol{K}'$，被用来以相同的正则化参数 λ 训练两个核岭回归。在本题中，我们将要证明这两个核岭回归对应的最优对偶变量 $\boldsymbol{\alpha}$ 和 $\boldsymbol{\alpha}'$，以与 $\|\boldsymbol{K}'-\boldsymbol{K}\|_2$ 有关的量为界。

(a) 证明：$\boldsymbol{\alpha}'-\boldsymbol{\alpha}=((\boldsymbol{K}'+\lambda\boldsymbol{I})^{-1}(\boldsymbol{K}'-\boldsymbol{K})(\boldsymbol{K}+\lambda\boldsymbol{I})^{-1})\boldsymbol{y}$(提示：对于任意的可逆的矩阵 $\boldsymbol{M}$，有 $\boldsymbol{M}'^{1}-\boldsymbol{M}^{1}=-\boldsymbol{M}'^{-1}(\boldsymbol{M}'-\boldsymbol{M})\boldsymbol{M}^{-1}$)。

(b) 假设 $\forall y\in\mathcal{Y}$，$|y|\leqslant M$，证明：

$$\|\boldsymbol{\alpha}'-\boldsymbol{\alpha}\|\leqslant\frac{\sqrt{m}M\|\boldsymbol{K}'-\boldsymbol{K}\|_2}{\lambda^2}$$

11.5 Huber 损失。推导出采用 Huber 损失的 SVR 对应的原始优化问题和对偶优化问题，其中，Huber 损失定义为：

$$L_C(\xi_i)=\begin{cases}\dfrac{1}{2}\xi_i^2, & \text{如果}\ |\xi_i|\leqslant c\\ c\xi_i-\dfrac{1}{2}c^2, & \text{其他}\end{cases}$$

其中，$\xi_i = \boldsymbol{w} \cdot \Phi(\boldsymbol{x}_i) + b - y_i$。 292

11.6　SVR 和平方损失。假设 $2r\Lambda \leqslant 1$，用定理 11.7 对平方损失推导出一个泛化界。

11.7　SVR 对偶优化问题。给出一个详细的推导：分别在 ϵ-不敏感损失和平方 ϵ-不敏感损失下推导 SVR 算法的对偶优化问题。

11.8　最优核矩阵。设想，除了采用式(10.19)的方式优化对偶变量 $\alpha \in \mathbb{R}^m$，我们也希望对 PDS 核矩阵 $\boldsymbol{K} \in \mathbb{R}^{m \times m}$ 进行优化：

$$\min_{\boldsymbol{K} \geqslant 0} \max_{\boldsymbol{\alpha}} -\lambda \boldsymbol{\alpha}^{\mathrm{T}} \boldsymbol{\alpha} - \boldsymbol{\alpha}^{\mathrm{T}} \boldsymbol{K} \boldsymbol{\alpha} + 2 \boldsymbol{\alpha}^{\mathrm{T}} \boldsymbol{y}, \ \text{s. t.} \ \|\boldsymbol{K}\|_2 \leqslant 1$$

(a) 给出联合优化问题中最优 $\boldsymbol{K}$ 的闭式解。

(b) 通过优化核矩阵可以得到更优的目标函数值。请解释，为什么在实际中，这样优化得到的核矩阵是没用的。

11.9　留一法误差。一般来说，计算留一法的误差是十分昂贵的，因为对于规模为 m 的样本集需要训练算法 m 次。请说明对于核岭回归，只需训练一次算法便可高效地得到留一法误差。

令 $S = ((x_1, y_1), \cdots, (x_m, y_m))$ 表示一个规模为 m 的样本集，对于任意 $i \in [1, m]$，令 S_i 表示从样本集 S 中移去 (x_i, y_i) 所得到的规模为 $m-1$ 的样本集：$S_i = S - \{(x_i, y_i)\}$。对于任意样本集 T，令 h_T 表示在 T 上训练得到的假设。根据定义(见定义 5.1)，对于平方损失，关于 S 的留一法误差为：

$$\hat{R}_{\mathrm{LOO}}(\mathrm{KRR}) = \frac{1}{m} \sum_{i=1}^{m} (h_{S_i}(x_i) - y_i)^2$$

(a) 令 $S_i' = ((x_1, y_1), \cdots, (x_i, h_{S_i}(y_i)), \cdots, (x_m, y_m))$，证明 $h_{S_i} = h_{S_i'}$。

(b) 定义 $\boldsymbol{y}_i = \boldsymbol{y} - y_i \boldsymbol{e}_i + h_{S_i}(x_i) \boldsymbol{e}_i$，即用 $h_{S_i}(x_i)$ 来代替该标签向量的第 i 个分量。证明：对于 KRR，$h_{S_i}(x_i) = \boldsymbol{y}_i^{\mathrm{T}} (\boldsymbol{K} + \lambda \boldsymbol{I})^{-1} \boldsymbol{K} \boldsymbol{e}_i$。

(c) 证明留一法误差可以简单表示为如下关于 h_S 的形式：

$$\hat{R}_{\mathrm{LOO}}(\mathrm{KRR}) = \frac{1}{m} \sum_{i=1}^{m} \left[\frac{h_{S_i}(x_i) - y_i}{\mathrm{e}_i^{\mathrm{T}} (\boldsymbol{K} + \lambda \boldsymbol{I})^{-1} \boldsymbol{K} \boldsymbol{e}_i} \right]^2 \tag{11.34}$$

(d) 假设矩阵 $\boldsymbol{M} = (\boldsymbol{K} + \lambda \boldsymbol{I})^{-1} \boldsymbol{K}$ 的对角线元素都等于 γ。那么请问该算法的经验误差 $\hat{R}_S$ 和留一法误差 $\hat{R}_{\mathrm{LOO}}$ 有什么关系？是否存在一个值 γ 使得这两个误差是一致的？

11.10　在线 Lasso。根据 Lasso 目标函数式(11.33)和随机梯度下降(见 8.3.1 节)，阐述 Lasso 可以由图 11.9 所示的在线算法求解。

OnLineLasso$(\boldsymbol{w}_0^+, \boldsymbol{w}_0^-)$

$\boldsymbol{w}_1^+ \leftarrow \boldsymbol{w}_0^+ \quad \triangleright \boldsymbol{w}_0^+ \geqslant 0$

$\boldsymbol{w}_1^- \leftarrow \boldsymbol{w}_0^- \quad \triangleright \boldsymbol{w}_0^- \geqslant 0$

for $t \leftarrow 1$ **to** T **do**

　　Receive$(\boldsymbol{x}_t, y_t)$

　　for $j \leftarrow 1$ **to** N **do**

　　　　$w_{t+1_j}^+ \leftarrow \max\left(0, w_{t_j}^+ - \eta\left[\lambda - [y_t - (\boldsymbol{w}_t^+ - \boldsymbol{w}_t^-) \cdot \boldsymbol{x}_t] \boldsymbol{x}_{t_j}\right]\right)$

　　　　$w_{t+1_j}^- \leftarrow \max\left(0, w_{t_j}^- - \eta\left[\lambda + [y_t - (\boldsymbol{w}_t^+ - \boldsymbol{w}_t^-) \cdot \boldsymbol{x}_t] \boldsymbol{x}_{t_j}\right]\right)$

return $\boldsymbol{w}_{T+1}^+ - \boldsymbol{w}_{T+1}^-$

图 11.9　Lasso 的在线算法 293～294

11.11　在线平方 SVR。请给出平方 SVR 的在线算法(提供完整的伪代码)。

第 12 章

最大熵模型

在本章中，我们将介绍和讨论**最大熵模型**（maximum entropy model），这个模型也称为 Maxent 模型，是一个被广泛使用的算法族，它可以利用丰富的特征集来实现对密度的估计。本章首先介绍标准密度估计问题，并简要描述**最大似然**（Maximum Likelihood，ML）和**最大后验**（Maximum A Posteriori，MAP）解。接下来介绍更多的密度估计问题，其中学习器还可以访问特征。这也是 Maxent 模型可以解决的问题。

我们将对 Maxent 模型背后的关键原理进行详细的介绍并形式化它们的原始优化问题。接下来，本章将证明一个对偶定理，该定理表明 Maxent 模型与**吉布斯分布**（Gibbs distribution）对正则化最大似然问题的解一致。我们为这些模型提供泛化保证，并给出使用坐标下降技术解决其对偶优化问题的算法。接下来，本章把这些模型扩展到任意 Bregman 散度与其他范数一起使用的情况中，并证明等价于优化问题的具有替代正则化的一般对偶定理。我们还将对应用中常用的 L_2-正则化的 Maxent 模型进行具体的理论分析。

12.1 密度估计问题

令 $S=(x_1, \cdots, x_m)$ 是一个以独立同分布的方式从未知分布 $\mathcal{D}$ 中抽取的数量为 m 的样本。密度估计问题是指使用该样本从可能的分布族 $\mathcal{P}$ 中选择一个接近 $\mathcal{D}$ 的分布 p。

其中分布族 $\mathcal{P}$ 的选择很关键。一个相对较小的分布族可能不包含 $\mathcal{D}$ 或甚至不包含任何接近 $\mathcal{D}$ 的分布。另外，当有一个由大量参数定义的非常丰富的分布族，而其中只有一个
295 样本量为 m 的相对适中的分布可用时，可能会使选择 p 的这项任务非常困难。

12.1.1 最大似然解

一个常见的用于选择分布 p 的思路是基于**最大似然准则**（maximum likelihood principle）。这包括从分布族 $\mathcal{P}$ 中选择一个分布，使得观察到的样本 S 出现的概率最大。因此，

基于样本是独立同分布抽取的事实，通过最大似然选择的解 p_{ML} 定义为：

$$\mathrm{p}_{\mathrm{ML}}=\underset{\mathrm{p}\in\mathcal{P}}{\operatorname{argmax}}\prod_{i=1}^{m}\mathrm{p}(x_i)=\underset{\mathrm{p}\in\mathcal{P}}{\operatorname{argmax}}\sum_{i=1}^{m}\log\mathrm{p}(x_i) \tag{12.1}$$

最大似然准则可以用相对熵来等价地表述。令 $\hat{\mathcal{D}}$ 表示对应于样本 S 的经验分布。那么，p_{ML} 是分布 p 与经验分布 $\hat{\mathcal{D}}$ 的最小相对熵：

$$\mathrm{p}_{\mathrm{ML}}=\underset{\mathrm{p}\in\mathcal{P}}{\operatorname{argmin}}\mathrm{D}(\hat{\mathcal{D}}\|\mathrm{p}) \tag{12.2}$$

其中：

$$\begin{aligned}\mathcal{D}(\hat{\mathcal{D}}\|\mathrm{p})&=\sum_{x}\hat{\mathcal{D}}(x)\log\hat{\mathcal{D}}(x)-\sum_{x}\hat{\mathcal{D}}(x)\log\mathrm{p}(x)\\&=-\mathrm{H}(\hat{\mathcal{D}})-\sum_{x}\frac{\sum_{i=1}^{m}1_{x=x_i}}{m}\log\mathrm{p}(x)\\&=-\mathrm{H}(\hat{\mathcal{D}})-\sum_{i=1}^{m}\sum_{x}\frac{1_{x=x_i}}{m}\log\mathrm{p}(x)\\&=-\mathrm{H}(\hat{\mathcal{D}})-\sum_{i=1}^{m}\frac{\log\mathrm{p}(x_i)}{m}\end{aligned}$$

最后一个表达式的第一项，即经验分布的负熵，不随分布 p 的变化而变化。

作为最大似然准则应用的一个例子，假设我们希望估计一个硬币不均匀的偏差 p_0，它是服从独立同分布的样本 $S=(x_1, \cdots, x_m)$，其中 $x_i\in\{\mathrm{h}, \mathrm{t}\}$，h 表示正面，t 表示背面。$\mathrm{p}_0\in[0, 1]$是 h 相对未知分布 $\mathcal{D}$ 的概率。令 $\mathcal{P}$ 为所有分布 $\mathrm{p}=(p, 1-p)$的分布族，其中 $p\in[0, 1]$是任意可能的偏差值。令 n_{h} 表示 h 在 S 中出现的次数。然后，选择 $\mathrm{p}=(\hat{p}_S, 1-\hat{p}_S)=\hat{\mathcal{D}}$，其中 $\hat{p}_S=\frac{n_{\mathrm{h}}}{m}$使得 $\mathrm{D}(\hat{\mathcal{D}}\|\mathrm{p})=0$。以上通过式(12.2)可以得到 $\mathrm{p}_{\mathrm{ML}}=\hat{\mathcal{D}}$。因此，偏差的最大似然估计 p_{ML} 的一个经验值为：

$$p_{\mathrm{ML}}=\frac{n_{\mathrm{h}}}{m} \tag{12.3}$$ 296

12.1.2 最大后验解

除此之外，另一种方法是基于所谓的最大后验解。这种方法选择最可能的分布 $\mathrm{p}\in\mathcal{P}$，就像是给定观测样本 S 和分布 $\mathrm{p}\in\mathcal{P}$ 上的一个先验 $\mathbb{P}_{[\mathrm{p}]}$，根据贝叶斯规则，问题可以表述如下：

$$\mathrm{p}_{\mathrm{MAP}}=\underset{\mathrm{p}\in\mathcal{P}}{\operatorname{argmax}}\mathbb{P}[\mathrm{p}\mid S]=\underset{\mathrm{p}\in\mathcal{P}}{\operatorname{argmax}}\frac{\mathbb{P}[S\mid\mathrm{p}]\mathbb{P}[\mathrm{p}]}{\mathbb{P}[S]}=\underset{\mathrm{p}\in\mathcal{P}}{\operatorname{argmax}}\mathbb{P}[S\mid\mathrm{p}]\mathbb{P}[\mathrm{p}] \tag{12.4}$$

请注意，对于均匀的先验，$\mathbb{P}_{[\mathrm{p}]}$是一个常数，此时最大后验解与最大似然解是一致的。下面的一个标准示例可以说明 MAP 解及与 ML 解的区别。

例 12.1 MAP 解的应用 假设根据患者的实验数据，我们需要确定该患者是否患有罕见疾病。我们考虑两个简单的分布：d(患病的概率为 1)和 $\bar{\mathrm{d}}$(无病的概率为 1)，且 $\mathcal{P}=\{\mathrm{d}, \bar{\mathrm{d}}\}$。实验数据由 pos(阳性)或 neg(阴性)组成，因此 $S\in\{\mathrm{pos}, \mathrm{neg}\}$。

假设这种疾病很罕见，比如 $\mathbb{P}[d]=0.005$ 并且实验数据相对准确：$\mathbb{P}[pos|d]=0.98$，$\mathbb{P}[neg|\overline{d}]=0.95$。那么，如果检测结果为阳性，诊断应该是什么？当给定阳性测试结果，我们可以计算式(12.4)的右侧，以确定 MAP 估计值：

$$\mathbb{P}[pos|d]\mathbb{P}[d]=0.98\times0.005=0.0049$$

$$\mathbb{P}[pos|\overline{d}]\mathbb{P}[\overline{d}]=(1-0.95)\times(1-0.005)=0.04975>0.0049$$

通过以上计算，在这种情况下，通过 MAP 的预测表明患者没有疾病：根据 MAP 解的值，具有阳性测试结果的患者更有可能没有疾病。

我们不会在这里分析最大似然和最大后验解的性质，因为会涉及样本的大小和分布族 $\mathcal{P}$ 的选择。相反，我们将考虑一个更多地关于密度估计的问题，即学习器可以访问特征，这是最大熵(Maxent)模型可解决的学习问题。

12.2　添加特征的密度估计问题

与标准密度估计问题一样，我们考虑一个场景，其中学习器接收一个大小为 m 的样本 $S=(x_1，\cdots，x_m)\subseteq\mathcal{X}$，这些样本来自某个分布 $\mathcal{D}$ 且服从独立同分布。另外，我们假设
297 学习器可以访问从 $\mathcal{X}$ 到 $\mathbb{R}^N$ 的特征映射，其中 $\|\boldsymbol{\Phi}\|_\infty\leqslant r$。在最一般的情况下，我们可能有 $N=+\infty$。我们用 $\mathcal{H}$ 表示一个实值函数族，其中包含具有 $j\in[1，N]$ 的分量特征函数 $\boldsymbol{\Phi}_j$。实际上，可以考虑不同的特征函数。$\mathcal{H}$ 可能是定义在 n 个变量上，用于 boosting 桩的阈值函数族 $\boldsymbol{x}\mapsto 1_{x_i\leqslant\theta}$，$\boldsymbol{x}\in\mathbb{R}^n$，$\theta\in\mathbb{R}$，或者是由更复杂的决策树或回归树定义的一系列函数。另外，经常使用的特征也有基于输入变量的 k 次单项式。为了简化表示，在下文中，我们将假设输入集 $\mathcal{X}$ 是有限的。

12.3　最大熵准则[⊖]

最大熵模型源自基于主要特性的原则，即任何特征的经验平均值接近其真实平均值的概率很高。根据 Rademacher 复杂度界限，对于任何 $\delta>0$，在选择数量为 m 的样本 S 时，以下不等式至少有 $1-\delta$ 的概率成立：

$$\left\|\mathop{\mathbb{E}}_{x\sim\mathcal{D}}[\boldsymbol{\Phi}(x)]-\mathop{\mathbb{E}}_{x\sim\hat{\mathcal{D}}}[\boldsymbol{\Phi}(x)]\right\|_\infty\leqslant 2\mathcal{R}_m(\mathcal{H})+r\sqrt{\frac{\log\frac{2}{\delta}}{2m}}\tag{12.5}$$

其中我们用 $\hat{\mathcal{D}}$ 表示样本 S 定义的经验分布。这是理论保证，并且也指导着最大熵准则的定义。

令 p_0 是 $\mathcal{X}$ 上的分布，对于所有 $x\in\mathcal{X}$ 都有 $p_0(x)>0$，通常令其为均匀分布。然后，**最大熵准则**寻找不可知的分布 p，即尽可能接近均匀分布，或更一般地说，接近先验 p_0，同时验证类似于式(12.5)的不等式：

$$\left\|\mathop{\mathbb{E}}_{x\sim p}[\boldsymbol{\Phi}(x)]-\mathop{\mathbb{E}}_{x\sim\hat{\mathcal{D}}}[\boldsymbol{\Phi}(x)]\right\|_\infty\leqslant\lambda\tag{12.6}$$

⊖　很多文献中也将最大熵准则称为最大熵原理。——译者注

其中 $\lambda \geqslant 0$ 是一个参数。这里相对熵用来衡量两者的接近程度。选择 $\lambda = 0$ 对应于标准最大熵或**非正则化最大熵**(unregularized Maxent)，并要求关于 p 的期望特征经验平均值精确匹配。正如我们稍后将看到的，它的松弛，即不等式($\lambda \neq 0$)转化为正则化项。请注意，与最大似然不同，最大熵准则不需要指定一组概率分布 $\mathcal{P}$ 以供选择。 298

12.4 最大熵模型简介

让 Δ 表示所有分布在 $\mathcal{X}$ 上的单纯形，那么最大熵准则可以表述为以下优化问题：

$$\min_{p \in \Delta} D(p \| p_0)$$
$$\text{s. t. } \left\| \mathop{\mathbb{E}}_{x \sim p}[\boldsymbol{\Phi}(x)] - \mathop{\mathbb{E}}_{x \sim \hat{\mathcal{D}}}[\boldsymbol{\Phi}(x)] \right\|_\infty \leqslant \lambda \tag{12.7}$$

这定义了一个凸优化问题，因为附录 E 中证明相对熵 D 是凸的，由于约束是仿射的且 Δ 是一个凸集。该解实际上是唯一的，因为相对熵是严格凸的。经验分布显然是可得到的，因此问题(12.7)是可得到的。

对于先验均匀分布先验 p_0，问题(12.7)可以等效地表述为熵最大化，这也解释了模型的名称。设 $H(p) = -\sum_{x \in \mathcal{X}} p(x) \log p(x)$ 表示 p 的熵。然后，式(12.7)的目标函数可以改写如下：

$$\begin{aligned} D(p \| p_0) &= \sum_{x \in \mathcal{X}} p(x) \log \frac{p(x)}{p_0(x)} \\ &= -\sum_{x \in \mathcal{X}} p(x) \log p_0(x) + \sum_{x \in \mathcal{X}} p(x) \log p(x) \\ &= \log |\mathcal{X}| - H(p) \end{aligned}$$

由于 $\log|\mathcal{X}|$ 是一个常数，因此最小化相对熵 $D(p\|p_0)$ 等效于最大化 $H(p)$。
最大熵模型正好是刚刚描述的优化问题的解决方案。正如已经讨论过的，它们目前有两个重要的好处：它们有基本理论可以保证经验平均值和真实特征平均值的接近度，并且不需要指定特定的分布族 $\mathcal{P}$。接下来我们将进一步分析最大熵模型。

12.5 对偶问题

在这里，我们为式(12.7)推导出了一个等价的对偶问题，正如我们将展示的，它可以被表述为**吉布斯分布**(Gibbs distribution)族上的正则化最大似然问题。

对于任何凸集 K，如果 $x \in K$，则令 I_K 表示由 $I_K(x) = 0$ 定义的函数，否则 $I_K(x) = +\infty$。然后，最大熵优化问题(12.7)可以等价表示为无约束优化问 $\min_p F(p)$，对于所有的 $p \in \mathbb{R}^{\mathcal{X}}$， 299

$$F(p) = \widetilde{D}(p \| p_0) + I_{\mathcal{C}}(\mathop{\mathbb{E}}_{p}[\boldsymbol{\Phi}]) \tag{12.8}$$

如果 p 在单纯形空间 Δ 中，那么 $\widetilde{D}(p\|p_0) = D(p\|p_0)$，否则 $\widetilde{D}(p\|p_0) = +\infty$。$\mathcal{C} \subseteq \mathbb{R}^N$ 凸集可由 $\mathcal{C} = \{\boldsymbol{u} : \|\boldsymbol{u} - \mathop{\mathbb{E}}_{(x,y) \sim \hat{\mathcal{D}}}[\boldsymbol{\Phi}(x, y)]\|_\infty \leqslant \lambda\}$ 定义。

具有先验 p_0、参数 $\boldsymbol{w}$ 和特征向量 $\boldsymbol{\Phi}$ 的吉布斯分布 $p_{\boldsymbol{w}}$ 的一般形式为：

$$\mathrm{p}_{\boldsymbol{w}}[x]=\frac{\mathrm{p}_0[x]\mathrm{e}^{\boldsymbol{w}\cdot\boldsymbol{\Phi}(x)}}{Z(\boldsymbol{w})} \tag{12.9}$$

其中 $Z(\boldsymbol{w})=\sum_{x\in\mathcal{X}}\mathrm{p}_0[x]\mathrm{e}^{\boldsymbol{w}\cdot\boldsymbol{\Phi}(x)}$ 是归一化因子，也称为**分配函数**(partition function)。令 G 是为所有 $\boldsymbol{w}\subseteq\mathbb{R}^N$ 定义的函数：

$$G(\boldsymbol{w})=\frac{1}{m}\sum_{i=1}^{m}\log\left[\frac{\mathrm{p}_{\boldsymbol{w}}[x_i]}{\mathrm{p}_0[x_i]}\right]-\lambda\|\boldsymbol{w}\|_1 \tag{12.10}$$

接下来，以下定理表明了原始问题(12.7)或问题(12.8)与基于 G 的对偶问题等价。

| 定理 12.1　最大熵对偶 | 问题(12.7)或问题(12.8)等价于优化问题 $\sup\limits_{\boldsymbol{w}\in\mathbb{R}^N}\subseteq G(\boldsymbol{w})$：

$$\sup_{\boldsymbol{w}\in\mathbb{R}^N}G(\boldsymbol{w})=\min_{\mathrm{p}}F(\mathrm{p}) \tag{12.11}$$

此外，设 $\mathrm{p}^*=\underset{\mathrm{p}}{\operatorname{argmin}}F(\mathrm{p})$ 和 $\mathrm{d}^*=\sup\limits_{\boldsymbol{w}\subseteq\mathbb{R}^N}G(\boldsymbol{w})$，那么，对于任意 $\varepsilon>0$ 和任意 $\boldsymbol{w}$ 使得 $|G(\boldsymbol{w})-d^*|<\varepsilon$，以下不等式成立：$|\mathrm{D}(\mathrm{p}^*\|\mathrm{p}_{\boldsymbol{w}})\leqslant\varepsilon$。

| 证明 | 证明的第一部分是将 Fenchel 对偶定理(定理 B.9)用于优化问题(12.8)，其中对于所有 $\mathrm{p}\in\mathbb{R}^{\mathcal{X}}$ 和 $\boldsymbol{u}\subseteq\mathbb{R}^N$，函数 f、g 和 A 由 $f(\mathrm{p})=\widetilde{\mathrm{D}}(\mathrm{p}\|\mathrm{p}_0)$、$g(\boldsymbol{u})=I_{\mathcal{C}}(\boldsymbol{u})$ 以及 $A_{\mathrm{p}}=\sum_{x\in\mathcal{X}}\mathrm{p}(x)\boldsymbol{\Phi}(x)$ 来定义。A 是有界线性映射，因为对于任何 p，我们有 $\|A_{\mathrm{p}}\|\leqslant\|\mathrm{p}\|_1\sup\limits_{x}\|\boldsymbol{\Phi}(x)\|_\infty\leqslant r\|\mathrm{p}\|_1$。另外，请注意，对于所有 $\boldsymbol{w}\in\mathbb{R}^N$，都有 $A^*\boldsymbol{w}=\boldsymbol{w}\cdot\boldsymbol{\Phi}$。

接下来，考虑由 $\boldsymbol{u}_0=\mathop{\mathbb{E}}\limits_{x\sim\hat{\mathcal{D}}}[\boldsymbol{\Phi}(x)]=A\hat{\mathcal{D}}$ 定义的 $\boldsymbol{u}_0\in\mathbb{R}^N$。由于 $\hat{\mathcal{D}}$ 在 $\Delta=\mathrm{dom}(f)$ 中，$\boldsymbol{u}_0$ 在 $A(\mathrm{dom}(f))$ 中。此外，由于 $\lambda>0$，$\boldsymbol{u}_0$ 在 $\mathrm{int}(\mathcal{C})$ 中。$g=I_{\mathcal{C}}$ 在 $\mathrm{int}(\mathcal{C})$ 上等于 0，所以在 $\mathrm{int}(\mathcal{C})$ 上是连续的，因此 g 在 $\boldsymbol{u}_0$ 上是连续的，我们有 $\boldsymbol{u}_0\in A(\mathrm{dom}(f))\cap\mathrm{cout}(g)$。因此，定理 B.9 的假设成立。

根据引理 B.37，f 的共轭是函数 $f^*:\mathbb{R}^{\mathcal{X}}\mapsto\mathbb{R}$，对于所有 $\mathrm{q}\in\mathbb{R}^{\mathcal{X}}$ 可由 $f^*(\boldsymbol{q})=$
300 $\log\left(\sum_{x\in\mathcal{X}}\mathrm{p}_0[x]\mathrm{e}^{\boldsymbol{q}[x]}\right)$ 定义。$g=I_{\mathcal{C}}$ 的共轭函数 g^*，对于所有 $\boldsymbol{w}\in\mathbb{R}^N$，可由下式定义：

$$\begin{aligned}g^*(\boldsymbol{w})&=\sup_{\boldsymbol{u}}(\boldsymbol{w}\cdot\boldsymbol{u}-I_{\mathcal{C}(\boldsymbol{u})})=\sup_{\boldsymbol{u}\in\mathcal{C}}(\boldsymbol{w}\cdot\boldsymbol{u})\\&=\sup_{\|\boldsymbol{u}-\mathop{\mathbb{E}}_{\hat{\mathcal{D}}}[\boldsymbol{\Phi}]\|_\infty\leqslant\lambda}(\boldsymbol{w}\cdot\boldsymbol{u})\\&=\boldsymbol{w}\cdot\mathop{\mathbb{E}}_{\hat{\mathcal{D}}}[\boldsymbol{\Phi}]+\sup_{\|\boldsymbol{u}\|_\infty\leqslant\lambda}(\boldsymbol{w}\cdot\boldsymbol{u})\\&=\mathop{\mathbb{E}}_{\hat{\mathcal{D}}}[\boldsymbol{w}\cdot\boldsymbol{\Phi}]+\lambda\|\boldsymbol{w}\|_1\end{aligned}$$

根据对偶范数的定义，最后一个等式成立。根据以上恒等式，我们可以写成

$$\begin{aligned}-f^*(A^*\boldsymbol{w})-g^*(-\boldsymbol{w})&=-\log\left(\sum_{x\in\mathcal{X}}\mathrm{p}_0[x]\mathrm{e}^{\boldsymbol{w}\cdot\boldsymbol{\Phi}(x)}\right)+\mathop{\mathbb{E}}_{\hat{\mathcal{D}}}[\boldsymbol{w}\cdot\boldsymbol{\Phi}]-\lambda\|\boldsymbol{w}\|_1\\&=-\log Z(\boldsymbol{w})+\frac{1}{m}\sum_{i=1}^{m}\boldsymbol{w}\cdot\boldsymbol{\Phi}(x_i)-\lambda\|\boldsymbol{w}\|_1\\&=\frac{1}{m}\sum_{i=1}^{m}\log\frac{\mathrm{e}^{\boldsymbol{w}\cdot\boldsymbol{\Phi}(x_i)}}{Z(\boldsymbol{w})}-\lambda\|\boldsymbol{w}\|_1\\&=\frac{1}{m}\sum_{i=1}^{m}\log\left[\frac{\mathrm{p}_{\boldsymbol{w}}[x_i]}{\mathrm{p}_0[x_i]}\right]-\lambda\|\boldsymbol{w}\|_1=G(\boldsymbol{w})\end{aligned}$$

以上证明了 $\sup_{w\in\mathbb{R}^N} G(\boldsymbol{w})=\min_{p} F(p)$。 ■

现在，对于任何 $\boldsymbol{w}\in\mathbb{R}^N$，我们可以得到：

$$
\begin{aligned}
&G(\boldsymbol{w})-D(p^*\|p_0)+D(p^*\|p_w)\\
&=\mathop{\mathbb{E}}_{x\sim\hat{\mathcal{D}}}\left[\log\frac{p_w[x]}{p_0[x]}\right]-\lambda\|\boldsymbol{w}\|_1+\mathop{\mathbb{E}}_{x\sim p^*}\left[\log\frac{p^*[x]}{p_0[x]}\right]+\mathop{\mathbb{E}}_{x\sim p^*}\left[\log\frac{p^*[x]}{p_w[x]}\right]\\
&=-\lambda\|\boldsymbol{w}\|_1+\mathop{\mathbb{E}}_{x\sim\hat{\mathcal{D}}}\left[\log\frac{p_w[x]}{p_0[x]}\right]-\mathop{\mathbb{E}}_{x\sim p^*}\left[\log\frac{p_w(x)}{p_0(x)}\right]\\
&=-\lambda\|\boldsymbol{w}\|_1+\mathop{\mathbb{E}}_{x\sim\hat{\mathcal{D}}}[\boldsymbol{w}\cdot\boldsymbol{\Phi}(x)-\log Z(\boldsymbol{w})]-\mathop{\mathbb{E}}_{x\sim p^*}[\boldsymbol{w}\cdot\boldsymbol{\Phi}(\mathrm{x})-\log Z(\boldsymbol{w})]\\
&=-\lambda\|\boldsymbol{w}\|_1+\boldsymbol{w}\cdot\left[\mathop{\mathbb{E}}_{x\sim\hat{\mathcal{D}}}[\boldsymbol{\Phi}(x)]-\mathop{\mathbb{E}}_{x\sim p^*}[\boldsymbol{\Phi}(x)]\right]
\end{aligned}
$$

原优化的解 p^* 可验证约束 $I_C(\mathop{\mathbb{E}}_{p^*}[\Phi])=0$，即 $\|\mathop{\mathbb{E}}_{x\sim\hat{\mathcal{D}}}[\boldsymbol{\Phi}(x)]-\mathop{\mathbb{E}}_{x\sim p^*}[\boldsymbol{\Phi}(x)]\|_\infty\leqslant\lambda$。通过 Hölder 不等式，这意味着以下不等式成立：

$$-\lambda\|\boldsymbol{w}\|_1+\boldsymbol{w}\cdot\left[\mathop{\mathbb{E}}_{x\sim\hat{\mathcal{D}}}[\boldsymbol{\Phi}(x)]-\mathop{\mathbb{E}}_{x\sim p^*}[\boldsymbol{\Phi}(x)]\right]\leqslant-\lambda\|\boldsymbol{w}\|_1+\lambda\|\boldsymbol{w}\|_1=0$$ 301

因此，对于任何 $\boldsymbol{w}\in\mathbb{R}^N$，我们可以得到：

$$D(p^*\|p_w)\leqslant D(p^*\|p_0)-G(\boldsymbol{w})$$

现在，假设 $\boldsymbol{w}$ 证实 $|G(\boldsymbol{w})-\sup_{w\in\mathbb{R}^N}G(\boldsymbol{w})|\leqslant\epsilon$ 对于某些 $\epsilon>0$ 成立。然后，$D(p^*\|p_0)-G(\boldsymbol{w})=(\sup_{w}G(\boldsymbol{w}))-G(\boldsymbol{w})\leqslant\epsilon$ 意味着 $D(p^*\|p_0)\leqslant\epsilon$。证毕。 ■

根据定理，若 $\boldsymbol{w}$ 为对偶优化问题的 ϵ-解，则 $D(p^*\|p_0)\leqslant\epsilon$，根据 Pinsker 不等式（命题 E.7），意味着 p_w 在 L_1-范数以 $\sqrt{2\epsilon}$-接近原始解的最优解：$\|p^*-p_w\|_1\leqslant\sqrt{2\epsilon}$。因此，最大熵问题的解可通过求解对偶的方式得到，即可以等价地表示为：

$$\inf_{w\in\mathbb{R}^N}\lambda\|\boldsymbol{w}\|_1-\frac{1}{m}\sum_{i=1}^{m}\log p_w[x_i] \tag{12.12}$$

注意，对于 $\lambda=0$ 的任意有限 $\boldsymbol{w}$，可能无法得到解，这就是需要取下限值的原因。这个结果可能看起来令人惊讶，因为它表明最大熵在吉布斯分布的特定 $\mathcal{P}$ 族上与最大似然（$\lambda=0$）或正则最大似然（$\lambda>0$）相一致，而正如前面指出的，最大熵准则没有明确指定任何一个分布族 $\mathcal{P}$。那么，如何解释最大熵的解属于吉布斯分布的特定一族呢？可以从对两个分布接近度测量方式的选择来考虑。更进一步说，相对熵是对分布 p 与先验分布 p_0 的接近度测量的一种特殊选择。分布之间接近度的测量方式导致解的不同。因此，在某种意义上，接近度测量的选择与最大似然分布族 $\mathcal{P}$ 的（对偶）相对应。

吉布斯分布族是一个非常大的分布族。特别是，当 $\mathcal{X}$ 是一个向量空间的子集，且有关 $\boldsymbol{x}=(x_1,\cdots,x_n)\in\mathcal{X}$ 的特征 $\boldsymbol{\Phi}_j(\boldsymbol{x})$ 是一个度最多为 2 的单项：比如当输入变量是 x_j，可表示为 x_jx_k、x_j 或者一个常数 $a\in\mathbb{R}$，那么 $\boldsymbol{w}\cdot\boldsymbol{\Phi}(x)$ 是 x_j 的函数的二次型。因此，吉布斯分布包括由二次型的标准化指数定义的分布族，其中包括作为一种特殊情况的高斯分布，也包括双峰分布和非正定二次型的标准化指数。可以进一步使用高阶单项或输入变量更复杂的函数来定义更复杂的多模态分布。图 12.1 显示了两个吉布斯分布的例子，说明了这个分布族的多样性。 302

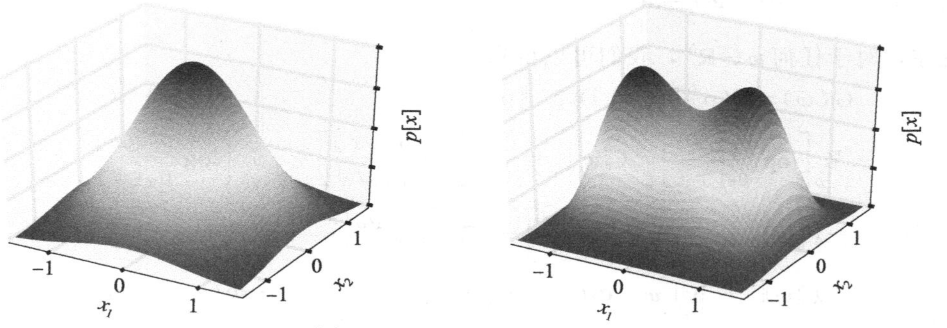

a）单峰高斯分布 $p[(x_1, x_2)]=\frac{e^{-(x_1^2+x_2^2)}}{Z}$　b）双峰分布 $p[(x_1, x_2)]=\frac{e^{-(x_1^4+x_2^4)+x_1^2-x_2^2}}{Z}$。其中，z是归一化因子

图 12.1　在 $\mathbb{R}^2$ 中的吉布斯分布

12.6　泛化界

设 $\mathcal{L}_{\mathcal{D}}(\boldsymbol{w})$ 表示分布 p_w 相对于分布 $\mathcal{D}$ 的对数损失，$\mathcal{L}_{\mathcal{D}}(\boldsymbol{w})=\underset{x\sim\mathcal{D}}{\mathbb{E}}[-\log p_w[x]]$，类似地，$\mathcal{L}_S(\boldsymbol{w})$ 表示其对样本 S 经验分布的对数损失。

| 定理 12.2　最大熵对偶 | 固定 $\delta>0$。设 $\hat{\boldsymbol{w}}$ 是对于 $\lambda=2\mathcal{R}_m(\mathcal{H})+r\sqrt{\frac{\log\frac{2}{\delta}}{2m}}$ 的优化问题(12.12)的解。那么，从 $\mathcal{D}$ 中抽取数量为 m 的独立同分布样本 S，在概率至少为 $1-\delta$ 的情况下，下列不等式成立：

$$\mathcal{L}_{\mathcal{D}}(\hat{\boldsymbol{w}})\leqslant\inf_{\boldsymbol{w}}\mathcal{L}_{\mathcal{D}}(\boldsymbol{w})+2\|\boldsymbol{w}\|_1\left[2\mathcal{R}_m(\mathcal{H})+r\sqrt{\frac{\log\frac{2}{\delta}}{2m}}\right]$$

| 证明 | 根据 $\mathcal{L}_{\mathcal{D}}(\boldsymbol{w})$、$\mathcal{L}_S(\boldsymbol{w})$、Hölder 不等式和不等式(12.5)的定义，其概率至少为 $1-\delta$，有以下结论成立：

$$\mathcal{L}_{\mathcal{D}}(\hat{\boldsymbol{w}})-\mathcal{L}_S(\hat{\boldsymbol{w}})=\hat{\boldsymbol{w}}\cdot[\underset{\hat{\mathcal{D}}}{\mathbb{E}}[\boldsymbol{\Phi}]-\underset{\mathcal{D}}{\mathbb{E}}[\boldsymbol{\Phi}]]\leqslant\|\hat{\boldsymbol{w}}\|_1\|\underset{\hat{\mathcal{D}}}{\mathbb{E}}[\boldsymbol{\Phi}]-\underset{\mathcal{D}}{\mathbb{E}}[\boldsymbol{\Phi}]\|_\infty\leqslant\lambda\|\hat{\boldsymbol{w}}\|_1$$

因为 $\hat{\boldsymbol{w}}$ 是一个较小的值，对于任意 $\hat{\boldsymbol{w}}$，我们可以写成：

$$\begin{aligned}\mathcal{L}_{\mathcal{D}}(\hat{\boldsymbol{w}})-\mathcal{L}_{\mathcal{D}}(\boldsymbol{w})&=\mathcal{L}_{\mathcal{D}}(\hat{\boldsymbol{w}})-\mathcal{L}_S(\hat{\boldsymbol{w}})+\mathcal{L}_S(\hat{\boldsymbol{w}})-\mathcal{L}_{\mathcal{D}}(\boldsymbol{w})\\&\leqslant\lambda\|\hat{\boldsymbol{w}}\|_1+\mathcal{L}_S(\hat{\boldsymbol{w}})-\mathcal{L}_{\mathcal{D}}(\boldsymbol{w})\\&\leqslant\lambda\|\boldsymbol{w}\|_1+\mathcal{L}_S(\boldsymbol{w})-\mathcal{L}_{\mathcal{D}}(\boldsymbol{w})\leqslant2\lambda\|\boldsymbol{w}\|_1\end{aligned}$$

303

其中，在最后一个不等式中使用了与不等式(12.5)相应的左不等式。证毕。■

假设 $\boldsymbol{w}^*$ 达到损失的最低值，即 $\mathcal{L}_{\mathcal{D}}(\boldsymbol{w}^*)=\inf_{\boldsymbol{w}}\mathcal{L}_{\mathcal{D}}(\boldsymbol{w})$ 以及 $\mathcal{R}_m(\mathcal{H})=(1/\sqrt{m})$。然后，定理表明，下列不等式大概率成立：

$$\mathcal{L}_{\mathcal{D}}(\hat{\boldsymbol{w}})\leqslant\inf_{\boldsymbol{w}}\mathcal{L}_{\mathcal{D}}(\boldsymbol{w})+O\left(\frac{\|\boldsymbol{w}^*\|_1}{\sqrt{m}}\right)$$

12.7 坐标下降算法

优化(12.12)中的对偶目标函数是凸的，因为拉格朗日对偶总是上凸(concave)的(附录 B)。如果忽略常数项 $-\frac{1}{m}\sum_{i=1}^{m}\log p_0[x_i]$，优化问题(12.12)可改写为 $\inf_{w} J(w)$：

$$J(w)=\lambda\|w\|_1-w\cdot\mathop{\mathbb{E}}_{\hat{\mathcal{D}}}[\boldsymbol{\Phi}]+\log\left[\sum_{x\in\mathcal{X}}p_0[x]e^{w\cdot\boldsymbol{\Phi}(x)}\right]$$

特别要注意，函数 $w\mapsto\log\left[\sum_{x\in\mathcal{X}}p_0[x]e^{w\cdot\boldsymbol{\Phi}(x)}\right]$ 是凸的，正如在定理 12.2 证明中定义的函数 f 的共轭函数 f^* 一样。

有很多不同的优化技术可以用来解决这个凸优化问题，包括标准的随机梯度下降和一些特别设计的技术。在本节中，我们将描述一个基于坐标下降的解决方案，它在存在大量特征时特别有效。

函数 J 是不可微的，但由于它是凸的，它在任意一点允许一个次导数。本章最大熵算法包括在对目标函数(12.12)求解时使用坐标下降。

方向 令 w_{t-1} 表示$(t-1)$次迭代后定义的权向量。在每次迭代 $t\in[1, T]$时，通过坐标下降的方式，方向 e_j，$j\in[1, N]$为 $\delta J(w_{t-1}, e_j)$。如果 $w_{t-1,j}\neq 0$，则 J 沿 e_j 方向的导数如下：

$$J'(w_{t-1},e_j)=\lambda\,\mathrm{sgn}(w_{t-1,j})+\epsilon_{t-1,j}$$

其中，$\epsilon_{t-1,j}=\mathop{\mathbb{E}}_{p_{w_{t-1}}}[\Phi_j]-\mathop{\mathbb{E}}_{\hat{\mathcal{D}}}[\Phi_j]$。如果 $w_{t-1,j}=0$，J 可允许沿 e_j 左右方向的导数：

$$J'_+(w_{t-1}, e_j)=\lambda+\epsilon_{t-1,j}\qquad J'_-(w_{t-1}, e_j)=-\lambda+\epsilon_{t-1,j}$$ 304

因此，总的来说，对于所有的 $j\in[1, N]$，我们可以定义

$$\delta J(w_{t-1}, e_j)=\begin{cases}\lambda\,\mathrm{sgn}(w_{t-1,j})+\epsilon_{t-1,j} & \text{如果}(w_{t-1,j}\neq 0)\\ 0 & \text{如果}|\epsilon_{t-1,j}|\leqslant\lambda\\ -\lambda\,\mathrm{sgn}(\epsilon_{t-1,j})+\epsilon_{t-1,j} & \text{其他}\end{cases}$$

坐标下降算法选择绝对值最大的方向 $\delta J(w_{t-1}, e_j)$。

步长 给定方向 e_j，最佳步长值 η 由 $\operatorname*{argmin}_{\eta} J(w_{t-1}+\eta e_j)$给出。$\eta$ 可以通过行搜索或其他数值方法得到。通过最小化 $J(w_{t-1}+\eta e_j)$的上界，也可以得到步长的闭合表达式。注意我们可以写成

$$J(w_{t-1}+\eta e_j)-J(w_{t-1})=\lambda(|w_j+\eta|-|w_j|)-\eta\mathop{\mathbb{E}}_{S}[\Phi_j]+\log\left[\mathop{\mathbb{E}}_{p_{w_{t-1}}}[e^{\eta\Phi_j}]\right]\tag{12.13}$$

鉴于 $\Phi_j\in[-r, +r]$，通过 Hoeffding 引理，以下不等式成立：

$$\log\mathop{\mathbb{E}}_{p_{w_{t-1}}}[e^{\eta\Phi_j}]\leqslant\eta\mathop{\mathbb{E}}_{p_{w_{t-1}}}[\Phi_j]+\frac{\eta^2r^2}{2}$$

将这个不等式与式(12.13)结合，并忽略常数项，使最小化 $J(w_{t-1}+\eta e_j)-J(w_{t-1})$ 上界的结果等价于对于所有的 $\eta\in\mathbb{R}$ 最小化 $\varphi(\eta)$：

$$\varphi(\eta)=\lambda|w_j+\eta|+\eta\varepsilon_{t-1,j}+\frac{\eta^2 r^2}{2}$$

令 η^* 表示 $\varphi(\eta)$ 的最小值。如果 $w_{t-1,j}+\eta^*=0$，那么 $|w_{t-1,\ j}+\eta|$ 在 η^* 的次微分是集合 $\{v:\ v\in[-1,\ +1]\}$。因此，在这种情况下，次微分 $\partial\varphi(\eta^*)$ 包含 0，有且仅有 $v\in[-1,\ +1]$ 使得：

$$\lambda v+\varepsilon_{t-1,j}+\eta^* r^2=0 \Leftrightarrow w_{t-1,j}r^2-\varepsilon_{t-1,j}=\lambda v$$

因此，条件等于 $|w_{t-1,j}r^2-\varepsilon_{t-1,j}|\leqslant\lambda$。如果 $w_{t-1,j}+\eta^*>0$，则 φ 是在 η^* 的次微分，并且 $\varphi'(\eta^*)=0$，写成：

$$\lambda+\varepsilon_{t-1,j}+\eta^* r^2=0 \Leftrightarrow \eta^*=\frac{1}{r^2}[-\lambda-\varepsilon_{t-1,j}]$$

鉴于这个表达式，条件 $w_{t-1,j}+\eta^*>0$ 等价于 $w_{t-1,j}r^2-\varepsilon_{t-1,j}>\lambda$。类似地，如果 $w_{t-1,j}+\eta^*<0$，φ 在 η^* 处是可微的，并且 $\varphi'(\eta^*)=0$，可以得到：

$$\eta^*=\frac{1}{r^2}[\lambda-\varepsilon_{t-1,j}]$$

图 12.2 显示了坐标下降最大熵算法的伪代码，它使用了刚刚给出的步长的闭式解。注意，我们不需要在算法的每次迭代时更新分布 p_{w_t}（第 15 行），我们只需要能够计算 $\mathop{\mathbb{E}}_{p_{w_t}}[\boldsymbol{\Phi}_j]$，其定义 $\varepsilon_{t,j}$。可以使用各种近似策略来有效地做到这一点，包括拒绝抽样技术。

CDMAXENT$(S=(x_1,\ldots,x_m))$
1 **for** $t\leftarrow 1$ **to** T **do**
2 　**for** $j\leftarrow 1$ **to** N **do**
3 　　**if** $(w_{t-1,j}\neq 0)$ **then**
4 　　　$d_j\leftarrow\lambda\,\mathrm{sgn}(w_{t-1,j})+\varepsilon_{t-1,j}$
5 　　**elseif** $|\varepsilon_{t-1,j}|\leqslant\lambda$ **then**
6 　　　$d_j\leftarrow 0$
7 　　**else** $d_j\leftarrow-\lambda\,\mathrm{sgn}(\varepsilon_{t-1,j})+\varepsilon_{t-1,j}$
8 　$j\leftarrow\mathop{\mathrm{argmax}}_{j\in[1,N]}|d_j|$
9 　**if** $(|w_{t-1,j}r^2-\varepsilon_{t-1,j}|\leqslant\lambda)$ **then**
10 　　$\eta\leftarrow-w_{t-1,j}$
11 　**elseif** $(w_{t-1,j}r^2-\varepsilon_{t-1,j}>\lambda)$ **then**
12 　　$\eta\leftarrow\frac{1}{r^2}[-\lambda-\varepsilon_{t-1,j}]$
13 　**else** $\eta\leftarrow\frac{1}{r^2}[\lambda-\varepsilon_{t-1,j}]$
14 　$\boldsymbol{w}_t\leftarrow\boldsymbol{w}_{t-1}+\eta\boldsymbol{e}_j$
15 　$p_{\boldsymbol{w}_t}\leftarrow\frac{p_0[x]e^{\boldsymbol{w}_t\cdot\boldsymbol{\Phi}(x)}}{\sum_{x\in\mathcal{X}}p_0[x]e^{\boldsymbol{w}_t\cdot\boldsymbol{\Phi}(x)}}$
16 **return** $p_{\boldsymbol{w}_t}$

图 12.2　坐标下降最大熵算法的伪代码。对于所有 $j\in[1,\ N]$，$\varepsilon_{t-1,j}=\mathop{\mathbb{E}}_{p_{w_{t-1}}}[\Phi_j]-\mathop{\mathbb{E}}_{\hat{\mathcal{D}}}[\Phi_j]$

12.8　拓展

正如前面已经指出的，最大熵模型的吉布斯分布形式与最大熵准则中用于度量接近度的方式（相对熵）的选择紧密相关。在使用 Bregman 散度时，非标准化相对熵与相对熵相一致。最大熵模型可以用任意的 Bregman 散度 B_Ψ 来进行推广（附录 E），其中 Ψ 是一个凸函数。此外，其他的范数 $\|\cdot\|$ 可以用来限制经验和真实平均特征向量的差。这得出了如下最大熵模型的一般原始优化问题：

$$\min_{p\in\Delta} B_\Psi(p\,\|\,p_0)$$
$$\text{s. t. } \left\|\mathop{\mathbb{E}}_{x\sim p}[\boldsymbol{\Phi}(x)]-\mathop{\mathbb{E}}_{x\sim\hat{\mathcal{D}}}[\boldsymbol{\Phi}(x)]\right\|\leqslant\lambda \tag{12.14}$$

与式(12.7)一样，这是一个凸优化问题，因为 B_Ψ 对于它的第一个参数是凸的，如果 Ψ 是

严格凸的，实际上 B_Ψ 也是严格凸的。下面的一般对偶定理给出了对偶问题的形式，等价于式(12.14)的 Ψ 的共轭函数 Ψ^*。这里，$\|\cdot\|$是 $\mathbb{R}^N$ 上的任意范数，$\|\cdot\|_*$是它的共轭。我们在这里假定 $\sup_x\|\boldsymbol{\Phi}(x)\|\leqslant r$。

| 定理 12.3 | 令 Ψ 是一个定义在 $\mathbb{R}^{\mathcal{X}}$ 上的凸函数。那么，问题(12.14)可得到下列等价对偶：

$$\begin{aligned}&\min_{\mathrm{p}\in\Delta} B_\Psi(\mathrm{p}\|\mathrm{p}_0)\\&\text{s. t.}\left\|\underset{x\sim\mathrm{p}}{\mathbb{E}}[\boldsymbol{\Phi}(x)]-\underset{x\sim\hat{\mathcal{D}}}{\mathbb{E}}[\boldsymbol{\Phi}(x)]\right\|\leqslant\lambda\\&=\sup_{\boldsymbol{w}\in\mathbb{R}^N}-\Psi^*(\boldsymbol{w}\cdot\boldsymbol{\Phi}+\nabla\Psi(\mathrm{p}_0))+\boldsymbol{w}\cdot\underset{x\sim\hat{\mathcal{D}}}{\mathbb{E}}[\boldsymbol{\Phi}(x)]-\lambda\|\boldsymbol{w}\|_*-C(\mathrm{p}_0)\end{aligned}$$

其中 $C(\mathrm{p}_0)=\Psi(\mathrm{p}_0)-\langle\nabla\Psi(\mathrm{p}_0),\ \mathrm{p}_0\rangle$。

| 证明 | 证明方法与定理 12.2 相似，并将 Fenchel 对偶定理(定理 B.9)用于以下优化问题：

$$\min_{\mathrm{p}} f(\mathrm{p})+g(A\mathrm{p}) \tag{12.15}$$

其中，对所有 $\mathrm{p}\in\mathbb{R}^{\mathcal{X}}$ 和 $\boldsymbol{u}\in\mathbb{R}^N$，函数 f、g 和 A 是由 $f(\mathrm{p})=B_\Psi(\mathrm{p}\|\mathrm{p}_0)+I_\Delta(p)$、$g(\boldsymbol{u})=I_{\mathcal{C}}(\boldsymbol{u})$和 $A\boldsymbol{p}=\sum_{x\in\mathcal{X}}\mathrm{p}(x)\boldsymbol{\Phi}(x)$ 定义的。鉴于这些定义，问题(12.15)等价于问题(12.14)。A 是一个有界线性映射，因为对于任意 p，我们有$\|A\mathrm{p}\|\leqslant\|\mathrm{p}\|_1\sup_x\|\boldsymbol{\Phi}(x)\|\leqslant r\|\mathrm{p}\|_1$。同时，请注意，对于所有的$\boldsymbol{w}\in\mathbb{R}^N$，$A^*\boldsymbol{w}\in\boldsymbol{w}\cdot\boldsymbol{\Phi}$。

现在考虑 $\boldsymbol{u}_0=\underset{x\sim\hat{\mathcal{D}}}{\mathbb{E}}[\boldsymbol{\Phi}(x)]=A\hat{\mathcal{D}}$ 定义的 $\boldsymbol{u}_0\in\mathbb{R}^N$ 的相关问题。由于 $\hat{\mathcal{D}}$ 在 $\Delta=\mathrm{dom}(f)$ 中。此外，由于$\lambda>0$，$\boldsymbol{u}_0$ 在 $\mathrm{int}(\mathcal{C})$中。$g=I_{\mathcal{C}}$ 等价于 0 在 $\mathrm{int}(\mathcal{C})$上，因此是连续的，由于 g 在 $\boldsymbol{u}_0$ 上是连续的，我们有 $\boldsymbol{u}_0\in A(\mathrm{dom}(f))\cap\mathrm{cont}(g)$。因此，定理 B.9 的假设成立。 305~307

■

对于所有的 $\mathrm{q}\in\mathbb{R}^{\mathcal{X}}$，$f$ 的共轭函数由以下定义：

$$\begin{aligned}f^*(\mathrm{q})&=\sup_{\mathrm{p}}\langle\mathrm{p},\ \mathrm{q}\rangle-B_\Psi(\mathrm{p}\|\mathrm{p}_0)-I\Delta(\mathrm{p})\\&=\sup_{\mathrm{p}\in\Delta}\langle\mathrm{p},\ \mathrm{q}\rangle-B_\Psi(\mathrm{p}\|\mathrm{p}_0\rangle\\&=\sup_{\mathrm{p}\in\Delta}\langle\mathrm{p},\ \mathrm{q}\rangle-\Psi(\mathrm{p})+\Psi(\mathrm{p}_0)+\langle\nabla\Psi(\mathrm{p}_0),\ \mathrm{p}-\mathrm{p}_0\rangle\\&=\sup_{\mathrm{p}\in\Delta}\langle\mathrm{p},\ \mathrm{q}+\nabla\Psi(\mathrm{p}_0)\rangle-\Psi(\mathrm{p})+\Psi(\mathrm{p}_0)-\langle\nabla\Psi(\mathrm{p}_0),\ \mathrm{p}_0\rangle\\&=\Psi^*(\mathrm{q}+\nabla\Psi(\mathrm{p}_0))+\Psi(\mathrm{p}_0)-\langle\nabla\Psi(\mathrm{p}_0),\ \mathrm{p}_0\rangle\end{aligned}$$

对所有$\boldsymbol{w}\in\mathbb{R}^N$，定义 $g=I_{\mathcal{C}}$ 的共轭函数为：

$$\begin{aligned}g^*(\boldsymbol{w})&=\sup_{\boldsymbol{u}}\langle\boldsymbol{w},\ \boldsymbol{u}\rangle-I_{\mathcal{C}}(\boldsymbol{u})\\&=\sup_{\boldsymbol{u}\in\mathcal{C}}\langle\boldsymbol{w},\ \boldsymbol{u}\rangle\\&=\sup_{\left\|\boldsymbol{u}-\underset{\hat{\mathrm{D}}}{\mathbb{E}}-[\boldsymbol{\Phi}]\right\|\leqslant\lambda}\langle\boldsymbol{w},\ \boldsymbol{u}\rangle\\&=\langle\boldsymbol{w},\ \underset{\hat{\mathcal{D}}}{\mathbb{E}}[\boldsymbol{\Phi}]\rangle+\sup_{\|\boldsymbol{u}\|\leqslant\lambda}\langle\boldsymbol{w},\ \boldsymbol{u}\rangle=\langle\boldsymbol{w},\ \underset{\hat{\mathcal{D}}}{\mathbb{E}}[\boldsymbol{\Phi}]\rangle+\lambda\|\boldsymbol{w}\|_*\end{aligned}$$

根据对偶范数的定义，最后一个等式成立。根据这些恒等式，通过定理 B.9，我们得到：

$$\begin{aligned}\min_{\mathrm{p}} f(\mathrm{p})+g(A\mathrm{p})&=\sup_{\boldsymbol{w}\in\mathbb{R}^N}-f^*(A^*\boldsymbol{w})-g^*(\boldsymbol{w})\\&=\sup_{\boldsymbol{w}\in\mathbb{R}^N}-\Psi^*(\boldsymbol{w}\cdot\boldsymbol{\Phi}+\nabla\Psi(\mathrm{p}_0))+\boldsymbol{w}\cdot\underset{\hat{\mathcal{D}}}{\mathbb{E}}[\boldsymbol{\Phi}]-\lambda\|\boldsymbol{w}\|^*-\end{aligned}$$

$$\Psi(\mathrm{p}_0)+\langle\nabla\Psi(\mathrm{p}_0),\ \mathrm{p}_0\rangle$$

证毕。■

注意，前面的证明及其对 Fenchel 对偶性的使用对于非内积范数成立。对于更一般的情况，它在巴拿赫(Banach)空间也成立(如 B.4 节所述)。

在前几节中介绍的很多关于特殊情况下非标准化相对熵的分析和理论保证可直接延伸到 Bregman 散度的族中。

12.9 L_2-正则化

在本节中，我们将研究最大熵算法的一种常见变体，其中会使用基于权向量 $\boldsymbol{w}$ 的 2-
308 范数平方的正则化技术。请注意，这与前一节在一般框架中讨论的不同，前一节正则化是基于 $\boldsymbol{w}$ 的某个范数。相应的(对偶)优化问题如下：

$$\min_{\boldsymbol{w}\in\mathbb{R}^N}\lambda\|\boldsymbol{w}\|_2^2-\frac{1}{m}\sum_{i=1}^{m}\log\mathrm{p}_{\boldsymbol{w}}[x_i] \tag{12.16}$$

令 $\mathcal{L}_{\mathcal{D}}(\boldsymbol{w})$表示分布 $\mathrm{p}_{\boldsymbol{w}}$ 和分布 $\mathcal{D}$ 的对数损失，$\mathcal{L}_{\mathcal{D}}(\boldsymbol{w})=\underset{x\sim\mathcal{D}}{\mathbb{E}}[-\log\mathrm{p}_{\boldsymbol{w}}[x]]$，并且类似地，$\mathcal{L}_S(\boldsymbol{w})$是对样本 S 的经验分布的对数损失。接下来，算法会有以下几个保证。

| 定理 12.4 | *设 $\hat{\boldsymbol{w}}$ 是对于优化问题(12.16)的一个解。那么，对于任意的 $\delta>0$，从 $\mathcal{D}$ 中抽取数量为 m 的独立同分布样本 S，在概率至少为 $1-\delta$ 的情况下，有下列不等式成立：*

$$\mathcal{L}_{\mathcal{D}}(\hat{\boldsymbol{w}})\leqslant\inf_{\boldsymbol{w}}\mathcal{L}_{\mathcal{D}}(\boldsymbol{w})+\lambda\|\boldsymbol{w}\|_2^2+\frac{r^2}{\lambda m}\left(1+\sqrt{\log\frac{1}{\delta}}\right)^2$$

| 证明 | 令 $\hat{\mathcal{D}}$ 表示由样本 S 定义的经验分布。优化问题(12.16)可以被形式化为：

$$\min_{\boldsymbol{w}\in\mathbb{R}^N}\lambda\|\boldsymbol{w}\|_2^2-\underset{x\sim\hat{\mathcal{D}}}{\mathbb{E}}[\log\mathrm{p}_{\boldsymbol{w}}[x]]=\lambda\|\boldsymbol{w}\|_2^2-\boldsymbol{w}\cdot\underset{x\sim\hat{\mathcal{D}}}{\mathbb{E}}[\boldsymbol{\Phi}(x)]+\log Z(\boldsymbol{w})$$

其中，$Z(\boldsymbol{w})=\left(\sum_x\exp(\boldsymbol{w}\cdot\boldsymbol{\Phi}(x))\right)$。类似地，令 $\boldsymbol{w}_{\mathcal{D}}$ 表示在分布 $\mathcal{D}$ 上的极小化问题的解：

$$\min_{\boldsymbol{w}\in\mathbb{R}^N}\lambda\|\boldsymbol{w}\|_2^2-\underset{x\sim\mathcal{D}}{\mathbb{E}}[\log\mathrm{p}_{\boldsymbol{w}}[x]]=\lambda\|\boldsymbol{w}\|_2^2-\boldsymbol{w}\cdot\underset{x\sim\mathcal{D}}{\mathbb{E}}[\boldsymbol{\Phi}(x)]+\log Z(\boldsymbol{w})$$

我们首先对于所有的$\boldsymbol{w}\in\mathbb{R}^N$ 给出上限 $\mathcal{L}_{\mathcal{D}}(\hat{\boldsymbol{w}})$，从分解 $\mathcal{L}_{\mathcal{D}}(\hat{\boldsymbol{w}})$作为加和项和开始，接下来使用表达式 $\mathcal{L}_{\mathcal{D}}(\hat{\boldsymbol{w}})-\mathcal{L}_S(\hat{\boldsymbol{w}})$的平均特征值、最优解 $\hat{\boldsymbol{w}}$、表达式 $\mathcal{L}_S(\boldsymbol{w}_{\mathcal{D}})-\mathcal{L}_{\mathcal{D}}(\boldsymbol{w}_{\mathcal{D}})$的平均特征值，最后使用 Cauchy-Schwarz 不等式和 $\boldsymbol{w}_{\mathcal{D}}$ 的最优解：

$$\begin{aligned}
\mathcal{L}_{\mathcal{D}}(\hat{\boldsymbol{w}})&=\mathcal{L}_{\mathcal{D}}(\hat{\boldsymbol{w}})-\mathcal{L}_S(\hat{\boldsymbol{w}})+\mathcal{L}_S(\hat{\boldsymbol{w}})-\mathcal{L}_{\mathcal{D}}(\boldsymbol{w}_{\mathcal{D}})+\mathcal{L}_{\mathcal{D}}(\boldsymbol{w}_{\mathcal{D}})+\lambda\|\hat{\boldsymbol{w}}\|_2^2-\lambda\|\hat{\boldsymbol{w}}\|_2^2\\
&=\hat{\boldsymbol{w}}\cdot\left[\underset{x\sim\hat{\mathcal{D}}}{\mathbb{E}}[\boldsymbol{\Phi}(x)]-\underset{x\sim\mathcal{D}}{\mathbb{E}}[\boldsymbol{\Phi}(x)]\right]+\mathcal{L}_S(\hat{\boldsymbol{w}})-\mathcal{L}_{\mathcal{D}}(\boldsymbol{w}_{\mathcal{D}})+\mathcal{L}_{\mathcal{D}}(\boldsymbol{w}_{\mathcal{D}})+\lambda\|\hat{\boldsymbol{w}}\|_2^2-\lambda\|\hat{\boldsymbol{w}}\|_2^2\\
&\leqslant\hat{\boldsymbol{w}}\cdot\left[\underset{x\sim\hat{\mathcal{D}}}{\mathbb{E}}[\boldsymbol{\Phi}(x)]-\underset{x\sim\mathcal{D}}{\mathbb{E}}[\boldsymbol{\Phi}(x)]\right]+\mathcal{L}_S(\boldsymbol{w}_{\mathcal{D}})-\mathcal{L}_{\mathcal{D}}(\boldsymbol{w}_{\mathcal{D}})+\mathcal{L}_{\mathcal{D}}(\boldsymbol{w}_{\mathcal{D}})+\lambda\|\boldsymbol{w}_{\mathcal{D}}\|_2^2-\lambda\|\hat{\boldsymbol{w}}\|_2^2\\
&\leqslant[\hat{\boldsymbol{w}}-\boldsymbol{w}_{\mathcal{D}}]\cdot\left[\underset{x\sim\hat{\mathcal{D}}}{\mathbb{E}}[\boldsymbol{\Phi}(x)]-\underset{x\sim\mathcal{D}}{\mathbb{E}}[\boldsymbol{\Phi}(x)]\right]+\mathcal{L}_{\mathcal{D}}(\boldsymbol{w}_{\mathcal{D}})+\lambda\|\boldsymbol{w}_{\mathcal{D}}\|_2^2-\lambda\|\hat{\boldsymbol{w}}\|_2^2
\end{aligned}$$

309 $$\leqslant\|\hat{\boldsymbol{w}}-\boldsymbol{w}_{\mathcal{D}}\|_2\left\|\underset{x\sim\hat{\mathcal{D}}}{\mathbb{E}}[\boldsymbol{\Phi}(x)]-\underset{x\sim\mathcal{D}}{\mathbb{E}}[\boldsymbol{\Phi}(x)]\right\|_2+\mathcal{L}_{\mathcal{D}}(\boldsymbol{w})+\lambda\|\boldsymbol{w}\|_2^2$$

接下来，我们利用 $\hat{\boldsymbol{w}}$ 和 $\boldsymbol{w}_{\mathcal{D}}$ 对于目标函数的最小化解是凸和可微的这一事实来定界 $\|\hat{\boldsymbol{w}}-\boldsymbol{w}_{\mathcal{D}}\|_2$，这些目标函数在最小处的梯度必须为零：

$$2\lambda\hat{\boldsymbol{w}}-\mathop{\mathbb{E}}_{x\sim\hat{\mathcal{D}}}[\boldsymbol{\Phi}(x)]+\nabla\log Z(\hat{\boldsymbol{w}})=0$$

$$2\lambda\boldsymbol{w}_{\mathcal{D}}-\mathop{\mathbb{E}}_{x\sim\mathcal{D}}[\boldsymbol{\Phi}(x)]+\nabla\log Z(\boldsymbol{w}_{\mathcal{D}})=0$$

这意味着：

$$2\lambda(\hat{\boldsymbol{w}}-\boldsymbol{w}_{\mathcal{D}})=\mathop{\mathbb{E}}_{x\sim\hat{\mathcal{D}}}[\boldsymbol{\Phi}(x)]-\mathop{\mathbb{E}}_{x\sim\mathcal{D}}[\boldsymbol{\Phi}(x)]+\nabla\log Z(\boldsymbol{w}_{\mathcal{D}})-\nabla\log Z(\hat{\boldsymbol{w}})$$

鉴于 $\boldsymbol{w}\mapsto\log Z(\boldsymbol{w})$ 的凸性，两边同时乘以 $(\hat{\boldsymbol{w}}-\boldsymbol{w}_{\mathcal{D}})$ 得到：

$$\begin{aligned}&2\lambda\|\hat{\boldsymbol{w}}-\boldsymbol{w}_{\mathcal{D}}\|_2^2\\&=\Big[\mathop{\mathbb{E}}_{x\sim\hat{\mathcal{D}}}[\boldsymbol{\Phi}(x)]-\mathop{\mathbb{E}}_{x\sim\mathcal{D}}[\boldsymbol{\Phi}(x)]\Big]\cdot[\hat{\boldsymbol{w}}-\boldsymbol{w}_{\mathcal{D}}]-[\nabla\log Z(\hat{\boldsymbol{w}})-\nabla\log Z(\boldsymbol{w}_{\mathcal{D}})]\cdot[\hat{\boldsymbol{w}}-\boldsymbol{w}_{\mathcal{D}}]\\&\leqslant\Big[\mathop{\mathbb{E}}_{x\sim\hat{\mathcal{D}}}[\boldsymbol{\Phi}(x)]-\mathop{\mathbb{E}}_{x\sim\mathcal{D}}[\boldsymbol{\Phi}(x)]\Big]\cdot[\hat{\boldsymbol{w}}-\boldsymbol{w}_{\mathcal{D}}]\end{aligned}$$

利用 Cauchy-Schwarz 不等式并简化，我们可以得到：

$$\|\hat{\boldsymbol{w}}-\boldsymbol{w}_{\mathcal{D}}\|_2\leqslant\frac{\Big\|\mathop{\mathbb{E}}_{x\sim\hat{\mathcal{D}}}[\boldsymbol{\Phi}(x)]-\mathop{\mathbb{E}}_{x\sim\mathcal{D}}[\boldsymbol{\Phi}(x)]\Big\|_2}{2\lambda}$$

将其合并到之前导出的 $\mathcal{L}_{\mathcal{D}}(\hat{\boldsymbol{w}})$ 的上界，得到：

$$\mathcal{L}_{\mathcal{D}}(\hat{\boldsymbol{w}})\leqslant\frac{\Big\|\mathop{\mathbb{E}}_{x\sim\hat{\mathcal{D}}}[\boldsymbol{\Phi}(x)]-\mathop{\mathbb{E}}_{x\sim\mathcal{D}}[\boldsymbol{\Phi}(x)]\Big\|_2^2}{2\lambda}+\mathcal{L}_{\mathcal{D}}(\boldsymbol{w})+\lambda\|\boldsymbol{w}\|_2^2$$

我们现在用 McDiarmid 不等式求 $\Big\|\mathop{\mathbb{E}}_{x\sim\hat{\mathcal{D}}}[\boldsymbol{\Phi}(x)]-\mathop{\mathbb{E}}_{x\sim\mathcal{D}}[\boldsymbol{\Phi}(x)]\Big\|$ 的界。令 $\Psi(S)$ 表示样本 S 的数量。令 S' 是与 S 相差一个点的样本，那一个不同的点在 S 中是 x_m，在 S' 中是 x'_m。然后，通过三角形不等式：

$$\begin{aligned}|\Psi(S')-\Psi(S)|&=\Big|\Big\|\mathop{\mathbb{E}}_{x\sim\hat{\mathcal{D}}'}[\boldsymbol{\Phi}(x)]-\mathop{\mathbb{E}}_{x\sim\mathcal{D}}[\boldsymbol{\Phi}(x)]\Big\|_2-\Big\|\mathop{\mathbb{E}}_{x\sim\hat{\mathcal{D}}}[\boldsymbol{\Phi}(x)]-\mathop{\mathbb{E}}_{x\sim\mathcal{D}}[\boldsymbol{\Phi}(x)]\Big\|_2\Big|\\&\leqslant\Big\|\mathop{\mathbb{E}}_{x\sim\hat{\mathcal{D}}'}[\boldsymbol{\Phi}(x)]-\mathop{\mathbb{E}}_{x\sim\hat{\mathcal{D}}}[\boldsymbol{\Phi}(x)]\Big\|_2\leqslant\Big\|\frac{\boldsymbol{\Phi}(x'_m)-\boldsymbol{\Phi}(x_m)}{m}\Big\|_2\leqslant\frac{2r}{m}\end{aligned}$$

因此，对于任意 $\delta>0$，会存在至少 $1-\delta$ 的概率，有以下不等式成立：

$$\Psi(S)\leqslant\mathop{\mathbb{E}}_{S\sim\mathcal{D}^m}[\Psi(s)]+2r\sqrt{\frac{\log\frac{1}{\delta}}{2m}}$$ 310

对于任意 $i\in[1,m]$，令 $\boldsymbol{Z}_i$ 表示 $\mathop{\mathbb{E}}_{x\sim\hat{\mathcal{D}}}[\boldsymbol{\Phi}(x_i)]-\mathop{\mathbb{E}}_{x\sim\mathcal{D}}[\boldsymbol{\Phi}(x)]$ 的随机变量。通过 Jensen 不等式，$\mathop{\mathbb{E}}_{S\sim\mathcal{D}^m}[\Psi(S)]$ 的上界为：

$$\mathop{\mathbb{E}}_{S\sim\mathcal{D}^m}[\Psi(S)]=\mathbb{E}\Big[\Big\|\frac{1}{m}\sum_{i=1}^m\boldsymbol{Z}_i\Big\|_2\Big]\leqslant\sqrt{\mathbb{E}\Big[\Big\|\frac{1}{m}\sum_{i=1}^m\boldsymbol{Z}_i\Big\|_2^2\Big]}$$

因为随机变量 $\boldsymbol{Z}_i$ 是独立同分布的，且被中心化处理($\mathbb{E}[\boldsymbol{Z}_i]=0$)，我们有：

$$\begin{aligned}\mathbb{E}\Big[\Big\|\frac{1}{m}\sum_{i=1}^m\boldsymbol{Z}_i\Big\|^2\Big]&=\frac{1}{m^2}\Big[\sum_{i=1}^m\mathbb{E}[\|\boldsymbol{Z}_i\|^2]+\sum_{i\neq j}\mathbb{E}[\boldsymbol{Z}_i]\cdot\mathbb{E}[\boldsymbol{Z}_j]\Big]\\&=\frac{\mathbb{E}[\|\boldsymbol{Z}_1\|^2]}{m}=\frac{\mathbb{E}[\|\boldsymbol{Z}_1\|^2+\|\boldsymbol{Z}_2\|^2]}{2\mathrm{m}}=\frac{\mathbb{E}[\|\boldsymbol{Z}_1-\boldsymbol{Z}_2\|^2]}{2m}\end{aligned}$$

其中，对于最后一个等式，我们用了 $\mathbb{E}[\mathbf{Z}_1 \cdot \mathbf{Z}_2]=\mathbb{E}[\mathbf{Z}_1]\cdot\mathbb{E}[\mathbf{Z}_2]=0$。这表明 $\mathbb{E}[\boldsymbol{\Psi}(S)]\leqslant\frac{2r}{\sqrt{2m}}$，并且至少有 $1-\delta$ 的概率，以下情况成立：

$$\Psi(S)\leqslant\frac{2r}{\sqrt{2m}}\left(1+\sqrt{\log\frac{1}{\delta}}\right)$$

并且也因此有

$$\begin{aligned}\mathcal{L}_{\mathcal{D}}(\hat{\boldsymbol{w}})&\leqslant\frac{1}{2\lambda}\frac{2r^2}{m}\left(1+\sqrt{\log\frac{1}{\delta}}\right)^2+\mathcal{L}_{\mathcal{D}}(\boldsymbol{w})+\lambda\|\boldsymbol{w}\|_2^2\\&\leqslant\frac{r^2}{\lambda m}\left(1+\sqrt{\log\frac{1}{\delta}}\right)^2+\mathcal{L}_{\mathcal{D}}(\boldsymbol{w})+\lambda\|\boldsymbol{w}\|_2^2\end{aligned}$$

证毕。 ■

假设 $\boldsymbol{w}^*$ 达到了损失的下限，即 $\mathcal{L}_{\mathcal{D}}(\boldsymbol{w}^*)=\inf\limits_{\boldsymbol{w}}\mathcal{L}_{\mathcal{D}}(\boldsymbol{w})$，并且给出其范数 $\|\boldsymbol{w}^*\|_2\leqslant\Lambda_2$ 的上界 Λ_2。然后，我们可以利用这个上界，选择 λ 来最小化包含 λ：$\lambda\Lambda_2^2=\frac{r^2}{\lambda m}$ 的两项，即 $\lambda=\frac{r}{\Lambda_2\sqrt{m}}$，该定理就保证了对于 $\hat{\boldsymbol{w}}$，有 $1-\delta$ 的概率下列不等式成立：

311 $$\mathcal{L}_{\mathcal{D}}(\hat{\boldsymbol{w}})\leqslant\inf_{\boldsymbol{w}}\mathcal{L}_{\mathcal{D}}(\boldsymbol{w})+\frac{r\Lambda_2}{\sqrt{m}}\left[1+\left(1+\sqrt{\log\frac{1}{\delta}}\right)^2\right]$$

12.10 文献评注

最大熵准则首先是由 Jaynes[1957]明确提出(也可以参见 Jaynes[1983])的，他引用了 Shannon 熵的概念(附录 E)来支持这一准则。正如 12.5 节所见，标准的最大熵模型与吉布斯分布一致，就像统计力学中原始的 Boltzmann 模型一样。事实上，Jaynes[1957]认为，统计力学可以被视为一种统计推断的形式，而不是物理理论，熵的热力学概念可以被信息理论概念所取代。本章对最大熵准则的论证是基于学习理论的观点。

最大熵模型通常被称为 Maxent 模型，用于自然语言处理中的各种任务[Berger 等人，1996；Rosenfeld，1996；Pietra 等人，1997；Malouf，2002；Manning 和 Klein，2003；Ratnaparkhi，2010]以及许多其他应用，比如物种栖息地建模[Phillips 等人，2004，2006；Dudík 等人，2007；Elith 等人，2011]。最大熵模型的一个关键优点是，它们允许使用用户可以选择和扩充的各种特征。在许多任务中，如果有丰富的特征以及小的样本，便可以使用正则化的最大熵模型，其中定义吉布斯分布的参数向量的 L_1-范数[Kazama 和 Tsujii，2003]或 L_2-范数[Chen 和 Rosenfeld，2000；Lebanon 和 Lafferty，2001]会被限定。这相当于在贝叶斯解释中对参数向量引入一个拉普拉斯先验或高斯先验[Williams，1994；Goodman，2004]，从而使最大熵模型的解与对先验分布具有特定选择的最大后验解相吻合。

关于这些正则化的更广泛的理论研究和其他更具一般化的介绍可以参考 Dudík、Phillips 和 Schapire[2007]的研究，Altun 和 Smola[2006]的研究使用 Fenchel 对偶将其扩展到任意 Bregman 散度和范数(12.8 节)(参见[Lafferty、Pietra 和 Pietra，1997])。Cortes、

Kuznetsov、Mohri 和 Syed[2015]给出了一种更一般的密度估计模型族——**结构化的最大熵模型**，其特征函数从可能非常复杂的子族的并集中选择，它们也给出了对偶定理、强学习保证和算法。这些模型也可以看作具有更一般正则化类型的最大熵。

最大熵对偶定理是由 Pietra、Pietra 和 Lafferty[1997]提出的(参见[Dudík 等人，2007]和[Altun 和 Smola，2006])。定理 12.2 是一个小的扩展，保证了对偶的 ϵ-解，是对结构化最大熵模型给出的更一般定理的特例[Cortes 等人，2015]。12.6 节和 12.9 节的泛化界及其证明是 Dudík 等人[2007]得出的结果的变体。定理 12.5 证明中所使用的稳定性分析与第 14 章中使用 Bregman 散度的稳定性分析是等价的。 312

人们提出了多种不同的方法来解决最大熵优化问题，包括标准梯度下降法和随机梯度下降法。针对这一问题引入了一些具体的算法，包括**广义迭代缩放**(Generalized Iterative Scaling，GIS)[Darroch 和 Ratcliff，1972]和**改进的迭代缩放**(Improved Iterative Scaling，IIS)[Pietra 等人，1997]。Malouf[2002]表明，与共轭梯度技术和有限记忆 BFGS 方法相比，这些算法在一些自然语言处理任务中表现较差(参见[Andrew 和 Gao，2007])。本章给出的坐标下降解是由 Cortes 等人[2015]提出的。它是 Dudík 等人[2007]提出的算法的一个更简单的版本，该算法对 $J(\mathbf{w}_{t-1}+\eta \mathbf{e}_j)$使用更严格的上界，但受各种技术条件的影响。两种算法都受益于相似的渐近收敛速度[Cortes 等人，2015]，特别适用于特征数量非常大的情况和更新所有特征的权值是不切实际的情况。Zhang[2003b]提出的序列贪婪近似也被 Altun 和 Smola[2006]作为求解一般形式的最大熵问题的最常见的算法。

12.11 习题

12.1 凸性。直接证明函数 $\mathbf{w} \mapsto \log Z(\mathbf{w})=\log\left(\sum_{x\in\mathcal{X}} e^{\mathbf{w}\cdot\mathbf{\Phi}(x)}\right)$是凸的(提示：计算它的黑塞矩阵)。

12.2 拉格朗日对偶。推导出最大熵问题的对偶问题，并在对所有 $x\in\mathcal{X}$ 的分布 p：$\mathrm{p}(x)>0$ 的情况下，证明其具有更严格的正定约束。

12.3 2-范数平方正则化最大熵的对偶。推导出如式(12.16)所示 2-范数平方正则化最大熵优化的对偶公式。

12.4 扩展到 Bregman 散度。推导出 12.8 节中讨论的扩展的理论保证。Bregman 散度还需要什么特性，算法的理论保证才能成立？

12.5 L_2-正则化。设 $\mathbf{w}$ 为具有 2-范数平方正则化的最大熵解。

(a) 证明以下不等式：$\|\mathbf{w}\|_2\leqslant\frac{2r}{\lambda}$(提示：可以比较目标函数在 $\mathbf{w}$ 和 0 处的值)。将此结果推广到其他的$\|\cdot\|_p^p$ 正则化，$p>1$。

(b) 使用前面的问题来导出具有 2-范数平方正则化的最大熵的显式学习保证(提示：你可以使用 12.9 节中给出的最后一个不等式来导出 Λ_2 的显式表达式)。 313~314

·第 13 章·

条件最大熵模型

本章给出的算法可以估计给定样本的类的条件概率，而不是仅仅预测该示例的类标签。因为除了类别预测之外，还有很多实际应用需要寻找类别置信值。本章所讨论的算法，**条件最大熵模型**(conditional Maxent model)，也称为**多项逻辑斯谛回归**(multinomial logistic regression)算法，是最知名和应用最广泛的多类分类算法之一。在两类的特殊情况下，该算法被称为**逻辑回归**(logistic regression)。

正如它们的名字所示，这些算法可以被视为条件概率的最大熵模型。为了更好地介绍它们，我们将扩展前一章(第 12 章)中讨论的思想，即从最大熵准则扩展到有条件的情况中。接下来，本章将证明一个对偶定理，从而得到条件最大熵的一个等价对偶优化问题。我们将具体讨论使用条件最大熵进行多类分时的各个方面，并预留一个专门的章节介绍逻辑回归分析。

13.1 学习问题

我们考虑一个具有 c 类($c \geqslant 1$)的多类分类问题。令 $\mathcal{Y}=\{1, \cdots, c\}$表示输出空间，并且 $\mathcal{D}$ 表示在 $\mathcal{X}\times\mathcal{Y}$ 上的一个分布。学习器在一个标注过的训练样本 $S=((x_1, y_1), \cdots, (x_m, y_m))\in(\mathcal{X}\times\mathcal{Y})^m$ 上进行学习，这个样本对于 $\mathcal{D}$ 是独立同分布的。在第 12 章中，我们假设学习器还可以访问一个特征映射 $\boldsymbol{\Phi}$: $\mathcal{X}\times\mathcal{Y}\rightarrow\mathbb{R}^N$，其中 $\mathbb{R}^N$ 是赋范向量空间，$\|\boldsymbol{\Phi}\|_\infty\leqslant r$。我们将用 $\mathcal{H}$ 表示一个实值函数族，其中包含具有 $j\in[1, N]$的分量特征函数 $\boldsymbol{\Phi}_j$。请注意，在最一般的情况下，可能有 $N=+\infty$。该问题是：对于任意的 $x\in\mathcal{X}$，在训
315 练样本 S 上学习准确的条件概率 $\mathrm{p}[\cdot|x]$。

13.2 条件最大熵准则

对于最大熵模型，条件最大熵或逻辑回归模型可以由一个主要的集中不等式得出。根据 Rademacher 复杂度界限(理论 3.3)，对于任何 $\delta>0$，在选择数量为 m 的样本 S 时，至

少以 $1-\delta$ 的概率有以下不等式成立：

$$\left\|\underset{(x,y)\sim\mathcal{D}}{\mathbb{E}}[\boldsymbol{\Phi}(x,\ y)]-\underset{(x,y)\sim\hat{\mathcal{D}}}{\mathbb{E}}[\boldsymbol{\Phi}(x,\ y)]\right\|_{\infty}\leqslant 2\mathcal{R}_m(\mathcal{H})+\sqrt{\frac{\log\frac{2}{\delta}}{2m}} \tag{13.1}$$

其中我们用 $\hat{\mathcal{D}}$ 表示样本 S 定义的经验分布。我们也将用 $\hat{\mathcal{D}}^1(x)$ 表示 x 在样本 S 中的经验分布。对于任意 $x\in\mathcal{X}$，令 $\mathrm{p}_0[\cdot|x]$表示条件概率，通常令其为均匀分布。然后，**条件最大熵准则**(conditional Maxent principle)寻找不可知的条件概率 $\mathrm{p}[\cdot|x]$，尽可能接近均匀分布，或更一般地，接近先验 $\mathrm{p}_0[\cdot|x]$，同时验证类似于式(13.1)的不等式：

$$\left\|\underset{\substack{x\sim\hat{\mathcal{D}}^1\\ y\sim \mathrm{p}[\cdot|x]}}{\mathbb{E}}[\boldsymbol{\Phi}(x,\ y)]-\underset{(x,y)\sim\hat{\mathcal{D}}}{\mathbb{E}}[\boldsymbol{\Phi}(x,\ y)]\right\|_{\infty}\leqslant\lambda \tag{13.2}$$

其中 $\lambda\geqslant 0$ 是一个参数。这里，接近程度是根据输入点的经验边际分布 $\hat{\mathcal{D}}^1$ 通过**条件相对熵**(conditional relative entropy，附录 E)定义的。选择 $\lambda=0$ 对应于标准**条件最大熵**(conditional Maxent)或**非正则化条件最大熵**(unregularized conditional Maxent)，并要求基于 $\mathcal{D}^1$ 和条件概率 $\mathrm{p}[\cdot|x]$的特征期望精确匹配经验平均值。正如我们稍后将介绍的，它的松弛，即在不等式情况($\lambda\neq 0$)中，转化为一个正则化。注意，条件最大熵准则不需要指定一组概率分布 $\mathcal{P}$ 以供选择。

13.3 条件最大熵模型简介

让 Δ 表示所有分布在 $\mathcal{Y}$ 上的单纯形，$\mathcal{X}_1=\mathrm{supp}(\hat{\mathcal{D}}^1)$表示 $\hat{\mathcal{D}}^1$ 的支撑，$\overline{\mathrm{p}}\in\Delta^{\mathcal{X}_1}$ 表示条件概率族，$\overline{\mathrm{p}}=(\mathrm{p}[\cdot|x])_{x\in\mathcal{X}_1}$。那么，条件最大熵准则可以表述为以下优化问题： 316

$$\min_{\overline{\mathrm{p}}\in\Delta^{\mathcal{X}_1}}\sum_{x\in\mathcal{X}_1}\hat{\mathcal{D}}^1(x)\mathrm{D}(\mathrm{p}[\cdot|x]\,\|\,\mathrm{p}_0[\cdot|x])$$

$$\text{s.t.}\left\|\underset{\substack{x\sim\hat{\mathcal{D}}^1\\ y\sim \mathrm{p}[\cdot|x]}}{\mathbb{E}}[\boldsymbol{\Phi}(x,\ y)]-\underset{(x,\ y)\sim\hat{\mathcal{D}}}{\mathbb{E}}[\boldsymbol{\Phi}(x,\ y)]\right\|_{\infty}\leqslant\lambda \tag{13.3}$$

这定义了一个凸优化问题，因为目标是相对熵的正数和，因为相对熵 $\mathcal{D}$ 相对于它的参数是凸的(附录 E)，因为约束是 $\overline{\mathrm{p}}$ 的函数，并且因为 $\Delta^{\mathcal{X}_1}$ 是一个凸集。解实际上是唯一的，因为目标是严格凸的相对熵的正和，其中每一个相对熵都严格凸。经验条件概率$\hat{\mathcal{D}}^1(\cdot|x)$，$x\in\mathcal{X}_1$ 明确构成一个可行解，因此问题(12.7)是可行的。

对均匀的先验 $\mathrm{p}_0[\cdot|x]$，问题(13.3)可以等价地表述为条件熵最大化，这也解释了这些模型的名称来源。令 $\overline{\mathrm{H}}(\overline{\mathrm{p}})=-\underset{x\sim\hat{\mathcal{D}}^1}{\mathbb{E}}\left[\sum_{y\in\mathcal{Y}}\mathrm{p}[y|x]\log\mathrm{p}[y|x]\right]$ 表示 p 关于边界$\hat{\mathcal{D}}^1$ 的条件最大熵。(12.7)的目标函数可以被重写为：

$$\begin{aligned}\mathrm{D}(\mathrm{p}[\cdot|x]\,\|\,\mathrm{p}_0[\cdot|x])&=\underset{x\sim\hat{\mathcal{D}}^1}{\mathbb{E}}\left[\sum_{y\in\mathcal{Y}}\mathrm{p}[y|x]\log\frac{\mathrm{p}[y|x]}{\mathrm{p}_0[y|x]}\right]\\&=\underset{x\sim\hat{\mathcal{D}}^1}{\mathbb{E}}\left[-\sum_{y\in\mathcal{Y}}\mathrm{p}[y|x]\log(1/c)+\sum_{y\in\mathcal{Y}}\mathrm{p}[y|x]\log\mathrm{p}[y|x]\right]\\&=\log(c)-\overline{\mathrm{H}}(\overline{\mathrm{p}})\end{aligned}$$

由于 $\log(c)$ 是一个常数，因此最小化目标等价于最大化 $\overline{\mathrm{H}}(\overline{\mathrm{p}})$。

条件最大熵模型是上述优化问题的解。在无条件的情况下，最大熵模型有两个重要的好处：它们都基于一个基本的理论，即保证经验和真正的平均特征的接近程度；另外它们不需要指定一个特定的分布族 $\mathcal{P}$。下一节中将进一步分析条件最大熵模型的属性。

13.4 对偶问题

在这里，我们推导出问题(13.3)的一个等价对偶问题，正如我们将要介绍的，它可以
317 被表述为**吉布斯分布**(Gibbs distribution)族上的正则化条件最大似然问题。

最大熵优化问题(13.3)可以等价地表示为无约束优化问题 $\min_{\overline{\mathrm{p}}} F(\overline{\mathrm{p}})$，对于所有 $\overline{\mathrm{p}}=(\mathrm{p}[\cdot|x]\in\mathbb{R}^{\mathcal{Y}})^{\mathcal{X}_1}$：

$$F(\overline{\mathrm{p}})=\mathop{\mathbb{E}}_{x\sim\hat{\mathcal{D}}^1}[\widetilde{\mathrm{D}}(\mathrm{p}[\cdot|x]\,\|\,\mathrm{p}_0[\cdot|x])]+I_{\mathcal{C}}\left(\mathop{\mathbb{E}}_{\substack{x\sim\hat{\mathcal{D}}^1\\ y\sim\mathrm{p}[\cdot|x]}}[\boldsymbol{\Phi}(x,y)]\right) \tag{13.4}$$

如果 $\mathrm{p}[\cdot|x]$ 在 Δ，$\widetilde{\mathrm{D}}(\mathrm{p}[\cdot|x]\,\|\,\mathrm{p}_0[\cdot|x])=\mathrm{D}(\mathrm{p}[\cdot|x]\,\|\,\mathrm{p}_0[\cdot|x])$，否则 $\widetilde{\mathrm{D}}(\mathrm{p}[\cdot|x]\,\|\,\mathrm{p}_0[\cdot|x])=+\infty$，其中 $\mathcal{C}=\{\boldsymbol{u}\in\mathbb{R}^N:\|\boldsymbol{u}-\mathop{\mathbb{E}}_{(x,y)\sim\hat{\mathcal{D}}}[\boldsymbol{\Phi}(x,y)]\|_\infty\leqslant\lambda\}$ 是个凸集。

令 G 是对于所有 $\boldsymbol{w}\in\mathbb{R}^N$ 定义的函数：

$$G(\boldsymbol{w})=\frac{1}{m}\sum_{i=1}^{m}\log\left[\frac{\mathrm{p}_{\boldsymbol{w}}[y_i|x_i]}{\mathrm{p}_0[y_i|x_i]}\right]-\lambda\|\boldsymbol{w}\|_1 \tag{13.5}$$

其中，对于所有的 $x\in\mathcal{X}_1$ 和 $y\in\mathcal{Y}$，

$$\mathrm{p}_{\boldsymbol{w}}[y|x]=\frac{\mathrm{p}_0[y|x]\mathrm{e}^{\boldsymbol{w}\cdot\boldsymbol{\Phi}(x,y)}}{Z(\boldsymbol{w},x)}\quad\text{和}\quad Z(\boldsymbol{w},x)=\sum_{y\in\mathcal{Y}}\mathrm{p}_0[y|x]\mathrm{e}^{\boldsymbol{w}\cdot\boldsymbol{\Phi}(x,y)} \tag{13.6}$$

然后，以下的定理给出了一个与非条件情况下的对偶定理相似的结果(定理12.2，12.5节)。

定理 13.1 问题(13.3)等价于优化问题 $\sup_{\boldsymbol{w}\subseteq\mathbb{R}^N}G(\boldsymbol{w})$：

$$\sup_{\boldsymbol{w}\in\mathbb{R}^N}G(\boldsymbol{w})=\min_{\overline{\mathrm{p}}\in(\mathbb{R}^{\mathcal{Y}})^{\mathcal{X}_1}}F(\overline{\mathrm{p}}) \tag{13.7}$$

此外，设 $\overline{\mathrm{p}}^*=\operatorname{argmin}_{\overline{\mathrm{p}}}F(\overline{\mathrm{p}})$，那么，对于任意 $\epsilon>0$ 和任意 $\boldsymbol{w}$ 使得 $|G(\boldsymbol{w})-\sup_{\boldsymbol{w}\subseteq\mathbb{R}^N}G(\boldsymbol{w})|<\epsilon$，我们有 $\mathop{\mathbb{E}}_{x\sim\hat{\mathcal{D}}^1}[\mathrm{D}(\overline{\mathrm{p}}^*[\cdot|x]\,\|\,\mathrm{p}_0[\cdot|x])]\leqslant\epsilon$。

证明类似于定理12.2，由于过程较长，将在本章的最后给出(13.9节)。

根据定理，如果 $\boldsymbol{w}$ 是对偶优化问题的 ϵ-解，则 $\mathop{\mathbb{E}}_{x\sim\hat{\mathcal{D}}^1}[\mathrm{D}(\overline{\mathrm{p}}^*[\cdot|x]\,\|\,\mathrm{p}_0[\cdot|x])]\leqslant\epsilon$，由 Jensen 不等式和 Pinsker 不等式(命题E.7)可知：

$$\mathop{\mathbb{E}}_{x\sim\hat{\mathcal{D}}^1}[\|\mathrm{p}^*[\cdot|x]-\mathrm{p}_{\boldsymbol{w}}[\cdot|x]\|_1]\leqslant\sqrt{\mathop{\mathbb{E}}_{x\sim\hat{\mathcal{D}}^1}[\|\mathrm{p}^*[\cdot|x]-\mathrm{p}_{\boldsymbol{w}}[\cdot|x]\|_1^2]}\leqslant\sqrt{2\epsilon}$$

因此，$\mathrm{p}_{\boldsymbol{w}}[\cdot|x]$ 在 $\hat{\mathcal{D}}^1$ 平均的 L_1-范数中以 $\sqrt{2\epsilon}$-接近原始解的最优解，该定理表明，条件最大熵问题的解可通过求解对偶问题得到，对于均匀先验，可等价地写为：

318 $$\inf_{\boldsymbol{w}}\lambda\|\boldsymbol{w}\|_1-\frac{1}{m}\sum_{i=1}^{m}\log[\mathrm{p}_{\boldsymbol{w}}[y_i|x_i]] \tag{13.8}$$

对无条件最大熵模型所作的类似讨论也适用于这里。特别地，对于 $\lambda=0$ 的任何有限 $\boldsymbol{w}$ 可能无法得到解，这就是需要下限值的原因。此外，这个结果可能看起来令人惊讶，因为它表明条件最大熵与条件最大似然($\lambda=0$)或正则条件最大似然($\lambda>0$)一致。其中，最大似然从吉布斯分布中选择使用条件概率的分布族 $\mathcal{P}$，而条件最大熵准则没有明确指定条件概率 $\mathcal{P}$。具体原因是选择了条件相对熵来衡量 $\mathrm{p}[\cdot|x]$与先验条件分布 $\mathrm{p}_0[\cdot|x]$的接近程度。分布之间的接近度的其他度量方式会导致不同形式的解决方案。因此，在某种意义上，接近度的选择等价于最大似然条件分布族的对偶的选择。而且，正如已经在标准最大熵案例中提到的，吉布斯分布族是一个非常丰富的分布家族。

注意，条件最大熵的原优化问题和对偶优化问题都只涉及 x 在 $\mathcal{X}_1$ 中的条件概率 $\mathrm{p}[\cdot|x]$，即 x 在训练样本中的条件概率。因此，它们不为我们提供任何关于其他条件概率的信息。然而，对偶问题显示，对于 x 在 $\mathcal{X}_1$ 中，解具有相同的一般形式 $\mathrm{p}_{\boldsymbol{w}}[\cdot|x]$，它只取决于权向量 $\boldsymbol{w}$。从这个角度来说，我们通过使用相同的一般形式 $\mathrm{p}_{\boldsymbol{w}}[\cdot|x]$和对所有 x 相同的向量 $\boldsymbol{w}$，将条件最大熵概率的定义扩展到所有 $x\in\mathcal{X}$。

注意，在原问题或对偶问题的定义中，我们可以用 $\mathcal{X}$ 中的其他分布 $\mathcal{Q}$ 来代替 $\hat{\mathcal{D}}^1$。同样地，证明对偶定理在这种情况下仍然成立是很简单的。实际上，在理想情况下，我们还令 $\mathcal{Q}$ 为 $\mathcal{D}^1$。然而，该优化问题需要所有 $x\in\mathrm{supp}(\mathcal{D}^1)$的特征向量的知识信息，对我们来说给定一个有限的样本是不可能的。使用 $\hat{\mathcal{D}}^1$ 得到的加权向量 $\boldsymbol{w}$ 可以近似看作是从 $\mathcal{D}^1$ 得到的。

13.5 性质

在本节中，我们将讨论条件最大熵模型的几个方面，包括对偶优化问题的形式、所使用的特征向量，以及这些模型的预测。 319

13.5.1 优化问题

L_1-正则化的条件最大熵因此是原始问题(13.3)的条件概率模型的解，或者等价地，由下式定义的模型：

$$\mathrm{p}_{\boldsymbol{w}}[y|x]=\frac{\mathrm{e}^{\boldsymbol{w}\cdot\boldsymbol{\Phi}(x,y)}}{Z(x)}\quad 和 \quad Z(x)=\sum_{y\in\mathcal{Y}}\mathrm{e}^{\boldsymbol{w}\cdot\boldsymbol{\Phi}(x,y)} \tag{13.9}$$

其中 $\boldsymbol{w}$ 是对偶问题的解：

$$\min_{\boldsymbol{w}\in\mathbb{R}^N}\lambda\|\boldsymbol{w}\|_1-\frac{1}{m}\sum_{i=1}^{m}\log\mathrm{p}_{\boldsymbol{w}}[y_i|x_i]$$

参数 $\lambda\geqslant0$。利用条件概率的表达式，这个最优化问题可以更明确地写成：

$$\min_{\boldsymbol{w}\in\mathbb{R}^N}\lambda\|\boldsymbol{w}\|_1+\frac{1}{m}\sum_{i=1}^{m}\log\Big[\sum_{y\in\mathcal{Y}}\mathrm{e}^{\boldsymbol{w}\cdot\boldsymbol{\Phi}(x_i,y)-\boldsymbol{w}\cdot\boldsymbol{\Phi}(x_i,y_i)}\Big] \tag{13.10}$$

或者等价成：

$$\min_{\boldsymbol{w}\in\mathbb{R}^N}\lambda\|\boldsymbol{w}\|_1-\boldsymbol{w}\cdot\frac{1}{m}\sum_{i=1}^{m}\boldsymbol{\Phi}(x_i,y_i)+\frac{1}{m}\sum_{i=1}^{m}\log\Big[\sum_{y\in\mathcal{Y}}\mathrm{e}^{\boldsymbol{w}\cdot\boldsymbol{\Phi}(x_i,y)}\Big] \tag{13.11}$$

根据对偶问题的定义，这是一个对于 $\boldsymbol{w}$ 的无约束凸优化问题。这也可以从 log-sum 函数中看出：$\boldsymbol{w} \to \log\Big[\sum_{y\in\mathcal{Y}} e^{\boldsymbol{w}\cdot\boldsymbol{\Phi}(x,\ y)}\Big]$ 对于任意的 $x\in\mathcal{X}$ 是凸的。

这个问题有很多优化算法，包括几种专用的、常规的一阶和二阶解，以及专用的分布式解。常见的方法是简单地使用随机梯度下降(Stochastic Gradient Descent，SGD)，它在应用中比大多数特殊的方法更有效。当特征向量的维数 $\boldsymbol{\Phi}$(或特征函数族的基数 $\mathcal{H}$)非常大时，这些方法通常是无效的。解决这一问题的另一种方法是应用坐标下降法。在这种情况下，得到的算法与 L_1-正则化 boosting 的算法一致，其中使用的不是指数函数，而是逻辑(logistic)函数。

13.5.2 特征向量

取决于输入 x 和输出 y 的特征向量 $\boldsymbol{\Phi}(x,\ y)$ 在应用中通常很重要。例如，在机器翻译中，可以方便地使用一些特征，这些特征的值可能取决于在输入句子以及输出序列中出
320 现的某些词。一个常见的特征向量选择是列向量 $\boldsymbol{\Phi}(x,\ y)$ 和 $\boldsymbol{w}$ 有相同个数的元素，其中 $\boldsymbol{\Phi}(x,\ y)$ 中只有对应的类 y 的元素是非零的，这个非零元素等于一个独立于类标签的特征向量 $\boldsymbol{\Gamma}(x)$：

$$\boldsymbol{\Phi}(x,\ y)=\begin{bmatrix}0\\ \vdots\\ 0\\ \boldsymbol{\Gamma}(x)\\ 0\\ \vdots\\ 0\end{bmatrix}\qquad \boldsymbol{w}=\begin{bmatrix}\boldsymbol{w}_1\\ \vdots\\ \boldsymbol{w}_{y-1}\\ \boldsymbol{w}_y\\ \boldsymbol{w}_{y+1}\\ \vdots\\ \boldsymbol{w}_c\end{bmatrix}$$

因此，$\boldsymbol{w}$ 与 $\boldsymbol{\Phi}(x,\ y)$ 的内积可以表示为特征向量 $\boldsymbol{\Gamma}(x)$，该特征向量仅依赖于 x，但具有不同的参数向量 $\boldsymbol{w}_y$：

$$\boldsymbol{w}\cdot\boldsymbol{\Phi}(x,\ y)=\boldsymbol{w}_y.\boldsymbol{\Gamma}(x)$$

L_1-正则化条件最大熵的优化问题可以用向量 $\boldsymbol{w}_y$ 表示为：

$$\min_{\boldsymbol{w}\in\mathbb{R}^N}\lambda\sum_{y\in\mathcal{Y}}\|\boldsymbol{w}_y\|_1+\frac{1}{m}\sum_{i=1}^{m}\log\Big[\sum_{y\in\mathcal{Y}}e^{\boldsymbol{w}_y\cdot\boldsymbol{\Gamma}(x_i)-\boldsymbol{w}_{y_i}\cdot\boldsymbol{\Gamma}(x_i)}\Big]\tag{13.12}$$

注意，如果向量 $\boldsymbol{w}_y$ 是与第二项没有关系的目标函数(例如，如果不是总和的对数，取而代之的是对数的总和)，那么问题就会减少为 c 个单独优化函数，其中每个优化函数用来为每个类学习不同的权向量，就像多类分类中一对一的设置一样。

13.5.3 预测

最后，请注意参数为 $\boldsymbol{w}$ 的条件最大熵模型预测的类 $\hat{y}(x)$ 是由下式给定的：

$$\hat{y}(x)=\underset{y\in\mathcal{Y}}{\operatorname{argmax}}\ \mathrm{p}_{\boldsymbol{w}}[y\,|\,x]=\underset{y\in\mathcal{Y}}{\operatorname{argmax}}\ \boldsymbol{w}\cdot\boldsymbol{\Phi}(x,\ y)\tag{13.13}$$

因此，条件最大熵模型定义了线性分类器。条件最大熵模型有时也被称为**对数线性模型**。

13.6 泛化界

在本节中，我们将在两种不同的情况下为条件最大熵模型提供学习保证：一种情况是

当特征向量 $\boldsymbol{\Phi}$(或特征函数族的基数 $\mathcal{H}$)的维数是无限的或非常大，在这种情况下用 coordinate-descent 或 boosting-type 算法更适合；另一种情况是当特征向量 $\boldsymbol{\Phi}$ 的维数是有限的并且不是太大。 321

我们从特征向量 $\boldsymbol{\Phi}$ 的维数非常大的情况开始。在这种情况下，以下基于间隔的保证可以有效地提供学习保证。

| 定理 13.2 | 对于任意 $\delta>0$，抽取大小为 m 的独立同分布样本 S，在概率至少为 $1-\delta$ 的情况下，对于 $\rho>0$ 且 $f\in\mathcal{F}=\{(x, y)\mapsto \boldsymbol{w}\cdot\boldsymbol{\Phi}(x, y): \|\boldsymbol{w}\|_1\leqslant 1\}$，下列不等式成立：

$$R(f)\leqslant\frac{1}{m}\sum_{i=1}^{m}\log_{u_0}\Big(\sum_{y\in\mathcal{Y}}e^{\frac{f(x_i, y)-f(x_i, y_i)}{\rho}}\Big)+\frac{8c}{\rho}\mathcal{R}_m(\Pi_1(\mathcal{H}))+\sqrt{\frac{\log\log_2\frac{4r}{\rho}}{m}}+\sqrt{\frac{\log\frac{2}{\delta}}{2m}}$$

其中 $u_0=\log(1+1/e)$ 并且 $\Pi_1(\mathcal{H})=\{x\mapsto\phi(x, y): \phi\in\mathcal{H}, y\in\mathcal{Y}\}$。

| 证明 | 对于任意 $f: (x, y)\mapsto\boldsymbol{w}\cdot\boldsymbol{\Phi}(x, y)$ 并且 $i\in[1, m]$，令 $\rho_f(x_i, y_i)$ 表示在 (x_i, y_i) 处的间隔：

$$\rho f(x_i, y_i)=\min_{y\neq y_i}f(x_i, y_i)-f(x_i, y)=\min_{y\neq y_i}\boldsymbol{w}\cdot(\boldsymbol{\Phi}(x_i, y_i)-\boldsymbol{\Phi}(x_i, y))$$

固定 $\rho>0$。然后根据定理 9.2，对于任何 $\delta>0$，在概率至少为 $1-\delta$ 的情况下，对所有 $f\in\mathcal{H}$ 和 $\rho\in(0, 2r]$，有以下不等式成立：

$$R(f)\leqslant\frac{1}{m}\sum_{i=1}^{m}1_{\rho_f(x_i, y_i)\leqslant\rho}+\frac{4c}{\rho}\mathcal{R}_m(\Pi_1(\mathcal{F}))+\sqrt{\frac{\log\log_2\frac{4r}{\rho}}{m}}+\sqrt{\frac{\log\frac{2}{\delta}}{2m}}$$

其中，$\Pi_1(\mathcal{F})=\{x\mapsto f(x, y): y\in\mathcal{Y}, f\in\mathcal{H}\}$。这个不等式对所有 $\rho>0$ 都成立，因为 $\rho\geqslant 2r$，通过 Hölder 不等式，对于 $\|\boldsymbol{w}\|_1\leqslant 1$，我们有 $|\boldsymbol{w}\cdot\boldsymbol{\Phi}(x, y)|\leqslant\|\boldsymbol{w}\|_1\|\boldsymbol{\Phi}(x, y)\|_\infty\leqslant r$，因此对于所有的 $i\in[1, m]$ 和 $y\in\mathcal{Y}$，$\min_{y\neq y_i}f(x_i, y_i)-f(x_i, y)\leqslant 2r\leqslant\rho$。现在对于任意 $\rho>0$，ρ-间隔损失的上界可以通过 ρ-逻辑损失确定：

$$\forall u\in\mathbb{R},\ 1_{u\leqslant\rho}=1_{\frac{u}{\rho}-1\leqslant 0}\leqslant\log_{u_0}(1+e^{-\frac{u}{\rho}})$$

因此，f 在 (x_i, y_i) 处的 ρ-间隔可以是上界：

$$\begin{aligned}1_{\rho_f(x_i, y_i)\leqslant\rho}&\leqslant\log_{u_o}\Big(1+e^{-\frac{\rho(f, x_i, y_i)}{\rho}}\Big)\\&=\log_{u_0}\Big(1+\max_{y\neq y_i}e^{\frac{f(x_i, y)-f(x_i, y_i)}{\rho}}\Big)\\&\leqslant\log_{u_o}\Big(1+\sum_{y\neq y_i}e^{\frac{f(x_i, y)-f(x_i, y_i)}{\rho}}\Big)=\log_{u_o}\Big(\sum_{y\in\mathcal{Y}}e^{\frac{f(x_i, y)-f(x_i, y_i)}{\rho}}\Big)\end{aligned}$$

因此，至少有 $1-\delta$ 的概率，对于所有的 $f\in\mathcal{H}$ 和 $\rho>0$ 都有以下不等式成立：

$$R(f)\leqslant\frac{1}{m}\sum_{i=1}^{m}\log_{u_0}\Big(\sum_{y\in\mathcal{Y}}e^{\frac{f(x_i, y)-f(x_i, y_i)}{\rho}}\Big)+\frac{4c}{\rho}\mathcal{R}_m(\Pi_1(\mathcal{F}))+\sqrt{\frac{\log\log_2\frac{4r}{\rho}}{m}}+\sqrt{\frac{\log\frac{2}{\delta}}{2m}}$$ 322

对于任意大小为 m 的样本 $S=(x_1, \cdots, x_m)$，$\Pi_1(\mathcal{F})$ 的经验 Rademacher 复杂度的界可由下式得到：

$$\begin{aligned}\hat{\mathcal{R}}_S(\Pi_1(\mathcal{F})) &= \frac{1}{m}\mathbb{E}_{\boldsymbol{\sigma}}\Big[\sup_{\substack{\|\boldsymbol{w}\|_1\leqslant 1\\ y\in\mathcal{Y}}}\sum_{i=1}^{m}\sigma_i\sum_{j=1}^{N}w_j\Phi_j(x_i,\ y)\Big]\\ &= \frac{1}{m}\mathbb{E}_{\boldsymbol{\sigma}}\Big[\sup_{\substack{\|\boldsymbol{w}\|_1\leqslant 1\\ y\in\mathcal{Y}}}\sum_{j=1}^{N}w_j\sum_{i=1}^{m}\sigma_i\Phi_j(x_i,\ y)\Big]\\ &= \frac{1}{m}\mathbb{E}_{\boldsymbol{\sigma}}\Big[\sup_{\substack{j\in[N]\\ y\in\mathcal{Y}}}\Big|\sum_{i=1}^{m}\sigma_i\Phi_j(x_i,\ y)\Big|\Big]\\ &\leqslant \frac{1}{m}\mathbb{E}_{\boldsymbol{\sigma}}\Big[\sup_{\substack{\Phi\in\mathcal{H}\\ y\in\mathcal{Y}}}\Big|\sum_{i=1}^{m}\sigma_i\Phi(x_i,\ y)\Big|\Big]\leqslant 2\hat{\mathcal{R}}_S(\Pi_1(\mathcal{H}))\end{aligned}$$

证毕。■

该定理的学习保证是值得注意的，因为它不依赖于维数 N，只依赖于特征函数族 $\mathcal{H}$(或基假设)的复杂性。由于对于任何 $\rho>0$，f/ρ 有与 f 相同的泛化误差，该定理表明，以至少为 $1-\delta$ 的概率，以下不等式适用于所有 $f\in\left\{(x,\ y)\mapsto \boldsymbol{w}\cdot\boldsymbol{\Phi}(x,\ y):\ \|\boldsymbol{w}\|_1\leqslant\frac{1}{\rho}\right\}$ 和 $\rho>0$：

$$R(f)\leqslant\frac{1}{m}\sum_{i=1}^{m}\log_{u_0}\Big(\sum_{y\in\mathcal{Y}}\mathrm{e}^{f(x_i,\ y)-f(x_i,\ y_i)}\Big)+\frac{8c}{\rho}\mathcal{R}_m(\Pi_1(\mathcal{H}))+\sqrt{\frac{\log\log_2\frac{4r}{\rho}}{m}}+\sqrt{\frac{\log\frac{2}{\delta}}{2m}}$$

这个不等式可以用来推导一个算法，这个算法选择 $\boldsymbol{w}$ 和 $\rho>0$ 来最小化右边。对于 ρ 的最小化问题并不能看成一个凸优化，这里还依赖于影响第二项和第三项的理论上的常数因素。因此，ρ 作为算法的自由参数，通常通过交叉验证确定。

现在，因为只有右边的第一项依赖于 $\boldsymbol{w}$，对于任意 $\rho>0$，这个界会建议选择 $\boldsymbol{w}$ 作为以下优化问题的解：

323

$$\min_{\|\boldsymbol{w}\|_1\leqslant\frac{1}{\rho}}\frac{1}{m}\sum_{i=1}^{m}\log\Big(\sum_{y\in\mathcal{Y}}\mathrm{e}^{\boldsymbol{w}\cdot\boldsymbol{\Phi}(x_i,\ y)-\boldsymbol{w}\cdot\boldsymbol{\Phi}(x_i,\ y_i)}\Big)\tag{13.14}$$

引入拉格朗日变量 $\lambda>0$，优化问题等价为：

$$\min_{\boldsymbol{w}}\lambda\|\boldsymbol{w}\|_1+\frac{1}{m}\sum_{i=1}^{m}\log\Big(\sum_{y\in\mathcal{Y}}\mathrm{e}^{\boldsymbol{w}\cdot\boldsymbol{\Phi}(x_i,\ y)-\boldsymbol{w}\cdot\boldsymbol{\Phi}(x_i,\ y_i)}\Big)\tag{13.15}$$

由于在式(13.14)约束下对 ρ 的任意选择，在式(13.15)中存在一个等价的对偶变量 λ，且获得同样的最优 $\boldsymbol{w}$，因此可以通过交叉验证自由选择 λ。所得到的算法与条件最大熵精确吻合。

当特征向量 $\boldsymbol{\Phi}$ 的维数 N 有限时，以下基于边界的保证成立。

| 定理 13.3 | 对于任意 $\delta>0$，有独立同分布样本 S 的数量为 m，在概率至少为 $1-\delta$ 的情况下，对于所有 $\rho>0$ 并且 $f\in\mathcal{F}=\{(x,\ y)\mapsto\boldsymbol{w}\cdot\boldsymbol{\Phi}(x,\ y):\ \|\boldsymbol{w}\|_1\leqslant 1\}$，有以下不等式成立：

$$R(f)\leqslant\frac{1}{m}\sum_{i=1}^{m}\log_{u_0}\Big(\sum_{y\in\mathcal{Y}}\mathrm{e}^{\frac{f(x_i,\ y)-f(x_i,\ y_i)}{\rho}}\Big)+\frac{4cr\sqrt{2\log(2cN)}}{\rho}+\sqrt{\frac{\log\log_2\frac{4r}{\rho}}{m}}+\sqrt{\frac{\log\frac{2}{\delta}}{2m}}$$

其中 $u_0=\log(1+1/\mathrm{e})$。

| 证明 | 与定理 13.2 的证明类似，对 $\mathcal{R}_m(\Pi_1(\mathcal{F}))$ 的上界取模。对于任意数量为 m 的

样本 $S=(x_1, \cdots, x_m)$，$\Pi_1(\mathcal{F})$的经验 Rademacher 复杂度可限定为：

$$\begin{aligned}\hat{\mathcal{R}}_S(\Pi_1(\mathcal{F}))&=\frac{1}{m}\mathbb{E}_{\boldsymbol{\sigma}}\left[\sup_{\substack{\|\boldsymbol{w}\|_1\leqslant 1\\ y\in\mathcal{Y}}}\sum_{i=1}^{m}\sigma_i\boldsymbol{w}\cdot\boldsymbol{\Phi}(x_i, y)\right]\\&=\frac{1}{m}\mathbb{E}_{\boldsymbol{\sigma}}\left[\sup_{\substack{\|\boldsymbol{w}\|_1\leqslant 1\\ y\in\mathcal{Y}}}\boldsymbol{w}\cdot\sum_{i=1}^{m}\sigma_i\boldsymbol{\Phi}(x_i, y)\right]\\&=\frac{1}{m}\mathbb{E}_{\boldsymbol{\sigma}}\left[\sup_{y\in\mathcal{Y}}\left\|\sum_{i=1}^{m}\sigma_i\boldsymbol{\Phi}(x_i, y)\right\|_\infty\right]\\&=\frac{1}{m}\mathbb{E}_{\boldsymbol{\sigma}}\left[\sup_{\substack{j\in[1, N]\\ y\in\mathcal{Y}, s\in\{-1, +1\}}}s\sum_{i=1}^{m}\sigma_i\Phi_j(x_i, y)\right]\\&\leqslant r\sqrt{2\log(2cN)}\end{aligned}$$

根据对偶范数的定义，第三个等式成立，最后一个不等式是根据最大不等式(推论 D.11)得到的，因为在 $2cN$ 选项中取最大值。■ 324

这个定理的学习保证即使对于相对高维的问题也是非常有利的，因为它对维数 N 的依赖仅是对数的。

13.7 逻辑回归

条件最大熵模型的二分类情况($c=2$)被称为**逻辑回归**，是最著名的二元分类算法之一。

13.7.1 优化问题

在二分类情况下，条件最大熵模型优化问题中出现的和可以简化为：

$$\begin{aligned}\sum_{y\in\mathcal{Y}}\mathrm{e}^{\boldsymbol{w}\cdot\boldsymbol{\Phi}(x_i, y)-\boldsymbol{w}\cdot\boldsymbol{\Phi}(x_i, y_i)}&=\mathrm{e}^{\boldsymbol{w}\cdot\boldsymbol{\Phi}(x_i, +1)-\boldsymbol{w}\cdot\boldsymbol{\Phi}(x_i, y_i)}+\mathrm{e}^{\boldsymbol{w}\cdot\boldsymbol{\Phi}(x_i, -1)-\boldsymbol{w}\cdot\boldsymbol{\Phi}(x_i, y_i)}\\&=1+\mathrm{e}^{-y_i\boldsymbol{w}\cdot[\boldsymbol{\Phi}(x_i, +1)-\boldsymbol{\Phi}(x_i, -1)]}\\&=1+\mathrm{e}^{-y_i\boldsymbol{w}\cdot\boldsymbol{\Psi}(x_i)}\end{aligned}$$

其中，对于所有的 $x\in\mathcal{X}$，$\boldsymbol{\Psi}(x)=\boldsymbol{\Phi}(x, +1)-\boldsymbol{\Phi}(x, -1)$，可以得出下面的优化问题，优化问题定义了 L_1-正则化逻辑回归：

$$\min_{\boldsymbol{w}\in\mathbb{R}^N}\lambda\|\boldsymbol{w}\|_1+\frac{1}{m}\sum_{i=1}^{m}\log[1+\mathrm{e}^{-y_i\boldsymbol{w}\cdot\boldsymbol{\Psi}(x_i)}] \tag{13.16}$$

这是个一般的凸优化问题，它可以有各种不同的解。一种常见的方法是 SGD，另一种是坐标下降。当使用坐标下降时，算法与 AdaBoost 中的替代方法一致，其中逻辑损失代替指数损失($\phi(-u)=\log_2(1+\mathrm{e}^{-u})\geqslant 1_{u\leqslant 0}$)。

13.7.2 逻辑模型

在二分类情况下，由权向量 $\boldsymbol{w}$ 定义的条件概率可以表示为：

$$\mathrm{p}_{\boldsymbol{w}}[y=+1\mid x]=\frac{\mathrm{e}^{\boldsymbol{w}\cdot\boldsymbol{\Phi}(x,+1)}}{Z(x)} \tag{13.17}$$

其中 $Z(\boldsymbol{w})=\mathrm{e}^{\boldsymbol{w}\cdot\boldsymbol{\Phi}(x,+1)+\boldsymbol{w}\cdot\boldsymbol{\Phi}(x,-1)}$。因此，预测基于线性决策规则，由对数几率比的指示符号定义：

$$\log \frac{\mathrm{p}_{\boldsymbol{w}}[y=+1 \mid x]}{\mathrm{p}_{\boldsymbol{w}}[y=-1 \mid x]}=\boldsymbol{w} \cdot(\boldsymbol{\Phi}(x,\ +1)-\boldsymbol{\Phi}(x,\ -1))=\boldsymbol{w} \cdot \boldsymbol{\Psi}(x)$$

325 这就是为什么逻辑回归也被称为对数线性模型。还可以看到，条件概率有以下**逻辑型**(logistic form)：

$$\begin{aligned}\mathrm{p}_{\boldsymbol{w}}[y=+1 \mid x] &= \frac{1}{1+\mathrm{e}^{-\boldsymbol{w} \cdot [\boldsymbol{\Phi}(x,+1)-\boldsymbol{\Phi}(x,-1)]}} \\ &= \frac{1}{1+\mathrm{e}^{-\boldsymbol{w} \cdot \boldsymbol{\Psi}(x)}} \\ &= f_{\text{logistic}}(\boldsymbol{w} \cdot \boldsymbol{\Psi}(x))\end{aligned}$$

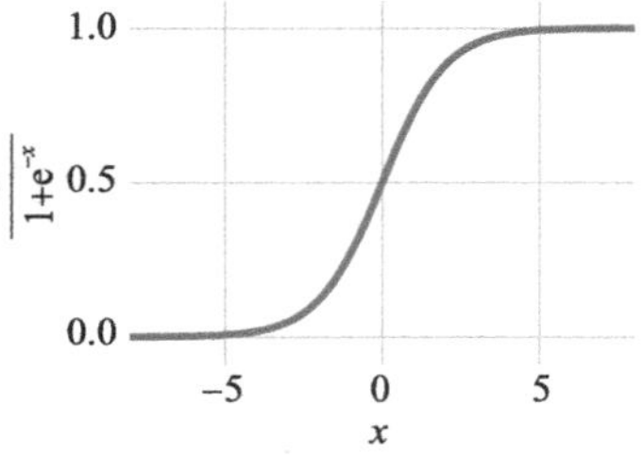

图 13.1 逻辑函数的图 f_{logistic}

其中，f_{logistic} 是由 f_{logistic}：$x \mapsto \frac{1}{1+\mathrm{e}^{-x}}$ 定义在空间 $\mathbb{R}$ 上的一个函数。图 13.1 显示了该函数的曲线图。逻辑函数用映射 $x \mapsto \boldsymbol{\Psi}(x)$ 将输入映射到区间[0，1]，这使得它们可以被解释为概率。

L_1-正则化的逻辑回归在二分类($c=2$)的特殊情况下，已经为条件最大熵模型提供了强学习保证。L_2-正则化的逻辑回归的学习保证也将在下一节中提供类似的特殊情况。

13.8 L_2-正则

条件最大熵模型的一个常见变种是当维数 N 有限时，其中的正则化是基于权向量 $\boldsymbol{w}$ 的 2-范数的平方。因此，优化问题为：

$$\min_{\boldsymbol{w} \in \mathbb{R}^N} \lambda \|\boldsymbol{w}\|_2^2-\frac{1}{m} \sum_{i=1}^{m} \log \mathrm{p}_{\boldsymbol{w}}[y_i \mid x_i]$$

其中，对于所有的$(x,\ y) \in \mathcal{X} \times \mathcal{Y}$，

$$\mathrm{p}_{\boldsymbol{w}}[y \mid x]=\frac{\exp(\boldsymbol{w} \cdot \boldsymbol{\Phi}(x,\ y))}{Z(x)} \quad 和 \quad Z(x)=\sum_{y \in \mathcal{Y}} \exp(\boldsymbol{w} \cdot \boldsymbol{\Phi}(x,\ y)) \tag{13.18}$$

对于 1-范数正则化，有许多优化方法可用于该问题，包括专门算法、一般的一阶和二阶优
326 化方法，以及专用分布式的优化方法。在这里，目标是可微的。常用的优化方法是随机梯度下降(Stochastic Gradient Descent，SGD)。

与 1-范数正则化条件最大熵模型相比，2-范数条件最大熵模型会导致更稀疏的权向量，而非稀疏解在一些应用(如自然语言处理)中可能更好，也会带来更精确的解。假设特征向量的 2-范数是有界的，以下基于边界的保证对 2-范数正则化条件最大熵是成立的。

| 定理 13.4 | 对于任意 $\delta>0$，有独立同分布样本 S 大小为 m，在概率至少为 $1-\delta$ 的情况下，对于所有 $\rho>0$ 并且 $f \in \mathcal{F}=\{(x,\ y) \mapsto \boldsymbol{w} \cdot \boldsymbol{\Phi}(x,\ y):\ \|\boldsymbol{w}\|_2 \leqslant 1\}$，有以下不等式成立：

$$R(f) \leqslant \frac{1}{m} \sum_{i=1}^{m} \log_{u_0}\Big(\sum_{y \in \mathcal{Y}} \mathrm{e}^{\frac{f(x_i,\ y)-f(x_i,\ y_i)}{\rho}}\Big)+\frac{4 r_2 c^2}{\rho \sqrt{m}}+\sqrt{\frac{\log \log_2 \frac{4 r_2}{\rho}}{m}}+\sqrt{\frac{\log \frac{2}{\delta}}{2m}}$$

其中 $u_0=\log(1+1/\mathrm{e})$ 并且 $r_2=\sup_{(x,y)}\|\boldsymbol{\Phi}(x,\ y)\|_2$。

| 证明 | 与定理 13.3 的证明类似，对 $|\boldsymbol{w} \cdot \boldsymbol{\Phi}(x,\ y)| \leqslant \|\boldsymbol{w}\|_2\|\boldsymbol{\Phi}(x,\ y)\|_2 \leqslant r_2$ 取模并且对 $\mathfrak{R}_m(\Pi_1(\mathcal{F}))$ 的上界取模。对于任意大小为 m 的样本 $S=(x_1,\ \cdots,\ x_m)$，$\Pi_1(\mathcal{F})$ 的

经验 Rademacher 复杂度可限定为：

$$\begin{aligned}\hat{\mathcal{R}}_S(\Pi_1(\mathcal{F})) &= \frac{1}{m}\mathop{\mathbb{E}}_{\boldsymbol{\sigma}}\Big[\sup_{\substack{\|\boldsymbol{w}\|_2\leqslant 1\\ y\in\mathcal{Y}}}\sum_{i=1}^{m}\sigma_i\boldsymbol{w}\cdot\boldsymbol{\Phi}(x_i, y)\Big]\\ &= \frac{1}{m}\mathop{\mathbb{E}}_{\boldsymbol{\sigma}}\Big[\sup_{\substack{\|\boldsymbol{w}\|_2\leqslant 1\\ y\in\mathcal{Y}}}\boldsymbol{w}\cdot\sum_{i=1}^{m}\sigma_i\boldsymbol{\Phi}(x_i, y)\Big]\\ &= \frac{1}{m}\mathop{\mathbb{E}}_{\boldsymbol{\sigma}}\Big[\sup_{y\in\mathcal{Y}}\Big\|\sum_{i=1}^{m}\sigma_i\boldsymbol{\Phi}(x_i, y)\Big\|_2\Big]\\ &\leqslant \frac{1}{m}\sum_{y\in\mathcal{Y}}\mathop{\mathbb{E}}_{\boldsymbol{\sigma}}\Big[\Big\|\sum_{i=1}^{m}\sigma_i\boldsymbol{\Phi}(x_i, y)\Big\|_2\Big]\\ &\leqslant \frac{1}{m}\sum_{y\in\mathcal{Y}}\sqrt{\mathop{\mathbb{E}}_{\boldsymbol{\sigma}}\Big[\Big\|\sum_{i=1}^{m}\sigma_i\boldsymbol{\Phi}(x_i, y)\Big\|_2^2\Big]}\\ &= \frac{1}{m}\sum_{y\in\mathcal{Y}}\sqrt{\sum_{i=1}^{m}\|\boldsymbol{\Phi}(x_i, y)\|_2^2}\leqslant\frac{r_2 c}{\sqrt{m}}\end{aligned}$$

其中第三个等式通过对偶模的定义成立，第二个不等式通过 Jensen 不等式成立。 327

L_2-正则条件最大熵模型定理的学习保证有边界不依赖于维数的优点。这对于相对小的 r_2 是非常有利的。该算法可以非常有效，只要非稀疏权向量可以达到一个小的误差。 ■

13.9 对偶定理的证明

在本节中，我们给出定理 13.1 的充分证明。

| 证明 | 该证明类似于定理 12.2 的证明，对所有 $\overline{\mathrm{p}}\in(\mathbb{R}^{\mathcal{Y}})^{\mathcal{X}_1}$ 和 $\boldsymbol{u}\in\mathbb{R}^N$ 定义函数 f 和 g 的优化问题(13.4)，可利用 Fenchel 对偶定理(定理 B.9)，其中 $\overline{\mathrm{p}}\in(\mathbb{R}^{\mathcal{Y}})^{\mathcal{X}_1}$ 和 $\boldsymbol{u}\in\mathbb{R}^N$ 满足 $f(\overline{\mathrm{p}})=\mathop{\mathbb{E}}_{x\sim\hat{\mathcal{D}}^1}\big[\widetilde{\mathrm{D}}(\mathrm{p}[\cdot\mid x]\|\mathrm{p}_0[\cdot\mid x])\big]$、$g(\boldsymbol{u})=I_{\mathcal{C}}(\boldsymbol{u})$ 和 $A\mathrm{p}=\sum_{x\in\mathcal{X}}\sum_{y\in\mathcal{Y}}\hat{\mathcal{D}}^1(x)\mathrm{p}[y\mid x]\boldsymbol{\Phi}(x, y)$。$A$ 是一个有界线性映射，因为对于任意 $\overline{\mathrm{p}}\in(\mathbb{R}^{\mathcal{Y}})^{\mathcal{X}_1}$，我们有 $\|A\overline{\mathrm{p}}\|\leqslant\|\overline{\mathrm{p}}\|_1\sup_{x\in\mathcal{X},y\in\mathcal{Y}}\|\boldsymbol{\Phi}(x, y)\|_\infty\leqslant r\|\overline{\mathrm{p}}\|_1$。并且请注意对于所有 $\boldsymbol{w}\in\mathbb{R}^N$ 和 $(x, y)\in\mathcal{X}_1\times\mathcal{Y}$，$A$ 的共轭是由 $(A^*\boldsymbol{w})(x, y)=\boldsymbol{w}\cdot(\hat{\mathcal{D}}^1(x)\boldsymbol{\Phi}(x, y))$ 给定的。

当 $\overline{\mathrm{p}}_0=(\mathcal{D}(\cdot\mid x))_{x\in\mathcal{X}_1}$ 时，现在考虑由 $\boldsymbol{u}_0=\mathop{\mathbb{E}}_{(x,y)\sim\hat{\mathcal{D}}}[\boldsymbol{\Phi}(x, y)]=A\overline{\mathrm{p}}_0$ 定义的 $\boldsymbol{u}_0\in\mathbb{R}^N$。由于 $\overline{\mathrm{p}}_0$ 在 $\mathrm{dom}(f)=\Delta^{\mathcal{X}_1}$ 中，且 $\boldsymbol{u}_0$ 在 $A(\mathrm{dom}(f))$ 中。此外，由于 λ 是正的，$\boldsymbol{u}_0$ 被包含在 $\mathrm{int}(\mathcal{C})$ 中。$g=I_{\mathcal{C}}$ 等价于 0 在 $\mathrm{int}(\mathcal{C})$ 上，因此是连续的，由于 g 在 $\boldsymbol{u}_0$ 是连续的，我们有 $\boldsymbol{u}_0\in A(\mathrm{dom}(f))\cap\mathrm{cont}(g)$。因此，定理 B.9 的假设成立。 ■

对于所有的 $\overline{\mathrm{q}}=(\mathrm{q}[\cdot\mid x])_{x\in\mathcal{X}_1}\in(\mathbb{R}^{\mathcal{N}})^{\mathcal{X}_1}$，$\overline{\mathrm{q}}=(\mathrm{q}[\cdot\mid])$ 的共轭函数有以下定义：

$$\begin{aligned}f^*(\overline{\mathrm{q}}) &= \sup_{\overline{\mathrm{p}}\in(\mathbb{R}^{\mathcal{Y}})^{\mathcal{X}_1}}\Big\{\langle\mathrm{p}, \mathrm{q}\rangle-\sum_{x\in\mathcal{X}}\hat{\boldsymbol{\mathcal{D}}}^1(x)\widetilde{\boldsymbol{D}}(\mathrm{p}[\cdot\mid x]\|\mathrm{p}_0[\cdot\mid x])\Big\}\\ &= \sup_{\overline{\mathrm{p}}\in(\mathbb{R}^{\mathcal{Y}})^{\mathcal{X}_1}}\Big\{\sum_{x\in\mathcal{X}_1}\hat{\mathcal{D}}^1[x]\sum_{y\in\mathcal{Y}}\frac{\mathrm{p}[y\mid x]\mathrm{q}[y\mid x]}{\hat{\mathcal{D}}^1[x]}-\sum_{x\in\mathcal{X}_1}\hat{\mathcal{D}}^1[x]\widetilde{\boldsymbol{D}}(\mathrm{p}[\cdot\mid x]\|\mathrm{p}_0[\cdot\mid x])\Big\}\end{aligned}$$

$$= \sum_{x\in\mathcal{X}_1}\hat{\mathcal{D}}^1(x)\sup_{\overline{\mathrm{p}}\in(\mathbb{R}^{\mathcal{Y}})^{\mathcal{X}_1}}\left\{\sum_{y\in\mathcal{Y}}\mathrm{p}[y|x]\left[\frac{\mathrm{q}[y|x]}{\hat{\mathcal{D}}^1(x)}\right]-\widetilde{\mathcal{D}}(\mathrm{p}[\cdot|x]\|\mathrm{p}_0[\cdot|x])\right\}$$

$$= \sum_{x\in\mathcal{X}_1}\hat{\mathcal{D}}^1(x)f_x^*\left(\frac{\mathrm{q}[y|x]}{\hat{\mathcal{D}}^1(x)}\right)$$

其中，对于所有的 $x\in\mathcal{X}_1$，$\mathrm{p}\in\mathbb{R}^{\mathcal{X}_1}$，$f_x$ 由 $f_x(\overline{\mathrm{p}})=\widetilde{\mathrm{D}}(\mathrm{p}[\cdot|x]\|\mathrm{p}_0[\cdot|x])$定义。通过定理 B.37，对于所有 $\overline{\mathrm{q}}\in(\mathbb{R}^{\mathcal{Y}})^{\mathcal{X}_1}$，共轭函数 f_x^* 由 $f_x^*\left(\frac{\mathrm{q}(y|x)}{\hat{\mathcal{D}}^1(x)}\right)=\log\left(\sum_{y\in\mathcal{Y}}\mathrm{p}_0[y|x]\mathrm{e}^{\frac{\mathrm{q}(y|x)}{\hat{\mathcal{D}}^1(x)}}\right)$ 给定。因此对于所有 $\overline{\mathrm{q}}\in(\mathbb{R}^{\mathcal{Y}})^{\mathcal{X}_1}$，$f_x^*$ 可由下式得到：

328

$$f^*(q)=\mathop{\mathbb{E}}_{x\sim\hat{\mathcal{D}}^1}\left[\log\left(\sum_{y\in\mathcal{Y}}\mathrm{p}_0[y|x]\mathrm{e}^{\frac{\mathrm{q}[y|x]}{\hat{\mathcal{D}}^1(x)}}\right)\right]$$

在定理 12.2 的证明中，给出了所有 $\boldsymbol{w}\in\mathbb{R}^N$ 的 $g=I_C$ 的共轭函数 $g^*(\boldsymbol{w})=\mathop{\mathbb{E}}_{(x,y)\sim\hat{\mathcal{D}}}[\boldsymbol{w}\cdot\boldsymbol{\Phi}(x,y)]+\lambda\|\boldsymbol{w}\|_1$。根据这些恒等式，我们可以写出对于所有的 $\boldsymbol{w}\in\mathbb{R}^N$，

$$-f^*(A^*\boldsymbol{w})-g^*(-\boldsymbol{w})$$

$$=-\mathop{\mathbb{E}}_{x\sim\hat{\mathcal{D}}^1}\left[\log\left(\sum_{y\in\mathcal{Y}}\mathrm{p}_0[y|x]\mathrm{e}^{\boldsymbol{w}\cdot\boldsymbol{\Phi}(x,y)}\right)\right]+\mathop{\mathbb{E}}_{(x,y)\sim\hat{\mathcal{D}}}[\boldsymbol{w}\cdot\boldsymbol{\Phi}(x,y)]-\lambda\|\boldsymbol{w}\|_1$$

$$=-\mathop{\mathbb{E}}_{x\sim\hat{\mathcal{D}}^1}[\log Z(\boldsymbol{w},\boldsymbol{x})]+\frac{1}{m}\sum_{i=1}^m\boldsymbol{w}\cdot\boldsymbol{\Phi}(x_i,y_i)-\lambda\|\boldsymbol{w}\|_1$$

$$=\frac{1}{m}\sum_{i=1}^m\log\frac{\mathrm{e}^{\boldsymbol{w}\cdot\boldsymbol{\Phi}(x_i,y_i)}}{Z(\boldsymbol{w},x_i)}-\lambda\|\boldsymbol{w}\|_1$$

$$=\frac{1}{m}\sum_{i=1}^m\log\left[\frac{\mathrm{p}_{\boldsymbol{w}}[y_i|x_i]}{\mathrm{p}_0[y_i|x_i]}\right]-\lambda\|\boldsymbol{w}\|_1=G(\boldsymbol{w})$$

这就证明了 $\sup_{\boldsymbol{w}\in\mathbb{R}^N}G(\boldsymbol{w})=\min_{\overline{\mathrm{p}}\in(\mathbb{R}^{\mathcal{Y}})^{\mathcal{X}_1}}F(\overline{\mathrm{p}})$。

第二部分的证明类似于定理 12.2。对于任意的 $\boldsymbol{w}\in\mathbb{R}^N$，我们可以写成

$$G(\boldsymbol{w})-\mathop{\mathbb{E}}_{x\sim\hat{\mathcal{D}}^1}[\mathrm{D}(\mathrm{p}^*[\cdot|x]\|\mathrm{p}_0[\cdot|x])]+\mathop{\mathbb{E}}_{x\sim\hat{\mathcal{D}}^1}[\mathrm{D}(\mathrm{p}^*[\cdot|x]\|\mathrm{p}_{\boldsymbol{w}}[\cdot|x])]$$

$$=\mathop{\mathbb{E}}_{(x,y)\sim\hat{\mathcal{D}}}\left[\log\frac{\mathrm{p}_{\boldsymbol{w}}[y|x]}{\mathrm{p}_0[y|x]}\right]-\lambda\|\boldsymbol{w}\|_1-\mathop{\mathbb{E}}_{\substack{x\sim\hat{\mathcal{D}}^1\\y\sim\mathrm{p}^*[\cdot|x]}}\left[\log\frac{\mathrm{p}^*[y|x]}{\mathrm{p}_0[y|x]}\right]+\mathop{\mathbb{E}}_{\substack{x\sim\hat{\mathcal{D}}^1\\y\sim\mathrm{p}^*[\cdot|x]}}\left[\log\frac{\mathrm{p}^*[y|x]}{\mathrm{p}_{\boldsymbol{w}}[y|x]}\right]$$

$$=-\lambda\|\boldsymbol{w}\|_1+\mathop{\mathbb{E}}_{(x,y)\sim\hat{\mathcal{D}}}\left[\log\frac{\mathrm{p}_{\boldsymbol{w}}[y|x]}{\mathrm{p}_0[y|x]}\right]-\mathop{\mathbb{E}}_{\substack{x\sim\hat{\mathcal{D}}^1\\y\sim\mathrm{p}^*[\cdot|x]}}\left[\log\frac{\mathrm{p}_{\boldsymbol{w}}[y|x]}{\mathrm{p}_0[y|x]}\right]$$

$$=-\lambda\|\boldsymbol{w}\|_1+\mathop{\mathbb{E}}_{(x,y)\sim\hat{\mathcal{D}}}[\boldsymbol{w}\cdot\boldsymbol{\Phi}(x,y)-\log Z(\boldsymbol{w},x)]-\mathop{\mathbb{E}}_{\substack{x\sim\hat{\mathcal{D}}^1\\y\sim\mathrm{p}^*[\cdot|x]}}[\boldsymbol{w}\cdot\boldsymbol{\Phi}(x,y)-\log Z(\boldsymbol{w},z)]$$

$$=-\lambda\|\boldsymbol{w}\|_1+\boldsymbol{w}\cdot\left[\mathop{\mathbb{E}}_{(x,y)\sim\hat{\mathcal{D}}}[\boldsymbol{\Phi}(x,y)]-\mathop{\mathbb{E}}_{\substack{x\sim\hat{\mathcal{D}}^1\\y\sim\mathrm{p}^*[\cdot|x]}}[\boldsymbol{\Phi}(x,y)]\right]$$

作为原优化的解，$\overline{\mathrm{p}}^*$ 可以验证 $I_C\left(\mathop{\mathbb{E}}_{\substack{x\sim\hat{\mathcal{D}}^1\\y\sim\mathrm{p}^*[\cdot|x]}}[\boldsymbol{\Phi}(x,y)]\right)=0$，即 $\left\|\mathop{\mathbb{E}}_{\substack{x\sim\hat{\mathcal{D}}^1\\y\sim\mathrm{p}^*[\cdot|x]}}[\boldsymbol{\Phi}(x,y)]-\mathop{\mathbb{E}}_{(x,y)\sim\hat{\mathcal{D}}}[\boldsymbol{\Phi}(x,y)]\right\|_\infty\leqslant\lambda$。通过 Hölder 不等式，这意味着以下不等式成立：

$$-\|\boldsymbol{w}\|_1+\boldsymbol{w}\cdot\left[\underset{(x,y)\sim\hat{\mathcal{D}}}{\mathbb{E}}[\boldsymbol{w}\cdot\boldsymbol{\Phi}(x,y)-\underset{\substack{x\sim\hat{\mathcal{D}}^1\\ y\sim p^*[\cdot|x]}}{\mathbb{E}}[\boldsymbol{w}\cdot\boldsymbol{\Phi}(x,y)]\right]\leqslant-\|\boldsymbol{w}\|_1+\|\boldsymbol{w}\|_1=0$$ 329

因此，我们可以写对于任意 $\boldsymbol{w}\in\mathbb{R}^N$，

$$\underset{x\sim\hat{\mathcal{D}}^1}{\mathbb{E}}[\mathrm{D}(p^*[\cdot|x]\|p_{\boldsymbol{w}}[\cdot|x])]\leqslant\underset{x\sim\hat{\mathcal{D}}^1}{\mathbb{E}}[\mathrm{D}(p^*[\cdot|x]\|p_0[\cdot|x])]-G(\boldsymbol{w})$$

现在假设 $\boldsymbol{w}$ 对于某些 $\varepsilon>0$ 有 $|G(\boldsymbol{w})-\sup_{\boldsymbol{w}\in\mathbb{R}^N}G(\boldsymbol{w})|\leqslant\varepsilon$。接下来，$\underset{x\sim\hat{\mathcal{D}}^1}{\mathbb{E}}[\mathrm{D}(p^*[\cdot|x]\|p_0[\cdot|x])]-G(\boldsymbol{w})=(\sup_{\boldsymbol{w}}G(\boldsymbol{w}))-G(\boldsymbol{w})\leqslant\varepsilon$ 意味着不等式 $\underset{x\sim\hat{\mathcal{D}}^1}{\mathbb{E}}[\mathrm{D}(p^*[\cdot|x]\|p_{\boldsymbol{w}}[\cdot|x])]\leqslant\varepsilon$。这个结论证明了以上定理。■

13.10 文献评注

逻辑回归模型是统计学中的经典模型。**逻辑**(logistic)这个术语是由比利时数学家 Verhulst[1838，1845]提出的。逻辑回归最早的参考文献是由 Berkson[1944]发表的，他提倡使用逻辑函数，而不是标准正态分布的累积分布函数(probit 模型)。

Berger 等人[1996]引入运用于自然语言处理的条件最大熵模型，该模型被广泛用于各种不同的任务，包括词性标注、句法分析、机器翻译和文本分类(参见 Manning 和 Klein[2003]的教程)。我们提出的条件最大熵准则，包括它们的正则化变形、条件最大熵模型的对偶定理(定理 13.1)和它们的理论证明基于[Cortes、Kuznetsov、Mohri 和 Syed，2015]。本章为这些模型提供了两种类型的证明：一种基于条件最大熵准则，另一种基于标准泛化界。

与用于密度估计的最大熵模型的情况一样，条件最大熵模型可以通过使用其他 Bregman 散度[Lafferty、Pietra 和 Pietra，1997]和其他正则化加以扩展。Lafferty[1999]提出了一个基于 Bregman 散度的增量算法的一般框架，该框架将逻辑回归作为特例，参见[Collins 等人，2002]，他们指出，boosting 和逻辑回归是基于 Bregman 散度的通用框架的特殊实例。本章中提出的正则化条件最大熵模型可以利用其他 Bregman 散度进行类似的扩展。在二分类情况下，当使用坐标下降法求解正则化条件最大熵模型的优化问题时，该算法与 L_1-正则化 AdaBoost 模一致，使用逻辑损失代替指数损失。

Cortes、Kuznetsov、Mohri 和 Syed[2015]提出了一种更一般的条件概率模型，即条件结构最大熵模型，他们也给出了对偶定理，并给出了较强的学习保证。这些最大熵模型基于特征函数，而这些特征函数可能会从非常复杂的子族的并集中进行选择。当逻辑函数作为凸代理损失函数时，所得算法与二分类情况下 Cortes、Mohri 和 Syed[2014]的 DeepBoost 算法，以及多分类情况下 Kuznetsov、Mohri 和 Syed[2014]的多分类 DeepBoost 算法相吻合。 330

13.11 习题

13.1 Bregman 散度的扩展。

(a) 如何使用任意 Bregman 散度代替(非正则化)相对熵来扩展条件最大熵模型。

(b) 证明与定理 13.1 相似的对偶定理。

(c) 推导这些扩展的理论保证。Bregman 散度还需要什么特性才能保证学习？

13.2　L_2-正则条件最大熵的稳定性分析。

(a) 给出 L_2-正则化条件最大熵在样本量和 λ 方面的稳定性上界(提示：使用第 14 章的技巧和结果)。

(b) 利用前面的问题，为算法推导了一个基于稳定性的泛化保证。

13.3　最大化条件最大熵。与条件相对熵相比，另一种度量接近度的方法是，在所有 $x \in \mathcal{X}_1$ 上的最大相对熵。

(a) 写出这个最大条件最大熵公式的原始优化问题。证明它是一个凸优化问题，并讨论其解的可行性和唯一性。

(b) 证明最大条件最大熵的对偶定理，并写出等价对偶问题。

(c) 分析最大化条件最大熵的性质，给出算法的泛化界。

331～332 13.4　条件最大熵与其他边际分布：讨论并分析使用在 $\mathcal{X}$ 上的分布 Q 而不是 $\hat{\mathcal{D}}^1$ 时的条件最大熵模型。证明一个类似于定理 13.1 的对偶定理成立。

•第 14 章•

算法稳定性

在第 2～5 章及随后的几章，我们基于假设集 $\mathcal{H}$ 不同的复杂度度量给出了一些列泛化界，这些复杂度包括：Rademacher 复杂度、生长函数和 VC-维。这些泛化界与采用的特定算法无关，即它们适用于以 $\mathcal{H}$ 为假设集的任何算法。

有人可能会问，对特定算法的性质进行分析能否得到更好的学习保证？这种依赖于算法的分析可能提供更有信息量的学习保证。但是，这种学习保证可能不适用于采用同一假设集的其他算法。不过，我们在本章将看到，可以借助一种学习算法的通用性质在考虑该算法特殊性的基础上，将对该算法的分析扩展到其他有相似性质的学习算法。

本章应用**算法稳定性**(algorithm stability)来推导**依赖算法**(algorithm-dependent)的学习保证。我们首先提出一个泛化界，其对任何算法都是充分稳定的。然后，指出基于核的正则化算法具有这种性质，并且推导出其稳定系数满足的一般性上界。最后，我们阐述在回归和分类中，应用这些结论对几种算法进行分析，包括核岭回归(KRR)、SVR 和 SVM。

14.1 定义

首先介绍与分析算法稳定性相关的符号和定义。用 z 表示一个带标签样本$(x, y)\in\mathcal{X}\times\mathcal{Y}$。考虑这样一个假设 h，即将 $\mathcal{X}$ 映射到一个有时不同于 $\mathcal{Y}$ 的集合 $\mathcal{Y}'$。例如，对于分类，可能 $\mathcal{Y}=\{-1, +1\}$，但学到的假设 h 在 $\mathbb{R}$ 上取值。因此，我们考虑的损失函数 L 定义在 $\mathcal{Y}'\times\mathcal{Y}$ 上且在大多数情况下 $\mathcal{Y}'=\mathcal{Y}$。对于一个损失函数 L：$\mathcal{Y}'\times\mathcal{Y}\to\mathbb{R}_+$，我们用 $L_z(h)=L(h(x), y)$ 表示在样本 z 处假设 h 的损失。用 $\mathcal{D}$ 表示样本服从的分布，并用 $\mathcal{H}$ 表示假设集。样本集 $S=(z_1, \cdots, z_m)$上假设 $h\in\mathcal{H}$ 的经验误差或称经验损失及其泛化误差分别为： 333

$$\hat{R}_S(h)=\frac{1}{m}\sum_{i=1}^{m}L_{z_i}(h) \quad 和 \quad R(h)=\underset{z\sim\mathcal{D}}{\mathbb{E}}[L_z(h)]$$

给定一个算法 $\mathcal{A}$，用 h_S 表示 $\mathcal{A}$ 在 S 上训练返回的假设 $h_S\in\mathcal{H}$。如果对于所有 $h\in\mathcal{H}$ 和 $z\in\mathcal{X}\times\mathcal{Y}$，有 $L_z(h)\leqslant M$，则称损失函数 L 是以 $M\geqslant 0$ 为界的。对于本章给出的结论，仅需满足一个较弱的条件，即算法 $\mathcal{A}$ 返回的所有假设 h_S 满足 $L_z(h_S)\leqslant M$。

我们可以定义一致稳定性的概念，即本章的分析用到的算法性质。

| 定义 14.1　一致稳定性 | 令 S 和 S' 是仅有一个样本不同的任意两个训练样本集。那么，称学习算法 $\mathcal{A}$ 是一致 β-稳定的，如果该算法在任意这样的样本集 S 和 S' 上训练后返回的假设满足：

$$\forall z \in Z, \quad |L_z(h_S) - L_z(h_{S'})| \leqslant \beta$$

满足这个不等式的最小 β 被称为 $\mathcal{A}$ 的稳定系数。

换言之，当 $\mathcal{A}$ 在两个相似的训练集训练后，由 $\mathcal{A}$ 返回的假设对应的损失相差不会超过 β。注意，一致 β-稳定的算法称为 **β-稳定**(β-stable)的或简称**稳定**(stable)的(对于某个未指定的 β)。一般来说，系数 β 取决于样本集规模 m。我们将会在 14.2 节中看到，为使本章提出的基于稳定性的学习界收敛，$\beta = o(1/\sqrt{m})$ 是必要的。在 14.3 节中，我们将证明对于相当多的算法满足一个更佳的条件，即 $\beta = O(1/m)$。

14.2　基于稳定性的泛化保证

在这一节中，我们将证明稳定的学习算法有指数泛化误差界。主要结论由定理 14.1 给出。

334 | 定理 14.1 | 假定损失函数 L 以 $M \geqslant 0$ 为界。令 $\mathcal{A}$ 是一个 β-稳定的学习算法，S 是规模为 m 且服从分布 $\mathcal{D}$ 的独立同分布样本集。那么，对于样本集 S，以至少为 $1-\delta$ 的概率有下式成立：

$$R(h_S) \leqslant \hat{R}_S(h_S) + \beta + (2m\beta + M)\sqrt{\frac{\log \frac{1}{\delta}}{2m}}$$

| 证明 | 下述证明将 McDiarmid 不等式(定理 D.7)应用到函数 Φ，对于所有样本集 S，有 $\Phi(S) = R(h_S) - \hat{R}(h_S)$。令 S' 与 S 仅有一个样本不同，为规模为 m 且服从分布 $\mathcal{D}$ 的独立同分布样本集。我们用 z_m 表示在 S 上与 S' 不同的样本，对应地，S' 上的用 z'_m 表示，即：

$$S = (z_1, \cdots, z_{m-1}, z_m) \text{和} S' = (z_1, \cdots, z_{m-1}, z'_m)$$

根据 Φ 的定义，有下述不等式成立：

$$|\Phi(S') - \Phi(S)| \leqslant |R(h_{S'}) - R(h_S)| + |\hat{R}_{S'}(h_{S'}) - \hat{R}_S(h_S)| \tag{14.1}$$

我们分别给出这两项的界。根据 $\mathcal{A}$ 的 β-稳定性，有：

$$|R(h_S) - R(h_{S'})| = |\mathop{\mathbb{E}}_z[L_z(h_S)] - \mathop{\mathbb{E}}_z[L_z(h_{S'})]| \leqslant \mathop{\mathbb{E}}_z[|L_z(h_S) - L_z(h_{S'})|] \leqslant \beta$$

利用 L 的有界性和 $\mathcal{A}$ 的 β-稳定性，亦有：

$$\begin{aligned}
|\hat{R}_S(h_S) - \hat{R}_{S'}(h_{S'})| &= \frac{1}{m}\left|\left(\sum_{i=1}^{m-1} L_{z_i}(h_S) - L_{z_i}(h_{S'})\right) + L_{z_m}(h_S) - L_{z'_m}(h_{S'})\right| \\
&\leqslant \frac{1}{m}\left[\left(\sum_{i=1}^{m-1} |L_{z_i}(h_S) - L_{z_i}(h_{S'})|\right) + |L_{z_m}(h_S) - L_{z'_m}(h_{S'})|\right] \\
&\leqslant \frac{m-1}{m}\beta + \frac{M}{m} \leqslant \beta + \frac{M}{m}
\end{aligned}$$

因此，由式(14.1)可知，Φ 满足条件 $|\Phi(S) - \Phi(S')| \leqslant 2\beta + \frac{M}{m}$。对 $\Phi(S)$ 应用 McDiarmid 不等式，我们可以给出 Φ 与其均值的偏差满足：

$$\mathbb{P}[\Phi(S) \geqslant \epsilon + \mathop{\mathbb{E}}_{S}[\Phi(S)]] \leqslant \exp\left(\frac{-2m\epsilon^2}{(2m\beta+M)^2}\right)$$

或等价地，以 $1-\delta$ 的概率，有：

$$\Phi(S) < \epsilon + \mathop{\mathbb{E}}_{S}[\Phi(S)] \tag{14.2}$$

其中，$\delta = \exp\left(\frac{-2m\epsilon^2}{(2m\beta+M)^2}\right)$。在这个关于 δ 的表达式中解出 ϵ 并代入式(14.2)中整理各项，则以 $1-\delta$ 的概率，有：

$$\Phi(S) \leqslant \mathop{\mathbb{E}}_{S\sim\mathcal{D}^m}[\Phi(S)] + (2m\beta+M)\sqrt{\frac{\log\frac{1}{\delta}}{2m}} \tag{14.3}$$ 335

现在给出上式中期望项的界，首先注意到期望 $\mathop{\mathbb{E}}_{S}[\Phi(S)] = \mathop{\mathbb{E}}_{S}[R(h_S)] - \mathop{\mathbb{E}}_{S}[\hat{R}_S(h_S)]$的线性性。根据泛化误差的定义，有：

$$\mathop{\mathbb{E}}_{S\sim\mathcal{D}^m}[R(h_S)] = \mathop{\mathbb{E}}_{S\sim\mathcal{D}^m}[\mathop{\mathbb{E}}_{z\sim\mathcal{D}}[L_z(h_S)]] = \mathop{\mathbb{E}}_{S,z\sim\mathcal{D}^{m+1}}[L_z(h_S)] \tag{14.4}$$

根据期望的线性性，有：

$$\mathop{\mathbb{E}}_{S\sim\mathcal{D}^m}[\hat{R}_S(h_S)] = \frac{1}{m}\sum_{i=1}^{m}\mathop{\mathbb{E}}_{S\sim\mathcal{D}^m}[L_{z_i}(h_S)] = \mathop{\mathbb{E}}_{S\sim\mathcal{D}^m}[L_{z_1}(h_S)] \tag{14.5}$$

其中，第二个等式成立是由于 z_i 是独立同分布的，因而期望 $\mathop{\mathbb{E}}_{S\sim\mathcal{D}^m}[L_{z_i}(h_S)]$，$i\in[1, m]$ 均是相等的。在式(14.5)中，最后一项指训练样本上一个假设的期望损失。我们把它重新写为 $\mathop{\mathbb{E}}_{S\sim\mathcal{D}^m}[L_{z_1}(h_S)] = \mathop{\mathbb{E}}_{S,z\sim\mathcal{D}^{m+1}}[L_z(h_{S'})]$，这里 S'是从由 S 和 z 组成的 $m+1$ 个样本中提取出来的包含 z 的 m 个样本的样本集。因此，由式(14.4)并根据 $\mathcal{A}$ 的 β-稳定性，可得：

$$\begin{aligned}\left|\mathop{\mathbb{E}}_{S\sim\mathcal{D}^m}[\Phi(S)]\right| &= \left|\mathop{\mathbb{E}}_{S,z\sim\mathcal{D}^{m+1}}[L_z(h_S)] - \mathop{\mathbb{E}}_{S,z\sim\mathcal{D}^{m+1}}[L_z(h_{S'})]\right| \\ &\leqslant \mathop{\mathbb{E}}_{S,z\sim\mathcal{D}^{m+1}}[|L_z(h_S) - L_z(h_{S'})|] \\ &\leqslant \mathop{\mathbb{E}}_{S,z\sim\mathcal{D}^{m+1}}[\beta] = \beta\end{aligned}$$

因此，在式(14.3)中用 β 替代 $\mathop{\mathbb{E}}_{S}[\Phi(S)]$，则定理得证。 ■

$(m\beta)/\sqrt{m} = o(1)$，即 $\beta = o(1/\sqrt{m})$时，这个定理的边界收敛。特别地，当稳定系数 β 为 $O(1/m)$时，该定理保证在高概率下有 $R(h_S) - \hat{R}_S(h_S) = O(1/\sqrt{m})$。在下一节，我们将给出在某些一般性假设下，基于核的正则化算法恰好有这个性质。

14.3 基于核的正则化算法的稳定性

令 K 是一个 PDS 核，$\mathbb{H}$ 是关于 K 的再生核希尔伯特空间，$\|\cdot\|_K$ 是 $\mathbb{H}$ 中由 K 诱导的范数。一个基于核的正则算法旨在最小化 $\mathbb{H}$ 上基于训练样本集 $S=(z_1, \cdots, z_m)$的目标函数 F_S，对于所有 $h\in\mathbb{H}$，其定义为：

$$F_S(h) = \hat{R}_S(h) + \lambda\|h\|_K^2 \tag{14.6}$$

在这个等式中，$\hat{R}_S(h)=\frac{1}{m}\sum_{i=1}^{m}L_{z_i}(h)$ 是假设 h 关于损失函数 L 的经验误差，$\lambda\geqslant 0$ 是
336 一个折中参数，用于权衡经验误差和正则项 $\|h\|_K^2$。假设集 $\mathcal{H}$ 是由算法可能返回的假设形成的 $\mathcal{H}$ 的子集。诸如 KRR、SVR 和 SVM 等算法都可归到这个通用模型中。

我们首先介绍一些定义和工具，用于证明基于核的正则化算法的稳定系数的一个上界。在分析中假定损失函数 L 是凸的且满足如下类似 Lispschitz 的平滑性条件。

| 定理 14.2　σ-可容许性 | *称关于假设集 $\mathcal{H}$ 的损失函数 L 是 σ-可容许的，如果存在 $\sigma\in\mathbb{R}_+$ 使得对于任意两个假设 h，$h'\in\mathcal{H}$ 以及所有 $(x,y)\in\mathcal{X}\times\mathcal{Y}$，有：*

$$|L(h'(x),y)-L(h(x),y)|\leqslant\sigma|h'(x)-h(x)| \tag{14.7}$$

这个假设适用于平方损失和大多数其他满足以下条件的损失函数：假设集和输出标签集以某个 $M\in\mathbb{R}_+$ 为界，即 $\forall h\in\mathcal{H}$，$\forall x\in\mathcal{X}$，$|h(x)|\leqslant M$ 且 $\forall y\in\mathcal{Y}$，$|y|\leqslant M$。

我们将使用 **Bregman 散度**(Bregman divergence)的概念，记为 B_F。对于任意可微凸函数 $F:\mathbb{H}\to\mathbb{R}$，对于所有 f，$g\in\mathbb{H}$，B_F 定义为：

$$\mathrm{B}_F(f\|g)=F(f)-F(g)-\langle f-g,\nabla F(g)\rangle$$

E.4 节详细地给出了 Bregman 散度的性质，并通过图 E.2 给出了 Bregman 散度的几何解释。我们将这个定义推广到采用**次梯度**(subgradient)的概念来涵盖凸但不可微的损失函数 F 的情况。对于一个凸函数 $F:\mathbb{H}\to\mathbb{R}$，我们用 $\partial F(h)$ 表示 F 在 h 处的**次微分**(sub-differenial)，定义如下：

$$\partial F(h)=\{g\in\mathbb{H}:\forall h'\in\mathbb{H},F(h')-F(h)\geqslant\langle h'-h,g\rangle\}$$

因此，$\partial F(h)$ 是向量 g 的集合，而 g 在点 h 处定义了支持函数 F 的超平面(见图 14.1)。次微分的元素称为次梯度(详见 B.4.1 节)。当 F 在点 h 处可微时，$\partial F(h)$ 的次梯度和 $\nabla F(h)$ 是一致的，即 $\partial F(h)=\{\nabla F(h)\}$。注意，在 F 取最小值的点 h 处，0 是 $\partial F(h)$ 的一个元素。此外，次梯度具有可加性，即对于两个凸函数 F_1 和 F_2，有 $\partial(F_1+F_2)(h)=\{g_1+g_2:g_1\in\partial F_1(h),g_2\in\partial F_2(h)\}$。对于任意 $h\in\mathbb{H}$，我们固定 $\delta F(h)$ 为 $\partial F(h)$ 的一个(任意的)元素。对于这样的任意 δF，定义关于 F 的**广义 Bregman 散度**(generalized Bregman divergence)为：

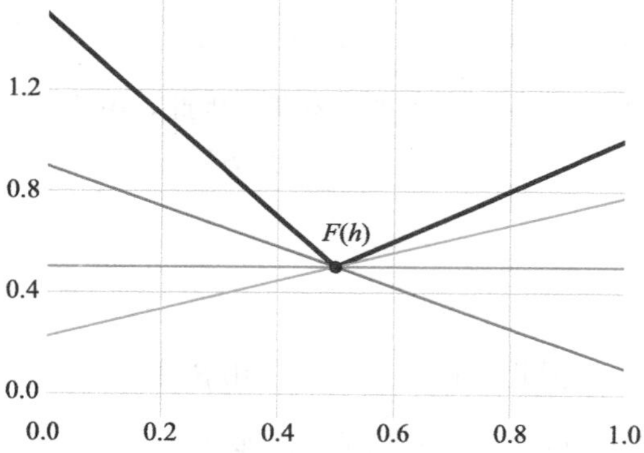

图 14.1　次梯度概念的示意图：函数 F(图中蓝线)在点 h 处次微分 $\partial F(h)$ 的元素的支持超平面(图中 3 条灰线)

$$\forall h',h\in\mathbb{H},\ \mathrm{B}_F(h'\|h)=F(h')-F(h)-\langle h'-h,\delta F(h)\rangle \tag{14.8}$$

注意，根据次梯度的定义，对于所有 h'，$h\in\mathbb{H}$，有 $\mathrm{B}_F(h'\|h)\geqslant 0$。

对于式(14.6)，我们现在可以定义 F_S 的广义 Bregman 散度。令 N 表示凸函数 $h\to\|h\|_K^2$。因为 N 是可微的，那么对于所有 $h\in\mathbb{H}$，有 $\delta N(h)=\nabla N(h)$，因此 δN 和 B_N 是唯一确定的。为了照应 F_S 并定义 $\hat{R}_S$ 的 Bregman 散度使得 $\mathrm{B}_{F_S}=\mathrm{B}_{\hat{R}_S}+\lambda\mathrm{B}_N$，我们用 δF_S 来定义 $\delta\hat{R}_S$：对于所有 $h\in\mathbb{H}$，$\delta\hat{R}_S(h)=\delta F_S(h)-\lambda\nabla N(h)$。此外，对于任何可以使 F_S

取最小值的点 h，我们令 $\delta F_S(h)$为 0；对于所有其他 $h\in\mathbb{H}$，令 $\delta F_S(h)$是 $\partial F_S(h)$的任意元素。同理可定义 $F_{S'}$和$\hat{R}_{S'}$的 Bregman 散度使得 $\mathrm{B}_{F_{S'}}=\mathrm{B}_{\hat{R}_{S'}}+\lambda\mathrm{B}_N$。

在下面对基于核的正则化算法稳定系数的一般上界的证明中，我们将利用广义 Bregman 散度的概念。

| 命题 14.1 | 令 K 是一个 PDS 核，使得对所有 $x\in\mathcal{X}$ 以及某个 $r=\mathbb{R}_+$，有 $K(x,x)\leqslant r^2$，令 L 是一个凸且σ-可容许的损失函数。则由最小化式(14.6)定义的基于核的正则化算法是 β-稳定的，且 β 有如下上界：

$$\beta\leqslant\frac{\sigma^2r^2}{m\lambda}$$

| 证明 | 令 h 和 h'分别使 F_S 和 $F_{S'}$取最小值，其中样本集 S 和 S'仅有一个样本不同，在 S 中的是 z_m，而在 S'中的是 z'_m。由广义 Bregman 散度非负且 $\mathrm{B}_{F_S}=\mathrm{B}_{\hat{R}_S}+\lambda\mathrm{B}_N$，$\mathrm{B}_{F_{S'}}=\mathrm{B}_{\hat{R}_{S'}}+\lambda\mathrm{B}_N$，可得： 337~338

$$\mathrm{B}_{F_S}(h'\|h)+\mathrm{B}_{F_{S'}}(h\|h')\geqslant\lambda(\mathrm{B}_N(h'\|h)+\mathrm{B}_N(h\|h'))$$

注意 $\mathrm{B}_N(h'\|h)+\mathrm{B}_N(h\|h')=-\langle h'-h,2h\rangle-\langle h-h',2h'\rangle=2\|h'-h\|_K^2$。令 Δh 表示 $h'-h$，则有：

$$\begin{aligned}
&2\lambda\|\Delta h\|_K^2\\
&\leqslant\mathrm{B}_{F_S}(h'\|h)+\mathrm{B}_{F_{S'}}(h\|h')\\
&=F_S(h')-F_S(h)-\langle h'-h,\delta F_S(h)\rangle+F_{S'}(h)+F_{S'}(h')-\langle h-h',\delta F_{S'}(h')\rangle\\
&=F_S(h')-F_S(h)+F_{S'}(h)-F_{S'}(h')\\
&=\hat{R}_S(h')-\hat{R}_S(h)+\hat{R}_{S'}(h)-\hat{R}_{S'}(h')
\end{aligned}$$

第二个等式成立是由于h'和 h 使函数取最小值且选择的是取最小值时的次梯度，这意味着 $\delta F_{S'}(h)=0$ 和 $\delta F_S(h)=0$。最后的等式成立是根据 F_S 和 $F_{S'}$的定义得到的。接下来，我们用损失函数 L 来表示得到的不等式，并根据 S 和 S'仅有一个样本不同的事实以及 L 的σ-可容许性得到：

$$\begin{aligned}
2\lambda\|\Delta h\|_K^2&\leqslant\frac{1}{m}[L_{z_m}(h')-L_{z_m}(h)+L_{z'_m}(h)-L_{z'_m}(h')]\\
&\leqslant\frac{\sigma}{m}[|\Delta h(x_m)|+|\Delta h(x'_m)|]
\end{aligned}\tag{14.9}$$

由再生核的性质和 Cauchy-Schwarz 不等式，对于所有 $x\in\mathcal{X}$，

$$\Delta h(x)=\langle\Delta h,K(x,\cdot)\rangle\leqslant\|\Delta h\|_K\|K(x,\cdot)\|_K=\sqrt{K(x,x)}\|\Delta h\|_K\leqslant r\|\Delta h\|_K$$

对于式(14.9)，上述不等式意味着$\|\Delta h\|_K\leqslant\frac{\sigma r}{\lambda m}$。根据 L 的σ-可容许性和再生性，下式成立：

$$\forall z\in\mathcal{X}\times\mathcal{Y},\ |L_z(h')-L_z(h)|\leqslant\sigma|\Delta h(x)|\leqslant r\sigma\|\Delta h\|_K$$

这说明

$$\forall z\in\mathcal{X}\times\mathcal{Y},\ |L_z(h')-L_z(h)|\leqslant\frac{\sigma^2r^2}{m\lambda}$$

证毕。 ■

因此，在该命题的假设下，对于一个固定的 λ，基于核的正则化算法的稳定系数是$O(1/m)$。

14.3.1 应用于回归算法：以 SVR 和 KRR 为例

这里，我们更具体地分析两种广泛使用的回归算法：支持向量回归(SVR)和核岭回归
339 (KRR)，这两种算法都是基于核的正则化算法的特例。

SVR 基于对所有$(y, y')\in\mathcal{Y}\times\mathcal{Y}$定义的 ϵ-不敏感损失 L_ϵ：

$$L_\epsilon(y', y)=\begin{cases}0 & \text{如果}\ |y'-y|\leqslant\epsilon; \\ |y'-y|-\epsilon & \text{其他}\end{cases} \tag{14.10}$$

我们现在假定 L_ϵ 对于由 SVR 返回的假设是有界的(我们之后将在引理 14.1 中看到，当标签集 $\mathcal{Y}$ 有界时，这个假设成立)，并在此假设下对于 SVR 给出一个基于稳定性的界。

| 推论 14.1 SVR 的基于稳定性的学习界 | 假定对于所有 $x\in\mathcal{X}$ 以及某个 $r\geqslant 0$，有 $K(x, x)\leqslant r^2$ 且 L_ϵ 以 $M\geqslant 0$ 为界。令 h_S 表示 SVR 在规模为 m 的独立同分布样本集 S 训练后返回的假设。则对任意 $\delta>0$，以至少为 $1-\delta$ 的概率，有以下不等式成立：

$$R(h_S)\leqslant\hat{R}_S(h_S)+\frac{r^2}{m\lambda}+\left(\frac{2r^2}{\lambda}+M\right)\sqrt{\frac{\log\frac{1}{\delta}}{2m}}$$

| 证明 | 我们首先证明对于任意 $y\in\mathcal{Y}$，$L_\epsilon(\cdot)=L(\cdot,y)$是 1-Lipschitz 的。对于任意 y'，$y''\in\mathcal{Y}$，需要考虑以下四种情况。第一种情况，如果$|y'-y|\leqslant\epsilon$ 且$|y''-y|\leqslant\epsilon$，则$|L_\epsilon(y'')-L(y')|=0$。第二种情况，如果$|y'-y|>\epsilon$ 且$|y''-y|>\epsilon$，则根据三角不等式有$|L_\epsilon(y'')-L(y')|=\|y''-y|-|y'-y\|\leqslant|y''-y'|$。第三种情况，如果$|y'-y|\leqslant\epsilon$ 且$|y''-y|>\epsilon$，则$|L_\epsilon(y'')-L(y')|=\|y''-y|-\epsilon|\leqslant|y''-y'|-\epsilon\leqslant|y''-y|-|y'-y|\leqslant|y''-y'|$。第四种情况，如果$|y''-y|\leqslant\epsilon$ 且$|y'-y|>\epsilon$，根据对称性可得与前一种情况相同的不等式。

因此，对于所有的情况，都有$|L_\epsilon(y'', y)-L(y', y)|\leqslant|y''-y'|$。特别地，这意味着对于任意假设集 $\mathcal{H}$，L_ϵ 是 σ-可容许的且 $\sigma=1$。根据命题 14.1，满足其中假设时，SVR 是 β-稳定的，而且 $\beta\leqslant\frac{r^2}{m\lambda}$。把这个表达式代入定理 14.1 的界中，则推论得证。■

我们给出 KRR 的一个基于稳定性的界，这里 KRR 采用平方损失 L_2，即对于所有 y'，$y\in\mathcal{Y}$：

$$L_2(y', y)=(y'-y)^2 \tag{14.11}$$

类似于 SVR，假定在我们的分析中 L_2 对于由 KRR 返回的假设是有界的(我们之后也将在引理 14.1 中看到，当标签集 $\mathcal{Y}$ 有界时，L_2 确实有界)。

| 推论 14.2 KRR 的基于稳定性的学习界 | 假定对所有 $x\in\mathcal{X}$ 以及某个 $r\geqslant 0$，有 $K(x, x)\leqslant r^2$ 且 L_2 以 $M\geqslant 0$ 为界。令 h_s 表示 KRR 在规模为 m 的独立同分布样本集 S 训练后返回的假设。则对于任意 $\delta>0$，以至少为 $1-\delta$ 的概率，有以下不等式成立：

340

$$R(h_S)\leqslant\hat{R}_S(h_S)+\frac{4Mr^2}{\lambda m}+\left(\frac{8Mr^2}{\lambda}+M\right)\sqrt{\frac{\log\frac{1}{\delta}}{2m}}$$

|证明| 对于任意$(x, y)\in\mathcal{X}\times\mathcal{Y}$以及$h, h'\in\mathcal{H}$，

$$\begin{aligned}|L_2(h'(x), y)-L_2(h(x), y)| &= |(h'(x)-y)^2-(h(x)-y)^2| \\ &= |[h'(x)-h(x)][(h'(x)-y)+(h(x)-y)]| \\ &\leqslant(|h'(x)-y|+|h(x)-y|)|h(x)-h'(x)| \\ &\leqslant 2\sqrt{M}|h(x)-h'(x)|\end{aligned}$$

其中，我们用到了损失的M-有界性。因此，L_2 是σ-可容许的且$\sigma=2\sqrt{M}$。进而，根据命题 14.1，KRR 是β-稳定的且$\beta\leqslant\frac{4r^2M}{m\lambda}$。把这个表达式代入定理 14.1 的界中则推论得证。■

|引理 14.1| 假定对于所有$x\in\mathcal{X}$以及某个$r\geqslant0$，有$K(x, x)\leqslant r^2$且对于所有$y\in\mathcal{Y}$以及某个$B\geqslant0$，有$L(0, y)\leqslant B$。则在训练样本集S上由基于核的正则化算法返回的假设h_s满足：

$$\forall x\in\mathcal{X}, \quad |h_S(x)|\leqslant r\sqrt{B/\lambda}$$

|证明| 根据再生核的性质与 Cauchy-Schwarz 不等式，有：

$$\forall x\in\mathcal{X}, \quad |h_S(x)|=\langle h_S, K(x, \cdot)\rangle\leqslant\|h_S\|_K\sqrt{K(x, x)}\leqslant r\|h_S\|_K \tag{14.12}$$

在包括 0 的$\mathbb{H}$上最小化式(14.6)，则根据F_S和h_S的定义有以下不等式成立：

$$F_S(h_S)\leqslant F_S(0)=\frac{1}{m}\sum_{i=1}^{m}L(0, y_i)\leqslant B$$

因为损失L是非负的，则$\lambda\|h_S\|_K^2\leqslant F_S(h_S)$，进而$\lambda\|h_S\|_K^2\leqslant B$。联立这个不等式与式(14.12)，则引理得证。■

14.3.2 应用于分类算法：以 SVM 为例

本节给出 SVM 的一个泛化界，其中 SVM 采用标准的铰链损失，即对于所有$y\in\mathcal{Y}=\{-1, +1\}$及$y'\in\mathbb{R}$，其定义为：

$$L_{\text{hinge}}(y', y)=\begin{cases}0 & \text{如果 } 1-yy'\leqslant0 \\ 1-yy' & \text{其他}\end{cases} \tag{14.13}$$

|推论 14.3 SVM 的基于稳定性的学习界| 假定对所有$x\in\mathcal{X}$以及某个$r\geqslant0$，有$K(x, x)\leqslant r^2$。令h_s表示 SVM 在规模为m的独立同分布样本集S训练后返回的假设。则对于任意$\delta>0$，以至少为$1-\delta$的概率，有以下不等式成立： 341

$$R(h_S)\leqslant\hat{R}_S(h_S)+\frac{r^2}{m\lambda}+\left(\frac{2r^2}{\lambda}+\frac{r}{\sqrt{\lambda}}+1\right)\sqrt{\frac{\log\frac{1}{\delta}}{2m}}$$

|证明| 易验证对于任意$y\in\mathcal{Y}$，$L_{\text{hinge}}(\cdot, y)$是 1-Lipschitz 的，因而$L_{\text{hinge}}(\cdot, y)$是$\sigma$-可容许的且$\sigma=1$。因此，根据命题 14.1，SVM 是$\beta$-稳定的且$\beta\leqslant\frac{r^2}{m\lambda}$。由于对于任意$y\in\mathcal{Y}$，有$|L_{\text{hinge}}(0, y)|\leqslant1$，根据引理 14.1，$\forall x\in\mathcal{X}$，$|h_S(x)|\leqslant r/\sqrt{\lambda}$。因此，对于任意样本集$S$以及任意$x\in\mathcal{X}$，$y\in\mathcal{Y}$，损失的界满足$L_{\text{hinge}}(h_S(x), y)\leqslant r/\sqrt{\lambda}+1$。将这样的界$M$与$\beta$的界代入定理 14.1 的界中，则推论得证。■

因为铰链损失是 0-1 损失的上界，因此推论 14.3 给出的界也适用于分类中采用 0-1 损失度量的假设h_S的泛化误差。

14.3.3 讨论

注意对于基于核的正则化算法的学习界，其形式是 $R(h_S)-\hat{R}_S(h_S)\leqslant O\left(\frac{1}{\lambda\sqrt{m}}\right)$。因此，只有当 $\lambda\gg 1/\sqrt{m}$ 时，这些界才是有信息量的。正则化参数 λ 是样本规模 m 的函数：m 较大时，希望 λ 值较小，以减少对正则项的强调。λ 的大小影响了用于预测的线性假设的范数，λ 越大意味着假设的范数越小。从这个意义上来说，λ 是假设集复杂度的一种度量，λ 需要满足的条件可以解释为：具有更小复杂度的假设集会保证更好的泛化。

还要注意的是，本章我们对稳定性的分析中假定 λ 是固定的：当训练样本集中的一个样本发生改变时，对应的正则化参数被认为是不变的。虽然这个假设容易满足，但对于一般的情况并不会一直成立。

14.4 文献评述

算法稳定性的概念首先被 Devroye、Rogers 和 Wagner[Rogers 和 Wagner，1978；Devroye 和 Wagner，1979a，b]使用到 k-近邻算法和其他 k-局部规则中。Kearns 和 Ron[1999]后来给出了一个正式的稳定性定义，并将其用于分析留一法误差。本章介绍的大部分材料都基于 Bousquet 和 Elisseeff[2002]。我们对命题 14.1 的证明是新颖的，并且将 Bousquet 和 Elisseeff
342 [2002]的结论推广到不可微凸损失的情况。此外，基于稳定性的泛化界已被扩展到排序算法[Agarwal 和 Niyogi，2005；Cortes 等，2007b]、平稳的 Φ-和 β-混合过程这种非独立同分布情境[Mohri 和 Rostamizadeh，2010]以及直推学习情境[Cortes 等，2008a]。习题 14.5 基于 Cortes 等[2010b]，该文献中介绍并分析了核函数或核矩阵在选择上的稳定性。

注意，正如本章所示，虽然一致稳定性对于推导泛化界是充分条件，但它不是必要条件。有些算法可能在监督学习情境下有很好的泛化，但它可能不是一致稳定的，例如 Lasso 算法[Xu 等，2008]。Shalev-Shwartz 等[2009]已经采用稳定性的概念给出了与 PAC-学习有关的可学习性的充分必要条件，甚至对只采用非 ERM 规则进行学习的一般情境也成立。

14.5 习题

14.1 更紧的稳定性界。

(a) 假定满足定理 14.1 的条件，能否保证更好的泛化？换言之，在算法非常稳定，即 $\beta\to 0$ 的情况下，经验误差与泛化误差的差异能否好于 $O(1/\sqrt{m})$？

(b) 如果 L 以 $C/\sqrt{m}$ 为界(一个非常强的条件)，你能否给出一个 $O(1/\sqrt{m})$ 的泛化保证？如果可以，学习算法需要多稳定？

14.2 平方铰链损失的稳定性。令 L 表示平方铰链损失函数，即对于所有 $y\in\{+1,-1\}$ 和 $y'\in\mathbb{R}$：

$$L(y',y)=\begin{cases}0 & \text{如果 } 1-y'y\leqslant 0\\ (1-y'y)^2 & \text{其他}\end{cases}$$

假设对于所有 $h\in\mathcal{H}$、$x\in\mathcal{X}$ 和 $y\in\{+1,-1\}$，$L(h(x),y)$ 以 M 为界且 $1\leqslant M<$

∞，此时也意味着对于所有 $h \in \mathcal{H}$ 和 $x \in \mathcal{X}$，$|h(x)|$ 有界。请推导出采用平方铰链损失的 SVM 的一个基于稳定性的泛化界。

14.3 线性回归的稳定性。

(a) 当 $\lambda \to 0$ 时，推论 14.2 中岭回归(即采用线性核的核岭回归)的稳定性界如何变化?

(b) 你能给出一个线性回归(即 $\lambda = 0$ 的岭回归)的稳定性界吗? 如果不能，给出一个反例。 343

14.4 核稳定性。假设将核矩阵 $\boldsymbol{K}$ 的一个近似 $\boldsymbol{K}'$ 用于训练假设 h'(令 h 表示非近似假设)。在测试时，没有作近似，因此如果令 $\boldsymbol{k}_x = (K(x, x_1), \cdots, K(x, x_m))^{\mathrm{T}}$，则 $h(x) = \boldsymbol{\alpha}^{\mathrm{T}} \boldsymbol{k}_x$，$h'(x) = \boldsymbol{\alpha}'^{\mathrm{T}} \boldsymbol{k}_x$。证明如果 $\forall x, x' \in \mathcal{X}$，$K(x, x') \leqslant r$，那么

$$|h'(x) - h(x)| \leqslant \frac{rmM}{\lambda^2} \|\boldsymbol{K}' - \boldsymbol{K}\|_2$$

(提示：参考习题 10.3)

14.5 相对熵正则化的稳定性。

(a) 考虑一个算法，用其在以 $\theta \in \Theta$ 为参数的假设集上选择分布为 g 的假设。给定一个样本 $z = (x, y)$，该算法关于基本损失函数 L 的期望损失为：

$$H(g, z) = \int_{\Theta} L(h_\theta(x), y) g(\theta) \mathrm{d}\theta$$

假设损失函数 L 以 M 为界，证明期望损失 H 是 M-可容许的，即证明：$|H(g, z) - H(g', z)| \leqslant M \int_{\Theta} |g(\theta) - g'(\theta)| \mathrm{d}\theta$。

(b) 考虑这样一个算法，即选择分布 g 使得**熵正则化**(entropy regulairzed)目标最小：

$$F_S(g) = \underbrace{\frac{1}{m} \sum_{i=1}^{m} H(g, z_i)}_{\hat{R}_S(g)} + \lambda K(g, f_0)$$

这里，K 是两个分布之间的 Kullback-Leibler 散度(或称相对熵)：

$$K(g, f_0) = \int_{\Theta} g(\theta) \log \frac{g(\theta)}{f_0(\theta)} \mathrm{d}\theta \tag{14.14}$$

f_0 是某个固定的分布。请证明这样的算法是稳定的。证明可按照以下步骤进行：

i. 首先，利用 $\frac{1}{2}\left(\int_{\Theta} |g(\theta) - g'(\theta)| \mathrm{d}\theta\right)^2 \leqslant K(g, g')$ (Pinsker 不等式)来证明

$$\left(\int_{\Theta} |g_S(\theta) - g_{S'}(\theta)| \mathrm{d}\theta\right)^2 \leqslant B_{K(\cdot, f_0)}(g \| g') + B_{K(\cdot, f_0)}(g' \| g)$$ 344

ii. 然后，令 g 使 F_S 取最小值，g' 使 $F_S{}'$ 取最小值，这里 S 和 S' 仅在索引 m 处不同。证明

$$\begin{aligned}
&\mathrm{B}_{K(\cdot, f_0)}(g \| g') + B_{K(\cdot, f_0)}(g' \| g) \\
&\leqslant \frac{1}{m\lambda} |H(g', z_m) - H(g, z_m) + H(g, z'_m) - H(g', z'_m)| \\
&\leqslant \frac{2M}{m\lambda} \int_{\Theta} |g(\theta) - g'(\theta)| \mathrm{d}\theta
\end{aligned}$$ 345~346

iii. 最后，联立上述结论，证明熵正则化算法是 $\frac{2M^2}{m\lambda}$-稳定的。

第 15 章

降维

数据集特征较多时，通常需要减少它的维度，或者找到一个更低维度的表示来保留它的某些性质。降维(或称流形学习)技术的关键点在于：

- **计算**(computational)：通过压缩将初始数据预处理，以加快数据的后续操作。
- **可视化**(visualization)：通过将输入数据映射到两维或三维空间来可视化数据，以进行探索性分析。
- **特征抽取**(feature extraction)：希望生成更小、更有效或更有用的特征集。

降维的好处经常可以通过仿真数据来说明，比如“瑞士卷”数据集。在这个例子中，输入数据是三维的，如图 15.1a 所示，但是它展现出一个二维流形，该二维流形“展开”在二维空间中如图 15.1b 所示。然而，值得注意的是，在实践中很少出现数据恰好有低维流形的情况。因此，这个理想化的例子旨在说明降维的概念，而不是验证降维算法的有效性。

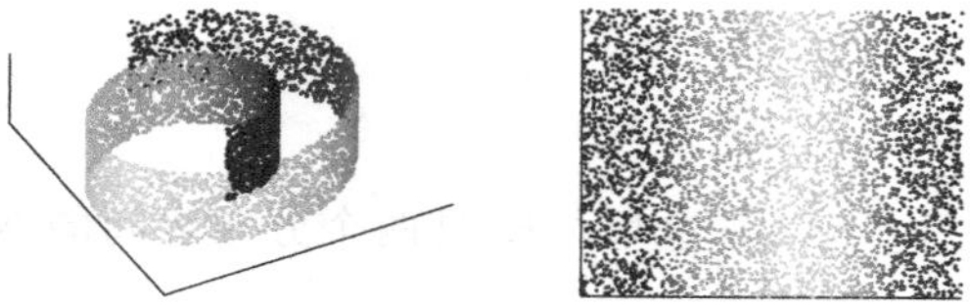

a）高维表示　　b）低维表示

图 15.1　“瑞士卷”数据集

降维可以形式化如下。考虑一个样本集 $S=(x_1, \cdots, x_m)$，一个特征映射 $\boldsymbol{\Phi}: \mathcal{X}\to\mathbb{R}^N$，定义数据矩阵 $\boldsymbol{X}\in\mathbb{R}^{N\times m}$ 为$(\boldsymbol{\Phi}(x_1), \cdots, \boldsymbol{\Phi}(x_m))$。第 i 个数据点由 $\boldsymbol{x}_i=\boldsymbol{\Phi}(x_i)$或 $\boldsymbol{X}$ 的第 i 列表示，是一个 N 维向量。降维技术一般旨在找到数据的 k 维表示 $\boldsymbol{Y}\in\mathbb{R}^{k\times m}$ $(k\ll N)$，即在某种程度上忠于原始表示 $\boldsymbol{X}$ 的新表示 $\boldsymbol{Y}$。

在这一章中，我们将讨论处理这个问题的各种技术。我们首先介绍最常用的降维技术，称为**主成分分析**(Principal Component Analysis，PCA)。然后我们介绍一个核化版本的 PCA(KPCA)并揭示 KPCA 和流形学习算法之间的联系。最后，我们介绍 Johnson-Lindenstrauss 引理，基于随机投影的概念由这个经典的理论结果激发了各种各样的降维方法。本章的讨论依赖于附录 A 中矩阵的基本性质。

15.1 主成分分析

固定 $k\in[1, N]$，令 $\boldsymbol{X}$ 是一个均值中心化的数据矩阵，即 $\sum_{i=1}^{m}\boldsymbol{x}_i=\boldsymbol{0}$。定义 $\boldsymbol{P}_k$ 是 N 维秩为 k 的正交投影矩阵的集合。PCA 旨在将 N 维输入数据投影到**重构误差**(reconstruction error)最小的 k 维线性子空间，重构误差即原始数据和投影数据之间的平方 L_2 距离之和。因此，PCA 算法由正交投影矩阵的解 $\boldsymbol{P}^*$ 完全定义，$\boldsymbol{P}^*$ 对应于下面的最小化问题：

$$\min_{\boldsymbol{P}\in\mathcal{P}_k}\|\boldsymbol{PX}-\boldsymbol{X}\|_F^2 \tag{15.1}$$

以下定理表明 PCA 与将每个数据点投影到样本协方差矩阵前 k 个奇异向量上的结果一致，对于均值中心化的数据矩阵 $\boldsymbol{X}$，样本协方差矩阵即 $\boldsymbol{C}=\frac{1}{m}\boldsymbol{XX}^{\mathrm{T}}$。图 15.2 阐明了 PCA 的内涵，展示了如何用一个捕获数据中大部分方差的一维表示来更简洁地表示具有高度相关特征的二维数据点。 347~348

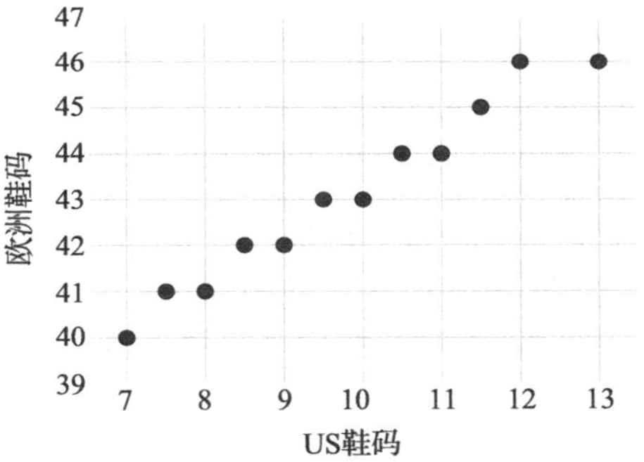

a）二维数据点，特征为不同单位下测量的鞋码

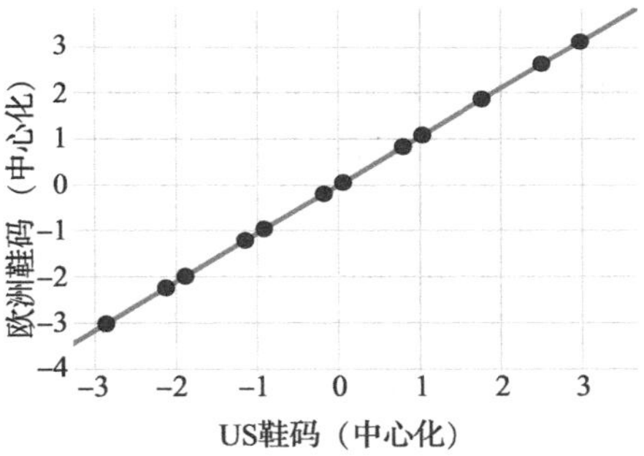

b）一维表示捕获数据中的大部分方差，通过投影到均值中心化的数据点的最大主成分（灰线）来生成

图 15.2 PCA 的例子

| 定理 15.1 | 令 $\boldsymbol{P}^*\in\mathcal{P}_k$ 是 PCA 解，即式(15.1)正交投影矩阵的解。则 $\boldsymbol{P}^*=\boldsymbol{U}_k\boldsymbol{U}_k^{\mathrm{T}}$ ($\boldsymbol{U}_k\in\mathbb{R}^{N\times k}$)是由 $\boldsymbol{C}=\frac{1}{m}\boldsymbol{XX}^{\mathrm{T}}$ 的前 k 个奇异向量构成的矩阵，其中 $\boldsymbol{C}$ 是对应于 $\boldsymbol{X}$ 的样本协方差矩阵。进一步地，关于 $\boldsymbol{X}$ 的 k 维表示为 $\boldsymbol{Y}=\boldsymbol{U}_k^{\mathrm{T}}\boldsymbol{X}$。

| 证明 | 令 $\boldsymbol{P}=\boldsymbol{P}^{\mathrm{T}}$ 是一个正交投影矩阵。根据 Frobenius 范数的定义、迹运算的线性性和 $\boldsymbol{P}$ 是幂等的事实，即 $\boldsymbol{P}^2=\boldsymbol{P}$，可知：

$$\begin{aligned}\|\boldsymbol{PX}-\boldsymbol{X}\|_F^2&=\mathrm{Tr}[(\boldsymbol{PX}-\boldsymbol{X})^{\mathrm{T}}(\boldsymbol{PX}-\boldsymbol{X})]=\mathrm{Tr}[\boldsymbol{X}^{\mathrm{T}}\boldsymbol{P}^2\boldsymbol{X}-2\boldsymbol{X}^{\mathrm{T}}\boldsymbol{PX}+\boldsymbol{X}^{\mathrm{T}}\boldsymbol{X}]\\&=-\mathrm{Tr}[\boldsymbol{X}^{\mathrm{T}}\boldsymbol{PX}]+\mathrm{Tr}[\boldsymbol{X}^{\mathrm{T}}\boldsymbol{X}]\end{aligned}$$

因为对于 $\boldsymbol{P}$，$\mathrm{Tr}[\boldsymbol{X}^{\mathrm{T}}\boldsymbol{X}]$是一个常量，故有

$$\underset{\boldsymbol{P}\in\mathrm{P}_k}{\mathrm{argmin}}\|\boldsymbol{PX}-\boldsymbol{X}\|_F^2=\underset{\boldsymbol{P}\in\mathrm{P}_k}{\mathrm{argmax}}\mathrm{Tr}[\boldsymbol{X}^{\mathrm{T}}\boldsymbol{PX}] \tag{15.2}$$

根据在 $\boldsymbol{P}_k$ 中正交投影的定义，对于包含正交列的某个 $\boldsymbol{U}\in\mathbb{R}^{N\times k}$，有 $\boldsymbol{P}=\boldsymbol{UU}^{\mathrm{T}}$。利用迹运算在循环排列下的不变性和 $\boldsymbol{U}$ 列的正交性，我们有

$$\mathrm{Tr}[\boldsymbol{X}^{\mathrm{T}}\boldsymbol{P}\boldsymbol{X}]=\mathrm{Tr}[\boldsymbol{U}^{\mathrm{T}}\boldsymbol{X}\boldsymbol{X}^{\mathrm{T}}\boldsymbol{U}]=\sum_{i=1}^{k}\boldsymbol{u}_i^{\mathrm{T}}\boldsymbol{X}\boldsymbol{X}^{\mathrm{T}}\boldsymbol{u}_i$$

其中，$\boldsymbol{u}_i$ 是 $\boldsymbol{U}$ 的第 i 列。根据瑞利商(A. 2. 3 节)，显然 $\boldsymbol{X}\boldsymbol{X}^{\mathrm{T}}$ 的最大 k 个奇异向量最大化了上式的最右边。因为 $\boldsymbol{X}\boldsymbol{X}^{\mathrm{T}}$ 和 $\boldsymbol{C}$ 的差异仅是一个尺度因子，它们的奇异向量相同，因此 $\boldsymbol{U}_k$ 最大化了这个和，这证明了定理的第一部分。最后，因为 $\boldsymbol{P}\boldsymbol{X}=\boldsymbol{U}_k\boldsymbol{U}_k^{\mathrm{T}}\boldsymbol{X}$，所以 $\boldsymbol{Y}=\boldsymbol{U}_k^{\mathrm{T}}\boldsymbol{X}$ 是 $\boldsymbol{X}$ 以 $\boldsymbol{U}_k$ 为基向量的 k 维表示。 ■

根据协方差矩阵的定义，$\boldsymbol{C}$ 靠前的奇异向量是数据中最大方差的方向，且对应的奇异值等于这些方差。因此，PCA 也可以被看作投影到最大方差的子空间。在这种解释下，第一个主成分对应于投影到最大方差的方向，由 $\boldsymbol{C}$ 的第一个奇异向量给出。类似地，第 i 个主成分($1\leqslant i\leqslant k$)对应于投影到最大方差的第 i 个方向，满足与最大方差的前 $i-1$ 个方向正交的约束(更多细节见习题 15.1)。

15.2　核主成分分析

在上一节中，我们介绍了 PCA 算法，它将数据投影到样本协方差矩阵 $\boldsymbol{C}$ 的奇异向量上。在这一节，我们介绍一种核化版本的 PCA，称为 KPCA。在 KPCA 中，$\boldsymbol{\Phi}$ 是一个到任意 RKHS(不必须到 $\mathbb{R}^N$)的特征映射，我们只使用对应于这个 RKHS 中内积的一个核函数 K。因此，KPCA 算法可以通过推广 PCA 得到，即将输入数据投影到这个 RKHS 中靠前的主成分上。我们将通过 $\boldsymbol{X}$ 的 SVD、$\boldsymbol{C}$ 和 $\boldsymbol{K}$ 三者之间的联系，揭示 PCA 和 KPCA 之间的关系。之后，我们将阐明各种流形学习算法如何被解释为 KPCA 的特例。

令 K 是定义在 $\mathcal{X}\times\mathcal{X}$ 上的一个 PDS 核，对应的核矩阵为 $\boldsymbol{K}=\boldsymbol{X}^{\mathrm{T}}\boldsymbol{X}$。因为 $\boldsymbol{X}$ 有以下奇异值分解 $\boldsymbol{X}=\boldsymbol{U}\boldsymbol{\Sigma}\boldsymbol{V}^{\mathrm{T}}$，$\boldsymbol{C}$ 和 $\boldsymbol{K}$ 可以重写为

$$\boldsymbol{C}=\frac{1}{m}\boldsymbol{U}\Lambda\boldsymbol{U}^{\mathrm{T}}\quad \boldsymbol{K}=\boldsymbol{V}\Lambda\boldsymbol{V}^{\mathrm{T}} \tag{15.3}$$

其中，$\boldsymbol{\Lambda}=\boldsymbol{\Sigma}^2$ 是 $m\boldsymbol{C}$ 奇异值(特征值)构成的对角矩阵，$\boldsymbol{U}$ 是 $\boldsymbol{C}$(以及 $m\boldsymbol{C}$)奇异向量(特征向量)构成的矩阵。

回到 $\boldsymbol{X}$ 的 SVD，注意到右乘 $\boldsymbol{V}\boldsymbol{\Sigma}^{-1}$ 并利用 $\boldsymbol{\Lambda}$ 和 $\boldsymbol{\Sigma}$ 之间的关系可得 $\boldsymbol{U}=\boldsymbol{X}\boldsymbol{V}\boldsymbol{\Lambda}^{-1/2}$。因
349~350 此，关于奇异值 λ/m 的 $\boldsymbol{C}$ 的奇异向量 $\boldsymbol{u}$ 与 $\frac{\boldsymbol{X}\boldsymbol{v}}{\sqrt{\lambda}}$ 一致，其中 $\boldsymbol{v}$ 是关于 λ 的 $\boldsymbol{K}$ 的奇异向量。现在，对于 $x\in\mathcal{X}$，固定一个任意特征向量 $\boldsymbol{x}=\boldsymbol{\Phi}(x)$。则根据定理 15.1 中 $\boldsymbol{Y}$ 的表达式，将 $\boldsymbol{x}$ 投影到 $\boldsymbol{P}_u=\boldsymbol{u}\boldsymbol{u}^{\mathrm{T}}$ 得到 $\boldsymbol{x}$ 的一维表示为

$$\boldsymbol{x}^{\mathrm{T}}\boldsymbol{u}=\boldsymbol{x}^{\mathrm{T}}\frac{\boldsymbol{X}\boldsymbol{v}}{\sqrt{\lambda}}=\frac{\boldsymbol{k}_x^{\mathrm{T}}\boldsymbol{v}}{\sqrt{\lambda}} \tag{15.4}$$

其中，$\boldsymbol{k}_x=(K(\boldsymbol{x}_1,\boldsymbol{x}),\cdots,K(\boldsymbol{x}_m,\boldsymbol{x}))^{\mathrm{T}}$。如果 $\boldsymbol{x}$ 是其中一个数据点，即对于 $1\leqslant i\leqslant m$，$\boldsymbol{x}=\boldsymbol{x}_i$，则 $\boldsymbol{k}_x$ 是 $\boldsymbol{K}$ 的第 i 列。进而，式(15.4)可以简写为

$$\boldsymbol{x}^{\mathrm{T}}\boldsymbol{u}=\frac{\boldsymbol{k}_x^{\mathrm{T}}\boldsymbol{v}}{\sqrt{\lambda}}=\frac{\lambda v_i}{\sqrt{\lambda}}=\sqrt{\lambda}v_i \tag{15.5}$$

其中，v_i 是 $\boldsymbol{v}$ 的第 i 个成分。更一般地，定理 15.1 的 PCA 解可以由 $\boldsymbol{K}$ 的前 k 个奇异向量

(特征向量)、v_1，…，v_k 以及对应的奇异值(特征值)完全定义。上述对 PCA 的推导得到了与 $\boldsymbol{K}$ 有关的解，恰恰就是 KPCA 的解，以此利用 PDS 核实现了 PCA 的推广(关于核方法的更多细节，请参阅第 6 章)。

15.3 KPCA 和流形学习

已有一些流形学习技术用于降维，它们属于非线性方法。这些算法假设高维数据展现或接近嵌入在输入空间中的一个低维非线性流形中。它们的目标是通过寻找一个低维空间来学习这种流形结构，以在某种程度上保持高维输入数据的局部结构。例如，等距映射算法目的是在所有配对的数据点之间保留近似的测地距离⊖或沿着流形的距离。其他算法，如拉普拉斯特征映射和局部线性嵌入，只关注在高维空间中保留局部近邻关系。接下来，我们将描述这些经典流形学习算法，然后将它们解释为 KPCA 的特例。

15.3.1 等距映射

等距映射(isomap)的目的是抽取一种低维数据表示，使其最好地保持输入点之间的所有配对的距离，即通过它们沿着潜在流形的测地距离来衡量。等距映射对测地距离做了近似，假设 L_2 距离是近邻点距离很好的近似，而对于遥远的点，通过近邻点之间的一系列跳跃估计距离。等距映射算法的工作原理如下： 351

1. 根据 L_2 距离，找到每个数据点的 t 个最近邻，并构造一个无向近邻图，用 $\mathcal{G}$ 表示，以数据点作为节点，近邻连接作为边。

2. 计算近似的测地距离 Δ_{ij}，在所有配对的节点(i, j)之间通过最短路径算法得到在 $\mathcal{G}$ 中所有配对的最短路径，例如通过 Floyd-Warshall 算法。

3. 通过执行双中心化将平方距离矩阵转换为一个 $m\times m$ 相似性矩阵，即计算 $\boldsymbol{K}_{\mathrm{Iso}}=-\frac{1}{2}\boldsymbol{H}\Delta\boldsymbol{H}$，其中 Δ 是平方距离矩阵，$\boldsymbol{H}=\boldsymbol{I}_m-\frac{1}{m}\mathbf{1}\mathbf{1}^{\mathrm{T}}$ 是中心化矩阵，$\boldsymbol{I}_m$ 是 $m\times m$ 单位矩阵，而 $\mathbf{1}$ 是一个所有值是 1 的列向量(关于双中心化的更多细节，见习题 15.2)。

4. 找最优的 k 维表示，$\boldsymbol{Y}=\{\boldsymbol{y}_i\}_{i=1}^n$，使得 $\boldsymbol{Y}=\underset{\boldsymbol{Y}'}{\operatorname{argmin}}\sum_{i,j}(\|\boldsymbol{y}'_i-\boldsymbol{y}'_j\|_2^2-\Delta_{ij}^2)$。该问题的解为

$$\boldsymbol{Y}=(\boldsymbol{\Sigma}_{\mathrm{Iso},k})^{1/2}\boldsymbol{U}_{\mathrm{Iso},k}^{\mathrm{T}} \tag{15.6}$$

其中，$\boldsymbol{\Sigma}_{\mathrm{Iso},k}$ 是 $\boldsymbol{K}_{\mathrm{Iso}}$ 的前 k 个奇异值构成的对角矩阵，$\boldsymbol{U}_{\mathrm{Iso},k}$ 是对应的奇异向量。

$\boldsymbol{K}_{\mathrm{Iso}}$ 可以自然地被看作一个核矩阵，因此建立了等距映射到 KPCA 的一个简单的联系。然而，请注意，只有 $\boldsymbol{K}_{\mathrm{Iso}}$ 是正半定时，这种解释才有效。正半定的 $\boldsymbol{K}_{\mathrm{Iso}}$ 对应于一个平滑流形的连续极限的情况。

15.3.2 拉普拉斯特征映射

拉普拉斯特征映射(Laplacian eigenmap)算法的目的是找到一种低维表示，以最好地

⊖ 测地距离(geodesic distance)，曲面上两点间的最短路径。——译者注

保持通过权重矩阵 $\boldsymbol{W}$ 衡量的近邻关系。该算法的工作原理如下：

1. 找到每个数据点的 t 个最近邻点。

2. 构造 $\boldsymbol{W}$，一个 $m \times m$ 的稀疏对称矩阵，其中如果($\boldsymbol{x}_i$，$\boldsymbol{x}_j$)是近邻，则 $\boldsymbol{W}_{ij}=\exp(-\|\boldsymbol{x}_i-\boldsymbol{x}_j\|_2^2/\sigma^2)$($\sigma$ 是一个尺度参数)，否则等于 0。

3. 构造对角矩阵 $\boldsymbol{D}$ 使得 $\boldsymbol{D}_{ii}=\sum_j \boldsymbol{W}_{ij}$ 。

4. 通过最小化近邻点之间的加权距离，找到 k 维表示：

$$\boldsymbol{Y}=\underset{\boldsymbol{Y}'}{\operatorname{argmin}} \sum_{i,j} \boldsymbol{W}_{ij} \|\boldsymbol{y}'_i-\boldsymbol{y}'_j\|_2^2 \tag{15.7}$$

当接近的输入被映射到离得远的输出时，这个目标函数会给予惩罚，这里用权重矩阵
352 $\boldsymbol{W}$ 来衡量"接近"。式(15.7)中最小化的解是 $\boldsymbol{Y}=\boldsymbol{U}_{L,k}^{\mathrm{T}}$，其中 $\boldsymbol{L}=\boldsymbol{D}-\boldsymbol{W}$ 是图的拉普拉斯矩阵，而 $\boldsymbol{U}_{L,k}^{\mathrm{T}}$ 是 $\boldsymbol{L}$ 的后 k 个奇异向量，其中不包括最后对应于奇异值 0 的奇异向量(假设潜在近邻图是有连接的)。

式(15.7)的解也可以解释为找到了 $\boldsymbol{L}^{\dagger}$ 的最大奇异向量，$\boldsymbol{L}^{\dagger}$ 是 $\boldsymbol{L}$ 的伪逆。通过定义 $\boldsymbol{K}_L=\boldsymbol{L}^{\dagger}$，我们可以将拉普拉斯特征映射看作 KPCA 的一个特例，其中输出维度被归一化为有单位方差，即对应于式(15.5)中令 $\lambda=1$ 的情况。此外，$\boldsymbol{K}_L$ 是关于潜在近邻图上扩散的往返时间的核矩阵，其中节点 i 和 j 在一个图中的往返时间是，一个随机游走从节点 i 出发到达节点 j 然后返回 i 的时间期望。

15.3.3 局部线性嵌入

局部线性嵌入(Locally Linear Embedding，LLE)算法的目的也是找到一种低维表示，以保持通过权重矩阵 $\boldsymbol{W}$ 衡量的近邻关系。该算法的工作原理如下：

1. 找到每个数据点的 t 个最近邻点。

2. 构造 $\boldsymbol{W}$，一个 $m\times m$ 的稀疏对称矩阵，$\boldsymbol{W}$ 的第 i 行的和是 1，且包含能从它的 t 个近邻点中最优重构 $\boldsymbol{x}_i$ 的线性系数。具体而言，如果我们假设 $\boldsymbol{W}$ 第 i 行的和是 1，那么重构误差是

$$\Big(\boldsymbol{x}_i-\sum_{j\in\mathcal{N}_i}\boldsymbol{W}_{ij}\boldsymbol{x}_j\Big)^2=\Big(\sum_{j\in\mathcal{N}_i}\boldsymbol{W}_{ij}(\boldsymbol{x}_i-\boldsymbol{x}_j)\Big)^2=\sum_{j,\,k\in\mathcal{N}_i}\boldsymbol{W}_{ij}\boldsymbol{W}_{ik}\boldsymbol{C}'_{jk} \tag{15.8}$$

其中，$\mathcal{N}_i$ 是点 $\boldsymbol{x}_i$ 近邻点的索引集，$\boldsymbol{C}'_{jk}=(\boldsymbol{x}_i-\boldsymbol{x}_j)^{\mathrm{T}}(\boldsymbol{x}_i-\boldsymbol{x}_k)$是局部协方差矩阵。在约束 $\sum_j \boldsymbol{W}_{ij}=1$ 下最小化这个表达式，得到解为

$$\boldsymbol{W}_{ij}=\frac{\sum_k (C'^{-1})_{jk}}{\sum_{st}(C'^{-1})_{st}} \tag{15.9}$$

注意，这个解可以通过另一种方式等价地得到。先对于 $k\in\mathcal{N}_i$，求解线性方程组 $\sum_j \boldsymbol{C}'_{kj}\boldsymbol{W}_{ij}=1$，然后归一化使得权重的和是 1。

3. 找到最符合 $\boldsymbol{W}$ 指定的近邻关系的 k 维表示，即

353 $$\boldsymbol{Y}=\underset{\boldsymbol{Y}'}{\operatorname{argmin}}\sum_i\Big(y'_i-\sum_j\boldsymbol{W}_{ij}y'_j\Big)^2 \tag{15.10}$$

式(15.10)最小化的解是 $\boldsymbol{Y}=\boldsymbol{U}_{M,k}^{\mathrm{T}}$，其中 $\boldsymbol{M}=(\boldsymbol{I}-\boldsymbol{W}^{\mathrm{T}})(\boldsymbol{I}-\boldsymbol{W}^{\mathrm{T}})$，$\boldsymbol{U}_{M,k}^{\mathrm{T}}$ 是 $\boldsymbol{M}$ 的后 k 个

奇异向量，其中不包括最后对应于奇异值 0 的奇异向量。

正如习题 15.5 所讨论的，LLE 和采用核矩阵 $\boldsymbol{K}_{\mathrm{LLE}}$ 的 KPCA 一致，$\boldsymbol{K}_{\mathrm{LLE}}$ 用以使输出的维度被归一化为有单位方差(正如拉普拉斯特征映射)。

15.4 Johnson-Lindenstrauss 引理

Johnson-Lindenstrauss 引理是降维的基石性结论，它表明高维空间中的任何 m 个点都可以被映射到一个更低的维度 $k\geqslant O\left(\frac{\log m}{\varepsilon^2}\right)$，且使任何两点之间的配对距离失真不超过 $(1\pm\varepsilon)$ 的一个因子。事实上，这种映射可以在随机多项式时间内找到，即将高维的点投影到随机选择的 k 维线性子空间中。Johnson-Lindenstrauss 引理在引理 15.3 中正式给出。这个引理的证明取决于引理 15.1 和引理 15.2，这是“概率方法”的一个例子，在这个例子中，通过概率参数得到了确定性结果。此外，正如我们将看到的，Johnson-Lindenstrauss 引理表明，当一个随机向量被投影到一个 k 维的随机子空间后，该向量的平方长度就会与其均值非常接近。

首先，我们证明了卡方分布的以下性质(参见附录中定义 C.7)，该性质将在引理 15.2 中被使用。

| 引理 15.1 | 令 Q 是一个随机变量，服从自由度为 k 的卡方分布。则对于任意 $0<\varepsilon<1/2$，下面不等式成立：

$$\mathbb{P}[(1-\varepsilon)k\leqslant Q\leqslant(1+\varepsilon)k]\geqslant 1-2\mathrm{e}^{-(\varepsilon^2-\varepsilon^3)k/4} \tag{15.11}$$

| 证明 | 根据 Markov 不等式，有

$$\mathbb{P}[Q\geqslant(1+\varepsilon)k]=\mathbb{P}[\exp(\lambda Q)\geqslant\exp(\lambda(1+\varepsilon)k)]\leqslant\frac{\mathbb{E}[\exp(\lambda Q)]}{\exp(\lambda(1+\varepsilon)k)}$$
$$=\frac{(1-2\lambda)^{-k/2}}{\exp(\lambda(1+\varepsilon)k)}$$

其中，最后的等式中用到了卡方分布矩生成函数的表达式，$\mathbb{E}[\exp(\lambda Q)]$ $(\lambda<1/2)$(式(C.25))。选择 $\lambda=\frac{\varepsilon}{2(1+\varepsilon)}<1/2$ 使得最后等式的右边最小，并根据 $1+\varepsilon\leqslant\exp(\varepsilon-(\varepsilon^2-\varepsilon^3)/2)$ 可得

$$\mathbb{P}[Q\geqslant(1+\varepsilon)k]\leqslant\left(\frac{1+\varepsilon}{\exp(\varepsilon)}\right)^{k/2}\leqslant\left(\frac{\exp\left(\varepsilon-\frac{\varepsilon^2-\varepsilon^3}{2}\right)}{\exp(\varepsilon)}\right)^{k/2}=\exp\left(-\frac{k}{4}(\varepsilon^2-\varepsilon^3)\right)$$ 354

使用类似的技术来约束 $\mathbb{P}[Q\leqslant(1-\varepsilon)k]$ 并利用联合界，则引理得证。■

| 引理 15.2 | 令 $\boldsymbol{x}\in\mathbb{R}^N$，定义 $k<N$ 并假设 $\boldsymbol{A}\in\mathbb{R}^{k\times N}$ 的元素从标准正态分布 $N(0,1)$ 中独立采样得到。则对于任意 $0<\varepsilon<1/2$，有

$$\mathbb{P}\left[(1-\varepsilon)\|\boldsymbol{x}\|^2\leqslant\left\|\frac{1}{\sqrt{k}}\boldsymbol{A}\boldsymbol{x}\right\|^2\leqslant(1+\varepsilon)\|\boldsymbol{x}\|^2\right]\geqslant 1-2\mathrm{e}^{-(\varepsilon^2-\varepsilon^3)k/4} \tag{15.12}$$

| 证明 | 令 $\hat{\boldsymbol{x}}=\boldsymbol{A}\boldsymbol{x}$，得到

$$\mathbb{E}[\hat{x}_j^2]=\mathbb{E}\left[\left(\sum_{i=1}^N A_{ji}x_i\right)^2\right]=\mathbb{E}\left[\sum_{i=1}^N A_{ji}^2x_i^2\right]=\sum_{i=1}^N x_i^2=\|\boldsymbol{x}\|^2$$

上式中，第二个和第三个等式分别根据 A_{ij} 的独立性和单位方差可证。现在，定义 $T_j=\hat{x}_j/\|\boldsymbol{x}\|$，注意这些 T_j 是独立的标准正态随机变量，这是因为 A_{ij} 是独立同分布标准正态随机变量且 $\mathbb{E}[\hat{x}_j^2]=\|\boldsymbol{x}\|^2$。因此，定义变量 Q 为 $Q=\sum_{j=1}^{k}T_j^2$，则它服从有 k 个自由度的卡方分布，进而有

$$\begin{aligned}\mathbb{P}\left[(1-\varepsilon)\|\boldsymbol{x}\|^2\leqslant\frac{\|\hat{\boldsymbol{x}}\|^2}{k}\leqslant(1+\varepsilon)\|\boldsymbol{x}\|^2\right]&=\mathbb{P}\left[(1-\varepsilon)k\leqslant\sum_{j=1}^{k}T_j^2\leqslant(1+\varepsilon)k\right]\\&=\mathbb{P}[(1-\varepsilon)k\leqslant Q\leqslant(1+\varepsilon)k]\\&\geqslant 1-2\mathrm{e}^{-(\varepsilon^2-\varepsilon^3)k/4}\end{aligned}$$

其中，根据引理 15.1，有最后的不等式成立，因此引理得证。■

| 引理 15.3 Johnson-Lindenstrauss | 对于任意 $0<\varepsilon<1/2$ 和任意整数 $m>4$，令 $k=\frac{20\log m}{\varepsilon^2}$。则对于 $\mathbb{R}^N$ 中有 m 个点的任意集合 V，存在一个映射 f：$\mathbb{R}^N\to\mathbb{R}^k$ 使得对于所有 $\boldsymbol{u}$，$\boldsymbol{v}\in V$，

$$(1-\varepsilon)\|\boldsymbol{u}-\boldsymbol{v}\|^2\leqslant\|f(\boldsymbol{u})-f(\boldsymbol{v})\|^2\leqslant(1+\varepsilon)\|\boldsymbol{u}-\boldsymbol{v}\|^2 \tag{15.13}$$

| 证明 | 令 $f=\frac{1}{\sqrt{k}}\boldsymbol{A}(k<N)$ 且 $\boldsymbol{A}\in\mathbb{R}^{k\times N}$ 的元素从标准正态分布 $N(0,1)$ 中独立采样得到。对于固定的 $\boldsymbol{u}$，$\boldsymbol{v}\in V$，在引理 15.2 中令 $\boldsymbol{x}=\boldsymbol{u}-\boldsymbol{v}$，使式(15.12)成立的概率降至 $1-2\mathrm{e}^{-(\varepsilon^2-\varepsilon^3)k/4}$。对 V 中的 $O(m^2)$ 个配对应用联合界，并令 $k=\frac{20}{\varepsilon^2}\log m$ 且利用 ε 的上界为 $1/2$，可得[⊖]

$$\mathbb{P}[\text{success}]\geqslant 1-2m^2\mathrm{e}^{-(\varepsilon^2-\varepsilon^3)k/4}=1-2m^{5\varepsilon-3}>1-2m^{-1/2}>0$$

由于成功的概率严格大于零，所以必须存在一个映射满足所需的条件，从而引理得
355 证。■

15.5 文献评注

PCA 是在 20 世纪初由 Pearson[1901]提出的。大约一个世纪后，KPCA 被提出，我们对 KPCA 的介绍是对 Mika 等[1999]的结论进行了更简洁的推导。由 Tenenbaum 等[2000]、Roweis 和 Saul[2000]提出的等距映射和局部线性嵌入是非线性降维的开创性工作。等距映射本身是一种标准线性降维技术的推广，称为多维尺度变换[Cox 和 Cox，2000]。等距映射和局部线性嵌入引领了流形学习的一些相关算法的发展，例如，拉普拉斯特征映射和最大方差展开[Belkin 和 Niyogi，2001；Weinberger 和 Saul，2006]。如本章所述，经典的流形学习算法是 KPCA[Ham 等，2004]的特例。Johnson-Lindenstrauss 引理由 Johnson 和 Lindenstrauss[1984]提出，不过我们的引理证明采用了 Vempala[2004]的方法。关于这一引理也有其他简化的证明，如 Dasgupta 和 Gupta[2003]的文献。

⊖ 下式中，成功(success)指的是式(15.12)的不等式关系成立。——译者注

15.6 习题

15.1 PCA 和最大方差。令 $\boldsymbol{X}$ 是一个**非中心化的**(uncentered)数据矩阵，且 $\overline{\boldsymbol{x}}=\frac{1}{m}\sum_i \boldsymbol{x}_i$ 是 $\boldsymbol{X}$ 的列的样本均值。

(a) 证明数据到一个任意向量 $\boldsymbol{u}$ 的一维投影的方差等于 $\boldsymbol{u}^{\mathrm{T}}\boldsymbol{C}\boldsymbol{u}$，其中 $\boldsymbol{C}=\frac{1}{m}\sum_i(\boldsymbol{x}_i-\overline{\boldsymbol{x}})(\boldsymbol{x}_i-\overline{\boldsymbol{x}})^{\mathrm{T}}$ 是样本协方差矩阵。

(b) 证明 $k=1$ 的 PCA 将数据投影到最大方差的方向(即 $\boldsymbol{u}^{\mathrm{T}}\boldsymbol{u}=1$)。

15.2 双中心化。本题我们将证明当使用欧氏距离时，在等距映射中双中心化流程的正确性。$\boldsymbol{X}$ 和 $\overline{\boldsymbol{x}}$ 的定义同习题 15.1，定义 $\boldsymbol{X}^*$ 是 $\boldsymbol{X}$ 的中心化版本，即令 $\boldsymbol{x}_i^*=\boldsymbol{x}_i-\overline{\boldsymbol{x}}$ 是 $\boldsymbol{X}^*$ 的第 i 列。令 $\boldsymbol{K}=\boldsymbol{X}^{\mathrm{T}}\boldsymbol{X}$，且 $\boldsymbol{D}$ 表示欧氏距离矩阵，即 $\boldsymbol{D}_{ij}=\|\boldsymbol{x}_i-\boldsymbol{x}_j\|$。

(a) 证明 $\boldsymbol{K}_{ij}=\frac{1}{2}(\boldsymbol{K}_{ii}+\boldsymbol{K}_{jj}+\boldsymbol{D}_{ij}^2)$。

(b) 证明 $\boldsymbol{K}^*=\boldsymbol{X}^{*\mathrm{T}}\boldsymbol{X}^*=\boldsymbol{K}-\frac{1}{m}\boldsymbol{K}\mathbf{1}\mathbf{1}^{\mathrm{T}}-\frac{1}{m}\mathbf{1}\mathbf{1}^{\mathrm{T}}\boldsymbol{K}+\frac{1}{m^2}\mathbf{1}\mathbf{1}^{\mathrm{T}}\boldsymbol{K}\mathbf{1}\mathbf{1}^{\mathrm{T}}$。

(c) 用(a)和(b)的结论证明

$$\boldsymbol{K}_{ij}^*=-\frac{1}{2}\left[\boldsymbol{D}_{ij}^2-\frac{1}{m}\sum_{k=1}^m\boldsymbol{D}_{ik}^2-\frac{1}{m}\sum_{k=1}^m\boldsymbol{D}_{kj}^2+\overline{\boldsymbol{D}}\right]$$ 356

其中，$\overline{\boldsymbol{D}}=\frac{1}{m^2}\sum_u\sum_v\boldsymbol{D}_{u,v}^2$ 是 $\boldsymbol{D}$ 中 m^2 个元素的均值。

(d)证明 $\boldsymbol{K}^*=-\frac{1}{2}\boldsymbol{H}\boldsymbol{D}\boldsymbol{H}$，其中 $\boldsymbol{H}=\boldsymbol{I}_m-\frac{1}{m}\mathbf{1}\mathbf{1}^{\mathrm{T}}$。

15.3 拉普拉斯特征映射。假定 $k=1$，我们欲寻找一个一维表示 $\boldsymbol{y}$。证明式(15.7)等价于 $\boldsymbol{y}=\operatorname{argmin}_{\boldsymbol{y}'}\boldsymbol{y}'^{\mathrm{T}}\boldsymbol{L}\boldsymbol{y}'$，其中 $\boldsymbol{L}$ 是图的拉普拉斯矩阵。

15.4 Nyström 方法。定义如下核矩阵的块表示：

$$\boldsymbol{K}=\begin{bmatrix}\boldsymbol{W} & \boldsymbol{K}_{21}^{\mathrm{T}}\\ \boldsymbol{K}_{21} & \boldsymbol{K}_{22}\end{bmatrix}\quad 和 \quad \boldsymbol{C}=\begin{bmatrix}\boldsymbol{W}\\ \boldsymbol{K}_{21}\end{bmatrix}$$

Nyström 方法用 $\boldsymbol{W}\in\mathbb{R}^{l\times l}$ 和 $\boldsymbol{C}\in\mathbb{R}^{m\times l}$ 得到近似 $\widetilde{\boldsymbol{K}}=\boldsymbol{C}\boldsymbol{W}^{\dagger}\boldsymbol{C}^{\mathrm{T}}\approx\boldsymbol{K}$。

(a) 证明 $\boldsymbol{W}$ 是 SPSD，且 $\|\boldsymbol{K}-\widetilde{\boldsymbol{K}}\|_F=\|\boldsymbol{K}_{22}-\boldsymbol{K}_{21}\boldsymbol{W}^{\dagger}\boldsymbol{K}_{21}^{\mathrm{T}}\|_F$。

(b) 对于某个 $\boldsymbol{X}\in\mathbb{R}^{N\times m}$，令 $\boldsymbol{K}=\boldsymbol{X}^{\mathrm{T}}\boldsymbol{X}$；令 $\boldsymbol{X}'\in\mathbb{R}^{N\times l}$ 是 $\boldsymbol{X}$ 的前 l 列。证明 $\widetilde{\boldsymbol{K}}=\boldsymbol{X}^{\mathrm{T}}\boldsymbol{P}_{U_{X'}}\boldsymbol{X}$，其中 $\boldsymbol{P}_{U_{X'}}$ 是到 $\boldsymbol{X}'$ 的左奇异向量张成空间的正交投影。

(c) $\widetilde{\boldsymbol{K}}$ 是 SPSD 吗？

(d) 如果 $\operatorname{rank}(\boldsymbol{K})=\operatorname{rank}(\boldsymbol{W})=r\ll m$，证明 $\widetilde{\boldsymbol{K}}=\boldsymbol{K}$。注意：只要 $\operatorname{rank}(\boldsymbol{K})=\operatorname{rank}(\boldsymbol{W})$ 则结论成立，但在低秩的情境下对该结论更为关注。

(e) 如果 $m=20\mathrm{M}$ 且 $\boldsymbol{K}$ 是一个稠密矩阵。如果每个元素存储为双精度值，请问存储 $\boldsymbol{K}$ 需要多少空间？如果 $l=10\mathrm{K}$，用 Nyström 方法需要多少空间？

15.5 $\boldsymbol{K}_{\mathrm{LLE}}$ 的表达式。请通过推导 $\boldsymbol{K}_{\mathrm{LLE}}$ 的表达式，揭示局部线性嵌入和 KPCA 之间的

联系。

15.6　随机投影，PCA 和最近邻点。

(a) 下载 MNIST 手写数字的测试集：

http://yann.lecun.com/exdb/mnist/t10k-images-idx3-ubyte.gz。

由该数据集前 $m=2\,000$ 个样本创建数据矩阵 $\boldsymbol{X}\in\mathbb{R}^{N\times m}$(样本维度为 $N=784$)。

(b) 对 $\boldsymbol{X}$ 中每个点找到 10 个最近邻点，即对于 $1\leqslant i\leqslant m$，计算 $\mathcal{N}_{i,10}$，其中 $\mathcal{N}_{i,t}$ 表示第 i 个数据点的 t 个最近邻点集，最近邻点的定义是关于 L_2 范数的。同样，

357 对所有 i，计算 $\mathcal{N}_{i,50}$。

(c) 生成 $\widetilde{\boldsymbol{X}}=\boldsymbol{A}\boldsymbol{X}$，其中 $\boldsymbol{A}\in\mathbb{R}^{k\times N}$，$k=100$，$\boldsymbol{A}$ 的元素从标准正态分布中独立采样得到。对 $\widetilde{\boldsymbol{X}}$ 中每个点找 10 个最近邻点，即对于 $1\leqslant i\leqslant m$，计算 $\widetilde{\mathcal{N}}_{i,10}$。

(d) 通过计算 $\text{score}_{10}=\frac{1}{m}\sum_{i=1}^{m}|\mathcal{N}_{i,10}\cap\widetilde{\mathcal{N}}_{i,10}|$ 报告近似的质量。类似地，计算 $\text{score}_{50}=\frac{1}{m}\sum_{i=1}^{m}|\mathcal{N}_{i,50}\cap\widetilde{\mathcal{N}}_{i,10}|$ ⊖。

(e) 绘出以 k 为自变量的关于 score_{10} 和 score_{50} 的两条曲线(即对 $k=\{1,10,50,100,250,500\}$ 执行步骤(c)和(d))。请对这些曲线稍加解释。

(f) 使用 PCA(用不同的 k 值)来生成 $\widetilde{\boldsymbol{X}}$ 进而计算最近邻点，绘出类似(e)的曲线。请问与随机投影相比，由 PCA 生成的近似最近邻点是更好还是更差？解释

358 原因。

⊖ 这里应该是计算 $\text{score}_{50}=\frac{1}{m}\sum_{i=1}^{m}|\mathcal{N}_{i,50}\cap\widetilde{\mathcal{N}}_{i,50}|$。——译者注

第 16 章

学习自动机和语言

本章介绍学习语言的问题。这是一个从很早就开始探索的形式语言理论和计算机科学中的经典问题，有大量文献对其中的数学问题进行了探讨。在本章中，我们将简要介绍学习语言并聚焦于学习有限自动机，大量学术论文已经以多种形式对该问题进行过探究。我们将研究学习自动机的两种通用框架，并在每个框架下给出一种算法。具体而言，我们将介绍一种学习自动机算法，其中学习器可以访问多种类型的查询，我们还将介绍一种在极限下识别自动机子类的算法。

16.1 引言

学习语言是语言学和计算机科学中最早讨论的问题之一。人类在这方面的卓越能力推动了学习语言的研究。只要接触了有限多的句子，人类在幼年就会具备表达符合语法的新句子的能力。而且，即使在很小的时候，人类也能对新语句的语法做出准确判断。

在计算机科学中，学习语言问题与学习计算机设备生成语言的表示直接相关。例如，学习正则语言等同于学习有限自动机，学习上下文无关语言或上下文无关文法等同于学习下推自动机。

专门研究学习有限自动机问题基于以下原因。自动机提供多种不同领域的自然建模表示，包括系统、网络、图像处理、文本和语音处理、逻辑等。自动机还可以作为复杂设备 359
的简单或高效的近似。例如，通过自然语言处理，人们可以近似表示上下文无关语言。虽然我们将会看到学习有限自动机问题在很多自然情境下都是很困难的，但如果有可能完成学习的话，学习自动机的过程通常是高效的。因此，学习更复杂的设备或语言会比学习自动机更加困难。

我们考虑两种通用的学习框架：**高效精确学习**(efficient exact learning)模型以及**极限下的识别**(identification in the limit)模型。对于每一个模型，我们简要讨论学习自动机问题并给出一个算法。

我们首先对自动机的基本定义和算法进行简要回顾，然后讨论自动机高效精确学习问题和极限下的识别问题。

16.2 有限自动机

我们用 Σ 表示有限字母表，该字母表上的一个字符串 $x\in\Sigma^*$ 的长度用 $|x|$ 表示，**空字符串**(empty string)用 ϵ 表示，因此 $|\epsilon|=0$。对于任意长度 $k\geqslant 0$ 的字符串 $x=x_1\cdots x_k\in\Sigma^*$，用 $x[j]=x_1\cdots x_j$ 表示 x 的长度为 $j\leqslant k$ 的前缀并定义 $x[0]$ 为 ϵ。

有限自动机(finite automata)是一个带有初始状态和终止状态的带标签有向图。以下给出自动机的正式定义。

| 定义 16.1　有限自动机 | 一个有限自动机 A 是一个五元组(Σ, Q, I, F, E)，其中 Σ 是有限字母表，Q 是有限状态集，$I\subseteq Q$ 是初始状态集，$F\subseteq Q$ 是终止状态集，$E\subseteq Q\times(\Sigma\cup\{\epsilon\}\times Q)$是有限状态转换集。

图 16.1a 示意了一个简单的有限自动机的例子。状态用圆圈表示，加粗的圆圈表示初始状态，双圈表示终止状态，每一个转换表示为一个由原始状态到目标状态的箭头，转换的标签在 $\Sigma\cup\{\epsilon\}$中，对应于箭头上的字母。

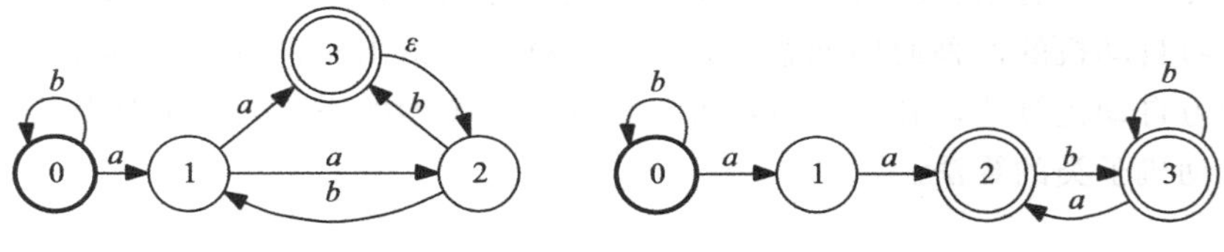

a）有限自动机的图形表示　　b）等价的（最小）确定自动机

360

图 16.1

从初始状态到终止状态的路径称为**接受路径**(accepting path)。如果自动机的所有状态都有来自初始状态的一条接受路径并且有到终止状态的一条路径，也就是说它的所有状态都处在某一条接受路径上，那么称这个自动机为**精简的**(trim)。当且仅当字符串 $x\in\Sigma^*$ 是一条接受路径的标签时，称 x 被自动机 A **接受**(accepted)。为方便起见，当字符串不被接受时，称 $x\in\Sigma^*$ 被 A **拒绝**(rejected)。被 A 接受的所有字符串构成的集合定义了**被 A 接受的语言**(language accepted by A)，记为 $L(A)$。有限自动机所接受的语言与**正则语言**(regular language)一致，即可以用**正则表达式**(regular expression)描述的语言。

任何有限自动机都有一个不含 **ϵ-转换**(ϵ-transition)的等价自动机，即空转换用空字符串标记：存在一个通用的 ϵ-删除算法，它将一个自动机作为输入并返回一个没有 ϵ-转换的等价自动机。

对于一个不含 **ϵ-转换**(ϵ-transition)的自动机，如果它的初始状态唯一且从任意给定状态出发不存在标签相同的两个转换，则称其为**确定的**(deterministic)。确定性有限自动机记为 DFA，对应地，任意自动机记为 NFA，即非确定有限自动机。任意 NFA 都对应一个等价的 DFA：存在一个通用的(指数时间)**确定化**(determinization)算法，它将不含 ϵ-转换的 NFA 作为输入并返回一个等价的 DFA。因此，DFA 接受的语言类与 NFA 接受的语言类一致，均为正则语言。对于任意字符串 $x\in\Sigma^*$ 和 DFAA，我们用 $A(x)$ 表示在 A 中从其唯一初始状态读取 x 所到达的状态。

如果 DFA 没有更少状态数量的等价确定自动机，则称其为**最小**(minimal)DFA。存在一个通用的**最小化**(minimization)算法，它将一个确定自动机作为输入，并在 $O(|E|\log|Q|)$ 内返回一个最小的确定自动机。当输入 DFA 是**无环的**(acyclic)，即不存在形成环的路径时，该 DFA 可以在线性时间 $O(|Q|+|E|)$ 内被最小化。图 16.1b 示意了与图 16.1a 所示 NFA 等价的最小 DFA。

16.3 高效精确学习

在**高效精确学习**(efficient exact learning)框架中，问题在于在多项式时间内从有限样本集中识别一个目标概念 c，该多项式时间是关于概念表示的大小以及样本表示大小的上界的。与 PAC 学习框架不同，在这个框架下，没有随机假设，也没有假定样本服从某个未知的固定分布。此外，该框架下学习目标**精确地**(exactly)识别目标概念而不做任何近似。如果存在一个算法能够高效精确学习概念类 $\mathcal{C}$ 中的任意概念 $c\in\mathcal{C}$，则称概念类 $\mathcal{C}$ 是高效精确可学习的。 361

我们在高效精确学习框架下考虑两种不同的学习情境：**被动**(passive)学习和**主动**(active)学习。被动学习情境与前几章讨论的标准监督学习情境相似，但没有任何随机假设：与 PAC 模型一样，学习算法**被动地**(passively)接收数据实例并返回一个假设，但是此时不同的是，不假定实例服从任何分布。对于主动学习情境，学习器使用我们将描述的各种类型的查询**主动地**(actively)参与训练样本的选择。对于这两种情境，我们在此聚焦于学习自动机的问题。

16.3.1 被动学习

在被动学习情境下，称学习有限自动机问题为**最小一致 DFA 学习问题**(minimum consistent DFA learning problem)。它可以表述为：学习器接收一个有限的样本集 $S=((x_1, y_1), \cdots, (x_m, y_m))$，其中对于任意 $i\in[1, m]$，$x_i\in\Sigma^*$ 且 $y_i\in\{-1, +1\}$。如果 $y_i=+1$，那么 x_i 是一个可接受的字符串，否则是一个被拒绝的字符串。该问题在于使用这个样本集来学习与 S **一致**(consistent)的最小 DFAA，即具有最少状态数量的自动机，它接受 S 中带有标签 $+1$ 的字符串，并拒绝那些带有 -1 标签的字符串。注意，寻找与 S 一致的最小 DFA 可视为如下奥卡姆剃刀原理。

上述问题与标准的 DFA 最小化不同。一个最小的 DFA 即使可以精确接受标记为正的字符串，也可能不会有最小数量的状态：通常情况下，可能存在有更少状态的 DFA 接受这些字符串的超集并拒绝带负标签的字符串。例如，对于一个简单的样本集 $S=((a, +1), (b, -1))$，一个最小的确定自动机接受唯一正标记的字符串 a 或唯一负标签的字符串 b 需要两个状态。然而，能接受语言 a^*，即接受 a 同时拒绝 b 的确定自动机只有一个状态。

有限自动机的被动学习问题被证明是计算困难的。下面的定理给出了这个学习问题的几个负面结论。

| 定理 16.1 | 寻找与一组被接受或被拒绝的字符串一致的最小确定性自动机的问题是 NP-完全的。

正如以下定理所述，即使对于多项式近似，该问题依旧计算困难。

| 定理 16.2 | 如果 $P \neq NP$，那么不存在一个多项式时间算法可以保证找到一个与一
362 组被接受或被拒绝字符串一致的 DFA，使得该 DFA 小于最小一致 DFA 大小的多项式函数，即使字母表被简化为只有两个元素，这样的 DFA 也不存在。

在各种密码学假设下，有限自动机的被动学习还存在其他一些强的负面结论。

被动学习的这些负面结论促使我们考虑有限自动机的另一种学习情境。下一节我们会介绍一种情境，该情境会带来更多的正面结论，此时学习器可以使用各种类型的查询主动参与训练样本的选择。

16.3.2 通过查询学习

通过查询学习(learning with query)的模型与(最小)教师或称神谕以及主动学习器有关。在这个模型中，学习器可做出以下两种类型的查询以请求教师回答。

成员查询(membership query)：学习器请求得到一个实例 x 的目标标签 $f(x) \in \{-1, +1\}$。

等价查询(equivalence query)：学习器猜测假设 h，如果 $h=f$，那么它收到肯定的答案，否则收到反例。

当一个概念类 $\mathcal{C}$ 在这个模型下高效精确可学习时，称此概念类是**通过成员和等价查询高效精确可学习的**(efficiently exactly learnable with membership and equivalence query)。

这种模型是不切合实际的，因为在实际中通常无法为查询提供回答。尽管如此，它提供了一个自然的框架，我们之后将会看到，这个框架会带来正面结论。另外，若想让这个模型有意义，其等价性必须是计算可测的。对于一些概念类而言，情况并非如此，例如**上下文无关文法**(context-free grammar)概念类，其等价性问题是不可判定的。在实际中，还要额外要求等价性的测试必须高效，否则不能在合理的时间内为学习器提供响应[⊖]。

在查询学习模型中进行高效精确学习意味着以下 PAC 学习的变体：如果对于成员查询次数为多项式的算法，概念类 $\mathcal{C}$ 是 PAC 可学习的，则称这个概念类是**通过成员查询 PAC 可学习的**(PAC-learnable with membership query)。

| 定理 16.3 | 令概念类 $\mathcal{C}$ 是通过成员和等价查询高效精确可学习的，则 $\mathcal{C}$ 是通过成员查询 PAC 可学习的。

| 证明 | 给定 $\mathcal{A}$ 是一个采用成员查询和等价查询高效精确学习概念类 $\mathcal{C}$ 的算法。固定
363 ϵ，$\delta>0$，在 $\mathcal{A}$ 学习概念 $c \in \mathcal{C}$ 的执行过程中，我们通过在多项式数量的带标签样本上对当前假设的测试来替换 $\mathcal{A}$ 的每个等价查询。设 $\mathcal{D}$ 是样本服从的分布。为了模拟第 t 个等价查询，我们依分布 $\mathcal{D}$ 得到 $m_t = \frac{1}{\epsilon}\left(\log\frac{1}{\delta} + t\log 2\right)$ 个独立同分布样本来测试当前的假设 h_t。如果 h_t 在所有样本上与标签一致，那么算法停止并返回 h_t，否则这些样本中至少有一个

⊖ 对于人类教师，当查询接近类边界时，在某些情况下响应成员查询可能变得非常困难。这也可能会使模型在实践中难以采用。

不属于 h_t，该样本可以作为一个反例。

因为 $\mathcal{A}$ 能够精确地学习 c，所以它至多进行 T 次等价查询，其中 T 对于概念表示的大小以及样本表示大小的上界是多项式的。因此，如果在模拟中没有等价查询积极响应，那么该算法将在 T 次等价查询之后才会返回正确的概念 c。否则，算法将在首次积极响应的等价查询模拟后提前停止。只有使算法停止的等价查询产生错误的积极响应时，算法返回的假设才不是一个 ε-近似。根据联合界，又由于对于任意固定的 $t\in[1, T]$，有 $\mathbb{P}[R(h_t)>\varepsilon]\leqslant(1-\varepsilon)^{m_t}$，所以对于某个 $t\in[1, T]$，$R(h_t)>\varepsilon$ 的概率满足：

$$\mathbb{P}[\exists t\in[T]:R(h_t)>\varepsilon]\leqslant\sum_{t=1}^{T}\mathbb{P}[R(h_t)>\varepsilon]$$
$$\leqslant\sum_{t=1}^{T}(1-\varepsilon)^{m_t}\leqslant\sum_{t=1}^{T}\mathrm{e}^{-m_t\varepsilon}\leqslant\sum_{t=1}^{T}\frac{\delta}{2^t}\leqslant\sum_{t=1}^{+\infty}\frac{\delta}{2^t}=\delta$$

因此，以至少为 $1-\delta$ 的概率，算法返回的假设是一个 ε-近似。最后，所用的最大样本数为 $\sum_{t=1}^{T}m_t=\frac{1}{\varepsilon}\left(T\log\frac{1}{\delta}+\frac{T(T+1)}{2}\log 2\right)$，它对于 $1/\varepsilon$、$1/\delta$ 和 T 是多项式的。又由于根据假设，$\mathcal{A}$ 剩余的计算代价也是多项式的，因此定理得证。 ■

16.3.3 通过查询学习自动机

在本节中，我们将介绍一种算法，通过成员查询和等价查询对 DFA 进行高效精确的学习。我们用 A 表示目标 DFA，用 $\hat{A}$ 表示算法的当前假设 DFA。对于算法的讨论，不失一般性地假设 A 是最小 DFA。

该算法使用两组字符串 U 和 V。U 是**访问字符串**(access string)集：从 A 的初始状态读取访问字符串 $u\in U$，转换到状态 $A(u)$。对于 $u\in U$，算法保证状态 $A(u)$都是不同的。为了实现这样的效果，算法采用了一个**判别字符串**(distinguishing string)集 V。因为 A 是最小的，对于 A 中两个不同的状态 q 和 q'，至少存在一个字符串会从 q 而不是从 q' 到达终止状态，反之亦然。这样的字符串 v 用来**判别**(distinguish)q 和 q'。集合 V 用于区分 U 中 364
任意一对访问字符串。它们实际上定义了所有字符串 Σ^* 的一个拆分。

该算法的目标是在每次迭代中找到一个新的访问字符串与以前所有的字符串区分开来，最终获得数量等于 A 的状态数的访问字符串。然后该算法可以通过访问字符串 u 来标记 A 的每个状态 $A(u)$。为了找到离开状态 u 且标签是 $a\in\Sigma$ 的转换所到达的目标状态，需要利用由 V 得到的拆分来确定与 ua 等价类相同的访问字符串 u'。同理可以确定每个状态的最终状态。

算法通过类似于第 9 章中介绍的二元决策树 T 来迭代更新两个集合 U 和 V。图 16.2a 展示了一个例子。T 定义了由判别字符串 V 得到的所有字符串的拆分。T 中的每一个叶子用不同的 $u\in U$ 进行标记，T 的内部节点用字符串 $v\in V$ 进行标记。给定字符串 $x\in\Sigma^*$ 后，$v\in V$ 的决策树问题是 xv 是否被 A 接受，这个问题可以通过成员查询来确定。如果 x 被 A 接受，那么 x 被分到右子树，否则分到左子树，并对子树以同样的方式进行递归，直到到达叶子节点。我们用 $T(x)$表示叶子节点的标签。例如，对于图 16.2a 的树 T 和图 16.2c 的目标自动机 A，因为 baa 不被 A 接受(根问题)而 $baaa$ 被接受(节点 a 处的问题)，所以 $T(baa)=b$。在其初始化中，该算法确保根节点用 ε 来标记，以便于检查字符串的最终状态。

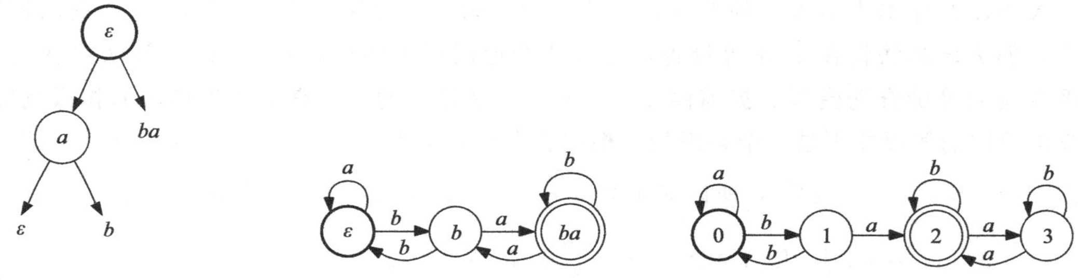

a）分类树T，其中$U=\{\varepsilon, b, ba\}$，$V=\{\varepsilon, a\}$　　b）通过T构造的当前自动机$\hat{A}$　　c）目标自动机A

图　16.2

当前假设 DFA $\hat{A}$ 可以由 T 按如下方式构建。我们用 ConstructAutomaton()表示对应的函数。对每一个叶子节点 $u\in U$，创建状态 $\hat{A}(u)$。状态 $\hat{A}(u)$的最终状态根据 u 所属根
365 节点的子树确定：当且仅当 u 属于右子树，即 $u=\varepsilon u$ 被 A 接受时，$\hat{A}(u)$是最终状态。标签为 $a\in\Sigma$ 的转换从状态 $\hat{A}(u)$出发到达状态 $\hat{A}(v)$，其中 $v=T(ua)$。图 16.2b 示意了由图 16.2a 决策树构造的 DFA$\hat{A}$。为方便起见，对于任意 $x\in\Sigma^*$，我们用 $U(\hat{A}(x))$来表示标识状态 $\hat{A}(x)$的访问字符串。

图 16.3 描述了该算法的伪代码，第 1～3 行对树 T 进行了初始化，使其内部节点标签为 ε，一个叶子节点标签为 ε，另一个叶子节点标签待定，用 NIL 标记。初始化步骤通过标签为字母表中所有元素的自循环定义了一个具有单个状态的当前 DFA$\hat{A}$，其中单一状态为初始状态。只有 ε 被目标 DFAA 接受时，单一状态才会成为最终状态，其中是否被接受是通过第 1 行的成员查询确定的。

```
QueryLearnAutomata()
 1  t ← MembershipQuery(ε)
 2  T ← T_0
 3  Â ← A_0
 4  while (EquivalenceQuery(Â) ≠ TRUE) do
 5      x ← CounterExample()
 6      if (T = T_0) then
 7          T ← T_1 ▷ NIL replaced with x.
 8      else j ← argmin_k A(x[k]) ≠_T Â(x[k])
 9          Split(Â(x[j − 1]))
10      Â ← ConstructAutomaton(T)
11  return Â
```

图 16.3　通过成员查询和等价查询学习自动机的算法。A_0 是带有自循环、标签为 $a\in\Sigma$ 的单状态自动机。该状态为初始状态，当且仅当 $t=\text{TRUE}$ 时，它是终止状态。T_0 是一颗树，它的根节点标记为 ε 且有两个标签分别为 ε 和 NIL 的叶子节点。当且仅当 $t=\text{TRUE}$ 时右侧叶子节点标签为 ε。T_1 是一棵从 T_0 通过将 NIL 替换成 x 而得到的树

对第 4～11 行循环的每次迭代中，都使用了等价查询。如果 $\hat{A}$ 不等于 A，则会接收一个反例字符串 x(第 5 行)。如果 T 是在初始化阶段构造的树，那么标签为 NIL 的叶子会被替换为 x(第 6～7 行)。否则，因为 x 是一个反例，状态 $A(x)$和 $\hat{A}(x)$会有不同的最终 366
状态，进而定义 $A(x)$的字符串 x 与访问字符串 $U(\hat{A}(x))$将被 T 分配到不同的等价类。因此，存在最小的 j 使得 $A(x[j])$和 $\hat{A}(x[j])$不相等，即使得 x 的前缀 $x[j]$和访问字符串 $U(\hat{A}(x[j]))$被 T 分配到不同的叶子。因为初始化确保了 $\hat{A}(\varepsilon)$是一个初始状态并且和 A 中的 $A(\varepsilon)$有同样的终态，所以 j 不能为 0。$A(x[j])$和 $\hat{A}(x[j])$的等价性可以通过检查 $T(x[j])$和 $T(U(\hat{A}(x[j])))$是否相等来确定，这一点通过树 T 和成员查询(第 8 行)都可完成。

现在，根据定义可知 $A(x[j-1])$和 $\hat{A}(x[j-1])$是等价的，也就是说树 T 将 $x[j-1]$ 分配到标签为 $U(\hat{A}(x[j-1]))$的叶子上。但是，因为 $A(x[j-1])$和 $\hat{A}(x[j-1])$有标签同为 x_j 但到达两个非等价状态的转换，所以 $x[j-1]$和 $U(\hat{A}(x[j-1]))$必须不同。令 v 为 $A(x[j])$和 $\hat{A}(x[j])$的一个判别字符串。v 可以是标签为 $x[j]$和 $U(\hat{A}(x[j]))$叶子的最小公共祖先。为了区分 $x[j-1]$和 $U(\hat{A}(x[j-1]))$，需要拆分 T 中标签为 $T(x[j-1])$的叶子来创建一个内部的节点 x_jv，而 x_jv 支配了标签为 $x[j-1]$的叶子以及标签为 $T(x[j-1])$的叶子(第 9 行)。图 16.4 说明了这样的构建过程。因此，这样的方式给出了一个新的访问字符串 $x[j-1]$，根据构建过程，该字符串与 $U(\hat{A}(x[j-1]))$和其他所有访问字符串都不同。

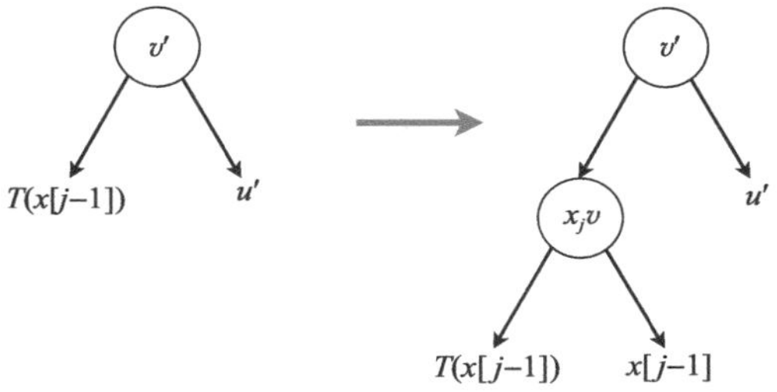

图 16.4 拆分函数 SPLIT($\hat{A}(x[j-1])$)的示意图

因此，访问字符串(或 $\hat{A}$ 的状态)的数量在每一轮循环迭代中增加一个。当访问字符串的数量与 A 相等时，对于 $u \in U$，A 中的所有状态形式都是 $A(u)$。因此，A 和 $\hat{A}$ 有相同数量的状态，事实上，$A=\hat{A}$。关于这一点，令$(A(u),\ a,\ \hat{A}(u'))$是 A 中的一个转换，根据定义，$A(ua)=A(u')$成立。树 T 根据判别字符串定义了 A 中所有字符串的一个拆分。因为在 A 中，ua 和 u'指向相同的状态，所以它们被 T 分配到相同的叶子，即叶子的标签为 u'。从 $\hat{A}(u)$出发通过标签为 a 的转换到达的目标状态可以由函数 ConstructAutomaton()得到，即通过确定 T 分配给 ua(也即 u')的叶子得到。因此，根据这样的构建过程，$\hat{A}$ 中创 367
建了相同的转换$(\hat{A}(u),\ a,\ \hat{A}(u'))$。而且，当且仅当 u 被 A 接受，即 u 被 T 分配到根节点的右子树时，A 中的状态 $A(u)$才是最终状态，同时这也是判断 $\hat{A}(u)$是最终状态的标准。因此，自动机 A 和 $\hat{A}$ 是一致的。

以下是对算法运行时复杂度的分析。在每次迭代中，关于 A 的一个不同状态都有一个新的访问字符串被发现，因此，至多会创建$|A|$个状态。对于每一个反例 x，至多应执行$|x|$个树操作。构建 $\hat{A}$ 需要 $O(|\Sigma||A|)$个树操作。由于树操作至多包含$|A|$个成员查询，故一个树操作的代价时间是 $O(|A|)$，因此算法的总体复杂度为 $O(|\Sigma||A|^2+n|A|)$，这里 n 是反例字符串的最大长度。需要注意的是，这里的分析假定了等价查询和成员查询都在常数时间内完成。

根据我们的分析会得到以下结果。

| 定理 16.4　通过查询学习 DFA | 所有 DFA 的概念类通过成员查询和等价查询是高效精确可学习的。

图 16.5 通过一个例子说明了该算法的完整执行过程。

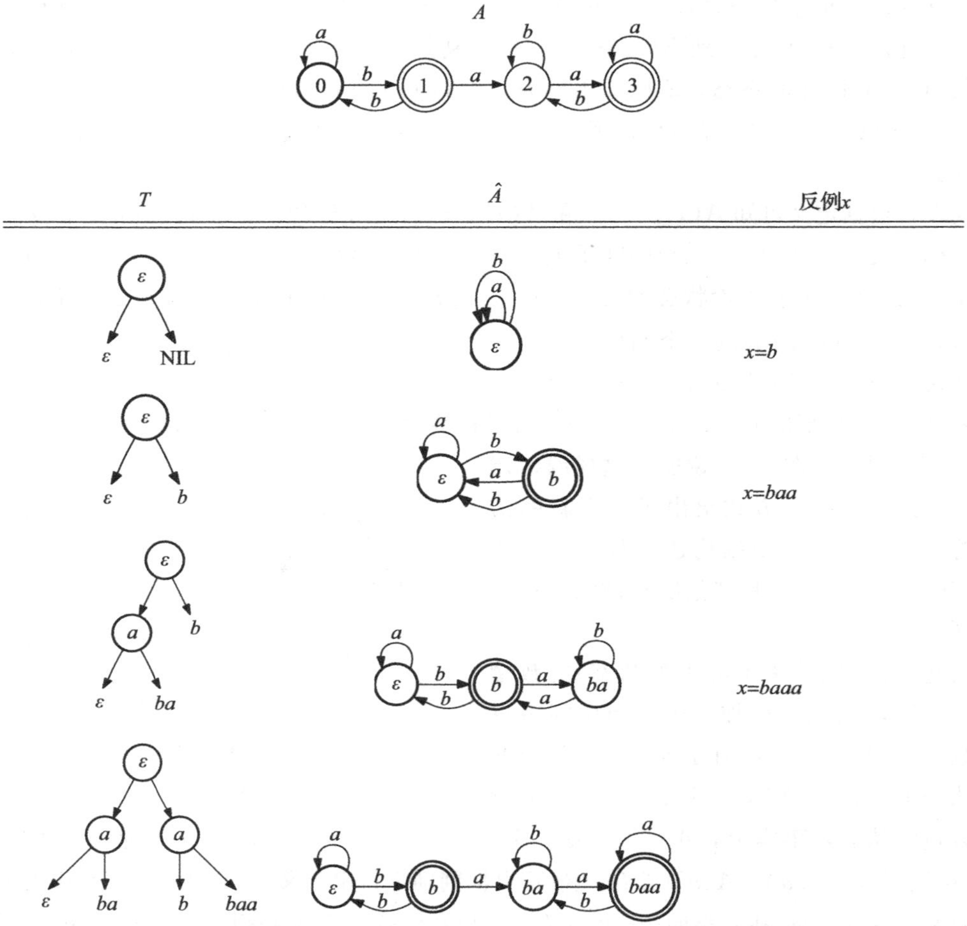

图 16.5　算法 QUERYLEARNAUTOMATA()对于目标自动机 A 的执行过程。每一行表示当前决策树 T 和通过 T 构造的当前 DFA$\hat{A}$。当 $\hat{A}$ 不等于 A 时，学习器收到反例 x(第 3 行)

在下一节中，我们将研究针对自动机的一个不同的学习情境。

16.4　极限下的识别

在**极限下的识别框架**(identification in the limit framework)下，学习自动机旨在在接收到有限样本集后准确地识别一个目标概念 c。如果存在一个算法在检验过有限数量的样本后能够识别语言类中的任意语言 L，并且在此之后算法返回的假设保持不变，则称该语言类是**在极限下可识别的**(identifiable in the limit)。

从计算角度来看，这个框架可能不太现实，因为它对样本数量的上界或算法的效率不做要求。尽管如此，一些人认为它与人类学习语言的情境相似。在这个框架中，对于学习 DFA 也有负面结论。

| 定理 16.5 | 在极限下无法由正样本得到可识别的确定自动机。

然而，有限自动机的一些子类可以在极限中被成功识别。大多数推理自动机的算法都基于**状态拆分范式**(state-partitioning paradigm)。它们从一个初始的 DFA 开始，初始的 DFA 是这样一棵树，它接受有限的可用样本字符串集合并采用简单的拆分，即每个块被约简到树的一个状态。在每次迭代时，它们在保持某种一致性的条件下合并拆分的块。当无法继续合并时，迭代结束。最终的拆分定义了推理的自动机。因此，一致性的选择完全决定了算法，并且可以通过改变该选择来得到各种不同的算法。**状态分裂范式**(state-splitting paradigm)可被类似地定义为从单一状态开始的接受 Σ^* 的自动机。在本节中，我们介绍一种学习可逆自动机的算法，这是上述通用状态拆分范式的特例。

令 $A=(\Sigma, Q, I, F, E)$ 为 DFA，π 是 Q 的一个拆分。由拆分 π 定义的 DFA 称为 **A 和 π 的自动机商**(automaton quotient of A and π)，记为 A/π，其定义如下：$A/\pi=(\Sigma, \pi, I_\pi, F_\pi, E_\pi)$，其中 368~369

$$I_\pi=\{B\in\pi: I\cap B\neq\varnothing\}$$
$$F_\pi=\{B\in\pi: F\cap B\neq\varnothing\}$$
$$E_\pi=\{(B, a, B'): \exists(q, a, q')\in E \mid q\in B, q'\in B', B\in\pi, B'\in\pi\}$$

令 S 为一个有限字符串集，$\mathrm{Pref}(S)$为 S 中所有字符串的前缀集。一个**前缀树自动机**(prefix-tree automaton)是一个能精确地接受字符串集 S 的特殊自动机，记为 $PT(S)=(\Sigma, \mathrm{Pref}(S), \{\varepsilon\}, S, E_S)$，其中，$\Sigma$ 是 S 采用的字母表，E_S 定义如下：

$$E_S=\{(x, a, xa): x\in\mathrm{Pref}(S), xa\in\mathrm{Pref}(S)\}$$

图 16.7a 显示了一组特定字符串 S 的前缀树自动机。

学习可逆自动机

在本节中，我们将说明在极限下可以识别**可逆自动机**(reversible automata)或者**可逆语言**(reversible language)的子类。特别地，我们将说明给定**正例**(positive presentation)时，语言可以被识别。

语言 L 的正例是使得$\{x_n: n\in\mathbb{N}\}=L$ 成立的有限序列$(x_n)_{n\in\mathbb{N}}$。因此，对于任意 $x\in L$，存在 $n\in\mathbb{N}$ 使得 $x=x_n$。如果存在 $N\in\mathbb{N}$ 使得对于 $n\geqslant N$，算法返回的假设是 L，则称该算法在极限下从正例识别了 L。

给定自动机 A，定义它的**逆**(reverse)A^R 为由 A 的初始状态和终止状态调换并且每个转换的方向翻转得到的自动机。A 的逆所接受的语言正好是 A 接受的字符串的逆(或镜像)。

| 定义 16.2 可逆自动机 | 当且仅当 A 和 A^R 确定时，称有限自动机 A 是可逆的。如果语言 L 能被某个可逆自动机接受，则称 L 是可逆的。

由该定义直接可得：可逆自动机 A 具有唯一的终止状态，并且其逆 A^R 也是可逆的。还要注意，精简的可逆自动机是最小自动机。对于这一点，如果 q 和 q'在 A 中是等价的，那么它们有从 q 和 q'均转换到同一最终状态的公共字符串 x。但是，由于 A 的逆的确定性，从最终状态反向读取 x 必须指向唯一的状态，这意味着 $q=q'$。

对于任意 $u\in\Sigma^*$ 和任意语言 $L\subseteq\Sigma^*$，令 $\mathrm{Suff}_L(\mathrm{u})$表示 L 中对于 u 的所有可能后缀的集合：

370 $$\mathrm{Suff}_L(u)=\{v\in\Sigma^*: uv\in L\} \tag{16.1}$$

$\mathrm{Suff}_L(u)$通常也用 $u^{-1}L$ 表示。注意如果 L 是可逆语言，那么对于任意两个字符串 u，$u'\in\Sigma^*$，有：

$$\mathrm{Suff}_L(u)\cap\mathrm{Suff}_L(u')\neq\varnothing\Rightarrow\mathrm{Suff}_L(u)=\mathrm{Suff}_L(u') \tag{16.2}$$

对于这一点，令 A 是一个接受 L 的可逆自动机，q 是 A 中从初始状态读取 u 到达的状态，同时 q'是读取 u'到达的状态。如果 $v\in\mathrm{Suff}_L(u)\cap\mathrm{Suff}_L(u')$，那么从 q 和 q'读取 v 均可到达同一最终状态。因为 A^R 是确定的，从最终状态反向读取 v 必须指向一个唯一状态，因此 $q=q'$，也即 $\mathrm{Suff}_L(u)=\mathrm{Suff}_L(u')$。

令 $A=(\Sigma, Q, \{i_0\}, \{f_0\}, E)$是接受可逆语言 L 的一个可逆自动机。我们定义一个字符串集 S_L 如下：

$$S_L=\{d[q]f[q]: q\in Q\}\cup\{d[q], a, f[q']: q, q'\in Q, a\in\Sigma\}$$

其中，$d[q]$是从 i_0 到 q 的最小长度字符串，$f[q]$是从 q 到 f_0 的最小长度字符串。如以下命题所述，S_L 刻画了语言L，即任何包含 S_L 的可逆语言都必须包含 L。

| 命题 16.1 | 令 L 是一个可逆语言，那么 L 是包含 S_L 的最小可逆语言。

| 证明 | 令 L'是包含 S_L 的一个可逆语言，$x=x_1$，…，x_n 是一个被 L 接受的字符串，其中对于 $k\in[1, n]$，$x_k\in\Sigma$ 且 $n\geqslant 1$。方便起见，定义 x_0 为 ε。令$(q_0, x_1, q_1)\cdots(q_{n-1}, x_n, q_n)$是 A 中标签为 x 的接受路径。我们递归地说明，对于所有 $k\in\{0, \cdots, n\}$，有 $\mathrm{Suff}_{L'}(x_0\cdots x_k)=\mathrm{Suff}_{L'}(d[q_k])$。因为 $d[q_0]=d[i_0]=\varepsilon$，这个等式对于 $k=0$ 显然成立。假定对于某个 $k\in\{0, \cdots, n-1\}$，有 $\mathrm{Suff}_{L'}(x_0\cdots x_k)=\mathrm{Suff}_{L'}(d[q_k])$，这意味着 $\mathrm{Suff}_{L'}(x_0\cdots x_kx_{k+1})=\mathrm{Suff}_{L'}(d[q_k]x_{k+1})$。根据定义，$S_L$ 包含了 $d[q_{k+1}]f[q_{k+1}]$ 和$d[q_k]x_{k+1}f[q_{k+1}]$。因为 L'包含 S_L，这对 L'同样也成立。因此，$f[q_{k+1}]$属于 $\mathrm{Suff}_{L'}(d[q_{k+1}])\cap\mathrm{Suff}_{L'}(d[q_k]x_{k+1})$[⊖]。式(16.2)意味着 $\mathrm{Suff}_{L'}(d[q_k]x_{k+1})=\mathrm{Suff}_{L'}(d[q_{k+1}])$。因此，$\mathrm{Suff}_{L'}(x_0\cdots x_kx_{k+1})=\mathrm{Suff}_{L'}(d[q_{k+1}])$。这表明对于所有 $k\in\{0, \cdots, n\}$，$\mathrm{Suff}_{L'}(x_0\cdots x_k)=\mathrm{Suff}_{L'}(d[q_k])$，尤其对于 $k=n$ 成立。注意，因为 $q_n=f_0$，故 $f[q_n]=\varepsilon$，进而 $d[q_n]=d[q_n]f[q_n]$在 $S\subseteq L'$内，这意味着 $\mathrm{Suff}_{L'}(d[q_n])$包含 ε，进而 $\mathrm{Suff}_{L'}(x_0\cdots x_k)$也包含 ε。因此 $x=x_0\cdots x_k\in L'$。■

图 16.6 给出了由含有 m 个字符串 x_1，…，x_m 的样本集 S 推断可逆自动机的算法的伪代码。该算法首先为 S 创建一个前缀树自动机 A(第 1 行)，然后从每个状态一个块的普通拆分 π_0 开始，迭代地定义了 A 中状态的拆分 π(第 2 行)。返回的自动机是 A 和最终的
371 拆分 π 定义的商。

该算法迭代更新一个状态对的列表 LIST，这些状态对应的块将被合并：对于任意选择的最终状态 $f\in F$(第 3 行)，从所有最终状态对(f, f')开始合并。我们用 $B(q, \pi)$表示基于拆分 π 且包含 q 的块。

对于每个块 B 和字母表符号 $a\in\Sigma^*$，算法也迭代更新一个后继 $\mathrm{succ}(B, a)$，即从 B 中的状态开始读取 a 所能到达的状态；如果这样的状态不存在，$\mathrm{succ}(B, a)=\varnothing$。类似

⊖ 原书中公式有符号错误，这里进行了修正。——译者注

地，算法迭代更新其前驱 pred(B，a)，即状态 pred(B，a)通过标签为 a 的转换会到达 B 中的某个状态；如果这样的状态不存在，pred(B，a)$=\varnothing$。

```
LearnReversibleAutomata(S = (x_1, ..., x_m))
1   A = (Σ, Q, {i_0}, F, E) ← PT(S)
2   π ← π_0 ▷ trivial partition.
3   LIST ← {(f, f′): f′ ∈ F} ▷ f arbitrarily chosen in F.
4   while LIST ≠ ∅ do
5       Remove(LIST, (q_1, q_2))
6       if B(q_1, π) ≠ B(q_2, π) then
7           B_1 ← B(q_1, π)
8           B_2 ← B(q_2, π)
9           for all a ∈ Σ do
10              if (succ(B_1, a) ≠ ∅) ∧ (succ(B_2, a) ≠ ∅) then
11                  Add(LIST, (succ(B_1, a), succ(B_2, a)))
12              if (pred(B_1, a) ≠ ∅ ∧ (pred(B_2, a) ≠ ∅)) then
13                  Add(LIST, (pred(B_1, a), pred(B_2, a)))
14          Update(succ, pred, B_1, B_2)
15          π ← Merge(π, B_1, B_2)
16  return A/π
```

图 16.6 从正字符串集 S 中学习可逆自动机的算法

接下来，当 LIST 不为空时，从 LIST 中删除一对状态并按如下方式处理。如果(q_1，q_1')对尚未合并，那么将其前驱 $B_1=B(q_1，\pi)$和后继 $B_2=B(q_2，\pi)$组成的状态对加入 LIST 中(第 10～13 行)。在合并 B_1 和 B_2 成为一个定义新拆分 π 的新块 B'之前，定义新块 B' 372
的前驱和后继值如下(第 14 行)。对于每个字符 $a\in\Sigma$，如果 succ(B_1，a)=succ(B_2，a)$=\varnothing$，则 succ(B'，a)$=\varnothing$，否则，如果 succ(B_1，a)不为空则令 succ(B'，a)等于 succ(B_1，a)；如果 succ(B_2，a)不为空则令 succ(B'，a)等于 succ(B_2，a)。前驱的值以类似的方式定义。图 16.7 示意了在 $m=7$ 个字符串的情况下该算法的应用。

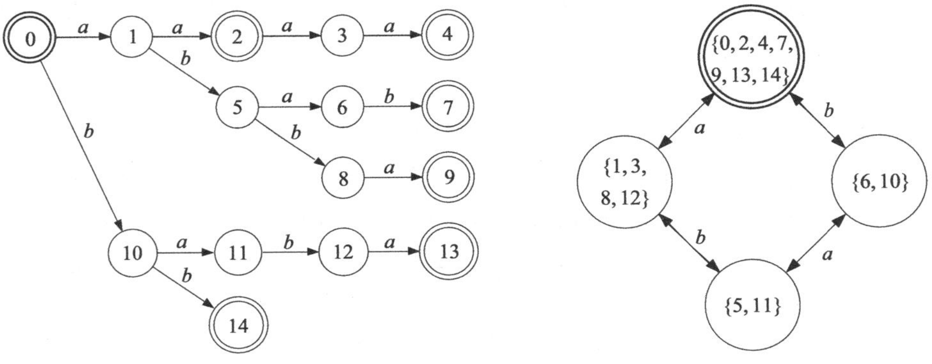

a）表示S=（ε, aa, bb, $aaaa$, $abab$, $abba$, $baba$）的前缀树$PT(S)$

b）输入S到LearnReversibleAutomata（）得到的自动机$\hat{A}$。双向箭头表示标签相同但方向相反的转换。在被$\hat{A}$接受的语言中，字符串a和b的个数是偶数

图 16.7 推断一个可逆自动机的例子

| 命题 16.2 | 令 S 为有限字符串集，$A=PT(S)$是由 S 定义的前缀树自动机。则对于输入 SLearnReversibleAutomata()定义的最后一个拆分是使 A/π 可逆的最好的拆分 π。

| 证明 | 令 T 为对于输入样本 S 算法的迭代次数。在 $t\geqslant 1$ 次迭代之后，我们用 π_t 表示由算法定义的拆分，π_T 表示最终的拆分。

根据第 3 行中的初始化，所有的状态都保证合并到相同的块，根据算法的定义，对于任意块 B，从 B 出发通过标签为 $a\in\Sigma$ 的转换可到达的状态包含在同一块中，并且类似地，那些通过标签为 a 的转换到达 B 的一个状态的状态也包含在同一块中，因此 A/π_T 是一个可逆自动机。

令 π'是 A 状态的一个拆分且使A/π'可逆。我们递归地证明 π'可简化为 π_T。显然，π'可简化为普通拆分 π_0。假设对于所有 $s\leqslant t$，π'可简化为 π_s。那么，π_{t+1} 是由 π 通过合并
373 两个块$B(q_1, \pi_t)$和(q_2, π_t)获得的。因为 π'可简化为 π_t，必有 $B(q_1, \pi_t)\subseteq B(q_1, \pi')$及 $B(q_2, \pi_t)\subseteq B(q_2, \pi')$。为了证明 π'可简化为 π_{t+1}，需要证明 $B(q_1, \pi')=B(q_2, \pi')$。

一个可逆自动机只有一个终止状态，因此，对于拆分 π'，A 中所有最终状态必须在同一块中。因此，如果在第$(t+1)$次迭代中处理的一对(q_1, q_2)是一对放置在初始化的 LIST(第 3 行)中的最终状态，则必有 $B(q_1, \pi')=B(q_2, \pi')$。否则，$(q_1, q_2)$被放置在 LIST 中，作为在前一次迭代 $s\leqslant t$ 中合并的两个状态 q_1' 和 q_2' 的一对后继状态或前驱状态。由于 π'简化为 π_s，因此 q_1' 和q_2' 在 π'的同一块中，进而由于 A/π'是可逆的，所以 q_1' 和 q_2' 也必须在相同的块且对于相同标记 $a\in\Sigma$，是该块的前驱或者后继。因此，$B(q_1, \pi')=B(q_2, \pi')$。 ■

| 定理 16.6 | 令 S 为有限字符串集，A 是输入 S 到 LearnReversibleAutomata()得到的自动机。那么，$L(A)$是包含 S 的最小可逆语言。

| 证明 | 令 L 是一个包含 S 的可逆语言，A'是一个可逆自动机，且 $L(A')=L$。因为 S 的每一个字符串都被 A'接受，则从 A'的初始状态可以读取任意 $u\in \mathrm{Pref}(S)$到达 A'的某一状态 $q(u)$。考虑由 A'得到的自动机 A''，即只保留形如 $q(u)$的状态以及这些状态之间的转换。因为对于 $u\in S$，$q(u)$是最终状态，所以 A''有 A'唯一的最终状态，同时因为 ϵ 是字符串 S 的前缀，所以 A''有 A'的初始状态。此外，A''直接继承了 A'确定性和逆向确定性，因此 A''是可逆的。

状态 A''定义了 $\mathrm{Pref}(S)$的拆分满足当且仅当 $q(u)=q(v)$时，$u, v\in \mathrm{Pref}(S)$在同一个块中。因为根据前缀树 $PT(S)$的定义，$PT(S)$的状态可以通过 $\mathrm{Pref}(S)$识别，所以 A''的状态也定义了 $PT(S)$状态的一个拆分 π'，进而 $A''=PT(S)/\pi'$。根据命题 16.2，输入 S 到算法 LearnReversibleAutomata()定义的拆分 π 是使 $PT(S)/\pi$ 可逆的最好的拆分。因此，必有 $L(PT(S)/\pi)\subseteq L(PT(S)/\pi')=L(A'')$。由于 A''由 A'得到，因此 L 包含了 $L(A'')$，进而 $L(PT(S)/\pi)=L(A)$。 ■

| 定理 16.7　可逆语言极限的识别 | 令 L 是一个可逆语言，则算法 LearnReversibleAutomata()能够从正例中在极限下识别 L。

| 证明 | 令 L 是可逆语言。由命题 16.1 可知，L 有一个有限的特定样本集 S_L。令 $(x_n)_{n\in\mathbb{N}}$ 是 L 的一个正例，X_n 表示该序列的前 n 个元素的组合。由于 S_L 是有限的，存在
374 $N\geqslant 1$ 使得 $S_L\subseteq X_N$。由定理 16.6 可知，对于任意的 $n\geqslant N$，在有限样本集 X_n 上运行

LearnReversibleAutomata()将返回包含 X_n，当然也包含 S_L 的最小可逆语言 L'，这意味着 $L'=L$。■

实现用于学习可逆自动机算法所需要的主要运算是，采用标准的 FIND 和 UNION 来确定一个状态属于的块以及将两个块合并成一个块。对于这些运算，采用互斥数据结构时，算法的时间复杂度为 $O(n\alpha(n))$，其中 n 表示输入样本集 S 中所有字符串长度的和，$\alpha(n)$ 表示 Ackermann 函数的逆，它本质上是常数级的（对于 $n\leqslant 10^{80}$，$\alpha(n)\leqslant 4$）。

16.5 文献评注

关于有限自动机和近期一些相关成果的综述，请参阅 Hopcroft 和 Ullman[1979]或 Perrin[1990]以及 M. Lothaire 的一系列著作[Lothaire，1982，1990，2005]。最新的著作参见 De la Higuera[2010]。

定理 16.1 指出了找到最小一致 DFA 的问题是 NP-难的，这是由 Gold[1978]提出的。这个结果随后由 Angluin[1978]进行了扩展。Pitt 和 Warmuth[1993]在此基础上进一步证明了定理 16.2。他们给出的这些计算困难的结论也适用于使用 NFA 进行预测的情况。Kearns 和 Valiant[1994]根据密码学假设给出了有不同本质的计算困难结论。他们的结果意味着如果任何公认的加密假设成立，那么没有一个关于最小 DFA 的大小是多项式的算法可以从有限的接受和拒绝字符串样本中学到一致的 NFA，这些加密假设指的是：把 Blum 整数进行分解是困难的；RSA 公钥密码系统是安全的；决定二次剩余是困难的。近些年来，Chalermsook 等[2014]改善了 Pitt 和 Warmuth[1993]提出的非近似保证，给出了更紧的界。

从积极的方面来看，Trakhtenbrot 和 Barzdin[1973]表明，与输入数据一致的最小有限自动机可以从一个均匀完整的样本集中精确学习，该样本集的大小与自动机的大小呈指数关系。他们给出的算法复杂度最差为指数型，但在假设拓扑结构和标签是随机选择的情况下[Trakhtenbrot 和 Barzdin，1973]，甚至拓扑结构对立选择的情况下[Freund et al，1993]，可以获得更好的平均情况复杂度。

Cortes、Kontorovich 和 Mohri[2007a]研究了在某些适当的高维特征空间中基于线性分离学习自动机的问题并给出了一种解决方法，另见 Kontorovich 等[2006，2008]。字符串到该特征空间的映射可以使用第 6 章中介绍的有理核来隐式定义，这些核本身是通过加权自动机和转换器来定义的。 375

Angluin[1978]介绍了查询学习模型，他还证明了可以在多项式时间内学到有限自动机，这里的多项式时间与最小自动机的大小以及最长反例的大小有关。Bergadano 和 Varricchio[1995]进一步将这个结果扩展到学习定义在任何字段上的加权自动机的问题（另见 Bisht 等[2006]给出的最优算法）。利用一个字段上最小加权自动机的大小与相应的 Hankel 矩阵秩之间的关系，可以证明许多其他概念类的可学习性，例如互斥的 DNF[Beimel 等，2000]。我们对 Angluin[1982]的算法采用决策树的实现方式来自 Kearns 和 Vazirani[1994]。

Gold[1967]引入和分析了极限下识别自动机的模型。确定性有限自动机被证明从正例中在极限下是不可识别的[Gold，1967]。但是，学者对许多子概念类在极限下的识别给出了很多正面结论，例如本章中介绍了 Angluin[1982]考虑的 k-可逆语言类。对于学习子序列转换器也有一些正面结论，见 Oncina 等[1993]。Ron 等[1995]也证明了诸如无环概率自动机这种带限制的概率自动机也是高效可学习的。

有大量文献涉及学习自动机问题。特别是在查询学习的情境以及很多其他学习情境中，对于学习有限自动机的很多子类已经有很多正面结论被提出并分析。本章内容仅仅是上述材料的一些入门介绍。

16.6 习题

16.1 最小 DFA。证明一个最小 DFAA 在所有其他与 A 等价的 DFA 之间也具有最小数量的转换。证明当且仅当 $Q=\{\text{Suff}_L(u): u\in\Sigma^*\}$是有限的时，语言 L 是正则的。证明最小 DFAA 的状态数量和$L(A)=L$ 正好是Q 的势。

16.2 有限自动机的 VC-维。

(a) 所有有限自动机概念类的 VC-维是什么？这意味着确定自动机的 PAC-学习需要满足什么条件？如果我们限制到学习无环自动机，这个结论会改变吗？

376

(b) 证明具有最多 n 个状态的 DFA 类的 VC-维以 $O(|\Sigma|n\log n)$为界。

16.3 通过成员查询进行 PAC 学习。举一个概念类 $\mathcal{C}$ 的例子，它通过成员查询是高效 PAC 可学习的，但不是高效精确可学习的。

16.4 通过查询学习单调析取范式。证明通过成员查询和等价查询可以高效精确学习含 n 个变量的单调析取范式类。(提示：范式 f 的一个**素蕴含**(prime implicant)t 是文字的乘积，使得 t 蕴含 f 但是不存在t 的子项蕴含 f。使用以下事实：对于单调析取范式，素蕴含的数量至多为范式的项数。)

16.5 通过不可靠的查询响应学习。考虑如下问题，学习器需要找到由教师在$[1, n]$中选择的整数 x，其中 $n\geqslant 1$ 是给定的。为了实现这样的目标，学习器可以问形如$(x\leqslant m?)$或$(x>m?)$的 $m\in[1, n]$个问题。教师会响应这些问题但是可能给出 k 个不正确的响应。那么学习器应该问多少个问题才能确定 x？(提示：学习器可以对每一个问题重复提问 $2k+1$ 次，并采用多数投票。)

16.6 学习可逆语言的算法。当输入样本集为 $S=\{ab, aaabb, aabbb, aabbbb\}$时，由学习可逆语言算法返回的 DFA$A$ 是什么？假设我们添加了一个新的字符串作为样本，如 $x=abab$。那么对于 $S\cup\{x\}$，根据算法 A 将如何更新？更一般地，阐述如何增量式地对算法给出的结果进行更新。

16.7 k-可逆语言。称有限自动机 A'为 **k-确定的**(k-*deterministic*)，如果它以小于 k 的数为模是确定的，即如果两个不同的状态 p 和 q 都是初始状态或是从另一个状态 r 读取$a\in\Sigma$ 到达的状态，则 A'中不存在长度为 k 的字符串 u 能够从 p 和 q 均被读取到。如果有限自动机 A 是确定的且 A^R 是 k-确定的，那么 A 是 k-可逆的。如果一个语言被 k-可逆自动机接受，那么该语言是 k-可逆的。当语言 L 被某 k-可逆自动机接受时，称该语言是 k-可逆的。

(a) 证明 L 是 k-可逆的，当且仅当对于任意字符串 u，u'，$v \in \Sigma^*$ 且 $|v|=k$，有下式成立：

$$\mathrm{Suff}_L(uv) \cap \mathrm{Suff}_L(u'v) \neq \varnothing \Rightarrow \mathrm{Suff}_L(uv) = \mathrm{Suff}_L(u'v)$$

(b) 证明一个 k-可逆语言有特定的语言。

(c) 证明下面的算法可以学习 k-可逆自动机。该算法执行时类似于学习可逆自动机算法，但是使用以下合并规则：如果块 B_1 和 B_2 通过长度为 k 的相同字符串 u 从其他的块到达，并且 B_1 和 B_2 都是最终状态或者有一个公共后继，那么合并块 B_1 和 B_2。 377~378

第 17 章

强化学习

强化学习是机器学习中与控制理论、优化以及感知科学相关联的丰富领域，本章对其进行简要介绍。强化学习旨在在这样的情境下研究规划与学习：学习器通过与环境进行交互达到特定目标。强化学习中通常将这种发生交互行为的学习器称为**代理**(agent)。代理的目标是使它从环境获得的奖赏最大化。

本章首先介绍强化学习的一般情境，然后再介绍强化学习中广泛采用的模型，即马尔可夫决策过程(Markov Decision Process，MDP)，以及与它相关的基本概念如**策略**(policy)或**策略值**(policy value)。接下来，本章将针对环境模型对代理已知的情形给出若干**规划**(planning)问题的算法，进而对更通用的环境模型未知的情形给出一系列**学习**(learning)算法。

17.1 学习情境

强化学习的一般情境如图 17.1 所示。不同于之前章节中的监督学习，在这里，学习器不能被动获得带标签数据集，而需要在与**环境**(environment)的交互过程中做出一系列**行动**(action)来收集信息。作为每次行动的响应，学习器或称**代理**(agent)将从环境获得两类信息：它在环境中的当前**状态**(state)；与任务和相应的目标有关的实值**奖赏**(reward)。

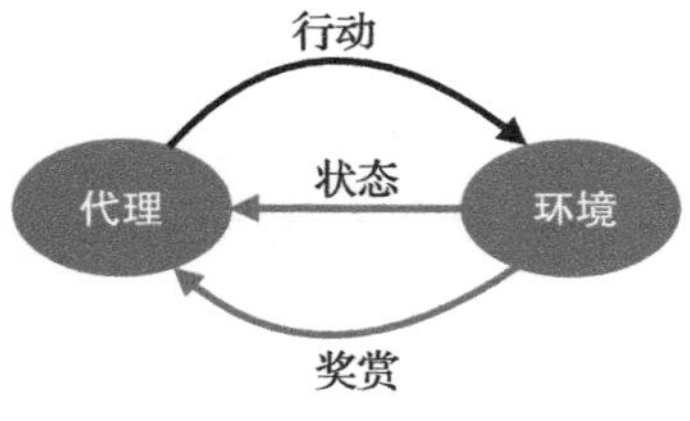

图 17.1 强化学习的一般情境

代理希望能最大化自身获得的奖赏，因此它会采用一系列最优的行动，即**策略**(policy)，来达到这个目标。然而，它从环境获得的信息只有当前行动执行后的即时奖赏，而无法从环境得知未来或者长期的奖赏。因此强化学习的一个重要方面就是需要考虑延迟的奖赏或惩罚。代理还面临着策略选择上的两难：第一是探索，即探索多种未知的状态和行动，以获得更多环境和奖赏的信息；第二是利用，即利用现有信息来采取最优行动以最大化奖赏。这就是强化学习中固有的**探索与利用的权衡**(exploration versus exploitation trade-off)。

强化学习的学习情境和前面大多数章节描述的监督学习的学习情境有诸多不同。不同于监督学习情境，强化学习中样本不服从固定的分布，样本分布由代理采用的策略决定。实际上，策略差之毫厘，获得的奖赏可能谬以千里。更有甚者，通常来讲环境本身也可能不固定，它可能随着代理采取的一系列行动而发生改变。相较于标准的监督学习，这个模型对于某些学习问题可能更为现实。最后需要注意，在强化学习情境中，训练和测试阶段是混杂在一起的。

这里需要区分强化学习中的两种情境：第一种是环境模型已知，此时最大化奖赏的目标就变为**规划问题**(planning problem)；第二种是环境模型未知，此时对应于**学习问题**(learning problem)。对于后者，代理必须从收集的状态和奖赏信息中进行学习，以进一步获得环境的信息并选择最优的行动策略。本章将对这些情境给出若干算法。

17.2　马尔可夫决策过程模型

我们首先介绍马尔可夫决策模型，它对环境以及与环境的交互进行建模，且在强化学习中被广泛采用。一个 MDP 就是一个下述的马尔可夫过程。 379～380

| 定义 17.1　MDP | 一个马尔可夫过程(MDP)被定义为：

- 状态集 S，它可能是无限的。
- 起始状态 $s_0 \in S$。
- 行动集 A，它可能是无限的。
- 转移概率 $\mathbb{P}[s'|s, a]$：目标状态 $s'=\delta(s, a)$的分布。
- 奖赏概率 $\mathbb{P}[r'|s, a]$：回报(返回的奖赏)$r'=r(s, a)$的分布。

因为转移和奖赏概率只由当前状态决定，而不依赖于之前所有的状态和行动，故而这个模型是马尔可夫的。MDP 的定义可以被进一步推广到状态和行动集非离散的情形。

在离散时间模型中，代理在**决策期**(decision epoch)$\{0, \cdots, T\}$内采取行动，后续讨论中考虑的便是该模型。该模型也能直接推广到连续时间的情况，即行动可以在任一时间点执行。

当 T 有限时，称 MDP 具有**有限时间区间**(finite horizon)。无论时间区间是否有限，当 S 和 A 均为有限集时，称对应的 MDP 为**有限**(finite)的。这里考虑一般情况，即在状态 s 下采取行动 a 获得的奖赏 $r(s, a)$是随机变量。然而，在许多情境中，奖赏被假定为状态和行动对(s, a)的确定性函数。

图 17.2 示意了一个 MDP。在时间点 $t \in \{0, \cdots, T\}$，代理观察到在状态 s_t 时，采取行动 $a_t \in A$，到达状态 s_{t+1}(以概率 $\mathbb{P}[s_{t+1}|s_t, a_t]$)并获得奖赏 $r_{t+1} \in \mathbb{R}$(以概率 $\mathbb{P}[r_{t+1}|s_t, a_t]$)。

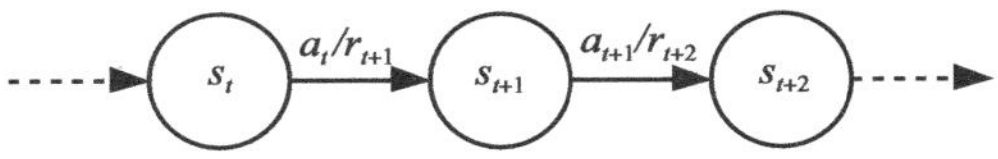

图 17.2　一个 MDP 在不同时刻的状态与转移

许多真实世界的任务都可以被建模为 MDP。图 17.3 给出的是将机器人在网球场捡球建模为 MDP 的例子。

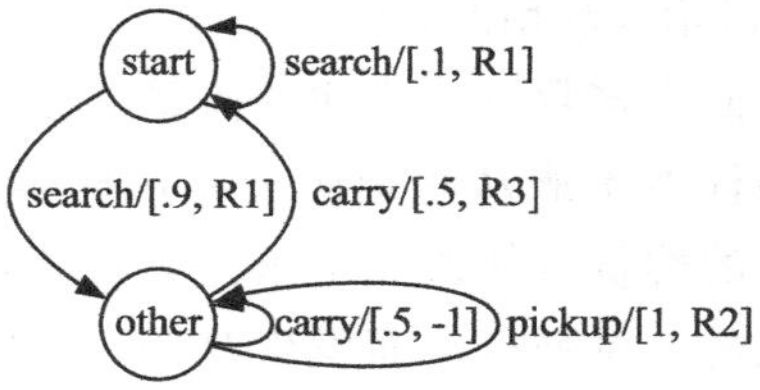

图 17.3　机器人在网球场捡球的 MDP。行动集是 $A=\{$搜索(search)，携带(carry)，捡起(pickup)$\}$，状态集是 $S=\{$开始(start)，其他(other)$\}$。每个转移上标注的信息为：采取的行动、状态转移概率以及行动后获得的奖赏。R_1、R_2 和 R_3 三个实数表示每个转移得到的(确定性)奖赏

17.3　策略

代理在 MDP 中的主要任务是决定每一状态下需要采取的行动，也即行动**策略**(policy)。

17.3.1　定义

| 定义 17.2　策略 | 策略就是一个映射 $\pi: S\to\Delta(A)$，其中，$\Delta(A)$是 A 上概率分布的集合。如果对于任意 s，存在唯一的 $a\in A$ 使得 $\pi(s)(a)=1$，则策略 π 是确定的。此时，我们可以从 S 到 A 的映射中识别 π，并用 $\pi(s)$表示对应的行动。

准确地说，这是**稳态策略**(stationary policy)的定义，因为行动的选择并不依赖于时间。进一步地，可能需要定义**非稳态策略**(non-stationary policy)，即以 t 为索引的映射序列 $\pi_t: S\to\Delta(A)$。例如，考虑在有限时间区间时，采用非稳态策略对于优化奖赏而言通常是必需的。

代理旨在找到能最大化期望**回报**(return，即返回的奖赏)的策略。对状态序列 s_0，…，s_T 采用策略 π 得到的回报为：

- 有限时间区间($T<\infty$)：$\sum_{t=0}^{T} r(s_t, \pi(s_t))$。
- 无限时间区间($T=\infty$)：$\sum_{t=0}^{+\infty} \gamma^t r(s_t, \pi(s_t))$，其中常数 $\gamma\in[0, 1)$代表未来奖赏的折扣率。

注意，回报是序列长度可能无限的即时奖赏之和。如果考虑折扣，早期奖赏比后期奖赏更有价值。

17.3.2　策略值

每个状态下的策略值定义如下。

| 定义 17.3　策略值 | 状态为 $s\in S$ 时采用策略 π 的值 $V_\pi(s)$被定义为从当前状态 s 开始采用策略 π 所获得的期望回报：

- 有限时间区间：$V_\pi(s)=\mathbb{E}_{a_t\sim\pi(s_t)}\left[\sum_{t=0}^{T} r(s_t, a_t)\,\middle|\, s_0=s\right]$；
- 带折扣的无限时间区间：$V_\pi(s)=\mathbb{E}_{a_t\sim\pi(s_t)}\left[\sum_{t=0}^{+\infty} \gamma^t r(s_t, a_t)\,\middle|\, s_0=s\right]$；

其中，对随机选择的行动 a_t、到达状态 s_t 以及相应的奖赏值 $r(s_t, a_t)$㊀求期望，其中行动 a_t 根据相应的分布 $\pi(s_t)$得到。当平均奖赏极限存在时，也可以考虑不带折扣的无限时间区间。

17.3.3 最优策略

为了从状态 $s\in S$ 出发以最大化奖赏，代理会很自然地寻找有最大策略值 $V_\pi(s)$的策略 π。在这一小节中我们将论述对于无限时间区间的任意有限 MDP，对于任意起始状态，总存在一个最优的策略，即代理的目标也可视为寻找如下定义的最优策略。

| 定义 17.4 最优策略 | 如果策略 π^* 对所有状态 $s\in S$ 都能获得最大值，即对于任意策略 π 以及任意状态 $s\in S$，都有 $V_{\pi^*}(s)\geqslant V_\pi(s)$，则 π^* 是最优的。

进一步地，我们将论述对于任意 MDP，总是存在一个确定性的最优策略。这里，我们先引入**状态-行动值函数**(state-action value function)的概念。

| 定义 17.5 状态-行动值函数 | 关于策略 π 的最优状态-行动值函数 Q 被定义为，对于所有$(s, a)\in S\times A$，在状态 $s\in S$ 时采取行动 $a\in A$ 并在后续采取策略 π 所获的期望回报

$$\begin{aligned}Q_\pi(s, a) &= \mathbb{E}[r(s, a)] + \mathop{\mathbb{E}}_{a_t\sim\pi(s_t)}\left[\sum_{t=1}^{+\infty}\gamma^t r(s_t, a_t)\,\middle|\, s_0=s, a_0=a\right]\\ &= \mathbb{E}[r(s, a)+\gamma V_\pi(s_1)\,|\, s_0=s, a_0=a]\end{aligned} \tag{17.1}$$

可见 $\mathbb{E}_{a\sim\pi(s)}[Q_\pi(s, a)]=V_\pi(s)$(另见命题 17.1)。

| 定理 17.1 策略改进定理 | 对于任意两个策略 π 和 π'，有下式成立：

$$\left(\forall s\in S, \mathop{\mathbb{E}}_{a\sim\pi'(s)}[Q_\pi(s, a)]\geqslant \mathop{\mathbb{E}}_{a\sim\pi(s)}[Q_\pi(s, a)]\right)\Rightarrow(\forall s\in S, V_{\pi'}(s)\geqslant V_\pi(s))$$

进一步地，在上式左边至少有一个状态 s 使得不等号严格成立(不取等号)时，可得出上式右边也至少有一个状态 s 使得不等号严格成立。 381~383

| 证明 | 假设 π 和 π'是满足左边的两个策略。对于任意 $s\in S$，有：

$$\begin{aligned}V_\pi(s) &= \mathop{\mathbb{E}}_{a\sim\pi(s)}[Q_\pi(s, a)]\\ &\leqslant \mathop{\mathbb{E}}_{a\sim\pi'(s)}[Q_\pi(s, a)]\\ &= \mathop{\mathbb{E}}_{a\sim\pi'(s)}[r(s, a)+\gamma V_\pi(s_1)\,|\, s_0=s]\\ &= \mathop{\mathbb{E}}_{a\sim\pi'(s)}\left[r(s, a)+\gamma \mathop{\mathbb{E}}_{a_1\sim\pi(s_1)}[Q_\pi(s_1, a_1)]\,\middle|\, s_0=s\right]\\ &\leqslant \mathop{\mathbb{E}}_{a\sim\pi'(s)}\left[r(s, a)+\gamma \mathop{\mathbb{E}}_{a_1\sim\pi'(s_1)}[Q_\pi(s_1, a_1)]\,\middle|\, s_0=s\right]\\ &= \mathop{\mathbb{E}}_{\substack{a\sim\pi'(s)\\ a_1\sim\pi'(s_1)}}[r(s, a)+\gamma r(s_1, a_1)+\gamma^2 V_\pi(s_2)\,|\, s_0=s]\end{aligned}$$

按此方式继续执行，则对于任意 $T\geqslant 1$，有：

$$V_\pi(s)\leqslant \mathop{\mathbb{E}}_{a_t\sim\pi'(s_t)}\left[\sum_{t=0}^{T}\gamma^t\mathbb{E}[r(s_t, a_t)]+\gamma^{T+1}V_\pi(s_{T+1})\,\middle|\, s_0=s\right]$$

由于 $V_\pi(s_{T+1})$有界，取 $T\to+\infty$则有：

$$V_\pi(s)\leqslant \mathop{\mathbb{E}}_{a_t\sim\pi'(s_t)}\left[\sum_{t=0}^{+\infty}\gamma^t\mathbb{E}[r(s_t, a_t)]\,\middle|\, s_0=s\right]=V_{\pi'}(s)$$

最后，由上述不等式推导可知，左边不等号严格成立时右边不等号也严格成立。 ■

㊀ 一般地，在之后的叙述中，为了简化概念，关于奖赏函数以及下一步状态的随机选择不再明确指出。

| 定理 17.2　Bellman 最优条件 | **当且仅当对于满足 $\pi(s)(a)>0$ 的任意 $(s,\ a)\in S\times A$ 有下式成立时，称策略 π 是最优的：**

$$a\in\underset{a'\in A}{\arg\max}Q_\pi(s,\ a') \tag{17.2}$$

| 证明 | 根据定理 17.1，如果对于满足 $\pi(s)(a)>0$ 的某个 $(s,\ a)$，式(17.2)不成立，则策略 π 不是最优的。这是由于此时 π 可以被进一步改进。记改进的策略为 π'，满足：当 $s'\neq s$ 时，$\pi'(s')=\pi(s)$，且 $\pi'(s)$ 集中于 $\underset{a'\in A}{\arg\max}Q_\pi(s,\ a')$ 中的任意元素，此时有 $\mathbb{E}_{a\sim\pi'(s)}[Q_\pi(s',\ a)]=\mathbb{E}_{a\sim\pi(s)}[Q_\pi(s',\ a)]$ 以及 $\mathbb{E}_{a\sim\pi'(s)}[Q_\pi(s,\ a)]>\mathbb{E}_{a\sim\pi(s)}[Q_\pi(s,\ a)]$ 成立。因此，根据定理 17.1，至少有一个状态 s 使得 $V_{\pi'}(s)>V_\pi(s)$，所以 π 不是最优的。

另外，设 π' 是一个非最优策略，则存在策略 π 和至少一个状态 s 满足 $V_{\pi'}(s)<V_\pi(s)$。根据定理 17.1，此时存在满足 $\mathbb{E}_{a\sim\pi'(s)}[Q_\pi(s,\ a)]<\mathbb{E}_{a\sim\pi(s)}[Q_\pi(s,\ a)]$ 的某个状态 $s\in S$。
384 因此，这样的 π' 无法满足式(17.2)。■

| 定理 17.3　最优确定性策略的存在性 | **任意有限 MDP 有最优确定性策略。**

| 证明 | 令 π^* 是一个最大化 $\sum_{s\in S}V_\pi(s)$ 的确定性策略。由于确定性策略是有限多的，所以 π^* 是存在的。如果 π^* 不是最优的，根据定理 17.2，必存在一个状态 s 使得 $\pi(s)\notin\underset{a'\in A}{\arg\max}Q_\pi(s,\ a')$[⊖]。根据定理 17.1，这时 π^* 可以被 π 改进，使得 $\pi(s)\in\underset{a'\in A}{\arg\max}Q_\pi(s,\ a')$ 且对于其他所有状态 π 与 π^* 是一致的。但是，这样至少有一个状态使得 π 满足 $V_{\pi^*}(s)\leqslant V_\pi(s)$ 且不等号严格成立。这就与 π^* 最大化了 $\sum_{s\in S}V_\pi(s)$ 相矛盾。■

由于最优确定性策略是存在的，下面的论述过程中为了简化讨论，我们将仅考虑确定性策略。令 π^* 表示一个最优确定性策略，Q^* 和 V^* 分别表示相应的状态-行动值函数和策略值函数。根据定理 17.2，有：

$$\forall s\in S,\ \pi^*(s)=\underset{a\in A}{\arg\max}Q^*(s,\ a) \tag{17.3}$$

因此，利用 Q^* 的信息足以求出代理的最优策略，而不需要奖赏和转移概率的信息。在上式中将 Q^* 替换为它的定义可得最优策略值 $V^*(s)=Q^*(s,\ \pi^*(s))$ 满足如下方程：

$$\forall s\in S,\ V^*(s)=\max_{a\in A}\left\{\mathbb{E}[r(s,\ a)]+\gamma\sum_{s'\in S}\mathbb{P}[s'|s,\ a]V^*(s')\right\} \tag{17.4}$$

这也被称为**贝尔曼方程**(Bellman equation)。注意，由于最大化算子的存在，这个方程不是线性的。

17.3.4　策略评估

策略在状态 s 下的值可以用它在别的状态下的值来表示，这些值构成一个由线性方程组成的系统。

| 命题 17.1　贝尔曼方程 | **对于无限时间区间的 MDP，状态为 $s\in S$ 时采用策略 π 的值 $V_\pi(s)$ 满足以下线性方程组：**

385 $$\forall s\in S,\ V_\pi(s)=\underset{a_1\sim\pi(s)}{\mathbb{E}}[r(s,\ a_1)]+\gamma\sum_{s'}\mathbb{P}[s'|s,\ \pi(s)]V_\pi(s') \tag{17.5}$$

⊖ 此处应该是 $\pi^*(s)\notin\underset{a'\in A}{\arg\max}Q_\pi(s,\ a')$，原书有误。——译者注

|证明| 将策略值分解为第一项和其余项的和，以 γ 为乘子：

$$\begin{aligned}
V_\pi(s) &= \mathbb{E}\left[\sum_{t=0}^{+\infty}\gamma^t r(s_t,\ \pi(s_t))\,\middle|\, s_0=s\right] \\
&= \mathbb{E}[r(s,\ \pi(s))] + \gamma\mathbb{E}\left[\sum_{t=0}^{+\infty}\gamma^t r(s_{t+1},\ \pi(s_{t+1}))\,\middle|\, s_0=s\right] \\
&= \mathbb{E}[r(s,\ \pi(s))] + \gamma\mathbb{E}\left[\sum_{t=0}^{+\infty}\gamma^t r(s_{t+1},\ \pi(s_{t+1}))\,\middle|\, s_1=\delta(s,\ \pi(s))\right] \\
&= \mathbb{E}[r(s,\ \pi(s)] + \gamma\mathbb{E}[V_\pi(\delta(s,\ \pi(s)))]
\end{aligned}$$

这个由贝尔曼方程组成的线性系统与式(17.4)描述的非线性系统不同，可以写成

$$\boldsymbol{V}=\boldsymbol{R}+\gamma\boldsymbol{P}\boldsymbol{V} \tag{17.6}$$

其中：$\boldsymbol{P}$ 代表转移概率矩阵，对于所有 s，$s'\in S$，$\boldsymbol{P}_{s,s'}=\mathbb{P}[s'|s,\ \pi(s)]$；$\boldsymbol{V}$ 代表值的列矩阵，其第 s 项为 $\boldsymbol{V}_s=V_\pi(s)$；$\boldsymbol{R}$ 代表奖赏的列矩阵，其第 s 项为 $\boldsymbol{R}_s=\mathbb{E}[r(s,\ \pi(s))]$。$\boldsymbol{V}$ 通常是未知的，是贝尔曼方程中需要求解的变量。

下面的定理说明，有限 MDP 的线性方程组存在唯一解。

|定理 17.4| *对于有限 MDP，贝尔曼方程存在唯一解*

$$\boldsymbol{V}_0=(\boldsymbol{I}-\gamma\boldsymbol{P})^{-1}\boldsymbol{R} \tag{17.7}$$

|证明| 式(17.6)可以等价于 $(\boldsymbol{I}-\gamma\boldsymbol{P})\boldsymbol{V}=\boldsymbol{R}$

因此，只需证明矩阵$(\boldsymbol{I}-\gamma\boldsymbol{P})$可逆。注意 $\boldsymbol{P}$ 的无穷范数可利用它的随机性计算：

$$\|\boldsymbol{P}\|_\infty=\max_s\sum_{s'}|\boldsymbol{P}_{ss'}|=\max_s\sum_{s'}\mathbb{P}[s'|s,\ \pi(s)]=1$$

这意味着$\|\gamma\boldsymbol{P}\|_\infty=\gamma<1$，即 $\gamma\boldsymbol{P}$ 的所有特征值均小于 1，故$(\boldsymbol{I}-\gamma\boldsymbol{P})$可逆。■ 386

因此，对有限 MDP，当转移概率矩阵 $\boldsymbol{P}$ 和期望奖赏 $\boldsymbol{R}$ 都已知时，策略 π 在所有状态的值可由求矩阵的逆得到。

17.4 规划算法

本节中假定环境模型已知。这意味着，对于所有 s，$s'\in S$ 和 $a\in A$，转移概率 $\mathbb{P}[s'|s,\ a]$ 和期望奖赏 $\mathbb{E}[r(s,\ a)]$都已知。此时，寻找最优策略时不需要对环境模型的参数进行学习，或者对其他有助于决定最优行动的量进行估计，而仅是一个纯的**规划**(planning)问题。

本节讨论规划问题的三种算法：值迭代算法、策略迭代算法以及线性规划。

17.4.1 值迭代

值迭代算法(value iteration algorithm)力求对每个状态 $s\in S$ 来确定最优的策略值 $V^*(s)$，从而获得最优策略(见图 17.4)。该算法基于贝尔曼方程式(17.4)。前面已指出，这些方程并不是线性的，因此需要不同的技术来确定方程的解。该算法设计的核心是采用迭代方法来求解：将 $V(s)$的旧值代入贝尔曼方程来确定新值，重复该过程直到满足收敛条件。

```
ValueIteration(V_0)
  V ← V_0    ▷ V_0 任意值
  while ‖V − Φ(V)‖ ≥ (1−γ)ε/γ do
      V ← Φ(V)
  return Φ(V)
```

图 17.4 值迭代算法

对于 $\mathbb{R}^{|S|}$ 中的向量 $\boldsymbol{V}$，对任意 $s\in S$，用 $V(s)$ 代表该向量的第 s 个分量。令 $\boldsymbol{\Phi}$：$\mathbb{R}^{|S|}\to\mathbb{R}^{|S|}$ 是基于贝尔曼方程式(17.4)定义的映射：

$$\forall s\in S,\ [\boldsymbol{\Phi}(\boldsymbol{V})](s)=\max_{a\in A}\left\{\mathbb{E}[r(s,a)]+\gamma\sum_{s'\in S}\mathbb{P}[s'|s,a]V(s')\right\} \tag{17.8}$$

在上述方程中最大化的行动 $a\in A$ 就是算法给出在每个状态 $s\in S$ 采取的行动，即策略 π。因此这些方程可以重写为如下的矩阵形式：

$$\boldsymbol{\Phi}(\boldsymbol{V})=\max_{\pi}\{\boldsymbol{R}_\pi+\gamma\boldsymbol{P}_\pi\boldsymbol{V}\} \tag{17.9}$$

其中，$\boldsymbol{P}_\pi$ 是转移概率矩阵，对于所有 s，$s'\in S$，$(\boldsymbol{P}_\pi)_{ss'}=\mathbb{P}[ss'|s,\pi(s)]$；$\boldsymbol{R}_\pi$ 是奖赏向量，对于所有 $s\in S$，$(\boldsymbol{R}_\pi)_s=\mathbb{E}[r(s,\pi(s))]$。

本小节的算法基于式(17.9)给出。从任意策略值向量 $\boldsymbol{V}_0\in\mathbb{R}^{|S|}$ 出发，算法迭代地将 $\boldsymbol{\Phi}$ 用在当前的 $\boldsymbol{V}$ 上来获得新的策略值向量，直至 $\|\boldsymbol{V}-\boldsymbol{\Phi}(\boldsymbol{V})\|<\frac{(1-\gamma)\varepsilon}{\gamma}$ 满足，其中 $\varepsilon>0$ 控制近似程度。下述定理证明该算法将收敛于最优策略值。

| 定理 17.5 | 对任意初始值 $\boldsymbol{V}_0$，由 $\boldsymbol{V}_{n+1}=\boldsymbol{\Phi}(\boldsymbol{V}_n)$ 迭代计算得到的序列将收敛到 $\boldsymbol{V}^*$。

| 证明 | 首先证明映射 $\boldsymbol{\Phi}$ 关于无穷范数 $\|\cdot\|_\infty$ 是 γ-Lipschitz 的[⊖]。对于任意 $s\in S$ 和 $\boldsymbol{V}\in\mathbb{R}^{|S|}$，令 $a^*(s)$ 为最大化式(17.8)中 $\boldsymbol{\Phi}(\boldsymbol{V})(s)$ 的行动。那么对于任意状态 $s\in S$ 和任意 $\boldsymbol{U}\in\mathbb{R}^{|S|}$，

$$\begin{aligned}\boldsymbol{\Phi}(\boldsymbol{V})(s)-\boldsymbol{\Phi}(\boldsymbol{U})(s)&\leqslant\boldsymbol{\Phi}(\boldsymbol{V})(s)-\Big(\mathbb{E}[r(s,a^*(s))]+\gamma\sum_{s'\in S}\mathbb{P}[s'|s,a^*(s)]U(s')\Big)\\&=\gamma\sum_{s'\in S}\mathbb{P}[s'|s,a^*(s)][\boldsymbol{V}(s')-\boldsymbol{U}(s')]\\&\leqslant\gamma\sum_{s'\in S}\mathbb{P}[s'|s,a^*(s)]\|\boldsymbol{V}-\boldsymbol{U}\|_\infty=\gamma\|\boldsymbol{V}-\boldsymbol{U}\|_\infty\end{aligned}$$

同理，对于 $\boldsymbol{\Phi}(\boldsymbol{U})(s)-\boldsymbol{\Phi}(\boldsymbol{V})(s)$ 可得 $\boldsymbol{\Phi}(\boldsymbol{U})(s)-\boldsymbol{\Phi}(\boldsymbol{V})(s)\leqslant\gamma\|\boldsymbol{V}-\boldsymbol{U}\|_\infty$。因此，对于所有 s，有 $|\boldsymbol{\Phi}(\boldsymbol{V})(s)-\boldsymbol{\Phi}(\boldsymbol{U})(s)|\leqslant\gamma\|\boldsymbol{V}-\boldsymbol{U}\|_\infty$，这意味着

387 ~ 388

$$\|\boldsymbol{\Phi}(\boldsymbol{V})-\boldsymbol{\Phi}(\boldsymbol{U})\|_\infty\leqslant\gamma\|\boldsymbol{V}-\boldsymbol{U}\|_\infty$$

所以映射 $\boldsymbol{\Phi}$ 具有 γ-Lipschitz 性质。依据贝尔曼方程式(17.4)，$\boldsymbol{V}^*=\boldsymbol{\Phi}(\boldsymbol{V}^*)$，因此对于任意 $n\in\mathbb{N}$，

$$\|\boldsymbol{V}^*-\boldsymbol{V}_{n+1}\|_\infty=\|\boldsymbol{\Phi}(\boldsymbol{V}^*)-\boldsymbol{\Phi}(\boldsymbol{V}_n)\|_\infty\leqslant\gamma\|\boldsymbol{V}^*-\boldsymbol{V}_n\|_\infty\leqslant\gamma^{n+1}\|\boldsymbol{V}^*-\boldsymbol{V}_0\|_\infty$$

因为 $\gamma\in(0,1)$，所以序列将收敛于 $\boldsymbol{V}^*$。■

下面可以看出算法返回的值具有 ε-最优性。根据三角不等式和映射 $\boldsymbol{\Phi}$ 的 γ-Lipschitz 性，对于任意 $n\in\mathbb{N}$，

$$\begin{aligned}\|\boldsymbol{V}^*-\boldsymbol{V}_{n+1}\|_\infty&\leqslant\|\boldsymbol{V}^*-\boldsymbol{\Phi}(\boldsymbol{V}_{n+1})\|_\infty+\|\boldsymbol{\Phi}(\boldsymbol{V}_{n+1})-\boldsymbol{V}_{n+1}\|_\infty\\&=\|\boldsymbol{\Phi}(\boldsymbol{V}^*)-\boldsymbol{\Phi}(\boldsymbol{V}_{n+1})\|_\infty+\|\boldsymbol{\Phi}(\boldsymbol{V}_{n+1})-\boldsymbol{\Phi}(\boldsymbol{V}_n)\|_\infty\\&\leqslant\gamma\|\boldsymbol{V}^*-\boldsymbol{V}_{n+1}\|_\infty+\gamma\|\boldsymbol{V}_{n+1}-\boldsymbol{V}_n\|_\infty\end{aligned}$$

因此，如果 $\boldsymbol{V}_{n+1}$ 是算法返回的策略值，则

⊖ 对于 $\beta<1$，β-Lipschitz 函数也称为 **β-收缩的**(contracting)。对于**完备度量空间**(complete metric space)，即任何 Cauchy 序列都收敛到空间中一个点的度量空间，一个 β-收缩的函数 f 有**不动点**(fixed point)：任何序列都收敛到满足 $f(x)=x$ 的某个 x。$N\geqslant1$ 的 $\mathbb{R}^N$ 或更一般地，任意有限维向量空间都是完备度量空间。

$$\|\boldsymbol{V}^*-\boldsymbol{V}_{n+1}\|_\infty\leqslant\frac{\gamma}{1-\gamma}\|\boldsymbol{V}_{n+1}-\boldsymbol{V}_n\|_\infty\leqslant\varepsilon$$

算法将在 $O\left(\log\frac{1}{\varepsilon}\right)$ 次迭代内收敛。对于这一点，观察到

$$\|\boldsymbol{V}_{n+1}-\boldsymbol{V}_n\|_\infty=\|\boldsymbol{\Phi}(\boldsymbol{V}_n)-\boldsymbol{\Phi}(\boldsymbol{V}_{n-1})\|_\infty\leqslant\gamma\|\boldsymbol{V}_n-\boldsymbol{V}_{n-1}\|_\infty\leqslant\gamma^n\|\boldsymbol{\Phi}(\boldsymbol{V}_0)-\boldsymbol{V}_0\|_\infty$$

因此，如果 n 是满足 $\frac{(1-\gamma)\varepsilon}{\gamma}\leqslant\|\boldsymbol{V}_{n+1}-\boldsymbol{V}_n\|_\infty$ 的最大整数，必有 $\frac{(1-\gamma)\varepsilon}{\gamma}\leqslant\gamma^n\|\boldsymbol{\Phi}(\boldsymbol{V}_0)-\boldsymbol{V}_0\|_\infty$，所以 $n\leqslant O\left(\log\frac{1}{\varepsilon}\right)$ [⊖]。 389

图 17.5 示意了只有两个状态的 MDP。图中，算法在这些状态上的迭代值为：

$$\boldsymbol{V}_{n+1}(1)=\max\left\{2+\gamma\left(\frac{3}{4}\boldsymbol{V}_n(1)+\frac{1}{4}\boldsymbol{V}_n(2)\right),\ 2+\gamma\boldsymbol{V}_n(2)\right\}$$

$$\boldsymbol{V}_{n+1}(2)=\max\{3+\gamma\boldsymbol{V}_n(1),\ 2+\gamma\boldsymbol{V}_n(2)\}$$

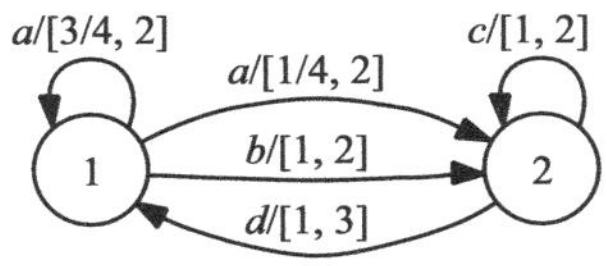

图 17.5 两个状态的 MDP。状态集为 $S=\{1, 2\}$，行动集为 $A=\{a, b, c, d\}$。图中只显示概率非 0 的转移。每个转移标注了采取的行动，并在斜线分隔符后标注了 $[p, r]$ 对，其中 p 代表转移发生的概率，r 代表采用该转移的期望奖赏

对 $\boldsymbol{V}_0(1)=-1$、$\boldsymbol{V}_0(2)=1$ 和 $\gamma=1/2$，有 $\boldsymbol{V}_1(1)=\boldsymbol{V}_1(2)=5/2$。因此，两个状态的初始策略值一样，但到第 5 轮迭代结束时，$\boldsymbol{V}_5(1)=4.531\,25$，$\boldsymbol{V}_5(2)=5.156\,25$ 并且算法迅速收敛到最优值 $\boldsymbol{V}^*(1)=14/3$ 和 $\boldsymbol{V}^*(2)=16/3$，这表明状态 2 具有更高的最优值。

17.4.2 策略迭代

另一种求解最优策略的算法利用了策略评估，通过定理 17.4 中的矩阵求逆来完成。该**策略迭代算法**(policy iteration algorithm)的伪代码如图 17.6 所示。给定任意初始行动策略 π_0，算法在迭代的每一步采用矩阵求逆来计算当前策略 π 的值，进而贪心地选择能最大化贝尔曼方程式(17.9)右侧值的策略作为新策略。

```
PolicyIteration(π0)
π ← π0            ▷ π0 任意策略
π' ← NIL
while (π ≠ π') do
    V ← V_π        ▷ 策略评估：求解 (I − γP_π)V = R_π.
    π' ← π
    π ← argmax_π {R_π + γP_π V}    ▷ 贪心策略改进
return π
```

图 17.6 策略迭代算法

⊖ 这里，O 忽略了对折扣因子 γ 的依赖。如果考虑 γ，算法的运行时间将不是多项式的。

390 下述定理证明了策略迭代算法的收敛性。

| 定理 17.6 | 令$(\boldsymbol{V}_n)_{n\in\mathbb{N}}$是算法迭代得到的策略值序列，则对于任意$n\in\mathbb{N}$，有：

$$\boldsymbol{V}_n\leqslant\boldsymbol{V}_{n+1}\leqslant\boldsymbol{V}^* \tag{17.10}$$

| 证明 | 令π_{n+1}为算法在第n次迭代后得到的改善策略。我们首先证明$(\boldsymbol{I}-\gamma\boldsymbol{P}_{\pi_{n+1}})^{-1}$保序，即对$\mathbb{R}^{|S|}$中的任意列矩阵$\boldsymbol{X}$和$\boldsymbol{Y}$，如果$(\boldsymbol{Y}-\boldsymbol{X})\geqslant\boldsymbol{0}$，则$(\boldsymbol{I}-\gamma\boldsymbol{P}_{\pi_{n+1}})^{-1}(\boldsymbol{Y}-\boldsymbol{X})\geqslant\boldsymbol{0}$。由定理17.4的证明可知，$\|\gamma\boldsymbol{P}\|_\infty=\gamma<1$。因为幂级数$(1-x)^{-1}$的收敛半径是1，按此展开可得：

$$(\boldsymbol{I}-\gamma\boldsymbol{P}_{\pi_{n+1}})^{-1}=\sum_{k=0}^{\infty}(\gamma\boldsymbol{P}_{\pi_{n+1}})^k$$

因此，如果$\boldsymbol{Z}=(\boldsymbol{Y}-\boldsymbol{X})\geqslant\boldsymbol{0}$，因为矩阵$\boldsymbol{P}_{\pi_{n+1}}$的所有项及其幂和$\boldsymbol{Z}$一样都是非负的，所以$(\boldsymbol{I}-\gamma\boldsymbol{P}_{\pi_{n+1}})^{-1}\boldsymbol{Z}=\sum_{k=0}^{\infty}(\gamma\boldsymbol{P}_{\pi_{n+1}})^k\boldsymbol{Z}\geqslant\boldsymbol{0}$。

由上式便证明了$(\boldsymbol{I}-\gamma\boldsymbol{P}_{\pi_{n+1}})^{-1}$保序。根据$\pi_{n+1}$的定义，有

$$\boldsymbol{R}_{\pi_{n+1}}+\gamma\boldsymbol{P}_{\pi_{n+1}}\boldsymbol{V}_n\geqslant\boldsymbol{R}_{\pi_n}+\gamma\boldsymbol{P}_{\pi_n}\boldsymbol{V}_n=\boldsymbol{V}_n$$

这意味着$\boldsymbol{R}_{\pi_{n+1}}\geqslant(\boldsymbol{I}-\gamma\boldsymbol{P}_{\pi_{n+1}})\boldsymbol{V}_n$。因为$(\boldsymbol{I}-\gamma\boldsymbol{P}_{\pi_{n+1}})^{-1}$保序，故而$\boldsymbol{V}_{n+1}=(\boldsymbol{I}-\gamma\boldsymbol{P}_{\pi_{n+1}})^{-1}\boldsymbol{R}_{\pi_{n+1}}\geqslant\boldsymbol{V}_n$得证。■

注意，只有当算法进行到最后一次迭代时，前后两次迭代的策略值才会相等。所有可能的策略总数是$|A|^{|S|}$，由此可以直接得到最大迭代次数的一个上界。该算法还有更优的上界，其形式为$O\left(\frac{|A|^{|S|}}{|S|}\right)$。

对于图17.5中所示的简单MDP，令初始策略π_0为：$\pi_0(1)=b$，$\pi_0(2)=c$。那么用于评估该策略的线性方程组为：

$$\begin{cases}V_{\pi 0}(1)=1+\gamma V_{\pi 0}(2)\\ V_{\pi 0}(2)=2+\gamma V_{\pi 0}(2)\end{cases}$$

由此解得$V_{\pi_0}(1)=\frac{1+\gamma}{1-\gamma}$且$V_{\pi_0}(2)=\frac{2}{1-\gamma}$。

| 定理 17.7 | 令$(\boldsymbol{U}_n)_{n\in\mathbb{N}}$是值迭代算法生成的策略值序列，$(\boldsymbol{V}_n)_{n\in\mathbb{N}}$为策略迭代算法生成的策略值序列。如果$\boldsymbol{U}_0=\boldsymbol{V}_0$，那么

$$\forall n\in\mathbb{N},\quad \boldsymbol{U}_n\leqslant\boldsymbol{V}_n\leqslant\boldsymbol{V}^* \tag{17.11}$$

| 证明 | 首先证明之前介绍的函数$\boldsymbol{\Phi}$是单调的。令$\boldsymbol{U}\leqslant\boldsymbol{V}$，策略$\pi$使得$\boldsymbol{\Phi}(\boldsymbol{U})=\boldsymbol{R}_\pi+$
391 $\gamma\boldsymbol{P}_\pi\boldsymbol{U}$成立。那么，

$$\boldsymbol{\Phi}(\boldsymbol{U})\leqslant\boldsymbol{R}_\pi+\gamma\boldsymbol{P}_\pi\boldsymbol{V}\leqslant\max_{\pi'}\{\boldsymbol{R}_{\pi'}+\gamma\boldsymbol{P}_{\pi'}\boldsymbol{V}\}=\boldsymbol{\Phi}(\boldsymbol{V})$$

对n做归纳进行证明。假设$\boldsymbol{U}_n\leqslant\boldsymbol{V}_n$成立，则根据$\boldsymbol{\Phi}$的单调性可得：

$$\boldsymbol{U}_{n+1}=\boldsymbol{\Phi}(\boldsymbol{U}_n)\leqslant\boldsymbol{\Phi}(\boldsymbol{V}_n)=\max_\pi\{\boldsymbol{R}_\pi+\gamma\boldsymbol{P}_\pi\boldsymbol{V}_n\}.$$

令$\pi_{n+1}=\arg\max_\pi\{\boldsymbol{R}_\pi+\gamma\boldsymbol{P}_\pi\boldsymbol{V}_n\}$为最大化的策略。那么，

$$\boldsymbol{\Phi}(\boldsymbol{V}_n)=\boldsymbol{R}_{\pi_{n+1}}+\gamma\boldsymbol{P}_{\pi_{n+1}}\boldsymbol{V}_n\leqslant\boldsymbol{R}_{\pi_{n+1}}+\gamma\boldsymbol{P}_{\pi_{n+1}}\boldsymbol{V}_{n+1}=\boldsymbol{V}_{n+1}$$

所以，$\boldsymbol{U}_{n+1}\leqslant\boldsymbol{V}_{n+1}$。■

该定理表明策略迭代算法与值迭代算法相比迭代次数更少，主要是因为它每一次迭代

都采用当前最优的策略。但策略迭代算法的每一轮迭代都需要计算策略值，即求解线性方程组，因而计算量比值迭代算法中的单轮迭代大很多。

17.4.3 线性规划

解决贝尔曼方程最优化问题（式(17.4)或定理 17.3）的另一种方法是线性规划(LP)，其优化目标和约束条件都是线性的。LP 存在（弱）多项式时间的解法。实践中也有许多能求解相对大型 LP 的方法，包括单纯形法、内点法，或一系列特定目标的解法。这些方法都能用于这里的贝尔曼方程优化求解。

根据定义，式(17.4)是由最大化得到的。这些最大化等价于在约束条件 $V(s) \geqslant \mathbb{E}[r(s, a)] + \gamma \sum_{s' \in S} \mathbb{P}[s' | s, a] V(s')$，$(s \in S)$ 下，对 $\{V(s): s \in S\}$ 中的所有元素求最小。因此，对于任意固定的正权重 $\alpha(s) > 0 (s \in S)$ 的集合，最小化问题可以写为如下 LP 问题：

$$\min_{\mathbf{V}} \sum_{s \in S} \alpha(s) V(s) \tag{17.12}$$

$$\text{s.t.} \ \forall s \in S, \ \forall a \in A, \ V(s) \geqslant \mathbb{E}[r(s, a)] + \gamma \sum_{s' \in S} \mathbb{P}[s' | s, a] V(s')$$

392

其中，向量 $\boldsymbol{\alpha} > \mathbf{0}$ 的第 s 个元素就是 $\alpha(s)$ ⊖。如果将 $\alpha(s)$ 解释为概率，则须再增加 $\sum_{s \in S} \alpha(s) = 1$ 的约束。这个 LP 问题的行数为 $|S||A|$，列数为 $|S|$。这种情况下的 LP 求解复杂度很高，因为行数远大于列数。所以考虑将原始 LP 转化为等价的对偶形式：

$$\max_{\mathbf{x}} \sum_{s \in S, \ a \in A} \mathbb{E}[r(s, a)] x(s, a) \tag{17.13}$$

$$\text{s.t.} \ \forall s \in S, \ \sum_{a \in A} x(s', a) = \alpha(s') + \gamma \sum_{s \in S, \ a \in A} \mathbb{P}[s' | s, a] x(s', a)$$

$$\forall s \in S, \ \forall a \in A, \ x(s, a) \geqslant 0$$

此时，行数仅为 $|S|$，列数为 $|S||A|$。这里，$x(s, a)$ 可解释为在状态 s 时采取行动 a 的概率。

17.5 学习算法

本节考虑 MDP 中更为一般的情境，即 MDP 的环境模型，包括转移和奖赏概率都是未知的。这正是强化学习对于大多数现实应用需要考虑的情境，例如，环境中机器人需要自行探索来完成特定目标。

这种情境下代理应如何选择最优策略呢？由于环境模型未知，代理或许可以通过估计转移或奖赏概率来学习这个模型。为了实现这个目标，与标准的监督学习一样，代理需要收集一定的训练信息。对于 MDP 框架下的强化学习，训练信息就是代理采取行动后接收的一系列即时奖赏。

可供采用的主要有两种学习方法。第一种被称为**模型无关方法**(model-free approach)，

⊖ 这里需要强调 LP 问题只与变量 $V(s)$ 有关，正如最小化算子的下标所示，而不是与 $V(s)$ 和 $\alpha(s)$ 都相关。

即直接学习行动策略；第二种被称为**基于模型**(model-based)方法，即首先学习环境模型，然后再基于环境模型来学习策略。Q-学习算法在强化学习中得到广泛应用，它就属于模型
393 无关方法。

强化学习中采用的估计和计算方法与**随机逼近**(stochastic approximation)中的概念和技术十分相关。因此，我们首先介绍该领域的若干成果，以用于后续强化学习算法的收敛性证明。

17.5.1 随机逼近

随机逼近方法是用于求解目标函数为某些随机变量期望的迭代算法，或者仅从带噪声的观测值中寻找函数 H 的不动点。这和强化学习中的优化问题精确契合。例如，对于即将描述的 Q-学习算法，最优的状态-行动值函数 Q^* 就是某个被定义为期望且不可直接得到的函数 H 的不动点。

我们首先给出一个基本的结论，这个结论的证明及相关的算法在更复杂的随机逼近问题中都会用到。下述定理是被称为**强大数定律**(strong law of large number)的更一般的形式。它证明了当系数满足某些条件时，估计的迭代序列 μ_m 几乎(a. s.)收敛到某个有界随机变量的均值。

| 定理 17.8 均值估计 | 令 X 是取值为[0, 1]的随机变量，x_0，…，x_m 是 X 的独立同分布取值。定义序列 $(\mu_m)_{m\in\mathbb{N}}$：

$$\mu_{m+1}=(1-\alpha_m)\mu_m+\alpha_m x_m \tag{17.14}$$

满足 $\mu_0=x_0$，$\alpha_m\in[0, 1]$，$\sum_{m\geqslant 0}\alpha_m=+\infty$ 且 $\sum_{m\geqslant 0}\alpha_m^2<+\infty$。那么，

$$\mu_m \xrightarrow{\text{a. s.}} \mathbb{E}[X] \tag{17.15}$$

| 证明 | 这里给出 L_2 收敛的证明。$a.s.$ 收敛性将在更一般的定理中证明。根据独立性假设，对于 $m\geqslant 0$，有

$$\mathrm{Var}[\mu_{m+1}]=(1-\alpha_m)^2\mathrm{Var}[\mu_m]+\alpha_m^2\mathrm{Var}[x_m]\leqslant(1-\alpha_m)\mathrm{Var}[\mu_m]+\alpha_m^2 \tag{17.16}$$

令 $\varepsilon>0$，假若存在 $N\in\mathbb{N}$ 使得对于所有 $m\geqslant N$，有 $\mathrm{Var}[\mu_m]\geqslant\varepsilon$ 成立。那么，对于所有 $m\geqslant N$，有

$$\mathrm{Var}[\mu_{m+1}]\leqslant\mathrm{Var}[\mu_m]-\alpha_m\mathrm{Var}[\mu_m]+\alpha_m^2\leqslant\mathrm{Var}[\mu_m]-\alpha_m\varepsilon+\alpha_m^2$$

进而，连续运用该不等式可得

$$\mathrm{Var}[\mu_{m+N}]\leqslant\underbrace{\mathrm{Var}[\mu_N]-\varepsilon\sum_{n=N}^{m+N}\alpha_n+\sum_{n=N}^{m+N}\alpha_n^2}_{\text{当}m\to\infty\text{时}\to-\infty}$$

394 这和 $\mathrm{Var}[\mu_{m+N}]\geqslant 0$ 矛盾。所以这样的 N 不存在。因此，对于所有 $N\in\mathbb{N}$，存在某个 $m_0\geqslant N$ 使得 $\mathrm{Var}[\mu_{m_0}]\leqslant\varepsilon$。

选择足够大的 N，使得对所有 $m\geqslant N$，不等式 $\alpha_m\leqslant\varepsilon$ 成立。这是可能发生的，因为 $\sum_{m\geqslant 0}\alpha_m^2<+\infty$ 意味着 $(\alpha_m^2)_{m\in\mathbb{N}}$ 趋近于 0，进而 $(\alpha_m)_{m\in\mathbb{N}}$ 趋近于 0。我们将用归纳法证明对于任意 $m\geqslant m_0$，有 $\mathrm{Var}[\mu_m]\leqslant\varepsilon$。

假设 $\mathrm{Var}[\mu_m]\leqslant\varepsilon$ 对某些 $m\geqslant m_0$ 成立。则根据这个假设、式(17.16)以及 $\alpha_m\leqslant\varepsilon$，可

得下述不等式成立：

$$\mathrm{Var}[\mu_{m+1}] \leqslant (1-\alpha_m)\varepsilon + \varepsilon\alpha_m = \varepsilon$$

因此，这证明了 $\lim_{m \to +\infty} \mathrm{Var}[\mu_m] = 0$，即 μ_m 以 L_2 收敛于 $\mathbb{E}[X]$。 ■

注意，当 $\alpha_m = \frac{1}{m}$ 时，序列 $(\alpha_m)_{m\in\mathbb{N}}$ 满足定理中的假设。采用这种 α_m 恰好和大数定律一致。该结论也和一般的随机优化问题有着紧密联系。

随机优化是求解下述方程的一般问题：

$$\boldsymbol{x} = H(\boldsymbol{x})$$

其中 $\boldsymbol{x} \in \mathbb{R}^N$，且

- $H(x)$ 无法计算，例如，H 未知或者计算代价太高；
- 但存在 m 个独立同分布的噪声样本 $H(\boldsymbol{x}_i) + \boldsymbol{w}_i$ 可用，其中 $i \in [1, m]$ 且噪声随机变量 $\boldsymbol{w}$ 的期望为 0，即 $\mathbb{E}[\boldsymbol{w}] = \boldsymbol{0}$。

这类问题在多种情境和应用中出现。正如接下来将看到的，它和 MDP 中的学习问题直接相关。

解决此类问题的通用方法是采用迭代式的方法，即用类似于定理 17.8 的方式定义一个序列 $(\boldsymbol{x}_t)_{t\in\mathbb{N}}$：

$$\boldsymbol{x}_{t+1} = (1-\alpha_t)\boldsymbol{x}_t + \alpha_t[H(\boldsymbol{x}_t) + \boldsymbol{w}_t] \tag{17.17}$$

$$= \boldsymbol{x}_t + \alpha_t[H(\boldsymbol{x}_t) + \boldsymbol{w}_t - \boldsymbol{x}_t] \tag{17.18}$$

其中，$(\alpha_t)_{t\in\mathbb{N}}$ 应满足类似于定理 17.8 要求的条件。更一般地，可以考虑下面定义的序列：

$$\boldsymbol{x}_{t+1} = \boldsymbol{x}_t + \alpha_t D(\boldsymbol{x}_t, \boldsymbol{w}_t) \tag{17.19}$$

其中，D 是 $\mathbb{R}^N \times \mathbb{R}^N$ 到 $\mathbb{R}^N$ 的函数映射。在不同假设下，有不同的定理保证序列的收敛性。接下来我们将给出其中一个最一般的定理，依赖于下述一般性结论。 395

| 定理 17.9 上鞅收敛 | 令 $(X_t)_{t\in\mathbb{N}}$，$(Y_t)_{t\in\mathbb{N}}$ 和 $(Z_t)_{t\in\mathbb{N}}$ 是非负随机变量序列，且 $\sum_{t=0}^{+\infty} Y_t < +\infty$。令 $\mathcal{F}_t = \{(X_{t'})_{t'\leqslant t}, (Y_{t'})_{t'\leqslant t}, (Z_{t'})_{t'\leqslant t}\}$ 代表 $t' \leqslant t$ 的所有信息。那么，如果 $\mathbb{E}[X_{t+1} | \mathcal{F}_t] \leqslant X_t + Y_t - Z_t$，则以下的式子成立：

- X_t 收敛到某个极限(以概率 1)。
- $\sum_{t=0}^{+\infty} Z_t < +\infty$。

接下来是序列收敛定理的最一般形式之一。

| 定理 17.10 | 令 D 是 $\mathbb{R}^N \times \mathbb{R}^N$ 到 $\mathbb{R}^N$ 的函数映射，$(\boldsymbol{w}_t)_{t\in\mathbb{N}}$ 是 $\mathbb{R}^N$ 中随机变量构成的序列，$(\alpha_t)_{t\in\mathbb{N}}$ 是实数序列，序列 $(\boldsymbol{x}_t)_{t\in\mathbb{N}}$ 满足 $\boldsymbol{x}_{t+1} = \boldsymbol{x}_t + \alpha_t D(\boldsymbol{x}_t, \boldsymbol{w}_t)$ 且 $\boldsymbol{x}_0 \in \mathbb{R}^N$。令 $\mathcal{F}_t = \{(\boldsymbol{x}_{t'})_{t'\leqslant t}, (\boldsymbol{w}_{t'})_{t'\leqslant t-1}, (\alpha_{t'})_{t'\leqslant t}\}$ 代表 $t' \leqslant t$ 的整个历史信息。对于某个 $\boldsymbol{x}^* \in \mathbb{R}^N$，令 Ψ 表示函数 $\boldsymbol{x} \to \frac{1}{2}\|\boldsymbol{x} - \boldsymbol{x}^*\|_2^2$，假定 D 和 $(\alpha_t)_{t\in\mathbb{N}}$ 满足如下条件：

- $\exists K_1, K_2 \in \mathbb{R}$：$\mathbb{E}[\|D(\boldsymbol{x}_t, \boldsymbol{w}_t)\|_2^2 | \mathcal{F}_t] \leqslant K_1 + K_2\Psi(\boldsymbol{x}_t)$；
- $\exists c \geqslant 0$：$\nabla\Psi(\boldsymbol{x}_t)^{\mathrm{T}}\mathbb{E}[D(\boldsymbol{x}_t, \boldsymbol{w}_t) | \mathcal{F}_t] \leqslant -c\Psi(\boldsymbol{x}_t)$；

- $\alpha_t > 0$，$\sum_{t=0}^{+\infty} \alpha_t = +\infty$，$\sum_{t=0}^{+\infty} \alpha_t^2 < +\infty$。

那么，序列 $\boldsymbol{x}_t$ 几乎收敛到 $\boldsymbol{x}^*$：

$$\boldsymbol{x}_t \xrightarrow{\text{a. s.}} \boldsymbol{x}^* \tag{17.20}$$

| 证明 | 因为函数 Ψ 是二次的，所以对其做 Taylor 展开：

$$\Psi(\boldsymbol{x}_{t+1}) = \Psi(\boldsymbol{x}_t) + \nabla\Psi(\boldsymbol{x}_t)^{\mathrm{T}}(\boldsymbol{x}_{t+1} - \boldsymbol{x}_t) + \frac{1}{2}(\boldsymbol{x}_{t+1} - \boldsymbol{x}_t)^{\mathrm{T}} \nabla^2\Psi(\boldsymbol{x}_t)(\boldsymbol{x}_{t+1} - \boldsymbol{x}_t)$$

因此，

$$\begin{aligned}\mathbb{E}[\Psi(\boldsymbol{x}_{t+1}) \mid \mathcal{F}_t] &= \Psi(\boldsymbol{x}_t) + \alpha_t \nabla\Psi(\boldsymbol{x}_t)^{\mathrm{T}}\mathbb{E}[D(\boldsymbol{x}_t, \boldsymbol{w}_t) \mid \mathcal{F}_t] + \frac{\alpha_t^2}{2}\mathbb{E}[\|D(\boldsymbol{x}_t, \boldsymbol{w}_t)\|^2 \mid \mathcal{F}_t] \\ &\leqslant \Psi(\boldsymbol{x}_t) - \alpha_t c\Psi(\boldsymbol{x}_t) + \frac{\alpha_t^2}{2}(K_1 + K_2\Psi(\boldsymbol{x}_t)) \\ &= \Psi(\boldsymbol{x}_t) + \frac{\alpha_t^2 K_1}{2} - \left(\alpha_t c - \frac{\alpha_t^2 K_2}{2}\right)\Psi(\boldsymbol{x}_t)\end{aligned}$$

由于 $\sum_{t=0}^{+\infty}\alpha_t^2$ 收敛，所以$(\alpha_t^2)_t$ 和$(\alpha_t)_t$ 收敛到 0。当 t 足够大时，项$\left(\alpha_t c - \frac{\alpha_t^2 K_2}{2}\right)\Psi(\boldsymbol{x}_t)$ 和 $\alpha_t c\Psi(\boldsymbol{x}_t)$的符号一致，均为非负，这是因为 $\alpha_t > 0$，$\Psi(\boldsymbol{x}_t) \geqslant 0$ 且 $c > 0$。因此，根据定理 17.9 的上鞅收敛，$\Psi(\boldsymbol{x}_t)$收敛且 $\sum_{t=0}^{+\infty}\left(\alpha_t c - \frac{\alpha_t^2 K_2}{2}\right)\Psi(\boldsymbol{x}_t) < +\infty$。又因为 $\sum_{t=0}^{+\infty}\alpha_t^2 < +\infty$，所以 $\sum_{t=0}^{+\infty}\frac{\alpha_t^2 K_2}{2}\Psi(\boldsymbol{x}_t) < +\infty$。但是，由于 $\sum_{t=0}^{+\infty}\alpha_t = +\infty$，如果 $\Psi(\boldsymbol{x}_t)$的极限非 0，那么必有 $\sum_{t=0}^{+\infty}\alpha_t c\Psi(\boldsymbol{x}_t) = +\infty$。这意味着 $\Psi(\boldsymbol{x}_t)$的极限为 0，即 $\lim_{t\to\infty}\|\boldsymbol{x} - \boldsymbol{x}^*\|_2 \to 0$，所以 $\boldsymbol{x}_t \xrightarrow{\text{a. s.}} \boldsymbol{x}^*$。 396

■

下面是另一个相关的收敛定理，但这里不给出完整证明。

| 定理 17.11 | 令 $\boldsymbol{H}$ 是 $\mathbb{R}^N$ 到 $\mathbb{R}^N$ 的函数映射，$(\boldsymbol{w}_t)_{t\in\mathbb{N}}$ 是 $\mathbb{R}^N$ 中随机变量构成的序列，$(\alpha_t)_{t\in\mathbb{N}}$ 是实数序列，序列$(\boldsymbol{x}_t)_{t\in\mathbb{N}}$ 对于某个 $\boldsymbol{x}_0 \in \mathbb{R}^N$ 定义如下：

$$\forall s \in [1, N],\ \boldsymbol{x}_{t+1}(s) = \boldsymbol{x}_t(s) + \alpha_t(s)[\boldsymbol{H}(\boldsymbol{x}_t)(s) - \boldsymbol{x}_t(s) + \boldsymbol{w}_t(s)]$$

令 $\mathcal{F}_t = \{(\boldsymbol{x}_{t'})_{t'\leqslant t}, (\boldsymbol{w}_{t'})_{t'\leqslant t-1}, (\alpha_{t'})_{t'\leqslant t}\}$，代表 $t' \leqslant t$ 的整个历史信息，假定以下条件均满足：

- 对于某个范数$\|\cdot\|$，$\exists K_1, K_2 \in \mathbb{R}$：$\mathbb{E}[\|\boldsymbol{w}_t\|^2(s) \mid \mathcal{F}_t] \leqslant K_1 + K_2\|\boldsymbol{x}_t\|^2$；
- $\mathbb{E}[\boldsymbol{w}_t \mid \mathcal{F}_t] = 0$；
- $\forall s \in [1, N]$，$\sum_{t=0}^{+\infty}\alpha_t(s) = +\infty$，$\sum_{t=0}^{+\infty}\alpha_t^2(s) < +\infty$；
- $\boldsymbol{H}$ 是不动点为 $\boldsymbol{x}^*$ 的$\|\cdot\|_\infty$-压缩。

那么，序列 $\boldsymbol{x}_t$ 几乎收敛到 $\boldsymbol{x}^*$：

$$\boldsymbol{x}_t \xrightarrow{\text{a. s.}} \boldsymbol{x}^* \tag{17.21}$$

下几节将给出若干针对未知环境中 MDP 的学习算法。

17.5.2 TD(0)算法

本节介绍 TD(0)算法，它被用来对环境模型未知时的策略进行评估。算法主要基于贝尔曼线性方程组给出策略 π 的值(见命题 17.1)：

$$\begin{aligned} V_\pi(s) &= \mathbb{E}[r(s, \pi(s))] + \gamma \sum_{s'} \mathbb{P}[s' \mid s, \pi(s)] V_\pi(s') \\ &= \mathbb{E}_{s'}[r(s, \pi(s)) + \gamma V_\pi(s') \mid s] \end{aligned}$$

然而，上式中最后一项期望对应的概率分布是未知的。因而 TD(0)算法包括以下两步：

- 采样得到新状态 s'；
- 正如算法名，根据下式来更新策略值：

$$\begin{aligned} V(s) &\leftarrow (1-\alpha)V(s) + \alpha[r(s, \pi(s)) + \gamma V(s')] \\ &= V(s) + \alpha[\underbrace{r(s, \pi(s)) + \gamma V(s') - V(s)}_{V\text{值的时间差分}}] \end{aligned} \tag{17.22}$$

这里的参数 α 是关于访问到状态 s 的次数的函数。 397

下面给出算法的伪代码。算法从任意策略值向量 $\mathbf{V}_0$ 开始。在每期开始，由函数 SelectState 返回初始状态，然后持续进行迭代直至最终状态。在每轮迭代中，根据当前状态 s，遵循策略 π 而采取行动 $\pi(s)$。随后就可观察到新状态 s'和得到的奖赏 r'。之后根据规则式(17.22)来更新状态 s 的策略值，并将当前状态设定为 s'。

```
TD(0)()
V ← V_0    ▷ 初始化
for t ← 0 to T do
    s ← SelectState()
    for each step of epoch t do
        r' ← Reward(s, π(s))
        s' ← NextState(π, s)
        V(s) ← (1 − α)V(s) + α[r' + γV(s')]
        s ← s'
return V
```

根据定理 17.11 可知算法收敛。我们之后将给出 Q-学习算法收敛性的完整证明，而 TD(0)可以看作它的特殊情况。

17.5.3 Q-学习算法

本节介绍在未知模型中估计最优状态-行动值函数 Q^* 的算法。注意，最优策略或策略值可通过 $\pi^*(s) = \arg\max_{a \in A} Q^*(s, a)$和 $V^*(s) = \max_{a \in A} Q^*(s, a)$由 Q^* 直接得到。为简化表述，接下来假设奖赏函数为确定的。

Q-学习算法基于给出最优状态-行动值函数 Q^* 的式(17.1)：

$$\begin{aligned} Q^*(s, a) &= \mathbb{E}[r(s, a)] + \gamma \sum_{s' \in S} \mathbb{P}[s' \mid s, a] V^*(s') \\ &= \mathbb{E}_{s'}[r(s, a) + \gamma \max_{a \in A} Q^*(s, a)] \end{aligned}$$ 398

与之前小节提到的策略值一样，其概率分布是未知的。因此，Q-学习算法主要包含下面两步：

- 采样得到新状态 s'；
- 根据下式来更新策略值：

$$Q(s, a) \leftarrow (1-\alpha)Q(s, a)+\alpha\left[r(s, a)+\gamma \max_{a' \in A} Q(s', a')\right] \tag{17.23}$$

这里参数 α 是关于访问到状态 s 的次数的函数。

该算法可以被视为之前小节描述的值迭代算法的随机版本。伪代码如下。在每期中，根据当前状态 s，遵循从 Q 导出的策略 π 来选择行动。只要策略 π 能保证每个状态-行动对(s, a)可被无限次访问，则 π 的选择是任意的。根据式(17.23)，接收到的奖赏和观察到的新状态 s'将被用于更新 Q。

```
Q-LEARNING(π)
Q ← Q₀    ▷初始化，例如可取 Q₀ = 0
for t ← 0 to T do
    s ← SELECTSTATE()
    for each step of epoch t do
        a ← SELECTACTION(π, s)    ▷依据 Q 得到的策略 π，例如，ε-贪心策略
        r' ← REWARD(s, a)
        s' ← NEXTSTATE(s, a)
        Q(s, a) ← Q(s, a) + α[r' + γ max_{a'} Q(s', a') − Q(s, a)]
        s ← s'
return Q
```

| 定理 17.12 | 考虑有限 MDP，假定对所有 $s \in S$ 和 $a \in A$，有 $\sum_{t=0}^{+\infty} \alpha_t(s, a)=+\infty$ 和 $\sum_{t=0}^{+\infty} \alpha_t^2(s, a)<+\infty$ 成立，其中 $\alpha_t(s, a) \in [0, 1]$。那么，Q-学习算法收敛到最优值 Q^*(以概率 1)。

399 注意 $\alpha_t(s, a)$上的条件表明每个状态-行动对被访问无数次。

| 证明 | 令$(Q_t(s, a))_{t \geqslant 0}$ 表示算法在$(s, a) \in S \times A$ 上生成的状态-行动值函数的序列。根据 Q-学习更新的定义，

$$Q_{t+1}(s_t, a_t)=Q_t(s_t, a_t)+\alpha\left[r(s_t, a_t)+\gamma \max_{a'} Q_t(s_{t+1}, a')-Q_t(s_t, a_t)\right]$$

对于所有 $s \in S$ 和 $a \in A$，上式可被重写为：

$$\begin{aligned} Q_{t+1}(s, a)= & Q_t(s, a)+\alpha_t(s, a)\left[r(s, a)+\gamma \underset{u \sim \mathbb{P}[\cdot \mid s, a]}{\mathbb{E}}\left[\max_{a'} Q_t(u, a')\right]-Q_t(s, a)\right]+ \\ & \gamma \alpha_t(s, a)\left[\max_{a'} Q_t(s', a')-\underset{u \sim \mathbb{P}[\cdot \mid s, a]}{\mathbb{E}}\left[\max_{a'} Q_t(u, a')\right]\right] \end{aligned} \tag{17.24}$$

其中，定义 $s'=\text{NEXTSTATE}(s, a)$，当$(s, a) \neq (s_t, a_t)$时，$\alpha_t(s, a)$为 0，$\alpha_t(s_t, a_t)$不为 0。现在令 $\boldsymbol{Q}_t$ 表示由 $Q_t(s, a)$组成的向量，令向量 $\boldsymbol{w}_t$ 的第 s'项为：

$$w_t(s')=\max_{a'} Q_t(s', a')-\underset{u \sim \mathbb{P}[\cdot \mid s, a]}{\mathbb{E}}\left[\max_{a'} Q_t(u, a')\right]^{\ominus}$$

令向量 $\boldsymbol{H}(\boldsymbol{Q}_t)$的各分量 $\boldsymbol{H}(\boldsymbol{Q}_t)(s, a)$为：

⊖ 原书此式有误，已更正。——译者注

$$\boldsymbol{H}(\boldsymbol{Q}_t)(s,a)=r(s,a)+\gamma \underset{u\sim\mathbb{P}[\cdot\mid s,a]}{\mathbb{E}}\left[\max_{a'}\boldsymbol{Q}_t(u,a')\right]$$

之后，根据式(17.24)，有下式成立：

$$\forall(s,a)\in S\times A,\ \boldsymbol{Q}_{t+1}(s,a)=\boldsymbol{Q}_t(s,a)+\alpha_t(s,a)[\boldsymbol{H}(\boldsymbol{Q}_t)(s,a)-\boldsymbol{Q}_t(s,a)+\gamma\boldsymbol{w}_t(s)]$$

我们接下来证明定理 17.11 适用于 $\boldsymbol{Q}_t$ 和 $\boldsymbol{w}_t$，这意味着 $\boldsymbol{Q}_t$ 收敛到 $\boldsymbol{Q}^*$。根据假设，α_t 满足定理的条件。依据 $\boldsymbol{w}_t$ 的定义，则 $\mathbb{E}[\boldsymbol{w}_t\mid\mathcal{F}_t]=0$。对于任意 $s'\in S$，同样有：

$$\begin{aligned}|\boldsymbol{w}_t(s)|&\leqslant\max_{a'}|\boldsymbol{Q}_t(s',a')|+\left|\underset{u\sim\mathbb{P}[\cdot\mid s,a]}{\mathbb{E}}\left[\max_{a'}\boldsymbol{Q}_t(u,a')\right]\right|\\&\leqslant 2\max_{s'}\left|\max_{a'}\boldsymbol{Q}_t(s',a')\right|=2\|\boldsymbol{Q}_t\|_\infty\end{aligned}$$

400

因此，$\mathbb{E}[\boldsymbol{w}_t^2(s)\mid\mathcal{F}_t]\leqslant 4\|\boldsymbol{Q}_t\|_\infty^2$。最后，对于 $\|\cdot\|_\infty$，$\boldsymbol{H}$ 是一个 γ-压缩，这是因为对于任意 $\boldsymbol{Q}_1'$，$\boldsymbol{Q}''_2\in\mathbb{R}^{|S|\times|A|}$ 和 $(s,a)\in S\times A$，有：

$$\begin{aligned}|\boldsymbol{H}(\boldsymbol{Q}_2)(x,a)-\boldsymbol{H}(\boldsymbol{Q}_1')(x,a)|&=\left|\gamma\underset{u\sim\mathbb{P}[\cdot\mid s,a]}{\mathbb{E}}\left[\max_{a'}\boldsymbol{Q}_2(u,a')-\max_{a'}\boldsymbol{Q}_1(u,a')\right]\right|\\&\leqslant\gamma\underset{u\sim\mathbb{P}[\cdot\mid s,a]}{\mathbb{E}}\left[\left|\max_{a'}\boldsymbol{Q}_2(u,a')-\max_{a'}\boldsymbol{Q}_1(u,a')\right|\right]\\&\leqslant\gamma\underset{u\sim\mathbb{P}[\cdot\mid s,a]}{\mathbb{E}}\max_{a'}\left[|\boldsymbol{Q}_2(u,a')-\boldsymbol{Q}_1(u,a')|\right]\\&\leqslant\gamma\max_{u}\max_{a'}\left[|\boldsymbol{Q}_2(u,a')-\boldsymbol{Q}_1(u,a')|\right]\\&\leqslant\gamma\|\boldsymbol{Q}_2-\boldsymbol{Q}_1\|_\infty\end{aligned}$$

因为 $\boldsymbol{H}$ 是一个压缩，所以存在不动点 $\boldsymbol{Q}^*$ 使得 $\boldsymbol{H}(\boldsymbol{Q}^*)=\boldsymbol{Q}^*$ 成立。■

用于选择行动 a(第 5 行)的策略 π 并不由算法指定。如上所述，定理保证算法对任意策略的收敛性，只要该策略能让每个状态-行动对(s,a)被无限次访问。实践中，π 可以考虑多种自然的选择方式。一种可能的策略就是根据 t 时刻的状态-行动值 Q_t 来选择行动，即 $\arg\max_{a\in A}Q_t(s,a)$。但这种选择方式通常不保证所有行动都能被采用，或者所有状态都被访问到。作为替代，强化学习中常使用 **$\boldsymbol{\varepsilon}$-贪心策略**(ε-greedy policy)，即当状态为 s 时，以$(1-\varepsilon)$的概率选择最贪心的行动，即 $\arg\max_{a\in A}Q_t(s,a)$；或者以 ε 的概率随机选择行动，其中 $\varepsilon\in(0,1)$。还有种方式称为 **Boltzmann 探索**(Boltzmann exploration)，假设当前状态-行动值为 Q，周期 $t\in\{0,\cdots,T\}$，当前状态为 s，那么将根据以下的概率来选择行动：

$$p_t(a\mid s,Q)=\frac{e^{\frac{Q_t(s,a)}{\tau_t}}}{\sum_{a'\in A}e^{\frac{Q_t(s,a')}{\tau_t}}}$$

其中 τ_t 代表**温度**(temperature)，它的定义必须满足当 $t\to\infty$ 时有 $\tau_t\to 0$，这保证了当 t 足够大时，基于 Q 的贪心行动能被选到。这个定义是很自然的，由于随着 t 的增加，我们会很自然地希望 Q 逐步接近最优函数。另一方面，τ_t 不能过快趋近于 0，以保证所有状态都能被无限次访问。通常选择 $1/\log(n_t(s))$ 作为 τ_t，其中 $n_t(s)$代表到第 t 个周期时，状态 s 被访问的次数。

强化学习算法包含两个组件：一个是决定采取何种行动的**学习策略**(learning policy)；另一个是定义最优值函数新估计的**更新规则**(update rule)。对于**策略无关型算法**(off-policy algorithm)，更新规则无须依赖于学习策略。Q-学习算法是一种策略无关型算法，因为它 401

的更新规则(伪代码的第 8 行)是基于最大算子和对所有行动 a' 的比较，属于贪心行动，可能与根据当前策略 π 推荐的行动不一致。更一般地，一个策略无关型算法可以用来评价或改进某个策略，虽然其行动基于的是另一个策略。

相反地，下一节将介绍的算法 SARSA 是一种**策略依赖型算法**(on-policy algorithm)。一个策略依赖型算法评价或改进的是用于控制的当前策略，基于算法给出的策略对回报进行评价。

17.5.4　SARSA 算法

SARSA 也是一种从未知模型中估计最优状态-行动值函数的算法。伪代码在图 17.7 中给出。实际上，该算法与 Q-学习十分相似，唯一的不同是，它的更新规则(伪代码的第 9 行)是基于根据学习策略选择的行动 a'。因此，SARSA 是一种策略依赖型算法，其收敛性也依赖于学习策略。特别地，算法的收敛性要求：所有的行动可以被无限次选择到且学习策略应逐步趋向于贪心。收敛性的证明类似于 Q-学习。

SARSA(π)
1　$Q \leftarrow Q_0$　▷初始化，例如可取 $Q_0 = 0$
2　**for** $t \leftarrow 0$ **to** T **do**
3　　$s \leftarrow$ SelectState()
4　　$a \leftarrow$ SelectAction($\pi(Q), s$)　▷依据 Q 得到的策略 π，例如 ε-贪心策略
5　　**for each step of epoch** t **do**
6　　　$r' \leftarrow$ Reward(s, a)
7　　　$s' \leftarrow$ NextState(s, a)
8　　　$a' \leftarrow$ SelectAction($\pi(Q), s'$)　▷依据 Q 得到的策略 π，例如 ε-贪心策略
9　　　$Q(s,a) \leftarrow Q(s,a) + \alpha_t(s,a)[r' + \gamma Q(s',a') - Q(s,a)]$
10　　　$s \leftarrow s'$
11　　　$a \leftarrow a'$
12　**return** Q

图 17.7　SARSA 算法

算法的名称来源于连续定义的指令序列 s、a、r'、s'、a'，此外，对函数 Q 的更新也依赖于五元组(s，a，r'，s'，a')。

17.5.5　TD(λ)算法

TD(0)和 Q-学习算法都只是基于即时奖赏的。TD(λ)则转而采用多步奖赏。因此，对 $n>1$ 步，采取如下更新

$$V(s) \leftarrow V(s) + \alpha(R_t^n - V(s))$$

其中，R_t^n 被定义为：$R_t^n = r_{t+1} + \gamma r_{t+2} + \cdots + \gamma^{n-1} r_{t+n} + \gamma^n V(s_{t+n})$。

那么，应该如何选择 n？TD(λ)没有选择特定的 n，而是在所有奖赏的几何分布上进行计算，即采用 $R_t^\lambda = (1-\lambda)\sum_{n=0}^{+\infty} \lambda^n R_t^n$ 来替代 R_t^n，其中 $\lambda \in [0, 1]$。因此，更新规则变为：

$$V(s) \leftarrow V(s) + \alpha(R_t^\lambda - V(s))$$

下面给出了该算法的伪代码。对 $\lambda=0$，算法刚好和 TD(0)一致；$\lambda=1$ 则对应了全部的未来奖赏。

```
TD(λ)()
V ← V₀    ▷初始化
e ← 0
for t ← 0 to T do
    s ← SelectState()
    for each step of epoch t do
        s' ← NextState(π, s)
        δ ← r(s, π(s)) + λV(s') − V(s)
        e(s) ← λe(s) + 1
        for u ∈ S do
            if u ≠ s then
                e(u) ← γλe(u)
            V(u) ← V(u) + αδe(u)
        s ← s'
return V
```

在之前的小节中，我们给出了代理在未知环境中的多种学习算法。实际应用中面临的情况更具挑战性，代理接收到的有关环境的信息往往是不确定或不可信的。这类问题可以被建模为局部可观测的 Markov 决策过程(POMDP)。POMDP 在 MDP 的定义上额外增加了与采取的行动、到达的状态以及观测都有关的观测概率分布。这些模型和解决方案超出了本书讨论范围，这里不做赘述。

17.5.6 大状态空间

在某些实际情境中，需要考虑的状态或行动的个数可能非常多。例如，双陆棋游戏中状态的个数可能高达 10^{20}。之前几节涉及的多个算法在这样的应用上是计算困难的。更重要的是，泛化将变得极度困难。

假若我们想根据策略 π 获得的经验来估计每个状态 s 对应的策略值 $V_\pi(s)$。为了应对大状态空间，我们可以通过映射 $\boldsymbol{\Phi}$: $S\to\mathbb{R}^N$ 将环境的状态映射到 N 相对较小($N\approx 200$ 可用于双陆棋)的 $\mathbb{R}^N$ 中，然后采用参数为向量 $\boldsymbol{w}$ 的函数 $f_{\boldsymbol{w}}(s)$来逼近 $V_\pi(s)$。例如，$f_{\boldsymbol{w}}$ 可以被定义为线性函数，即对于所有 $s\in S$，$f_{\boldsymbol{w}}(s)=\boldsymbol{w}\cdot\boldsymbol{\Phi}(s)$，或为 $\boldsymbol{w}$ 的更复杂的非线性函数。这样一来，这个问题旨在采用 $f_{\boldsymbol{w}}$ 来逼近 V_π，所以可被重新表述为回归问题。但要注意，可用的经验数据不是独立同分布的。

假若在每个时间步 t，代理都会接收到准确的策略值 $V_\pi(s_t)$。那么，如果 $f_{\boldsymbol{w}}$ 属于可微函数族，则可以对经验平方误差采用梯度下降方法来逐步更新权重向量 $\boldsymbol{w}$：

$$\boldsymbol{w}_{t+1}=\boldsymbol{w}_t-\alpha\,\nabla_{\boldsymbol{w}_t}\frac{1}{2}[V_\pi(s_t)-f_{\boldsymbol{w}_t}(s_t)]^2=\boldsymbol{w}_t+\alpha[V_\pi(s_t)-f_{\boldsymbol{w}_t}(s_t)]\nabla_{\boldsymbol{w}_t}f_{\boldsymbol{w}_t}(s_t)$$

值得一提的是，对于大的行动空间，算法对某些简单情况也可能无法收敛并且陷入循环。 402~404

17.6　文献评注

强化学习是机器学习中的重要领域，相关文献也十分丰富。本章只是对该领域做了简要介绍。如需深入研究，读者可参考以下几本书。Sutton 和 Barto[1998]的书中数学内容较短，Puterman[1994]和 Bertsekas[1987]的书则从多个方面做了深入讨论，近来也有 Szepesvári[2010]的书可以参考。Singh[1993]和 Littman[1996]的博士论文也是很好的资料。

一些 MDP 的基础性工作和时间差分(TD)方法来自 Sutton[1984]。Watkins[1989]介绍并分析了 Q-学习，尽管它可以被看作 TD 方法的特例。而 Q-学习的收敛性证明则由 Watkins 和 Dayan[1992]首次给出。

强化学习中采用的大量技术和随机逼近中的十分相近。这些技术最早由 Robbins 和 Monro[1951]提出，接下来是在 Dvoretzky[1956]、Schmetterer[1960]、Kiefer 和 Wolfowitz[1952]，以及 Kushner 和 Clark[1978]这一系列著作中提出。近来对随机逼近的综述，包括基于 ODE(常微分方程)的证明技术，参见 Kushner[2010]及其中的参考文献。Tsitsiklis[1994]和 Jaakkola 等[1994]给出了 Q-学习收敛性的相关证明，并强调了强化学习和随机逼近的联系。关于 Q-学习的收敛速率，可参看 Even-Dar 和 Mansour[2003]。近来有关值迭代算法的收敛性，可参阅 Ye[2011]的结果，其中证明了算法关于固定折扣因子是强多项式的。

强化学习已经成功应用在多个问题中，包括机器人控制、棋类游戏(例如在双陆棋中，Tesauro[1995]的 TD-Gammon 方法达到了高级专家的水平，参看 Sutton 和 Barto[1998]
405～406 的第 11 章)、国际象棋、电梯调度问题[Crites 和 Barto，1996]、电信、库存管理、动态信道分配[Singh 和 Bertsekas，1997]，以及一系列其他问题(参看 Puterman[1994]的第 1 章)。

后 记

本书介绍了大量机器学习算法与技术，同时也对它们的理论基础与应用范围进行了探讨。诚然，本书所阐述的内容可能并不易于理解，但至少为读者提供了机器学习这个领域的一些基本研究思路以及本领域与其他领域的多重关联，包括统计学、信息论、优化、博弈论以及形式语言和自动机。

我们在本书中给出的基本概念、算法以及定理证明可以为读者提供分析其他类似学习算法的思路与工具。同时，这些思路与工具对于设计新算法或者研究新的学习机制也是非常有助益的。在此，我们希望读者能够真正做到融会贯通，并在此基础上对学习问题的理论、算法以及应用进行更深入的探索。

本书每章后都给出了相应的习题，另外我们也在相关的网站上给出了所有习题的解答，目的是帮助读者更好地理解各章中介绍的概念与技术。其中有一些习题是本书首次给出，可作为一些研究工作的出发点，或者以此展开对一些新问题的深入研究。

本书给出的绝大多数算法及其变种可以直接用于有效地解决实际的学习问题。相信我们对这些算法的细致描述与讨论，可以帮助读者更好地应用这些算法并将它们拓展到其他的学习情境中。

机器学习是一个相对较新的研究领域，并且极有可能是在计算机科学中最为活跃的领域。尤其是在大量数字化数据的支持下，这个领域可能在接下来的几十年内飞速发展并取得长足进步。在实际中，学习问题有着不同的本质，有一些是数据的爆炸增长导致应用中需要对大量的数据进行处理，有一些则是需要考虑引入全新的学习框架，在新的学习框架下需要面临新的挑战并设计新的算法。不管是哪种情况，学习理论、学习算法以及应用都将在计算机科学和数学的基础上形成一个令人兴奋的领域，随着该领域的发展进步，我们希望本书涵盖的内容能提供助力，本书传达的思想能与新的学习问题有相通之处。 407~408

·附录 A·

线性代数回顾

在本附录中，我们将介绍一些与本书内容有关的线性代数的基本概念。本附录不代表详尽的教程，并且假定读者对附录中的内容有一定的预备知识。

A.1 向量和范数

我们用 $\mathbb{H}$ 表示一个向量空间，其维数可以是无限的。

A.1.1 范数

| 定义 A.1 | 称一个映射 Φ：$\mathbb{H}\to\mathbb{R}_+$ 在 $\mathbb{H}$ 上定义了一个范数，如果它满足以下公理：

- 确定性：$\forall \boldsymbol{x}\in\mathbb{H}$，$\Phi(\boldsymbol{x})=0\Leftrightarrow\boldsymbol{x}=\mathbf{0}$；
- 齐次性：$\forall \boldsymbol{x}\in\mathbb{H}$，$\forall \alpha\in\mathbb{R}$，$\Phi(\alpha\boldsymbol{x})=|\alpha|\Phi(\boldsymbol{x})$；
- 三角不等式：$\forall \boldsymbol{x}$，$\boldsymbol{y}\in\mathbb{H}$，$\Phi(\boldsymbol{x}+\boldsymbol{y})\leqslant\Phi(\boldsymbol{x})+\Phi(\boldsymbol{y})$。

一个范数通常由 $\|\cdot\|$ 表示。例如 $\mathbb{R}$ 上的绝对值和 $\mathbb{R}^N$ 上的欧几里德（或称 L_2）范数都是向量范数。更一般地，对于任意 $p\geqslant1$，在 $\mathbb{R}^N$ 上的 L_p 范数定义为

$$\forall \boldsymbol{x}\in\mathbb{R}^N,\quad \|\boldsymbol{x}\|_p=\Big(\sum_{j=1}^{N}|x_j|^p\Big)^{1/p} \tag{A.1}$$

L_1、L_2 和 L_∞ 是一些最为常用的范数，其中 $\|\boldsymbol{x}\|_\infty=\max_{j\in[1,N]}|x_j|$。称两个范数 $\|\cdot\|$ 和 $\|\cdot\|'$ 是**等价的**（equivalent），当且仅当存在 α，$\beta>0$ 使得对于所有 $\boldsymbol{x}\in\mathbb{H}$，

$$\alpha\|\boldsymbol{x}\|\leqslant\|\boldsymbol{x}\|'\leqslant\beta\|\boldsymbol{x}\| \tag{A.2}$$

对于上述范数，可直接证明有以下通用不等式成立：

$$\|\boldsymbol{x}\|_2\leqslant\|\boldsymbol{x}\|_1\leqslant\sqrt{N}\|\boldsymbol{x}\|_2 \tag{A.3}$$

$$\|\boldsymbol{x}\|_\infty\leqslant\|\boldsymbol{x}\|_2\leqslant\sqrt{N}\|\boldsymbol{x}\|_\infty \tag{A.4}$$

$$\|\boldsymbol{x}\|_\infty\leqslant\|\boldsymbol{x}\|_1\leqslant N\|\boldsymbol{x}\|_\infty \tag{A.5}$$

上面第一行（A.3）的第二个不等式可用稍后给出的 **Cauthy-Schwarz 不等式**（Cauchy-

Schwarz inequality)证明，而其他不等式都是显然成立的。这些不等式表明了这三种范数的等价性。更一般地，有限维空间上的所有范数都是等价的。对于 L_∞ 范数，还额外满足如下性质：对于所有 $\boldsymbol{x}\in\mathbb{H}$，

$$\forall\, p\geqslant 1,\quad \|\boldsymbol{x}\|_\infty\leqslant\|\boldsymbol{x}\|_p\leqslant N^{1/p}\|\boldsymbol{x}\|_\infty \tag{A.6}$$

$$\lim_{p\to+\infty}\|\boldsymbol{x}\|_p=\|\boldsymbol{x}\|_\infty \tag{A.7}$$ 409

上面第一行的不等式可直接得到，进而蕴含了第二行的极限性质。

| 定义 A.2 | **希尔伯特空间**(Hilbert space)是一个有内积 $\langle\cdot,\ \cdot\rangle$ 的向量空间，也即**完备的**(complete)向量空间(所有 Cauchy 序列都收敛)。由内积诱导的范数定义如下：

$$\forall\, \boldsymbol{x}\in\mathbb{H},\qquad \|\boldsymbol{x}\|_{\mathbb{H}}=\sqrt{\langle\boldsymbol{x},\ \boldsymbol{x}\rangle} \tag{A.8}$$

A.1.2　对偶范数

| 定义 A.3 | 令 $\|\cdot\|$ 为 $\mathbb{R}^N$ 上的一个范数。则关于 $\|\cdot\|$ 的对偶范数 $\|\cdot\|_*$ 定义为

$$\forall\, \boldsymbol{y}\in\mathbb{R}^N,\qquad \|\boldsymbol{y}\|_*=\sup_{\|\boldsymbol{x}\|=1}|\langle\boldsymbol{y},\ \boldsymbol{x}\rangle| \tag{A.9}$$

对于任意**共轭的**(conjugate) p，$q\geqslant 1$，即 $\frac{1}{p}+\frac{1}{q}=1$，$L_p$ 和 L_q 范数是彼此的对偶范数。特别地，L_2 范数的对偶范数是 L_2 范数，L_1 范数的对偶范数是 L_∞ 范数。

| 命题 A.1　Hölder 不等式 | 令 p，$q\geqslant 1$ 是共轭的：$\frac{1}{p}+\frac{1}{q}=1$。则对于所有 x，$y\in\mathbb{R}^N$，

$$|\langle\boldsymbol{x},\ \boldsymbol{y}\rangle|\leqslant\|\boldsymbol{x}\|_p\|\boldsymbol{y}\|_q \tag{A.10}$$

当对于所有 $i\in[1,\ N]$，有 $|y_i|=|x_i|^{p-1}$ 时等号成立。

| 证明 | 当 $\boldsymbol{x}=\boldsymbol{0}$ 或 $\boldsymbol{y}=\boldsymbol{0}$，命题显然成立；因此，我们假定 $\boldsymbol{x}\neq\boldsymbol{0}$ 且 $\boldsymbol{y}\neq\boldsymbol{0}$。令 a，$b>0$，由 log 的凹性可得

$$\log\left(\frac{1}{p}a^p+\frac{1}{q}b^q\right)\geqslant\frac{1}{p}\log(a^p)+\frac{1}{q}\log(b^q)=\log(a)+\log(b)=\log(ab)$$

对左右两边取指数可得

$$\frac{1}{p}a^p+\frac{1}{q}b^q\geqslant ab$$

该不等式被称为 **Young 不等式**(Young's inequality)。对于 $j\in[1,\ N]$，令 $a=|x_j|/\|\boldsymbol{x}\|_p$ 且 $b=|y_j|/\|\boldsymbol{y}\|_p$，使用此不等式并求和可得

$$\frac{\sum_{j=1}^{N}|x_jy_j|}{\|\boldsymbol{x}\|_p\|\boldsymbol{y}\|_q}\leqslant\frac{1}{p}\frac{\|\boldsymbol{x}\|^p}{\|\boldsymbol{x}\|^p}+\frac{1}{q}\frac{\|\boldsymbol{y}\|^q}{\|\boldsymbol{y}\|^q}=\frac{1}{p}+\frac{1}{q}=1$$

由于 $|\langle\boldsymbol{x},\ \boldsymbol{y}\rangle|\leqslant\sum_{j=1}^{N}|x_jy_j|$，故不等式成立。等号成立的情况可直接验证。■

令 $p=q=2$ 直接可得如下 **Cauchy-Schwarz 不等式**(Cauchy-Schwarz inequality)。

| 推论 A.1　Cauchy-Schwarz 不等式 | 对于所有 $\boldsymbol{x}$，$\boldsymbol{y}\in\mathbb{R}^N$，

$$|\langle\boldsymbol{x},\ \boldsymbol{y}\rangle|\leqslant\|\boldsymbol{x}\|_2\|\boldsymbol{y}\|_2 \tag{A.11}$$

当且仅当 $\boldsymbol{x}$ 和 $\boldsymbol{y}$ 共线时等号成立。

令 $\mathcal{H}$ 是 $\mathbb{R}^N$ 中的超平面，其方程为

$$\boldsymbol{w}\cdot\boldsymbol{x}+b=0$$

其中，法向量 $\boldsymbol{w}\in\mathbb{R}^N$ 且偏置 $b\in\mathbb{R}$。令 $d_p(\boldsymbol{x},\mathcal{H})$ 表示 $\boldsymbol{x}$ 到超平面 $\mathcal{H}$ 的距离，即

$$d_p(\boldsymbol{x},\mathcal{H})=\inf_{x'\in\mathcal{H}}\|\boldsymbol{x}'-\boldsymbol{x}\|_p \tag{A.12}$$

那么，对于所有 $p\geqslant 1$，下式成立：

$$d_p(\boldsymbol{x},\mathcal{H})=\frac{|\boldsymbol{w}\cdot\boldsymbol{x}+b|}{\|\boldsymbol{w}\|_q} \tag{A.13}$$

其中，q 是 p 的共轭：$\frac{1}{p}+\frac{1}{q}=1$。将附录 B 的结论应用于带约束优化问题式(A.12)，可

410 以直接证明式(A.13)成立。

A.1.3 不同范数之间的关系

不等式(A.3)、(A.4)和(A.5)可推广至更一般的情况，即对于所有 L_p 范数，有下面的命题成立。

| 命题 A.2 | 令 $1\leqslant p\leqslant q$，则对于所有 $\boldsymbol{x}\in\mathbb{R}^N$，有以下不等式成立：

$$\|\boldsymbol{x}\|_q\leqslant\|\boldsymbol{x}\|_p\leqslant N^{\frac{1}{p}-\frac{1}{q}}\|\boldsymbol{x}\|_q \tag{A.14}$$

| 证明 | 首先，假设 $\boldsymbol{x}\neq\boldsymbol{0}$，否则不等式显然成立。这是由于 $1\leqslant p\leqslant q$，第一个不等式可如下推导：

$$\left[\frac{\|\boldsymbol{x}\|_p}{\|\boldsymbol{x}\|_q}\right]^p=\sum_{i=1}^N\left[\underbrace{\frac{x_i}{\|\boldsymbol{x}\|_q}}_{\leqslant 1}\right]^p\geqslant\sum_{i=1}^N\left[\frac{x_i}{\|\boldsymbol{x}\|_q}\right]^q=1$$

最后，利用 Hölder 不等式(命题 A.1)，第二个不等式可推导如下：

$$\|\boldsymbol{x}\|_p=\left[\sum_{i=1}^N|x_i|^p\right]^{\frac{1}{p}}\leqslant\left[\left(\sum_{i=1}^N(|x_i|^p)^{\frac{q}{p}}\right)^{\frac{p}{q}}\left(\sum_{i=1}^N(1)^{\frac{q}{q-p}}\right)^{1-\frac{p}{q}}\right]^{\frac{1}{p}}=\|\boldsymbol{x}\|_q N^{\frac{1}{p}-\frac{1}{q}}$$

证毕。 ■

A.2 矩阵

对于一个有 m 行 n 列的矩阵 $\boldsymbol{M}\in\mathbb{R}^{m\times n}$，对于所有 $i\in[1,m]$ 和 $j\in[1,n]$，我们用 $\boldsymbol{M}_{ij}$ 来表示它第 i 行第 j 列的元素。对于任意 $m\geqslant 1$，我们用 $\boldsymbol{I}_m$ 表示 m 维单位矩阵，当矩阵维数易由上下文确定时，可简记为 $\boldsymbol{I}$。

$\boldsymbol{M}$ 的**转置**(transpose)用 $\boldsymbol{M}^{\mathrm{T}}$ 表示，并且对于所有(i,j)，$(\boldsymbol{M}^{\mathrm{T}})_{ij}=\boldsymbol{M}_{ji}$。对于任意两个矩阵 $\boldsymbol{M}\in\mathbb{R}^{m\times n}$ 和 $\boldsymbol{N}\in\mathbb{R}^{n\times p}$，$(\boldsymbol{MN})^{\mathrm{T}}=\boldsymbol{N}^{\mathrm{T}}\boldsymbol{M}^{\mathrm{T}}$。当且仅当对于所有$(i,j)$，$\boldsymbol{M}_{ij}=\boldsymbol{M}_{ji}$，即 $\boldsymbol{M}=\boldsymbol{M}^{\mathrm{T}}$ 时，称 $\boldsymbol{M}$ 为**对称的**(symmetric)。

方阵 $\boldsymbol{M}$ 的**迹**(trace)用 $\mathrm{Tr}[\boldsymbol{M}]$ 表示，定义为 $\mathrm{Tr}[\boldsymbol{M}]=\sum_{i=1}^N\boldsymbol{M}_{ii}$。对于任意两个矩阵 $\boldsymbol{M}\in\mathbb{R}^{m\times n}$ 和 $\boldsymbol{N}\in\mathbb{R}^{n\times m}$，$\mathrm{Tr}[\boldsymbol{MN}]=\mathrm{Tr}[\boldsymbol{NM}]$。更一般地，对于矩阵 $\boldsymbol{M}$、$\boldsymbol{N}$ 和 $\boldsymbol{P}$，当矩阵维数合适时，满足以下循环性：

$$\mathrm{Tr}[\boldsymbol{MNP}]=\mathrm{Tr}[\boldsymbol{PMN}]=\mathrm{Tr}[\boldsymbol{NPM}] \tag{A.15}$$

当 $\boldsymbol{M}$ 满秩时，方阵 $\boldsymbol{M}$ 的逆存在，记为 $\boldsymbol{M}^{-1}$ 并且是满足 $\boldsymbol{MM}^{-1}=\boldsymbol{M}^{-1}\boldsymbol{M}=\boldsymbol{I}$ 的唯一矩阵。

A.2.1 矩阵范数

矩阵范数(matrix norm)是在 $\mathbb{R}^{m\times n}$ 上定义的范数，其中 m 和 n 是矩阵的维数。许多矩阵范数(包括下面讨论的范数)满足以下**次可乘性**(submultiplicative property)：

$$\|\boldsymbol{MN}\|\leqslant\|\boldsymbol{M}\|\,\|\boldsymbol{N}\| \tag{A.16}$$

由向量范数 $\|\cdot\|_p$ **诱导的矩阵范数**(matrix norm induced)或称**诱导的算子范数**(operator norm induced)也由 $\|\cdot\|_p$ 表示，定义如下：

$$\|\boldsymbol{M}\|_p=\sup_{\|\boldsymbol{x}\|_p\leqslant 1}\|\boldsymbol{Mx}\|_p \tag{A.17}$$

$p=2$ 时，诱导的矩阵范数为**谱范数**(spectral norm)，等于 $\boldsymbol{M}$ 的最大奇异值(见 A.2.2 节)，或等于 $\boldsymbol{M}^{\top}\boldsymbol{M}$ 最大特征值的平方根：

$$\|\boldsymbol{M}\|_2=\sigma_1(\boldsymbol{M})=\sqrt{\lambda_{\max}(\boldsymbol{M}^{\top}\boldsymbol{M})} \tag{A.18}$$ 411

并非所有的矩阵范数都由向量范数诱导，最有名的反例如 **Frobenius 范数**(Frobenius norm)$\|\cdot\|_F$，定义如下：

$$\|\boldsymbol{M}\|_F=\Big(\sum_{i=1}^{m}\sum_{j=1}^{n}\boldsymbol{M}_{ij}^2\Big)^{1/2}$$

当将 $\boldsymbol{M}$ 视为大小为 mn 的向量时，Frobenius 范数可视作向量的 L_2 范数。它也与 **Frobenius 内积**(Frobenius product)诱导的范数一致。Frobenius 内积是定义在所有 $\boldsymbol{M}$，$\boldsymbol{N}\in\mathbb{R}^{m\times n}$ 上的内积：

$$\langle\boldsymbol{M},\boldsymbol{N}\rangle_F=\mathrm{Tr}[\boldsymbol{M}^{\mathrm{T}}\boldsymbol{N}] \tag{A.19}$$

这将 Frobenius 范数与 $\boldsymbol{M}$ 的奇异值关联：

$$\|\boldsymbol{M}\|_F^2=\mathrm{Tr}[\boldsymbol{M}^{\mathrm{T}}\boldsymbol{M}]=\sum_{i=1}^{r}\sigma_i(\boldsymbol{M})^2$$

其中，$r=\mathrm{rank}(\boldsymbol{M})$。由 SPSD 矩阵的性质(见 A.2.3 节)可知第二个等式成立。

对于任意 $j\in[1,n]$，令 $\boldsymbol{M}_j$ 表示 $\boldsymbol{M}$ 的第 j 列，即 $\boldsymbol{M}=[\boldsymbol{M}_1\cdots\boldsymbol{M}_n]$。那么，对于任意 p，$r\geqslant 1$，$\boldsymbol{M}$ 的 $L_{p,r}$ **组范数**(group norm)定义为

$$\|\boldsymbol{M}\|_{p,r}=\Big(\sum_{j=1}^{n}\|\boldsymbol{M}_i\|_p^r\Big)^{1/r}$$

最常用的组范数之一是 $L_{2,1}$ 范数，定义如下：

$$\|\boldsymbol{M}\|_{2,1}=\sum_{i=1}^{n}\|\boldsymbol{M}_i\|_2$$

A.2.2 奇异值分解

对于矩阵 $\boldsymbol{M}$，$r=\mathrm{rank}(\boldsymbol{M})\leqslant\min\{m,n\}$ 时，其**奇异值分解**(Singular Value Decomposition，SVD)为

$$\boldsymbol{M}=\boldsymbol{U}_M\boldsymbol{\Sigma}_M\boldsymbol{V}_M^{\mathrm{T}}$$

$r\times r$ 矩阵 $\boldsymbol{\Sigma}_M=\mathrm{diag}(\sigma_1,\cdots,\sigma_r)$是对角矩阵，由按降序排序的 $\boldsymbol{M}$ 的非零**奇异值**(singular value)构成，即 $\sigma_1\geqslant\cdots\geqslant\sigma_r>0$。$\boldsymbol{U}_M\in\mathbb{R}^{m\times r}$ 和 $\boldsymbol{V}_M\in\mathbb{R}^{n\times r}$ 为列正交，包含对应于降序奇异值的 $\boldsymbol{M}$ 的**左和右奇异向量**(left and right singular vector)。$\boldsymbol{U}_k\in\mathbb{R}^{m\times k}$ 是 $\boldsymbol{M}$ 的前 $k\leqslant r$ 个左

奇异向量。

在 $\boldsymbol{U}_k$ 张成的空间上的**正交投影**(orthogonal projection)可写为 $\boldsymbol{P}_{\boldsymbol{U}_k}=\boldsymbol{U}_k\boldsymbol{U}_k^{\mathrm{T}}$ 且 $\boldsymbol{P}_{\boldsymbol{U}_k}$ 满足 SPSD 以及幂等，即 $\boldsymbol{P}_{\boldsymbol{U}_k}^2=\boldsymbol{P}_{\boldsymbol{U}_k}$。此外，到与 $\boldsymbol{U}_k$ 正交的子空间的正交投影记为 $\boldsymbol{P}_{\boldsymbol{U}_{k,\perp}}$。同理，对于右奇异向量也有 $\boldsymbol{V}_k$、$\boldsymbol{P}_{\boldsymbol{V}_k}$、$\boldsymbol{P}_{\boldsymbol{V}_{k,\perp}}$。

矩阵 $\boldsymbol{M}$ 的**广义逆**(generalized inverse)，或称 **Moore-Penrose 伪逆**(Moore-Penrose pseudo-inverse)由 $\boldsymbol{M}^{\dagger}$ 表示，定义如下：

$$\boldsymbol{M}^{\dagger}=\boldsymbol{U}_M\boldsymbol{\Sigma}_M^{\dagger}\boldsymbol{V}_M^{\mathrm{T}} \tag{A.20}$$

其中 $\boldsymbol{\Sigma}_M^{\dagger}=\mathrm{diag}(\sigma_1^{-1},\ \cdots,\ \sigma_r^{-1})$。对于任意 $m\times m$ 的满秩方阵 $\boldsymbol{M}$，即 $r=m$，矩阵的伪逆与矩阵的逆一致：$\boldsymbol{M}^{\dagger}=\boldsymbol{M}^{-1}$。

A.2.3 对称正半定矩阵

| 定义 A.4 | *称对称矩阵 $\boldsymbol{M}\in\mathbb{R}^{m\times m}$ 是半正定的，当且仅当*

$$\boldsymbol{x}^{\mathrm{T}}\boldsymbol{M}\boldsymbol{x}\geqslant 0 \tag{A.21}$$

对于所有 $\boldsymbol{x}\in\mathbb{R}^m$ 成立。如果不等式严格成立，则称 $\boldsymbol{M}$ 是正定的。

核矩阵(见第 6 章)和正交投影矩阵是 SPSD 矩阵的两个例子。可以直接证明当且仅当矩阵 $\boldsymbol{M}$ 的特征值均为非负值时，矩阵 $\boldsymbol{M}$ 是 SPSD 的。此外，对于任意 SPSD 矩阵 $\boldsymbol{M}$，满
412 足以下性质：

- 对于某个矩阵 $\boldsymbol{X}$，$\boldsymbol{M}$ 有分解 $\boldsymbol{M}=\boldsymbol{X}^{\mathrm{T}}\boldsymbol{X}$，并且由 **Cholesky 分解**(Cholesky decomposition)可以得到一个这样的分解，其中 $\boldsymbol{X}$ 是上三角矩阵。
- $\boldsymbol{M}$ 的左右奇异向量相同，$\boldsymbol{M}$ 的 SVD 分解也是其特征值分解。
- 任意矩阵 $\boldsymbol{X}=\boldsymbol{U}_X\boldsymbol{\Sigma}_X\boldsymbol{V}_X^{\mathrm{T}}$ 的 SVD 定义了两个相关 SPSD 矩阵的 SVD：左奇异向量($\boldsymbol{U}_X$)是 XX^{T} 的特征向量，右奇异向量($\boldsymbol{V}_X$)是 $\boldsymbol{X}^{\mathrm{T}}\boldsymbol{X}$ 的特征向量，$\boldsymbol{X}$ 的非零奇异值是 $\boldsymbol{X}\boldsymbol{X}^{\mathrm{T}}$ 和 $\boldsymbol{X}^{\mathrm{T}}\boldsymbol{X}$ 的非零特征值的平方根。
- $\boldsymbol{M}$ 的迹是其奇异值的和，即 $\mathrm{Tr}[\boldsymbol{M}]=\sum_{i=1}^{r}\sigma_i(\boldsymbol{M})$，其中 $\mathrm{rank}(\boldsymbol{M})=r$。
- $\boldsymbol{M}$ 最靠前的奇异向量 $\boldsymbol{u}_1$ 最大化了**瑞利商**(Rayleigh quotient)，定义如下：

$$r(\boldsymbol{x},\ \boldsymbol{M})=\frac{\boldsymbol{x}^{\mathrm{T}}\boldsymbol{M}\boldsymbol{x}}{\boldsymbol{x}^{\mathrm{T}}\boldsymbol{x}}$$

换言之，$\boldsymbol{u}_1=\arg\max_{\boldsymbol{x}} r(\boldsymbol{x},\ \boldsymbol{M})$ 且 $r(\boldsymbol{u},\ \boldsymbol{M})=\sigma_1(\boldsymbol{M})$。类似地，如果 $\boldsymbol{M}'=\boldsymbol{P}_{U_{i,\perp}}\boldsymbol{M}$，
413~414 即 $\boldsymbol{M}$ 在与 $\boldsymbol{U}_i$ 正交的子空间上的投影，那么 $\boldsymbol{u}_{i+1}=\arg\max_{\boldsymbol{x}} r(\boldsymbol{x},\ \boldsymbol{M}')$，其中 $\boldsymbol{u}_{i+1}$ 是 $\boldsymbol{M}$ 的第$(i+1)$个奇异向量。

·附录 B·

凸优化

在本附录中，我们将介绍凸优化的主要定义和结论，在分析本书中出现的学习算法时。

B.1 微分和无约束优化

我们首先介绍微分的一些基本定义，在此基础上给出费马定理并介绍凸函数的一些性质。

| 定义 B.1 梯度 | 令 $f: \mathcal{X} \subseteq \mathbb{R}^N \rightarrow \mathbb{R}$ 是一个可微函数。那么，f 在 $\boldsymbol{x} \in \mathcal{X}$ 处的梯度是 $\mathbb{R}^N$ 中由 $\nabla f(\boldsymbol{x})$ 表示的向量，定义如下：

$$\nabla f(\boldsymbol{x}) = \begin{bmatrix} \frac{\partial f}{\partial \boldsymbol{x}_1}(\boldsymbol{x}) \\ \vdots \\ \frac{\partial f}{\partial \boldsymbol{x}_N}(\boldsymbol{x}) \end{bmatrix}$$

| 定义 B.2 黑塞（Hessian）矩阵 | 令 $f: \mathcal{X} \subseteq \mathbb{R}^N \rightarrow \mathbb{R}$ 是一个二次可微函数。那么，f 在 $\boldsymbol{x} \in \mathcal{X}$ 处的黑塞矩阵是 $\mathbb{R}^{N \times N}$ 中由 $\nabla^2 f(\boldsymbol{x})$ 表示的矩阵，定义如下：

$$\nabla^2 f(\boldsymbol{x}) = \left[\frac{\partial^2 f}{\partial \boldsymbol{x}_i, \ \boldsymbol{x}_j}(\boldsymbol{x}) \right]_{1 \leqslant i, j \leqslant N}$$

接下来，我们给出无约束优化的一个经典结论。

| 定理 B.1 费马定理 | 令 $f: \mathcal{X} \subseteq \mathbb{R}^N \rightarrow \mathbb{R}$ 是一个可微函数。如果 f 在 $\boldsymbol{x}^* \in \mathcal{X}$ 处有局部极值，则 $\nabla f(\boldsymbol{x}^*) = 0$，即 $\boldsymbol{x}^*$ 是一个驻点。

B.2 凸性

本节介绍**凸集**(convex sets)和**凸函数**(convex functions)的概念。凸函数在学习算法的设计和分析中起着重要作用，部分原因是凸函数的局部极小值也必然是全局最小值。对于一些非凸优化问题，可能存在非常多的局部极小值，选择某个局部极小值作为学习假设将缺乏明确的含义。因此，当学习假设是凸优化问题的局部极小值时，假设往往易被理解。

| 定义 B.3　凸集 | 称一个集合 $\mathcal{X}\subseteq\mathbb{R}^N$ 为凸集，如果对于任意两点 $\boldsymbol{x}$，$\boldsymbol{y}\in\mathcal{X}$，区间 $[\boldsymbol{x},\boldsymbol{y}]$ 位于 $\mathcal{X}$ 中，即

415 $$\{\alpha\boldsymbol{x}+(1-\alpha)\boldsymbol{y}:0\leqslant\alpha\leqslant 1\}\subseteq\mathcal{X}$$

下面的引理表明，对凸集进行某些运算时仍可以保持凸性。这样的性质对于证明本章后续给出的结论是非常有用的。

| 引理 B.1　保持集合凸性的运算 | 在凸集上进行下面的运算仍可以保持凸性：

- 令 $\{\mathcal{C}_i\}_{i\in I}$ 是由集合构成的族，其中对于所有 $i\in I$，集合 $\mathcal{C}_i$ 是凸的。则这些集合的交 $\bigcap_{i\in I}\mathcal{C}_i$ 仍是凸的。
- 令 $\mathcal{C}_1$ 和 $\mathcal{C}_2$ 是凸集，二者之和 $\mathcal{C}_1+\mathcal{C}_2=\{x_1+x_2:x_1\in\mathcal{C}_1,x_2\in\mathcal{C}_2\}$ 在有定义时，仍是凸的。
- 令 $\mathcal{C}_1$ 和 $\mathcal{C}_2$ 是凸集，二者的向量积 $(\mathcal{C}_1\times\mathcal{C}_2)$ 仍是凸的。
- 凸集 $\mathcal{C}$ 的任意投影仍是凸的。

| 证明 | 对于任意 x，$y\in\bigcap_{i\in I}\mathcal{C}_i$ 以及任意 $\alpha\in[0,1]$，根据 $\mathcal{C}_i$ 的凸性有 $\alpha x+(1-\alpha)y\in\mathcal{C}_i$ 对于任意 $i\in I$ 成立，所以第一个性质成立。

对于任意 (x_1+x_2)，$(y_1+y_2)\in(\mathcal{C}_1+\mathcal{C}_2)$，由于 $\alpha x_1+(1-\alpha)y_1\in\mathcal{C}_1$ 且 $\alpha x_2+(1-\alpha)y_2\in\mathcal{C}_2$，所以 $\alpha(x_1+x_2)+(1-\alpha)(y_1+y_2)=(\alpha x_1+(1-\alpha)y_1+\alpha x_2+(1-\alpha)y_2)\in(\mathcal{C}_1+\mathcal{C}_2)$，因此第二个性质成立。

对于 (x_1+x_2)，$(y_1+y_2)\in(\mathcal{C}_1\times\mathcal{C}_2)$，由于 $\mathcal{C}_1$ 和 $\mathcal{C}_2$ 是凸的，所以 $\alpha(x_1,x_2)+(1-\alpha)(y_1,y_2)=(\alpha x_1+(1-\alpha)y_1,\alpha x_2+(1-\alpha)y_2)\in(\mathcal{C}_1\times\mathcal{C}_2)$，因此第三个性质成立。

最后，利用事实：凸集 $\mathcal{C}$ 的任意分解 $\mathcal{C}_1$ 和 $\mathcal{C}_2$，即 $\mathcal{C}=(\mathcal{C}_1\times\mathcal{C}_2)$，一定有 $\mathcal{C}_1$ 是凸的。如果 $\mathcal{C}_2$ 是空集，则性质显然成立。否则，固定元素 $x_2\in\mathcal{C}_2$，则对于任意 x，$y\in\mathcal{C}_1$ 以及 $\alpha\in[0,1]$，有 $\alpha(x,x_2)+(1-\alpha)(y,x_2)\in\mathcal{C}$ 成立，这意味着 $\alpha x+(1-\alpha)y\in\mathcal{C}_1$。由于 $\mathcal{C}_1$ 的选择是任意的，所以对于 $\mathcal{C}$ 的任意投影都是成立的。■

需要注意的是，许多的集合运算并不能保持凸性。例如，考虑在 $\mathbb{R}$ 上两个不相交集合的并 $[a,b]\cup[c,d]$，其中 $a<b<c<d$。显然，$[a,b]$ 和 $[c,d]$ 都是凸的，但是有 $\frac{1}{2}b+\left(1-\frac{1}{2}\right)c\notin([a,b]\cup[c,d])$。

| 定义 B.4　凸包 | 点集 $\mathcal{X}\subseteq\mathbb{R}^N$ 的凸包 $\mathrm{conv}(\mathcal{X})$ 是包含 $\mathcal{X}$ 的最小凸集，可以等价地定义如下：

$$\mathrm{conv}(\mathcal{X})=\left\{\sum_{i=1}^{m}\alpha_i\boldsymbol{x}_i:m\geqslant 1,\ \forall i\in[1,m],\ \boldsymbol{x}_i\in\mathcal{X},\ \alpha_i\geqslant 0,\ \sum_{i=1}^{m}\alpha_i=1\right\}\tag{B.1}$$

令 $\mathrm{Epi}f$ 表示函数 $f:\mathcal{X}\to\mathbb{R}$ 的**上图**（epigraph），即位于该函数图像上方的点集：$\{(x,y):$
416 $x\in\mathcal{X},y\geqslant f(x)\}$。

| 定义 B.5　凸函数 | 令 $\mathcal{X}$ 是一个凸集。当且仅当 $\mathrm{Epi}f$ 是一个凸集，或者等价地，

当且仅当对于所有 $\boldsymbol{x}$，$\boldsymbol{y}\in\mathcal{X}$ 和 $\alpha\in[0,1]$，下式成立，称函数 f：$\mathcal{X}\to\mathbb{R}$ 为凸的：

$$f(\alpha\boldsymbol{x}+(1-\alpha)\boldsymbol{y})\leqslant\alpha f(\boldsymbol{x})+(1-\alpha)f(\boldsymbol{y}) \tag{B.2}$$

如果式(B.2)对于所有 $\boldsymbol{x}$，$\boldsymbol{y}\in\mathcal{X}$ 严格成立，其中 $\boldsymbol{x}\neq\boldsymbol{y}$ 且 $\alpha\in(0,1)$，那么称函数 f 是**严格凸的**(strictly convex)。当 $-f$ 是(严格)凸的时，f 被认为是(严格)**凹的**(concave)。图 B.1 示意了凸函数和凹函数。凸函数也可以用它们的一阶或二阶微分来表征。

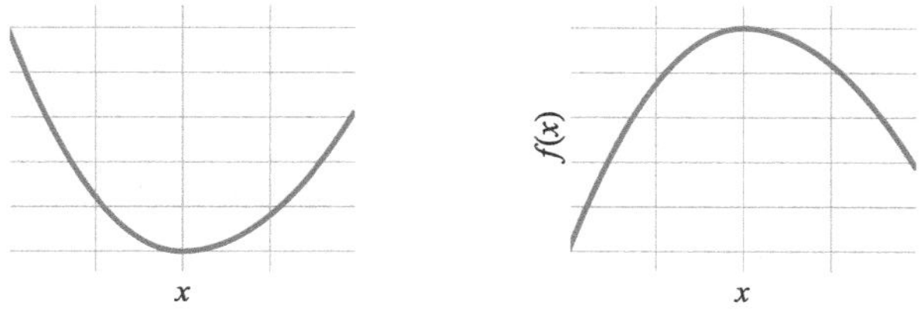

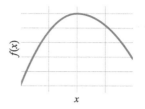

图 B.1 凸(左)函数和凹(右)函数的例子。注意，凸函数上的两点之间绘制的任何线段完全位于函数图形之上，而凹函数上的两点之间绘制的任何线段完全位于函数图形之下

| 定理 B.2 | 令 f 是一个可微函数，当且仅当 $\mathrm{dom}(f)$ 是凸的且以下不等式成立，f 是凸的：

$$\forall\,\boldsymbol{x},\ \boldsymbol{y}\in\mathrm{dom}(f),\ f(\boldsymbol{y})-f(\boldsymbol{x})\geqslant\nabla f(\boldsymbol{x})\cdot(\boldsymbol{y}-\boldsymbol{x}) \tag{B.3}$$

式(B.3)的性质可由图 B.2 说明：对于凸函数，$\boldsymbol{x}$ 处的超平面切线总低于图像。

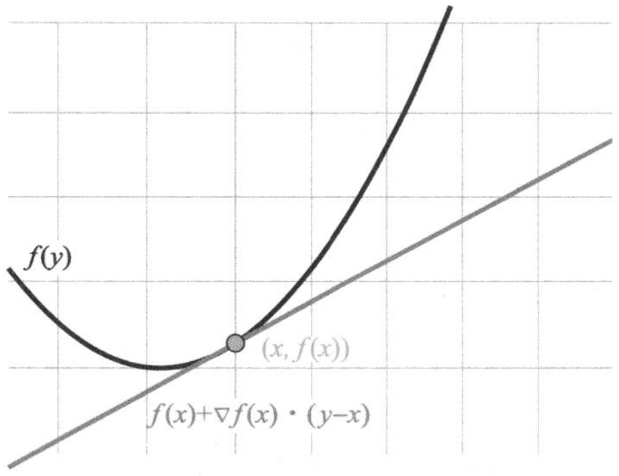

图 B.2 所有凸函数都满足的一阶性质

| 定理 B.3 | 令 f 是一个二次可微函数，当且仅当 $\mathrm{dom}(f)$ 是凸的且其黑塞矩阵是半正定的，f 是凸的：

$$\forall\,\boldsymbol{x}\in\mathrm{dom}(f),\ \nabla^2 f(\boldsymbol{x})\succeq 0$$

如前所述，如果对称矩阵的所有特征值都是非负的，则其为正半定的。此外，请注意，当 f 是标量时，这个定理指出 f 是凸的，当且仅当它的二阶导数总是非负的，即对于所有 $\forall\,\boldsymbol{x}\in\mathrm{dom}(f)$，$f''(\boldsymbol{x})\geqslant 0$。

例 B.1 线性函数 任何线性函数 f 都既是凸函数又是凹函数，因为式(B.2)根据线性的定义对于 f 和 $-f$ 都是成立的。

例 B.2 二次函数 定义在 $\mathbb{R}$ 上的函数 f：$x\mapsto x^2$ 是凸的，因为它是二次可微的且对于所有 $x\in\mathbb{R}$，$f''(x)=2>0$。

例 B.3 范数 任何定义在凸集 $\mathcal{X}$ 上的范数 $\|\cdot\|$ 都是凸的，这是因为由范数的三角不等式和同质性，对于所有 $\alpha\in[0,1]$，$\boldsymbol{x}$，$\boldsymbol{y}\in\mathcal{X}$，下式成立：

$$\|\alpha\boldsymbol{x}+(1-\alpha)\boldsymbol{y}\|\leqslant\|\alpha\boldsymbol{x}\|+\|(1-\alpha)\boldsymbol{y}\|=\alpha\|\boldsymbol{x}\|+(1-\alpha)\|\boldsymbol{y}\|$$ 417

例 B.4 最大化函数 对于所有 $\boldsymbol{x}\in\mathbb{R}^N$，由 $\boldsymbol{x}\mapsto\max\limits_{j\in[1,N]}\boldsymbol{x}_j$ 定义的最大化函数是凸的。对于所有 $\alpha\in[0,1]$，$\boldsymbol{x}$，$\boldsymbol{y}\in\mathbb{R}^N$，根据最大化运算的次可加性可得：

$$\max_j(\alpha\boldsymbol{x}_j+(1-\alpha)\boldsymbol{y}_j)\leqslant\max_j(\alpha\boldsymbol{x}_j)+\max_j((1-\alpha)\boldsymbol{y}_j)=\alpha\max_j(\boldsymbol{x}_j)+(1-\alpha)\max_j(\boldsymbol{y}_j)$$

证明函数的凸性或凹性的一种有效方法是利用复合规则。为了简化表述，我们将假定二次可微性，尽管没有这个假定也可以证明结论成立。

| 引理 B.2 凸/凹函数的复合 | 假定 h：$\mathbb{R}\to\mathbb{R}$ 和 g：$\mathbb{R}^N\to\mathbb{R}$ 是二次可微函数，并且对于所有 $\boldsymbol{x}\in\mathbb{R}^N$，定义 $f(\boldsymbol{x})=h(g(\boldsymbol{x}))$。则有以下蕴含成立：

- h 是凸且非递减的，并且 g 是凸的$\Rightarrow f$ 是凸的。
- h 是凸且非递增的，并且 g 是凹的$\Rightarrow f$ 是凸的。
- h 是凹且非递减的，并且 g 是凹的$\Rightarrow f$ 是凹的。
- h 是凹且非递增的，并且 g 是凸的$\Rightarrow f$ 是凹的。

| 证明 | 我们限制到 $n=1$，需要证明的是定义域对应的所有任意线都具有凸性(凹性)。现在，考虑 f 的二阶导数：

$$f''(x)=h''(g(x))g'(x)^2+h'(g(x))g''(x) \tag{B.4}$$

注意，如果 h 是凸且非递减的，我们有 $h''\geqslant 0$ 且 $h'\geqslant 0$。此外，如果 g 是凸的，我们也有 $g''\geqslant 0$，进而 $f''(x)\geqslant 0$，以此便可证得上述第一条蕴含成立。同理可得其余的部分成立。■

例 B.5 函数的复合 刚证明的引理可以直接用来证明下列复合函数的凸性或凹性：

- 如果 f：$\mathbb{R}^N\to\mathbb{R}$ 是凸的，那么 $\exp(f)$是凸的。
- 任何平方范数$\|\cdot\|^2$ 都是凸的。
- 对于所有 $\boldsymbol{x}\in\mathbb{R}^N$，函数 $\boldsymbol{x}\mapsto\log\left(\sum_{j=1}^{N}x_j\right)$ 是凹的。

下面的两个引理给出了另外两种保持凸性的运算。

| 引理 B.3 凸函数的逐点上确界或极大值 | 令$(f_i)_{i\in\mathcal{I}}$是定义在一个凸集 $\mathcal{C}$ 上、由凸函数构成的函数族，则其定义在所有 $x\in\mathcal{C}$ 上的逐点上确界(也即$|\mathcal{I}|<+\infty$时的逐点极大值)$f(x)=\sup_{i\in\mathcal{I}}f_i(x)$是凸函数。

| 证明 | 由于 $\mathrm{Epi}f=\bigcap_{i\in\mathcal{I}}\mathrm{Epi}f_i$，所以 f 作为凸集的交也是凸的。

例 B.6 凸函数的逐点上确界 特别地，由上述引理可以得到以下函数的凸性：

- 定义在所有 $x\in\mathbb{R}^N$ 上的分段线性函数 $f(x)=\max\limits_{i\in[1,m]}\boldsymbol{w}_i^{\mathrm{T}}\boldsymbol{x}+b_i$ 是凸的，这是由于该函数是仿射函数(属于凸函数)的逐点极大值。
- 最大特征值$\lambda_{\max}(\boldsymbol{M})$是对称矩阵 $\boldsymbol{M}$ 构成的集合上的凸函数，这是由于对阵矩阵集合是凸的，且根据定义 $\lambda_{\max}(\boldsymbol{M})=\sup_{\|\boldsymbol{x}\|_2\leqslant 1}\boldsymbol{x}^{\mathrm{T}}\boldsymbol{M}\boldsymbol{x}$ 是线性函数(属于凸函数)$\boldsymbol{M}\mapsto\boldsymbol{x}^{\mathrm{T}}\boldsymbol{M}\boldsymbol{x}$ 的上确界。
- 一般地，令 $\lambda_1(\boldsymbol{M})$，…，$\lambda_k(\boldsymbol{M})$表示 $n\times n$ 的对称矩阵$\boldsymbol{M}$ 的前 $k\leqslant n$ 个特征值，则类似地有 $\boldsymbol{M}\mapsto\sum_{i=1}^{k}\lambda_i(\boldsymbol{M})$ 是凸函数，这是由于 $\sum_{i=1}^{k}\lambda_i(\boldsymbol{M})=\sup_{\dim(\boldsymbol{V})=k}\sum_{i=1}^{k}\boldsymbol{u}_i^{\mathrm{T}}\boldsymbol{M}\boldsymbol{u}_i$，其中 $\boldsymbol{u}_1$，…，$\boldsymbol{u}_k$ 是 $\boldsymbol{V}$ 的一组正交基。
- 根据上述性质，又由于 $\mathrm{Tr}(\boldsymbol{M})$在 $\boldsymbol{M}$ 上是线性的，可得 $\boldsymbol{M}\mapsto\sum_{i=k+1}^{n}\lambda_i(\boldsymbol{M})=\mathrm{Tr}(\boldsymbol{M})-\sum_{i=1}^{k}\lambda_i(\boldsymbol{M})$ 或 $\boldsymbol{M}\mapsto\sum_{i=n-k+1}^{n}\lambda_i(\boldsymbol{M})=-\sum_{i=1}^{k}\lambda_i(-\boldsymbol{M})$ 是凹函数。

418

| 引理 B.4 部分下确界 | 令 f 是定义在凸集 $\mathcal{C}\subseteq\mathcal{X}\times\mathcal{Y}$ 上的凸函数，令 $B\subseteq\mathcal{Y}$ 是一个使集合 $A=\{x\in\mathcal{X}: \exists y\in\mathcal{B}|(x, y)\in\mathcal{C}\}$ 非空的凸集，则 $\mathcal{A}$ 是凸集，且定义在所有 $x\in\mathcal{A}$ 上的函数 $g(x)=\inf_{y\in B}f(x, y)$ 也是凸的。

| 证明 | 首先，易得凸集 $\mathcal{C}$ 的交以及 $(\mathcal{X}\times\mathcal{B})$ 是凸的。由于 $\mathcal{A}$ 是凸集 $\mathcal{C}\cap(\mathcal{X}\times\mathcal{B})$ 在 $\mathcal{X}$ 上的投影，所以是凸的。

令 x_1 和 x_2 是 $\mathcal{A}$ 中的元素。根据 g 的定义，对于任意 $\epsilon>0$，存在满足 (x_1, y_1)，$(x_2, y_2)\in\mathcal{C}$ 的 y_1，$y_2\in\mathcal{B}$，使得 $f(x_1, y_1)\leqslant g(x_1)+\epsilon$ 以及 $f(x_2, y_2)\leqslant g(x_2)+\epsilon$ 成立。因此，对于任意 $\alpha\in[0, 1]$，有：

$$
\begin{aligned}
g(\alpha x_1+(1-\alpha)x_2)&=\inf_{y\in B}f(\alpha x_1+(1-\alpha)x_2, y)\\
&\leqslant f(\alpha x_1+(1-\alpha)x_2, \alpha y_1+(1-\alpha)y_2)\\
&\leqslant \alpha f(x_1, y_1)+(1-\alpha)f(x_2, y_2)\\
&\leqslant \alpha g(x_1)+(1-\alpha)g(x_2)+\epsilon
\end{aligned}
$$

由于该不等式对于所有 $\epsilon>0$ 成立，因此：

$$g(\alpha x_1+(1-\alpha)x_2)\leqslant\alpha g(x_1)+(1-\alpha)g(x_2)$$

证毕。 ■

例 B.7 特别地，由上述引理可得：关于任意赋范向量空间中的 x，到凸集 $\mathcal{B}$ 的距离 $d(x, \mathcal{B})=\inf_{y\in B}\|x-y\|$ 是凸函数。这是由于：对于任意范数 $\|\cdot\|$ 下的 x 和 y，$(x, y)\mapsto\|x-y\|$ 都是凸的。

以下不等式十分有用，适用于各种情况。它实际上是凸性定义的准直接结果。

| 定理 B.4 Jensen 不等式（Jensen's inequality）| 令 X 是一个在非空凸集 $\mathcal{C}\subseteq\mathbb{R}^N$ 中取值的随机变量，其期望 $\mathbb{E}[X]$ 是有限的。令 f 是一个定义在 $\mathcal{C}$ 上的可测凸函数。则 $\mathbb{E}[X]$ 在 $\mathcal{C}$ 中，$\mathbb{E}[f(X)]$ 是有限的，且有下面的不等式成立：

$$f(\mathbb{E}[X])\leqslant\mathbb{E}[f(X)]$$

| 证明 | 我们给出证明的思路，该思路本质上基于凸性的定义。注意，对于 $\mathcal{C}$ 中元素为 x_1，…，x_n 的任意有限集和任意满足 $\sum_{i=1}^{n}\alpha_i=1$ 的正实数 α_1，…，α_n，我们有

$$f\left(\sum_{i=1}^{n}\alpha_i x_i\right)\leqslant\sum_{i=1}^{n}\alpha_i f(x_i)$$

这可直接由凸性的定义归纳得到。由于 α_is 可以解释为概率，所以这立即证明了任意由 $\boldsymbol{\alpha}=(\alpha_1, \cdots, \alpha_n)$ 定义的分布满足如下不等式：

$$f(\underset{\alpha}{\mathbb{E}}[X])\leqslant\underset{\alpha}{\mathbb{E}}[f(X)]$$

将上述不等式扩展到任意分布可以通过 f 在任意开集的连续性来证明，这里，函数的连续性是由 f 的凸性和在所有概率测度族中具有有限支撑的分布的弱密度所保证的。 ■

B.3 带约束优化

我们现在定义一个一般的带约束优化问题，并阐述关于凸的带约束优化问题的特定性质。 419

| 定义 B.6　带约束优化问题 | 对于所有 $i\in[1, m]$，令 $\mathcal{X}\subseteq\mathbb{R}^N$ 且 f，g_i：$\mathcal{X}\to\mathbb{R}$。则带约束优化问题的形式如下：

$$\min_{\boldsymbol{x}\in\mathcal{X}} f(\boldsymbol{x})$$
$$\text{s.t. } g_i(\boldsymbol{x})\leqslant 0, \quad \forall i\in\{1, \cdots, m\}$$

这个一般的公式没有作任何凸性假设，并且可以添加等式约束。它相对于之后介绍的相关问题，被称为**原问题**(primal problem)。我们将用 p^* 表示目标的最优值。

对于任意 $\boldsymbol{x}\in\mathcal{X}$，我们将用 $g(\boldsymbol{x})$ 表示向量 $(g_1(\boldsymbol{x}), \cdots, g_m(\boldsymbol{x}))^{\mathrm{T}}$。因此，约束条件可以写成 $g(\boldsymbol{x})\leqslant 0$。对于任何带约束优化问题，我们都可将其关联到**拉格朗日函数**(Lagrange function)，该函数对于优化问题的分析以及分析原问题与另一个相关的优化问题之间的关系都是非常重要的。

| 定义 B.7　拉格朗日函数 | 与定义 B.6 中一般的带约束优化问题相关的拉格朗日函数是在 $\mathcal{X}\times\mathbb{R}_+$ 上定义的函数：

$$\forall \boldsymbol{x}\in\mathcal{X}, \ \forall \boldsymbol{\alpha}\geqslant 0, \ \mathcal{L}(\boldsymbol{x}, \boldsymbol{\alpha})=f(\boldsymbol{x})+\sum_{i=1}^{m}\alpha_i g_i(\boldsymbol{x})$$

其中，$\boldsymbol{\alpha}=(\alpha_i, \cdots, \alpha_m)^{\mathrm{T}}$，变量 α_i 被称为拉格朗日变量或对偶变量。

对于函数 g，形如 $g(\boldsymbol{x})=0$ 的任何等式约束可以等价地用两个不等式表示：$-g(\boldsymbol{x})\leqslant 0$ 且 $+g(\boldsymbol{x})\leqslant 0$。令 $\alpha_-\geqslant 0$ 为关于第一个约束的拉格朗日变量，$\alpha_+\geqslant 0$ 为关于第二个约束的拉格朗日变量。因此，在拉格朗日函数的定义中这些约束对应的总和可以写成 $\alpha g(\boldsymbol{x})$，其中 $\alpha=(\alpha_+-\alpha_-)$。因此，一般而言，对于等式约束 $g(\boldsymbol{x})=0$，需要在拉格朗日函数增加一项 $\alpha g(\boldsymbol{x})$，且 $\alpha\in\mathbb{R}$ 不被限制为非负。注意，对于凸优化问题，因为要求 $g(\boldsymbol{x})$ 和 $-g(\boldsymbol{x})$ 是凸的，所以要求等式约束 $g(\boldsymbol{x})$ 是仿射的。

| 定义 B.8　对偶函数 | 与带约束优化问题相关的(拉格朗日)对偶函数定义如下：

$$\forall \boldsymbol{\alpha}\geqslant 0, \ F(\boldsymbol{\alpha})=\inf_{\boldsymbol{x}\in\mathcal{X}}\mathcal{L}(\boldsymbol{x}, \boldsymbol{\alpha})=\inf_{\boldsymbol{x}\in\mathcal{X}}\left(f(\boldsymbol{x})+\sum_{i=1}^{m}\alpha_i g_i(\boldsymbol{x})\right) \tag{B.5}$$

注意，由于拉格朗日函数关于 $\boldsymbol{\alpha}$ 是线性的并且 inf 运算保持凹性，所以 F 总是凹的。进一步地，我们发现

$$\forall \boldsymbol{\alpha}\geqslant 0, \quad F(\boldsymbol{\alpha})\leqslant p^* \tag{B.6}$$

这是因为对于任意可行的 $\boldsymbol{x}$，都有 $f(\boldsymbol{x})+\sum_{i=1}^{m}\alpha_i g_i(\boldsymbol{x})\leqslant f(\boldsymbol{x})$。由对偶函数可以自然地得到以下优化问题。

| 定义 B.9　对偶问题 | 与带约束优化问题相关的对偶(优化)问题是

$$\max_{\boldsymbol{\alpha}} F(\boldsymbol{\alpha})$$
$$\text{s.t. } \boldsymbol{\alpha}\geqslant 0.$$

对偶问题总是一个凸优化问题(作为凹问题的最大化)。令 d^* 表示最优值，由式(B.6)，下面的不等式始终成立：

$$d^*\leqslant p^* \quad (\text{弱对偶性})$$

差异 p^*-d^* 被称为**对偶间隙**(duality gap)。取等的情况：

$$d^*=p^* \quad (\text{强对偶性})$$

通常并不会满足。然而，当凸问题满足**约束规范**(constraint qualification)时，强对偶性成立。我们将用 $\text{int}(\mathcal{X})$表示集合 $\mathcal{X}$的内部。 420

| 定义 B.10 强约束规范 | 假设 $\text{int}(\mathcal{X})\neq\emptyset$。那么，强约束规范或称 Slater 条件被定义为

$$\exists \overline{\boldsymbol{x}}\in\text{int}(\mathcal{X}): g(\overline{\boldsymbol{x}})<0 \tag{B.7}$$

称函数 $h: \mathcal{X}\to\mathbb{R}$ 为**仿射**(affine)的，如果它对于所有 $\boldsymbol{x}\in\mathcal{X}$，以及某个 $\boldsymbol{w}\in\mathbb{R}^N$ 和 $b\in\mathbb{R}$，可以由 $h(\boldsymbol{x})=\boldsymbol{w}\cdot\boldsymbol{x}+b$ 定义。

| 定义 B.11 弱约束规范 | 假定 $\text{int}(\mathcal{X})\neq\emptyset$。那么，弱约束条件或称弱 Slater 条件被定义为

$$\exists \overline{\boldsymbol{x}}\in\text{int}(\mathcal{X}): \forall i\in[1, m], (g_i(\overline{\boldsymbol{x}})<0)\vee(g_i(\overline{\boldsymbol{x}})=0\wedge g_i\ affine) \tag{B.8}$$

我们接下来给出带约束优化问题的解的充分必要条件，该条件基于拉格朗日函数和 Slater 条件的鞍点。

| 定理 B.5 鞍点-充分条件 | 令 P 是 $\mathcal{X}=\mathbb{R}^N$ 上的一个带约束优化问题。如果$(\boldsymbol{x}^*, \boldsymbol{\alpha}^*)$是相关拉格朗日函数的鞍点，即

$$\forall \boldsymbol{x}\in\mathbb{R}^N, \forall\boldsymbol{\alpha}\geqslant 0, \mathcal{L}(\boldsymbol{x}^*, \boldsymbol{\alpha})\leqslant\mathcal{L}(\boldsymbol{x}^*,\boldsymbol{\alpha}^*)\leqslant\mathcal{L}(\boldsymbol{x},\boldsymbol{\alpha}^*) \tag{B.9}$$

则$(\boldsymbol{x}^*, \boldsymbol{\alpha}^*)$就是问题 P 的解。

| 证明 | 根据第一个不等式，下式成立：

$$\begin{aligned}\forall\boldsymbol{\alpha}\geqslant 0, \mathcal{L}(\boldsymbol{x}^*, \boldsymbol{\alpha})\leqslant\mathcal{L}(\boldsymbol{x}^*,\boldsymbol{\alpha}^*)&\Rightarrow\forall\boldsymbol{\alpha}\geqslant 0, \boldsymbol{\alpha}\cdot g(\boldsymbol{x}^*)\leqslant\boldsymbol{\alpha}^*\cdot g(\boldsymbol{x}^*)\\&\Rightarrow g(\boldsymbol{x}^*)\leqslant 0\wedge\boldsymbol{\alpha}^*\cdot g(\boldsymbol{x}^*)=0\end{aligned} \tag{B.10}$$

其中，在式(B.10)中令 $\boldsymbol{\alpha}\to+\infty$可得 $g(\boldsymbol{x}^*)\leqslant 0$，令 $\boldsymbol{\alpha}\to 0$ 可得$\boldsymbol{\alpha}^*\cdot g(\boldsymbol{x}^*)=0$。由式(B.10)，结合式(B.9)中第二个不等式可得：

$$\forall\boldsymbol{x}, \mathcal{L}(\boldsymbol{x}^*,\boldsymbol{\alpha}^*)\leqslant\mathcal{L}(\boldsymbol{x},\boldsymbol{\alpha}^*)\Rightarrow\forall\boldsymbol{x}, f(\boldsymbol{x}^*)\leqslant f(\boldsymbol{x})+\boldsymbol{\alpha}^*\cdot g(\boldsymbol{x})$$

因此，对于满足约束的所有 $\boldsymbol{x}$，即 $g(\boldsymbol{x})\leqslant 0$，我们有

$$f(\boldsymbol{x}^*)\leqslant f(\boldsymbol{x})$$

故定理得证。■

| 定理 B.6 鞍点-必要条件 | 假定 f 和 g_i，$i\in[1, m]$是凸函数且 Slater 条件成立。那么，如果 $\boldsymbol{x}$ 是带约束优化问题的解，则存在 $\boldsymbol{\alpha}\geqslant 0$，使得$(\boldsymbol{x}, \boldsymbol{\alpha})$是拉格朗日函数的鞍点。

| 定理 B.7 鞍点-必要条件 | 假定 f 和 g_i，$i\in[1, m]$是可微凸函数且弱 Slater 条件成立。那么，如果 $\boldsymbol{x}$ 是带约束优化问题的解，则存在 $\boldsymbol{\alpha}\geqslant 0$，使得$(\boldsymbol{x}, \boldsymbol{\alpha})$是拉格朗日函数的鞍点。

最后，当一个问题是凸问题、目标函数可微且约束规范时，我们通过一个定理给出必要和充分的最优性条件。

| 定理 B.8 KKT 定理（Karush-Kuhn-Tucker's theorem）| 假定 f，g_i：$\mathcal{X}\to\mathbb{R}$，$\forall i\in[1, m]$是可微凸的，并且约束是规范的。那么 $\overline{\boldsymbol{x}}$ 是带约束问题的一个解，当且仅当存在 $\overline{\boldsymbol{\alpha}}\geqslant 0$，使得以下条件成立：

$$\nabla_x\mathcal{L}(\overline{\boldsymbol{x}}, \overline{\boldsymbol{\alpha}})=\nabla_x f(\overline{\boldsymbol{x}})+\overline{\boldsymbol{\alpha}}\cdot\nabla_x g(\overline{\boldsymbol{x}})=0 \tag{B.11}$$

$$\nabla_{\alpha}\mathcal{L}(\overline{\boldsymbol{x}}, \overline{\boldsymbol{\alpha}})=g(\overline{\boldsymbol{x}})\leqslant 0 \tag{B.12}$$

$$\overline{\boldsymbol{\alpha}}\cdot g(\overline{\boldsymbol{x}})=\sum_{i=1}^{m}\overline{\boldsymbol{\alpha}}_i g_i(\overline{\boldsymbol{x}})=0 \tag{B.13}$$

条件式(B.11)～式(B.13)被称为 KKT 条件。注意，最后两个 KKT 条件相当于

$$g(\overline{\boldsymbol{x}}) \leqslant 0 \wedge (\forall i \in \{1, \cdots, m\}, \overline{\alpha}_i g_i(\overline{\boldsymbol{x}})=0) \tag{B.14}$$

421 这些等式被称为互补性条件。

| 证明 | 对于正向，由于约束是规范的，如果 $\overline{\boldsymbol{x}}$ 是一个解，则存在 $\overline{\boldsymbol{\alpha}}$ 使得($\overline{\boldsymbol{x}}$，$\overline{\boldsymbol{\alpha}}$)是拉格朗日函数的鞍点且满足所有三个条件(根据鞍点定义，第一个条件成立，由式(B.10)，后面的两个条件成立)。

对于反向，如果满足条件，则对于使 $g(\boldsymbol{x}) \leqslant 0$ 成立的任意 $\boldsymbol{x}$，有：

$$\begin{aligned}
f(\boldsymbol{x})-f(\overline{\boldsymbol{x}}) &\geqslant \nabla_x f(\overline{\boldsymbol{x}}) \cdot (\boldsymbol{x}-\overline{\boldsymbol{x}}) && (f\ \text{的凸性}) \\
&= -\sum_{i=1}^{m} \overline{\boldsymbol{\alpha}}_i \nabla_x g_i(\overline{\boldsymbol{x}}) \cdot (\boldsymbol{x}-\overline{\boldsymbol{x}}) && (\text{第一个条件}) \\
&\geqslant -\sum_{i=1}^{m} \overline{\boldsymbol{\alpha}}_i [g_i(\boldsymbol{x})-g_i(\overline{\boldsymbol{x}})] && (g_i s\ \text{的凸性}) \\
&= -\sum_{i=1}^{m} \overline{\boldsymbol{\alpha}}_i g_i(\boldsymbol{x}) \geqslant 0 && (\text{第三个条件})
\end{aligned}$$

这表明 $f(\overline{\boldsymbol{x}})$是 f 在满足约束条件的点集上的最小值。 ■

B.4 Fenchel 对偶性

本小节将介绍另一种凸优化或者凸分析的理论，用于讨论函数 f 为有限取值且非可微的情况。

这里，记 $\mathcal{X}$ 为一个希尔伯特空间，其内积为<·，·>。在该空间得到的结果可以直接推广适用于 Banach 空间。考虑取值在$[-\infty, +\infty]$的函数，定义函数 $f: \mathcal{X} \to [-\infty, +\infty]$的**域**(domain)为以下集合：

$$\operatorname{dom}(f)=\{x \in \mathcal{X}: f(x)<+\infty\} \tag{B.15}$$

接下来，我们将凸性的定义进行拓展，称 $f: \mathcal{X} \to [-\infty, +\infty]$是凸的，如果其在 $\operatorname{dom}(f)$上是凸的，也即如果对于所有 x，$x' \in \operatorname{dom}(f)$以及所有 $t \in [0, 1]$，有下式对于满足 $u \geqslant f(x)$和 $v \geqslant f(x')$的所有$(u, v) \in \mathbb{R}^2$ 成立：

$$f(tx+(1-t)x') \leqslant tu+(1-t)v \tag{B.16}$$

如果其取值在$(-\infty, +\infty]$且非处处等于$+\infty$，称凸函数是**适当的**(proper)。若该函数的上图是**封闭的**(closed)，则称该函数是封闭的。

B.4.1 次梯度

| 定义 B.12 | 令 $f: \mathcal{X} \to (-\infty, +\infty]$为凸函数，则称向量 $g \in \mathcal{X}$ 是 f 在点 $x \in \operatorname{dom}(f)$上的次梯度，如果对于所有 $z \in \mathcal{X}$，有以下不等式成立：

$$f(z) \geqslant f(x)+\langle z-x, g\rangle \tag{B.17}$$

点 x 处所有次梯度构成的集合称为 f 在点 x 处的次微分，记为 $\partial f(x)$。对于 $x \notin \operatorname{dom}(f)$，有 $\partial f(x)=\varnothing$。

因此，当且仅当法向量 g 过点$(x, f(x))$的超平面在 f 的图形之下(也即该超平面支持 f 的图形)时，g 是点 x 处的次梯度。图 14.1 对这些概念进行了阐释。

下面的引理表明：如果 f 在点 $x\in\mathrm{dom}(f)$ 处是可微的，则它在点 x 处的次微分就是它的梯度。

| 引理 B. 5 | 如果 f 在点 $x\in\mathrm{dom}(f)$ 处可微，则 $\partial f(x)=\{\nabla f(x)\}$。 422

| 证明 | 显然，梯度 $\nabla f(x)$ 总是点 x 处的一个次梯度。令 g 在 $\partial f(x)$ 中，则根据次梯度的定义，对于任意 $\varepsilon\in\mathbb{R}$，有：

$$f(x+\varepsilon(\nabla f(x)-g))\geqslant f(x)+\varepsilon\langle\nabla f(x)-g,\ g\rangle$$

根据一阶泰勒展开：

$$f(x+\varepsilon(\nabla f(x)-g))-f(x)=\varepsilon\langle\nabla f(x),\ \nabla f(x)-g\rangle+o(\varepsilon\|\nabla f(x)-g\|)$$

可知，第一个不等式可以写作：

$$\varepsilon\|\nabla f(x)-g\|^2\leqslant o(\varepsilon\|\nabla f(x)-g\|)$$

这意味着 $\|\nabla f(x)-g\|=o(1)$，以及 $\nabla f(x)=g$。 ■

| 命题 B. 1 | 令 f：$\mathcal{X}\rightarrow(-\infty,\ +\infty]$ 是一个适当的函数。当且仅当 $\partial f(x^*)$ 有 0 时，x^* 使得 f 全局最小。

| 证明 | 由于 f 是适当的，如果 x^* 使得 f 全局最小，则 $f(x^*)$ 不能是 $+\infty$ 的。因此 x^* 必须在 $\mathrm{dom}(f)$ 内，并且 $\partial f(x)$ 不能是空的。所以，当且仅当对于所有 $z\in\mathcal{X}$，$f(z)\geqslant f(x^*)$ 时，x^* 使得 f 全局最小，也即 0 是 f 在 x^* 处的一个次梯度。 ■

B. 4. 2 核心

集合 $\mathcal{C}\subseteq\mathcal{X}$ 的**核心**（core）记为 $\mathrm{core}(\mathcal{C})$ 并定义如下：

$$\mathrm{core}(\mathcal{C})=\{x\in\mathcal{C}:\ \forall u\in\mathcal{X},\ \exists\varepsilon>0\mid\forall t\in[0,\ \varepsilon],\ (x+tu)\in\mathcal{C}\}\tag{B. 18}$$

因此，当 t 充分小时，对于 $x\in\mathrm{core}(\mathcal{C})$ 以及任意方向 u，$(x+tu)$ 在 $\mathcal{C}$ 内。根据这一定义，$\mathrm{core}(\mathcal{C})$ 显然包括 $\mathcal{C}$ 的内部，即 $\mathrm{int}(\mathcal{C})$。

| 命题 B. 2 | 令 h：$\mathcal{X}\rightarrow[-\infty,\ +\infty]$ 是凸函数。如果存在 $x_0\in\mathrm{core}(\mathrm{dom}(h))$ 使得 $h(x_0)>-\infty$，则对于所有 $x\in\mathcal{X}$，有 $h(x)>-\infty$。

| 证明 | 令 x 在 $\mathcal{X}$ 内。由于 x_0 在 $\mathrm{core}(\mathrm{dom}(h))$ 内，因此存在 $t>0$ 使得 $x_0'=x_0+t(x_0-x)$ 在 $\mathrm{dom}(h)$ 内，也即 $h(x_0')<+\infty$。由于 $x_0=\frac{1}{1+t}x_0'+\frac{t}{1+t}x$，根据凸性有下式对于所有 $v\geqslant h(x)$ 成立：

$$h(x_0)\leqslant\frac{1}{1+t}h(x_0')+\frac{t}{1+t}v\Longleftrightarrow v\geqslant\frac{1+t}{t}\left[h(x_0)-\frac{1}{1+t}h(x_0')\right]\tag{B. 19}$$

这意味着：$h(x)\geqslant\frac{1+t}{t}\left[h(x_0)-\frac{1}{1+t}h(x_0')\right]>-\infty$。 ■

下面命题的证明留作练习（习题 B. 3）。

| 命题 B. 3 | 令 h：$\mathcal{X}\rightarrow[-\infty,\ +\infty]$ 是凸函数。那么，h 在任意点 $x\in\mathrm{core}(\mathrm{dom}(h))$ 处有次微分。

B. 4. 3 共轭函数

| 定义 B. 13 共轭函数 | 令 $\mathcal{X}$ 是一个希尔伯特空间，函数 f：$\mathcal{X}\mapsto[-\infty,\ +\infty]$ 的共轭函数或 Fenchel 共轭函数记为 f^*：$\mathcal{X}\mapsto[-\infty,\ +\infty]$，定义如下：

$$f^*(u) = \sup_{x \in \mathcal{X}} \{\langle u, x \rangle - f(x)\} \tag{B.20}$$

注意，由于 f^* 是仿射函数集（$u \mapsto \langle x, u \rangle - f(x)$ 都是凸函数）的逐点上确界，所以 f^* 是凸的。此外，如果存在 x 使得 $f(x) < +\infty$，则 $f > -\infty$。共轭是反序的：对于任意 f 和 g，如果 $f \leqslant g$，则 $g^* \leqslant f^*$。如果 f 是封闭的、适当的、凸的，则有 $f^{**} = f$。

图 B.3 示意了共轭函数的概念。由图可知，共轭函数在支持超平面和交点方面与函数
423 上图的对偶有关。

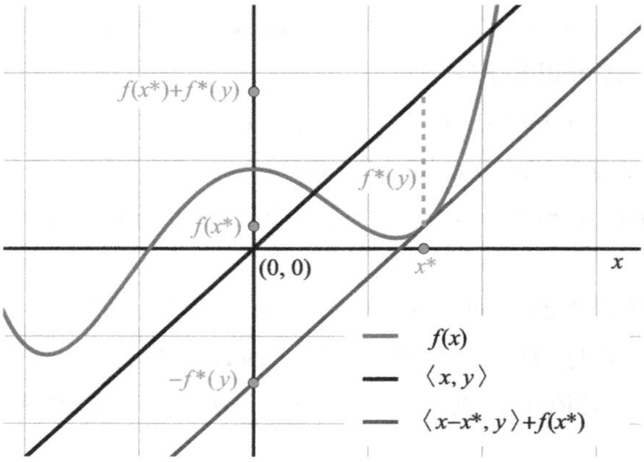

图 B.3　函数 f 的共轭函数 f^* 的示意图。给定 y，对于法向量为 y（斜率 y 是一维的）的超平面 $z=\langle x, y\rangle$，与曲线 $f(x)$ 距离最大时对应的点为 x^*。该最大距离为 $f^*(y)$。图中，浅灰线表示平行于深灰线的超平面 $z=\langle x-x^*, y\rangle+f(x^*)$，该超平面以 y 为法向量且穿过点 $(x^*, f(x^*))$，是 $f(x)$ 的支持超平面，与 y 轴交点的纵坐标为 $-f^*(y)$

| 引理 B.6　扩展相对熵的共轭 | 令 $p_0 \in \Delta$ 是在 $\mathcal{X}$ 上的分布，使得对于所有 $x \in \mathcal{X}$，有 $p_0 > 0$。定义 $f: \mathbb{R}^{\mathcal{X}} \to \mathbb{R}$ 如下：

$$f(p) = \begin{cases} \mathrm{D}(p \| p_0) & \text{如果 } p \in \Delta \\ +\infty & \text{其他} \end{cases}$$

那么，f 的共轭函数 $f^*: \mathbb{R}^{\mathcal{X}} \to \mathbb{R}$ 可定义如下：

$$\forall q \in \mathbb{R}^{\mathcal{X}}, \ f^*(q) = \log\Big(\sum_{x \in \mathcal{X}} p_0(x) \mathrm{e}^{q(x)}\Big)$$

| 证明 | 根据 f 的定义，对于任意 $q \in \mathbb{R}^{\mathcal{X}}$，有：

$$\sup_{p \in \mathbb{R}^{\mathcal{X}}} (\langle p, q \rangle - \mathrm{D}(p \| p_0)) = \sup_{p \in \Delta} (\langle p, q \rangle - \mathrm{D}(p \| p_0)) \tag{B.21}$$

固定 $q \in \mathbb{R}^{\mathcal{X}}$，对于所有 $x \in \mathcal{X}$，定义 $\overline{q} \in \Delta$ 如下：

$$\overline{q}(x) = \frac{p_0(x) \mathrm{e}^{q(x)}}{\sum_{x \in \mathcal{X}} p_0(x) \mathrm{e}^{q(x)}} = \frac{p_0(x) \mathrm{e}^{q(x)}}{\mathbb{E}_{p_0}[\mathrm{e}^q]} \tag{B.22}$$

则，对于所有 $p \in \Delta$，有下式成立：

$$\langle p, q \rangle - \mathrm{D}(p \| p_0) = \mathbb{E}_p[\log(\mathrm{e}^q)] - \mathbb{E}_p\left[\log \frac{p}{p_0}\right] = \mathbb{E}_p\left[\log \frac{p_0 \mathrm{e}^q}{p}\right] = -\mathrm{D}(p \| \overline{q}) + \log \mathbb{E}_{p_0}[\mathrm{e}^q]$$

由于 $\mathrm{D}(p \| \overline{q}) \geqslant 0$ 且当 $p = \overline{q}$ 时，$\mathrm{D}(p \| \overline{q}) = 0$，因此 $\sup_{p \in \Delta}(p \cdot q - \mathrm{D}(p \| p_0)) = \log(\mathbb{E}_{p_0}[\mathrm{e}^q])$。证毕。■

表 B.1 给出了其他一些关于函数及其共轭函数的例子。接下来给出一个由共轭函数的定义可直接得到的结论。 424

表 B.1 函数 g 及其共轭函数 g^* 的示例

$g(x)$	$\mathrm{dom}(g)$	$g^*(y)$	$\mathrm{dom}(g^*)$
$f(ax)(a\neq 0)$	$\mathcal{X}$	$f^*\left(\frac{y}{a}\right)$	$\mathcal{X}^*$
$f(x+b)$	$\mathcal{X}$	$f^*(y)-\langle b, y\rangle$	$\mathcal{X}^*$
$af(x)(a>0)$	$\mathcal{X}$	$af^*\left(\frac{y}{a}\right)$	$\mathcal{X}^*$
$\alpha x+\beta$	$\mathbb{R}$	$\begin{cases}-\beta & \text{if} y=\alpha \\ +\infty & \text{otherwise}\end{cases}$	$\mathbb{R}$
$\frac{\lvert x\rvert^p}{p}(p>1)$	$\mathbb{R}$	$\frac{\lvert y\rvert^q}{q}\left(\frac{1}{p}+\frac{1}{q}=1\right)$	$\mathbb{R}$
$\frac{-x^p}{p}(0<p<1)$	$\mathbb{R}_+$	$\frac{-(-y)^q}{q}\left(\frac{1}{p}+\frac{1}{q}=1\right)$	$\mathbb{R}_-$
$\sqrt{1+x^2}$	$\mathbb{R}$	$-\sqrt{1-(y)^2}$	$[-1, 1]$
$-\log(x)$	$\mathbb{R}_+\setminus\{0\}$	$-(1+\log(-y))$	$\mathbb{R}_-\setminus\{0\}$
e^x	$\mathbb{R}$	$\begin{cases}y\log(y)-y, & \text{if } y>0 \\ 0, & \text{if } y=0\end{cases}$	$\mathbb{R}_+$
$\log(1+\mathrm{e}^x)$	$\mathbb{R}$	$\begin{cases}y\log(y)+(1-y)\log(1-y), & \text{if } 0<y<1 \\ 0, & \text{if } y=0, 1\end{cases}$	$[0, 1]$
$-\log(1-\mathrm{e}^x)$	$\mathbb{R}$	$\begin{cases}y\log(y)-(1+y)\log(1+y), & \text{if } y>0 \\ 0, & \text{if } y=0\end{cases}$	$\mathbb{R}_+$

| 命题 B.4 Fenchel 不等式 | 令 $\mathcal{X}$ 是一个希尔伯特空间。对于任意函数 $f: \mathcal{X}\mapsto[-\infty, +\infty]$、任意 $x\in\mathrm{dom}(f)$ 以及任意 $u\in\mathcal{X}$，有以下不等式成立：

$$f(x)+f^*(u)\geqslant\langle u, x\rangle \tag{B.23}$$

当且仅当 u 是 f 在点 x 处的一个次梯度时，等号成立。

下面，我们用 A^* 表示有界(或连续)线性映射 $A: \mathcal{X}\to\mathcal{Y}$ 的伴随算子，用 $\mathrm{cont}(f)$ 表示使函数 $f: \mathcal{X}\mapsto[-\infty, +\infty]$ 有限且连续的点 $x\in\mathcal{X}$ 的集合。

| 定理 B.9 Fenchel 对偶性定理 | 令 $\mathcal{X}$ 和 $\mathcal{Y}$ 是两个希尔伯特空间，$f: \mathcal{X}\mapsto[-\infty, +\infty]$ 和 $g: \mathcal{Y}\mapsto[-\infty, +\infty]$ 是两个凸函数，$A: \mathcal{X}\to\mathcal{Y}$ 是一个有界线性映射。那么，以下两个优化问题(Fenchel 问题)满足弱对偶性 $p^*\geqslant d^*$：

$$p^*=\inf_{x\in\mathcal{X}}\{f(x)+g(Ax)\}$$

$$d^*=\sup_{y\in\mathcal{Y}}\{-f^*(A^*y)-g^*(-y)\}$$

进一步地，如果 f 和 g 满足条件：

$$0\in\mathrm{core}(\mathrm{dom}(g)-A(\mathrm{dom}(f)))$$

或更强的条件：

$$A(\mathrm{dom}(f))\cap \mathrm{cont}(g)\neq\varnothing$$

425 则强对偶性成立，即 $p^*=d^*$。并且当 $d^*\in\mathbb{R}$ 时，该对偶问题的上确界可以达到。

| 证明 | 对 f 和 g 运用 Fenchel 不等式(命题 B.38)，则对于任意 $x\in\mathcal{X}$ 和 $y\in\mathcal{Y}$，有以下不等式成立：

$$f(x)+f^*(A^*y)\geqslant\langle A^*y, x\rangle=\langle y, Ax\rangle=-\langle -y, Ax\rangle\geqslant -g(Ax)-g^*(-y)$$

比较上式中最左边和最右边可得：

$$f(x)+f^*(A^*y)\geqslant -g(Ax)-g^*(-y)\Leftrightarrow f(x)+g(Ax)\geqslant -f^*(A^*y)-g^*(-y)$$

对上式左边在 $x\in\mathcal{X}$ 上取下确界，并对上式右边在 $y\in\mathcal{Y}$ 上取上确界可得 $p^*\geqslant d^*$。

接下来，考虑定义在 $u\in\mathcal{Y}$ 上的函数 $h: \mathcal{Y}\mapsto[-\infty, +\infty]$：

$$h(u)=\inf_{x\in\mathcal{X}}\{f(x)+g(Ax+u)\} \tag{B.24}$$

由于 $(x, u)\mapsto f(x)+g(Ax+u)$ 是凸的，由于 h 是对其中一个参数取下确界，所以也是凸的。当且仅当存在 $x\in\mathcal{X}$ 使得 $f(x)+g(Ax+u)<+\infty$，也即存在 $x\in\mathcal{X}$ 使得 $f(x)<+\infty$ 且 $g(Ax+u)<+\infty$，也即存在 $x\in\mathrm{dom}(f)$ 使得 $(Ax+u)\in\mathrm{dom}(g)$，u 在 $\mathrm{dom}(h)$ 中。因此，$\mathrm{dom}(h)=\mathrm{dom}(g)-A\,\mathrm{dom}(f)$。

如果 $p^*=-\infty$，则强对偶性显然成立。下面讨论 $p^*>-\infty$ 的情况。如果 $0\in\mathrm{core}(\mathrm{dom}(g)-A(\mathrm{dom}(f)))=\mathrm{core}(\mathrm{dom}(h))$，则 0 在 $\mathrm{dom}(h)$ 中，且 $p^*<+\infty$。因此，$p^*=h(0)$ 在 $\mathbb{R}$ 中。根据命题 B.34，由于 $h(0)>-\infty$ 且 $0\in\mathrm{core}(\mathrm{dom}(h))$，所以 h 在 $(-\infty, +\infty]$ 内取值。因此，根据命题 B.35，在 0 点处 h 有一个次梯度为 $-y$。根据 y 的定义，对于所有 $x\in\mathcal{X}$ 和所有 $u\in\mathcal{Y}$，有：

$$\begin{aligned}
h(0)&\leqslant h(u)+\langle y, u\rangle\\
&\leqslant f(x)+g(Ax+u)+\langle y, u\rangle\\
&=\{f(x)-\langle A^*y, x\rangle\}+\{g(Ax+u)+\langle y, u\rangle+\langle A^*y, x\rangle\}\\
&=\{f(x)-\langle A^*y, x\rangle\}+\{g(Ax+u)+\langle y, Ax+u\rangle\}
\end{aligned}$$

上式关于 u 取下确界，关于 x 取上确界可得：

$$h(0)\leqslant -f^*(A^*y)-g^*(-y)\leqslant d^*\leqslant p^*=h(0)$$

即证明了 $d^*=p^*$，且关于 d^* 的上确界可以在 y 处达到。

最后，假设 $A(\mathrm{dom}(f))\cap\mathrm{cont}(g)\neq\varnothing$ 并令 $u=A(\mathrm{dom}(f))\cap\mathrm{cont}(g)$。那么，若 $x\in\mathrm{dom}(f)$ 则 $u=Ax$，且有 $u\in\mathrm{cont}(g)\subseteq\mathrm{dom}(g)$。因此，有 $0=u-Ax\in\mathrm{dom}(g)-A\,\mathrm{dom}(f)$。由于 g 在 u 处连续且 $g(u)$ 是有限的，因此对于任意 $v\in\mathcal{X}$，存在 $\varepsilon>0$ 使得对于所有 $t\in[0, \varepsilon]$，$g(u+tv)$ 是有限的，因此 $w_t=(u+tv)\in\mathrm{dom}(g)$。因此，对于任意 $t\in[0, \varepsilon]$，有 $tv=w_t-u=w_t-Ax\in\mathrm{dom}(g)-A\,\mathrm{dom}(f)$ 成立，这表明 $0\in\mathrm{core}(\mathrm{dom}(g)-A(\mathrm{dom}(f)))$。■

为了更好地理解该定理，可以考虑 A 是恒等算子的情况，此时原始优化问题是 $\min_x\{f(x)+g(x)\}$。图 B.4 对该情况下的 Fenchel 对偶性定理进行了阐释。由于 $f(x)+g(x)=f(x)-(-g(x))$，原始优化问题即找到使得 $f(x)$ 和 $-g(x)$ 曲线上距离最近的点 x^*。由图可知，满足该定理条件时，找 x^* 等价于找到使得 $f(x)$ 和 $-g(x)$ 的共轭值之差(即 $-f^*(y)-g^*(-y)$)最大的点 y^*。

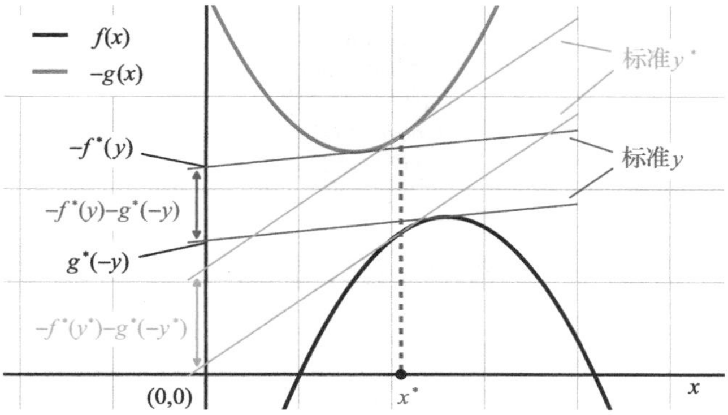

图 B.4 Fenchel 对偶性示意图。$\min_{x}\{f(x)+g(x)\}=\max_{y}\{-f^*(y)-g^*(-y)\}$

B.5 文献评注

本附录给出的结果基于几个主要定理：由费马(1629)得出的定理 B.3；源于拉格朗日(1797)的定理 B.27；源于 Karush[1939]以及 Kuhn 和 Tucker[1951]的定理 B.30；基于共轭函数的概念或 Legendre 转换的由 Werner Fenchel 提出的定理 B.39。关于凸优化更详尽的内容，我们强烈推荐 Boyd 和 Vandenberghe[2004]、Bertsekas、Nedic′和 Ozdaglar[2003]、Borwein 和 Lewis[2000]，以及 Borwein 和 Zhu[2005]的书，这些书为本章附录内容奠定了基础。特别需要指出，共轭函数表来自[Borwein 和 Lewis，2000]。

B.6 习题

B.1 对于所有 $x\in\mathbb{R}$，定义函数 $f(x)=|x|$，给出其共轭函数。 426～428

B.2 试证明表 B.1 中每个函数 g 对应的共轭函数 g^* 的正确性。

B.3 请给出命题 B.35 的证明。

·附录 C·

概率论回顾

在本附录中，我们将对概率论的一些基础概念进行回顾，并对贯穿全书的相关概念进行定义。

C.1 概率

一个**概率空间**(probability space)基于三个部分：一个**样本空间**(sample space)、一个**事件集**(events set)和一个**概率分布**(probability distribution)。

- **样本空间**(sample space)Ω：Ω 是所有基本事件或一次试验中所有可能得到的输出所组成的集合。比如说，在投掷一枚骰子时会得到$\{1, \cdots, 6\}$六个数字中的某一个数字。
- **事件集**(events set)$\mathcal{F}$：$\mathcal{F}$ 是一个 σ-**代数**(σ-algebra)，它是 Ω 的一组子集，包含 Ω 在互补和可数条件下封闭的部分(因此也是可数的交集)。一个事件的示例是：掷一枚骰子，正面朝上的数字为奇数。
- **概率分布**(probability distribution)：$\mathbb{P}$ 是一个所有事件集 $\mathcal{F}$ 到$[0, 1]$的映射，使得 $\mathbb{P}[\Omega]=1$，$\mathbb{P}[\varnothing]=1$ 且对于所有独立事件 A_1，…，A_n，有

$$\mathbb{P}[A_1 \cup \cdots \cup A_n] = \sum_{i=1}^{n} \mathbb{P}[A_i]$$

  与掷骰子相关的离散概率分布为 $\mathbb{P}[A_i]=1/6$，A_i 为取值为 i 时的事件。

C.2 随机变量

| 定义 C.1 随机变量 | 随机变量 X 是 $\Omega \to \mathbb{R}$ 的可测映射，即对于任意给定的整数 I，使得样本空间子集$\{\omega \in \Omega: X(\omega) \in I\}$是一个事件。

定义离散随机变量 X 的**概率质量函数**(probability mass function)为函数 $x \mapsto \mathbb{P}[X=x]$，离散随机变量 X 与 Y 的**联合概率质量函数**(joint probability mass function)为函数$(x, y) \mapsto$

$\mathbb{P}[X=x \wedge Y=y]$。

称一个概率分布是**绝对连续**(absolutely continuous)的，当它有一个**概率密度函数**(probability density function)，即对于所有 a，$b \in \mathbb{R}$，有关于实值随机变量 X 的函数 f 满足：

$$\mathbb{P}[a \leqslant X \leqslant b]=\int_a^b f(x)\mathrm{d}x \tag{C.1}$$ 429

| 定义 C.2　二项分布 | 若对于任意 $k \in \{0, 1, \cdots, n\}$，有下式成立，则称随机变量 X 服从二项分布 $B(n, p)$，$n \in \mathbb{N}$，$p \in [0, 1]$。

$$\mathbb{P}[X=k]=\binom{n}{k} p^k (1-p)^{n-k}$$

| 定义 C.3　正态分布 | 若随机变量 X 的概率密度函数如下式所示，则称随机变量 X 服从正态(高斯)分布 $N(\mu, \sigma^2)$，$\mu \in \mathbb{R}$，$\sigma>0$。

$$f(x)=\frac{1}{\sqrt{2\pi\sigma^2}}\exp\left(-\frac{(x-\mu)^2}{2\sigma^2}\right)$$

标准正态分布 $N(0, 1)$是均值为零、方差为单位方差的正态分布。

正态分布常被用于近似二项分布。近似过程见图 C.1。

| 定义 C.4　拉普拉斯分布 | 若随机变量 X 的概率密度函数如下式所示，则称随机变量 X 服从拉普拉斯分布，$\mu \in \mathbb{R}$，尺度因子 $b>0$。

$$f(x)=\frac{1}{2b}\exp\left(-\frac{|x-\mu|}{b}\right)$$

| 定义 C.5　Gibbs 分布 | 给定集合 X 和特征映射 $\boldsymbol{\Phi}: \mathcal{X} \to \mathbb{R}^N$，若随机变量 X 对于任意 $x \in \mathcal{X}$ 有下式成立，则称随机变量 X 服从 Gibbs 分布：

$$\mathbb{P}[X=x]=\frac{\exp(\boldsymbol{w} \cdot \boldsymbol{\Phi}(x))}{\sum_{x \in \mathcal{X}} \exp(\boldsymbol{w} \cdot \boldsymbol{\Phi}(x))}$$

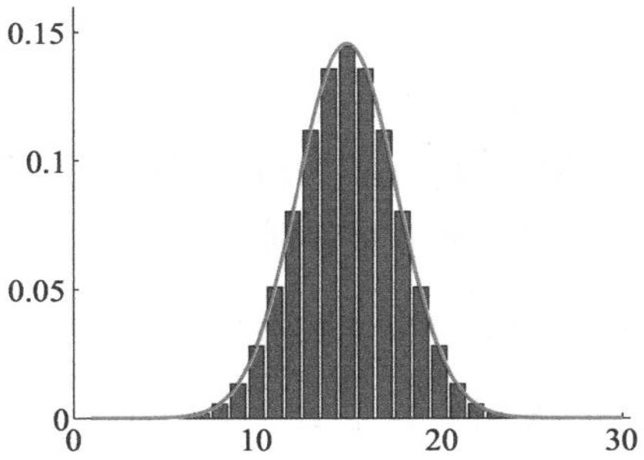

图 C.1　以正态分布(浅灰线)近似二项分布(深灰柱形)

其中，参数 $\boldsymbol{w} \in \mathbb{R}^N$，分母中的归一化量 $Z=\sum_{x \in \mathcal{X}} \exp(\boldsymbol{w} \cdot \boldsymbol{\Phi}(x))$ 又称**配分函数**(partition function)。

| 定义 C.6　泊松分布 | 若对于任意 $k \in \mathbb{N}$，有 $\lambda>0$ 使得下式成立，则称随机变量 X 服从泊松分布。

$$\mathbb{P}[X=k]=\frac{\lambda^k \mathrm{e}^{-\lambda}}{k!}$$

在下面的分布族定义中，会使用在下一节中定义的随机变量独立性的概念。

| 定义 C.7　卡方分布 | k 自由度 χ^2-分布(或称卡方分布)定义为 k 个独立随机变量的平方和的概率分布，其中每个随机变量服从标准正态分布。 430

C.3　条件概率与独立性

| 定义 C.8　条件概率 | 在给定事件 B 的条件下，当 $\mathbb{P}[B] \neq 0$ 时，事件 A 的条件概

率定义为：

$$\mathbb{P}[A|B]=\frac{\mathbb{P}[A\cap B]}{\mathbb{P}[B]} \tag{C.2}$$

| 定义 C.9 独立性 | 若有下式成立，则称事件 A 与事件 B 独立。

$$\mathbb{P}[A\cap B]=\mathbb{P}[A]\mathbb{P}[B] \tag{C.3}$$

等价地，当 $\mathbb{P}[B]\neq 0$ 时，当且仅当 $\mathbb{P}[A|B]=\mathbb{P}[A]$，$A$ 与 B 独立。

当随机变量序列中各随机变量间相互独立，且服从同一分布时，则称该随机变量序列**独立同分布**。

接下来介绍的是与条件概率相关的基本概率公式。对于任意事件 A、B 以及 A_1，…，A_n，有以下式子成立(在贝叶斯公式中还需增加 $\mathbb{P}[B]\neq 0$ 的约束)：

$$\mathbb{P}[A\cup B]=\mathbb{P}[A]+\mathbb{P}[B]-\mathbb{P}[A\cap B] \quad \text{(加法法则)} \tag{C.4}$$

$$\mathbb{P}\left[\bigcup_{i=1}^{n} A_i\right]\leqslant \sum_{i=1}^{n}\mathbb{P}[A_i] \quad \text{(联合界)} \tag{C.5}$$

$$\mathbb{P}[A|B]=\frac{\mathbb{P}[B|A]\mathbb{P}[A]}{\mathbb{P}[B]} \quad \text{(贝叶斯公式)} \tag{C.6}$$

$$\mathbb{P}\left[\bigcap_{i=1}^{n} A_i\right]=\mathbb{P}[A_1]\mathbb{P}[A_2|A_1]\cdots\mathbb{P}\left[A_n \,\middle|\, \bigcap_{i=1}^{n-1} A_i\right] \quad \text{(链式法则)} \tag{C.7}$$

加法法则直接由 $A\cup B$ 这一整体可分解为互不相交的集合 A 和$(B-A\cap B)$得到。联合界是加法法则的直接结论。贝叶斯公式按照条件概率的定义以及 $\mathbb{P}[A|B]\mathbb{P}[B]=\mathbb{P}[B|A]\mathbb{P}[A]=\mathbb{P}[A\cap B]$可直接得到。类似地，链式法根据 $\mathbb{P}[A_1]\mathbb{P}[A_2|A_1]=\mathbb{P}[A_1\cap A_2]$得到，对此式重复使用可得等式右边前 k 项相乘等于 $\mathbb{P}\left[\bigcap_{i=1}^{k} A_i\right]$。

最后，假定 $\Omega=A_1\cup A_2\cup\cdots\cup A_n$，$A_i\cap A_j=\varnothing(i\neq j)$，即 A_i 之间互不相交，则对于任意事件 B 有下式成立：

$$\mathbb{P}[B]=\sum_{i=1}^{n}\mathbb{P}[B|A_i]\mathbb{P}[A_i] \quad \text{(全概率定理)} \tag{C.8}$$

由条件概率的定义和事件 $B\cap A_i$ 之间互不相交，结合 $\mathbb{P}[B|A_i]\mathbb{P}[A_i]=\mathbb{P}[B\cap A_i]$，可得上式成立。

C.4 期望与 Markov 不等式

| 定义 C.10 期望 | 随机变量 X 的均值或期望可表示为 $\mathbb{E}[X]$，定义如下：

$$\mathbb{E}[X]=\sum_{x} x\mathbb{P}[X=x] \tag{C.9}$$

当 X 服从概率分布 $\mathcal{D}$ 时，我们将期望 $\mathbb{E}[X]$写作 $\mathbb{E}_{x\sim\mathcal{D}}[X]$加以明示。从定义直接来看，随机变量的期望有一个基本性质：线性性。即对于两个随机变量 X 和 Y，以及 a，$b\in\mathbb{R}$ 有下式成立：

431

$$\mathbb{E}[aX+bY]=a\mathbb{E}[X]+b\mathbb{E}[Y] \tag{C.10}$$

进一步地，当 X 与 Y 是独立随机变量时，有：

$$\mathbb{E}[XY]=\mathbb{E}[X]\mathbb{E}[Y] \tag{C.11}$$

事实上，通过期望与独立性的定义可得：

$$\mathbb{E}[XY]=\sum_{x,\ y} xy\mathbb{P}[X=x \wedge Y=y]=\sum_{x,\ y} xy\mathbb{P}[X=x]\mathbb{P}[Y=y]$$
$$=\Big(\sum_{x} x\mathbb{P}[X=x]\Big)\Big(\sum_{y} y\mathbb{P}[Y=y]\Big)$$

其中，最后一步我们利用了 Fubini 定理。下面介绍 **Markov 不等式**(Markov's inequality)，其通过期望对非负随机变量给出约束。

| 定理 C.1 Markov 不等式 | 令 X 为非负随机变量，且 $\mathbb{E}[X]<\infty$，则对于所有 $t>0$，

$$\mathbb{P}[X\geqslant t\mathbb{E}[X]]\leqslant\frac{1}{t} \tag{C.12}$$

| 证明 |

$$\begin{aligned}\mathbb{P}[X\geqslant t\mathbb{E}[X]]&=\sum_{x\geqslant t\mathbb{E}[X]}\mathbb{P}[X=x] && (\text{根据定义})\\ &\leqslant\sum_{x\geqslant t\mathbb{E}[X]}\mathbb{P}[X=x]\frac{x}{t\mathbb{E}[X]} && \left(\text{利用}\frac{x}{t\mathbb{E}[X]}\geqslant 1\right)\\ &\leqslant\sum_{x}\mathbb{P}[X=x]\frac{x}{t\mathbb{E}[X]} && (\text{扩展非负和})\\ &=\mathbb{E}\left[\frac{X}{t\mathbb{E}[X]}\right]=\frac{1}{t} && (\text{期望的线性})\end{aligned}$$

■

C.5 方差与 Chebyshev 不等式

| 定义 C.11 方差-标准差 | 随机变量 X 的方差 $\mathrm{Var}[X]$ 定义如下：

$$\mathrm{Var}[X]=\mathbb{E}[(X-\mathbb{E}[X])^2] \tag{C.13}$$

随机变量 X 的标准差 σ_X 定义如下：

$$\sigma_X=\sqrt{\mathrm{Var}[X]} \tag{C.14}$$

对于任意随机变量 X 和任意 $a\in\mathbb{R}$，有如下基本性质：

$$\mathrm{Var}[X]=\mathbb{E}[X^2]-\mathbb{E}[X]^2 \tag{C.15}$$

$$\mathrm{Var}[aX]=a^2\mathrm{Var}[X] \tag{C.16}$$

当 X 与 Y 独立时，可进一步得到：

$$\mathrm{Var}[X+Y]=\mathrm{Var}[X]+\mathrm{Var}[Y] \tag{C.17}$$

事实上，利用期望的线性性和 X 与 Y 独立时 $\mathbb{E}[X]\mathbb{E}[Y]-\mathbb{E}[XY]=0$ 可得：

$$\begin{aligned}\mathrm{Var}[X+Y]&=\mathbb{E}[(X+Y)^2]-\mathbb{E}[X+Y]^2\\ &=\mathbb{E}[X^2+Y^2+2XY]-(\mathbb{E}[X]^2+\mathbb{E}[Y]^2+2\mathbb{E}[XY])\\ &=(\mathbb{E}[X^2]-\mathbb{E}[X]^2)+(\mathbb{E}[Y^2]-\mathbb{E}[Y]^2)+2(\mathbb{E}[X]\mathbb{E}[Y]-\mathbb{E}[XY])\\ &=\mathrm{Var}[X]+\mathrm{Var}[Y]\end{aligned}$$ 432

接下来将介绍 **Chebyshev 不等式**(Chebyshev's inequality)，它通过标准差对随机变量 X 与其期望的偏差给出界。

| 定理 C.2 Chebyshev 不等式 | 令 X 为随机变量，$\mathrm{Var}[X]<+\infty$。则对于所有 $t>0$，有如下不等式成立：

$$\mathbb{P}[|X-\mathbb{E}[X]|\geqslant t\sigma_X]\leqslant\frac{1}{t^2} \tag{C.18}$$

｜证明｜注意

$$\mathbb{P}[|X-\mathbb{E}[X]|\geqslant t\sigma_X]=\mathbb{P}[(X-\mathbb{E}[X])^2\geqslant t^2\sigma_X^2]$$

进而，将 Markov 不等式用于 $(X-\mathbb{E}(X))^2$ 则定理得证。■

我们将用 Chebyshev 不等式来证明如下定理：

｜定理 C.3　弱大数定律｜令 $(X_n)_{n\in\mathbb{N}}$ 为独立同分布随机变量序列，均值为 μ，方差为 $\sigma^2<\infty$。令 $\overline{X}_n=\frac{1}{n}\sum_{i=1}^{n}X_i$，则对任意的 $\varepsilon>0$，有下式成立：

$$\lim_{n\to\infty}\mathbb{P}[|\overline{X}_n-\mu|\geqslant\varepsilon]=0 \tag{C.19}$$

｜证明｜因为各随机变量独立，则有：

$$\mathrm{Var}[\overline{X}_n]=\sum_{i=1}^{n}\mathrm{Var}\left[\frac{X_i}{n}\right]=\frac{n\sigma^2}{n^2}=\frac{\sigma^2}{n}$$

令 $t=\varepsilon/(\mathrm{Var}[\overline{X}_n])^{1/2}$，由 Chebyshev 不等式可得：

$$\mathbb{P}[|\overline{X}_n-\mu|\geqslant\varepsilon]\leqslant\frac{\sigma^2}{n\varepsilon^2}$$

式(C.19)得证。■

例 C.1　Chebyshev 不等式应用　假若我们掷一对骰子 n 次，是否能对 n 次投掷得到的总数进行很好的估计呢？如果我们计算均值与方差，可以发现 $\mu=7n$，$\sigma^2=35/6n$。因此，利用 Chebyshev 不等式，我们发现最终得到的总数至少有 99%都落在 $7n\pm10\sqrt{\frac{35}{6}n}$。因此，在 1M 投掷之后，最终得到的总数介于 6.975M 与 7.025M 之间的概率在 99%以上。

｜定义 C.12　协方差｜两个随机变量 X 和 Y 的协方差 $\mathrm{Cov}(X, Y)$ 定义为：

$$\mathrm{Cov}(X, Y)=\mathbb{E}[(X-\mathbb{E}[X])(Y-\mathbb{E}[Y])] \tag{C.20}$$

当 $\mathrm{Cov}(X, Y)=0$ 时，称两个随机变量 X 与 Y 是**不相关的**(uncorrelated)。显然，当 X 与 Y 独立时，两者是不相关的，但是反之则不成立。协方差定义了一种正半定和对称的双线性形式，具有如下性质：

- 对称性：对于任意两个随机变量 X 和 Y，$\mathrm{Cov}(X, Y)=\mathrm{Cov}(Y, X)$；
- 双线性性：对于任意两个随机变量 X、X'和 Y，$a\in\mathbb{R}$，

$$\mathrm{Cov}(X+X', Y)=\mathrm{Cov}(X, Y)+\mathrm{Cov}(X', Y)$$
$$\mathrm{Cov}(aX, Y)=a\mathrm{Cov}(X, Y)$$

- 正半定性：对于任意随机变量 X，$\mathrm{Cov}(X, X)=\mathrm{Var}[X]\geqslant0$。

对于随机变量 X 和 Y，当 $\mathrm{Var}[X]<+\infty$，$\mathrm{Var}[Y]<+\infty$ 时，有如下 Cauchy-Schwarz 不等式成立：

433

$$|\mathrm{Cov}(X, Y)|\leqslant\sqrt{\mathrm{Var}[X]\mathrm{Var}[Y]} \tag{C.21}$$

｜定义 C.13｜随机变量向量 $\boldsymbol{X}=(X_1, \cdots, X_N)$ 的协方差矩阵 $\boldsymbol{C}(\boldsymbol{X})\in\mathbb{R}^{N\times N}$ 定义为：

$$\boldsymbol{C}(\boldsymbol{X})=\mathbb{E}[(\boldsymbol{X}-\mathbb{E}[\boldsymbol{X}])(\boldsymbol{X}-\mathbb{E}[\boldsymbol{X}])^{\mathrm{T}}] \tag{C.22}$$

因此，$\boldsymbol{C}(\boldsymbol{X})=(\mathrm{Cov}(X_i, X_j))_{ij}$。由此可直接证得：

$$\boldsymbol{C}(\boldsymbol{X})=\mathbb{E}[\boldsymbol{X}\boldsymbol{X}^{\mathrm{T}}]-\mathbb{E}[\boldsymbol{X}]\mathbb{E}[\boldsymbol{X}]^{\mathrm{T}} \tag{C.23}$$

在本章最后，我们给出以下概率论中著名的定理。

| 定理 C.4 中心极限定理 | 令 $X_1, \cdots, X_N$ 为一组独立同分布的随机变量，均值为 μ，标准差为 σ。令 $\overline{X}_n=\frac{1}{n}\sum_{i=1}^{n}X_i$，$\overline{\sigma}_n^2=\sigma^2/n$。则 $(\overline{X}_n-\mu)/\overline{\sigma}_n$ 依分布收敛至 $N(0, 1)$，即对于任意 $t\in\mathbb{R}$，有

$$\lim_{n\to\infty}\mathbb{P}[(\overline{X}_n-\mu)/\overline{\sigma}_n\leqslant t]=\int_{-\infty}^{t}\frac{1}{\sqrt{2\pi}}\mathrm{e}^{-\frac{x^2}{2}}\mathrm{d}x$$

C.6 矩生成函数

期望 $\mathbb{E}[X^p]$称作随机变量 X 的 p 阶矩。随机变量 X 的矩生成函数非常有用，通过该函数，直接计算其在零点的微分便可得到随机变量的各阶矩。因此，矩生成函数对于确定 X 的分布或分析其性质非常重要。

| 定义 C.14 矩生成函数 | 随机变量 X 的矩生成函数 $M_X: t\mapsto\mathbb{E}[\mathrm{e}^{tX}]$定义于有限期望的集合 $t\in\mathbb{R}$ 之上。

如果 M_X 在零点可微，则 X 的 p 阶矩为 $\mathbb{E}[X^p]=M_X^{(p)}(0)$。我们将在下一章中介绍零均值有界随机变量(引理 D.1)矩生成函数的一般界。在此，我们将阐述两种特殊情况下的矩生成函数计算。

例 C.2 标准正态分布 令 X 是一个随机变量，服从均值为 0 方差为 1 的标准正态分布。则在所有 $t\in\mathbb{R}$ 上定义的 M_X 为：

$$M_X(t)=\int_{-\infty}^{\infty}\frac{1}{\sqrt{2\pi}}\mathrm{e}^{\frac{-x^2}{2}}\mathrm{e}^{tx}\mathrm{d}x=\mathrm{e}^{\frac{t^2}{2}}\int_{-\infty}^{\infty}\frac{1}{\sqrt{2\pi}}\mathrm{e}^{-\frac{1}{2}(x-t)^2}\mathrm{d}x=\mathrm{e}^{\frac{t^2}{2}} \tag{C.24}$$

注意，上式中最后一个积分是均值为 t 方差为 1 的标准正态分布的概率密度函数。

例 C.3 χ^2-分布 令 X 是服从k 自由度χ^2-分布的随机变量，记 $X=\sum_{i=1}^{k}X_i^2$，X_i 均独立且服从标准正态分布。

令 $t<1/2$，根据变量 X_i 的独立同分布假设，可得：

$$\mathbb{E}[\mathrm{e}^{tX}]=\mathbb{E}\left[\prod_{i=1}^{k}\mathrm{e}^{tX_i^2}\right]=\prod_{i=1}^{k}\mathbb{E}[\mathrm{e}^{tX_i^2}]=\mathbb{E}[\mathrm{e}^{tX_1^2}]^k$$

由标准正态分布的定义可得：

$$\begin{aligned}\mathbb{E}[\mathrm{e}^{tX_1^2}]&=\frac{1}{\sqrt{2\pi}}\int_{-\infty}^{+\infty}\mathrm{e}^{tx^2}\mathrm{e}^{\frac{-x^2}{2}}\mathrm{d}x=\frac{1}{\sqrt{2\pi}}\int_{-\infty}^{+\infty}\mathrm{e}^{(1-2t)\frac{-x^2}{2}}\mathrm{d}x\\&=\frac{1}{\sqrt{2\pi}}\int_{-\infty}^{+\infty}\frac{\mathrm{e}^{\frac{-u^2}{2}}}{\sqrt{1-2t}}\mathrm{d}u=(1-2t)^{-\frac{1}{2}}\end{aligned}$$

在推导过程中，我们令 $u=\sqrt{1-2t}\,x$。据此，χ^2-分布的矩生成函数为：

$$\forall t<1/2, \ M_X(t)=\mathbb{E}[e^{tX}]=(1-2t)^{-\frac{k}{2}} \tag{C.25}$$

C.7 习题

C.1 令 f：$(0, +\infty)\to\mathbb{R}_+$，且有反函数 f^{-1}。令 X 是一个随机变量。证明如果对于任意 $t>0$ 有 $\mathbb{R}[X>t]\leqslant f(t)$，则对于任意 $\delta>0$，以至少为 $1-\delta$ 的概率有 $X\leqslant f^{-1}(\delta)$。

434~436 C.2 令 X 是一个离散随机变量且取值为非负整数。证明 $\mathbb{E}[X]=\sum_{n\geqslant 1}\mathbb{P}[X\geqslant n]$（提示：可将 $\mathbb{P}[X=n]$ 写为 $\mathbb{P}[X\geqslant n]-\mathbb{P}[X\geqslant n+1]$）。

·附录 D·

集中不等式

在本附录中，我们主要介绍一些本书中证明部分需要用到的**集中不等式**(concentration inequality)。这些不等式为随机变量提供了概率界，保证其可以集中在均值附近，或给出偏离均值或其他值的程度。

D.1 Hoeffding 不等式

首先我们介绍 Hoeffding 不等式，可利用通用的 **Chernoff 定界技术**(Chernoff bounding technique)对其进行证明。给定一个随机变量 X 和 $\varepsilon>0$，Chernoff 定界技术按如下方式给出 $\mathbb{P}[X\geqslant\varepsilon]$的界。对于任意 $t>0$，首先利用 Markov 不等式得到 $\mathbb{P}[X\geqslant\varepsilon]$的界：

$$\mathbb{P}[X\geqslant\varepsilon]=\mathbb{P}[\mathrm{e}^{tX}\geqslant\mathrm{e}^{t\varepsilon}]\leqslant\mathrm{e}^{-t\varepsilon}\mathbb{E}[\mathrm{e}^{tX}] \tag{D.1}$$

之后，找到 $\mathbb{E}[\mathrm{e}^{tX}]$的一个上界 $g(t)$并选择 t 来最小化 $\mathrm{e}^{-t\varepsilon}g(t)$。对于 Hoeffding 不等式，下式为 $\mathbb{E}[\mathrm{e}^{tX}]$提供了一个上界。

| 引理 D.1 Hoeffding 引理 | 令 X 为随机变量，且 $E[X]=0$[⊖]，$a\leqslant X\leqslant b$，$b>a$。对于任意 $t>0$，有下式成立：

$$\mathbb{E}[\mathrm{e}^{tX}]\leqslant\mathrm{e}^{\frac{t^2(b-a)^2}{8}} \tag{D.2}$$

| 证明 | 对于所有 $x\in[a,b]$，由 $x\mapsto\mathrm{e}^x$ 的凸性可得：

$$\mathrm{e}^{tx}\leqslant\frac{b-x}{b-a}\mathrm{e}^{ta}+\frac{x-a}{b-a}\mathrm{e}^{tb}$$

因此，由 $\mathbb{E}[X]=0$ 可得：

$$\mathbb{E}[\mathrm{e}^{tX}]\leqslant\mathbb{E}\left[\frac{b-X}{b-a}\mathrm{e}^{ta}+\frac{X-a}{b-a}\mathrm{e}^{tb}\right]=\frac{b}{b-a}\mathrm{e}^{ta}+\frac{-a}{b-a}\mathrm{e}^{tb}=\mathrm{e}^{\phi(t)}$$

其中，

⊖ 此处应该是 $\mathbb{E}[X]=0$，原文有误。——译者注

$$\phi(t)=\log\left(\frac{b}{b-a}e^{ta}+\frac{-a}{b-a}e^{tb}\right)=ta+\log\left(\frac{b}{b-a}+\frac{-a}{b-a}e^{t(b-a)}\right)$$

对于任意 $t>0$，ϕ 的一阶导数和二阶导数如下：

$$\phi'(t)=a-\frac{ae^{t(b-a)}}{\frac{b}{b-a}-\frac{a}{b-a}e^{t(b-a)}}=a-\frac{a}{\frac{b}{b-a}e^{-t(b-a)}-\frac{a}{b-a}}$$

$$\phi''(t)=\frac{-abe^{-t(b-a)}}{\left[\frac{b}{b-a}e^{-t(b-a)}-\frac{a}{b-a}\right]^2}$$

$$=\frac{\alpha(1-\alpha)e^{-t(b-a)}(b-a)^2}{[(1-\alpha)e^{-t(b-a)}+\alpha]^2}$$

437 $$=\frac{\alpha}{[(1-\alpha)e^{-t(b-a)}+\alpha]}\frac{(1-\alpha)e^{-t(b-a)}}{[(1-\alpha)e^{-t(b-a)}+\alpha]}(b-a)^2$$

其中，$\alpha=\frac{-a}{b-a}$。注意，$\phi(0)=\phi'(0)=0$，$\phi''(t)=u(1-u)(b-a)^2$，其中 $u=\frac{\alpha}{[(1-\alpha)e^{-t(b-a)}+\alpha]}$。由于 $u\in[0,1]$，故而 $u(1-u)$的上界为 1/4，进而 $\phi''(t)=u(1-u)\leqslant\frac{(b-a)^2}{4}$。因此，对 ϕ 二阶导数展开后，存在 $\theta\in[0,t]$，使得：

$$\phi(t)=\phi(0)+t\phi'(0)+\frac{t^2}{2}\phi''(\theta)\leqslant t^2\frac{(b-a)^2}{8} \tag{D.3}$$

引理得证。■

这个引理可用来证明下面的 **Hoeffding 不等式**(Hoeffding's inequality)。

| 定理 D.1　Hoeffding 不等式 | 令 X_1，…，X_m 为独立随机变量，对于任意 $i\in[1,m]$，X_i 取值为$[a_i,b_i]$。对于任意 $\varepsilon>0$，令 $S_m=\sum_{i=1}^{m}X_i$，则有以下不等式成立：

$$\mathbb{P}[S_m-\mathbb{E}[S_m]\geqslant\varepsilon]\leqslant e^{-2\varepsilon^2/\sum_{i=1}^{m}(b_i-a_i)^2} \tag{D.4}$$

$$\mathbb{P}[S_m-\mathbb{E}[S_m]\leqslant-\varepsilon]\leqslant e^{-2\varepsilon^2/\sum_{i=1}^{m}(b_i-a_i)^2} \tag{D.5}$$

| 证明 | 利用 Chernoff 定界技术和引理 D.1，可得：

$$\begin{aligned}\mathbb{P}[S_m-\mathbb{E}[S_m]\geqslant\varepsilon]&\leqslant e^{-t\varepsilon}\mathbb{E}[e^{t(S_m-\mathbb{E}[S_m])}]\\&=e^{-t\varepsilon}\prod_{i=1}^{m}\mathbb{E}[e^{t(X_i-\mathbb{E}[X_i])}]\quad(X_is\text{ 的独立性})\\&\leqslant e^{-t\varepsilon}\prod_{i=1}^{m}e^{t^2(b_i-a_i)^2/8}\quad(\text{引理 D.1})\\&=e^{-t\varepsilon}e^{t^2\sum_{i=1}^{m}(b_i-a_i)^2/8}\\&\leqslant e^{-2\varepsilon^2/\sum_{i=1}^{m}(b_i-a_i)^2}\end{aligned}$$

其中，令 $t=4\varepsilon/\sum_{i=1}^{m}(b_i-a_i)^2$ 以最小化上界。由此便证得定理的第一部分。同理可得第二

部分成立。 ■

当每个随机变量 X_i 的方差 $\sigma_{X_i}^2$ 已知，且 $\sigma_{X_i}^2$ 相对较小，可推导出更好的集中界。(参见习题 D.6 证明的 **Bennett 和 Bernstein 不等式**(Bennett's and Bernstein's inequality))

D.2 Sanov 定理

本节将基于二元相对熵给出一个比 Hoeffding 不等式更好的上界。

| 定理 D.2 Sanov 定理 | 令 X_1，…，X_m 是服从分布 $\mathcal{D}$ 的独立随机变量，均值为 p，支撑集在[0，1]内。则对于任意 $q\in[0,1]$，对于 $\hat{p}=\frac{1}{m}\sum_{i=1}^{m}X_i$，有以下不等式成立：

$$\mathbb{P}[\hat{p}\geqslant q]\leqslant e^{-m\mathrm{D}(q\,\|\,p)}$$

其中，$\mathrm{D}(q\|p)=q\log\frac{q}{p}+(1-q)\log\frac{1-q}{1-p}$ 是 p 和 q 的二元相对熵。 438

| 证明 | 对于任意 $t>0$，根据函数 $x\mapsto e^{tx}$ 的凸性，对于所有 $x\in[0,1]$，有不等式 $e^{tx}=e^{t[(1-x)\cdot 0+x\cdot 1]}\leqslant 1-x+e^t x$ 成立。因此，对于任意 $t>0$，有：

$$\begin{aligned}
\mathbb{P}[\hat{p}\geqslant q]&=\mathbb{P}[e^{tm\hat{p}}\geqslant e^{tmq}]\\
&=\mathbb{P}[e^{tm\hat{p}}\geqslant e^{tmq}]\\
&\leqslant e^{-tmq}\mathbb{E}[e^{tm\hat{p}}] \qquad (\text{根据 Markov 不等式})\\
&=e^{-tmq}\mathbb{E}\left[e^{t\sum_{i=1}^{m}X_i}\right]\\
&=e^{-tmq}\prod_{i=1}^{m}\mathbb{E}[e^{tX_i}]\\
&\leqslant e^{-tmq}\prod_{i=1}^{m}\mathbb{E}[1-X_i+e^tX_i] \quad (\forall x\in[0,1],\ e^{tx}\leqslant 1-x+e^tx)\\
&=[e^{-tq}(1-p+e^tp)]^m
\end{aligned}$$

由于在 $t=\log\frac{q(1-p)}{p(1-q)}$ 处，函数 $f: t\mapsto e^{-tq}(1-p+e^tp)=(1-p)e^{-tq}+pe^{t(1-q)}$ 取到最小值，将这个 t 代入上述不等式可得 $\mathrm{P}[\hat{p}\geqslant q]\leqslant e^{-m\mathrm{D}(q\,\|\,p)}$。 ■

注意，对于任意 $\varepsilon>0$，$\varepsilon\leqslant 1-p$，如果取 $q=p+\varepsilon$，则由该定理可得：

$$\mathbb{P}[\hat{p}\geqslant p+\varepsilon]\leqslant e^{-m\mathrm{D}(p+\varepsilon\,\|\,p)} \tag{D.6}$$

这是一个比 Hoeffding 不等式(定理 D.2)更好的界。原因在于：根据 Pinsker 不等式(命题 E.2)，有 $\mathrm{D}(p+\varepsilon\|p)\geqslant\frac{1}{2}(2\varepsilon)^2=2\varepsilon^2$。类似地，将该定理运用于随机变量 $Y_i=1-X_i$，可以得到一个对称的界。即，对于任意 $\varepsilon>0$，$\varepsilon\leqslant p$，取 $q=p-\varepsilon$，由该定理可得：

$$\mathbb{P}[\hat{p}\leqslant p-\varepsilon]\leqslant e^{-m\mathrm{D}(p-\varepsilon\,\|\,p)} \tag{D.7}$$

D.3 乘性 Chernoff 界

利用 Sanov 定理可证明下面的**乘性 Chernoff 界**(multiplicative Cherno bound)。

| 定理 D.3　乘性 Chernoff 界 | 令 $X_1, \cdots, X_m$ 是服从分布 $\mathcal{D}$ 的独立随机变量，均值为 p，支撑集在 $[0, 1]$ 内。则对于任意 $\gamma \in \left[0, \frac{1}{p}-1\right]$，对于 $\hat{p}=\frac{1}{m}\sum_{i=1}^{m} X_i$，有以下不等式成立：

$$\mathbb{P}[\hat{p} \geqslant (1+\gamma)p] \leqslant e^{-\frac{mp\gamma^2}{3}}$$

$$\mathbb{P}[\hat{p} \leqslant (1-\gamma)p] \leqslant e^{-\frac{mp\gamma^2}{2}}$$

| 证明 | 证明该定理即须得出每种情况下比 Pinsker 不等式更好的二元相对熵的下界。利用不等式 $\log(1+x) \geqslant \frac{x}{1+\frac{x}{2}}$ 以及 $\log(1+x) < x$，可得：

$$\begin{aligned}
-\mathrm{D}((1+\gamma)p \| p) &= (1+\gamma)p\log\frac{p}{(1+\gamma)p}+(1-(1+\gamma)p)\log\left[\frac{1-p}{1-(1+\gamma)p}\right] \\
&= (1+\gamma)p\log\frac{1}{1+\gamma}+(1-p-\gamma p)\log\left[1+\frac{\gamma p}{1-p-\gamma p}\right] \\
&\leqslant (1+\gamma)p\,\frac{-\gamma}{1+\frac{\gamma}{2}}+(1-p-\gamma p)\frac{\gamma p}{1-p-\gamma p} \\
&= \gamma p\left[1-\frac{1+\gamma}{1+\frac{\gamma}{2}}\right]=\frac{\frac{-\gamma^2 p}{2}}{1+\frac{\gamma}{2}}=\frac{-\gamma^2 p}{2+\gamma}
\end{aligned}$$

439 $$\leqslant \frac{-\gamma^2 p}{2+1}=\frac{-\gamma^2 p}{3}$$

类似地，利用不等式 $(1-x)\log(1-x) \geqslant -x+\frac{x^2}{2}$（对于 $x \in (0, 1)$）以及 $\log(1-x) < -x$，可得：

$$\begin{aligned}
-\mathrm{D}((1-\gamma)p \| p) &= (1-\gamma)p\log\frac{p}{(1-\gamma)p}+(1-(1-\gamma)p)\log\left[\frac{1-p}{1-(1-\gamma)p}\right] \\
&= (1-\gamma)p\log\frac{1}{1-\gamma}+(1-p+\gamma p)\log\left[1-\frac{\gamma p}{1-p+\gamma p}\right] \\
&\leqslant \left(\gamma-\frac{\gamma^2}{2}\right)p+(1-p+\gamma p)\frac{-\gamma p}{1-p+\gamma p}=\frac{-\gamma^2 p}{2}
\end{aligned}$$

证毕。■

D.4　二项分布的尾部概率上界

对于 $i=1, \cdots, m$，令 $X_1, \cdots, X_m$ 是取值为 $\{0, 1\}$ 且满足 $\mathbb{P}[X_i=1]=p \in [0, 1]$ 的独立随机变量，则 $\sum_{i=1}^{m} X_i$ 服从二项分布 $B(m, p)$。记 $\overline{X}=\frac{1}{m}\sum_{i=1}^{m} X_i$，则有以下等式和不等式成立：

$$\mathbb{P}[\overline{X}-p>\varepsilon]=\sum_{k=\lceil (p+\varepsilon)m\rceil}^{m}\binom{m}{k}p^k(1-p)^{m-k} \quad \text{二项公式}$$

$$\mathbb{P}[\overline{X}-p>\varepsilon]\leqslant \mathrm{e}^{-2m\varepsilon^2} \quad \text{Hoeffding 不等式}$$

$$\mathbb{P}[\overline{X}-p>\varepsilon]\leqslant \mathrm{e}^{-\frac{m\varepsilon^2}{2\sigma^2+\frac{2\varepsilon}{3}}} \quad \text{Bernstein 不等式}$$

$$\mathbb{P}[\overline{X}-p>\varepsilon]\leqslant \mathrm{e}^{-m\sigma^2\theta\left(\frac{\varepsilon}{\sigma^2}\right)} \quad \text{Bennett 不等式}$$

$$\mathbb{P}[\overline{X}-p>\varepsilon]\leqslant \mathrm{e}^{-mD(p+\varepsilon\|p)} \quad \text{Sanov 不等式}$$

其中，$\sigma^2=p(1-p)=\mathrm{Var}[X_i]$，$\theta(x)=(1+x)\log(1+x)-x$。最后的三个不等式见习题 D.6 和习题 D.7。根据 Bernstein 不等式可以发现：当 ε 比较小时，即 $\varepsilon \ll 2\sigma^2$，上界近似为 $\mathrm{e}^{-\frac{m\varepsilon^2}{2\sigma^2}}$，类似于高斯分布的情况；当 $\varepsilon \gg 2\sigma^2$ 时，上界类似于泊松分布的情况。

图 D.1 示意并比较了不同方差 $\sigma^2=p(1-p)$ 下这些上界的情况，包括方差较小($p=0.05$)和较大($p=0.5$)两种。

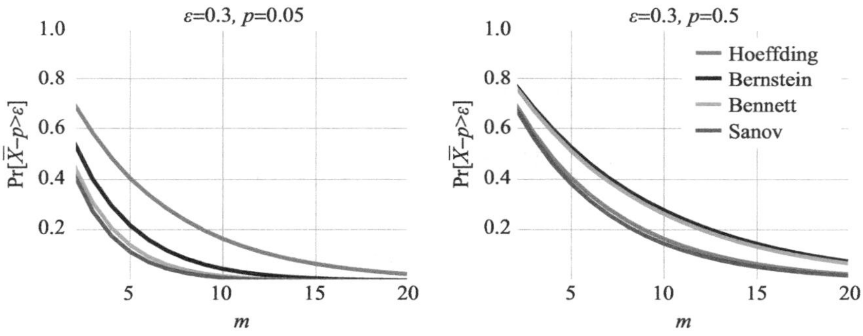

图 D.1 固定 $\varepsilon=0.3$，作为样本规模 m 的函数，比较二项随机变量的尾部概率上界：左图为 $p=0.05$(小方差)、右图为 $p=0.5$(最大方差)

D.5 二项分布的尾部概率下界

令 X 是服从二项分布 $B(m, p)$ 的随机变量，令 k 为整数，使得 $p\leqslant\frac{1}{4}$，$k\geqslant mp$ 或者 $p\leqslant\frac{1}{2}$，$mp\leqslant k\leqslant m(1-p)$成立，则有以下 **Slud 不等式**(Slud's inequaltiy)成立：

$$\mathbb{P}[X\geqslant k]\geqslant\mathbb{P}\left[N\geqslant\frac{k-mp}{\sqrt{mp(1-p)}}\right] \tag{D.8}$$

其中，N 是标准正态分布。 440

D.6 Azuma 不等式

本节将介绍一种比 Hoeffding 不等式更通用的集中不等式，证明部分对**鞅差**(martingale differences)应用了 Hoeffding 不等式。

| 定义 D.1 鞅差 | 若对于所有 $i>0$，随机变量序列 V_1，V_2，…有下式成立，则称 V_1，V_2，…为关于 X_1，X_2，…的鞅差序列。

$$\mathbb{E}[V_{i+1} \mid X_1, \cdots, X_i]=0 \tag{D.9}$$

接下来介绍的结论与 Hoeffding 引理类似。

| 引理 D.2 | 令随机变量 Z，V 满足 $\mathbb{E}[V \mid Z]=0$，对于某个函数 f 及常数 $c \geqslant 0$，有如下不等式成立：

$$f(Z) \leqslant V \leqslant f(Z)+c \tag{D.10}$$

那么，对于所有 $t>0$，有如下上界成立：

$$\mathbb{E}[e^{tV} \mid Z] \leqslant e^{t^2 c^2/8} \tag{D.11}$$

| 证明 | 证明步骤与引理 D.1 证明相同，均使用条件期望代替期望：通过对满足 $a=f(Z)$，$b=f(Z)+c$ 且取值为$[a, b]$的 Z，V 取条件期望，则可消除期望项。■

该引理可用于证明下面的定理，这个定理是本节的主要结论之一。

| 定理 D.4 Azuma 不等式 | 令 V_1，V_2，…为关于随机变量 X_1，X_2，…的鞅差序列并假定对于任意 $i>0$，存在常数 $c_i \geqslant 0$ 和随机变量 Z_i（Z_i 为 X_1，…，X_{i-1} 的函数），满足如下条件：

$$Z_i \leqslant V_i \leqslant Z_i+c_i \tag{D.12}$$

则对于所有 $\varepsilon>0$ 和 m，则有以下不等式成立：

$$\mathbb{P}\left[\sum_{i=1}^{m} V_i \geqslant \varepsilon\right] \leqslant \exp\left(\frac{-2\varepsilon^2}{\sum_{i=1}^{m} c_i^2}\right) \tag{D.13}$$

441

$$\mathbb{P}\left[\sum_{i=1}^{m} V_i \leqslant -\varepsilon\right] \leqslant \exp\left(\frac{-2\varepsilon^2}{\sum_{i=1}^{m} c_i^2}\right) \tag{D.14}$$

| 证明 | 对于任意 $k \in [1, m]$，令 $S_k=\sum_{i=1}^{k} V_k$，利用 Chernoff 定界技术，对于任意 $t>0$，有：

$$\begin{aligned}
\mathbb{P}[S_m \geqslant \varepsilon] &\leqslant e^{-t\varepsilon}\mathbb{E}[e^{tS_m}] \\
&= e^{-t\varepsilon}\mathbb{E}[e^{tS_{m-1}}\mathbb{E}[e^{tV_m} \mid X_1, \cdots, X_{m-1}]] \\
&\leqslant e^{-t\varepsilon}\mathbb{E}[e^{tS_{m-1}}]e^{t^2 c_m^2/8} \qquad \text{(引理 D.6)} \\
&\leqslant e^{-t\varepsilon} e^{t^2 \sum_{i=1}^{m} c_i^2/8} \qquad \text{(迭代之前的参数)} \\
&= e^{-2\varepsilon^2/\sum_{i=1}^{m} c_i^2}
\end{aligned}$$

其中，令 $t=4\varepsilon/\sum_{i=1}^{m} c_i^2$ 以最小化上界。由此便证得定理的第一部分。同理可得第二部分成立。■

D.7 McDiarmid 不等式

下面介绍本节另一个主要结论，证明部分会用到 Azuma 不等式。

| 定理 D. 5 McDiarmid 不等式 | 令 $X_1, \cdots, X_m \in \mathcal{X}^m (m \geqslant 1)$ 为一组独立随机变量并假定存在 $c_1, \cdots, c_m > 0$ 使得 $f: \mathcal{X}^m \mapsto \mathbb{R}$ 满足如下条件：

$$|f(x_1, \cdots, x_i, \cdots, x_m) - f(x_1, \cdots, x_i', \cdots, x_m)| \leqslant c_i \tag{D.15}$$

对于所有 $i \in [1, m]$ 和任意点 $x_1, \cdots, x_m, x_i' \in \mathcal{X}$ 均成立。记 $f(S) = f(X_1, \cdots, X_m)$，则对所有 $\epsilon > 0$，有以下不等式成立：

$$\mathbb{P}[f(S) - \mathbb{E}[f(S)] \geqslant \epsilon] \leqslant \exp\left(\frac{-2\epsilon^2}{\sum_{i=1}^{m} c_i^2}\right) \tag{D.16}$$

$$\mathbb{P}[f(S) - \mathbb{E}[f(S)] \leqslant -\epsilon] \leqslant \exp\left(\frac{-2\epsilon^2}{\sum_{i=1}^{m} c_i^2}\right) \tag{D.17}$$

| 证明 | 定义随机变量序列 V_k，$k \in [1, m]$ 如下：$V = f(S) - \mathbb{E}[f(S)]$，$V_1 = \mathbb{E}[V | X_1] - \mathbb{E}[V]$，对于 $k > 1$：

$$V_k = \mathbb{E}[V | X_1, \cdots, X_k] - \mathbb{E}[V | X_1, \cdots, X_{k-1}]$$

注意，$V = \sum_{k=1}^{m} V_k$。此外，随机变量 $\mathbb{E}[V | X_1, \cdots, X_k]$ 是 $X_1, \cdots, X_k$ 的函数，在 $X_1, \cdots, X_{k-1}$ 的条件下，其期望为：

$$\mathbb{E}[\mathbb{E}[V | X_1, \cdots, X_k] | X_1, \cdots, X_{k-1}] = \mathbb{E}[V | X_1, \cdots, X_{k-1}]$$

这意味着 $\mathbb{E}[V | X_1, \cdots, X_{k-1}] = 0$。因此，$(V_k)_{k \in [1,m]}$ 为一个鞅差序列。接下来，由于 $\mathbb{E}[f(S)]$ 是一个标量，V_k 可表示为：

$$V_k = \mathbb{E}[f(S) | X_1, \cdots, X_k] - \mathbb{E}[f(S) | X_1, \cdots, X_{k-1}]$$

因此，我们可以得到 V_k 的上界 W_k 和下界 U_k：

$$W_k = \sup_x \mathbb{E}[f(S) | X_1, \cdots, X_{k-1}, x] - \mathbb{E}[f(S) | X_1, \cdots, X_{k-1}]$$

$$U_k = \inf_x \mathbb{E}[f(S) | X_1, \cdots, X_{k-1}, x] - \mathbb{E}[f(S) | X_1, \cdots, X_{k-1}]$$

由式(D. 15)，对于任意 $k \in [1, m]$，有下式成立：

$$W_k - U_k = \sup_{x, x'} \mathbb{E}[f(S) | X_1, \cdots, X_{k-1}, x] - \mathbb{E}[f(S) | X_1, \cdots, X_{k-1}, x'] \leqslant c_k \tag{D.18}$$

因此，$U_k \leqslant V_k \leqslant U_k + c_k$。由上述不等式，对 $V = \sum_{k=1}^{m} V_k$ 应用 Azuma 不等式可得式(D. 16)与式(D. 17)成立。 ■

McDiarmid 不等式在本书多个证明中皆有应用。可从稳定性角度对其加以理解：如果 f 在一定范围内受参数改变的影响，则其与均值的偏差的界将是指数级的。注意，Hoeffding 不等式(定理 D. 1)是 McDiarmid 不等式的特例，其中，定义 $f: (x_1, \cdots, x_m) \mapsto \frac{1}{m} \sum_{i=1}^{m} x_i$。 442

D. 8 正态分布尾部概率下界

如果 N 为服从标准正态分布的随机变量，则对于 $u > 0$，有下式成立：

$$\mathbb{P}[N \geqslant u] \geqslant \frac{1}{2}\left(1-\sqrt{1-\mathrm{e}^{-u^2}}\right) \tag{D.19}$$

D.9 Khintchine-Kahane 不等式

接下来要介绍的不等式在多种不同场合中非常有用，包括在线性假设下对经验 Rademacher 复杂度下界的证明(第 6 章)。

| 定理 D.6 Khintchine-Kahane 不等式 | 令$(\mathbb{H}, \|\cdot\|)$为赋范向量空间，$\boldsymbol{x}_1$，…，$\boldsymbol{x}_m (m \geqslant 1)$为其中的元素。令$\sigma=(\sigma_1, \cdots, \sigma_m)^{\mathrm{T}}$，$\sigma_i$为独立正态分布随机变量，取值于$\{-1, +1\}$(Rademacher 变量)。则有下列不等式成立：

$$\frac{1}{2}\underset{\sigma}{\mathbb{E}}\left[\left\|\sum_{i=1}^{m}\sigma_i \boldsymbol{x}_i\right\|^2\right] \leqslant \left(\underset{\sigma}{\mathbb{E}}\left[\left\|\sum_{i=1}^{m}\sigma_i \boldsymbol{x}_i\right\|\right]\right)^2 \leqslant \underset{\sigma}{\mathbb{E}}\left[\left\|\sum_{i=1}^{m}\sigma_i \boldsymbol{x}_i\right\|^2\right] \tag{D.20}$$

| 证明 | 第二个不等式由$x \mapsto x^2$的凸性和 Jensen 不等式(定理 B.20)直接可得。

为证明不等式左侧的部分，首先注意到对于任意β_1，…，β_m，展开$\prod_{i=1}^{m}(1+\beta_i)$可得所有单项$\beta_1^{\delta_1}$，…，$\beta_m^{\delta_m}$$(\delta_1, \cdots, \delta_m \in \{0, 1\})$之和。对于任意$\boldsymbol{\delta}=(\delta_1, \cdots, \delta_m) \in \{0, 1\}^m$，记$\beta^{\delta}=\beta_1^{\delta_1}, \cdots, \beta_m^{\delta_m}$，$|\boldsymbol{\delta}|=\sum_{i=1}^{m}\delta_m$。据此，对于任意$(\alpha_1, \cdots, \alpha_m) \in \mathbb{R}^m$和$t>0$，有如下不等式成立：

$$t^2 \prod_{i=1}^{m}(1+\alpha_i/t) = t^2 \sum_{\boldsymbol{\delta}\in\{0,1\}^m} \alpha^{\boldsymbol{\delta}}/t^{|\boldsymbol{\delta}|} = \sum_{\boldsymbol{\delta}\in\{0,1\}^m} t^{2-|\boldsymbol{\delta}|}\alpha^{\boldsymbol{\delta}}$$

不等式两边同时对t进行求导，并令$t=1$，可得：

$$2\prod_{i=1}^{m}(1+\alpha_i) - \sum_{j=1}^{m}\alpha_j \prod_{i\neq j}(1+\alpha_i) = \sum_{\boldsymbol{\delta}\in\{0,1\}^m}(2-|\boldsymbol{\delta}|)\alpha^{\boldsymbol{\delta}} \tag{D.21}$$

对于任意$\sigma \in \{-1, +1\}^m$，设$S_\sigma = \|s_\sigma\|$，其中$s_\sigma = \sum_{i=1}^{m}\sigma_i \boldsymbol{x}_i$。令$\alpha_i = \sigma_i \sigma_i'$，对式(D.21)两边同时乘以$S_\sigma S_{\sigma'}$，然后对所有$\sigma$，$\sigma' \in \{-1, +1\}^m$求和，可得：

$$\begin{aligned}
&\sum_{\sigma, \sigma' \in \{-1,+1\}^m}\left(2\prod_{i=1}^{m}(1+\sigma_i\sigma_i') - \sum_{j=1}^{m}\sigma_j\sigma_j' \prod_{i\neq j}(1+\sigma_i\sigma_i')\right)S_\sigma S_{\sigma'} \\
&= \sum_{\sigma, \sigma' \in \{-1,+1\}^m}\sum_{\boldsymbol{\delta}\in\{0,1\}^m}(2-|\boldsymbol{\delta}|)\sigma^{\boldsymbol{\delta}}\sigma'^{\boldsymbol{\delta}}S_\sigma S_{\sigma'} \\
&= \sum_{\boldsymbol{\delta}\in\{0,1\}^m}(2-|\boldsymbol{\delta}|)\sum_{\sigma, \sigma' \in \{-1,+1\}^m}\sigma^{\boldsymbol{\delta}}\sigma'^{\boldsymbol{\delta}}S_\sigma S_{\sigma'} \\
&= \sum_{\boldsymbol{\delta}\in\{0,1\}^m}(2-|\boldsymbol{\delta}|)\left[\sum_{\sigma \in \{-1,+1\}^m}\sigma^{\boldsymbol{\delta}}S_\sigma\right]^2
\end{aligned} \tag{D.22}$$

注意，当$|\boldsymbol{\delta}| \geqslant 2$时，右侧的求和是非正的。当$|\boldsymbol{\delta}|=1$时，该项为空，这是因为此时$S_\sigma = S_{-\sigma}$，故而$\sum_{\sigma \in \{-1,+1\}^m}\sigma^{\boldsymbol{\delta}}S_\sigma = 0$。因此，右侧的部分上界为$\boldsymbol{\delta}=0$对应的值，即为

443 $2\left(\sum_{\sigma \in \{-1,+1\}^m} S_\sigma\right)^2$。式(D.22)左侧可被重写为如下形式：

$$\sum_{\sigma\in\{-1,+1\}^m}(2^{m+1}-m2^{m-1})S_\sigma^2+2^{m-1}\sum_{\substack{\sigma\in\{-1,+1\}^m\\ \sigma'\in B(\sigma,1)}}S_\sigma S_{\sigma'}$$

$$=2^m\sum_{\sigma\in\{-1,+1\}^m}S_\sigma^2+2^{m-1}\sum_{\sigma\in\{-1,+1\}^m}S_\sigma\Big(\sum_{\sigma'\in B(\sigma,1)}S_{\sigma'}-(m-2)S_\sigma\Big) \tag{D.23}$$

其中，$B(\sigma,1)$表示只在一个分量$j\in[1,m]$上与集合σ不同的集合σ'，即这两个集合之间的 Hamming 距离为 1。注意，对于任意这样的σ'，对于分量$j\in[1,m]$有$s_\sigma-s_{\sigma'}=2\sigma_j \boldsymbol{x}_j$，因此$\sum_{\sigma'\in B(\sigma,1)} s_\sigma-s_{\sigma'}=2s_\sigma$。据此，并结合三角不等式可得：

$$\begin{aligned}(m-2)S_\sigma=\|ms_\sigma\|-\|2s_\sigma\|&=\Big\|\sum_{\sigma'\in B(\sigma,1)}s_\sigma\Big\|-\Big\|\sum_{\sigma'\in B(\sigma,1)}s_\sigma-s_{\sigma'}\Big\|\\&\leqslant\Big\|\sum_{\sigma'\in B(\sigma,1)}s_{\sigma'}\Big\|\leqslant\sum_{\sigma'\in B(\sigma,1)}s_{\sigma'}\end{aligned}$$

因此，式(D.23)的第二个加法部分是非负的，且式(D.22)的左侧部分存在下界$2^m\sum_{\sigma\in\{-1,+1\}^m}S_\sigma^2$。将其与式(D.22)的上界相结合可得，

$$2^m\sum_{\sigma\in\{-1,+1\}^m}S_\sigma^2\leqslant 2\Big[\sum_{\sigma\in\{-1,+1\}^m}S_\sigma\Big]^2$$

对上式两边同时除以2^{2m}并根据$\mathbb{P}[\sigma]=1/2^m$可得$\mathbb{E}_\sigma[S_\sigma^2]\leqslant 2(\mathbb{E}_\sigma[S_\sigma])^2$。 ■

在式(D.20)的第一个不等式中出现的常数 1/2 是最优的。为了说明这一点，考虑如下情况：对于非零向量$\boldsymbol{x}\in\mathbb{H}$，当$m=2$和$\boldsymbol{x}_1=\boldsymbol{x}_2=\boldsymbol{x}$时，第一个不等式左侧为$\frac{1}{2}\sum_{i=1}^m\|\boldsymbol{x}_i\|^2=\|\boldsymbol{x}\|^2$，而右侧为$(\mathbb{E}_\sigma[\|(\sigma_1+\sigma_2)\boldsymbol{x}\|])^2=\|\boldsymbol{x}\|^2(\mathbb{E}_\sigma[|\sigma_1+\sigma_2|])^2=\|\boldsymbol{x}\|^2$。

注意，当范数$\|\cdot\|$对应于一个内积时，正如在希尔伯特空间$\mathbb{H}$中的情况，我们有：

$$\mathbb{E}_\sigma\Big[\Big\|\sum_{i=1}^m\sigma_i\boldsymbol{x}_i\Big\|^2\Big]=\sum_{i,j=1}^m\mathbb{E}_\sigma[\sigma_i\sigma_j(\boldsymbol{x}_i\cdot\boldsymbol{x}_j)]=\sum_{i,j=1}^m\mathbb{E}_\sigma[\sigma_i\sigma_j](\boldsymbol{x}_i\cdot\boldsymbol{x}_j)=\sum_{i=1}^m\|\boldsymbol{x}_i\|^2$$

由于随机变量σ_i之间独立，当$i\neq j$时，$\mathbb{E}_\sigma[\sigma_i\sigma_j]=\mathbb{E}_\sigma[\sigma_i]\mathbb{E}_\sigma[\sigma_j]=0$。则式(D.20)可被重写为：

$$\frac{1}{2}\sum_{i=1}^m\|\boldsymbol{x}_i\|^2\leqslant\Big(\mathbb{E}_\sigma\Big[\Big\|\sum_{i=1}^m\sigma_i\boldsymbol{x}_i\Big\|\Big]\Big)^2\leqslant\sum_{i=1}^m\|\boldsymbol{x}_i\|^2 \tag{D.24}$$

D.10 极大不等式

接下来要介绍的不等式给出了有限个随机变量极大值的期望，对本书的若干证明非常有用。

| 定理 D.7 极大不等式 | 令$X_1,\cdots,X_n(n\geqslant 1)$是实值随机变量，满足对于所有$j\in[1,n]$，$t>0$以及某个$r>0$，有$\mathbb{E}[\mathrm{e}^{tX_j}]\leqslant\mathrm{e}^{\frac{t^2r^2}{2}}$成立。则有以下不等式成立：

$$\mathbb{E}[\max_{j\in[1,n]}X_j]\leqslant r\sqrt{2\log n}$$

| 证明 | 对于任意$t>0$，根据指数函数的凸性以及 Jensen 不等式，有下式成立：

$$\mathrm{e}^{t\mathbb{E}[\max_{j\in[1,n]}X_j]}\leqslant\mathbb{E}\Big[\mathrm{e}^{t\max_{j\in[1,n]}X_j}\Big]=\mathbb{E}\Big[\max_{j\in[1,n]}\mathrm{e}^{tX_j}\Big]\leqslant\mathbb{E}\Big[\sum_{j\in[1,n]}\mathrm{e}^{tX_j}\Big]\leqslant n\mathrm{e}^{\frac{t^2r^2}{2}}$$

444

对上式两边取对数，可得：

$$\mathbb{E}[\max_{j\in[1,n]} X_j]\leqslant\frac{\log n}{t}+\frac{tr^2}{2} \tag{D.25}$$

令 $t=\frac{\sqrt{2\log n}}{r}$，则上式右边取到最小，由此可得上界 $r\sqrt{2\log n}$。 ■

注意，根据矩生成函数的表达式(式(C.24))，对于标准高斯随机变量 X_j，上述定理的假设是成立的(由于此时 $\mathbb{E}[e^{tX_j}]=e^{\frac{t^2}{2}}$)。

| 推论 D.1 极大不等式 | 令 X_1，…，$X_n(n\geqslant 1)$是实值随机变量，满足对于所有 $j\in[1,n]$，有 $X_j=\sum_{i=1}^{m}Y_{ij}$，其中，固定 $j\in[1,n]$，Y_{ij} 是对于某个 $r_i>0$ 取值为$[-r_i,+r_i]$的零均值独立随机变量。取 $r=\sqrt{\sum_{i=1}^{m}r_i^2}$，则有以下不等式成立：

$$\mathbb{E}[\max_{j\in[1,n]} X_j]\leqslant r\sqrt{2\log n}$$

| 证明 | 固定 j，根据 Y_{ij} 的独立性以及 Hoeffding 引理(引理 D.1)，对于所有 $j\in[1,n]$，取 $r^2=\sum_{i=1}^{m}r_i^2$，有以下不等式成立：

$$\mathbb{E}[e^{tX_j}]=\mathbb{E}\left[\prod_{i=1}^{m}e^{tY_{ij}}\right]=\prod_{i=1}^{m}\mathbb{E}[e^{tY_{ij}}]\leqslant\prod_{i=1}^{m}e^{\frac{t^2r_j^2}{2}}=e^{\frac{t^2r^2}{2}} \tag{D.26}$$

之后，根据定理 D.10 则推论得证。 ■

D.11 文献评注

本附录中介绍的一些集中不等式证明过程采用的定界技术源于 Chernoff[1952]。定理 D.3 源于 Sanov[1957]。习题 D.7 中的指数不等式是 Sanov 不等式的另一种形式，详见[Hagerup 和 Rüb，1990]及其参考文献。乘性 Chernoff 界(定理 D.4)是由 Augluin 和 Valiant[1979]给出的。Hoeffding 不等式及引理(引理 D.1 和定理 D.2)源于 Hoeffding[1963]。本附录中详细介绍了 McDiarmid[1989]改进的 Azuma 不等式[Hoeffding，1963；Azuma，1967]，改进之处主要是实现了四分之一的指数约减。这一点同样出现在 McDiarmid 不等式中，该不等式由关于有界约束鞅差序列的不等式推出。习题 D.6 中所示的不等式是由 Bernstein[1927]和 Bennett[1962]给出的；习题源于 Devroye 和 Lugosi[1995]。

D.5 节中的二项不等式源于 Slud[1977]，D.8 节中的尾界源于 Tate[1953](另见 Anthony 和 Bartlett[1999])。Khintchine-Kahane 不等式最早由 Khintchine[1923]针对实值随机变量 x_1，…，x_m 展开研究，随后 Szarek[1976]、Haagerup[1982]、Tomaszewski[1982]给出了更好的结果和更简单的证明。该不等式被 Kahane[1964]拓展至赋范向量空间，由 Latala 和 Oleszkiewicz[1994]给出了更好的结果和证明。

D.12 习题

D.1 双胞胎悖论。Mamoru 教授所在的大学有一栋数学与计算机系楼，楼高 $F=30$ 层。

(1) 假设楼层之间独立，某人乘坐电梯时选择各楼层的概率相同。为了使两人有可能去到同一层楼(概率大于 0.5)，需要多少人才能实现？(提示：利用泰勒级数展开 $e^{-x}=1-x+\cdots$ 并给出近似解的一般表达式。) 445

(2) Mamoru 教授很受欢迎，访客到达他所在的楼层的概率要高于其他楼层。假设所有其他楼层都是等概率的，可利用上述近似方法推导出两人去到同一层楼的概率的一般形式。当访客到达 Mamoru 教授所在楼层的概率分别是 0.25、0.35、0.5 时，为了使两人有可能去到同一层楼(概率大于 0.5)，需要多少人才能实现？当 $q=0.5$，$F=1000$，原先的答案会改变吗？

(3) (1)与(2)中假设的概率模型都是简化的。如果你可以收集到电梯运行数据，如何针对此任务建立一个更加可靠的模型？

D.2 估计标签偏置。令 $\mathcal{D}$ 是 $\mathcal{X}$ 上的分布，f：$\mathcal{X}\times\{-1, +1\}$ 是标签函数。我们希望对分布 $\mathcal{D}$ 上的标签偏置进行近似估计，即：

$$p_+=\underset{x\sim\mathcal{D}}{\mathbb{P}}[f(x)=+1] \tag{D.27}$$

令 $\mathcal{S}$ 是服从分布 $\mathcal{D}$ 规模为 m 的独立同分布有限带标签样本集，请通过 $\mathcal{S}$ 得出 p_+ 的估计 $\hat{p}_+$。证明对于任意 $\delta>0$，以至少 $1-\delta$ 的概率，有 $|p_+-\hat{p}_+|\leqslant\sqrt{\frac{\log(2/\delta)}{2m}}$。

D.3 有偏置的硬币。Moent 教授口袋里面有两枚硬币 x_A 和 x_B。两枚硬币都是略有偏置的，即：$\mathbb{P}[x_A=0]=1/2-\epsilon/2$ 以及 $\mathbb{P}[x_B=0]=1/2+\epsilon/2$，其中 $0<\epsilon<1$ 是一个小的正数。0 表示硬币的正面，1 表示硬币的反面。他想和他的学生玩如下游戏，他等概率地从口袋中选择一枚硬币 $x\in\{x_A, x_B\}$，将它抛 m 次，记录正面朝上或反面朝上的序列。然后问学生抛的是哪枚硬币。那么多大的 m 能保证学生预测错误的概率至多是 $\delta>0$？

(a) 令 S 是一个大小为 m 的样本集。Moent 教授最好的学生 Oskar 依靠准则 f_o：$\{0, 1\}^m\to\{x_A, x_B\}$玩游戏，其定义为：当且仅当 $N(S)<m/2$，$f_o(S)=x_A$，其中 $N(S)$是 S 中反面朝上的次数。假设 m 是偶数，请证明：

$$\operatorname{error}(f_o)\geqslant\frac{1}{2}\mathbb{P}\left[N(S)\geqslant\frac{m}{2}\,\middle|\,x=x_A\right] \tag{D.28}$$

(b) 假设 m 是偶数，证明：

$$\operatorname{error}(f_o)>\frac{1}{4}\left[1-\left[1-e^{-\frac{m\epsilon^2}{1-\epsilon^2}}\right]^{\frac{1}{2}}\right] \tag{D.29}$$

(c) 当 m 是奇数时，(a)中的概率是否可以被一个更紧的下界 $m+1$ 替代，并且无论 m 是奇数还是偶数，都有下式成立：

$$\operatorname{error}(f_o)>\frac{1}{4}\left[1-\left[1-e^{-\frac{2\lceil m/2\rceil\epsilon^2}{1-\epsilon^2}}\right]^{\frac{1}{2}}\right] \tag{D.30}$$

(d) 运用这个界，确定 m 的大小使得 Oskar 犯错的概率至多是 δ，其中 $0<\delta<1/4$。这个下界关于 ϵ 的函数的渐近性是怎样的？

(e) 证明没有一个准则 f：$\{0, 1\}^m\to\{x_A, x_B\}$会比 Oskar 的准则 f_o 好。证明之前三个小问的下界对所有准则适用。

446 D. 4　集中界。设 X 为非负随机变量，对于任意 $t>0$ 和某个 $c>0$，满足 $\mathbb{P}[X>t]\leqslant ce^{-2mt^2}$。证明 $\mathbb{E}[X^2]\leqslant\frac{\log(ce)}{2m}$。（提示：利用 $\mathbb{E}[X^2]=\int_0^{\infty}\mathbb{P}[X^2>t]\mathrm{d}t$ 写为 $\int_0^{\infty}=\int_0^{u}+\int_u^{\infty}$ 的形式，对第一项写出关于 u 的界并寻找最优的 u 来最小化上界。）

D. 5　比较 Hoeffding 不等式与 Chebyshev 不等式。令 X_1，…，X_m 为取值于[0，1]的随机变量序列，均值为 μ，方差为 $\sigma^2<\infty$，令 $\overline{X}=\frac{1}{m}\sum_{i=1}^{m}X_i$。

(a) 对于任意 $\epsilon>0$，利用 Chebyshev 不等式给出 $\mathbb{P}[|\overline{X}-\mu|>\epsilon]$ 的界，再利用 Hoeffding 不等式给出界。当 σ 取何值时 Chebyshev 不等式给出的界更紧？

(b) 假定随机变量 X_i 取值为{0，1}，证明 $\sigma^2\leqslant\frac{1}{4}$。利用这一结论简化 Chebyshev 不等式。选择 $\epsilon=0.05$，画出修正后的 Chebyshev 不等式和 Hoeefding 不等式的结果(以 m 作为自变量，两个不等式的结果作为函数值；可利用熟悉的编程语言作图)。

D. 6　Bennett 与 Bernstein 不等式。本题旨在证明如下两个不等式：

(a) 证明：对于任意 $t>0$，任意满足 $\mathbb{E}[X]=0$，$\mathbb{E}[X^2]=\sigma^2$ 的随机变量 X，且 $X\leqslant c$，有下式成立：

$$\mathbb{E}[e^{tX}]\leqslant e^{f(\sigma^2/c^2)}\tag{D.31}$$

其中，

$$f(x)=\log\left(\frac{1}{1+x}e^{-ctx}+\frac{x}{1+x}e^{ct}\right)$$

(b) 证明：$x\geqslant 0$ 时，$f''(x)\leqslant 0$。

(c) 利用 Chernoff 定界技术，证明：

$$\mathbb{P}\left[\frac{1}{m}\sum_{i=1}^{m}X_i\geqslant\epsilon\right]\leqslant e^{-tm\epsilon+\sum_{i=1}^{m}f(\sigma_{X_i}^2/c^2)}$$

其中，$\sigma_{X_i}^2$ 表示 X_i 的方差。

(d) 证明：$f(x)\leqslant f(0)+xf'(0)=(e^{ct}-1-ct)x$。

(e) 利用(d)中的界，找出最优的 t 值。

(f) **Bennett 不等式**(Bennett's inequality)。令 X_1，…，X_m 为独立实值随机变量且均值为零，使得对于任意 $i=1$，…，m，有 $X_i\leqslant c$ 成立。令 $\sigma^2=\frac{1}{m}\sum_{i=1}^{m}\sigma_{X_i}^2$，证明：

$$\mathbb{P}\left[\frac{1}{m}\sum_{i=1}^{m}X_i>\epsilon\right]\leqslant\exp\left(-\frac{m\sigma^2}{c^2}\theta\left(\frac{\epsilon c}{\sigma^2}\right)\right)\tag{D.32}$$

其中，$\theta(x)=(1+x)\log(1+x)-x$。

(g) **Bernstein 不等式**(Bernstein's inequality)。在 Bennett 不等式的条件下，证明如下不等式成立：

$$\mathbb{P}\left[\frac{1}{m}\sum_{i=1}^{m}X_i > \epsilon\right] \leqslant \exp\left(-\frac{m\epsilon^2}{2\sigma^2 + 2c\epsilon/3}\right) \tag{D.33}$$

（提示：证明对于所有 $x \geqslant 0$，$\theta(x) \geqslant h(x) = \frac{3}{2}\frac{x^2}{x+3}$。）

(h) 在相同的条件下，写出 Hoeffding 不等式。当 σ 取何值时，Bernstein 不等式要比 Hoeffding 不等式更好？ 447

D. 7　指数不等式。令 X 是一个服从二项分布 $B(m, p)$ 的随机变量。

(a) 利用 Sanov 不等式证明对于任意 $\epsilon > 0$，有以下**指数不等式**(exponential inequality)成立：

$$\mathbb{P}\left[\frac{X}{m} - p > \epsilon\right] \leqslant \left[\left(\frac{p}{p+\epsilon}\right)^{p+\epsilon}\left(\frac{1-p}{1-(p+\epsilon)}\right)^{1-(p+\epsilon)}\right]^m \tag{D.34}$$

(b) 利用刚证明的不等式，证明：

$$\mathbb{P}\left[\frac{X}{m} - p > \epsilon\right] \leqslant \left(\frac{p}{p+\epsilon}\right)^{m(p+\epsilon)} e^{m\epsilon} \tag{D.35}$$

(c) 证明：

$$\mathbb{P}\left[\frac{X}{m} - p > \epsilon\right] \leqslant e^{-mp\theta\left(\frac{\epsilon}{p}\right)} \tag{D.36}$$

其中，θ 的定义与习题 D. 6 中一致。 448

·附录E·

信息论回顾

在本附录中，我们介绍一些与本书内容有关的信息论的基本概念，这些概念将有助于理解几种相关学习算法及其性质。此外，在离散随机变量或分布情况下，本章也会给出定义和定理，并且可以直接推广到连续情况。

我们从**熵**(entropy)的概念开始，它可以被看作对一个随机变量的不确定性的度量。

E.1 熵

| 定义 E.1 熵 | *具有概率质量函数的离散随机变量 $p(x)=\mathbb{P}[X=x]$ 的熵由 $\mathrm{H}(X)$ 来表示，并且可以写成：*

$$\mathrm{H}(X)=-\mathbb{E}[\log(p(X))]=-\sum_{x\in\mathcal{X}}p(x)\log(p(x)) \tag{E.1}$$

我们用同样的表达式来定义一个分布 p 的熵，并也用 $\mathrm{H}(p)$ 来表示。

以对数为底在这个定义中不是关键的，因为它只通过乘常数的方式影响值的大小。因此，除非另有说明，我们将考虑自然对数(以 e 为底)。如果我们以 2 为底数，则 $-\log_2(p(x))$ 是表示 $p(x)$ 所需的位数。因此，根据定义，X 的熵可以看作描述随机变量 X 所需的平均比特数(或信息量)。同样地，熵总是非负的：

$$\mathrm{H}(X)\geqslant 0 \tag{E.2}$$

比如，有偏硬币 X_p 取值为 1 的概率为 p，取值为 0 的概率为 $1-p$ 的熵可以写成：

$$\mathrm{H}(X_p)=-p\log p-(1-p)\log(1-p) \tag{E.3}$$

p 对应的函数通常称为**二元熵函数**(binary entropy function)。图 E.1 显示了使用以 2 为底的对数时该函数的曲线图。从图中可以看出，熵是一个上凸

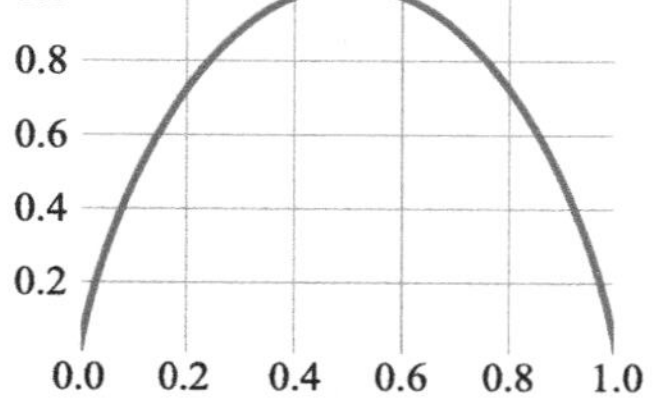

图 E.1 上图为有偏函数 p 的二元熵

函数㊀㊁。它会在 $p=\frac{1}{2}$ 时达到最大值，此时对应于最不确定的情况。在 $p=0$ 或 $p=1$ 处达到最小值，对应于完全确定的情况。更一般地，假设输入空间 X 具有有限的势 $N\geqslant 1$。那么，根据 Jensen 不等式，鉴于对数的上凸性，有以下不等式成立：

$$\mathrm{H}(X)=\mathbb{E}\left[\log\frac{1}{p(X)}\right]\leqslant\log\mathbb{E}\left[\frac{1}{p(X)}\right]=\log\Big(\sum_{x\in\mathcal{X}}\frac{p(x)}{p(x)}\Big)=\log N \tag{E.4}$$

因此，更一般地，熵的最大值为 $\log N$，即均匀分布的熵。

熵是无损数据压缩的一个下界，因此也是信息论中需要考虑的一个重要内容。它也与热力学和量子物理中的熵的概念密切相关。

E.2 相对熵

在这里，我们引入了两个分布 p 和 q 之间散度的度量，即相对熵，它与熵的概念有关。下面是它在离散情况下的定义。

| 定义 E.2 相对熵 | 两个分布 p 和 q 的相对熵(或 Kullback-Leibler 散度)用 $\mathrm{D}(p\|q)$ 表示，定义为：

$$\mathrm{D}(p\|q)=\mathbb{E}_{p}\left[\log\frac{p(X)}{q(X)}\right]=\sum_{x\in\mathcal{X}}p(x)\log\left[\frac{p(x)}{q(x)}\right] \tag{E.5}$$

其中有以下约定存在：$0\log 0=0$，$0\log\frac{0}{0}=0$ 以及对于 $a>0$ 有 $a\log\frac{a}{0}=+\infty$。

注意，根据这些约定，每当 $q(x)=0$ 时，某些 x 在 $p(p(x)>0)$的情况下的相对熵是无穷大的：$\mathrm{D}(p\|q)=\infty$。因此，相对熵在这种情况下不能作为 p 和 q 散度的度量。

至于熵，对数的底数在相对熵的定义中也并不重要，除非另有规定，否则我们将考虑自然对数。如果我们使用底数 2，相对熵可以用编码长度来解释。理想情况下，可以为 p 设计一个平均长度为熵 $\mathrm{H}(p)$的最优码。当对 q 使用最优编码而不是对 p 使用最优编码时，相对熵是编码 p 所需的平均额外比特数，因为它可以表示为差分 $\mathrm{D}(p\|q)=\mathbb{E}_p\left[\log\frac{1}{q(X)}\right]-\mathrm{H}(p)$，如下列命题所示，它总是非负的。

| 命题 E.1 相对熵的非负性 | 对于任意两个分布 p 和 q，下列不等式成立：

$$\mathrm{D}(p\|q)\geqslant 0 \tag{E.6}$$

449~450

此外，当且仅当称 $p=q$ 时，$\mathrm{D}(p\|q)=0$。

| 证明 | 利用对数的上凸性和 Jensen 不等式，可得：

$$\begin{aligned}-\mathrm{D}(p\|q)&=\sum_{x:\,p(x)>0}p(x)\log\Big(\frac{q(x)}{p(x)}\Big)\leqslant\log\Big(\sum_{x:\,p(x)>0}p(x)\,\frac{q(x)}{p(x)}\Big)\\&=\log\Big(\sum_{x:\,p(x)>0}q(x)\Big)\leqslant\log(1)=0\end{aligned}$$

因此，相对熵对于所有的分布 p 和 q 总是非负的。只有当上面两个不等式都是等式

㊀ 我们稍后会看到熵函数总是上凸的。

㊁ 原文中的“concave”原直译为“凹”，此处翻译为“上凸”更符合逻辑。而原文中的“convex”此书翻译为“凸”，读者也可按照“下凸”来理解和区分。——译者注

时，等式 $D(p\|q)=0$ 才成立。这也意味着最后一个式子 $\sum_{x:\ p(x)>0} q(x)=1$。由于 log 函数是严格上凸的，只有当 $\frac{q(x)}{p(x)}$ 是 $\{x:\ p(x)>0\}$ 上的某个常数时，第一个不等式才可以转变为等式。因为 $p(x)$ 在这个集合中和为 1，我们必须得到 $\sum_{x:\ p(x)>0} q(x)=\alpha$。因此 $\alpha=1$，这也意味着对于所有 $\{x:\ p(x)>0\}$ 都有 $p(x)=q(x)$，也因此对于所有的 x 也成立。最后，通过定义，对于任意分布 p，$D(p\|q)=0$。证毕。■

相对熵不是距离。它是不对称的：一般来说，对于 p 和 q 两个分布，$D(p\|q)\neq D(q\|p)$。而且，一般来说，相对熵三角形不等式在此处无法验证。

| 推论 E.1　Log-sum 不等式 | 对于任意一组非负实数 a_1，…，a_n 一个和 b_1，…，b_n，以下不等式成立：

$$\sum_{i=1}^{n} a_i \log\left(\frac{a_i}{b_i}\right) \geqslant \left(\sum_{i=1}^{n} a_i\right) \log\left(\frac{\sum_{i=1}^{n} a_i}{\sum_{i=1}^{n} b_i}\right) \tag{E.7}$$

其中有以下约定存在：$0\log 0=0$，$0\log\frac{0}{0}=0$ 以及对于 $a>0$ 有 $a\log\frac{a}{0}=+\infty$。

此外，当且仅当 $\frac{a_i}{b_i}$(不依赖 i)是一个常数时，等式(E.7)成立。

| 证明 | 鉴于以上约定，很明显等式成立的条件是 $\sum_{i=1}^{n} a_i = 0$，即对于所有的 $i\in[1, n]$，$a_i=0$。或者条件是 $\sum_{i=1}^{n} b_i = 0$，即对于所有的 $i\in[1, n]$，$b_i=0$。因此我们可以假设 $\sum_{i=1}^{n} a_i \neq 0$ 或者 $\sum_{i=1}^{n} b_i \neq 0$。由于不等式即使缩放 a_i 或 b_i 也是不变的，我们可以将它们乘以正常数，即 $\sum_{i=1}^{n} a_i=\sum_{i=1}^{n} b_i=1$。这个不等式与由 a_i 和 b_i 所定义的分布的相对熵的非负性相一致，该结果适用于命题 E.3。■

| 推论 E.2　相对熵的联合凸性 | 相对熵 $(p, q)\mapsto D(p\|q)$ 是凸的。

| 证明 | 对于任意 $\alpha\in[0, 1]$ 和任意 4 个概率分布 p_1、p_2、q_1、q_2，通过 Log-sum 不等式(推论 E.4)，下面的方法适用于任何固定的 x：

$$\begin{aligned}&(\alpha p_1(x)+(1-\alpha)p_2(x))\log\left[\frac{\alpha p_1(x)+(1-\alpha)p_2(x)}{\alpha q_1(x)+(1-\alpha)q_2(x)}\right]\\ &\leqslant \alpha p_1(x)\log\left[\frac{\alpha p_1(x)}{\alpha q_1(x)}\right]+(1-\alpha)p_2(x)\log\left[\frac{(1-\alpha)p_1(x)}{(1-\alpha)q_2(x)}\right]\end{aligned} \tag{E.8}$$

对所有的 x 在这些不等式求和：

$$D(\alpha p_1+(1-\alpha)p_2\|\alpha q_1+(1-\alpha)q_2)\leqslant \alpha D(p_1\|q_1)+(1-\alpha)D(p_2\|q_2) \tag{E.9}$$

证毕。■

| 推论 E.3　熵的上凸性 | 熵 $p\mapsto H(p)$ 是上凸的。

| 证明 | 在 $\mathcal{X}$ 上，对于任意固定分布 p_0，根据相对熵的定义，我们可以这样写：

$$\mathrm{D}(p\|p_0)=\sum_{x\in\mathcal{X}}p(x)\log(p(x))-\sum_{x\in\mathcal{X}}p(x)\log(p_0(x)) \tag{E.10}$$ 451

因此，$\mathrm{H}(p)=-\mathrm{D}(p\|p_0)-\sum_{x\in\mathcal{X}}p(x)\log(p_0(x))$。根据推论 E.5，第一项是 p 的上凸函数。第二项 p 是线性的，因此是上凸的。因此，H 作为两个上凸函数的和也是上凸的。■

| 命题 E.2 Pinsker 不等式 | 对于任意两个分布 p 和 q，下列不等式成立：

$$\mathrm{D}(p\|q)\geqslant\frac{1}{2}\|p-q\|_1^2 \tag{E.11}$$

| 证明 | 我们首先证明对于势为 2 的集合 $\mathcal{A}=\{a_0,\ a_1\}$上的分布，这个不等式是成立的。令 $p_0=p(a_0)$，$q_0=q(a_0)$。令 $p_0\in[0,\ 1]$，函数 f：$q_0\mapsto f(q_0)$可以由下式定义：

$$f(q_0)=p_0\log\frac{p_0}{q_0}+(1-p_0)\log\frac{1-p_0}{1-q_0}-2(p_0-q_0)^2 \tag{E.12}$$

可以看到 $f(p_0)=0$，并且对于 $q_0\in(0,\ 1)$，

$$f'(q_0)=-\frac{p_0}{q_0}+\frac{1-p_0}{1-q_0}+4(p_0-q_0)=(q_0-p_0)\left[\frac{1}{(1-q_0)q_0}-4\right] \tag{E.13}$$

因为$(1-q_0)q_0\leqslant\frac{1}{4}$，$\left[\frac{1}{(1-q_0)q_0}-4\right]$是非负的。因此，对于 $q_0\leqslant p_0$，$f'(q_0)\leqslant 0$。对于 $q_0\geqslant p_0$，$f'(q_0)\geqslant 0$。因此，f 在 $q_0=p_0$ 处达到其最小值，这意味着对于所有 q_0，$f(q_0)\geqslant f(p_0)=0$。由于 $f(q_0)$可以表示为：

$$f(q_0)=\mathrm{D}(p\|q)-2(p_0-q_0)^2 \tag{E.14}$$

$$=\mathrm{D}(p\|q)-\frac{1}{2}[|p_0-q_0|+|(1-p_0)-(1-q_0)|]^2 \tag{E.15}$$

$$=\mathrm{D}(p\|q)-\frac{1}{2}\|p-q\|_1^2\geqslant 0 \tag{E.16}$$

这就证明这个不等式对于势为 2 的集合 $\mathcal{A}=\{a_0,\ a_1\}$是成立的。■

现在，考虑分布 p'和 q'定义在集合 $\mathcal{A}=\{a_0,\ a_1\}$上，满足 $p'(a_0)=\sum_{x\in a_0}p(x)$ 且 $q'(a_0)=\sum_{x\in a_0}q(x)$，其中 $a_0=\{x\in\mathcal{X}\colon\ p(x)\geqslant q(x)\}$ 并且 $a_1=\{x\in\mathcal{X}\colon\ p(x)<q(x)\}$。根据 Log-sum 不等式(推论 E.4)，

$$\mathrm{D}(p\|q)=\sum_{x\in a_0}p(x)\log\left[\frac{p(x)}{q(x)}\right]+\sum_{x\in a_1}p(x)\log\left[\frac{p(x)}{q(x)}\right] \tag{E.17}$$

$$\geqslant p(a_0)\log\left[\frac{p(a_0)}{q(a_0)}\right]+p(a_1)\log\left[\frac{p(a_1)}{q(a_1)}\right] \tag{E.18}$$

$$=\mathrm{D}(p'\|q') \tag{E.19}$$

结合这个不等式和以下内容：

$$\|p'-q'\|_1=(p(a_0)-q(a_0))-(p(a_1)-q(a_1)) \tag{E.20}$$

$$=\sum_{x\in a_0}(p(x)-q(x))-\sum_{x\in a_1}(p(x)-q(x)) \tag{E.21}$$

$$=\sum_{x\in\mathcal{X}}|p(x)-q(x)| \tag{E.22}$$

$$=\|p-q\|_1 \tag{E.23}$$

得出 $\mathrm{D}(p\|q)\geqslant\mathrm{D}(p'\|q')\geqslant\frac{1}{2}\|p-q\|_1^2$，证毕。 ■

| 定义 E.3　条件相对熵 | 让 p 和 q 是两个定义在 $\mathcal{X}\times\mathcal{Y}$ 上的概率分布，让 r 是定义在 $\mathcal{X}$ 上分布。然后，相对于边际 r，p 和 q 的条件相对熵定义为 $p(\cdot|X)$ 和 $q(\cdot|X)$ 的相对熵的期望：

452

$$\underset{X\sim r}{\mathbb{E}}[\mathrm{D}(p(\cdot|X)\|q(\cdot|X))]=\sum_{x\in\mathcal{X}}r(x)\sum_{y\in\mathcal{Y}}p(y|x)\log\frac{p(y|x)}{q(y|x)}=D(\widetilde{p}\|\widetilde{q}) \tag{E.24}$$

其中 $\widetilde{p}(x, y)=r(x)p(y|x)$ 并且 $\widetilde{q}(x, y)=r(x)q(y|x)$。设以下约定存在：$0\log0=0$，$0\log\frac{0}{0}=0$ 以及对于 $a>0$ 有 $a\log\frac{a}{0}=+\infty$。

E.3　互信息

| 定义 E.4　互信息 | 设 X 和 Y 是两个随机变量，它们具有联合概率分布函数 $p(\cdot,\cdot)$ 和边际概率分布函数 $p(x)$ 和 $p(y)$。则 X 和 Y 的互信息 $I(X, Y)$ 定义如下：

$$I(X, Y)=\mathrm{D}(p(x, y)\|p(x)p(y)) \tag{E.25}$$

$$=\underset{p(x,y)}{\mathbb{E}}\left[\log\frac{p(X, Y)}{p(X)p(Y)}\right]=\sum_{x\in\mathcal{X},\ y\in\mathcal{Y}}p(x, y)\log\left[\frac{p(x, y)}{p(x)p(y)}\right] \tag{E.26}$$

设以下约定存在：$0\log0=0$，$0\log\frac{0}{0}=0$ 以及对于 $a>0$ 有 $a\log\frac{a}{0}=+\infty$。

当随机变量 X 和 Y 是独立的，它们的联合分布是边缘 $p(x)$ 和 $p(y)$ 的乘积。因此，互信息是当 X 和 Y 独立时，联合分布 $p(x, y)$ 与其值的接近度的度量，其中，接近度是通过相对熵散度度量的。因此，它可以被看作每个随机变量能够提供的关于其他随机变量的信息量的度量。注意，在命题 E.3 中，当且仅当 $p(x, y)=p(x)p(y)$（即 X 和 Y 是独立的）时，等式 $I(X, Y)=0$ 成立。

E.4　Bregman 散度

这里我们引入非正则化相对熵 $\widetilde{\mathrm{D}}$，它是为所有在 $\mathbb{R}^{\mathcal{X}}$ 中非负函数 p 和 q 定义的：

$$\widetilde{\mathrm{D}}(p\|q)=\sum_{x\in\mathcal{X}}p(x)\log\left[\frac{p(x)}{q(x)}\right]+(q(x)-p(x)) \tag{E.27}$$

设存在以下约定：$0\log0=0$，$0\log\frac{0}{0}=0$ 以及对于 $a>0$ 有 $a\log\frac{a}{0}=+\infty$。当限制在 $\Delta\times\Delta$ 范围内时，相对熵与非正则化相对熵一致，其中 Δ 是定义在 $\mathcal{X}$ 上的分布族。相对熵继承了正则化相对熵的几个性质，特别是，可以证明 $\widetilde{\mathrm{D}}(p\|q)\geqslant0$。事实上，这些性质中有许多更广泛的散度家族所共有的性质，例如 **Bregman 散度**（Bregman divergence）。

| 定义 E.5　Bregman 散度 | 令 F 是定义在希尔伯特空间 $\mathbb{H}$ 中凸（开）集 C 上的凸可微函数，那么，与 F 相关的 Bregman 散度 B_F 对所有的 x，$y\in C$ 都有定义：

$$\mathrm{B}_F(x\|y)=F(x)-F(y)-\langle\nabla F(y),\ x-y\rangle \tag{E.28}$$

因此，$\mathrm{B}_F(x\|y)$度量了$F(x)$及其线性逼近的差值。图E.2说明了这个定义。表E.1提供了几个Bregman散度的例子以及它们对应的凸函数$F(x)$。请注意，虽然非正则化相对熵是一个Bregman散度，但相对熵不是一个Bregman散度，因为它是定义在非开放集合上的单纯形，并且有一个空的内部。下面的命题给出了几个Bregman散度的一般性质。

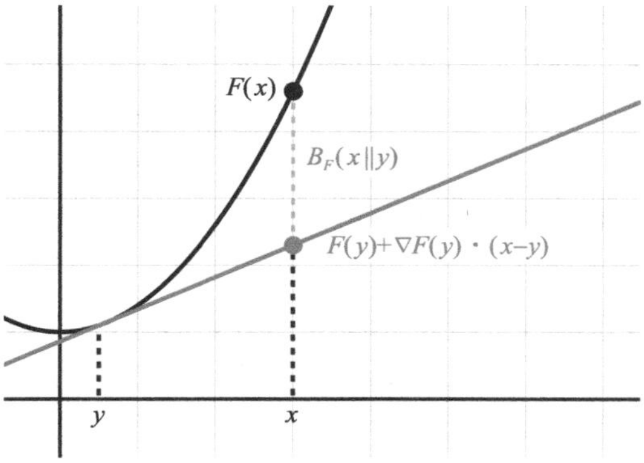

图E.2　由Bregman散度所测量凸可微函数F的大小。散度测量的是$F(x)$与超平面在y点的切线之间的距离

表E.1　Bregman散度和相应凸函数的例子

	$\mathrm{B}_F(x\|y)$	$F(x)$
平方$L2$-距离	$\|x-y\|^2$	$\|x\|^2$
Mahalanobis距离	$(x-y)^{\mathrm{T}}\boldsymbol{Q}(x-y)$	$x^{\mathrm{T}}\boldsymbol{Q}x$
相对熵	$\widetilde{\mathrm{D}}(x\|y)$	$\sum_{i\in I}x(i)\log(x(i))-x(i)$

| 命题E.3 | 令F是一个凸可微函数，且定义在希尔伯特空间$\mathbb{H}$中的凸集$\mathcal{C}$上，那么，有下列性质成立：

- $\forall x,\ y\in\mathcal{C}$，$\mathrm{B}_F(x\|y)\geqslant 0$；
- $\forall x,\ y,\ z\in\mathcal{C}$，：$\langle\nabla F(x)-\nabla F(y),\ x-z\rangle=\mathrm{B}_F(x\|y)+\mathrm{B}_F(z\|x)-\mathrm{B}_F(z\|y)$；
- B_F在第一个论证中是凸的。如果另外F是严格凸的，那么B_F在其第一个论证中是严格凸的；
- 线性：设G是$\mathcal{C}$上的一个凸可微函数，那么，对于任意$\alpha,\beta\in\mathbb{R}$，$\mathrm{B}_{\alpha F+\beta G}=\alpha\mathrm{B}_F+\beta\mathrm{B}_G$。

对于下列性质，我们将另外假设F是严格凸的。

- 投影：对于任意$y\in\mathcal{C}$和任意闭凸集$\mathcal{K}\in\mathcal{C}$，在K上关于$y$的$\mathrm{B}_F$-投影$P_{\mathrm{K}}(y)=\mathrm{argmin}_{x\in\mathcal{K}}\mathrm{B}_F(x\|y)$是唯一的；
- 勾股定理：对于$y\in\mathcal{C}$和任意闭凸集$\mathcal{K}\in\mathcal{C}$，对于所有$x\in\mathcal{K}$，都有下式成立：
$$\mathrm{B}_F(x\|y)\geqslant\mathrm{B}_F(x\|P_{\mathcal{K}}(y))+\mathrm{B}_F(P_{\mathcal{K}}(y)\|y) \tag{E.29}$$
- 共轭散度：假设F是封闭且完全严格凸的，其梯度的范数在$\mathcal{C}$的边界附近趋于无穷$\mathcal{C}$：$\lim_{x\to\partial\mathcal{C}}\|\nabla F(x)\|=+\infty$。$(\mathcal{C},F)$则称为Legendre型凸函数。其次，$F$、$F^*$对于$x,\ y\in\mathcal{C}$是可微的：

453~454 $$B_F(x\|y)=B_{F^*}(\nabla F(y)\|\nabla F(x)) \tag{E.30}$$

| 证明 |

性质(1)因函数 F 的凸性成立(F 的图形在其正切上方，见方程(B.3))。

性质(2)直接可从 Bregman 散度的定义证得：

$$\begin{aligned}&B_F(x\|y)+B_F(z\|x)-B_F(z\|y)\\&=-\langle\nabla F(y),\ x-y\rangle-\langle\nabla F(x),\ z-x\rangle+\langle\nabla F(y),\ z-y\rangle\\&=\langle\nabla F(x)-\nabla F(y),\ x-z\rangle\end{aligned}$$

性质(3)成立，是因为 $x\mapsto F(x)-F(y)-\langle\nabla F(y),\ x-y\rangle$ 是凸的(凸函数 $x\mapsto F(x)$ 和仿射函数的加和)，所以 $x\mapsto F(y)-\langle\nabla F(y),\ x-y\rangle$ 是凸的。类似地，如果 B_F 是一个严格凸函数和一个仿射函数的和，B_F 关于第一个证明是严格凸的。

性质(4)源于一系列的不等式：

$$\begin{aligned}B_{\alpha F+\beta G}&=\alpha F(x)+\beta G(x)-\alpha F(y)-\beta G(y)-\langle\nabla(\alpha F(y)+\beta G(y)),\ x-y\rangle\\&=\alpha(F(x)-F(y)-\langle\nabla F(y),\ x-y\rangle)+\beta(G(x)-G(y)-\langle\nabla G(y),\ x-y\rangle)\\&=\alpha B_F+\beta B_G\end{aligned}$$

这里，我们使用了梯度和内积都是线性函数这一事实。

根据性质(3)，$\min_{x\in K}B_F(x\|y)$ 是一个具有严格凸目标函数的凸优化问题，因此性质(5)成立。

性质(6)成立，固定 $y\in\mathcal{C}$，设 J 对于所有 $\alpha\in[0,1]$ 可以写成以下函数：

$$J(\alpha)=B_F(\alpha x+(1-\alpha)P_K(y)\|y)$$

因为 $\mathcal{C}$ 是凸的，对于任意 $\alpha\in[0,1]$，$\alpha x+(1-\alpha)P_K(y)$ 在 $\mathcal{C}$ 中。F 在 $\mathcal{C}$ 上是可微的，因此 J 作为 F 的一部分 $\alpha\mapsto\alpha x+(1-\alpha)P_K(y)$ 也是可微的。由 $P_K(y)$ 的定义，对于任意 $\alpha\in[0,1]$，有

$$\frac{J(\alpha)-J(0)}{\alpha}=\frac{B_F(\alpha x+(1-\alpha)P_K(y)\|y)-B_F(P_K(y)\|y)}{\alpha}\geqslant 0 \tag{E.31}$$

这意味着 $J'(0)\geqslant 0$。$J(\alpha)$ 有以下表达式：

$$J(\alpha)=F(\alpha x+(1-\alpha)P_K(y))-F(y)-\langle\nabla F(y),\ \alpha x+(1-\alpha)P_K(y)-y\rangle \tag{E.32}$$

我们可以计算它在 0 处的导数：

$$\begin{aligned}J'(0)&=\langle x-P_K(y),\ \nabla F(P_K(y))\rangle-\langle\nabla F(y),\ x-P_K(y)\rangle\\&=-B_F(x\|P_K(y))+F(x)-F(P_K(y))-\langle\nabla F(y),\ x-P_K(y)\rangle\\&=-B_F(x\|P_K(y))+F(x)-F(P_K(y))-\langle\nabla F(y),\ x-y\rangle-\langle\nabla F(y),\ y-P_K(y)\rangle\\&=-B_F(x\|P_K(y))+B_F(x\|y)+F(y)-F(P_K(y))-\langle\nabla F(y),\ y-P_K(y)\rangle\\&=-B_F(x\|P_K(y))+B_F(x\|y)-B_F(P_K(y)\|y)\geqslant 0\end{aligned}$$

其中完成了性质(6)的证明。

对于性质(7)，请注意，根据定义，对于任意 y，F^* 由下式定义：

$$F^*(y)=\sup_{x\in\mathcal{C}}\{\langle x,\ y\rangle-F(x)\} \tag{E.33}$$

F^* 是凸的，并在任意 y 处有一个次微分。根据 F 的严格凸性，函数 $x\mapsto\langle x,\ y\rangle-F(x)$ 在 $\mathcal{C}$ 上是严格凸且可微的，它的梯度的范数 $y-\nabla F(x)$ 在 $\mathcal{C}$ 的边界附近趋于无穷(根据 F 的相应性质)。因此，存在一个唯一的点 $x_y\in\mathcal{C}$，它的梯度为零，即在 x_y 处有 $\nabla F(x_y)=$

y，可以达到它的上极值。这意味着对于任何 y，$\partial F^*(y)$(F 的次微分)被简化为一个单个元素。因此，F^* 是可微的，并且它在 y 处的梯度是$\nabla F^*(y)=x_y=\nabla^{-1}F(y)$。因为 F^* 是凸可微的，所以它的 Bregman 散度有很好的定义。此外 $F^*(y)=\langle\nabla F^{-1}(y), y\rangle-F(\nabla F^{-1}(y))$，因为 $x_y=\nabla^{-1}F(y)$。

对于任何 $x, y\in\mathcal{C}$，利用 B_{F^*} 的定义以及$\nabla F^*(y)$和 $F^*(y)$的表达式，我们可以写出：

$$\begin{aligned}
&B_{F^*}(\nabla F(y)\|\nabla F(x))\\
&=F^*(\nabla F(y))-F^*(\nabla F(x))-\langle\nabla^{-1}F(\nabla F(x)),\ \nabla F(y)-\nabla F(x)\rangle\\
&=F^*(\nabla F(y))-F^*(\nabla F(x))-\langle x,\ \nabla F(y)-\nabla F(x)\rangle\\
&=\langle\nabla^{-1}F(\nabla F(y)),\ \nabla F(y)\rangle-F(\nabla^{-1}F(\nabla F(y)))-\\
&\quad\langle\nabla^{-1}F(\nabla F(x)),\ \nabla F(x)\rangle+F(\nabla^{-1}F(\nabla F(x)))-\langle x,\ \nabla F(y)-\nabla F(x)\rangle\\
&=\langle y,\ \nabla F(y)\rangle-F(y)-\langle x,\ \nabla F(x)\rangle+F(x)-\langle x,\ \nabla F(y)-\nabla F(x)\rangle\\
&=\langle y,\ \nabla F(y)\rangle-F(y)+F(x)-\langle x,\ \nabla F(y)\rangle\\
&=F(x)-F(y)-\langle x-y,\ \nabla F(y)\rangle=B_F(x\|y)
\end{aligned}$$

证毕。 ■

请注意，虽然非标准化相对熵(同样对于相对熵)是一对参数的凸函数，但这一般不适用于所有 Bregman 散度，因为只有关于第一个参数的凸性是有保证的。

Bregman 散度的概念可以推广到不可微函数的情况(见 14.3 节)。

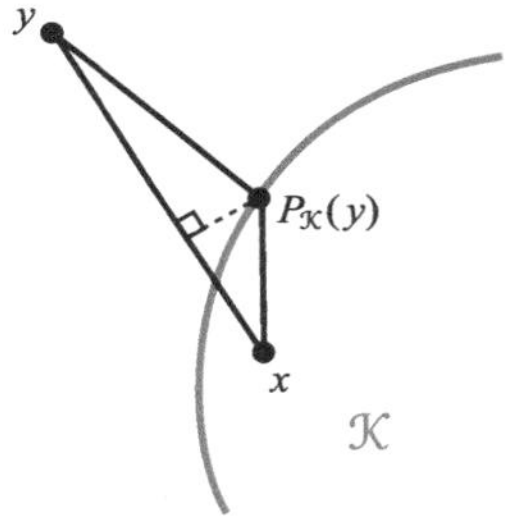

图 E.3 对命题 E.3 中勾股定理的描述，其中每条线的平方长度说明了它所连接的点之间的 Bregman 散度的大小

E.5 文献评述

在这一章中提出的熵的概念是由 Shannon[1948]提出的，他在同一篇文章中更普遍地给出了信息论的基础。后来，Rényi[1961]引入了更一般的熵(**瑞丽**(Rényi)熵)和相对熵(瑞丽散度)的定义。Kullback-Leibler 散度是在[Kullback 和 Leibler, 1951]中提出的。

Pinsker 不等式源于 Pinsker[1964]。Ciszár[1967]和 Kullback[1967]给出了关于相对熵和 L_1-范数的不等式的更为细节的内容。可以参考 Reid 和 Williamson[2009]对 f-度情况下这种不等式的介绍。Bregman 散度的概念源于 Bregman[1967]。 455～456

对于更广泛的信息理论材料，我们强烈推荐 Cover 和 Thomas[2006]的书。

E.6 习题

E.1 平行四边形的恒等式。对任意三个分布 p, q, r，证明以下平行四边形恒等式：

$$D(p\|r)+D(q\|r)=2D\left(\frac{p+q}{2}\middle\|r\right)+D\left(p\middle\|\frac{p+q}{2}\right)+D\left(q\middle\|\frac{p+q}{2}\right)\quad(E.34)$$

如果我们用 L_2 -范数的平方代替相对熵，这个等式成立吗？图 E.4 说明了这个等式的一个特殊示例。注意，在本例中：

$$\|p-r\|^2=\left\|\left(p-\frac{p+q}{2}\right)+\left(\frac{p+q}{2}-r\right)\right\|^2$$
$$=\left\|p-\frac{p+q}{2}\right\|^2+\left\|\frac{p+q}{2}-r\right\|^2-2\cos(\pi-\theta)\left\|p-\frac{p+q}{2}\right\|\left\|\frac{p+q}{2}-r\right\|$$

且

$$\|q-r\|^2=\left\|\left(q-\frac{p+q}{2}\right)+\left(\frac{p+q}{2}-r\right)\right\|^2$$
$$=\left\|q-\frac{p+q}{2}\right\|^2+\left\|\frac{p+q}{2}-r\right\|^2-2\cos(\theta)\left\|q-\frac{p+q}{2}\right\|\left\|\frac{p+q}{2}-r\right\|$$

把这两个量加起来表明这个等式对这个例子是成立的。

457
~
458

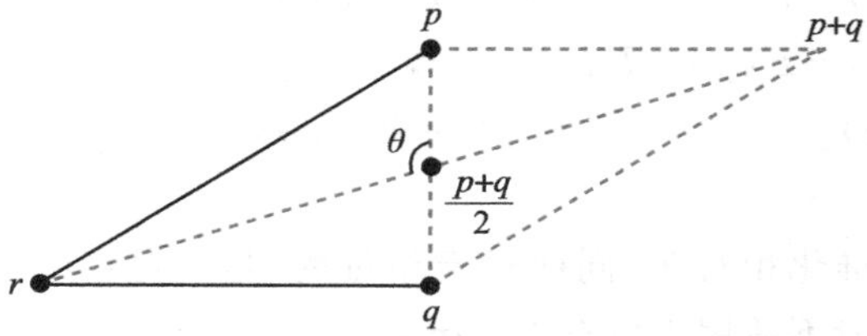

图 E.4 平行四边形恒等式

· 附录 F ·

符号

表 F.1 符号记法汇总

$\mathbb{R}$	实数集	$\boldsymbol{u}\circ\boldsymbol{v}$	向量 $\boldsymbol{u}$ 和 $\boldsymbol{v}$ 的 Hadamard 积(对应元素相乘)
$\mathbb{R}_+$	非负实数集	$f\circ g$	f 和 g 的复合函数
$\mathbb{R}^n$	n 维实值向量集	$T_1\circ T_2$	T_1 和 T_2 的复合加权转换器
$\mathbb{R}^{n\times m}$	$n\times m$ 的实值矩阵集	$\boldsymbol{M}$	一个任意的矩阵
$[a, b]$	a 与 b 之间的闭区间	$\lVert\boldsymbol{M}\rVert_2$	矩阵 $\boldsymbol{M}$ 的谱范数
(a, b)	a 与 b 之间的开区间	$\lVert\boldsymbol{M}\rVert_F$	矩阵 $\boldsymbol{M}$ 的 Frobenius 范数
$\{a, b, c\}$	包含元素 a、b 以及 c 的集合	$\boldsymbol{M}^{\mathrm{T}}$	矩阵 $\boldsymbol{M}$ 的转置
$[n]$	集合$\{1, 2, \cdots, n\}$	$\boldsymbol{M}^{\dagger}$	矩阵 $\boldsymbol{M}$ 的伪逆
$\mathbb{N}$	自然数集，即$\{0, 1, \cdots\}$	$\mathrm{Tr}[\boldsymbol{M}]$	矩阵 $\boldsymbol{M}$ 的迹
$\log$	以 e 为底的对数	$\boldsymbol{I}$	单位矩阵
$\log_a$	以 a 为底的对数	$K: \mathcal{X}\times\mathcal{X}\to\mathbb{R}$	在 $\mathcal{X}$ 上的核函数
$\mathcal{S}$	一个任意的集合	$\boldsymbol{K}$	核矩阵
$\lvert\mathcal{S}\rvert$	在集合 $\mathcal{S}$ 中元素的个数	$1_{\mathcal{A}}$	指示成员在子集 $\mathcal{A}$ 中的示性函数
$s\in\mathcal{S}$	在集合 $\mathcal{S}$ 中的一个元素	h_S	在训练样本集 S 上返回的假设函数
$\mathcal{X}$	输入空间	$R(\cdot)$	泛化误差或泛化风险
$\mathcal{Y}$	目标空间	$\hat{R}_S(\cdot)$	样本集 S 上的经验误差或风险
$\mathbb{H}$	特征空间	$\hat{R}_{S,\rho}(\cdot)$	样本集 S 上间隔为 ρ 的经验间隔误差
$\langle\cdot, \cdot\rangle$	在特征空间的内积	$\mathfrak{R}_m(\cdot)$	在规模为 m 的所有样本上的 Rademacher 复杂度
$\boldsymbol{v}$	一个任意的向量		
$\mathbf{1}$	全 1 向量	$\mathfrak{R}_S(\cdot)$	关于样本集 S 的经验 Rademacher 复杂度
$\boldsymbol{v}_i$	向量 $\boldsymbol{v}$ 的第 i 个分量	$N(0, 1)$	标准正态分布
$\lVert\boldsymbol{v}\rVert$	向量 $\boldsymbol{v}$ 的 L_2 范数	$\underset{x\sim\mathcal{D}}{\mathbb{E}}[\cdot]$	关于随机变量 x 的期望，x 服从分布 $\mathcal{D}$
$\lVert\boldsymbol{v}\rVert_p$	向量 $\boldsymbol{v}$ 的 L_p 范数	Σ^*	在字符集 Σ 上的 Kleene 闭包

参考文献

Shivani Agarwal and Partha Niyogi. Stability and generalization of bipartite ranking algorithms. In *Conference On Learning Theory*, pages 32–47, 2005.

Shivani Agarwal, Thore Graepel, Ralf Herbrich, Sariel Har-Peled, and Dan Roth. Generalization bounds for the area under the ROC curve. *Journal of Machine Learning Research*, 6:393–425, 2005.

Nir Ailon and Mehryar Mohri. An efficient reduction of ranking to classification. In *Conference On Learning Theory*, pages 87–98, 2008.

Mark A. Aizerman, E. M. Braverman, and Lev I. Rozonoèr. Theoretical foundations of the potential function method in pattern recognition learning. *Automation and Remote Control*, 25: 821–837, 1964.

Cyril Allauzen and Mehryar Mohri. N-way composition of weighted finite-state transducers. *International Journal of Foundations of Computer Science*, 20(4):613–627, 2009.

Cyril Allauzen, Corinna Cortes, and Mehryar Mohri. Large-scale training of SVMs with automata kernels. In *International Conference on Implementation and Application of Automata*, pages 17–27, 2010.

Erin L. Allwein, Robert E. Schapire, and Yoram Singer. Reducing multiclass to binary: A unifying approach for margin classifiers. *Journal of Machine Learning Research*, 1:113–141, 2000.

Noga Alon and Joel Spencer. *The Probabilistic Method*. John Wiley, 1992.

Noga Alon, Shai Ben-David, Nicolò Cesa-Bianchi, and David Haussler. Scale-sensitive dimensions, uniform convergence, and learnability. *Journal of ACM*, 44:615–631, July 1997.

Yasemin Altun and Alexander J. Smola. Unifying divergence minimization and statistical inference via convex duality. In *Conference On Learning Theory*, pages 139–153, 2006.

Galen Andrew and Jianfeng Gao. Scalable training of l_1-regularized log-linear models. In *Proceedings of ICML*, pages 33–40, 2007.

Dana Angluin. On the complexity of minimum inference of regular sets. *Information and Control*, 39(3):337–350, 1978.

Dana Angluin. Inference of reversible languages. *Journal of the ACM*, 29(3):741–765, 1982.

Dana Angluin and Leslie G. Valiant. Fast probabilistic algorithms for hamiltonian circuits and matchings. *J. Comput. Syst. Sci.*, 18(2):155–193, 1979.

Martin Anthony and Peter L. Bartlett. *Neural Network Learning: Theoretical Foundations*. Cambridge University Press, 1999.

Nachman Aronszajn. Theory of reproducing kernels. *Transactions of the American Mathematical Society*, 68(3):337–404, 1950.

Patrick Assouad. Densité et dimension. *Annales de l'institut Fourier*, 33(3):233–282, 1983.

Kazuoki Azuma. Weighted sums of certain dependent random variables. *Tohoku Mathematical Journal*, 19(3):357–367, 1967.

Maria-Florina Balcan, Nikhil Bansal, Alina Beygelzimer, Don Coppersmith, John Langford, and Gregory B. Sorkin. Robust reductions from ranking to classification. *Machine Learning*, 72(1-2): 139–153, 2008.

Peter L. Bartlett and Shahar Mendelson. Rademacher and Gaussian complexities: Risk bounds and structural results. *Journal of Machine Learning Research*, 3, 2002.

Peter L. Bartlett, Stéphane Boucheron, and Gábor Lugosi. Model selection and error estimation. *Machine Learning*, 48:85–113, September 2002a.

Peter L. Bartlett, Olivier Bousquet, and Shahar Mendelson. Localized Rademacher complexities. In *Conference on Computational Learning Theory*, volume 2375, pages 79–97. Springer-Verlag, 2002b.

Amos Beimel, Francesco Bergadano, Nader H. Bshouty, Eyal Kushilevitz, and Stefano Varricchio. Learning functions represented as multiplicity automata. *Journal of the ACM*, 47:2000, 2000.

Mikhail Belkin and Partha Niyogi. Laplacian eigenmaps and spectral techniques for embedding and clustering. In *Neural Information Processing Systems*, 2001.

George Bennett. Probability inequalities for the sum of independent random variables. *Journal of the American Statistical Association*, 57:33–45, 1962.

Christian Berg, Jens P.R. Christensen, and Paul Ressel. *Harmonic Analysis on Semigroups: Theory of Positive Definite and Related Functions*, volume 100. Springer, 1984.

Francesco Bergadano and Stefano Varricchio. Learning behaviors of automata from shortest counterexamples. In *European Conference on Computational Learning Theory*, pages 380–391, 1995.

Adam L. Berger, Stephen Della Pietra, and Vincent J. Della Pietra. A maximum entropy approach to natural language processing. *Comp. Linguistics*, 22(1), 1996.

Joseph Berkson. Application of the logistic function to bio-assay. *Journal of the American Statistical Association*, 39:357–365, 1944.

Sergei Natanovich Bernstein. Sur l'extension du théorème limite du calcul des probabilités aux sommes de quantités dépendantes. *Mathematische Annalen*, 97:1–59, 1927.

Dimitri P. Bertsekas. *Dynamic Programming: Deterministic and Stochastic Models*. Prentice-Hall, 1987.

Dmitri P. Bertsekas, Angelica Nedić, and Asuman E. Ozdaglar. *Convex Analysis and Optimization*. Athena Scientific, 2003.

Laurence Bisht, Nader H. Bshouty, and Hanna Mazzawi. On optimal learning algorithms for multiplicity automata. In *Conference On Learning Theory*, pages 184–198, 2006.

Avrim Blum and Yishay Mansour. From external to internal regret. In *Conference On Learning Theory*, pages 621–636, 2005.

Avrim Blum and Yishay Mansour. Learning, regret minimization, and equilibria. In Noam Nisan, Tim Roughgarden, Éva Tardos, and Vijay Vazirani, editors, *Algorithmic Game Theory*, chapter 4, pages 4–30. Cambridge University Press, 2007.

Anselm Blumer, Andrzej Ehrenfeucht, David Haussler, and Manfred K. Warmuth. Learnability and the Vapnik-Chervonenkis dimension. *Journal of the ACM*, 36(4):929–965, 1989.

Jonathan Borwein and Qiji Zhu. *Techniques of Variational Analysis*. Springer, New York, 2005.

Jonathan M. Borwein and Adrian S. Lewis. *Convex Analysis and Nonlinear Optimization, Theory and Examples*. Springer, 2000.

Bernhard E. Boser, Isabelle M. Guyon, and Vladimir N. Vapnik. A training algorithm for optimal margin classifiers. In *Conference On Learning Theory*, pages 144–152, 1992.

Olivier Bousquet and André Elisseeff. Stability and generalization. *Journal of Machine Learning Research*, 2:499–526, 2002.

Stephen P. Boyd and Lieven Vandenberghe. *Convex Optimization.* Cambridge University Press, 2004.

Lev M. Bregman. The relaxation method of finding the common point of convex sets and its application to the solution of problems in convex programming. *USSR Computational Mathematics and Mathematical Physics*, 7:200–217, 1967.

Leo Breiman. Prediction games and arcing algorithms. *Neural Computation*, 11:1493–1517, October 1999.

Leo Breiman, J. H. Friedman, R. A. Olshen, and C. J. Stone. *Classification and Regression Trees.* Wadsworth, 1984.

Nicolò Cesa-Bianchi. Analysis of two gradient-based algorithms for on-line regression. *Journal of Computer System Sciences*, 59(3):392–411, 1999.

Nicolò Cesa-Bianchi and Gábor Lugosi. Potential-based algorithms in online prediction and game theory. In *Conference On Learning Theory*, pages 48–64, 2001.

Nicolò Cesa-Bianchi and Gabor Lugosi. *Prediction, Learning, and Games.* Cambridge University Press, 2006.

Nicolò Cesa-Bianchi, Yoav Freund, David Haussler, David P. Helmbold, Robert E. Schapire, and Manfred K. Warmuth. How to use expert advice. *Journal of the ACM*, 44(3):427–485, 1997.

Nicolò Cesa-Bianchi, Alex Conconi, and Claudio Gentile. On the generalization ability of on-line learning algorithms. In *Neural Information Processing Systems*, pages 359–366, 2001.

Nicolò Cesa-Bianchi, Alex Conconi, and Claudio Gentile. On the generalization ability of on-line learning algorithms. *IEEE Transactions on Information Theory*, 50(9):2050–2057, 2004.

Nicolò Cesa-Bianchi, Yishay Mansour, and Gilles Stoltz. Improved second-order bounds for prediction with expert advice. In *Conference On Learning Theory*, pages 217–232, 2005.

Parinya Chalermsook, Bundit Laekhanukit, and Danupon Nanongkai. Pre-reduction graph products: Hardnesses of properly learning DFAs and approximating EDP on DAGs. In *Symposium on Foundations of Computer Science*, pages 444–453. IEEE, 2014.

Bernard Chazelle. *The Discrepancy Method: Randomness and Complexity.* Cambridge University Press, New York, NY, USA, 2000.

Stanley F. Chen and Ronald Rosenfeld. A survey of smoothing techniques for ME models. *IEEE Transactions on Speech and Audio Processing*, 8(1), 2000.

Herman Chernoff. A measure of asymptotic efficiency for tests of a hypothesis based on the sum of observations. *The Annals of Mathematical Statistics*, 23(4):493–507, 12 1952.

Michael Collins, Robert E. Schapire, and Yoram Singer. Logistic regression, Adaboost and Bregman distances. *Machine Learning*, 48:253–285, September 2002.

Corinna Cortes and Mehryar Mohri. AUC optimization vs. error rate minimization. In *Neural Information Processing Systems*, 2003.

Corinna Cortes and Mehryar Mohri. Confidence intervals for the area under the ROC curve. In *Neural Information Processing Systems*, volume 17, Vancouver, Canada, 2005. MIT Press.

Corinna Cortes and Vladimir Vapnik. Support-vector networks. *Machine Learning*, 20(3):273–297, 1995.

Corinna Cortes, Patrick Haffner, and Mehryar Mohri. Rational kernels: Theory and algorithms. *Journal of Machine Learning Research*, 5:1035–1062, 2004.

Corinna Cortes, Leonid Kontorovich, and Mehryar Mohri. Learning languages with rational kernels. In *Conference On Learning Theory*, volume 4539 of *Lecture Notes in Computer Science*, pages 349–364. Springer, Heidelberg, Germany, June 2007a.

Corinna Cortes, Mehryar Mohri, and Ashish Rastogi. An alternative ranking problem for search engines. In *Workshop on Experimental Algorithms*, pages 1–22, 2007b.

Corinna Cortes, Mehryar Mohri, and Jason Weston. A general regression framework for learning string-to-string mappings. In *Predicted Structured Data*. MIT Press, 2007c.

Corinna Cortes, Mehryar Mohri, Dmitry Pechyony, and Ashish Rastogi. Stability of transductive regression algorithms. In *International Conference on Machine Learning*, Helsinki, Finland, July 2008a.

Corinna Cortes, Mehryar Mohri, and Afshin Rostamizadeh. Learning sequence kernels. In *Proceedings of IEEE International Workshop on Machine Learning for Signal Processing*, Cancún, Mexico, October 2008b.

Corinna Cortes, Yishay Mansour, and Mehryar Mohri. Learning bounds for importance weighting. In *Neural Information Processing Systems*, Vancouver, Canada, 2010a. MIT Press.

Corinna Cortes, Mehryar Mohri, and Ameet Talwalkar. On the impact of kernel approximation on learning accuracy. In *Conference on Artificial Intelligence and Statistics*, 2010b.

Corinna Cortes, Spencer Greenberg, and Mehryar Mohri. Relative deviation learning bounds and generalization with unbounded loss functions. *ArXiv 1310.5796*, October 2013. URL `http://arxiv.org/pdf/1310.5796v4.pdf`.

Corinna Cortes, Mehryar Mohri, and Umar Syed. Deep boosting. In *International Conference on Machine Learning*, pages 1179–1187, 2014.

Corinna Cortes, Vitaly Kuznetsov, Mehryar Mohri, and Umar Syed. Structural Maxent models. In *International Conference on Machine Learning*, pages 391–399, 2015.

David Cossock and Tong Zhang. Statistical analysis of Bayes optimal subset ranking. *IEEE Transactions on Information Theory*, 54(11):5140–5154, 2008.

Thomas M. Cover and Joy M. Thomas. *Elements of Information Theory*. Wiley-Interscience, 2006.

Trevor F. Cox and Michael A. A. Cox. *Multidimensional Scaling*. Chapman & Hall/CRC, 2nd edition, 2000.

Koby Crammer and Yoram Singer. Improved output coding for classification using continuous relaxation. In *Neural Information Processing Systems*, 2001.

Koby Crammer and Yoram Singer. On the algorithmic implementation of multiclass kernel-based vector machines. *Journal of Machine Learning Research*, 2, 2002.

Robert Crites and Andrew Barto. Improving elevator performance using reinforcement learning. In *Neural Information Processing Systems*, pages 1017–1023. MIT Press, 1996.

Imre Csiszár. Information-type measures of difference of probability distributions and indirect observations. *Studia Scientiarum Mathematicarum Hungarica*, 2:299–318, 1967.

Felipe Cucker and Steve Smale. On the mathematical foundations of learning. *Bulletin of the American Mathematical Society*, 39(1):1–49, 2001.

J. N. Darroch and D. Ratcliff. Generalized iterative scaling for log-linear models. *Annals of Mathematical Statistics*, pages 1470–1480, 1972.

Sanjoy Dasgupta and Anupam Gupta. An elementary proof of a theorem of Johnson and Lindenstrauss. *Random Structures and Algorithms*, 22(1):60–65, 2003.

Colin De la Higuera. *Grammatical inference: learning automata and grammars*. Cambridge University Press, 2010.

Giulia DeSalvo, Mehryar Mohri, and Umar Syed. Learning with deep cascades. In *Conference on Algorithmic Learning Theory*, pages 254–269, 2015.

Luc Devroye and Gábor Lugosi. Lower bounds in pattern recognition and learning. *Pattern Recognition*, 28(7):1011–1018, 1995.

Luc Devroye and T. J. Wagner. Distribution-free inequalities for the deleted and holdout error estimates. *IEEE Transactions on Information Theory*, 25(2):202–207, 1979a.

Luc Devroye and T. J. Wagner. Distribution-free performance bounds for potential function rules. *IEEE Transactions on Information Theory*, 25(5):601–604, 1979b.

Thomas G. Dietterich. An experimental comparison of three methods for constructing ensembles of decision trees: Bagging, boosting, and randomization. *Machine Learning*, 40(2):139–157, 2000.

Thomas G. Dietterich and Ghulum Bakiri. Solving multiclass learning problems via error-correcting output codes. *Journal of Artificial Intelligence Research*, 2:263–286, 1995.

Harris Drucker and Corinna Cortes. Boosting decision trees. In *Neural Information Processing Systems*, pages 479–485, 1995.

Harris Drucker, Robert E. Schapire, and Patrice Simard. Boosting performance in neural networks. *International Journal of Pattern Recognition and Artificial Intelligence*, 7(4):705–719, 1993.

Miroslav Dudík, Steven J. Phillips, and Robert E. Schapire. Maximum entropy density estimation with generalized regularization and an application to species distribution modeling. *Journal of Machine Learning Research*, 8, 2007.

Richard M. Dudley. The sizes of compact subsets of Hilbert space and continuity of Gaussian processes. *Journal of Functional Analysis*, 1(3):290–330, 1967.

Richard M. Dudley. A course on empirical processes. *Lecture Notes in Mathematics*, 1097:2 – 142, 1984.

Richard M. Dudley. Universal Donsker classes and metric entropy. *Annals of Probability*, 14(4): 1306–1326, 1987.

Richard M. Dudley. *Uniform Central Limit Theorems*. Cambridge University Press, 1999.

Nigel Duffy and David P. Helmbold. Potential boosters? In *Neural Information Processing Systems*, pages 258–264, 1999.

Aryeh Dvoretzky. On stochastic approximation. In *Proceedings of the Third Berkeley Symposium on Mathematical Statistics and Probability*, pages 39–55, 1956.

Cynthia Dwork, Ravi Kumar, Moni Naor, and D. Sivakumar. Rank aggregation methods for the web. In *International World Wide Web Conference*, pages 613–622, 2001.

Bradley Efron, Trevor Hastie, Iain Johnstone, and Robert Tibshirani. Least angle regression. *Annals of Statistics*, 32(2):407–499, 2004.

James P. Egan. *Signal Detection Theory and ROC Analysis*. Academic Press, 1975.

Andrzej Ehrenfeucht, David Haussler, Michael J. Kearns, and Leslie G. Valiant. A general lower bound on the number of examples needed for learning. In *Conference On Learning Theory*, pages 139–154, 1988.

Jane Elith, Steven J. Phillips, Trevor Hastie, Miroslav Dudík, Yung En Chee, and Colin J. Yates. A statistical explanation of MaxEnt for ecologists. *Diversity and Distributions*, 1, 2011.

Eyal Even-Dar and Yishay Mansour. Learning rates for q-learning. *Machine Learning*, 5:1–25, 2003.

Dean P. Foster and Rakesh V. Vohra. Calibrated learning and correlated equilibrium. *Games and Economic Behavior*, 21:40–55, 1997.

Dean P. Foster and Rakesh V. Vohra. Asymptotic calibration. *Biometrika*, pages 379–390, 1998.

Dean P. Foster and Rakesh V. Vohra. Regret in the on-line decision problem. *Games and Economic Behavior*, 29(1-2):7–35, 1999.

Yoav Freund. Boosting a weak learning algorithm by majority. In *Information and Computation*, pages 202–216. Morgan Kaufmann Publishers Inc., 1990.

Yoav Freund. Boosting a weak learning algorithm by majority. *Information and Computation*, 121:256–285, September 1995.

Yoav Freund and Robert E. Schapire. Game theory, on-line prediction and boosting. In *Conference On Learning Theory*, pages 325–332, 1996.

Yoav Freund and Robert E. Schapire. A decision-theoretic generalization of on-line learning and an application to boosting. *Journal of Computer System Sciences*, 55(1):119–139, 1997.

Yoav Freund and Robert E. Schapire. Large margin classification using the perceptron algorithm. *Machine Learning*, 37:277–296, 1999a.

Yoav Freund and Robert E. Schapire. Adaptive game playing using multiplicative weights. *Games and Economic Behavior*, 29(1-2):79–103, October 1999b.

Yoav Freund, Michael J. Kearns, Dana Ron, Ronitt Rubinfeld, Robert E. Schapire, and Linda Sellie. Efficient learning of typical finite automata from random walks. In *Proceedings the ACM Symposium on Theory of Computing*, pages 315–324, 1993.

Yoav Freund, Raj D. Iyer, Robert E. Schapire, and Yoram Singer. An efficient boosting algorithm for combining preferences. *Journal of Machine Learning Research*, 4, 2003.

Jerome H. Friedman. Greedy function approximation: A gradient boosting machine. *Annals of Statistics*, 29:1189–1232, 2000.

Jerome H. Friedman, Trevor Hastie, and Robert Tibshirani. Additive logistic regression: A statistical view of boosting. *Annals of Statistics*, 38(2), 2000.

E. Mark Gold. Language identification in the limit. *Information and Control*, 10(5):447–474, 1967.

E. Mark Gold. Complexity of automaton identification from given data. *Information and Control*, 37(3):302–320, 1978.

Joshua Goodman. Exponential priors for maximum entropy models. In *Proceedings of HLT-NAACL*, pages 305–312, 2004.

David M. Green and John A Swets. *Signal Detection Theory and Psychophysics*. Wiley, 1966.

Michelangelo Grigni, Vincent Mirelli, and Christos H Papadimitriou. On the difficulty of designing good classifiers. *SIAM Journal on Computing*, 30(1):318–323, 2000.

Adam J. Grove and Dale Schuurmans. Boosting in the limit: Maximizing the margin of learned ensembles. In *Proceedings of the Fifteenth National Conference on Artificial Intelligence*, pages 692–699, 1998.

Uffe Haagerup. The best constants in the Khintchine inequality. *Studia Math*, 70(3):231–283, 1982.

Torben Hagerup and Christine Rüb. A guided tour of chernoff bounds. *Information Processing Letters*, 33(6):305–308, 1990.

Jihun Ham, Daniel D. Lee, Sebastian Mika, and Bernhard Schölkopf. A kernel view of the dimensionality reduction of manifolds. In *International Conference on Machine Learning*, 2004.

James A. Hanley and Barbara J. McNeil. The meaning and use of the area under a receiver operating characteristic (ROC) curve. *Radiology*, 143:29–36, 1982.

James Hannan. Approximation to Bayes risk in repeated plays. *Contributions to the Theory of Games*, 3:97–139, 1957.

Sergiu Hart and Andreu M. Mas-Colell. A simple adaptive procedure leading to correlated equilibrium. *Econometrica*, 68(5):1127–1150, 2000.

David Haussler. Decision theoretic generalizations of the PAC model for neural net and other learning applications. *Information and Computation*, 100(1):78–150, 1992.

David Haussler. Sphere packing numbers for subsets of the boolean n-cube with bounded Vapnik-Chervonenkis dimension. *Journal of Combinatorial Theory, Series A*, 69(2):217 – 232, 1995.

David Haussler. Convolution Kernels on Discrete Structures. Technical Report UCSC-CRL-99-10, University of California at Santa Cruz, 1999.

David Haussler, Nick Littlestone, and Manfred K. Warmuth. Predicting {0,1}-functions on randomly drawn points (extended abstract). In *Symposium on Foundations of Computer Science*, pages 100–109, 1988.

Ralf Herbrich, Thore Graepel, and Klaus Obermayer. Large margin rank boundaries for ordinal regression. In *Advances in Large Margin Classifiers*, pages 115–132. MIT Press, Cambridge, MA, 2000.

Wassily Hoeffding. Probability inequalities for sums of bounded random variables. *Journal of the American Statistical Association*, 58(301):13–30, 1963.

Arthur E. Hoerl and Robert W. Kennard. Ridge regression: Biased estimation for nonorthogonal problems. *Technometrics*, 12(1):55–67, 1970.

Klaus-Uwe Höffgen, Hans-Ulrich Simon, and Kevin S. Van Horn. Robust trainability of single neurons. *Journal of Computer and Systems Sciences*, 50(1):114–125, 1995.

John E. Hopcroft and Jeffrey D. Ullman. *Introduction to Automata Theory, Languages and Computation*. Addison-Wesley, 1979.

Cho-Jui Hsieh, Kai-Wei Chang, Chih-Jen Lin, S. Sathiya Keerthi, and S. Sundararajan. A dual coordinate descent method for large-scale linear SVM. In *International Conference on Machine Learning*, pages 408–415, 2008.

Tommi Jaakkola, Michael I. Jordan, and Satinder P. Singh. Convergence of stochastic iterative dynamic programming algorithms. *Neural Computation*, 6:1185–1201, 1994.

Kalervo Järvelin and Jaana Kekäläinen. IR evaluation methods for retrieving highly relevant documents. In *ACM Special Interest Group on Information Retrieval*, pages 41–48, 2000.

E. T. Jaynes. Information theory and statistical mechanics. *Physical Review*, 106(4):620–630, 1957.

E. T. Jaynes. *Papers on probability, statistics, and statistical physics*. Synthese library. D. Reidel Pub. Co., 1983.

Thorsten Joachims. Optimizing search engines using clickthrough data. In *Knowledge and Discovery and Data Mining*, pages 133–142, 2002.

William B. Johnson and Joram Lindenstrauss. Extensions of Lipschitz mappings into a Hilbert space. *Contemporary Mathematics*, 26:189–206, 1984.

Jean-Pierre Kahane. Sur les sommes vectorielles $\sum \pm u_n$. *Comptes Rendus Hebdomadaires des S'eances de l'Académie des Sciences, Paris*, 259:2577–2580, 1964.

Adam Kalai and Santosh Vempala. Efficient algorithms for online decision problems. In *Conference On Learning Theory*, pages 26–40, 2003.

William Karush. *Minima of Functions of Several Variables with Inequalities as Side Constraints*. Master's thesis, Department of Mathematics, University of Chicago, 1939.

Jun'ichi Kazama and Jun'ichi Tsujii. Evaluation and extension of maximum entropy models with inequality constraints. In *Proceedings of EMNLP*, pages 137–144, 2003.

Michael J. Kearns and Yishay Mansour. A fast, bottom-up decision tree pruning algorithm with near-optimal generalization. In *International Conference on Machine Learning*, pages 269–277, 1998.

Michael J. Kearns and Yishay Mansour. On the boosting ability of top-down decision tree learning algorithms. *Journal of Computer and System Sciences*, 58(1):109–128, 1999.

Michael J. Kearns and Dana Ron. Algorithmic stability and sanity-check bounds for leave-one-out cross-validation. *Neural Computation*, 11(6):1427–1453, 1999.

Michael J. Kearns and Robert E. Schapire. Efficient distribution-free learning of probabilistic concepts (extended abstract). In *Symposium on Foundations of Computer Science*, pages 382–391, 1990.

Michael J. Kearns and Leslie G. Valiant. Cryptographic limitations on learning boolean formulae and finite automata. Technical Report 14, Harvard University, 1988.

Michael J. Kearns and Leslie G. Valiant. Cryptographic limitations on learning boolean formulae and finite automata. *Journal of ACM*, 41(1):67–95, 1994.

Michael J. Kearns and Umesh V. Vazirani. *An Introduction to Computational Learning Theory*. MIT Press, 1994.

Aleksandr Khintchine. Über dyadische brüche. *Mathematische Zeitschrift*, 18(1):109–116, 1923.

Jack Kiefer and Jacob Wolfowitz. Stochastic estimation of the maximum of a regression function. *Annals of Mathematical Statistics*, 23(1):462–466, 1952.

George Kimeldorf and Grace Wahba. Some results on tchebycheffian spline functions. *Journal of Mathematical Analysis and Applications*, 33(1):82–95, 1971.

Jyrki Kivinen and Manfred K. Warmuth. Boosting as entropy projection. In *Conference On Learning Theory*, pages 134–144, 1999.

Vladimir Koltchinskii. Rademacher penalties and structural risk minimization. *IEEE Transactions on Information Theory*, 47(5):1902–1914, 2001.

Vladimir Koltchinskii and Dmitry Panchenko. Rademacher processes and bounding the risk of function learning. In *High Dimensional Probability II*, pages 443–459. Birkhäuser, 2000.

Vladmir Koltchinskii and Dmitry Panchenko. Empirical margin distributions and bounding the generalization error of combined classifiers. *Annals of Statistics*, 30, 2002.

Leonid Kontorovich, Corinna Cortes, and Mehryar Mohri. Learning linearly separable languages. In *Algorithmic Learning Theory*, pages 288–303, 2006.

Leonid Kontorovich, Corinna Cortes, and Mehryar Mohri. Kernel methods for learning languages. *Theoretical Computer Science*, 405:223–236, 2008.

Harold W. Kuhn and Albert W. Tucker. Nonlinear programming. In *2nd Berkeley Symposium*, pages 481–492, Berkeley, 1951. University of California Press.

Solomon Kullback. A lower bound for discrimination information in terms of variation. *IEEE Transactions on Information Theory*, 13(1):126–127, 1967.

Solomon Kullback and Richard A. Leibler. On information and sufficiency. *Ann. Math. Statist.*, 22(1):79–86, 1951.

Harold Kushner. Stochastic approximation: a survey. *Wiley Interdisciplinary Reviews Computational Statistics*, 2(1):87–96, 2010.

Harold J. Kushner and D. S. Clark. *Stochastic Approximation Methods for Constrained and Unconstrained Systems*, volume 26 of *Applied Mathematical Sciences*. Springer-Verlag, 1978.

Vitaly Kuznetsov, Mehryar Mohri, and Umar Syed. Multi-class deep boosting. In *Neural Information Processing Systems*, 2014.

John Lafferty. Additive models, boosting, and inference for generalized divergences. In *Conference On Learning Theory*, pages 125–133, 1999.

John D. Lafferty, Stephen Della Pietra, and Vincent J. Della Pietra. Statistical learning algorithms based on bregman distances. In *Proceedings of the Canadian Workshop on Information Theory*, 1997.

John D. Lafferty, Andrew McCallum, and Fernando C. N. Pereira. Conditional random fields: Probabilistic models for segmenting and labeling sequence data. In *International Conference on Machine Learning*, pages 282–289, 2001.

Rafał Latała and Krzysztof Oleszkiewicz. On the best constant in the khintchine-kahane inequality. *Studia Math*, 109(1):101–104, 1994.

Guy Lebanon and John D. Lafferty. Boosting and maximum likelihood for exponential models. In *Neural Information Processing Systems*, pages 447–454, 2001.

Michel Ledoux and Michel Talagrand. *Probability in Banach Spaces: Isoperimetry and Processes*. Springer, New York, 1991.

Ehud Lehrer. A wide range no-regret theorem. *Games and Economic Behavior*, 42(1):101–115, 2003.

Nick Littlestone. Learning quickly when irrelevant attributes abound: A new linear-threshold algorithm. *Machine Learning*, 2(4):285–318, 1987.

Nick Littlestone. From on-line to batch learning. In *Conference On Learning Theory*, pages 269–284, 1989.

Nick Littlestone and Manfred K. Warmuth. The weighted majority algorithm. In *Symposium on Foundations of Computer Science*, pages 256–261, 1989.

Nick Littlestone and Manfred K. Warmuth. The weighted majority algorithm. *Information and Computation*, 108(2):212–261, 1994.

Michael L. Littman. *Algorithms for Sequential Decision Making*. PhD thesis, Brown University, 1996.

Philip M. Long and Rocco A. Servedio. Random classification noise defeats all convex potential boosters. *Machine Learning*, 78:287–304, March 2010.

M. Lothaire. *Combinatorics on Words*. Cambridge University Press, 1982.

M. Lothaire. *Mots*. Hermès, 1990.

M. Lothaire. *Applied Combinatorics on Words*. Cambridge University Press, 2005.

Robert Malouf. A comparison of algorithms for maximum entropy parameter estimation. In *Proceedings of CoNLL-2002*, pages 49–55, 2002.

Christopher D. Manning and Dan Klein. Optimization, maxent models, and conditional estimation without magic. In *Proceedings of HLT-NAACL*, 2003.

Yishay Mansour and David A. McAllester. Boosting with multi-way branching in decision trees. In *Neural Information Processing Systems*, pages 300–306, 1999.

Yishay Mansour and David A. McAllester. Generalization bounds for decision trees. In *Conference On Learning Theory*, pages 69–74, 2000.

Llew Mason, Jonathan Baxter, Peter L. Bartlett, and Marcus R. Frean. Boosting algorithms as gradient descent. In *Neural Information Processing Systems*, pages 512–518, 1999.

Pascal Massart. Some applications of concentration inequalities to statistics. *Annales de la Faculté des Sciences de Toulouse*, IX:245–303, 2000.

Peter McCullagh. Regression models for ordinal data. *Journal of the Royal Statistical Society B*, 42(2), 1980.

Peter McCullagh and John A. Nelder. *Generalized Linear Models*. Chapman & Hall, 1983.

Colin McDiarmid. On the method of bounded differences. *Surveys in Combinatorics*, 141(1): 148–188, 1989.

Ron Meir and Gunnar Rätsch. Advanced lectures on machine learning, machine learning summer school, canberra, australia. In *Machine Learning Summer School*, pages 118–183, 2002.

Ron Meir and Gunnar Rätsch. *An Introduction to Boosting and Leveraging*, pages 118–183. Springer, 2003.

James Mercer. Functions of positive and negative type, and their connection with the theory of integral equations. *Philosophical Transactions of the Royal Society of London. Series A, Containing Papers of a Mathematical or Physical Character*, 209(441-458):415, 1909.

Sebastian Mika, Bernhard Scholkopf, Alex J. Smola, Klaus-Robert Muller, Matthias Scholz, and Gunnar Ratsch. Kernel PCA and de-noising in feature spaces. In *Neural Information Processing Systems*, pages 536–542, 1999.

Marvin Minsky and Seymour Papert. *Perceptrons: An Introduction to Computational Geometry*. MIT Press, 1969.

Mehryar Mohri. Semiring frameworks and algorithms for shortest-distance problems. *Journal of Automata, Languages and Combinatorics*, 7(3):321–350, 2002.

Mehryar Mohri. Weighted automata algorithms. In Manfred Droste, Werner Kuich, and Heiko Vogler, editors, *Handbook of Weighted Automata*, pages 213–254. Springer, 2009.

Mehryar Mohri and Afshin Rostamizadeh. Stability bounds for stationary φ-mixing and β-mixing processes. *Journal of Machine Learning Research*, 11:789–814, 2010.

Mehryar Mohri and Afshin Rostamizadeh. Perceptron mistake bounds. *ArXiv 1305.0208*, March 2013.

Mehryar Mohri, Fernando Pereira, and Michael D. Riley. Weighted automata in text and speech processing. *European Conference on Artificial Intelligence, Workshop on Extended Finite State Models of Language*, 2005.

Jorge Nocedal. Updating quasi-newton matrices with limited storage. *Mathematics of Computation*, 35(151):773–782, 1980.

Albert B.J. Novikoff. On convergence proofs on perceptrons. In *Proceedings of the Symposium on the Mathematical Theory of Automata*, volume 12, pages 615–622, 1962.

José Oncina, Pedro García, and Enrique Vidal. Learning subsequential transducers for pattern recognition interpretation tasks. *IEEE Transactions on Pattern Analysis and Machine Intelligence*, 15(5):448–458, 1993.

Karl Pearson. On lines and planes of closest fit to systems of points in space. *Philosophical Magazine*, 2(6):559–572, 1901.

Fernando C. N. Pereira and Michael D. Riley. Speech recognition by composition of weighted finite automata. In *Finite-State Language Processing*, pages 431–453. MIT Press, 1997.

Dominique Perrin. Finite automata. In J. Van Leuwen, editor, *Handbook of Theoretical Computer Science, Volume B: Formal Models and Semantics*, pages 1–57. Elsevier, 1990.

Steven J. Phillips, Miroslav Dudík, and Robert E. Schapire. A maximum entropy approach to species distribution modeling. In *Proceedings of ICML*, 2004.

Steven J. Phillips, Robet P. Anderson, and Robert E. Schapire. Maximum entropy modeling of species geographic distributions. *Ecological Modelling*, 190:231–259, 2006.

Stephen Della Pietra, Vincent J. Della Pietra, and John D. Lafferty. Inducing features of random fields. *IEEE Trans. Pattern Anal. Mach. Intell.*, 19(4), 1997.

Mark Semenovich Pinsker. *Information and Information Stability of Random Variables and Processes.* Holden-Day, 1964.

Leonard Pitt and Manfred K. Warmuth. The minimum consistent DFA problem cannot be approximated within any polynomial. *Journal of the ACM*, 40(1):95–142, 1993.

John C. Platt. Fast training of support vector machines using sequential minimal optimization. In *Advances in Kernel Methods*, pages 185–208. MIT Press, 1999.

David Pollard. *Convergence of Stochastic Processess.* Springer, 1984.

David Pollard. Asymptotics via empirical processes. *Statistical Science*, 4(4):341 – 366, 1989.

Martin L. Puterman. *Markov Decision Processes: Discrete Stochastic Dynamic Programming.* John Wiley & Sons, Inc., 1994.

J. Ross Quinlan. Induction of decision trees. *Machine Learning*, 1(1):81–106, 1986.

J. Ross Quinlan. *C4.5: Programs for Machine Learning.* Morgan Kaufmann, 1993.

Ali Rahimi and Benjamin Recht. Random features for large-scale kernel machines. In *Neural Information Processing Systems*, pages 1177–1184, 2007.

Adwait Ratnaparkhi. Maximum entropy models for natural language processing. In *Encyclopedia of Machine Learning*, pages 647–651. Springer, 2010.

Gunnar Rätsch and Manfred K. Warmuth. Maximizing the margin with boosting. In *Conference On Learning Theory*, pages 334–350, 2002.

Gunnar Rätsch, Sebastian Mika, and Manfred K. Warmuth. On the convergence of leveraging. In *NIPS*, pages 487–494, 2001.

Gunnar Rätsch, Takashi Onoda, and Klaus-Robert Müller. Soft margins for AdaBoost. *Machine Learning*, 42:287–320, March 2001.

Mark D. Reid and Robert C. Williamson. Generalised pinsker inequalities. In *22nd Conference on Learning Theory (COLT 2009)*, 2009.

Alfréd Rényi. On measures of entropy and information. In *Proceedings of the Fourth Berkeley Symposium on Mathematical Statistics and Probability, Volume 1: Contributions to the Theory of Statistics*, pages 547–561. University of California Press, 1961.

Ryan Rifkin and Aldebaro Klautau. In defense of one-vs-all classification. *Journal of Machine Learning Research*, 5:101–141, 2004.

Ryan M. Rifkin. *Everything Old Is New Again: A Fresh Look at Historical Approaches in Machine Learning*. PhD thesis, Massachusetts Institute of Technology, 2002.

H. Robbins and S. Monro. A stochastic approximation method. *Annals of Mathematical Statistics*, 22(3):400–407, 1951.

R. Tyrrell Rockafellar. *Convex analysis*. Princeton University Press, 1997.

W.H. Rogers and T. J. Wagner. A finite sample distribution-free performance bound for local discrimination rules. *Annals of Statistics*, 6(3):506–514, 1978.

Dana Ron, Yoram Singer, and Naftali Tishby. On the learnability and usage of acyclic probabilistic finite automata. In *Journal of Computer and System Sciences*, pages 31–40, 1995.

Frank Rosenblatt. The perceptron: A probabilistic model for information storage and organization in the brain. *Psychological Review*, 65(6):386, 1958.

Ronald Rosenfeld. A maximum entropy approach to adaptive statistical language modelling. *Computer Speech & Language*, 10(3):187–228, 1996.

Sam T. Roweis and Lawrence K. Saul. Nonlinear dimensionality reduction by locally linear embedding. *Science*, 290(5500):2323, 2000.

Cynthia Rudin, Ingrid Daubechies, and Robert E. Schapire. The dynamics of AdaBoost: Cyclic behavior and convergence of margins. *Journal of Machine Learning Research*, 5:1557–1595, 2004.

Cynthia Rudin, Corinna Cortes, Mehryar Mohri, and Robert E. Schapire. Margin-based ranking meets boosting in the middle. In *Conference On Learning Theory*, 2005.

Walter Rudin. *Fourier analysis on groups*. Number 12 in Interscience tracts in pure and applied mathematics. John Wiley & Sons, 1990.

I. N. Sanov. On the probability of large deviations of random variables. *Matematicheskii Sbornik*, 42(84):11–44, 1957.

Norbert Sauer. On the density of families of sets. *Journal of Combinatorial Theory, Series A*, 13 (1):145–147, 1972.

Craig Saunders, Alexander Gammerman, and Volodya Vovk. Ridge regression learning algorithm in dual variables. In *International Conference on Machine Learning*, volume 521, 1998.

Robert E. Schapire. The strength of weak learnability. *Machine Learning*, 5:197–227, July 1990.

Robert E. Schapire. The boosting approach to machine learning: An overview. In *Nonlinear Estimation and Classification*, pages 149–172. Springer, 2003.

Robert E. Schapire and Yoav Freund. *Boosting: Foundations and Algorithms*. The MIT Press, 2012.

Robert E. Schapire and Yoram Singer. Improved boosting algorithms using confidence-rated predictions. *Machine Learning*, 37(3):297–336, 1999.

Robert E. Schapire and Yoram Singer. Boostexter: A boosting-based system for text categorization. *Machine Learning*, 39(2-3):135–168, 2000.

Robert E. Schapire, Yoav Freund, Peter Bartlett, and Wee Sun Lee. Boosting the margin: A new explanation for the effectiveness of voting methods. In *International Conference on Machine Learning*, pages 322–330, 1997.

Leopold Schmetterer. Stochastic approximation. In *Proceedings of the Fourth Berkeley Symposium on Mathematical Statistics and Probability*, pages 587–609, 1960.

Isaac J. Schoenberg. Metric spaces and positive definite functions. *Transactions of the American Mathematical Society*, 44(3):522–536, 1938.

Bernhard Schölkopf and Alex Smola. *Learning with Kernels*. MIT Press, 2002.

Bernhard Schölkopf, Ralf Herbrich, Alex J. Smola, and Robert Williamson. A generalized representer theorem. Technical Report 2000-81, Neuro-COLT, 2000.

Shai Shalev-Shwartz, Ohad Shamir, Nathan Srebro, and Karthik Sridharan. Learnability and stability in the general learning setting. In *Conference On Learning Theory*, 2009.

Claude E. Shannon. A mathematical theory of communication. *Bell System Technical Journal*, 27:379423, 1948.

John Shawe-Taylor and Nello Cristianini. *Kernel Methods for Pattern Analysis*. Cambridge University Press, 2004.

John Shawe-Taylor, Peter L. Bartlett, Robert C. Williamson, and Martin Anthony. Structural risk minimization over data-dependent hierarchies. *IEEE Transactions on Information Theory*, 44(5):1926–1940, 1998.

Saharon Shelah. A combinatorial problem; stability and order for models and theories in infinitary languages. *Pacific Journal of Mathematics*, 41(1), 1972.

Satinder P. Singh. *Learning to Solve Markovian Decision Processes*. PhD thesis, University of Massachusetts, 1993.

Satinder P. Singh and Dimitri Bertsekas. Reinforcement learning for dynamic channel allocation in cellular telephone systems. In *Neural Information Processing Systems*, pages 974–980. MIT Press, 1997.

Maurice Sion. On general minimax theorems. *Pacific Journal of Mathematics*, 8(1):171–176, 1958.

Eric V. Slud. Distribution inequalities for the binomial law. *Annals of Probability*, 5(3):404–412, 1977.

Bharath Sriperumbudur and Zoltán Szabó. Optimal rates for random fourier features. In *Neural Information Processing Systems*, pages 1144–1152, 2015.

Gilles Stoltz and Gábor Lugosi. Internal regret in on-line portfolio selection. In *Conference On Learning Theory*, pages 403–417, 2003.

Rich Sutton. *Temporal Credit Assignment in Reinforcement Learning*. PhD thesis, University of Massachusetts, 1984.

Richard S. Sutton and Andrew G. Barto. *Reinforcement Learning : An Introduction*. MIT Press, 1998.

S.J. Szarek. On the best constants in the Khintchine inequality. *Studia Math*, 58(2):197–208, 1976.

Csaba Szepesvári. *Algorithms for Reinforcement Learning*. Synthesis Lectures on Artificial Intelligence and Machine Learning. Morgan & Claypool, 2010.

Eiji Takimoto and Manfred K. Warmuth. Path kernels and multiplicative updates. In *Conference On Learning Theory*, pages 74–89, 2002.

Benjamin Taskar, Carlos Guestrin, and Daphne Koller. Max-margin Markov networks. In *Neural Information Processing Systems*, 2003.

Robert F. Tate. On a double inequality of the normal distribution. *The Annals of Mathematical Statistics*, 1:132–134, 1953.

Joshua Tenenbaum, Vin de Silva, and John C. Langford. A global geometric framework for nonlinear dimensionality reduction. *Science*, 290(5500):2319–2323, 2000.

Gerald Tesauro. Temporal difference learning and TD-gammon. *Communications of the ACM*, 38:58–68, March 1995.

Robert Tibshirani. Regression shrinkage and selection via the lasso. *Journal of the Royal Statistical Society. Series B*, 58(1):267–288, 1996.

B. Tomaszewski. Two remarks on the Khintchine-Kahane inequality. In *Colloquium Mathematicum*, volume 46, 1982.

Boris Trakhtenbrot and Janis M. Barzdin. *Finite Automata: Behavior and Synthesis.* North-Holland, 1973.

John N. Tsitsiklis. Asynchronous stochastic approximation and q-learning. In *Machine Learning*, volume 16, pages 185–202, 1994.

Ioannis Tsochantaridis, Thorsten Joachims, Thomas Hofmann, and Yasemin Altun. Large margin methods for structured and interdependent output variables. *Journal of Machine Learning Research*, 6:1453–1484, 2005.

Leslie G. Valiant. A theory of the learnable. *Communications of the ACM*, 27(11):1134–1142, 1984.

Vladimir N. Vapnik. *Statistical Learning Theory.* Wiley-Interscience, 1998.

Vladimir N. Vapnik. *The Nature of Statistical Learning Theory.* Springer-Verlag, 2000.

Vladimir N. Vapnik. *Estimation of Dependences Based on Empirical Data.* Springer-Verlag, 2006.

Vladimir N. Vapnik and Alexey Chervonenkis. A note on one class of perceptrons. *Automation and Remote Control*, 25, 1964.

Vladimir N. Vapnik and Alexey Chervonenkis. On the uniform convergence of relative frequencies of events to their probabilities. *Theory of Probability and Its Applications*, 16:264, 1971.

Vladimir N. Vapnik and Alexey Chervonenkis. *Theory of Pattern Recognition.* Nauka, 1974.

Santosh S. Vempala. The random projection method. In *DIMACS Series in Discrete Mathematics and Theoretical Computer Science*, volume 65. American Mathematical Society, 2004.

Pierre Franois Verhulst. Notice sur la loi que la population suit dans son accroissement. *Correspondance mathématique et physique*, 10:113–121, 1838.

Pierre Franois Verhulst. Recherches mathématiques sur la loi d'accroissement de la population. *Nouveaux Mémoires de l'Académie Royale des Sciences et Belles-Lettres de Bruxelles*, 18:1–42, 1845.

Mathukumalli Vidyasagar. *A Theory of Learning and Generalization: With Applications to Neural Networks and Control Systems.* Springer-Verlag, 1997.

Sethu Vijayakumar and Si Wu. Sequential support vector classifiers and regression. *International Conference on Soft Computing*, 1999.

John von Neumann. Zur Theorie der Gesellschaftsspiele. *Mathematische Annalen*, 100(1):295–320, 1928.

Vladimir G. Vovk. Aggregating strategies. In *Conference On Learning Theory*, pages 371–386, 1990.

Grace Wahba. *Spline Models for Observational Data*, volume 59 of *CBMS-NSF Regional Conference Series in Applied Mathematics.* Society for Industrial and Applied Mathematics, 1990.

Christopher J. C. H. Watkins. *Learning from Delayed Rewards.* PhD thesis, Cambridge University, 1989.

Christopher J. C. H. Watkins. Dynamic alignment kernels. Technical Report CSD-TR-98-11, Royal Holloway, University of London, 1999.

Christopher J. C. H. Watkins and Peter Dayan. Q-learning. *Machine Learning*, 8(3-4):279–292, 1992.

André Weil. *L'intégration dans les groupes topologiques et ses applications*, volume 1145. Hermann Paris, 1965.

Kilian Q. Weinberger and Lawrence K. Saul. An introduction to nonlinear dimensionality reduction by maximum variance unfolding. In *Conference on Artificial Intelligence*, 2006.

Jason Weston and Chris Watkins. Support vector machines for multi-class pattern recognition. *European Symposium on Artificial Neural Networks*, 4(6), 1999.

Bernard Widrow and Marcian E. Hoff. Adaptive switching circuits. *Neurocomputing: Foundations of Research*, 1988.

Peter M. Williams. Bayesian regularisation and pruning using a Laplace prior. *Neural Computation*, 7:117–143, 1994.

Huan Xu, Shie Mannor, and Constantine Caramanis. Sparse algorithms are not stable: A no-free-lunch theorem. In *Conference on Communication, Control, and Computing*, pages 1299–1303, 2008.

Yinyu Ye. The simplex and policy-iteration methods are strongly polynomial for the markov decision problem with a fixed discount rate. *Mathematics of Operations Research*, 36(4):593–603, 2011.

Tong Zhang. Statistical behavior and consistency of classification methods based on convex risk minimization. *Annals of Statistics*, 32:56–134, 2003a.

Tong Zhang. Sequential greedy approximation for certain convex optimization problems. *IEEE Trans. Inf. Theor.*, 49(3):682–691, 2003b.

Martin Zinkevich. Online convex programming and generalized infinitesimal gradient ascent. In *International Conference on Machine Learning*, pages 928–936, 2003.

索 引

索引中的页码为英文原书的页码，与书中边栏的页码一致。

F

G

H

O

P

Q

W

Y

Z

推荐阅读

因果论：模型、推理和推断（原书第2版）

作者：[美] 朱迪亚·珀尔 译者：刘礼 杨矫云 廖军 李廉 书号：7-111-70139-2 定价：219.00元

图灵奖得主朱迪亚·珀尔代表作，全面阐述现代因果关系分析，展示了因果关系如何从一个模糊的概念发展成为一套数学理论，并广泛用于统计学、人工智能、经济学、哲学、认知科学、卫生科学和社会学等领域。

朱迪亚·珀尔的书在没有超出基本概论的前提下，提供了关于因果模型和因果推断的引人入胜的导览，这些新的研究工作是以他为核心的。由于他与其他一些人的努力，因果概念思想和应用的“文艺复兴”已经开始。

——Patrick Suppes 斯坦福大学语言与信息研究中心教授，美国国家科学院院士，曾任美国哲学学会主席

朱迪亚·珀尔对统计学和因果关系的研究充满热情和创造力。他的作品总是发人深省，值得仔细研究。这本书说明了珀尔对于统计文献以及对于因果推断模型的共同理解所做出的巨大贡献。

——Stephen Fienber 卡内基·梅隆大学统计学和社会科学系教授，美国国家科学院院士
曾任国际数理统计学会主席

朱迪亚·珀尔的这本书对于人工智能、统计学、经济学、流行病学、哲学的研究者，以及所有对于因果性基本概念感兴趣的人来说都是十分珍贵的，它将会被证明是未来十年最具影响力的书之一。

——Joseph Halper 康奈尔大学计算机科学系教授，美国国家工程院院士

知其然且知其所以然是人类智能重要体现，本书从模型、算法和推理等方面讲解因果，是一本不可多得的好书。

——吴飞 浙江大学教授，浙江大学人工智能研究所所长，国家杰出青年科学基金获得者

本书是图灵奖获得者朱迪亚·珀尔教授关于因果网络模型的开创性著作，它影响了人工智能、统计学乃至哲学等自然科学和社会科学的各个领域。刘礼教授等精心翻译了这本因果推断的巨著，相信将对我国因果推断的研究起到重要的推动作用。

———耿直 北京大学教授，国家杰出青年科学基金获得者

本书凝聚了结构因果图的创始人、图灵奖得主珀尔珀尔多年来在因果领域的研究心血，也是他对自己研究成果的一次较为全面的总结。珀尔提出的方法论和演算模型将对人工智能产生革命性的跃迁，为强人工智能的实现提供一条可能的路径，彻底改变人工智能最初基于规则和逻辑的方向，并把它应用于人工智能的挑战和变革中。

——姚新 南方科技大学计算机科学与工程系讲席教授、系主任

推荐阅读

人工智能：原理与实践

作者：（美）查鲁·C. 阿加沃尔 译者：杜博 刘友发 ISBN：978-7-111-71067-7

本书特色

本书介绍了经典人工智能（逻辑或演绎推理）和现代人工智能（归纳学习和神经网络），分别阐述了三类方法：

基于演绎推理的方法，从预先定义的假设开始，用其进行推理，以得出合乎逻辑的结论。底层方法包括搜索和基于逻辑的方法。

基于归纳学习的方法，从示例开始，并使用统计方法得出假设。主要内容包括回归建模、支持向量机、神经网络、强化学习、无监督学习和概率图模型。

基于演绎推理与归纳学习的方法，包括知识图谱和神经符号人工智能的使用。

神经网络与深度学习

作者：邱锡鹏 ISBN：978-7-111-64968-7

本书是深度学习领域的入门教材，系统地整理了深度学习的知识体系，并由浅入深地阐述了深度学习的原理、模型以及方法，使得读者能全面地掌握深度学习的相关知识，并提高以深度学习技术来解决实际问题的能力。本书可作为高等院校人工智能、计算机、自动化、电子和通信等相关专业的研究生或本科生教材，也可供相关领域的研究人员和工程技术人员参考。